W0205535

PROPYLÄEN TECHNIKGESCHICHTE

HERAUSGEGEBEN VON WOLFGANG KÖNIG

Erster Band
Landbau und Handwerk
750 v. Chr.–1000 n. Chr.

Zweiter Band
Metalle und Macht
1000–1600

Dritter Band
Mechanisierung und Maschinisierung
1600–1840

Vierter Band
Netzwerke, Stahl und Strom
1840–1914

Fünfter Band
Energiewirtschaft · Automatisierung · Information
Seit 1914

PROPYLÄEN

AKOS PAULINYI
ULRICH TROITZSCH

MECHANISIERUNG UND MASCHINISIERUNG

1600 bis 1840

PROPYLÄEN

Unveränderte Neuausgabe der 1990 bis 1992 im
Propyläen Verlag erschienenen Originalausgabe

Redaktion: Wolfram Mitte
Landkarten und Graphiken: Erika Baßler

Typographische Einrichtung: Dieter Speck
Umschlag und Kassette: Theodor Bayer-Eynck
Herstellung: Karin Greinert
Satz: Utesch Satztechnik GmbH, Hamburg
Offsetreproduktionen: Haußmann Reprotechnik KG, Darmstadt
Druck und buchbinderische Verarbeitung: Spiegel Buch GmbH, Ulm

© 1997 by Ullstein Buchverlage GmbH, Berlin
Propyläen Verlag

Printed in Germany 1997
ISBN 3 549 05634 6

Inhalt

Ulrich Troitzsch
Technischer Wandel in Staat und Gesellschaft zwischen 1600 und 1750

Akos Paulinyi
Die Umwälzung der Technik in der Industriellen Revolution zwischen 1750 und 1840

Ulrich Troitzsch

Technischer Wandel in Staat und Gesellschaft zwischen 1600 und 1750

Staat, Wirtschaft und Technik in Barock und Aufklärung

Stände man vor der Aufgabe, den Zeitraum zwischen dem Ende des 16. und der Mitte des 18. Jahrhunderts durch wenige Schlagworte zu charakterisieren, so tauchten mit hoher Wahrscheinlichkeit die Begriffe »Barock« und »Aufklärung« auf. »Barock«, der Technikhistoriker Graf Klinckowstroem formuliert, »– das ist Gegenreformation und fürstlicher Absolutismus, ist die dynamische Übersteigerung der statischen Renaissance, ist üppig schwellende Formenfülle in Architektur, Plastik, Malerei, Musik, Barock – das ist Pomp und Prunk, Wasserspiel und Feuerwerk, Lustschloß und Irrgarten, Maskerade und Oper, Freude am Allegorischen, am Mythologischen, am Phantastischen, am ›Curieusen‹.« Diese Epoche war aber auch geprägt vom Merkantilismus, von der überseeischen Expansion, dem Dreißigjährigen Krieg, den Pfalz-Kriegen und dem Spanischen Erbfolgekrieg. Mit dem Begriff der Aufklärung, deren Frühphase die erste Hälfte des 18. Jahrhunderts wesentlich bestimmt hat, verbinden sich die Vorstellung von der Macht der Vernunft, das Naturrecht und der Anspruch des Menschen auf irdische Glückseligkeit. Ferner würde man auf die Entstehung und das erste Aufblühen der modernen Naturwissenschaften im 17. Jahrhundert hinzuweisen haben.

Zu allen genannten Bereichen ließen sich mühelos prägnante Beispiele anführen. Nur bei der Technik dürfte man, im Gegensatz zum Mittelalter und zur Industriellen Revolution, gewisse Schwierigkeiten haben, insbesondere was die »Großtechnik« angeht. Abgesehen von einigen wenigen Ausnahmen würde man feststellen, daß diese einhundertfünfzig Jahre kaum neue, epochemachende Erfindungen aufzuweisen haben. Bereits seit dem späten Mittelalter gab es die sogenannten Gewerbelandschaften, die sich wie die Textilbranche in der Regel aufgrund günstiger Boden- und Klimabedingungen oder wie bei den Montanrevieren durch den Dreiklang von Bodenschätzen, Brenn- und Bauholz sowie Wasser als Antriebskraft herausgebildet hatten und auch im 17. und 18. Jahrhundert Zentren hochkonzentrierter Technologien darstellten. Wegen der hohen Betriebsdichte verbreiteten sich in solchen Regionen Innovationen rascher als beispielsweise in den gleichfalls gewerbereichen Städten, wo besonders seit dem Beginn der frühen Neuzeit zunehmende Einschränkungen von seiten der Zünfte den Einsatz von arbeitskräftesparenden Neuerungen blockierten. Alte innovatorische Zentren, so die oberdeutschen Städte, hatten nicht zuletzt auch dadurch ihre führende Stellung auf den Exportmärkten eingebüßt. Mit der Ausformung des modernen Staates erlangten nun, sofern dies, etwa in Paris oder

London, nicht schon geschehen war, neben den Handelszentren jene Städte wachsende Bedeutung, in denen sich der Hof beziehungsweise der Regierungssitz befanden. Im territorial zersplitterten Deutschland waren es die zahlreichen Residenzstädte mit ihren Hofhaltungen und Verwaltungsbehörden, die zu Kristallisationspunkten für technische Neuerungen wurden. Zudem sind jene Universitätsstädte zu erwähnen, die den aufkommenden Naturwissenschaften besondere Aufmerksamkeit gewidmet haben, wie dies bei der Universität von Leiden in den Niederlanden der Fall gewesen ist. Sie stellte im 17. und 18. Jahrhundert einen Mittelpunkt der Naturwissenschaften dar. Die dort praktizierte Zusammenarbeit zwischen der naturwissenschaftlichen Forschung und den handwerklichen Instrumentenmachern trugen wesentlich zu einer Weiterentwicklung der Präzisionsmechanik, aber auch der Glastechnologie bei.

Wenn in den folgenden Kapiteln mehr von der Großtechnik sowie von den produzierenden Gewerben und weniger von der Alltagstechnik zu lesen ist, so läßt sich das auf die Tatsache zurückführen, daß bis in das späte 18. Jahrhundert hinein von einer Technisierung der Gesellschaft nicht die Rede sein konnte. Zwar waren die Menschen, zumeist Männer, die in den Berg- und Hüttenrevieren oder in den metallverarbeitenden Betrieben entlang energiereicher Bachläufe in den Mittelgebirgen arbeiteten, den Umgang mit Antriebsmechanismen und Arbeitsmaschinen, die sich für damalige Verhältnisse als komplex erwiesen, gewohnt, was auf technisch einfacher Ebene auch für die Beschäftigten in den Manufakturen und städtischen Handwerksbetrieben galt, aber sie stellten eine Minderheit dar; denn trotz aller Fortschritte auf dem gewerblichen Sektor lebten immer noch über 80 Prozent der Gesamtbevölkerung auf dem Lande, wo sie im Laufe ihres weitgehend stationären Lebensganges der Technik lediglich in Gestalt von Werkzeugen, einfachen Ackergeräten, Karren, Acker- und Frachtwagen sowie Wasser- und Windmühlen zur Verarbeitung agrarischer und forstlicher Produkte begegneten. Durchziehendes Militär vermittelte allenfalls noch Kenntnisse über den Stand der Kriegstechnik, doch alles übrige kannte der Landbewohner in der Regel nur vom Hörensagen; es war ihm daher fremd und häufig auch unheimlich. Verbesserungen in der Haustechnik wie Wasserleitungen und Öfen, neue Transportmittel wie Kutschen und Karossen, mit bislang unbekannten Verfahren oder Produktionsmitteln hergestellte Luxuserzeugnisse, all dies konnten sich lediglich die Angehörigen einer schmalen Oberschicht leisten.

Wirtschaft und Staat

Ein skizzenhafter Überblick über den Stellenwert von Wirtschaft und Technik in den im 17. und 18. Jahrhundert dominierenden europäischen Staaten soll erkennen lassen, wie sich die Gewichte verschoben haben. Um 1580 war Spanien die größte Kolonialmacht in Europa. Seinen damaligen Reichtum verdankte es seinen Kolonien in Westindien und Amerika sowie dem darauf basierenden Dreieckshandel: In Europa produzierte Waren dienten in Afrika zum Ankauf von schwarzen Sklaven, die in die Kolonien verschifft wurden. Diejenigen, die die schreckliche Überfahrt überlebt hatten, mußten auf den Plantagen arbeiten, wo Zuckerrohr, Reis, Baumwolle, Tabak und andere Nutzpflanzen angebaut wurden. Diese Rohprodukte gelangten auf den europäischen Markt, wo man sie zum Teil weiterverarbeitete. Nach dem Handel mit Gewürzen war der Dreieckshandel das einträglichste Geschäft. Mit dem Sieg der Engländer über die Armada im Jahr 1588 begann dann der Niedergang des spanischen Weltreiches. Im Verlauf des 17. Jahrhunderts drängten Holland und England die Spanier im Seehandel zurück und gewannen auch die Oberhand im Sklavenhandel. Spanien blieb in seinem Inneren ein vom grundbesitzenden Klerus und Adel beherrschtes Land mit einem wenig ausgeprägten Gewerbesektor, ein Land, das weitgehend von den Silbereinfuhren aus den Kolonien lebte und wohl auch deshalb kaum technologische Impulse hervorbrachte.

Das politisch zersplitterte Italien mit seinen einstmals mächtigen Stadtstaaten hatte seine bedeutende Rolle als Handelsbrücke zum Orient und als technologisch innovative Region längst verloren, obgleich es in einigen Luxusgewerben, etwa mit der Glaserzeugung auf der Insel Murano, weiterhin eine europäische Spitzenposition einnahm. Auch das aus kaum zählbaren Herrschaftsgebilden bestehende Deutschland war im 17. Jahrhundert zur Bedeutungslosigkeit verurteilt. Es hatte durch den Dreißigjährigen Krieg hohe Bevölkerungsverluste erlitten, und seine Wirtschaftskraft war durch die erheblichen Zerstörungen entscheidend geschwächt. Der von den Landesherren mit kameralistischen Wirtschaftskonzepten eingeleitete Aufbau in den Territorien erstreckte sich bis in die ersten Jahrzehnte des 18. Jahrhunderts. Vermehrung der Bevölkerung und Ansiedlung neuer Gewerbe durch die Aufnahme von Glaubensflüchtlingen sowie die Erschließung größerer Siedlungsflächen zählten beispielsweise in Brandenburg-Preußen zu den wichtigsten staatlichen Maßnahmen. Technologisches Wissen und Know-how aus anderen Staaten wurden aufgenommen, aber die eigenen Leistungen in dieser Richtung waren noch sehr begrenzt. Eine Ausnahme bildeten etliche landesherrliche Residenzen, wo im Umkreis mäzenatisch gesinnter, an der Technik interessierter Fürsten kreative Zirkel von künstlerisch begabten Handwerkern, Technikern und Wissenschaftlern entstanden.

Die wirtschaftliche Führungsrolle in Europa übernahmen im letzten Drittel des

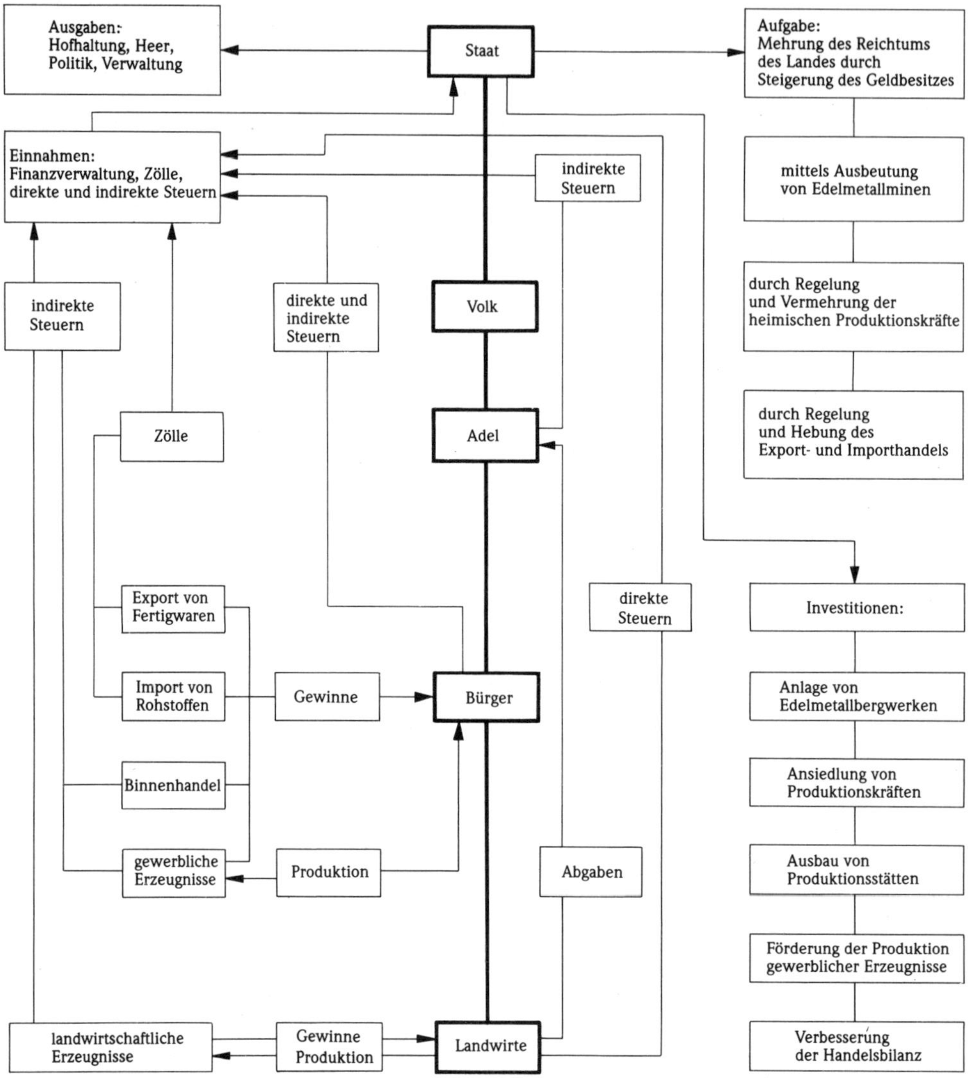

Mit Merkantilismus bezeichnet man zusammenfassend diejenigen volkswirtschaftlichen Anschauungen und Bestrebungen in Theorie und Praxis, die mittels einer national gelenkten Wirtschaft die Finanzkraft des Staates heben sollten: Der Reichtum eines Landes basiert auf dem Besitz von barem Geld. Geld entsteht – wenn es nicht durch Ausbeutung von Edelmetallminen der Natur abgewonnen werden kann – durch die richtige, staatliche Regelung und Hebung des Handels und der heimischen gewerblichen Manufakturproduktion exportfähiger Güter. Der Staat profitiert aus direkten und indirekten Steuern sowie Zöllen. Dieses System hat wesentlich zur Entfaltung des Absolutismus beigetragen.

System des Merkantilismus

16. Jahrhunderts die nördlichen Provinzen der Niederlande, die sich 1579 als Generalstaaten von der spanischen Fremdherrschaft befreit hatten. Im sogenannten Goldenen Jahrhundert, das bis zur Mitte des 17. Jahrhunderts reichte, entwickelte sich Holland zum europäischen Handels- und Finanzzentrum, besaß ein hochinnovatives Textilgewerbe, führte neue Methoden und Geräte in der Landwirtschaft ein und war zeitweise führend im Bau wissenschaftlicher Instrumente. Die merkantilistische Wirtschaftspolitik wurde in erster Linie durch den Aufbau einer Kriegs- und Handelsflotte gestützt, die Holland bis zur Mitte des 17. Jahrhunderts die stärkste europäische Seemacht bleiben ließ.

Die mächtigste politische Kraft stellte im 17. Jahrhundert allerdings Frankreich dar. Der Sonnenkönig Ludwig XIV. (1638–1715) war die Inkarnation des absolutistischen Herrschers. Der von seinem Finanzminister Jean Baptiste Colbert (1619–1683) durchgesetzte merkantilistische Wirtschaftskurs, der den Außenhandel ebenso zu aktivieren suchte wie den Ausbau der Gewerbe für Rüstung, Luxusbedarf und Infrastruktur, war letztlich nur bedingt erfolgreich, weil die Einnahmen durch die zahlreichen Kriege, die Frankreich im 17. und 18. Jahrhundert führte, wieder aufgezehrt wurden. Die Vertreibung der besonders in den Gewerben tätigen Hugenotten schwächten die Wirtschaftskraft des Landes erheblich. Das Anziehen der Steuerschraube zur Auffüllung der Staatskasse, die vom Luxusbedarf des französischen Hofes stark belastet wurde, verschärfte die Situation und traf vor allem das produzierende Gewerbe und die Unterschichten. Andererseits ist hervorzuheben, daß Frankreich im 17. und 18. Jahrhundert in etlichen technischen Bereichen einen führenden Platz eingenommen hat. Mit der Gründung der Académie des Sciences im Jahr 1666 in Paris schuf Colbert eine staatliche Institution, die mit wissenschaftlicher Forschung die Leistungsfähigkeit der Wirtschaft durch Innovationen steigern sollte. Die für Frankreich auch späterhin typische Verbindung von Theorie und Praxis zeigte sich beispielsweise beim Bau hervorragender wissenschaftlicher Instrumente und Meßgeräte, in der Chemie und im Schiffbau.

Trotz des Seesieges über die Spanier rückte England erst in der zweiten Hälfte des hier behandelten Zeitraumes an die Spitze der Weltmächte, blieb es dann aber bis in das 20. Jahrhundert hinein. In erster Linie war das auf die jahrzehntelangen Kämpfe zwischen Krone und Parlament zurückzuführen, die schließlich, nach dem Zwischenspiel der Republik unter Oliver Cromwell (1599–1658), mit der »Glorreichen Revolution« und der Umwandlung in eine konstitutionelle Monarchie ihren Abschluß fanden. England war und blieb vor allem ein Handelsstaat, der nach drei Seekriegen die Handelsvormacht der Niederlande zurückgedrängt hatte. Durch Kriege mit Frankreich und Spanien weitete man das Kolonialreich aus, das zahlreiche Rohstoffe lieferte, die auf der Britischen Insel weiterverarbeitet und dann zu einem erheblichen Teil auf den europäischen Markt gebracht wurden. Die wichtigste wirtschaftliche Grundlage stellte aber bis weit in das 18. Jahrhundert immer noch der Export von Rohwolle, etwas später ausschließlich von gefärbten Tuchen dar, deren Technologie allerdings erst durch Zuwanderer ins Land gebracht worden war. In einem einheitlichen, nach außen nur durch Zölle geschützten Handelsgebiet konnten sich Handel und Gewerbe weitgehend unbehelligt durch staatliche Reglementierungen entfalten. Die englische Landwirtschaft, zunächst noch stark unter niederländischem Einfluß stehend, entwickelte bereits seit dem späten 17. Jahrhundert neue Anbau- und Bodenbearbeitungsmethoden sowie neue Ackergeräte. Neben der überaus beachtenswerten Textilerzeugung mit Innovationen wie dem Strumpfwirkstuhl, dem Einsatz von Lochkarten oder von Schnellschützen in der Weberei zählten zu den besonders erfolgreichen Gewerben das Brauen des Biers, die Glaserzeugung und die Herstellung von Stahlwaren. Als Brennstoff fand dabei zunehmend die heimische Steinkohle Verwendung, die dann auch bei den ersten Dampfmaschinen und als Koks bei der Roheisenerzeugung eingesetzt wurde.

Neben diesen Branchen, die in der zweiten Hälfte des 18. Jahrhunderts die Leitsektoren der Industriellen Revolution geworden sind, ist noch auf den Aufschwung des Uhren- und Instrumentenbaues hinzuweisen, der nachweislich seine Impulse von der britischen Marine bekommen hat. Aber auch hier hielt sich der Staat, im Gegensatz zu den dirigistischen Maßnahmen auf dem Kontinent, mit direkten Eingriffen in die Wirtschaft und damit in die Technikentwicklung zurück, so daß sie sich ungestört entfalten konnten. Besonders innovativ waren dabei Unternehmer und Techniker, die als Nonkonformisten, also als Mitglieder protestantischer Glaubensrichtungen, von allen öffentlichen Ämtern ausgeschlossen waren. Wenn man mit dem Blick auf das 19. Jahrhundert von England als der »Werkstatt der Welt« spricht, so sind wesentliche Wurzeln für diese Entwicklung bereits in dem Zeitraum von 1650 bis 1750 zu finden.

Zu den Staaten, die in jener Epoche immerhin zeitweise in die Politik Westeuropas eingegriffen haben, gehörten Schweden und Rußland. Beide Mächte, Rußland allerdings erst unter Peter I. (1672–1725), betrieben eine merkantilistische Wirtschaftspolitik, die auch eine Hebung des technologischen Niveaus mit sich brachte. Beide Länder lebten aufgrund ihres Rohstoffreichtums im wesentlichen vom Export. Schweden mit seinen reichen Kupfer- und Eisenerzvorkommen, die noch heute mit Hilfe einer hochentwickelten Berg- und Hüttentechnologie gewonnen werden, erregte vor allem im 18. Jahrhundert das Interesse zahlreicher ausländischer Besucher. Ähnliches galt für den Ural, der unter Peter I. gewerblich erschlossen wurde und Europa mit hochwertigem Roheisen belieferte. Der relativ hohe Stand der Technik auf diesem Sektor hing mit dem verstärkten Ausbau von Heer und Flotte eng zusammen.

Bevölkerungsentwicklung und technologischer Wandel

Das Wachstum der Bevölkerung in Mittel- und Westeuropa verlief nach dem starken Einbruch durch die Pestpandemien während des Spätmittelalters wenig dynamisch, sieht man von den deutschen Territorien ab, wo sich nach den großen Verlusten des Dreißigjährigen Krieges eine deutliche Steigerung ergab. Erst mit dem Einsetzen der Industrialisierung kam es zu einer sprunghaften Bevölkerungsentwicklung, die dann bis in die jüngere Gegenwart hinein ohne größere Brüche anhielt. Diese – statistisch gesehen – ruhige Entwicklung war das Ergebnis eines komplexen Bündels sozialer, ökonomischer und physischer Ursachen, von denen nur einige der wichtigsten genannt seien. Bis in das späte 18. Jahrhundert hinein bildeten Hungersnöte, Seuchen und Kriege die Hauptursachen für rasche und rapide Bevölkerungsverluste, wobei für das 17. und 18. Jahrhundert die im Abstand von etwa fünfzehn bis zwanzig Jahren auftretenden Mißernten die verheerendste Rolle spielten. Kurzfristige Preissteigerungen bis zum Fünffachen beim Grundnahrungsmittel

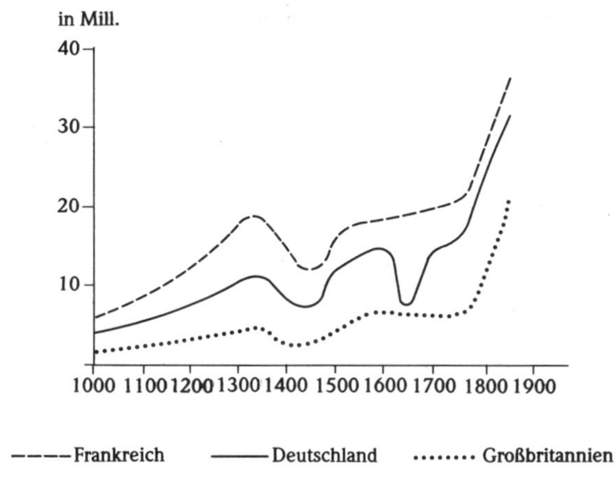

Bevölkerungsentwicklung einiger europäischer Länder zwischen 1000 und 1900 (nach Hinrichs)

Getreide riefen eine hohe Mortalität durch Hunger und Krankheit vor allem bei den einkommensschwachen Schichten, also der Bevölkerungsmehrheit, hervor. Andererseits resultierte das mäßige Bevölkerungswachstum auch daraus, daß die vorindustrielle Gesellschaft bei einem sich kaum ändernden Nahrungsspielraum »autoregulative Systeme« (E. Hinrichs) entwickelt hatte, beispielsweise die sozialer Kontrolle unterliegende Heraufsetzung des Heiratsalters, wodurch die Geburtenzahl deutlich reduziert wurde.

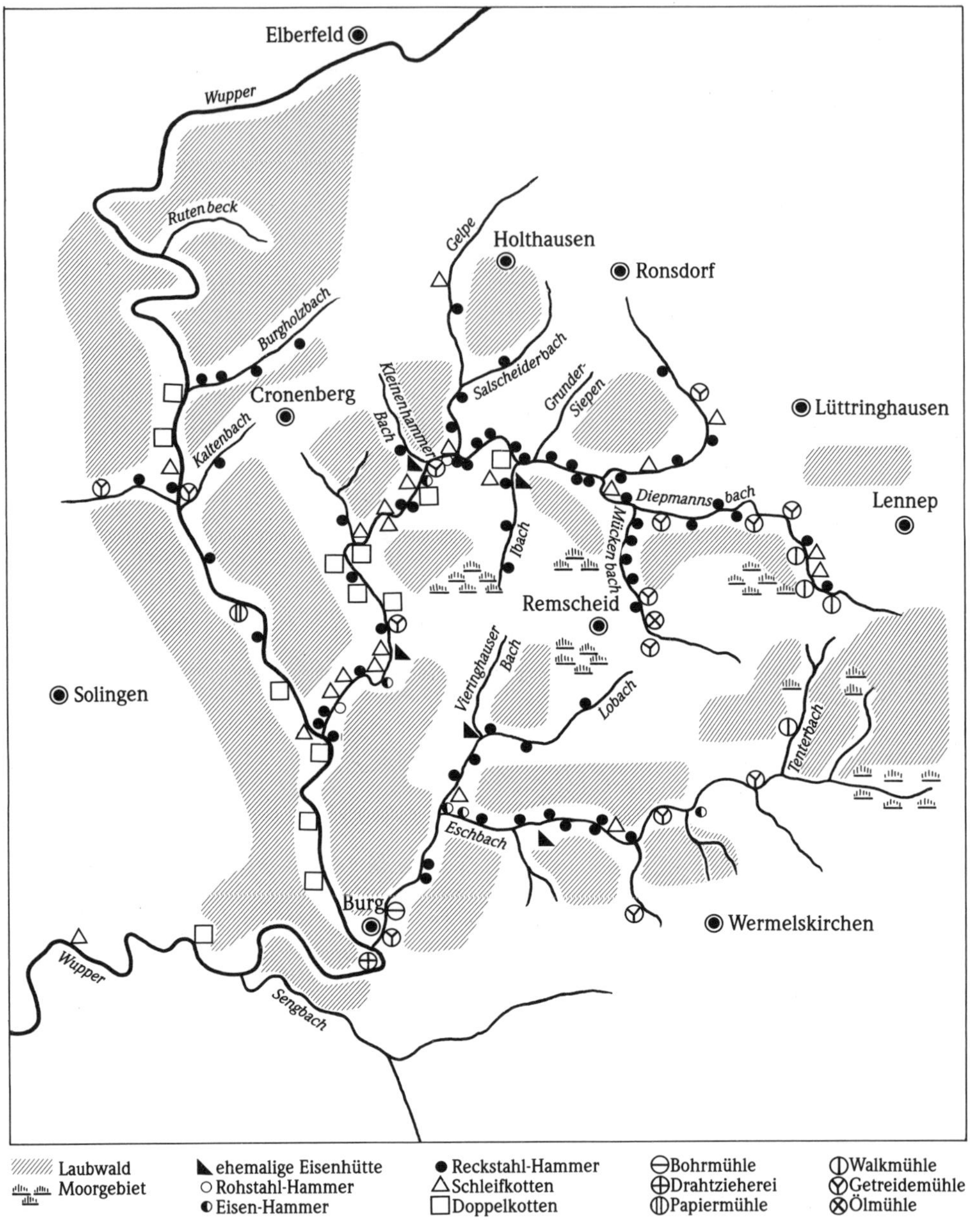

Die Wasserkraftanlagen im Remscheid-Cronenberger und Lüttringhauser Gebiet um 1700 (nach Engels und Legers)

Einige Technikhistoriker vermuten zwischen dieser fast statischen Bevölkerungsentwicklung und der von ihnen diagnostizierten Stagnation des technischen Wandels einen engen Zusammenhang, ohne ihn konkret belegen zu können. Allerdings haben Kriege, Epidemien, Geldentwertung und hohe Getreidepreise zu einem Sinken der Nachfrage nach gewerblichen Erzeugnissen und damit zu einem Rückgang der Produktion geführt. Unter diesen Umständen war bei Handwerk und Gewerbe die Neigung zu kostenaufwendigen Innovationen naturgemäß gering, und demzufolge schien sich auch technische Kreativität nicht sonderlich zu lohnen. Die Vertreter dieser These, Bertrand Gille und Maurice Daumas, führen als Beleg folgende Indizien an: Bis zum Ende der Renaissance, also etwa bis zur Wende vom 15. zum 16. Jahrhundert, habe die im wesentlichen auf der Mechanik und dem Werkstoff Holz beruhende Technik ihre Möglichkeiten weitgehend ausgereizt. In den nachfolgenden Jahrhunderten bis zum Beginn der Industriellen Revolution sei es »nur« noch um Abwandlungen und Effektivitätssteigerungen sowie um die breite Anwendung und Übertragung in andere Gewerbezweige einer bereits bekannten Technik gegangen. Als Beispiel wird der Bergbau angeführt, wo von den Zeiten des Georgius Agricola (1494–1555) bis zum Ende des 18. Jahrhunderts nur wenige Innovationen zu verzeichnen seien. Lediglich in der chemisch-metallurgischen Verfahrenstechnologie habe es nennenswerte Ergebnisse gegeben. Insgesamt gesehen handele es sich daher im Zeitraum zwischen 1550 und 1750 um eine Stagnation des »Progrés technique«, um eine Phase des Überganges, in der der moderne Fortschrittsgedanke zwar seine Geburt erlebt habe, aber bedauerlicherweise noch nicht zum Zuge gekommen sei.

Dem zweiten Ansatz, die Rolle der Technik im 17. und frühen 18. Jahrhundert einzuschätzen, liegt zwar ebenfalls der Fortschrittsgedanke zugrunde, aber seine Verfechter wie Friedrich Klemm schreiben dieser Epoche mehr die Rolle der Wegbereiterin für die Industrielle Revolution zu. Dabei wird nachdrücklicher die beginnende Wechselwirkung zwischen der vorhandenen Technik und den neu entstehenden Naturwissenschaften im 17. Jahrhundert betont. – Besonders der erste Erklärungsansatz mit der Vorstellung von einer internen Logik der technischen Entwicklung wird in der Technikgeschichte seit einigen Jahren mit zunehmender Skepsis betrachtet. Statt des immer fragwürdiger werdenden Fortschrittsbegriffes benutzt man den wertfreien weil »richtungslosen« Terminus »Technischer Wandel« oder man spricht von »technischen Veränderungen«. Unter dieser Prämisse ergibt sich für den hier anstehenden Zeitraum eine neue Perspektive, bei der nicht nur ständig nach dem bisher noch nicht Dagewesenen und damit vermeintlich a priori Besseren, sondern auch nach der bestmöglichen, das heißt ökonomischsten und sozial verträglichsten Veränderung vorhandener Technik gefragt wird. Immerhin versperrt dieser Zugang nicht den Blick für vermeintliche Sackgassen und tatsächliche Irrwege technischer Entwicklungen in der Vergangenheit.

Die Abkehr vom dogmatischen Fortschrittsparadigma mit seiner Fixierung auf die spektakulären Ereignisse in der Technikgeschichte kann, so soll nachfolgend gezeigt werden, den Blick auf den »stillen«, den allmählichen für das 17. und 18. Jahrhundert so typischen technologischen Wandel öffnen. Die Übertragung eines in einem bestimmten Gewerbe schon lange bewährten technischen Verfahrens oder einer Maschine in einen anderen Gewerbebereich, wie es sich am Beispiel von Ölstampfe – Erzpochwerk – Pulverstampfwerk verdeutlichen läßt, war ein langwieriger Vorgang, der in der Regel zahlreiche technische Veränderungen erforderlich machte. Aber gerade dies war eine der großen Leistungen jener Epoche, nämlich die fast völlige Ausschöpfung der konstruktiven Möglichkeiten bei der Anwendung der Mühle als Antriebskraft für eine Vielzahl von Arbeitsmaschinen in den unterschiedlichsten Gewerben. Eng mit der Mühlentechnologie verbunden war zudem das Bestreben, Produktionsprozesse soweit wie möglich zu mechanisieren. Daß man bei einer Teilmechanisierung in erster Linie die Rohstoffaufbereitung und Veredelung des Produktes, aber nicht den »Kernprozeß« erfaßte, der weiterhin Handarbeit blieb, lag auch daran, daß der an Festigkeit dem Holz überlegene und für die Herstellung von großen Maschinenteilen erforderliche Werkstoff Eisen vor der Mitte des 18. Jahrhunderts noch nicht in größeren Mengen zur Verfügung stand.

Technologietransfer

Die stärkere Konzentration der neuen Mächte Holland, England und Frankreich auf den Überseehandel und die damit verbundene Sicherung von Einflußgebieten und Kolonien ging mit einer Verlagerung des innovativen Zentrums, das im Mittelalter eindeutig in Oberitalien und Oberdeutschland gelegen hatte, an die Nordwestküste Europas einher. Zahlreiche technische Neuerungen, beispielsweise der nun immer wichtiger werdende Bau von großen Kriegs- und Handelsschiffen, schufen zum Teil überhaupt erst die Voraussetzungen für die ökonomische Expansion.

Die Entstehung dieser neuen Zentren von Wirtschaft und Technik war ein langfristiger Vorgang, der bereits in der zweiten Hälfte des 16. Jahrhunderts begonnen hatte. Mit dem Rückgang der wirtschaftlichen Bedeutung der Regionen beiderseits der Alpen hatte dort auch die Bereitschaft zu technischen Innovationen nachgelassen. Viele Handwerke verschlossen sich arbeitskräftesparenden Neuerungen, und der technisch hochstehende Metallerzbergbau geriet vor allem durch die Silberschwemme aus Amerika zunehmend unter Kostendruck, so daß weitere Investitionen sich nicht mehr rentierten und zu einem zeitweisen Niedergang führten. Im Verlauf dieser lange anhaltenden Krise wanderten zahlreiche Handwerker, insbesondere aus dem Metallgewerbe, Berg- und Hüttenleute und Glasmacher ab, um sich neue Erwerbsmöglichkeiten in Holland, England und Frankreich, aber auch in Skandinavien und Rußland zu suchen. Als Träger von technischem Wissen wurden sie dort meist gern aufgenommen, und in einigen Fällen bildeten sie bald die Keimzelle neuer Gewerbezweige oder trugen zumindest zur Steigerung des technischen Niveaus bei. Der Technologietransfer durch qualifizierte Personen in der frühen Neuzeit stellte allerdings kein Novum dar, sondern war seit dem Beginn der Seßhaftigkeit des Menschen der wichtigste Weg, auf dem technisches Wissen in andere Räume übertragen wurde und letztlich noch heute übertragen wird. Hinzu kamen Reiseberichte von Kaufleuten und Pilgern oder Mitteilungen von Kriegern über anderwärts vorhandene Technik, die aber nur bei Werkzeugen oder einfachen Verfahrensprozessen praktischen Wert für den Empfänger der Information besaßen.

Die Erfindung des Buchdrucks mit beweglichen Metallettern durch Johannes Gutenberg (um 1397–1468) hatte einer neuen Literaturgattung, dem technischen Fachbuch mit seinen Beschreibungen und Abbildungen von Apparaten und Maschinen, zu einem ungewöhnlichen Aufschwung verholfen, der auch im 17. und 18. Jahrhundert ungebrochen blieb. Allerdings darf man den Informationsgehalt von technischen Beschreibungen und Zeichnungen – und auch das gilt teilweise noch heute – nicht überschätzen. Nur wer bereits eine ähnliche Maschine gebaut hatte, war vielleicht imstande, nach einer technischen Vorlage zu bauen. Doch selbst das war keine Garantie dafür, daß die Maschine funktionierte; denn hierzu bedurfte es in der Regel einer langjährigen praktischen Erfahrung nicht nur des Erbauers, sondern auch der mitbeteiligten Handwerker und Hilfskräfte. Das technische Fachbuch diente daher bis in das späte 17. Jahrhundert hinein wohl vorwiegend der Erstinformation, aber nicht als Bauanleitung. Erst als sich allmählich eine breite Techniker- und Handwerkerschicht ein technisches Grundwissen angeeignet hatte, erhielten die »Maschinenbücher« oder die »Mühlenbücher«, wie sie genannt wurden, ihren Wert als Vorlagen. Wichtiger aber war vielleicht, daß die technische Literatur dem fachkundigen Benutzer Anregungen für Verbesserungsinnovationen an bereits vorhandenen Maschinen und Apparaten lieferte, die ohne größere Schwierigkeiten realisiert werden konnten.

Nach wie vor also erfolgte der Technologietransfer im wesentlichen über Personen. Dennoch änderten sich im behandelten Zeitraum die Formen und Methoden, wie man diesen Transfer möglicherweise verbessern könnte, wobei, und das war neu, der Staat beziehungsweise manche seiner Behörden die Beschaffung und Verbreitung von technischem Wissen zu beschleunigen suchten. Mit dem Wachstum der Bevölkerung erhöhte sich allmählich auch die Zahl derjenigen Menschen, die über ein technisch-praktisches Wissen verfügten, was die Möglichkeit des Technologietransfers erheblich steigerte. Wo früher eine Einzelperson, beispielsweise ein Spezialist für Wassermühlenbau, in eine andere Region abwanderte, wollten nun unter Umständen ganze Familien oder Gruppen von Handwerkern ihre Heimat verlassen und anderwärts arbeiten. Die Gründe dafür waren unterschiedlich: wirtschaftliche Strukturschwächen und damit verbundene schlechte Absatzlage für das Handwerk, hohe Steuern, Hungersnöte, Seuchen, Krieg. Mit dem Beginn der Gegenreformation kam noch eine weitere, für jene Jahrzehnte typische Erscheinung hinzu, nämlich die religiöse Intoleranz. Flämische Protestanten flohen aus den Spanischen Niederlanden nach England, Schweden und in andere aufnahmebereite Länder Europas. Die Aufhebung des seit 1598 bestehenden Toleranz-Ediktes von Nantes im Jahr 1685 durch Ludwig XIV. rief einen Flüchtlingsstrom von fünfhunderttausend französischen Hugenotten hervor. Mit ihm ging, sehr zum wirtschaftlichen Schaden Frankreichs, hohes handwerkliches Können, vor allem aus dem Sektor der sogenannten Luxusgewerbe, außer Landes, ein erheblicher Teil davon unter anderem in das vom Dreißigjährigen Krieg heimgesuchte Deutschland, wo die Immigranten hochwillkommen waren.

War der Technologietransfer durch Vertreibung eher eine unbeabsichtigte Nebenerscheinung religiöser Intoleranz, so versuchten insbesondere die absolutistisch regierten Staaten die gewünschten Techniken durch Abwerbung ausländischer Spezialisten ins Land zu holen. Das Versprechen guter Arbeits- und Verdienstmöglichkeiten sowie von Privilegien, etwa der zeitweiligen Steuerbefreiung, waren die gebräuchlichsten Lockmittel, aber es kamen auch Fälle von gewaltsamer Entführung vor oder, wie im Falle des Porzellanerfinders Johann Friedrich Böttger (1682–1719), von Freiheitsberaubung. Das Androhen der Todesstrafe bei Geheimnisverrat oder Auswanderung sollte wiederum den Technologietransfer in andere Länder verhindern.

In der Regel aber waren sowohl staatliche Instanzen als auch Einzelunternehmer bestrebt, sich technische Informationen auf legalem Weg aus dem Ausland zu beschaffen, indem man Kontakte knüpfte und die Objekte, an denen man ein Interesse hatte, möglichst in Augenschein nahm. Mit der Kutsche stand nun neben dem Reitpferd ein Transportmittel zur Verfügung, dessen Benutzung zwar immer noch höchst beschwerlich war, das aber mit dem wachsenden Netz von Posthaltereien und Herbergen wenigstens vor den Unbilden der Witterung schützte und durch häufigen Pferdewechsel größere Reisegeschwindigkeit erlaubte. Neben der Information durch das technische Buch war dies ein weiteres wichtiges Mittel zum Wissenstransfer, der meist den eigentlichen Technologietransfer vorbereitete. In diesem Zusammenhang ist erwähnenswert, daß seit dem späten 17. Jahrhundert die übliche Reise des jungen Adligen durch Europa, die »Kavalierstour«, bei der Paris, London und Venedig zum Pflichtprogramm gehörten, eine inhaltliche Erweiterung erfuhr. Man suchte nicht nur Kunst, Kultur und die höfische Lebensart der Nachbarländer kennenzulernen, sondern besichtigte auch, soweit dies gestattet wurde, militärische Einrichtungen, technische Großanlagen, Manufakturen, Berg- und Hüttenwerke sowie Werkstätten, um diese Kenntnisse später auf den eigenen Besitzungen oder in der staatlichen Verwaltung zu verwerten. Im 18. Jahrhundert sandten vor allem technologisch ins Hintertreffen geratene Staaten, was beispielsweise auf viele deutsche Territorien zutraf, adlige höhere Beamte nach England, Frankreich oder Skandinavien, die über gute Kontakte zu ihren dortigen Standesgenossen verfügten, und gaben ihnen als Begleiter einen »Verwandten« bei. In Wahrheit war dies meist ein Techniker, der den Auftrag hatte, heimlich Skizzen von Maschinen anzufertigen oder, wo dies nicht möglich war, wenigstens »mit den Augen zu stehlen«. Diese Art der Industriespionage, die in der Regel von Ländern mit niedrigerem technischen Niveau ausging, sollte dann mit dem Einsetzen der Industrialisierung in England noch beträchtlich zunehmen.

Auf hoher geistiger Ebene erfolgte der Austausch von technischem Wissen im 17. und 18. Jahrhundert vornehmlich durch die anschwellende internationale Korrespondenz der Wissenschaftler. Dabei wurden, beispielsweise von dem Universalgelehrten Gottfried Wilhelm Leibniz (1646–1716), mit den angeschriebenen Kollegen nicht nur philosophische und mathematische, sondern auch ganz konkrete technische Probleme erörtert. Da die Mitglieder dieser »Gelehrtenrepublik«, deren Esperanto das Lateinische war, häufig auch im Staatsdienst standen, versuchten sie, über das eigentliche wissenschaftliche Anliegen hinaus und ohne schlechtes Gewissen den Briefpartner auszufragen. Zweifellos beschleunigte diese Form des Austausches, die den wissenschaftlichen Veröffentlichungen entweder vorauseilte oder auf sie reagierte, den technologischen Diffusionsprozeß.

Technik und Staat

Da Sicherung und Ausbau der Macht nach innen und nach außen von den Regierungen als Hauptaufgabe angesehen wurden, standen Organisation und Ausrüstung des stehenden Heeres sowie bei den Seemächten der Aufbau der Kriegsflotte an erster Stelle. Obwohl merkliche Weiterentwicklungen nur bei den Handfeuerwaffen geschahen, während die Artillerie bis weit in das 19. Jahrhundert hinein fast unverändert blieb, sorgten einheitliche Bewaffnung und Uniformierung sowie das Exerzierreglement, das die Handhabung des Gewehres in eine Vielzahl von Einzeloperationen zerlegte, für eine gewisse Standardisierung, die ohne Zweifel auch die arbeitsteilige Kooperation in den sich ausbreitenden Manufakturen bestimmte. Diese Produktionsform war am besten für die Massenerzeugung von gleichartigen Produkten wie Gewehren, Uniformen, Gold- und Silbertressen sowie anderen Ausrüstungsgegenständen geeignet.

Die Verwaltungen in den absolutistisch regierten Staaten strebten eine zentrale Förderung und Lenkung der Wirtschaft an, wofür gute Kenntnisse von Geographie, Natur und Bevölkerung des Landes erforderlich waren. Mit der Vermessung des Landes durch eigens ausgebildete Offiziere, dem Bau von Kanälen, Brücken, Chausseen, Festungen, Kasernen, Kornmagazinen und weiteren öffentlichen Großbauten wurden technische Innovationen auf diesem Sektor angeregt und vielerorts erstmals realisiert, wobei Bautechnik und Mathematik eine zunehmend engere Verbindung eingingen. Die Uhr, bis zur Mitte des 17. Jahrhunderts mehr als Repräsentationsstück und Symbol denn als genauer Zeitzeiger genutzt, wurde auf Verlangen der britischen Marine mit wissenschaftlicher Hilfestellung zum ganggenauen Chronometer für die Längenbestimmung auf See weiterentwickelt.

Staaten, die über Bodenschätze, insbesondere Edel- und Buntmetalle verfügten, hatten zum Teil schon seit dem Spätmittelalter eigene Bergverwaltungen aufgebaut und damit einen ständigen kontrollierten Zugriff geschaffen. Unter Ausschaltung der Privatwirtschaft, die lediglich als Geldgeber fungieren durfte, hatten diese Staaten das sogenannte Direktionsprinzip entwickelt, dem auch die technische Seite des Montanwesens unterstand. Insofern bestimmte die staatliche Bergverwaltung, welche technischen Innovationen zu tätigen oder, was auch vorkam, zu unterlassen waren.

Aber politische und ökonomische Macht zeigte sich im barocken Selbstverständnis nicht nur durch militärische Stärke und eine gute Infrastruktur, sondern ebenso durch Prachtentfaltung auf verschiedenste Weise. Dabei reichte die Skala von den Residenzen und Lustschlössern mit ihrer aufwendigen Architektur und ihren kostbaren Innenausstattungen bis hin zu den Theatern, Festumzügen und Feuerwerken. Hier floß das Geld hin, und damit erhielt die in diesen Bereichen eingesetzte Technik kreative Spielräume, unbelästigt von den starren Vorschriften der Zünfte, die gegen eine direkte Privilegierung von Handwerkern und Technikern durch die Landesherrschaft keinerlei Handhabe besaßen. Auf diese Weise erfuhren insbesondere die sogenannten Luxusgewerbe, bei denen noch eine enge Verbindung von Technik und Kunst vorhanden war, aufgrund der starken Nachfrage durch die kaufkräftige Oberschicht einen starken Aufschwung, häufig ungeachtet der Tatsache, ob die dort vorgenommenen Innovationen einem breiten und wirklich notwendigen Bedarf entsprachen. Ein typisches Beispiel waren die von fürstlicher Seite mit hohen Summen unterstützten Versuche zur Nacherfindung des Porzellans, die schließlich erfolgreich endeten. Wenn man wie Werner Sombart die Luxusgewerbe als ein wesentliches Movens der Wirtschaft in Richtung auf den Kapitalismus ansieht, dann sollte man allerdings nicht vergessen, daß damit von einer ganzen Epoche deutliche Akzente in der technischen Entwicklung gesetzt worden sind, die unter anderen gesellschaftlichen Rahmenbedingungen bei gleichem technologischen Niveau zu einer anderen Technik hätten führen können.

Energiepotentiale und Energienutzung

Eine aussagekräftige Methode, den gegenwärtigen technischen Stand und die Wirtschaftskraft eines Staates oder einer Region in Zahlen auszudrücken, ist die Ermittlung des Prokopfverbrauches an Energie. Für den hier dargestellten Zeitraum steht dieses Verfahren mangels statistischen Materials nicht zur Verfügung, so daß die Historiker nur sehr grobe Schätzungen vornehmen können, die zudem auf der Interpretation äußerst lückenhafter und heterogener Quellen beruhen. Nach Fernand Braudel ergibt sich am Vorabend der Französischen Revolution für Europa in etwa folgende Energiebilanz: »Nach ihrer Bedeutung gestaffelt, stehen dem alten Kontinent an Energiequellen zur Verfügung: die Zugkraft von 14 Millionen Pferden und 24 Millionen Rindern, die (bei einem Viertel PS pro Tier) eine Gesamtleistung von rund 10 Millionen PS erbringen; an zweiter Stelle das Holz mit etwa 4 bis 5 Millionen PS; weiter die Wassermühlen mit 1,5 bis 3 Millionen PS; dann die Menschen selbst, das heißt 50 Millionen Arbeiter mit 900.000 PS; und schließlich die Segel mit maximal 233.000 PS, die Kriegsmarine nicht eingerechnet.«

Da es Braudel bei seiner Bilanz in erster Linie darum geht, die Vorrangstellung von tierischer Muskelkraft und Brennholz vor Beginn der Industrialisierung nachzuweisen, erwähnt er den Beitrag der Windmühlen, »die nur ein Drittel oder Viertel der von den Wassermühlen erzeugten Energie liefern«, die Flußschiffahrt, die Holzkohle und die zunehmend an Bedeutung gewinnende Steinkohle nur beiläufig. Insgesamt gelangt er zu der Feststellung, daß vor allem zwischen dem 15. und dem 17. Jahrhundert zweifellos ein deutliches Wachstum des Energieeinsatzes zu beobachten ist, das sich dann ab dem zweiten Drittel des 18. Jahrhunderts sogar noch beschleunigt hat. Andererseits muß auch hervorgehoben werden, daß die in der vorindustriellen Epoche dominierenden Energiepotentiale, also tierische Kraft, Holz sowie Wasser- und Windkraft, allmählich durch eine verbesserte Ökonomie und Technik so ausgeschöpft wurden, daß von dort aus kaum noch Wachstumsimpulse ausgehen konnten. Erst die zunehmende Verwendung der Steinkohle als des wichtigen neuen Energieträgers für Prozeßwärme und Maschinenantrieb überwand den sich anbahnenden Energiemangel auf dem europäischen Kontinent.

Diese Globalschätzung der europäischen Energiesituation liefert natürlich nur einen undifferenzierten Gesamtüberblick, der die krassen Unterschiede hinsichtlich der geographischen Verteilung der Ressourcen und damit die unterschiedliche wirtschaftliche und technische beziehungsweise die daraus resultierende politische

Potenz verschleiert. Insbesondere die Dreiheit – Bodenschätze, reichlich verfügbare Wasserkraft und Wald – in den europäischen Mittelgebirgen hatte schon im Mittelalter die Bildung von Montanlandschaften, beispielsweise im Harz, in Tirol, dem Erzgebirge, der Steiermark oder in Schweden, begünstigt. Hier ballte sich in der Hoffnung auf überreiche Erträge das Investitionskapital und mit ihm die technische Kreativität. Andererseits konnten bei entsprechend günstigen Faktoren, zum Beispiel bei guter Verkehrslage und bei verläßlichem Wind, rohstoff- und wasserenergiearme Gebiete wie die Niederlande zu Produktionslandschaften und Handelszentren aufsteigen.

Ein großer Nachteil der vorindustriellen Energienutzung lag darin, daß vor allem bei den meisten Wasserläufen eine vollständige Ausnutzung des tatsächlichen Energieangebotes wegen der erheblich geringeren statischen Belastbarkeit des Werkstoffes Holz nicht annähernd möglich war. Ein weiteres Hindernis für eine optimale Nutzung von Wasser- und Windenergie war ihre Standortgebundenheit, das heißt, sie war nicht transportierbar. Obwohl also das vorindustrielle Energiepotential feste Grenzen hatte, waren innerhalb des Systems Spielräume gegeben, die besonders im 17. und 18. Jahrhundert weitgehend ausgelotet wurden und eine solide Plattform für die späteren industriellen Prozesse abgaben. Mit der Entwicklung der Dampfmaschine, deren Ansätze bis in die Mitte des 17. Jahrhunderts zurückreichen, wurde dann ein wichtiger Schritt zur Sprengung des scheinbar begrenzten Energiesystems unternommen.

Der Einsatz menschlicher und tierischer Muskelkraft

Die generell seit dem Mittelalter vorherrschende Tendenz, schwere körperliche Arbeit zu erleichtern oder durch den Einsatz von Maschinen möglichst ganz zu ersetzen, erweiterte sich im 17. und 18. Jahrhundert. Aber es gab auch fortan zahlreiche Arbeitsbereiche, in denen diese Möglichkeit nicht bestand beziehungsweise der Einsatz der Wasserkraft unökonomisch oder zu kostenaufwendig war. Dies galt in besonderem Maße für Arbeitsvorgänge, bei denen schwere Lasten horizontal wie vertikal bewegt werden mußten, etwa im gesamten Bauwesen oder an den Hafenkais. Die dafür zur Verfügung stehenden Hilfsmittel wie einfache Haspelwinden, Spills und Kräne, deren Seilwinden durch einfache oder doppelte Treträder bewegt wurden, waren seit der Antike bekannt und wurden in ihrer Konstruktion nur unwesentlich verbessert. Zwar enthalten die Maschinenbücher seit dem 16. Jahrhundert eine Fülle von Anregungen, wie man mit Hilfe komplizierter Flaschenzüge, Getriebe, Spindeln und Seilführungen Lasten von mehreren Tonnen Gewicht heben könne, aber nur wenige dieser teilweise abstrusen Vorschläge sind wohl verwirklicht worden. Zumindest sind die aus jener Zeit noch als

1. Antrieb einer Mühle durch tierische Muskelkraft. Kupferstich in dem 1618 in Leipzig erschienenen »Theatrum machinarum« von Heinrich Zeising. München, Deutsches Museum

Original vorhandenen Tretradkräne durchweg von einfacher Konstruktion, und auch die in Archiven aufbewahrten Konstruktionsunterlagen bestätigen dies.

Die Begründung dafür liegt auf der Hand. Mit jeder zusätzlichen Umlenkung des Hanfseiles über Rollen vergrößerte sich die Reibung und erschwerte oder verlangsamte sich die beabsichtigte Bewegung der Last. Der Leipziger Mechaniker Jacob Leupold (1674–1727), dessen unvollendet gebliebenes achtbändiges »Theatrum machinarum« das Maschinenbauwissen der vorindustriellen Zeit zusammenfaßt und schon ganz vom rationalen Geist der Frühaufklärung durchdrungen ist, ging mit den Autoren der Maschinenbücher zum Teil hart ins Gericht, weil deren Entwürfe in der Fertigung zu aufwendig, zu kompliziert und zu teuer seien und zudem wegen zu hoher Reibungsverluste ungenügende Leistungen erwarten ließen. Und er gelangte 1725 bei der Analyse einer komplizierten Hebeeinrichtung zu dem Schluß: »Hieraus kann ein Anfänger der Mechanic gar leichte ersehen, daß die einfältigsten Arthen bey Machinen die besten und sichersten sind.« Die bis in das 19. Jahrhundert hinein üblichen großen Turmdrehkräne in den See- und Flußhafenstädten verfügten in der Regel über zwei Innentrettrommeln, die von jeweils bis zu vier Personen angetrieben wurden, wobei Seil oder auch Kette über wenige Rollen liefen. Auf diese Weise ließen sich größere Lasten relativ rasch heben. Allerdings gab es dabei nicht selten Unfälle, wenn die Arbeiter in den Trommeln die Last nicht mehr mit ihrem Gewicht zu halten vermochten und es versäumt hatten, rechtzeitig herauszuspringen. Sperrklinken gab es in diesen völlig aus Holz bestehenden Anlagen noch nicht. Erwähnenswert ist in diesem Zusammenhang, daß in den Treträdern seit dem 17. Jahrhundert nicht nur Lohnarbeiter, sondern auch Sträflinge aus den neu aufgekommenen »Zucht- und Arbeitshäusern« beschäftigt wurden.

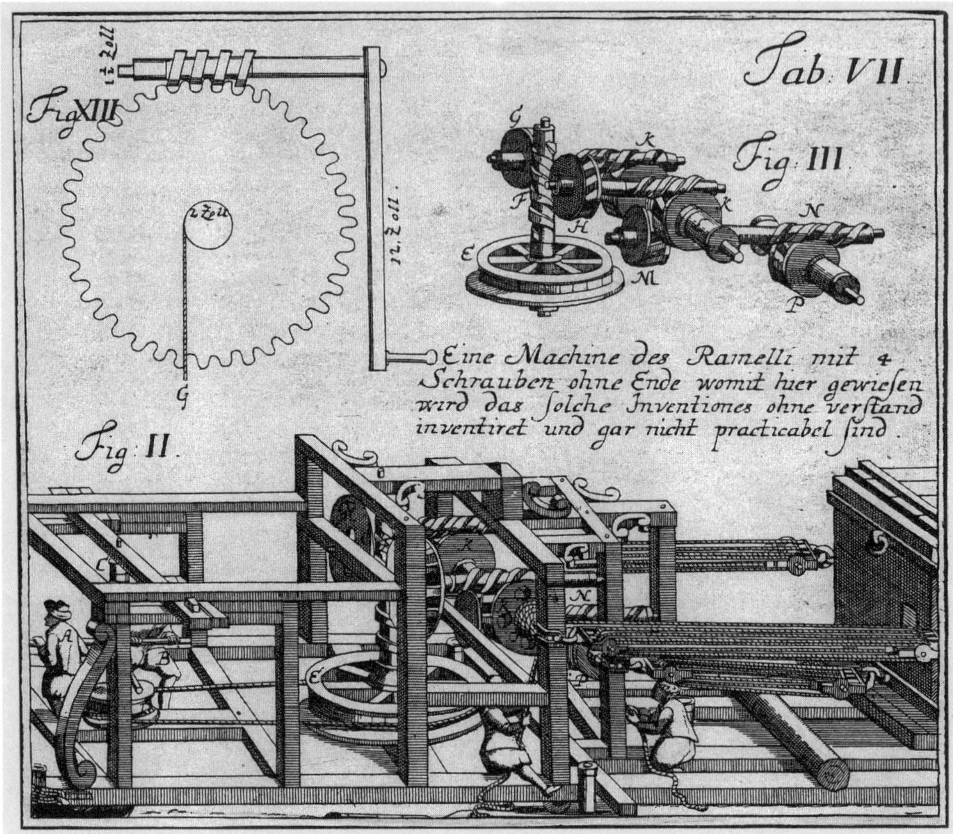

2. Manieristischer Entwurf einer Maschine für den Lastentransport von Agostino Ramelli. Kupferstich in dem 1735 in Leipzig erschienenen »Theatrum machinarum molarium« von Johann Matthias Beyer. Leipzig, Universitätsbibliothek

Aber nicht allein beim Heben von Lasten war Muskelkraft erforderlich, denn man benötigte sie zum Antrieb von Arbeitsmaschinen auch dort, wo keine Wasser- oder Windkraft zur Verfügung stand. Vor allem in den meist engen Werkstätten der Handwerker, jedoch auch in den Manufakturen wurden kleinere Arbeitsmaschinen wie Drehbänke oder Schleifräder durch mit Handkurbeln versehene Schwungräder angetrieben. Aber ebenso konnten die hochproduktiven Zwirnmühlen anstatt mit Wasserkraft durch Menschen bewegt werden. Für diese monotone Tätigkeit wurden vorzugsweise Kinder oder Lehrlinge eingesetzt. Bei größeren Arbeitsmaschinen wie Mahl- und Stampfwerken sowie zur Förderung im Bergbau nutzte man weiterhin den von Ochsen oder Pferden bewegten Göpel sowie die schräggestellte Ochsentretscheibe. – Insgesamt läßt sich feststellen, daß der Einsatz der Muskelkraft keineswegs zurückging, sondern im Gefolge einer wachsenden Bevölkerungszahl

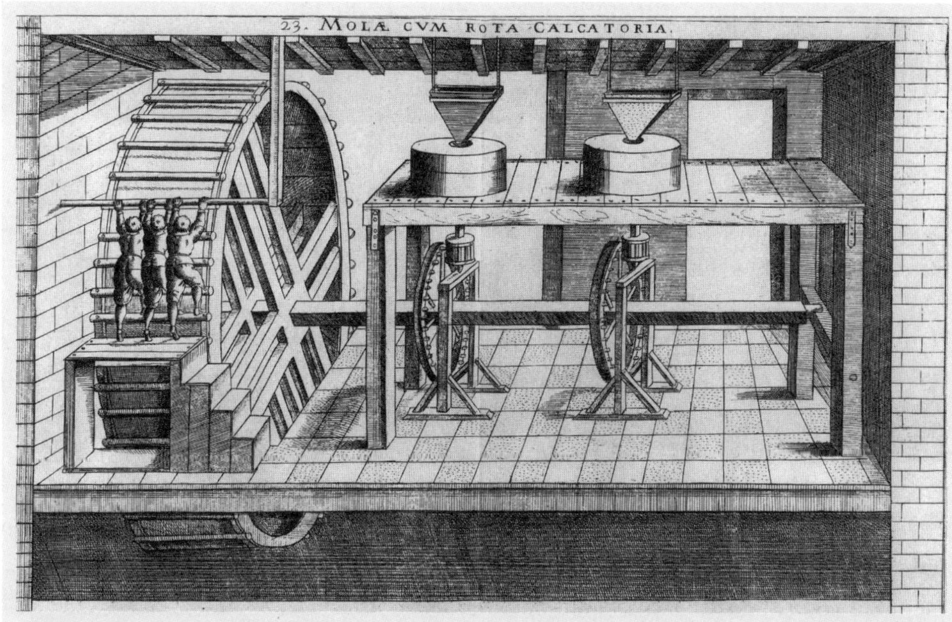

3. Antrieb einer Mühle mittels eines Außentretrades. Kupferstich in dem 1615 oder 1616 in Venedig erschienenen Werk »Machinae novae« von Fausto Veranzio. Privatsammlung

sogar anstieg. Bei den nicht am Wasser gelegenen Kleinbetrieben brachte letztlich erst der Elektromotor die Abkehr vom Antrieb durch Muskelkraft. Auch wenn im 17. und 18. Jahrhundert allmählich wissenschaftliche Erkenntnisse im Maschinenbau Eingang fanden und damit der Wirkungsgrad meßbar gesteigert wurde, änderte das nichts an der Tatsache, daß der Mensch, sofern man ihn als »Motor« benutzte, durch eine kräftezehrende, gleichförmige Arbeit frühzeitig körperlich verschlissen wurde.

Holz und Steinkohle als Energieträger

Nächst der Muskelkraft war das Holz als Brennstoff der maßgebliche Energieträger der vormodernen Epoche, zugleich aber auch der wichtigste Bau- und Werkstoff. Allerdings war für den zweiten Verwendungszweck in erster Linie nur das starke Stammholz brauchbar. Eine durchaus plausible These lautet dahingehend, daß die Verlagerung des Machtzentrums aus dem Mittelmeerraum in die Gebiete nördlich der Alpen unter anderem auf den dortigen Reichtum an Wald und Gewässern, das heißt an die darin gelegenen Energiepotentiale, zurückzuführen sei, während die islamische Welt schon frühzeitig unter Holzmangel litt und somit zunehmend machtpolitisch ins Hintertreffen geriet, weil sie auf Dauer nicht mehr in der Lage war, die Schiffskanonen, deren Metall mit dem Brennstoff Holz erschmolzen werden mußte, zu bauen, um der abendländischen Welt Paroli bieten zu können.

Das Wachstum der Bevölkerung im Mittelalter und die damit zwangsläufig verbundene Reduzierung der Waldbestände durch Rodung und Nutzung als Brennstoffe und Baustoffe für Haushalt und Gewerbe führten seit Beginn der frühen Neuzeit zu den ersten wirklich spürbaren, wenngleich regional begrenzten Erscheinungen von Holzmangel. Wald- und Forstordnungen, erste Wiederaufforstungen, öffentliche Aufrufe zum Holzsparen sowie eine, allerdings erst im 18. Jahrhundert aus dem Boden schießende »Holzsparliteratur«, in der unter anderem angeblich oder tatsächlich holzsparende Ofenkonstruktionen vorgestellt wurden, lassen vielleicht noch keine tatsächliche Holzkrise, jedoch ein Krisenbewußtsein erkennen. Insbesondere im Umkreis größerer Ansiedlungen und holzverbrauchender Gewerbekonzentrationen machte sich die preistreibende Holzknappheit am raschesten bemerkbar. Neben den Haushalten, die auf Holz zum Kochen und Heizen angewiesen waren, benötigten zahlreiche Gewerbe Prozeßwärme für die Herstellung ihrer Produkte. Wahre »Holzfresser« waren das Eisen- und Metallhüttenwesen, das vor allem Holzkohle verwendete, die Glashütten, Salinen und Ziegeleien. Aber auch Bäckereien, Brauereien, Färbereien und Leimsiedereien verbrauchten erhebliche Mengen an Brennholz. Engpässe in der Holzversorgung sorgten zu Beginn des 18. Jahrhunderts in einigen Regionen Frankreichs dafür, daß Hochöfen ihre Produktion zeitweilig, manchmal sogar für mehrere Jahre einstellen mußten, bis wieder genügend Holzvorräte angesammelt waren.

Allerdings gab es im europäischen Raum zu jener Zeit auch noch riesige, weitgehend unerschlossene Waldgebiete, zum Beispiel in Schweden, Finnland und Rußland, und diese Länder exportierten Holz per Schiff nach England und Mitteleuropa. Aber hierbei handelte es sich in erster Linie um Bauholz. Die Lieferung von qualitativ minderem Brennholz hätte die Transportkosten nicht gedeckt. Die erwähnten regionalen Engpässe in der Holzversorgung und das damit verbundene Preisniveau führten seit der zweiten Hälfte des 16. Jahrhunderts zu verstärkter Verwendung eines längst bekannten Brennstoffes, nämlich der Steinkohle. Schon im 11. Jahrhundert hatte man in Europa in Gegenden, wo die Kohle dicht unter der Erdoberfläche lag oder wo der Zugang zum Holz schwierig war, Steinkohle zu Heizzwecken benutzt. Für London ist ein hoher Kohlenverbrauch bereits für das Hochmittelalter belegt. Er nahm schließlich solche Ausmaße an, daß wegen der extremen Rauchbelästigungen zeitweilig Verbote gegen die Verwendung von Steinkohle erlassen wurden, die jedoch nicht immer wirksam waren. Als es nach den Pestwellen im Spätmittelalter und in der beginnenden frühen Neuzeit erneut zu einem stärkeren Bevölkerungswachstum und einem Aufschwung der Gewerbe in

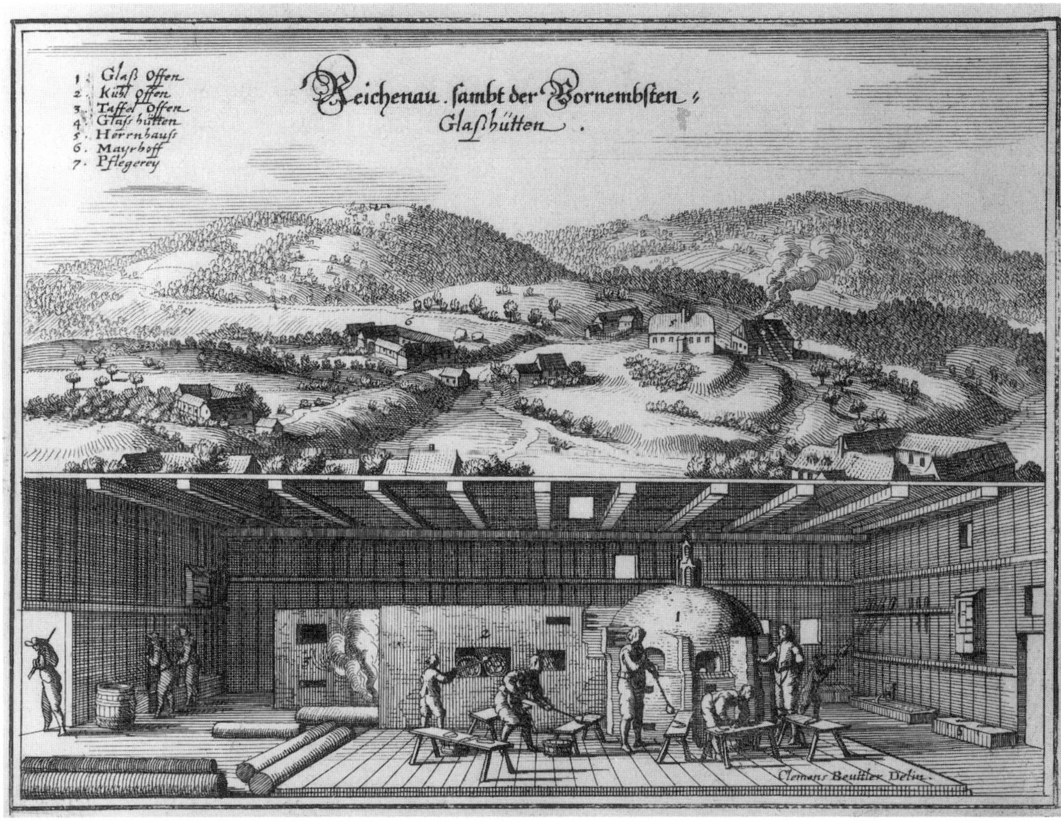

4. Der »Holzfresser«. Glashütte im waldreichen Gebiet des unterösterreichischen Reichenau. Kupferstich in der 1656 in Wien erschienenen »Topographia provinciarum Austriacarum«. München, Deutsches Museum

England kam, sorgte eine damit einhergehende Holzverknappung wiederum für einen Anstieg des Kohlenverbrauchs.

In zahlreichen Gewerben begann man mit der Steinkohle als Brennstoff zu experimentieren. Überall dort, wo die Verbrennungsgase nicht direkt mit dem Erzeugnis in Berührung kamen oder keinen nennenswerten nachteiligen Einfluß auf sie ausübten, konnte die Steinkohle mit Erfolg eingesetzt werden. Freilich mußten, beispielsweise im Nahrungsmittelbereich, spezielle Brennöfen dafür entwickelt werden. Salzsieden und Ziegelbrennen erfolgten nun ebenfalls mit Steinkohle. Als 1666 ein großer Teil Londons niedergebrannt war, errichtete man die Häuser nicht mehr mit Holz, sondern mit Ziegeln. Diese immense Aufbauleistung in relativ kurzer Zeit war möglich, weil genügend Steinkohle für den Brennvorgang zur Verfügung stand.

Seit Mitte des 16. Jahrhunderts stieg die Steinkohlenförderung, deren Hauptzentren damals in Newcastle und Wales lagen, von Jahrzehnt zu Jahrzehnt immer steiler an. Wurden zwischen 1551 und 1560 200.000 Tonnen Steinkohle gefördert, so waren es von 1681 bis 1690 bereits 2,9 Millionen, von 1751 bis 1760 immerhin 4,3 Millionen und von 1781 bis 1790, in der Frühphase der Industriellen Revolution, schließlich 8 Millionen Tonnen. Nach R. P. Sieferle sind die Steinkohlenvorkommen ein wesentlicher Grund für den Beginn des Industrialisierungsprozesses gerade in England gewesen. Die Inseltopographie sowie die günstige Lage der Kohlenvorkommen hätten schon frühzeitig der Steinkohle gegenüber dem Holz deutliche Kostenvorteile beim Transport verschafft. Diese reiche und leicht auszubeutende Ressource wäre ursächlich dafür gewesen, die Neuanpflanzung von Niederwald weniger zwingend zu machen, so daß größere Flächen zur Nutzung als Weide- oder Ackerland zur Verfügung gestanden hätten, die dann durch agrartechnische Innovationen im späten 17. und im 18. Jahrhundert eine Produktivitätssteigerung ermöglichten und hiermit die Grundlage für die Versorgung einer ständig wachsenden Bevölkerung bildeten, ja England erstmals sogar den Export von Getreide erlaubten.

Auch auf dem Kontinent wurde die Steinkohle schon frühzeitig verwendet, obschon, abgesehen von der Gegend um Lüttich, in erheblich geringerem Maße. Aber auch hier läßt sich im Zusammenhang mit den Holzengpässen seit dem 17. Jahrhundert ein verstärktes Interesse an der scheinbar unbegrenzt vorhandenen und leicht abbaubaren fossilen Energie beobachten, wie es in dem Titel des 1693 erschienenen Buches eines brandenburgischen Hofbeamten zum Ausdruck kommt: »Sylva Subterranea Oder: Vortreffliche Nutzbarkeit Des Unterirdischen Waldes Der Stein-Kohlen/ Wie dieselben von Gott den Menschen zu gut/ an denenjenigen Orthen/ wo nicht viel Holtz wächset/ aus gnaden verliehen und mitgetheilet worden«. Doch trotz dieser alten Propagierung kann man in Deutschland erst für das 19. Jahrhundert von einer intensiven Ausbeutung der Kohlenvorkommen sprechen. Daß die Steinkohle ein großer Umweltverschmutzer war, erfuhren die Menschen, wie das Beispiel Londons im Mittelalter zeigt, schon sehr früh, und seitdem rissen die Klagen über die »stinckenden« und »schweflichten« Rauchgase dieses Energieträgers nicht mehr ab, ohne den wachsenden Verbrauch bremsen zu können. Wie sehr die Rauchbelästigung aber ein wirkliches Problem darstellte, dokumentieren die seit dem 17. Jahrhundert sich häufenden Vorschläge, die Nachteile der Steinkohlenverbrennung vor allem bei der häuslichen Heizung durch besondere Ofenkonstruktionen und Schornsteine zu mildern. Wie bei den »Holzsparkünsten« gab es neben praktikablen Verbesserungen eine Fülle von dilettantischen und betrügerischen »Projecten«, wie sie im 17. Jahrhundert hießen. Ungeachtet der ansteigenden Verwendung von Steinkohle blieb das Holz vorwiegend auf dem Kontinent bis weit in das 19. Jahrhundert hinein der Hauptlieferant von thermischer Energie. Erst dann ging das »hölzerne Zeitalter«, wie der Wirtschaftshistoriker Werner Sombart einmal die vormoderne Periode gekennzeichnet hat, wobei er natürlich auch das Holz als Bau- und Werkstoff mit einbezog, endgültig zu Ende.

Nutzung der Wasserkraft

Folgt man noch einmal den Schätzungen von Fernand Braudel, so verfügte Europa im ausgehenden 18. Jahrhundert über 500.000 bis 600.000 Wassermühlen. Das Wasserrad als Kraftwandler der in Wasserläufen und künstlich angelegten Wasserspeichern enthaltenen Energie hatte sich bereits bis zum Beginn der frühen Neuzeit auf breiter Front durchgesetzt. Zumindest im Prinzip ließen sich mit den damals bekannten technischen Mitteln alle größeren Arbeitsmaschinen und Werkzeuge, beispielsweise Hämmer oder Stempel, mit Wasserrädern antreiben, die bei der Arbeit entweder eine kontinuierliche Drehbewegung oder – über Nocken- beziehungsweise Kurbelwelle – eine alternierende Bewegung durchführten. Bei annähernd 40 Fertigungsprozessen nutzte man schon um 1550 die Wasserkraft, und in den nachfolgenden Jahrhunderten nahm die Zahl stetig zu. Die von Johann Georg Krünitz (1728–1796) herausgegebene »Ökonomisch-technologische Encyklopädie« zählt am Ende des 18. Jahrhunderts unter dem Stichwort »Mühle« 138 verschiedene Arten von Gewerbemühlen auf, wobei allerdings als Alternativen auch Windkraft oder Tiergöpel zu verstehen sind. Erläuternd sei hier eingefügt, daß der Terminus »Mühle« damals wie heute in mehrfachem Sinne gebraucht wird. Ursprünglich auf das aus zwei Steinen bestehende Mahlwerk (Molina) bezogen, ergänzte man den Begriff »Mühle« durch die Benennung ihrer Antriebskraft; man sprach also von Hand-, Tier-, Wasser- oder Windmühle. Mit zunehmender Nutzung der Antriebskräfte für Arbeitsmaschinen wurden dann Unterscheidungen nach der Art der angetriebenen Arbeitsmaschinen, zum Beispiel Stampf-, Schleif- oder Walkmühle, oder aber nach den erzeugten Produkten, also Papier-, Öl- oder Bandmühle, vorgenommen. Und schließlich kann mit dem Terminus »Mühle« auch ein ganzer Betrieb mit allen Haupt- und Nebenanlagen gemeint sein. Im engeren technischen Sinn besteht die Mühle aus drei Grundelementen: der Energieaufnahme durch Wasser- oder Windrad; der Transmission mittels Nocken- oder Kurbelwelle, Getriebe; dem Abtrieb, zum Beispiel einem mit dem Mahlwerk fest verbundenen Stockgetriebe.

Obwohl es im Spätmittelalter bereits Kehrräder mit Durchmessern von 14 bis 15 Metern gegeben hat und am Ende des 18. Jahrhunderts in Einzelfällen sogar von fast 18 Metern, was bei Holzkonstruktionen an der Grenze des statisch Machbaren lag, nimmt Terry S. Reynolds für die überwiegende Mehrzahl der Wasserräder einen Durchmesser von 3 bis 4,5 Metern bei einer Breite von 0,3 bis 1,2 Metern an. Die

5. Mühle mit oberschlächtigem Wasserradantrieb. Kupferstich in dem 1735 in Leipzig erschienenen Werk »Schau-Platz der Mühlen-Bau-Kunst« von Jacob Leupold. Leipzig, Universitätsbibliothek

durchschnittliche Leistungsabgabe an der Welle dürfte im 18. Jahrhundert bei hölzernen Wasserrädern zwischen 5 und 7 Pferdestärken gelegen haben, was Spitzenwerte bei den großen Raddurchmessern von bis zu 60 Pferdestärken nicht ausschloß.

Da es nach dem gegenwärtigen Forschungsstand nicht möglich ist, genauere Aussagen über den Bestand an Wassermühlen zu einem bestimmten Zeitpunkt im 17. oder 18. Jahrhundert zu treffen, sind nachfolgend einige Beispiele angeführt, die auf die vor allem seit der frühen Neuzeit zu beobachtende Verdichtung von Wassermühlen in jenen europäischen Regionen hinweisen, die über verwertbare Wasserenergie verfügten. Das waren zum einen größere Gewerbestädte, zum anderen die bereits erwähnten Gewerbelandschaften entweder als Monostrukturen wie beim Montangewerbe oder als gemischte Wirtschaftsformen. Ein beeindruckendes Beispiel aus dem deutschen Raum stellte Nürnberg dar, wo nach einer Karte aus dem Jahr 1601 an der Pegnitz in 12 großen Mühlenanlagen 131 Wasserräder liefen, davon ungefähr die Hälfte innerhalb der Stadtmauern. Zählt man die noch auf städtischem Gebiet befindlichen Mühlen an den der Pegnitz zufließenden Bächen sowie etliche Schöpfräder hinzu, so kommt man sogar auf eine Gesamtzahl von 150 bis 160 Wasserrädern. Eine typische Gewerberegion mit einer hohen Dichte an eisenverarbeitenden Gewerben war das Bergische Land. An den gefällereichen Bächen um Remscheid sowie an der Wupper arbeiteten um 1700 auf einer Fläche von etwa 8 mal 8 Kilometern über 120 mit Wasserkraft angetriebene Eisenhütten und Eisenhämmer, Schleifkotten, Bohrmühlen, Drahtziehereien, Papier-, Walk-, Getreide- und Ölmühlen.

Für Großbritannien schätzt man gegen Mitte des 18. Jahrhunderts die Zahl der Wassermühlen zwischen 10.000 und 20.000, wobei es in einigen Regionen bereits Jahrzehnte vor dem Einsetzen der Industriellen Revolution kaum noch geeignete Plätze für neue Mühlen gegeben hat. Unterhalb von Manchester war um 1700 der Fluß Mersey auf einer Strecke von 5 Kilometern mit 60 Wassermühlen belegt, und in und um Sheffield, dem Zentrum der Stahlerzeugung und -verarbeitung, befanden sich an 35 Kilometern Fluß- und Bachläufen über 100 Wassermühlen; im Durchschnitt arbeitete hier also alle 350 Meter eine Wasserkraftanlage.

Die meisten Wassermühlen wurden in Frankreich betrieben. Ihre Zahl wird für das Ende des 17. Jahrhunderts auf annähernd 80.000 geschätzt. Am Furens-Fluß befanden sich nach einer Quelle von 1753 etwa 250 Wassermühlen verschiedenster Gewerbe auf einer Strecke von 40 Kilometern, und bei Vienne in Ostfrankreich reihten sich auf einer Strecke von 5 Kilometern die Mühlen im Abstand von 45 Metern. Ähnliche Beispiele könnten auch für andere Länder Europas angeführt werden, sofern sie bereits im 17. und 18. Jahrhundert über hochentwickelte Gewerbelandschaften verfügt haben, wie etwa Italien, Ungarn, Schweden oder Rußland mit seinem Montanrevier im Ural. Überall zeigte sich eine zunehmende Tendenz, Arbeitsprozesse, die ursprünglich ausschließlich mit Muskelkraft bewältigt wurden, ganz oder zumindest teilweise durch den Einsatz der Wasserkraft durchführen zu lassen. Wesentliche Ursachen dafür waren das Bevölkerungswachstum und die damit ansteigende Nachfrage nach Bodenschätzen und Produktionsgütern. Dies erhöhte die Bereitschaft von Handwerkern, Kaufleuten oder Grundbesitzern, Kapital in den Bau von Mühlenanlagen zu investieren.

Die starke Zunahme der Wassermühlen vor allem im 17. und 18. Jahrhundert korrespondierte mit einer Weiterentwicklung der Mühlentechnik. Da die Grundelemente des Mühlensystems – vertikales Wasserrad, Nocken- und Kurbelwelle sowie Getriebe – bereits seit dem Mittelalter vorhanden waren, richtete sich das Augenmerk der Mühlenbetreiber und Mühlenbauer in erster Linie auf die Verbesserung der Technik, wobei eine größere Ausnutzung des Energieangebotes, eine höhere Leistung, lange Lebensdauer der Maschinerie bei gleichzeitiger Materialeinsparung und, damit verbunden, eine kostengünstigere Produktion angestrebt wurden. Die Weiterentwicklung der Mühlentechnik wurde aber nicht allein von der Ökonomie als wesentlichem außertechnischen Faktor beeinflußt. Sowohl hemmend als auch fördernd erwies sich hierbei das Recht mit seinen speziellen Ausprägungen in Form des Mühlen- und des Wasserrechtes, das insbesondere bei den öffentlichen Gewässern im Laufe der Jahrhunderte äußerst komplex geworden war. Dies lag vor allem in dem Umstand begründet, daß Fluß- oder Bachläufe nicht nur als Energieträger, sondern häufig auch als Schiffahrtsweg, Trink- und Brauchwasserspender nutzbar waren sowie dem Fischfang und der Abfallentsorgung dienten. Die divergierenden Ansprüche der Wassernutzer wurden soweit wie möglich durch Rechtsetzungen geregelt. Allerdings gab es auch vitale Interessen der Landesherren, die Mühlen- und Wasserrechte nach eher politischen oder fiskalischen Gesichtspunkten gestalteten. In diesem Zusammenhang sei nur erwähnt, daß mit der Einführung des Direktionsprinzips im kursächsischen Bergbau in den Regionen des Erzgebirges der Landesherr faktisch die Kontrolle über die dort vorhandenen Vorräte an Wasserenergie übernahm.

Schon im Mittelalter hatte die wachsende Mühlendichte an Flüssen und Bächen zu festen Regelungen geführt, die dem Mühlenbetreiber die zeitliche Dauer der Gewässernutzung, Radgrößen, Stauhöhen und dergleichen vorschrieben, um eine möglichst gerechte Verteilung der verfügbaren Wasserenergie zu gewährleisten. Diese Festschreibung von bestimmten Nutzungsanteilen übte auf die Weiterentwicklung der Mühlentechnik einen durchaus positiven Einfluß aus. Da nur eine festgelegte Wassermenge zur Verfügung stand, die durch Trockenzeiten oder unerwartet lange Frostperioden noch verringert werden konnte, mußte das Interesse der Mühlenbetreiber vorrangig auf eine möglichst effektive Ausnutzung der verfügbaren Wasserkraft innerhalb der vom Recht abgesteckten Grenzen gerichtet sein. Das konnte im Außenbereich unter anderem durch eine optimale Gestaltung der Gerinne, durch die Ermittlung des günstigsten Auftreffpunktes des Wassers an den Rädern sowie durch eine an die jeweiligen Gewässerbedingungen angepaßte Radkonstruktion geschehen, zum anderen durch zahlreiche, zum Teil recht einfache, aber wirksame Verbesserungen im Inneren des Mühlengebäudes. An erster Stelle stand dabei die Reduzierung der Reibung an den sich drehenden Teilen. Solche Verminderung erfolgte durch Schmieren der steinernen Wellenlager und der metallenen Wellenzapfen mit Fett, aber auch die hölzernen Kamm- und Stirnräder sowie die Drehlinge wurden eingefettet oder mit Speckschwarten eingerieben, um die Mühlenmaschinerie leichtgängiger zu machen. Auf diese Weise war es möglich, über Winkelgetriebe bis zu 4 Arbeitsmaschinen unterschiedlichster Art an ein Wasserrad anzuschließen. Mit einfachen Vorrichtungen konnten sie je nach Energieangebot und Auftragslage ein- und ausgekuppelt werden.

Eine Neuentwicklung bei den unterschlächtigen Rädern um 1550, die in den folgenden Jahrhunderten vor allem in Deutschland größere Verbreitung gefunden hat, waren die sogenannten Pansterräder, die Panzerräder. Mit bis zu etwa 3,5 Metern besaßen sie die doppelte Breite von Staberrädern. Die Bezeichnung »Pansterrad« rührt daher, daß die Radwelle mit Hilfe von Panzerketten, die auf einer

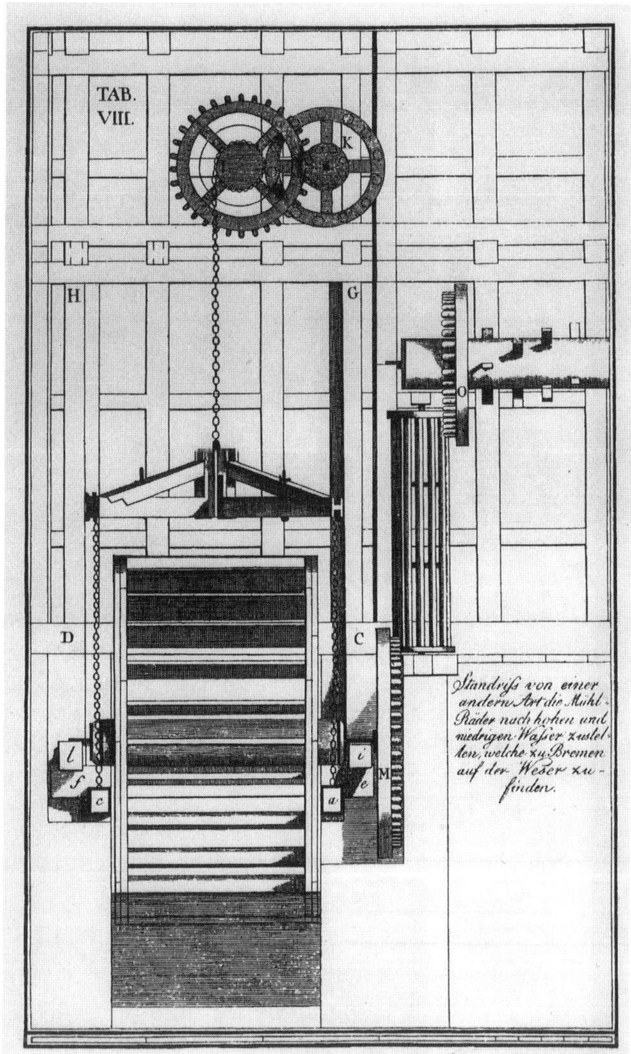

6. Sogenanntes Pansterwerk, ein entsprechend dem Wasserstand vertikal bewegliches Wasserrad mit Stockgetriebe. Kupferstich in dem 1718 in Nürnberg erschienenen Werk »Vollständige Mühlen-Bau-Kunst« von Leonhard Christoph Sturm. Privatsammlung

oberhalb angebrachten »Ziehwelle« auf- und abgewickelt wurden, in der Höhe verstellbar war und so dem wechselnden Wasserstand von Flüssen angepaßt werden konnte. In Verbindung mit einem feststehenden Schnurgerinne eigneten sich die Pansterräder insbesondere für große, aber stark schwankende Wassermengen bei geringem Gefälle, wie dies für Flüsse typisch war. Gegenüber den Schiffsmühlen, die über ähnliche, jedoch feststehende Räder verfügten, hatten die Panstermühlen

7. Direktantrieb einer Getreidemühle durch ein horizontales Wasserrad mit Gerinne. Kupferstich in der deutschsprachigen Ausgabe der 1737 bis 1739 in Paris erschienenen »Architectura hydraulica« des Forest de Bélidor. Augsburg, Staats- und Stadtbibliothek

den Vorteil, daß sie am Ufer standen, den Schiffsverkehr nicht behinderten und im Winter dem Eisgang weniger ausgesetzt waren. Im Unterschied zu den feststehenden Wasserrädern, bei denen eine starre Verbindung vom Rad bis zur Arbeitsmaschine bestand, war die Kraftübertragung beim Ziehpanster technisch komplizierter, da die Höhenverstellbarkeit keine steife Verbindung zuließ. Die einfachste konstruktive Lösung war folgende: Auf der Radwelle saß ein Kammrad, das in einen der vorgesehenen Hubhöhe entsprechend hohen Drehling eingriff. Dieser wiederum trieb das auf der Mühlenwelle befestigte Kammrad an. Es gab außerdem Panstermühlen, bei denen Rad und Vorgelege gleichzeitig angehoben werden konnten. Da die gesamte Zieheinrichtung sowie die Kraftübertragung sowohl in der Höhe als auch in der Breite sehr viel Raum erforderten, war die Anlage solcher Mühlen recht kostenaufwendig.

Obwohl das vertikale Wasserrad eindeutig dominierte, spielte das vermutlich ebenso alte horizontale Wasserrad wegen seiner einfachen Konstruktion und erheblichen Leistungsfähigkeit vor allem dort eine Rolle, wo es genügend Wassergefälle gab, aber nicht unbedingt große Wassermengen vorhanden waren. Dieser Vorläufer der modernen Horizontalturbinen wurde deshalb in gebirgigen Gegenden bis in das

20. Jahrhundert hinein verwendet. Ein erheblicher Vorteil war, daß Mahlgang und Rad auf einer Achse befestigt waren, so daß eine Kraftumlenkung und damit der Reibungsverlust entfielen. Bei der einfachsten Konstruktion wurden 6 oder 8 Bretter auf die Achse gesteckt und durch einen schräg von oben gerichteten Freistrahl angetrieben. Allerdings wurde so nur ein geringer Teil der Wasserenergie ausgenutzt. In den Maschinenbüchern des 17. und der ersten Hälfte des 18. Jahrhunderts finden sich zahlreiche Entwürfe von Horizontalmühlen, bei denen man – völlig richtig – durch gekrümmte Schaufeln oder Löffel sowie ein Schußgerinne den Wirkungsgrad zu steigern gesucht hat. In seinem berühmten, 1737 bis 1753 erschienenen Werk »Architecture hydraulique«, das den damaligen Stand des Wasserbaues zusammenfaßt, behandelte der französische Militäringenieur Bernard Forest de Bélidor (1697–1761) auch verschiedene Horizontalwasserräder, wie sie zu seiner Zeit in der Provence und der Dauphiné verwendet wurden. Der Wirkungsgrad dürfte bei solchen Rädern jedoch 25 Prozent kaum überstiegen haben.

Im Jahr 1685 wurde bei Marly an der Seine die damals größte Wasserkraftanlage der Welt in Betrieb genommen, die wie kein anderes Werk die Fähigkeiten, aber auch die Grenzen der Mühlenbaukunst aufzeigte. Das allseits bestaunte Wunderwerk besaß nicht nur für damalige Verhältnisse gigantische Ausmaße, sondern erreichte zudem mit fast 4 Millionen Livres eine geradezu abenteuerliche Baukostensumme. Nach dem Willen seines Auftraggebers Ludwig XIV. sollten mit der Anlage sowohl das Schloß Marly als auch die Fontänen im Schloßpark von Versailles, die etwa 163 Meter über dem Niveau der Seine lagen, versorgt werden. Die Pläne zu der Anlage stammten von dem aus Lüttich gebürtigen Arnold de Ville (1653–?), der die praktische Ausführung seinem ebenfalls aus Lüttich gekommenen Mitarbeiter Renneqin Sualem (1645–1708) und dessen Bruder übertrug. Nachdem im Jahr 1678 an einer kleinen Versuchsanlage die Durchführbarkeit der Konstruktion ausprobiert worden war, begannen bald darauf die eigentlichen Arbeiten.

Man errichtete zunächst 14 unterschlächtige Wasserräder mit einem Durchmesser von 11 Metern, die über ein mit Ketten ausgerüstetes Feldgestänge insgesamt 259 Pumpen, davon 221 Saug- und Druckpumpen in Gang setzten. Diese große Zahl an Pumpen war notwendig, da man zu dieser Zeit noch nicht imstande war, das Wasser direkt über eine Strecke von ungefähr 1.200 Metern auf solche Höhe zu pumpen; man vermochte noch nicht, die Pumpenzylinder und Kolben präzise genug herzustellen, und die Ledermanschetten konnten die Pumpen nur unzureichend abdichten. Aus diesem Grund wurde das Wasser in drei Stufen durch gußeiserne Röhren nach oben gedrückt, die man übrigens wie die Pumpen in Lütticher Werkstätten fertigte. Der erste Zwischenbehälter lag bei etwa 48 Meter, der zweite 57 Meter höher, und mit dem dritten Pumpensatz überwand man die restlichen 58 Höhenmeter. Diese Wasserhebung in Etappen hatte zur Folge, daß das Feldgestänge bis zum zweiten Zwischenbehälter hinaufgeführt werden mußte, um

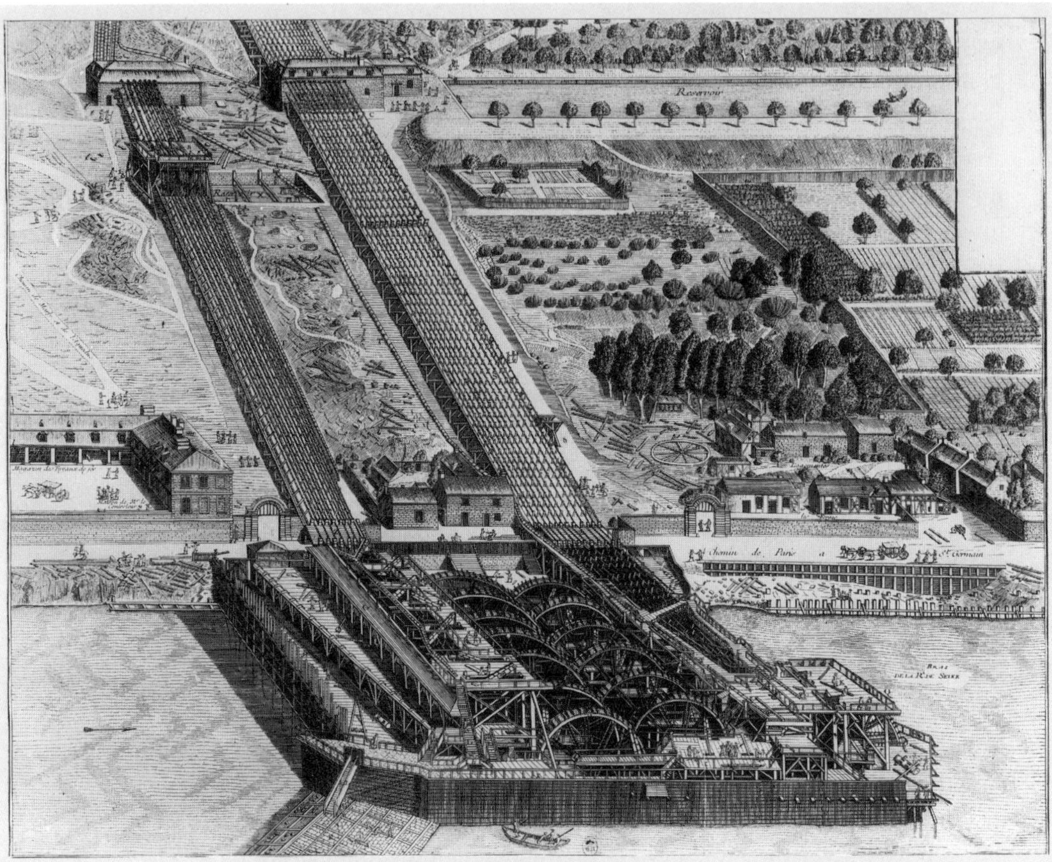

8. Das Wasserhebewerk bei Marly an der Seine. Kupferstich, um 1700. Paris, Bibliothèque Nationale

dort die Pumpen zu bewegen. Der nachgewiesene Materialverbrauch war enorm. Allein an Eisen wurden 17.500 Tonnen, an Blei 900 Tonnen und an Kupfer 850 Tonnen verarbeitet.

Im Verhältnis zu ihrer imposanten Größe waren die Leistungen der Maschine von Marly, zumindest nach heutigen Maßstäben, eher bescheiden zu nennen. Gaben die 14 Wasserräder an den Wellen immerhin respektable 750 Pferdestärken ab, so blieben durch die hohe Reibung der Pumpenstiefel in den Zylindern sowie des Feldgestänges davon vier Fünftel buchstäblich auf der Strecke, das heißt, die Leistung der Anlage entsprach etwa der eines gehobenen Mittelklassewagens der Gegenwart. Aus diesem Grund wurde nicht die vorgesehene Förderleistung von 6.000 Kubikmetern pro Tag, sondern lediglich die Hälfte erreicht. Im übrigen erzeugten die zahlreichen beweglichen Teile ein erhebliches Geräusch.

Dennoch stellte der Bau der Maschine von Marly eine unbestritten große technische Leistung dar. Ähnlich wie bei der Versetzung des vatikanischen Obelisken in Rom durch Domenico Fontana (1543–1607) im Jahr 1586 offenbarte die geschickte Bündelung von Einzelaggregaten ein für jene Verhältnisse spektakuläres Ergebnis. Analog dazu wurde das Ziel ohne den Einsatz technischer Neuerungen, allein mit den bereits zur Verfügung stehenden Mitteln erreicht. Und eine dritte Parallele läßt sich ziehen: In beiden Fällen spielten Kostenüberlegungen eine nur zweitrangige Rolle, da die jeweiligen Auftraggeber für die Befriedigung ihrer Wünsche riesige Summen zu zahlen bereit waren. Daher hatten diese Ereignisse Einmaligkeit. Kein privater Unternehmer, auch kein privatwirtschaftliches Konsortium hätte damals ein solches Vorhaben erfolgreich durchführen können.

Nutzung der Windkraft

In den flachen Gegenden Nordwesteuropas, wo es an gefällereichen Flüssen und Bächen mangelte, andererseits stetige Winde vorherrschten, hatte sich seit dem Spätmittelalter die Windmühle als Antriebskraft durchgesetzt. Bis in das späte 16. Jahrhundert hinein dominierte die aus Holz gebaute Bockwindmühle, der sich etwa seit dem ersten Drittel des 16. Jahrhunderts mit der Turmwindmühle ein neuer, wesentlich leistungsfähigerer Mühlentypus hinzugesellte, der im Mittelmeerraum aufkam, dann aber in veränderter Form auch in Nordwesteuropa Verbreitung fand. Ein innovatives Zentrum bildeten die Niederlande, wo die Mühlen mit drehbarer Kappe bald die Bockwindmühlen verdrängten. Am Ende des 17. Jahrhunderts standen allein im gewerbereichen Zaan-Gebiet 900 Mühlen. Hohe Mühlendichten wiesen auch Städte wie Leiden, Rotterdam oder Dordrecht auf, so daß die geschätzte Gesamtzahl von 8.000 Mühlen für die Vereinigten Niederlande durchaus realistisch sein dürfte.

Die »Holländer-Mühle« gab es in mehreren, den unterschiedlichen Bedingungen angepaßten Bauformen: Die Turm-Holländer-Mühle hat ein massives, zylindrisch oder konisch aufgemauertes Gebäude, wohingegen die achteckigen Ständer-Holländer-Mühlen, auch Erd-Holländer genannt, aus Holz gebaut sind, manchmal allerdings mit massiv umkleidetem Untergeschoß. Ein ebenfalls weit verbreiteter Typ war der Galerie-Holländer, bei dem der Mühlenkörper auf einem massiven, mit einem umlaufenden Geländer versehenen Unterbau steht. Dadurch ragt die Mühle über bebautes Gelände oder über Bäume hinaus; außerdem ist die Zufahrt einfacher, da die Flügel nur bis zur Galerie herabreichen. In der maschinellen Ausrüstung unterscheiden sich die verschiedenen Typen nicht; auch die Windaufnahmefähigkeit ist in etwa gleich, da sie im wesentlichen von der Flügellänge abhängig ist, die bis zu 9 Metern betragen konnte.

Eine ganz aus Holz gebaute Holländer-Mühle, wie sie für die erste Hälfte des 18. Jahrhunderts kennzeichnend war, gab an der Flügelwelle etwa 40 Pferdestärken ab, wovon allerdings durch Reibungsverluste bei den zahlreichen Transmissionen bis zu zwei Drittel verlorengingen, ehe die Kraft auf die Mahlwerke, Arbeitsmaschinen, Aufzüge und dergleichen wirken konnte. Dieser Mühlentyp verbreitete sich während des späten 17. und des 18. Jahrhunderts in mehrere Länder vornehmlich Nordeuropas. In Deutschland ist er seit den späten dreißiger Jahren des 18. Jahrhunderts nachweisbar. Ursprünglich nur Mahl- und Entwässerungsmühle wurde die Holländer-Windmühle in den Niederlanden seit etwa 1600, wie bis dahin allein die Wassermühle, in zahlreichen Gewerben als Antriebskraft eingesetzt. Da sie nur vom Wind abhängig war, ließ sie sich an den kostengünstigsten Transportwegen der Niederlande, den Flüssen und Kanälen, aufstellen. Ohne Zweifel hing der wirtschaftliche Aufschwung der Niederlande im 17. Jahrhundert mit ihr zusammen. Ein gewisser Nachteil des runden Mühlkörpers lag allerdings darin, daß der Platz für Arbeitsmaschinen mit horizontalen Schubbewegungen äußerst beschränkt war. Eine Erweiterung der Anlagen wie bei den Wassermühlen war nicht möglich.

Aus der Bockwindmühle war übrigens schon zu Beginn des 15. Jahrhunderts die sogenannte Köcher- oder Wippmühle hervorgegangen, bei der ein viel kleineres, drehbares Gehäuse auf einem pyramidenförmigen oder – in Südeuropa – prismenförmigen Unterbau ruhte. Die Flügelwelle im oberen und die Wasserschraube oder später eine Arbeitsmaschine im unteren Teil der Mühle waren durch die senkrechte Königswelle miteinander verbunden.

Ein Mühlentyp, der die Vorzüge der Bockwindmühle, nämlich die leichte Holzbauweise und die rechteckige Grundfläche, mit jenen des Turm-Holländers, dem einfacheren In-den-Wind-Drehen, zu vereinen suchte, war die gegen Ende des 16. Jahrhunderts oder im frühen 17. Jahrhundert gleichfalls in den Niederlanden aufgekommene »Paltrockmühle«. Ihren Namen verdankte sie wohl ihrem Aussehen; denn das hölzerne Mühlengebäude, das unten auf einem mit zahlreichen Rollen versehenen Drehkranz ruhte, besaß eine viereckige, sich nach oben verjüngende Form, die von weitem angeblich an einen von pfälzischen Glaubensflüchtlingen getragenen Rock erinnerte. Die sehr geräumige Paltrockmühle diente ausschließlich dem Antrieb von Sägegattern. Die dafür erforderliche alternierende Bewegung für das Heben und Senken der Sägegatter wurde durch eine mehrfach gekröpfte Kurbelwelle oben im Turmgehäuse erzeugt. Die Kraftübertragung von der Flügelwelle auf die Kurbelwelle wurde durch ein Kammrad bewirkt, das in ein waagrecht auf der Kurbelwelle sitzendes Stockgetriebe eingriff. Diese Technologie übertrug man zu Beginn des 18. Jahrhunderts auf die Turmwindmühlen. In abgewandelter Form war dieser Mühlentyp in geringer Zahl auch in Deutschland und Schweden anzutreffen. Vermutlich handelte es sich dabei um direkten Transfer durch niederländische Mühlenbauer.

9. Der Mühlenberg bei Berlin mit »Galerie-Holländern«, Bockwindmühlen und »Erd-Holländer«. Aquatinta, um 1800. Berlin, Märkisches Museum

Eine sehr einfache, leicht zu transportierende Konstruktion war der gegen Ende des 16. Jahrhunderts entwickelte »Tjasker«, der zur Entwässerung in den nördlichen und östlichen Niederlanden eingesetzt worden ist, darüber hinaus jedoch kaum Verbreitung gefunden hat. Diese ganz aus Holz gebaute Entwässerungsmühle bestand aus einem Flügelkreuz mit Flügelwelle und einer direkt angetriebenen Wasserschraube. Zum Betrieb wurde der Tjasker auf einem Gestell mit einem Steigungswinkel von etwa 30 Grad in den Wind gedreht, so daß die in einem aus hölzernen Dauben zusammengesetzten Zylinder laufende Wasserschnecke Wasser nach oben förderte. Allerdings konnten damit nur wenige Höhenmeter überwunden werden, was aber für die Entwässerung von Wiesen und Feldern völlig ausreichte.

Der häufige Wechsel von Windrichtung und Windstärke war schon immer ein besonderes Problem der Windmüllerei; denn ein falsches oder zu spätes Reagieren konnte, was häufig geschehen ist, zum Bruch der Mühlenflügel, dem Wegfliegen der Mühlenkappe oder bei den Bockwindmühlen zum Umstürzen der ganzen Mühle führen. Um die Mitte des 18. Jahrhunderts versuchten mehrere englische Mühlenbauer, neue Flügelkonstruktionen zu entwickeln, die das Aufziehen und Reffen der auf dem Flügelgatter angebrachten Segel, was nur bei Stillstand und per Hand möglich war, ersetzen sollte. Einen ersten Versuch in dieser Richtung unternahm der Mühlenkonstrukteur Edmund Lee, der im Jahr 1745 ein Patent auf Mühlenflügel anmeldete, die um ihre Längsachse drehbar gelagert waren. Von der Hinterkante eines jeden Flügels lief eine Kette durch die hohle Mühlenwelle zu einem Gegengewicht, das die Flügel im Wind hielt, aber bei zu starkem Druck nachgab und den Flügel im Extremfall parallel zur Windrichtung stellte.

Während diese Idee nicht realisiert wurde, gelang Lee mit der Erfindung der sogenannten Windrose oder Rosette, die übrigens im gleichen Patent aufgeführt war, eine grundlegende Innovation. Es handelte sich um eine »Selfregulating machine«, welche die Flügel auch bei wechselnden Windrichtungen ständig im Wind halten konnte. Kernstück dieses Mechanismus, der heute noch auf den meisten Holländer-Mühlen zu sehen ist, stellt ein kleines Windrad dar, das rechtwinklig zum großen Flügelrad an der Windmühle befestigt ist. Steht die Mühle nicht genau im Wind, so trifft er auf die Rosette, die zu rotieren beginnt, wobei sie über Zahn- und Kegelräder die Mühlenkappe in die Windrichtung dreht. Sobald sie parallel dazu steht, hört die Bewegung auf. In Lees Patentzeichnung war die Rosette, die durch einen Balken mit der Kappe fest verbunden war, noch dicht über dem Erdboden angebracht, wobei ein Zahnrad in einen um die Mühle laufenden Zahnring eingriff und so die Kappe drehte. Bald gab es auch Mühlen mit unmittelbar auf dem Steert angebrachter Windrosette. Ihren endgültigen Platz fand sie noch im 18. Jahrhundert am Rand der Mühlenkappe, die von dem kleinen Windrad über gußeiserne Zahn- und Kegelräder in den Wind gedreht wurde. Es mutet zunächst merkwürdig an, daß die Windrose, die die Handhabung der Mühlen mit drehbarer Kappe doch erheblich vereinfachte, in den Niederlanden kaum Anwendung gefunden hat. Die Erklärung liegt darin, daß dort die Flügel auch weiterhin besegelt waren; und da sich die Segel nur von außen aus- und einrollen ließen, was lediglich bei Stillstand der Mühle möglich war, mußte der Müller sie aus dem Wind drehen, was wiederum der Funktion der Windrose widersprochen hätte.

Die Durchsetzung der Windrose in England führte dazu, daß auch Versuche unternommen wurden, die Mühlengeschwindigkeit selbsttätig zu regeln. Der schottische Mühlenbauer Andrew Meikle, der später die erste brauchbare Dreschmaschine entwickelte, entwarf einen Mechanismus, bei dem an Stelle eines Gegengewichtes Stahlfedern das selbsttätige Aus- und Einrollen der Segel auf den Gattern besorgen sollten. Zu einer Ausführung dieser Idee ist es aber nicht gekommen. Die endgültige Lösung fand schließlich im Jahr 1807 der Ingenieur William Cubitt (1785–1861), indem er die Windflügel jalousieartig aufteilte und sie durch ein Gestänge miteinander verband. Die Belastung erfolgte wie schon bei Lee über ein Gegengewicht.

Von der Empirie zur Theorie

Die Mühlenbauer bezeichnet man nicht zu Unrecht als die Vorläufer der Maschinenbau-Ingenieure und Wegbereiter des industriellen Maschinenbaus. Obwohl ihre Zahl, gemessen an der Menge der errichteten Mühlen, sehr groß gewesen ist, weiß man über den durchschnittlichen Mühlenbauer kaum etwas. Seine Arbeit fußte auf Erfahrungswissen, das über Generationen angesammelt und vom Meister an den Schüler, häufig noch unter dem Siegel der Verschwiegenheit, weitergegeben wurde. Dazu gehörte ein ganzer Kanon von mechanischen Grundkenntnissen, Faustformeln, Rechenmethoden sowie empirisches Wissen über Materialverhalten und die Naturkräfte Wind und Wasser. Hohe Präzision bei der Fertigung war bei dem organischen Werkstoff Holz noch nicht zwingend erforderlich, da er elastisch auf Stoß oder Druck reagierte, was beim Windmühlenbau sogar von Vorteil war. Neue Kenntnisse gewannen die Mühlenbauer nach der Methode »Trial and error«. Aus der Zeit vor 1700 sind nur wenige Konstruktionszeichnungen von Wind- und Wassermühlen überliefert; man muß sich deshalb vorwiegend auf die Abbildungen in den seit der Mitte des 16. Jahrhunderts erschienenen Maschinenbüchern stützen. Da es den meisten Verfassern aber mehr um die Darstellung möglichst komplizierter Mechanismen gegangen ist, dürfte ein Großteil dieser Entwürfe Phantasieprodukt sein. Zudem enthalten die Zeichnungen keine Maßangaben, geben häufig falsche Proportionen wieder und weisen auch technische Fehler auf, so daß sie nicht als Bauvorlagen, sondern im günstigsten Falle als Ideengeber dienen konnten. Im übrigen kann man davon ausgehen, daß die überwiegende Mehrzahl der Mühlenbauer kaum jemals eines dieser zumeist sehr kostbaren Bücher gesehen hat. Für die Erbauer großer Mühlenanlagen und Wasserkünste traf das vermutlich nicht zu, so daß auf diesem Weg Maschinenbauwissen doch über Ländergrenzen hinweg verbreitet und nach einiger Zeit Allgemeinwissen wurde.

Zu Beginn des 18. Jahrhunderts gewann die technische Literatur eine neue Qualität. Nicht mehr das Bizarre, Kuriose war gefragt, sondern die nüchterne, präzise Information. Die nun edierten »Mühlenbücher« stellten mit ihren bemaßten Grund- und Seitenrissen, Detailzeichnungen und Textbeschreibungen eine wirklich brauchbare Hilfe für den Mühlenbauer dar. Diese Darstellungen enthalten das empirische Wissen des zeitgenössischen Wasser- und Windmühlenbaues, gehen aber auch auf ökonomische Belange ein. Einige Beispiele seien genannt: L. Ch. Sturm, Vollständige Mühlen-Bau-Kunst, Nürnberg 1718; P. Lindpergh, Architectura mechanica, Moole-boek of eenige opstalle van Moolens neven hare Gronden, Amsterdam 1727; J. van Zyl, Theatrum machinarum universale, of groot algemeen moolenboek, Amsterdam 1734; J. M. Beyer, Theatrum machinarum; J. Leupold, Schau-Platz der Mühlen-Bau-Kunst, Leipzig 1735.

Daß sich die Zeit der reinen Empirie und der Faustformeln allmählich ihrem Ende

10. »Galerie-Holländer« mit Kollergang. Kupferstich in dem 1727 in Amsterdam erschienenen Werk »Architectura mechanica, Moole-boek« von Pieter Lindpergh. Wolfenbüttel, Herzog August-Bibliothek

zuneigte, zeigt die erwähnte »Architecture hydraulique« von Bélidor, der schon Erfahrungswissen mit wissenschaftlicher Theorie zu verknüpfen suchte und beispielsweise die von Isaac Newton (1643–1727) und Gottfried Wilhelm Leibniz entwickelte Infinitesimalrechnung zur Lösung hydrotechnischer Probleme benutzte. Bereits seit dem Ende des 17. Jahrhunderts hatten sich an der Pariser Akademie der Wissenschaften verschiedene Gelehrte mit der Theorie des Wasserrades, seiner optimalen Gestaltung und der Leistungsmessung beschäftigt, allerdings ohne zu praktisch verwertbaren Ergebnissen zu gelangen. Auch die Versuche des großen schwedischen Maschinenbauers und -theoretikers Christopher Polhem (1661–1761), der um 1701 eine aufwendige Versuchsapparatur für die Ermittlung der günstigsten Wasserradform konstruiert hatte, blieben letztlich ohne größeren

Erfolg, obwohl auch sie ein Zeichen für die sich anbahnende Verbindung von Theorie und praktischer Mechanik waren. Den Beginn einer neuen Epoche markierte erst der englische Ingenieur John Smeaton (1724–1792), der nicht nur aufgrund von Berechnungen den Wirkungsgrad der Newcomenschen Dampfmaschine erheblich verbesserte, sondern auch mehr als 40 Wasserkraftanlagen entwarf und baute. Mit selbstentwickelten Versuchsgeräten gelangen ihm erstmals brauchbare Messungen des Wirkungsgrades verschiedener Wasserräder und Windmühlen. Im Jahr 1759 legte er der Royal Society die Ergebnisse unter folgendem Titel vor: »An Experimental Enquiry concerning the Natural Powers of Water and Wind to turn mills, and other Machines, depending on a circular motion.« Die Industrielle Revolution hob nun an.

Die Vor- und Frühgeschichte der Dampfmaschine

Im Verlauf des 17. Jahrhunderts mehrten sich, vor allem im Bereich der Metallverarbeitung und im Bergbau, die Anzeichen für einen zunehmenden Bedarf an stärkerer, von den Jahreszeiten und örtlichen Bedingungen unabhängiger Antriebsenergie, der mit den herkömmlichen Mitteln nicht mehr zu befriedigen war. Der Bau der ersten wirklich brauchbaren Dampfmaschine zu Beginn des 18. Jahrhunderts hatte eine Vorgeschichte, die bis in die Mitte des 17. Jahrhunderts zurückreichte und aus mehreren, zunächst voneinander unabhängigen Faktoren gespeist wurde. Mehr oder minder direkt waren daran beteiligt: erstens Naturwissenschaftler, die sich mit grundsätzlichen Problemen der Pneumatik befaßten und alles, nur nicht die Erfindung einer Dampfmaschine im Kopf hatten; zweitens solche, die in einem späteren Stadium schon gezielt auf eine Maschine hinarbeiteten, die die Kraft des atmosphärischen Luftdrucks ausnutzte, denen aber das technische Können und die technischen Möglichkeiten fehlten, über Experimentieranlagen hinauszugelangen; drittens die Techniker, die durch eine neue Kombination bekannter Maschinenelemente und unter Einbeziehung der von den Wissenschaftlern gewonnenen Erkenntnisse eine neue Kraftmaschine nach dem Kolbenprinzip schufen.

Daß man durch das Erhitzen von Wasser in einem geschlossenen Gefäß Dampf erzeugen kann, der bei seinem Austritt durch ein enges Rohr als scharfer Strahl Arbeit leistet, hatte schon der antike Mechaniker Heron von Alexandrien (1. Jahrhundert n. Chr.) mit seinem Dampfreaktionsrad gezeigt, das allerdings eher als Spielzeug gedacht war. Auf den Gedanken, die in anderen Erfindungen von ihm verwendeten Zylinder, Kolben und Ventile mit der Dampferzeugung zu kombinieren, ist Heron nicht gekommen; vermutlich wären die Materialprobleme seinerzeit unüberwindbar gewesen. Im Jahr 1575 erschienen Herons Schriften erstmals als Buch in lateinischer Sprache, dem rasch mehrere Übersetzungen in verschiedenen

Landessprachen folgten. Gerade das Dampfreaktionsrad scheint die für das Ungewohnte, das »Curieuse« empfänglichen Menschen des Barock besonders angesprochen zu haben; denn es gibt aus dem frühen 17. Jahrhundert eine Reihe von Entwürfen, in denen Herons Gedanken aufgegriffen worden sind. Im Unterschied zu ihm spielte hierbei die Idee eine Rolle, den Dampfstrahl zum Antrieb von Arbeitsmaschinen zu nutzen. So veröffentlichte der italienische Wissenschaftler

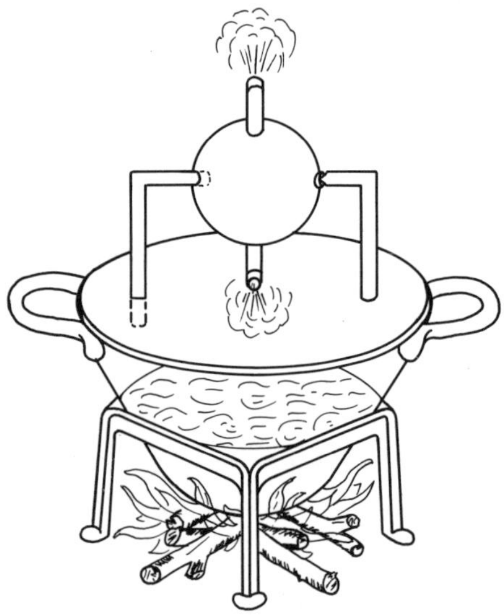

Reaktionsdampfrad des Heron von Alexandrien um 60 n. Chr. (nach Schmidt)

und Ingenieur Giovanni Branca (1571–1645) im Jahr 1629 seinen Vorschlag, ein Stampfwerk durch einen Dampfstrahl aus einem sogenannten Püsterich antreiben zu lassen, der senkrecht auf ein Aktionsrad trifft. Es handelt sich dabei um den ersten Entwurf einer Dampfturbine. Allerdings dauerte es noch zweihundertfünfzig Jahre, bis dieses Prinzip technisch verwirklicht werden konnte. Im 17. Jahrhundert wäre es nicht möglich gewesen, den notwendigen hohen Dampfdruck zu gewinnen, und Rad und Getriebe hätten den dabei erzeugten hohen Drehzahlen nicht standhalten können.

Die Idee, Wasser mit Hilfe gespannten Dampfes zu heben, hatte bereits 1601 der Italiener Gianbattista della Porta (1538–1615) geäußert, und sie wurde von dem französischen Architekten und Ingenieur Salomon de Caus (1576–1626) in seinem 1615 in Frankfurt am Main erschienenen Maschinenbuch »Von gewaltsamen bewegungen. Beschreibung etlicher, so wol nützlichen alß lustigen Machiner beneben Unterschiedlichen abriessen etlicher höllen od' Grotten und lust Brunnen« erneut

11. Ältester bekannter Entwurf einer Dampfturbine mit »Püsterich«. Holzschnitt in dem 1629 in Rom erschienenen Werk »Le machine« von Giovanni Branca. Paris, Conservatoire des Arts et Métiers

vorgetragen. Im selben Werk findet sich übrigens auch der durch eine Zeichnung erläuterte Vorschlag, Wasser in zwei geschlossenen Kupferbehältern mit Hilfe des durch mehrere Brennlinsen gesammelten Sonnenlichtes zu erhitzen, so daß das Wasser durch eine Röhre hochgedrückt wird. Es handelt sich hier um den ersten bekannten Entwurf einer Sonnenkraftmaschine. Diese frühen, nicht verwirklichten Projekte zeigen, daß es offenbar ein zunehmendes Interesse an der Verwendung des Dampfes gegeben hat. Man erkannte, daß hier eine bisher ungenutzte Antriebskraft vorhanden war, die nicht wie Wasser oder Wind von den Jahreszeiten oder den örtlichen Gegebenheiten abhing, sich also universell einsetzen ließ. Ab Mitte des 17. Jahrhunderts scheint man dann über das Stadium der reinen Entwürfe hinausgekommen zu sein; denn es mehren sich in der Literatur die Hinweise auf praktische Versuche zur Ausnutzung des Dampfes, insbesondere in Form der bei de Caus beschriebenen Dampfpumpe. Allerdings sind die Erläuterungen stets so vage gehalten, daß man sich heute kein genaues Bild mehr von der Konstruktion verschaffen

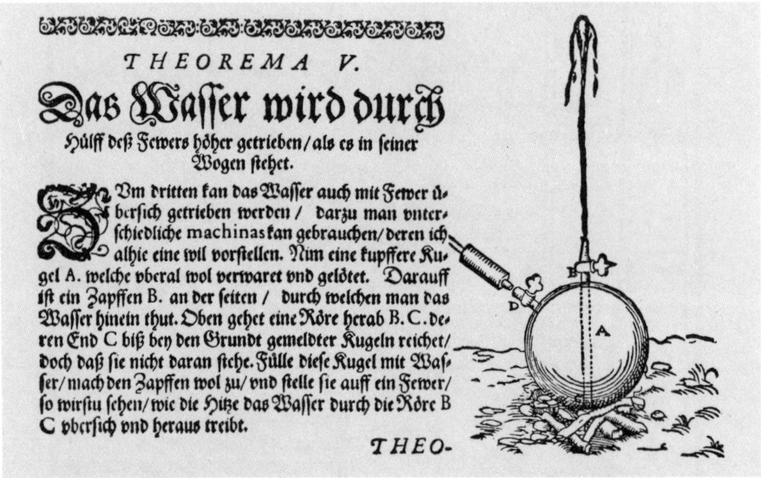

12. Erzeugung eines Wasserstrahls durch das Erhitzen eines mit Wasser gefüllten, geschlossenen Behälters. Holzschnitt in dem 1615 in Frankfurt am Main erschienenen Werk »Von Gewaltsamen bewegungen« des Salomon de Caus. Privatsammlung

kann. Viele dieser Projekte dürften bereits im frühen Stadium gescheitert sein. Auch die zahlreichen Patentanmeldungen in England zu jener Zeit geben keine präziseren Auskünfte. Am bekanntesten sind die Versuche von Edward Somerset, dem Zweiten Marquis von Worcester (1601–1667), geworden, der mit de Caus bekannt war und wohl auf dessen Vorschlägen aufgebaut hat. Bis heute ist es jedoch umstritten, ob Somerset wirklich eine Dampfpumpe gebaut und in Betrieb gesetzt hat. In einer Schrift, in der er einhundert angeblich von ihm gemachte Erfindungen aufzählte, viele davon übrigens wertlos, sowie in einer Patentanmeldung vom Jahr 1663 äußerte er sich wohl absichtlich dunkel, um eine Nachahmung zu verhindern.

Lange Zeit hat man in England auch Sir Samuel Morland (1625–1695) die Erfindung einer Dampfmaschine zugeschrieben. Er diente viele Jahre König Karl II. (1630–1685) als »Master of Mechanics« und hatte durch zahlreiche praktische Erfindungen, beispielsweise durch eine wirksame Tauchkolbenpumpe, Aufmerk-

13. Nutzung der Sonnenenergie zum Betrieb eines Springbrunnens. Holzschnitt in dem 1615 in Frankfurt am Main erschienenen Werk »Von Gewaltsamen bewegungen« des Salomon de Caus. Privatsammlung

samkeit erregt. Von ihm gibt es ebenfalls Aufzeichnungen über eine mit Dampfdruck zu betreibende Anlage, die Wasser 40 Fuß hoch pumpen könne, allerdings wiederum keine Hinweise über die tatsächliche Durchführung. Fest steht immerhin, daß Morland Reihenversuche zur Ermittlung der Leistungsfähigkeit des Dampfes in Zylindern mit unterschiedlichen Durchmessern und Längen vorgenommen hat. Obschon nach dem heutigen Kenntnisstand die Ideen des Marquis von Worcester und Morlands nicht in eine funktionsfähige Maschine umgesetzt worden sind, zeigen die überlieferten Hinweise, daß man sehr dicht vor einer praktikablen Lösung des Problems gestanden hat. Sie erfolgte dann nur sechzehn Jahre später mit der Erfindung und dem Bau der ersten betriebsfähigen »Feuermaschine« in Gestalt einer Dampfpumpe durch den englischen Ingenieur Thomas Savery (um 1650–1715).

Bevor auf diese Innovation näher eingegangen wird, gilt es, einen Blick auf den

Beitrag der Naturwissenschaften zur Geschichte der Dampfmaschine bis zum Ende des 17. Jahrhunderts zu werfen. Mit der Durchsetzung des mechanischen Weltbildes seit dem späten 16. Jahrhundert schlug auch die Geburtsstunde der modernen Naturwissenschaften. An die Stelle des bislang vorherrschenden spekulativen Denkens als der wesentlichsten Grundlage wissenschaftlicher Erkenntnis trat nun in der Verbindung von Theorie und empirischer Beobachtung das naturwissenschaftliche Experiment. Erstmals wurde die bis heute in der Forschung gültige Grundregel der Nachprüfbarkeit durch andere angewandt. Das heißt: Ein Experiment muß bei gleichen Bedingungen an anderen Orten und zu anderer Zeit wiederholbar sein und zu demselben Ergebnis führen. Eine weitere wichtige Grundlage neben der Beobachtung wurde das Messen mittels mathematischer Methoden. »Messen, was meßbar ist, meßbar machen, was es noch nicht ist«, sagte der wohl bedeutendste Naturforscher an der Wende zum 17. Jahrhundert, Galileo Galilei (1564–1642), um damit, könnte man fortsetzen, nach der induktiven Methode von der Beobachtung einzelner Erscheinungen zu allgemeinen Gesetzmäßigkeiten zu gelangen. Erinnert sei nur an seine Entdeckung und Formulierung der Fallgesetze. Galilei hatte sich zudem mit einem Problem befaßt, das, obwohl er es nicht lösen konnte, in enger Verbindung mit der Entwicklung der Dampfmaschine stand. Aus einem Brunnenschacht, den der Herzog von Toskana hatte graben lassen, sollte mit einer Pumpe das Wasser heraufgebracht werden, aber es stieg trotz aller Bemühungen nur bis 6 Fuß unter der Erdoberfläche. Der um Rat befragte Galilei wußte keine Antwort. Diese fand kurz nach dessen Tod sein Schüler Evangelista Torricelli (1608–1647).

Aufgrund einer Hypothese füllte er eine lange dicke, an einem Ende verschlossene Glasröhre mit Quecksilber, das etwa die vierzehnfache Dichte von Wasser besitzt, verschloß den unteren Teil mit seinem Daumen, tauchte die Röhre mit diesem Ende in ein Quecksilberbecken und zog anschließend den Daumen weg. Das Quecksilber sank, aber eine Quecksilbersäule von etwa 76 Zentimetern blieb stehen, wobei sich oberhalb des Quecksilbers ein leerer Raum zeigte. Torricelli hatte mit seinem Versuch zweierlei entdeckt: Zum einen existiert ein Luftdruck, zum anderen ist das seit der Antike geleugnete Vakuum in der Natur – man sprach in diesem Zusammenhang vom Horror vacui, der Angst der Natur vor dem Vakuum – tatsächlich vorhanden. Daß der Luftdruck mit zunehmender Höhe abnimmt, bewies der Physiker, Mathematiker und Philosoph Blaise Pascal (1623–1662) wenige Jahre später, als er seinen Schwager mit einer barometrischen Versuchsapparatur auf den Puy de Dôme schickte und dort die Höhe der Quecksilbersäule messen ließ, wobei sich ein Unterschied von mehreren Zentimetern zu Messungen am Fuß des Berges ergab.

Ohne Kenntnis der Versuche von Torricelli näherte sich dem Problem von Luftdruck und Vakuum gegen die Jahrhundertmitte auch der Magdeburger Bürgermeister, Naturforscher und Techniker Otto von Guericke (1602–1686). Ihm ging es primär um die Frage, ob der Weltenraum, wie behauptet, mit einem Äther gefüllt ist, oder ob es sich um einen leeren Raum handelt. Zur Überprüfung dieser Ansicht kam von Guericke nun »in echt barockem Geist... auf den wahnwitzigen Gedanken« (F. Klemm), dieses vermutete Vakuum auf der Erde künstlich zu erzeugen. Für seine zahlreichen Versuche, bei denen ein metallener luft- und flüssigkeitsdichter Behälter verwendet wurde, entwickelte er, dem die Erfindung der Luftpumpe zu verdanken ist, »Zylinder, Kolben, Kolbenstangen, Führungen und Befestigungen und Verankerungen, Hähne, Ventile, Konusse und alles, was zur Erzeugung und Beherrschung des Vakuums wichtig ist« (S. Wollgast). Die Anfertigung dieser Teile überließ er allerdings geschickten Handwerkern. Auf dem Reichstag zu Regensburg im Jahr 1654 führte er seine weiter verbesserte Luftpumpe und die verschiedensten Experimente vor. Sein spektakulärster Schauversuch, bei dem 16 Pferde vergeblich zwei evakuierte Halbkugeln auseinanderzuziehen versuchten, fand erstmals 1657 in Magdeburg vor einer staunenden Öffentlichkeit statt. Guerickes Luftpumpe und die dazu entwickelten Versuchsgeräte gehörten von nun an zur Standardausrüstung der Physiker, wobei vor allem in England zahlreiche Verbesserungen vorgenommen wurden, unter anderem von dem Chemiker Robert Boyle (1627–1691), dem Mitbegründer der Royal Society, und seinem Assistenten, dem Physiker Robert Hooke (1635–1703). Auf diese Weise wurden die technischen Konstruktionsteile bekannt, die Guericke entwickelt und erprobt hatte.

Für die Entstehung der ersten brauchbaren Wärmekraftmaschinen war allerdings von noch entscheidenderer Bedeutung, wie eindrucksvoll Guericke mit seinen Versuchen bewiesen hatte, daß man mit Hilfe des atmosphärischen Drucks, der auf ein Vakuum wirkt, Arbeit leisten kann. Sein Zutun bei der Entwicklung der Dampfmaschine geschah mehr unfreiwillig, während der in Paris an der Académie des Sciences tätige Physiker, Mathematiker und Astronom Christiaan Huygens (1629–1695) und sein zeitweiliger Assistent, der hugenottische Mediziner und Physiker Denis Papin (1647–1712), ganz gezielt an der Konstruktion einer atmosphärischen Kraftmaschine arbeiteten. Im Jahr 1673 bauten sie, ohne daß sie von einem ähnlichen Versuch Leonardo da Vincis (1452–1519) Kenntnis hatten, eine Apparatur, die aus einem oben offenen Metallzylinder bestand, der einen nach unten beweglichen Kolben besaß. Im Zylinderraum wurde dann Schießpulver zur Explosion gebracht, wobei Druck und Pulverschwaden durch Austrittsventile ins Freie geleitet wurden, um eine Zerstörung des Zylinders zu vermeiden. Wegen des durch die Verbrennung entstandenen Unterdrucks wirkte der äußere Luftdruck auf den Kolben und trieb ihn nach unten. Ein Gewicht, das durch ein über eine Rolle laufendes Seil mit dem Kolben verbunden war, wurde dadurch nach oben gezogen. Wegen der Umständlichkeit des Verfahrens sowie der Materialprobleme verfolgte Huygens diesen Weg nicht weiter, obwohl er die Möglichkeiten einer solch kleinen Kraftmaschine als Antrieb zum Heben von Lasten, für Mahlwerke, ja sogar für

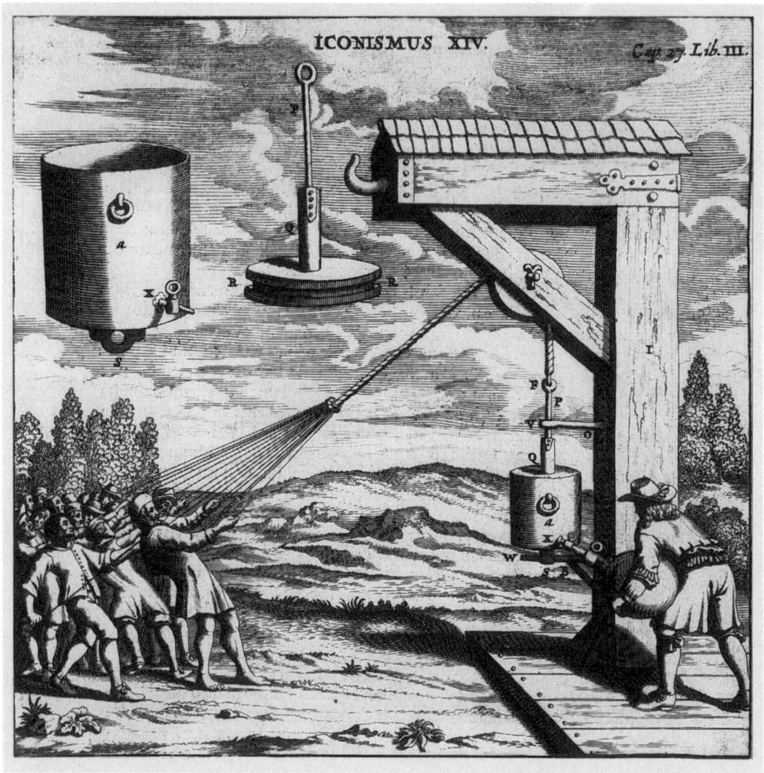

14. Demonstration zum Beweis der Energieleistung von atmosphärischem Druck. Holzschnitt in den 1672 in Amsterdam erschienenen »Experimenta nova« des Otto von Guericke. London, Science Museum

Fahrzeuge schon erkannt hatte. Daß Huygens und Papin auf einem prinzipiell richtigen Weg waren, der allerdings nicht zur Dampfmaschine führte, bewies zweihundert Jahre später Nikolaus August Otto (1832–1891) mit der Erfindung des Explosionskolbenmotors.

Huygens Mitarbeiter Papin aber ließ von der Suche nach einer brauchbaren Wärmekraftmaschine nicht ab. Im Jahr 1675 ging er nach London, wo er als Mitarbeiter von Boyle und später von Hooke zahlreiche wissenschaftliche Experimente durchführte und wie Boyle das Experimentiergerät Luftpumpe verbesserte. 1681 stellte er seine heute noch bekannteste, weil überall benutzte Erfindung vor: den Dampfdruck-Kochtopf. Um Explosionen vorzubeugen, erfand er ein auch für die Entwicklung der Dampfmaschine wichtiges Maschinenteil, nämlich das Sicherheitsventil. 1687 folgte Papin einem Ruf des Landgrafen Karl von Hessen (1654–1730) an die Universität Marburg, und ab 1695 wirkte er dann in der

Residenzstadt Kassel. Hier nahm er die seinerzeit in Paris durchgeführten Versuche wieder auf, nur daß er jetzt das Vakuum nicht mehr durch eine Pulverexplosion, sondern durch die Kondensation von gespanntem Dampf herstellen wollte. Dazu mußte in einem von außen beheizten Zylinder Wasser erhitzt werden, dessen Dampf den dicht über dem Wasser befindlichen Kolben nach oben drückte, wo er arretiert wurde. Nach Abkühlung des Zylinders schob dann der atmosphärische Druck den Kolben, wie bei dem Pulvermotor, nach unten. Papin hatte bei seiner Versuchseinrichtung bereits alle wesentlichen Komponenten der mit atmosphärischem Druck arbeitenden Dampfmaschine im Blick. Doch der geniale Wissenschaftler scheiterte an den realen Gegebenheiten. Der Bau einer großen, wirklich effektiven Versuchsdampfmaschine hätte erhebliche Mittel erfordert, die ihm nicht zur Verfügung standen. Noch entscheidender war wohl, daß sich die bei der Fertigung der Einzelteile auftretenden technischen Schwierigkeiten von den verfügbaren Handwerkern nicht überwinden ließen und er deshalb diesen Lösungsweg aufgab und sich erst ein Jahrzehnt später erneut mit jener Materie befassen sollte. Inzwischen wurde der Ruf nach einer starken, von der Wasserkraft unabhängigen Kraftmaschine insbesondere in England hörbar lauter. Die stark zunehmende Nachfrage nach Steinkohle trieb den Kohlenbergbau in immer größere Tiefe. Dem waren jedoch bald Grenzen gesetzt, da die Grubenwässer mit den traditionellen Pumptechniken nicht mehr zu heben waren. Hinzu kam, daß erstaunlich viele Kohlenvorkommen in Regionen lagen, die nur über ein unzureichendes Reservoir an Wasserkraft verfügten.

Obwohl die Versuche Papins, die entsprechend einem naturwissenschaftlichem Brauch auch publiziert worden waren, das atmosphärische Prinzip als die zukunftweisende Richtung aufgezeigt hatten, wurde nochmals der Gedanke der Dampfdruckpumpe aufgegriffen und, zumindest konstruktionstechnisch, erfolgreich verwirklicht. Der englische Ingenieur Thomas Savery, über dessen etwa fünfzig Lebensjahre man nur wenig weiß, meldete 1698 eine Wasserhebemaschine zum Patent an, die er in den Folgejahren weiter verbesserte. Wie seine 1702 erschienene Propagandaschrift »The miner's friend« schon im Titel ankündigt, sollte die Maschine vor allem im Bergbau eingesetzt werden. Unter Einbeziehung des mittlerweile allseits bekannten Wissens um den atmosphärischen Druck konstruierte Savery seine Dampfpumpe, die sowohl die direkte Wirkung des Dampfes als auch die indirekte des Luftdrucks wechselseitig nutzte. Danach wurde zunächst der in einem Kessel erzeugte Dampf in ein Dampfgefäß geleitet, wo er das von unten gekommene Wasser in einem Steigrohr nach oben drückte. Nach Sperrung der Dampfzufuhr wurde der Dampf durch eingespritztes kaltes Wasser kondensiert. Der so entstandene Unterdruck saugte erneut Wasser von unten an, worauf der Pumpvorgang sich wiederholte. Die Hähne für die Dampf- und Wasserzufuhr mußten von Hand bedient werden. Um die Arbeitsweise der Maschine zu beschleunigen, ließ

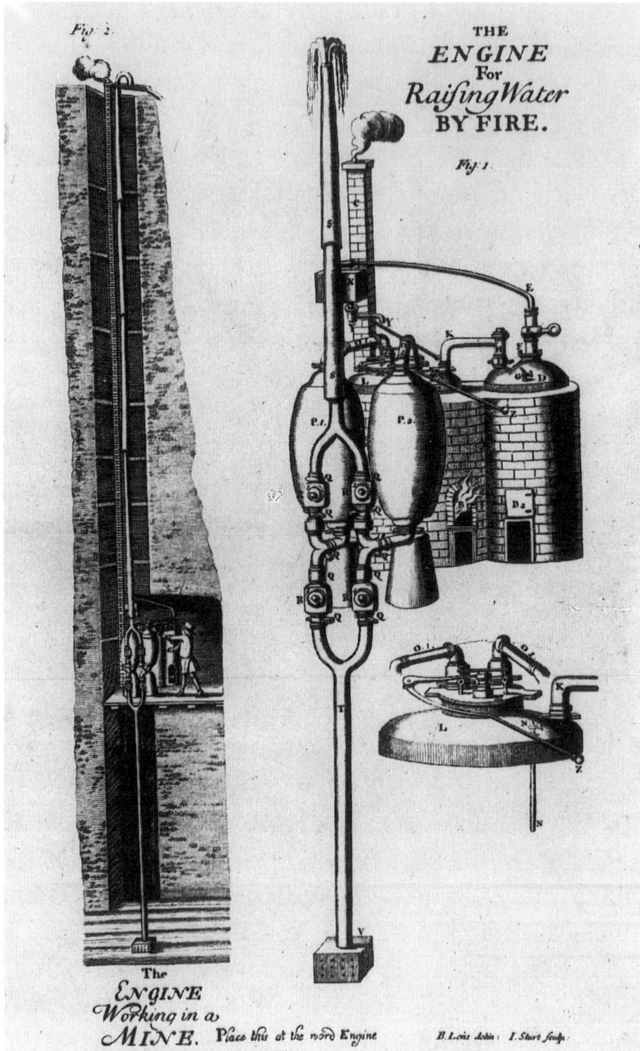

15. Saverys Dampfpumpe zur Wasserhebung von 1698. Kupferstich in der 1736 erschienenen Ausgabe des »Lexikon technicum« von John Harris. München, Deutsches Museum

Savery in einer späteren Ausführung zwei nebeneinander angeordnete Dampfgefäße alternierend arbeiten, so daß eine kontinuierliche Pumpleistung garantiert war. Als Vorteil der »Feuermaschine« wurde von den Zeitgenossen positiv hervorgehoben, daß sie ohne bewegliche Teile auskam, also auch wenig reparaturanfällig war und kaum Reibungsverluste auftraten. Dennoch war der Maschine kein größerer Erfolg beschieden, da sie sehr viel Kohle verbrauchte und ihre Leistung mit kaum 2

Pferdestärken und einer Förderhöhe von etwa 30 Metern sehr gering war. Für die Wasserhebung aus größeren Tiefen war sie daher nicht einsetzbar, doch bei der Wasserversorgung etlicher Landhäuser soll der angebliche »Freund des Bergmannes« erfolgreich seinen Dienst getan haben. Auch von einem indirekten Maschinenantrieb über ein von der Dampfpumpe bewegtes Wasserrad wird berichtet.

Im Verlauf des 18. Jahrhunderts gab es trotz der Ausbreitung der Kolbendampfmaschine noch mehrere Versuche, das Prinzip der Dampfpumpe anzuwenden, letztlich aber vergeblich. Papin ist in diesem Zusammenhang nochmals zu erwähnen. Angeregt durch die Konstruktion von Savery erprobte er im Jahr 1706 mit finanzieller Unterstützung des Landgrafen von Hessen-Kassel eine direkt wirkende Hochdruckdampfpumpe mit einem schwimmenden Kolben, die folgendermaßen arbeitete: Der in einem Kessel mit Sicherheitsventil erzeugte Dampf strömt in einen Zylinder, wo er auf einen auf dem Wasser schwimmenden Kolben trifft, der das

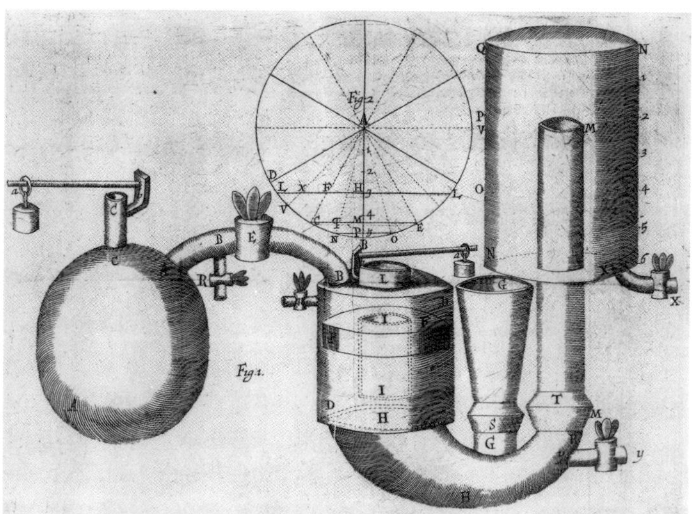

16. Papins Entwurf einer direktwirkenden Dampfpumpe. Kupferstich, 1706. München, Deutsches Museum

Wasser mit Unterstützung eines Druckwindkessels in ein Steigrohr drückt. Nach Schließung eines Ventils zwischen Dampfkessel und Zylinder steigt der Kolben wieder nach oben. Auch hier scheiterte Papin, der über seine Erfindung mit Leibniz korrespondierte und von diesem Anregungen erhielt, letztlich wieder an seinerseits unüberwindlichen technischen Problemen, beispielsweise an der Abdichtung von Rohrverbindungen.

Der endgültige Durchbruch gelang schließlich dem erfolgreichen Eisenhändler und technisch begabten Schmied Thomas Newcomen (1663–1729) aus Dartmouth in Südwestengland, der mit dem Bau der ersten einsatzfähigen atmosphärischen Kolbendampfmaschine den eigentlichen Beginn des Zeitalters der Dampfmaschine einläutete. Es ist bis heute nicht endgültig geklärt, ob der »Mann aus der Provinz« von den 1690 veröffentlichten Versuchen Papins Kenntnis genommen hatte; aber auf jeden Fall kannte er die Dampfpumpe von Savery. Seit etwa 1702 beschäftigte er sich mit dem Gedanken, eine eigene »Feuermaschine« zu entwickeln, und im Jahr 1705 nahm er, um rechtlichen Streitigkeiten aus dem Weg zu gehen, zusammen mit Savery und seinem Mitarbeiter J. Calley, einem Klempnermeister, ein Patent auf seine Erfindung. Insgesamt verging fast ein Jahrzehnt mit Versuchen, bis Newcomen seine Maschine zur Betriebsreife entwickelt hatte; denn was, wie bei den Versuchen von Papin, im Spielzeugmaßstab seine prinzipielle Funktionsfähigkeit bewiesen hatte, gelang im Großmaßstab nur unter erheblichen Schwierigkeiten. Die Hauptprobleme ergaben sich bei der Anfertigung der metallenen Einzelteile, weil die Technik der Metallbearbeitung zwar für den bislang betriebenen Maschinenbau hinreichend war, aber die Ansprüche, die jetzt an Material und Genauigkeit der Fertigung gestellt wurden, nur ansatzweise erfüllen konnte. So war man am Beginn des 18. Jahrhunderts nicht in der Lage, einen wirklich kreisrunden Zylinder aus Messing, geschweige denn aus Gußeisen herzustellen. Da zwischen Kolben und Zylinderwand kein Dampf durchtreten durfte, behalf sich Newcomen mit Hanf als Dichtungsmittel sowie einer Wasserschicht auf dem Kolben.

Endlich, im Jahr 1712, wurde in einer Kohlengrube in Dudley Castle bei Wolverhampton die erste Maschine von Newcomen in Betrieb genommen. Da die erste überlieferte Abbildung einer solchen Maschine aus dem Jahr 1717 stammt, in der Zwischenzeit aber bereits mehrere Verbesserungen vorgenommen worden waren, weiß man nicht ganz genau, wie der Erstling ausgesehen hat, doch der Unterschied dürfte nicht allzu groß gewesen sein. Die Maschine, bei der der Zylinder über dem Dampfkessel angebracht war, arbeitete auf folgende Weise: »Der Aufwärtsgang des Kolbens wurde durch die Last des Pumpengestänges und durch den bei geöffnetem Dampfhahn vom Kessel in den Zylinder strömenden Dampf bewirkt. Hatte der Kolben seine höchste Lage erreicht, wurde der Dampfhahn geschlossen und der Kühlwasserhahn geöffnet, so daß der Dampf im Zylinder kondensierte. Es entstand ein Vakuum, und der Luftdruck, der auf die Oberfläche des Kolbens wirkte, drückte diesen nieder. Kam der Kolben in seiner untersten Lage an, wurde der Kühlwasserhahn wieder geschlossen und der Dampfhahn geöffnet, der Vorgang begann von neuem. Da der Dampf durch das Feuer erzeugt und der eigentliche Arbeitsvorgang der Maschine, der Hub des Pumpengestänges, nicht durch den Dampfdruck, sondern durch den Druck der Luft auf den Kolben im evakuierten Zylinder bewirkt wurde, nannte man damals die Newcomen-Maschine exakt eine ›atmosphärische

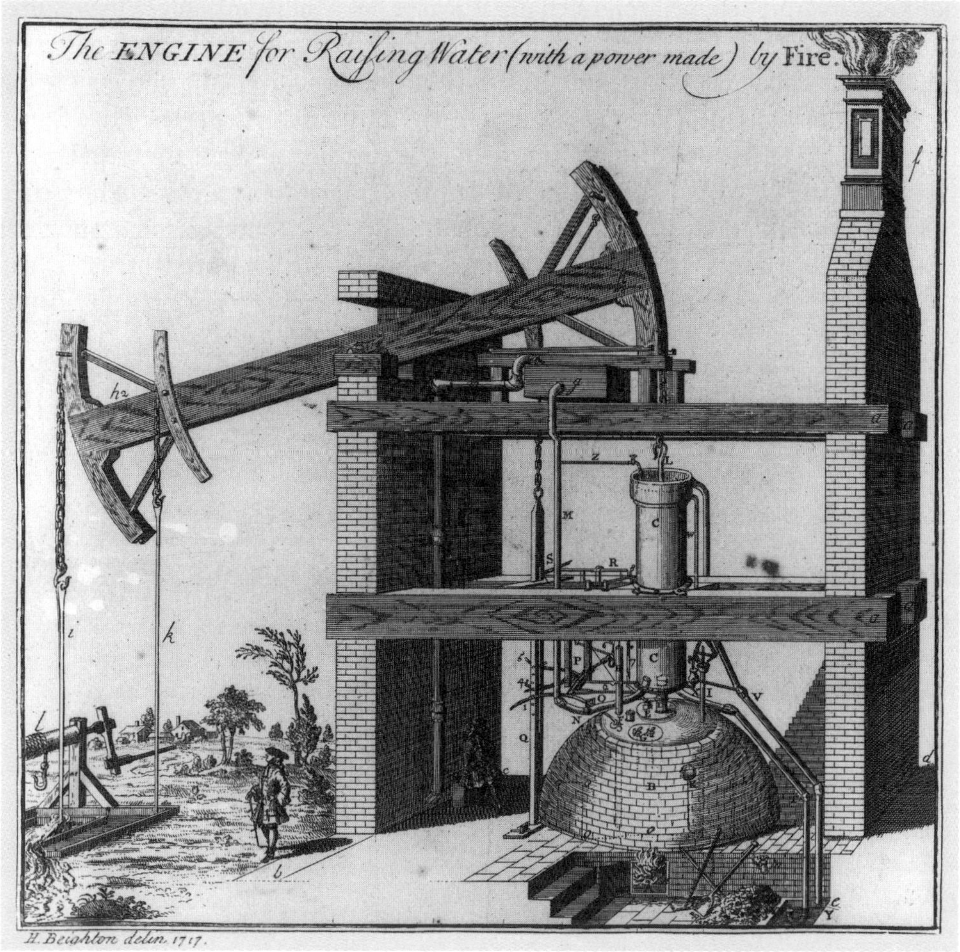

17. Verbesserte Version einer atmosphärischen Newcomen-Dampfmaschine. Kupferstich von Henry Beighton, 1717. London, Science Museum

Feuermaschine‹ « (O. Wagenbreth/E. Wächtler). Indem Kolbenstange und Balancier beziehungsweise Balancier und Pumpe im Schacht durch Ketten verbunden waren, war lediglich eine Auf- und Abbewegung, aber keine Drehbewegung möglich. Doch da die Maschine damals fast ausschließlich zur Wasserförderung in den Bergwerken eingesetzt werden sollte, stellte dieser »Mangel« vorerst kein Problem dar. Auch der zunächst noch sehr hohe Brennstoffverbrauch, der beim jeweiligen Abkühlen des Zylinders durch aufgespritztes Wasser hervorgerufen wurde, spielte keine Rolle, weil die Maschine gewissermaßen auf der Kohle stand. Als Newcomen zur Direkteinspritzung des Kühlwassers in den Zylinder überging, reduzierte sich der Kohlenverbrauch, während sich die Hubzahl pro Minute erhöhte. Ein weiteres Hindernis wurde in den Jahren nach der ersten Inbetriebsetzung ebenfalls beseitigt: Mußten anfänglich noch bei jedem Hub die entsprechenden Hähne und Ventile mit der Hand betätigt werden, so geschah dies ab 1718 durch eine selbsttätige Steuerung, die über einen am Balancier befestigten Steuerbaum erfolgte. Ihr Erfinder war Henry Beighton (1688–1754). Durch derartige Verbesserungen war die Konstruktion der Newcomen-Maschine, die man als die entscheidende Basisinnovation des frühen 18. Jahrhunderts bezeichnen kann, so ausgereift und betriebssicher, daß ihrer Ausbreitung in England und auf dem Kontinent nichts mehr entgegenstand.

Bergbau, Salinen und Hüttenwesen

Bergbau

Der großen Blütezeit des Berg- und Hüttenwesens von der Mitte des 15. bis zur Mitte des 16. Jahrhunderts mit ihren gewaltigen technischen Innovationen folgte eine, wenn auch zeitlich begrenzte Periode des wirtschaftlichen Niederganges, die hauptsächlich von drei Faktoren bestimmt wurde: von den inflationär wirkenden massenhaften Silbereinfuhren aus Mittelamerika, von der weitgehenden Erschöpfung der gehaltreichen, weil relativ leicht zugänglichen Erzvorkommen und schließlich von den technischen Schwierigkeiten bei der Wasserhebung der immer tiefer geführten Schächte. Hinzu kamen regionale Besonderheiten wie Holzmangel, kriegerische Ereignisse, religiöse Auseinandersetzungen und Pesterkrankungen, die zum teilweise nur zeitweiligen Niedergang einiger Bergreviere beitrugen. Eine große Abwanderungswelle von qualifizierten Bergleuten insbesondere aus den mitteleuropäischen Revieren nach England, Schweden, Rußland und Südamerika war die Folge. Angesichts dieser Sachlage war das Privatkapital nicht mehr zu den unterdessen äußerst risikoreichen Investitionen bereit, zumal in den absolutistisch regierten Ländern die staatlichen Bergverwaltungen zunehmend den Spielraum privater Investoren einengten. Die Durchsetzung des Direktionsprinzips bot allerdings die dann auch genutzte Chance, das gesamte Bergwesen organisatorisch zu zentralisieren und auf technischem Gebiet zu rationalisieren, wobei jedoch ökonomische Gesichtspunkte nicht immer Beachtung fanden. Landesfürstlichem Interesse gemäß standen beim Abbau die silberhaltigen Erze im Vordergrund, denn das daraus gewonnene Silber füllte auf direktem Weg die Staatsschatulle. Aber auch der Abbau der anderen Erze, vor allem von Kupfer, Blei, Zinn und Galmei, das man für die Messingerzeugung brauchte, war nicht nur für die metallverarbeitenden Gewerbe, sondern indirekt ebenfalls für die landesherrliche Kasse von Bedeutung, da der Export aus einheimischen Rohstoffen gefertigter Produkte fremdes Geld ins Land brachte. Die Betrachtung des in vielen europäischen Regionen betriebenen Abbaus von Eisenerz kann für das 17. und 18. Jahrhundert vernachlässigt werden, weil die Erze in der Regel im Tagebau oder in Bergwerken gewonnen wurden, deren Schächte nicht tiefer als 30 Meter gingen und so den Bergmann selten vor technische Probleme stellten.

Was technische Innovationen im Erzbergbau anlangt, so gilt die verallgemeinernde Feststellung, daß auch in diesem Bereich von einem Innovationsschub wie jenem zwischen 1450 und 1550 nicht die Rede sein kann, sondern, von einigen herausragenden Erfindungen abgesehen, eher von einer rationellen Ausnutzung der bereits vorhandenen Technik gesprochen werden muß. Eine der Hauptfragen für die damals im Bergbau tätige Beamtenschaft war, wie sich bei zunehmend ärmeren Erzen, nur unwesentlich zu vergrößerndem Energieangebot, zunehmenden Grubentiefen und Grundwasser dennoch auf längere Dauer Gewinne erzielen ließen. Zu deren Realisierung gab es viele einzelne, sich über Jahrzehnte hinziehende Schritte. Die wichtigsten seien in erster Linie für die in den europäischen Mittelgebirgen gelegenen Reviere kurz genannt, da die alpenländischen Bergbaugebiete in der Regel nicht mit größeren Wasser- und Energieproblemen zu kämpfen hatten.

Die Reorganisation von Bergrevieren wie dem Oberharz, dem ungarischen und dem sächsischen Erzgebirge sowie dem mittelschwedischen Kupferbezirk um Falun, die zum Teil schon Mitte des 16. Jahrhunderts einsetzte, hatte eine intensivere Nutzung der vorhandenen Antriebswässer zum Hauptziel. Bereits im 16. Jahrhundert wurden beispielsweise im Oberharz Wasserreservoire in Form von Stauteichen angelegt, die die einzelnen Gruben auch in regenärmeren Zeiten mit Wasserenergie versorgten. Eine erste Maßnahme der Bergbehörden bestand darin, die im Laufe der Zeit entstandenen, auf unterschiedlichem Niveau liegenden Teiche durch »Kunstgräben« so miteinander zu vernetzen, daß das Antriebswasser auf seinem Weg zu Tal von möglichst vielen Wasserrädern der Gruben und Hütten genutzt werden konnte. Seit dem späten 17. Jahrhundert wurde dieses System nach genauer Planung systematisch ausgebaut und umfaßte schließlich 70 Teiche. Der bekannteste war der am höchsten im Harz gelegene Okerteich mit 1,7 Millionen Kubikmetern Fassungsvermögen, als erste Talsperre Europas zwischen 1714 und 1721 errichtet. Bei längerfristig ausbleibenden Regenfällen half aber auch das Teichsystem nicht weiter. Bereits 1679 war der in hannoverschen Diensten stehende Gottfried Wilhelm Leibniz von seinem Dienstherrn beauftragt worden, über mögliche Abhilfen nachzusinnen. In den achtziger und frühen neunziger Jahren im Oberharz weilend, suchte er Pumpen durch Windmühlen anzutreiben, was an technischen Schwierigkeiten scheiterte. Wesentlich origineller war sein Vorschlag, die verbrauchten Aufschlagwasser durch eine von ihm entworfene Horizontalwindkunst wieder aufwärts in die Teiche zu bringen und so einen Kreislauf herzustellen. Auch hier waren praktisch-technische Probleme und vermutlich Reibereien zwischen Bergbaupraktikern und dem Buchgelehrten Leibniz wesentliche Gründe für den Mißerfolg seiner Bemühungen.

Die Zentralisierung der Energieversorgung stand in engem Zusammenhang mit einer Vernetzung der technischen Anlagen unter Tage. Schon in Zeiten des gewerklich betriebenen Bergbaues konnte der Bau von Stollen zur Wasserlösung wegen der extrem hohen Kosten und der notwendigen Durchquerung benachbarter Grubenfelder nur gemeinschaftlich bewältigt werden. Angesichts der Krisenursachen im europäischen Bergbau war eine Zusammenfassung der vielen einzelnen Gruben zu

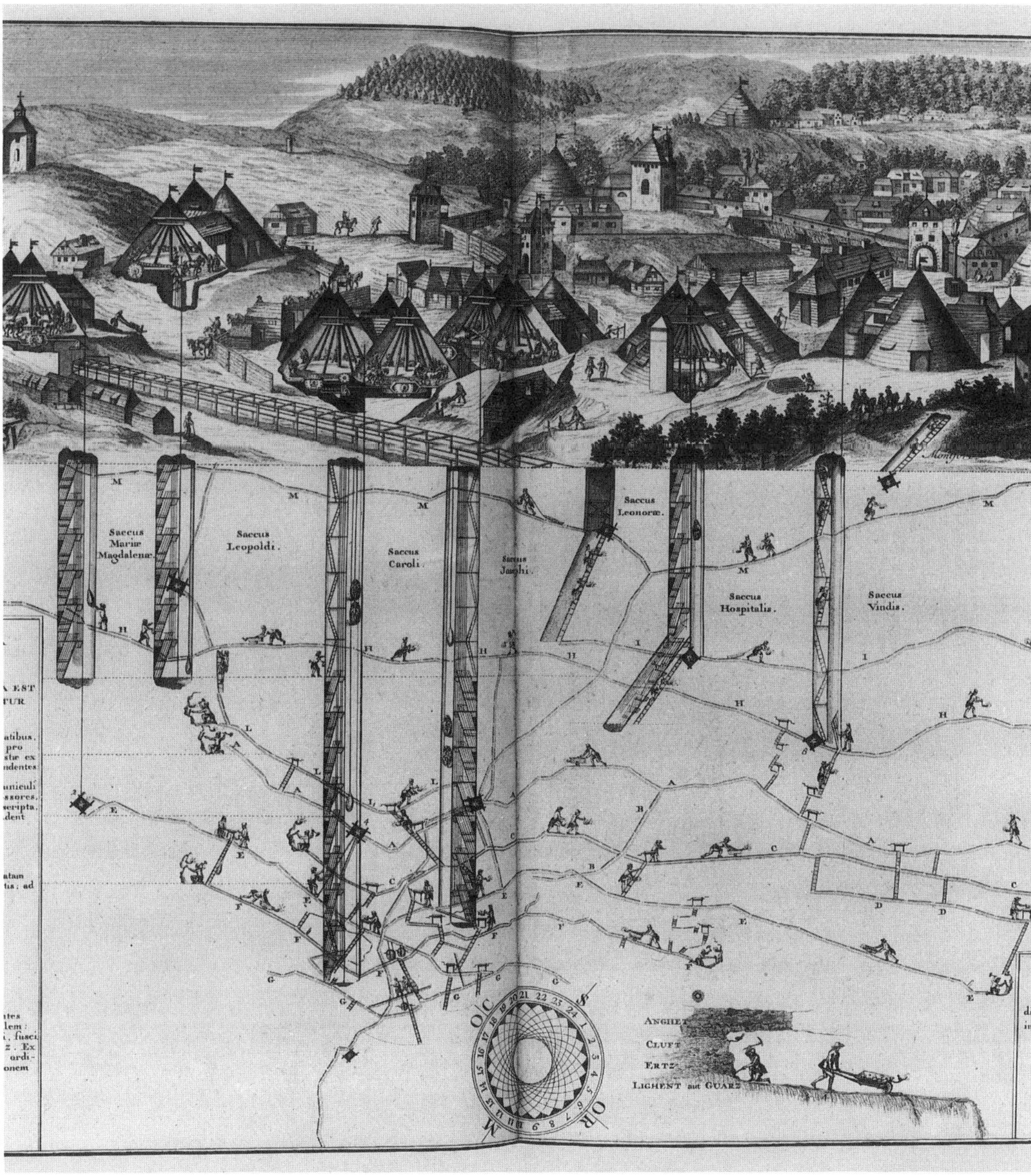

18. Bergbautechnik über und unter Tage. Aus dem Grubenriß des Schemnitzer Gangzuges in Oberungarn, um 1725. Wien, Österreichische Nationalbibliothek

einem Großunternehmen mit einem technischen Verbundsystem fast zwangsläufig. Bei der technischen Ausstattung der Gruben waren seit dem 17. Jahrhundert zwei Tendenzen erkennbar: Zum einen reduzierte sich die noch von Agricola in Text und

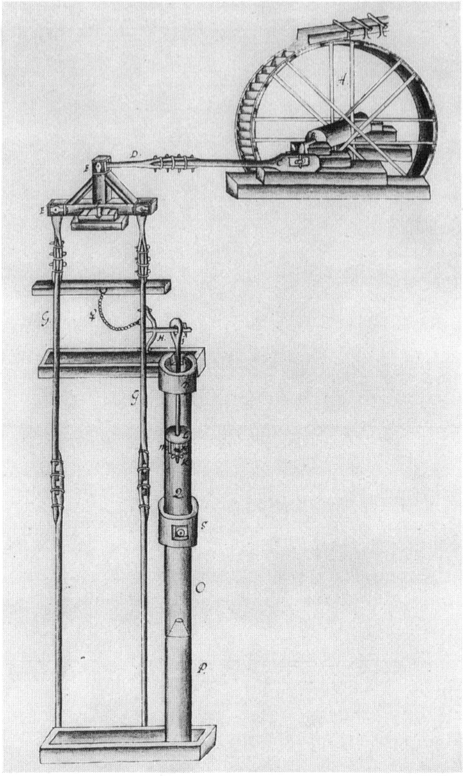

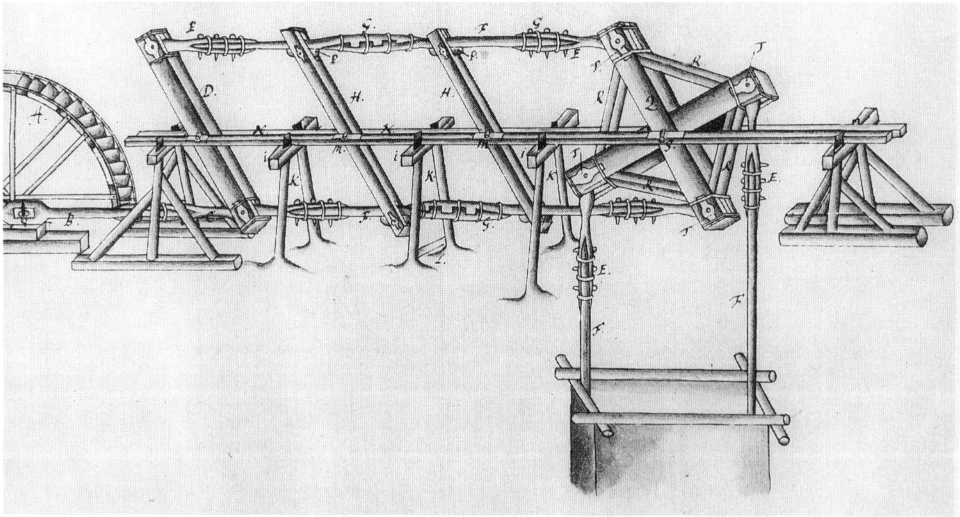

19 a und b. Wasserrad mit Krummzapfen, Kunstgestänge und Kunstkreuz zum Antrieb von Pumpen in Oberharzer Schächten. Zeichnungen des Markscheiders und Bergmeisters Jochim Christoph Buchholtz, 1691. Wolfenbüttel, Herzog August-Bibliothek

Bild vorgeführte Vielfalt bei der Bergwerksmaschinerie auf jene Typen, die sich in der Praxis auf Dauer bewährt hatten und die nun etappenweise in ihrer Konstruktion und in ihrem Wirkungsgrad verbessert wurden. Zum anderen kam es vor allem seit dem 17. Jahrhundert zu einem fast sprunghaften Anstieg der Zahl der eingesetzten Bergbaumaschinen. Die mit wachsender Grubentiefe zunehmende Menge an Grubenwasser machte den Einsatz zusätzlicher Wasserräder über sowie unter Tage erforderlich; denn mit der Abteufung des Schachtes um jeweils weitere 8 bis 9 Meter mußte ein weiterer Pumpensatz angefügt werden. Hinzu kam, daß die steigenden Fördermengen an erzhaltigem Material einen vermehrten Einsatz der durch Wasserkraft angetriebenen Kehrräder erzwangen, die wesentlich mehr leisteten als die Pferdegöpel.

Die immer größeren Teufen und die zunehmende Verwinkelung der Grubenbaue stellten an die Markscheider steigende Anforderungen hinsichtlich der Meßgenauigkeit sowie ihrer Zeichenfähigkeit. Die auch im 17. Jahrhundert noch gebräuchlichen Wachsscheiben mit Kompaß zur horizontalen und vertikalen Winkelbestimmung waren auf die Dauer zu ungenau. Im Jahr 1633 führte der sächsische Markscheider und Bergmeister Balthasar Rössler (1605–1673) das sogenannte Hängezeug ein, das aus dem Hängekompaß, dem Gradbogen und der Schnur bestand. Der zur Ausschaltung von magnetischen Einflüssen aus Messing gefertigte, kardanisch gelagerte Kompaß wurde mit zwei Haken an die zwischen zwei Meßpunkten gezogene Schnur gespannt, so daß auf dem Meßring des Kompasses der Streichwinkel abgelesen werden konnte. Der ebenfalls an der Schnur aufgehängte Gradbogen mit Lot diente zur Feststellung des Neigungswinkels. Bis zur Einführung des Theodoliten fast zweihundert Jahre später blieb das Hängezeug das wichtigste Gerät des Markscheiders.

Die Vermessungsdaten bildeten die Grundlage der Grubenrisse, die seit dem 17. Jahrhundert in wachsender Zahl angefertigt wurden. Die zeichnerische Gestaltung der Karten veränderte sich dabei bis zum Ende des 18. Jahrhunderts erheblich. Die senkrechten Schnitte durch die Bergwerke, sogenannte Seigerrisse, hatten zum einen eine technische Funktion, indem sie die Lage der Schächte, Stollen und Abbaustrecken und darüber hinaus die technische Ausstattung der Grube genau wiedergaben. Zum anderen waren sie, da in der Regel vom Landesherrn in Auftrag gegeben, nach repräsentativen Gesichtspunkten gestaltet. In Form von mehr oder weniger naturgetreuen Landschaftspanoramen wurde die Umgebung der Gruben dargestellt. Häufig zeigte man auch Bergleute bei ihrer Arbeit über und unter Tage. Mit der Zeit wurden die Risse immer funktionaler, damit aber auch nüchterner, wobei eine endgültige Trennung in Grund- und Seigerrisse erfolgte. So wurden beispielsweise im Harz bei den alljährlichen Inspektionen sogenannte Befahrungsrisse angefertigt und zu Rißbüchern zusammengestellt, die den Bergbeamten jederzeit einen klaren Überblick über die Ausdehnung und technische Ausstattung der

20 a und b. Kursächsischer Bergmann und Oberberghauptmann in ihren Paradetrachten. Kupferstiche des 1721 in Nürnberg erschienenen Werkes über die Berg- und Hüttenleute von Johann Christoph Weigel. Privatsammlung

Grube ermöglichten. Die Genauigkeit der im 18. Jahrhundert erhobenen Daten war, gemessen an den damals zur Verfügung stehenden markscheiderischen Instrumenten, außergewöhnlich hoch.

Der Erzbergbau unter dem Direktionsprinzip war sogar wirtschaftlich einigermaßen erfolgreich, nicht zuletzt, weil man, wie im Harz, Anteilseigner an den Gruben zu höheren Bergbeamten machte oder diese zum Kauf von Anteilen ermunterte. Der einfache Bergmann spürte allerdings vom wirtschaftlichen Erfolg so gut wie gar nichts, da sich seine Nominallöhne zumeist nicht erhöhten. Die auf eigene Kosten anzuschaffende Bergmannsuniform, die die Bergleute als besonderen Stand hervorheben sollte, war kein Äquivalent für schlechte soziale Bedingungen. Gelegentliche Unruhen, insbesondere in Teuerungszeiten, wurden hart bestraft und brachten den Bergleuten meist keine Verbesserungen. Für die Ausbreitung von Neuerungen war das Direktionsprinzip durchaus förderlich, weil die Bergbeamten enge informelle Beziehungen unterhielten und, anders als bei den Zünften, nicht alles geheimzuhalten suchten. So wurden in der ersten Hälfte des 18. Jahrhunderts zweimal junge Bergtechniker vom Harz zu Polhem nach Stockholm geschickt, um sich dort im Bau von Bergbaumaschinen unterrichten zu lassen. Die Gründung der beiden ersten Bergakademien in Freiberg in Sachsen 1765 und kurz darauf im niederungarischen Schemnitz unterstreichen diesen Zug zur Offenlegung technischen Wissens und zeigen den Übergang von der vorwiegend empirischen Bergbaukunde zu den Bergbauwissenschaften.

Zu den herausragenden Innovationen im Bergbau des 17. Jahrhunderts zählt unbestreitbar die Einführung des bergmännischen Schießens, also des Sprengens von Gestein mittels Schwarzpulver. Bis dahin hatten dem Bergmann lediglich Schlägel und Eisen zum Abbau zur Verfügung gestanden. Besonders hartes erzhaltiges Gestein lockerte man allerdings vorher durch Feuersetzen. Diese bewährte Methode erforderte aber größere Mengen an Brennholz, was möglicherweise seit dem späten 16. Jahrhundert die Suche nach anderen Abbauformen veranlaßte. Der Umstand, daß in jener Zeit in den meisten Revieren die reichen Erzvorkommen weitgehend abgebaut waren und man nun bei den geringerwertigen Vorkommen wesentlich mehr Gestein bei gleicher Ausbeute lösen mußte, sowie die Tatsache, daß sehr feste Erzvorkommen hatten stehenbleiben müssen, dürften weitere Gründe für die Nutzung des Pulvers gewesen sein. Dennoch ist es schwer erklärlich, warum das Sprengen mit Pulver so spät im Bergbau erfolgt ist; denn bereits im ersten Drittel des 14. Jahrhunderts sind die ersten Geschütze eingesetzt worden, und aus der Mitte des 15. Jahrhunderts gibt es Hinweise auf den unterirdischen Einsatz des Pulvers bei Belagerungen. Für den Bergbau jedoch sind Versuche mit Schwarzpulver erst um 1573/74 im venezianischen Erzrevier Schio belegt, und dabei hat es sich vermutlich noch nicht um ein wirkliches »Schießen« gehandelt, das heute so definiert wird: »Diese Technik besteht darin, in verdämmten Bohrlöchern Sprengstoffe gezielt zur Explosion zu bringen und so kontrolliert Gestein beziehungsweise Mineralien bei der Vortriebs- und Gewinnungsarbeit zu zertrümmern beziehungsweise zu lockern und aus dem Gebirgsverband zu lösen« (Chr. Bartels). Auf alle Fälle sind Sprengversuche in Oberitalien bis ins 17. Jahrhundert fortgesetzt worden. Der erste Nachweis über ein erfolgreiches Schießen findet sich allerdings im Berggerichtsbuch von Schemnitz. Danach hat der Tiroler Bergmann Caspar Weindl im Oberbiberstollen das bergmännische Schießen vorgeführt. Er ist nicht der eigentliche Erfinder gewesen, dürfte aber aufgrund der in Bergsachen 1624 oder 1625 in Florenz geführten Gespräche von den Versuchen auf italienischem Boden angeregt worden sein.

Der nächste sichere Beleg, daß die Kenntnis von dieser neuen Technik nicht auf Schemnitz und die in der Nähe gelegenen Bergorte beschränkt geblieben, sondern bald auch in andere Erzreviere gelangt ist, stammt aus dem Oberharz, wo 1633 bereits 5 von 10 Zellerfelder Gruben und 1737 alle das Schießen angewendet

21. Silberbergbau im sauerländischen Ramsbeck mit Hinweis auf die Bergordnung. Rückseite einer westfälischen Ausbeute-Medaille, 1759. Münster, Westfälisches Landesmuseum für Kunst und Kulturgeschichte

haben. Bis 1650 findet man die Schießtechnik in Sachsen, Böhmen und Mähren, Polen und Kroatien, und zwischen 1665 und 1680 ist sie erstmals auf der Britischen Insel eingesetzt worden, wo sie sich rasch ausgebreitet hat. Man kann sagen, daß fünfzig Jahre nach dem ersten Schuß in Schemnitz die neue Gewinnungsmethode in den wichtigsten Bergrevieren Fuß gefaßt hatte. Lediglich Schweden stellte noch eine Ausnahme dar, die wohl auf die reichen Holzvorräte für das Feuersetzen zurückzuführen ist. Hier wurden die ersten Versuche im frühen 18. Jahrhundert durchgeführt.

Die bei unsachgemäßer Handhabung recht gefährliche Technik des Schießens

22. Fördertürme, Schachtanlage und arbeitende Bergleute. Rückseite der Ausbeute-Medaille auf die Fundgrube St. Anna bei Freiberg in Sachsen, 1690. Dresden, Staatliche Kunstsammlungen, Münzkabinett

wurde im Laufe des 17. Jahrhunderts verschiedentlich verbessert und damit sicherer. Im Oberharz wurde beispielsweise zunächst parallel zum Erz ein Raum von etwa 75 bis 90 Zentimetern Breite und 3 Metern Länge sowie Tiefe hergestellt. Dann bohrten zwei Hauer von oben ein oder zwei Löcher mit einer Tiefe von etwa 1 Meter und einem Durchmesser von 6 bis 7 Zentimetern. Mit zunehmender Erfahrung hatten die Bohrlöcher bei gleicher Tiefe nur noch einen Durchmesser von 1,5 Zentimetern, dafür nahm aber deren Zahl zu. Nach dem Bohren wurde das Bohrloch geputzt und getrocknet, danach das Pulver in Form von Papierpatronen eingebracht. Anschließend wurde ein langer, seitlich mit einer längslaufenden Kerbe versehener

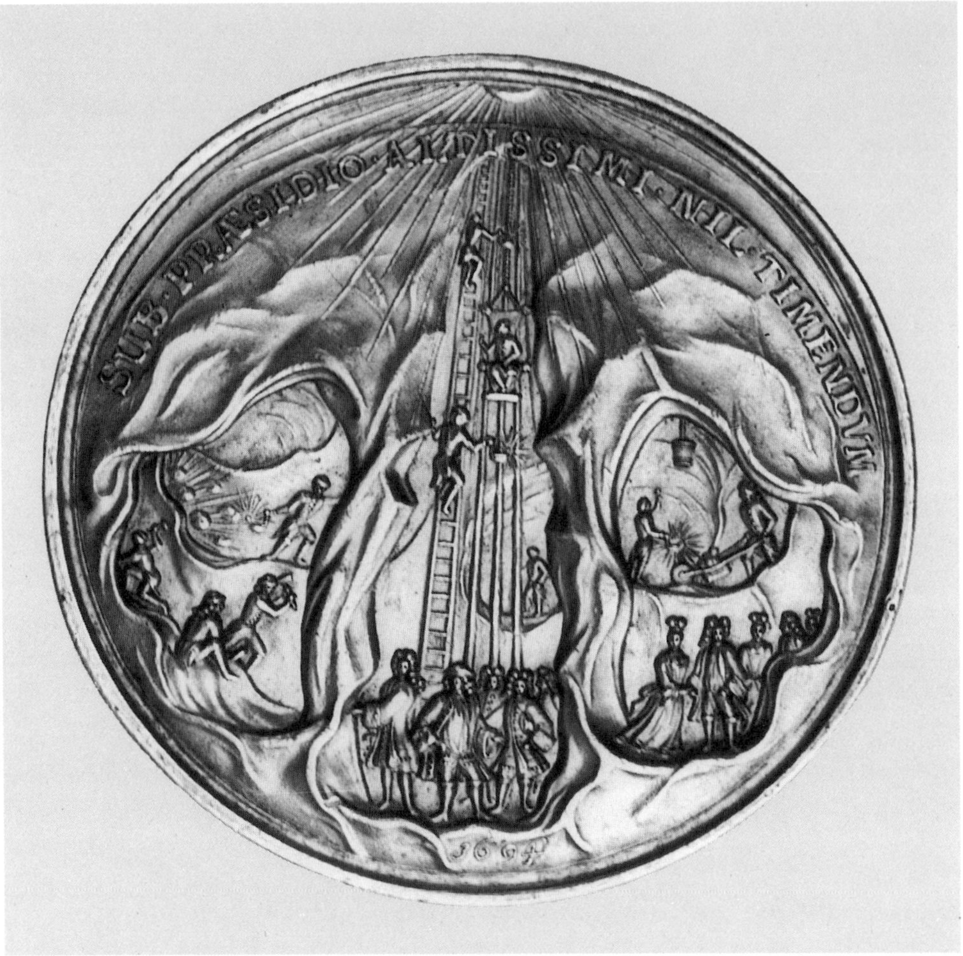

23. Älteste bekannte Abbildung des bergmännischen Schießvorgangs. Rückseite einer Ostharzer Ausbeute-Medaille, 1694. Hannover, Preussag AG

Buchenholzpflock eingetrieben, der Kerbraum mit Pulver aufgefüllt, ein geschwefelter Zündfaden in die Kerbe gesteckt, der Pflock mit einem gelochten Eisenstück abgedeckt und verkeilt. Dann konnte gezündet werden. Allmählich reduzierte man die Pulvermenge, einmal aus Kostengründen, zum anderen, weil man die beabsichtigte Sprengwirkung im voraus genauer abzuschätzen gelernt hatte.

Da beim Einschlagen der Pflöcke Reibungswärme entstehen und ein Funken das Pulver vorzeitig entzünden konnte, suchte man bald nach einer ungefährlicheren Methode der Verdämmung. Im Jahr 1687 führte der aus Altenberg im sächsischen Erzgebirge stammende Bergmann Carl Zumbe auf einer Grube in Clausthal im

Oberharz sein neues Verfahren vor, bei dem das Bohrloch nicht mit den gefährlichen Schießpflöcken, sondern mit fettem Lehm, sogenanntem Letten, verdämmt wurde, nachdem man vorher eine eiserne, später die noch sicherere messingne Räumnadel in das Bohrloch eingebracht hatte. War der Letten festgestampft, wurde die Räumnadel, die mit ihrer Spitze in die Pulverfüllung reichte, herausgezogen, und in den so entstandenen Zündkanal füllte man Pulver und befestigte den Schwefelfaden. Für nasse Bohrlöcher hatte Zumbe ein Zündröhrchen aus Schilfrohr entwickelt, das an der gefetteten Papier- oder Lederpatrone befestigt war. Dieses eindeutig risikolosere »Schießen mit Lettenbesatz« setzte sich daher rasch auf allen Bergrevieren durch, wo Schießarbeit zur Erzgewinnung zweckmäßig war. Die Anwendung des bergmännischen Schießens brachte nicht nur eine gewisse Erleichterung der Arbeit vor Ort, sondern, wie Christoph Bartels am Beispiel des Oberharzes eindrücklich nachweisen konnte, eine erhebliche Produktionssteigerung »bei gleichzeitiger Orientierung auf den Abbau von Erzen mit deutlich absinkenden Silbergehalten. Die Schießarbeit bildet die Basisinnovation, die diese Entwicklung möglich gemacht hat.«

England verfügte ebenfalls über erhebliche Bodenschätze und zählte zu den führenden Blei- und Zinnproduzenten, aber sein technisches Know-how hatten ihm seit dem späten 16. Jahrhundert eingewanderte Berg- und Hüttenleute aus Deutschland, Schweden und Frankreich gebracht. Eigenständige Impulse in Gestalt von neuen Maschinen konnte der englische Metallerzbergbau bis in das 18. Jahrhundert hinein nicht vermitteln. Erst als die englischen Gruben in ähnlicher Weise wie der festländische Bergbau vor Wasserprobleme gestellt wurden, die deren Existenz bedrohten, wurde die Suche nach einer technischen Lösung dieses Problems zwingend. Doch während es auf dem europäischen Festland möglich war, die in den Bergrevieren reichlich vorhandene Wasserkraft noch effektiver zu nutzen, mußte der Bergbau auf der Britischen Insel neue Wege gehen, da bei der Mehrzahl der Gruben nicht genügend Aufschlagwasser zur Verfügung stand. Eine einfache zahlenmäßige Vermehrung der bis dahin fast ausschließlich verwendeten Göpel verbot sich wegen der hohen Unterhaltskosten für die Pferde fast von selbst. Von daher gesehen war der hohe Kohlenverbrauch der atmosphärischen Dampfmaschinen, die anfänglich nur einen Wirkungsgrad von 1 Prozent besaßen, kein schwerwiegender Hinderungsgrund für ihren Einsatz, was sich in einer raschen Ausbreitung der neuen, um ein Mehrfaches effizienteren Technologie bestätigte. Als im Jahr 1733 das gemeinsame Patent von Savery und Newcomen auslief, waren mittlerweile 110 atmosphärische Maschinen gebaut worden, von denen etwa 100 auf der Insel standen, die restlichen auf dem Kontinent. Mitte der sechziger Jahre waren insgesamt bereits etwa 400 Stück in Betrieb.

Es dauerte acht Jahre, bis bei Lüttich die erste Dampfmaschine errichtet wurde. Weitere 39 folgten allein im kohlereichen Becken von Mons im Hennegau, von denen 1790 noch 20 betrieben wurden. Der Wiener Architekt Joseph Emanuel Fischer von Erlach (1693–1742), Sohn des berühmten Barockbaumeisters Johann Bernhard Fischer von Erlach (1656–1723), hatte in England die ersten Pumpmaschinen kennengelernt und Newcomen-Maschinen 1721/22 am Kasseler Hof und 1722 im Garten des Schwarzenbergschen Palais in Wien für die Versorgung von Wasserspielen eingesetzt. Vielleicht auf Vorschlag Fischers von Erlach war in England der Kunstmeister Isaac Potter (gestorben 1735) angeworben worden, der 1720 im niederungarischen Königsberg mit dem Bau einer Dampfmaschine begann, die unter Mithilfe des nachträglich hinzugezogenen Fischer von Erlach 1723 fertiggestellt und zum Auspumpen des bis dahin nicht zu bewältigenden Grubenwassers verwendet wurde. In den frühen dreißiger Jahren baute Fischer von Erlach als Generalunternehmer im Auftrag der Wiener Hofkammer weitere Maschinen in Schemnitz. Daß es bei der Einführung der neuen Technologie nicht zu sozialen Unruhen von Bergleuten kam, die um ihre Arbeitsplätze fürchten mußten, lag wohl wesentlich daran, daß die Maschinen keine vorhandene Technik ersetzten, sondern ergänzend benutzt wurden. In den sechziger Jahren hatte man sogar noch, wie im Oberharz, ein System aus Wasserleitungen und Stauteichen für den Antrieb von Wasserrädern installiert: »Damit standen 1767 im Schemnitzer Windschachter Revier, dem Sorgenkind der mit der Wasserhaltung beauftragten Beamten, 8 Pferdegöpel, 6 Wassersäulenmaschinen, 1 Luftmaschine, 5 wasserradgetriebene Stangenkünste, 5 Bremskünste und 7 Feuermaschinen zur Verfügung« (W. Weber). Bei der

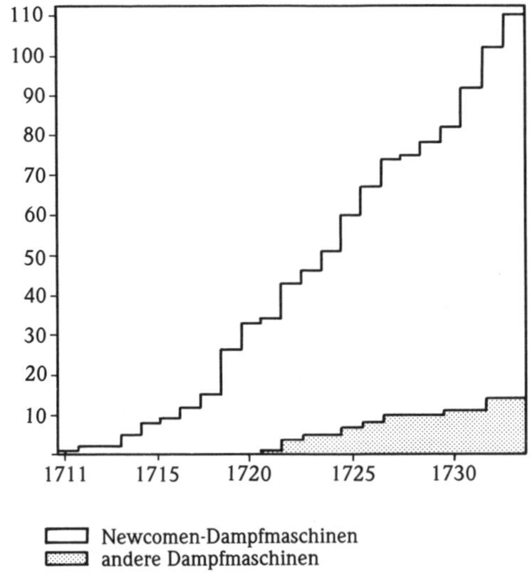

Anzahl der Newcomen-Dampfmaschinen in Europa vor Erlöschen des Patentes im Jahr 1733 (nach Rolt und Allen)

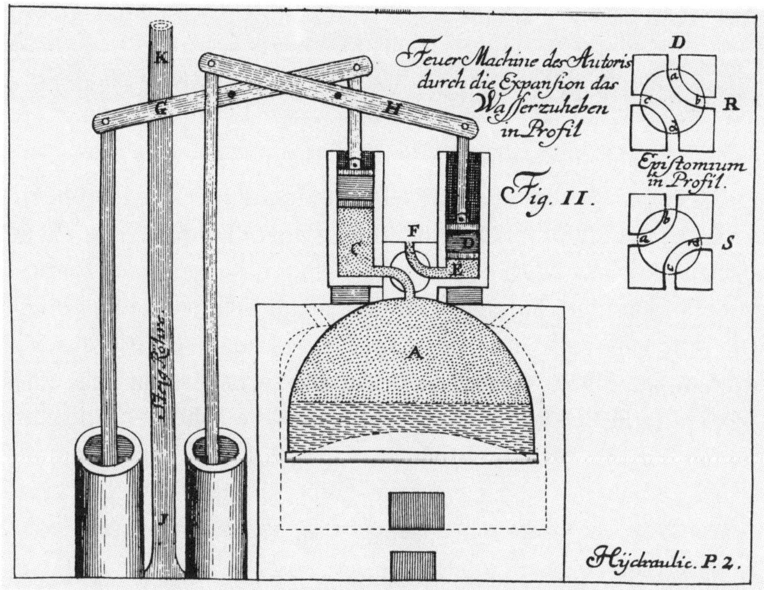

24. Frühester Entwurf einer zweizylindrigen Hochdruckdampfmaschine des Mechanikers Jacob Leupold. Kupferstich in dem 1725 in Leipzig erschienenen »Theatrum machinarum hydraulicum II«. Privatsammlung

Luftmaschine handelte es sich um die – letztlich allerdings erfolglose – Umsetzung der Idee, mit Hilfe von Wassergefälle Luft zu komprimieren, die einen Kolben bewegen sollte. Im übrigen Reichsgebiet wurde die atmosphärische Dampfmaschine nur vereinzelt eingesetzt, obwohl die Bergbeamten im Harz, die über gute Kontakte zum Schemnitzer Revier verfügten, schon Mitte der zwanziger Jahre Zeichnungen von dort erhalten hatten, ohne daß man sich zum Bau einer solchen Maschine entschließen konnte.

Für das Verständnis der Innovations- und Diffusionsprozesse in der vorindustriellen Zeit ist die Analyse fehlgeschlagener Unternehmungen fast informativer als die Darstellung der erfolgreichen Versuche, denn daraus ergibt sich eindringlicher, mit welchen Schwierigkeiten die Übertragung neuer Technologien aus einem Land in ein anderes verbunden gewesen ist. Aufgrund eines dichten Quellenmaterials hat Svante Lindquist die mißlungene Einführung der atmosphärischen Dampfmaschine auf den Dannemora-Eisengruben nördlich von Uppsala in den Jahren 1727 bis 1736 näher untersucht. Obwohl über schwedische Reisende die Kenntnis von der neuen Kraftmaschine bereits 1715 nach Schweden gelangt war, dauerte es mehr als ein Jahrzehnt, bis der Techniker Marten Triewald (1691–1747), Sohn eines nach Schweden eingewanderten deutschen Grobschmiedes, mit dem Bau der Maschine begann. Er selbst hatte in England mehrere Newcomen-Maschinen miterrichtet, so daß er über ausreichende Erfahrungen verfügte. Deshalb fand er bereitwillige Kapitalgeber, die seinen Versprechungen hinsichtlich der ökonomischen und leistungsmäßigen Vorteile gegenüber den Wasserkraftmaschinen Glauben schenkten. Eine Besonderheit war, wie die noch vorhandenen Konstruktionszeichnungen zeigen, daß Triewalds Maschine nicht nur Wasser pumpen, sondern über ein kurzes, mit Gegengewichten ausgerüstetes Feldgestänge eine Drehbewegung ausführen und somit zur Erzförderung eingesetzt werden konnte. Triewald könnte eine solche Konstruktion um 1725 in England gesehen haben, auch wenn sich diese Lösung dort offenbar nicht durchgesetzt hat. Vermutlich wurde mit jener Konstruktion eine Rotationsbewegung erzeugt, indem man das von der atmosphärischen Dampfmaschine gehobene Wasser über ein Wasserrad laufen ließ. Im Jahr 1729 ging die Maschine in Betrieb, brachte aber nicht die erhofften Einsparungen und Leistungen, so daß sie nach mehrjährigen vergeblichen Versuchen, sie kontinuierlich in Gang zu halten, stillgelegt wurde. Jahrzehntelange Schadenersatzprozesse zwischen Triewald und seinen Auftraggebern, welche am Ende die Oberhand behielten, waren die Folge.

Bei der Frage nach den Gründen für den Fehlschlag ist Lindquist auf ein ganzes Bündel von Faktoren gestoßen, die er in fünf Gruppen aufgeschlüsselt hat. Da in Schweden der Maschinenbau vorwiegend auf der Holztechnologie basierte, war man nicht in der Lage, die Pumpenzylinder aus Eisen zu gießen; man fertigte sie aus Ulmenholz. Der in England bestellte gußeiserne Dampfzylinder konnte nicht geliefert werden, weshalb Triewald, wiederum wegen der fehlenden Erfahrung in der Technologie des Eisengusses, schließlich auf einen von der königlichen Kanonengießerei in Stockholm hergestellten Bronzezylinder angewiesen war. Ein Haupthindernis aber hatte Triewald sich selbst geschaffen, indem er eine Maschine mit einem größeren Dampfzylinder als in England gebräuchlich baute. Dies führte dazu, daß er Dichtungsprobleme bekam und außerdem zahlreiche Einzelteile der Maschine abändern mußte. Schließlich suchte er mit dem Mechanismus für die Rotationsbewegung ein Teilsystem zu übernehmen, das in England noch gar nicht oder nicht hinreichend erprobt worden war. Der Nachbau oder Import eines englischen Standardtyps hätte zwar auch Anpassungsschwierigkeiten gebracht, aber vermutlich nicht in diesem Umfang. Triewald wollte aus persönlichem Ehrgeiz das englische Vorbild übertreffen, wobei er völlig übersah, daß in Schweden andere klimatische und geographische Bedingungen herrschten: Im Hüttenbezirk dauerte der Winter länger als ein halbes Jahr, so daß die Maschinen häufig vereisten und damit stillstanden, was den Bau verzögerte und später viele Reparaturarbeiten erforderte. So waren die laufenden Kosten schließlich doppelt so hoch wie jene für die mit Wasserkraft betriebenen Pumpen und Fördereinrichtungen.

Zudem sind bei Transferprozessen sozio-kulturelle Faktoren von ausschlaggebender Bedeutung. Triewald und sein noch sehr junger Mitarbeiter, der ihn in Abwe-

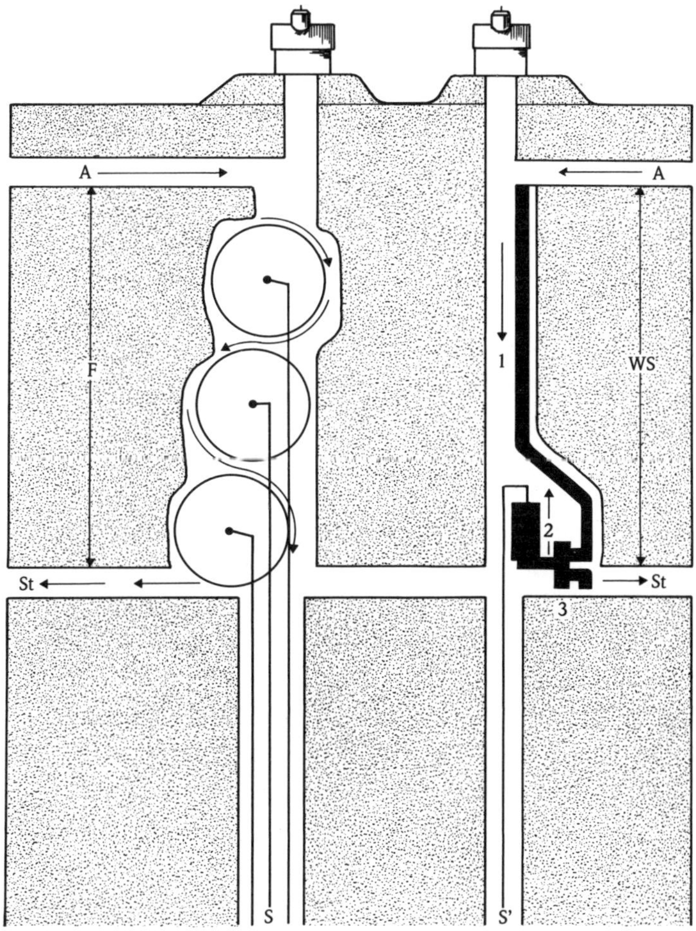

Nutzung der Fallhöhe F zwischen Aufschlagrösche A und Stolln St entweder dreistufig durch drei Wasserräder (links: große Maschinenräume, Energieverlust, drei Schachtgestänge S) oder einstufig durch eine Wassersäulenmaschine mit dem Druck der Wassersäule WS (rechts: kleinerer Maschinenraum, kaum Energieverlust, nur ein Schachtgestänge S'). Die Pfeile geben die Fließrichtung des Aufschlagwassers an.

Vergleich der Arbeitsweise von Wasserrädern und einer Wassersäulenmaschine (nach Buchheim und Sonnemann)

senheit leitend vertrat, trafen auf eine fest gefügte soziale Gruppe von erfahrenen Bergbautechnikern, die der neuen Technologie mißtrauisch bis feindlich gegenüberstanden und nur auf ein Scheitern des Projektes warteten. Diese mentale Sperre vermochte Triewald nicht zu überwinden, vielleicht wollte er das auch gar nicht;

denn während die Partner und die Bergtechniker verständlicherweise ihr Augenmerk auf Wirkung und Rentabilität der Maschine richteten, hatte er, so zeigt Lindquist, eine andere Form von »Nutzen« im Sinn. Triewald, der insbesondere von den deutschsprachigen, für eine breitere Öffentlichkeit gedachten Schriften des Aufklärungsphilosophen Christian Wolff (1679–1754) beeinflußt war, sah in einer Innovation letztlich nur die »Wiederentdeckung« einer von Gott hervorgebrachten Erfindung und damit einen Beweis seiner Allmacht. Zugleich verschaffte ihm die Innovation einen sozialen Aufstieg. Er brachte es schließlich zu einer gutbezahlten Stellung im schwedischen Befestigungswesen, die ihm nebenher Zeit ließ, sich mit naturwissenschaftlichen Arbeiten zu beschäftigen und somit, was von Anfang an sein Ziel gewesen war, Aufnahme im Kreis der damals führenden schwedischen Wissenschaftler zu finden.

Das bei den Newcomen-Maschinen erstmals erfolgreich im Dauerbetrieb eingesetzte Kolbenprinzip regte zu weiteren Erfindungen an. Die zunehmenden Erfahrungen in der Herstellung von großen Zylindern und der Abdichtung der Kolben führten nach der Jahrhundertmitte zum Bau von eisernen Zylindergebläsen für den Hochofenbetrieb. Hierbei kehrte man das Dampfmaschinenprinzip quasi um, indem ein mit mechanischer Energie angetriebener Kolben im Zylinder Luft komprimierte. Von beträchtlicher Erfindungshöhe war hingegen die Wassersäulenmaschine, die um die Mitte des 18. Jahrhunderts zum Einsatz gelangte. Bereits 1731 war in Frankreich der Entwurf einer solchen Maschine vorgestellt und 1737 von Bélidor abgebildet und beschrieben worden. Auch hier wurde das Kolbenprinzip verwendet, aber während bei der atmosphärischen Dampfmaschine die Arbeitsleistung durch den atmosphärischen Druck erfolgte, trieb – ähnlich wie später bei der direktwirkenden Dampfmaschine der elastische Dampf – das aus großer Höhe herabstürzende Wasser den Kolben, das nach dem Arbeitstakt über einen Hahn abgelassen wurde. Im Gegensatz zu den Wasserrädern konnte eine große Gefällehöhe einstufig zu stärkerer Leistung genutzt werden. Betrug das Verhältnis von Betriebswasser zu Pumpwasser bei der ganz aus Metall gebauten Wassersäulenmaschine etwa 4 zu 1, so soll es bei den Wasserrädern mit Stangenkünsten ungefähr 18 zu 1 betragen haben. Die Energieeinsparung war also evident. Die beiden Techniker, die der Wassersäulenmaschine zum Durchbruch verhalfen, waren der im Harz tätige Ingenieur-Offizier Georg Winterschmidt (1722–1770) und der Schemnitzer Kunstmeister Joseph Karl Höll (1713–1789). Wegen der engen Beziehungen zwischen dem Harz und dem niederungarischen Bergrevier war es keineswegs ein Zufall, wie lange behauptet, daß beide fast zur gleichen Zeit, nämlich kurz vor der Jahrhundertmitte, ihre ersten Maschinen bauten. Bei Winterschmidt waren es schließlich insgesamt 16 und bei Höll 6 Wassersäulenmaschinen, die zum Sümpfen abgesoffener Gruben eingesetzt wurden. Daß im Harz letztlich der Erfolg ausblieb, lag nicht an der Konstruktion, sondern an den spezifischen Verhältnissen im Harz:

25. Winterschmidts erste deutsche Wassersäulenmaschine von 1750 für den Bergbau im Oberharz. Kupferstich in dem 1763 in Braunschweig erschienenen Werk von Henning Calvör über den »Bergbau auf dem Oberharze«. Privatsammlung

Es stand nämlich nicht genügend Wasserenergie für den Betrieb der Maschinen zur Verfügung. Seit den sechziger Jahren wurden auch in anderen Ländern, vor allem in England, Wassersäulenmaschinen entwickelt und eingesetzt. Ein besonders schwieriges Problem, die im Vergleich zur Dampfmaschine erschwerte Steuerung der Wasserhähne – Wasser ist ein unelastisches Medium und kann heftige Stöße verursachen –, wurde erst zu Beginn des 19. Jahrhunderts durch den bayerischen

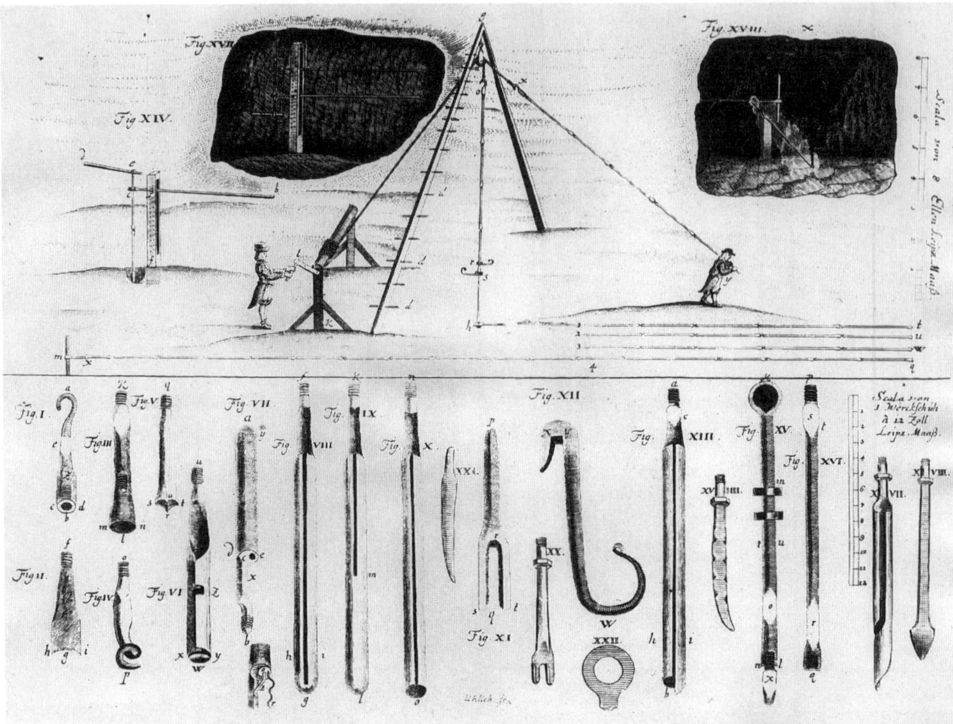

26. Tiefbohrapparat und verschiedene dafür gebräuchliche Werkzeuge. Kupferstich in der 1714 in Leipzig erschienenen »Terebra metalloscopica« von Johann Christian Lehmann. Leipzig, Universitätsbibliothek

Maschinenbauer Georg von Reichenbach (1771–1826) beseitigt, indem er die Hahn- durch eine Kolbensteuerung ersetzte. Eine von ihm für eine Saline gebaute Maschine war bis in die Mitte des 20. Jahrhunderts in Betrieb.

Wie stark die im 18. Jahrhundert vom Harzer Metallerzbergbau ausgegangenen innovativen Impulse gewesen sind, läßt sich auch anhand der Bohrtechnik zur Auffindung und Untersuchung von Lagerstätten zeigen. Als erster baute 1713 der Zellerfelder Maschinenmeister Johann Just Bartels (gestorben 1721) eine Bohrmaschine, wobei der Bohrfortschritt durch die Schwerkraft des an einem Seil hängenden eisernen Bohrers erzielt werden sollte. Ein göpelartiger Antrieb besorgte den Hub und die Drehung des Bohrmeißels. Wegen der zu großen Gesteinshärte wurden die Versuche allerdings bald eingestellt. Breite Anwendung hingegen fand der Bergbohrer von Johann Christian Lehmann, den dieser auf den polnischen Salzwerken bei Wilna erprobte und im Jahr 1714 in seiner Schrift »Terebra metalloscopica, Oder vollkommene Beschreibung eines Bergbohrers« vorstellte: ein Instrument, das drehend oder als Stoßbohrer mit starrem Gestänge eingesetzt werden konnte. Dieses Bohrsystem verbreitete sich rasch im europäischen Bergbau. Triewald führte es 1726 in Schweden ein; über die Verwendung im englischen Steinkohlenbergbau jener Zeit gibt es zahlreiche literarische Belege. »Es kann als wahrscheinlich gelten, daß das ›stoßende Bohren‹ mit steifem Eisengestänge – in der zweiten Hälfte des 19. Jahrhunderts als ›englisches Bohrverfahren‹ und bei Verwendung eines sogenannten Abfallstückes (Freifall) als ›deutsches Bohrverfahren‹ bezeichnet – seinen direkten und gemeinsamen Ausgangspunkt in Lehmanns Bergbohrer hat« (H. G. Conrad).

Salzgewinnung

Das Salz spielte auch im 17. und 18. Jahrhundert als Nahrungsmittel für Mensch und Tier, als Konservierungsstoff sowie bei der Glaserzeugung, der Keramikproduktion, der Seifensiederei und in anderen Gewerben eine herausragende Rolle. Der durchschnittliche Prokopfverbrauch dürfte damals bei etwa 10 Kilogramm im Jahr gelegen haben. Vom 15. bis zum 18. Jahrhundert stieg der Verkaufspreis um das Sechsfache. Wegen seiner Unverzichtbarkeit stellte das Salz eine bedeutende und zudem regelmäßig sprudelnde Einnahmequelle dar, indem Abgaben bei der Salzproduktion, beim Handel und – was vorwiegend die einkommensschwachen Unterschichten traf – beim Verbrauch als Salzsteuer erhoben wurden. Die bayerischen Kurfürsten, die allerdings über landesherrliche Salinen verfügten, bezogen ein Drittel ihrer Einnahmen aus der Salzproduktion.

Die Verfahren zur Salzgewinnung blieben weitgehend unverändert. Das galt vor allem für die Meersalzgewinnung an den Küsten im südlichen Europa, aber auch für den bergmännischen Abbau von Steinsalz, beispielsweise im polnischen Wieliczka bei Krakau. Lediglich bei der Gewinnung von Salzsole aus natürlichen Solequellen oder im Sinkwerksbau, das heißt durch die Anreicherung von Süßwasser, das in Steinsalzvorkommen geleitet wurde, setzte man bei größeren Salinen zunehmend Saugpumpen ein, die von Hand oder durch Wasserräder bewegt wurden.

Wie bedeutend die Salzgewinnung war, läßt sich unter anderem daran erkennen, daß seit dem späten 16. Jahrhundert eine eigenständige salinistische Literatur entstanden ist. Ihre Verfasser, die Salinisten, waren Technologen, die sich praktisch wie theoretisch mit der Solegewinnung und Versiedung befaßten und dazu Verbesserungsvorschläge lieferten. Meist wissenschaftlich vorgebildet, befaßten sie sich auch mit Fragen zur Natur des Salzes. Die erste Monographie über das Kochsalz und zugleich eine Beschreibung des deutschen Salinenwesens veröffentlichte der Pfänner und zugleich Ratsherr im thüringischen Frankenhausen Johann Thölde im Jahr 1603 unter dem Titel »Haligraphia, Das ist/Gründliche vnd eigendliche Beschreibung aller Saltz Mineralien...«, die 1612 erneut aufgelegt wurde. Von den vielen Salinisten des 18. Jahrhunderts seien stellvertretend nur Johann Wilhelm Langsdorf (1745–1827), Kammerrat und Reorganisator der Saline Salzhausen, und sein Bruder Karl Christian Langsdorf (1757–1834), zuletzt Professor in Heidelberg, erwähnt, die zahlreiche Publikationen zum Salinenwesen vorgelegt haben.

Der Sättigungsgrad von Kochsalz im Wasser beträgt bei einer Temperatur von 20 Grad Celsius 26,4 Prozent. In Mitteleuropa gab es allerdings nur drei Salinen, die einen über 20 Prozent liegenden Salzgehalt aufwiesen, nämlich Lüneburg mit 24,7, Reichenhall mit 23 und Halle an der Saale mit etwa 20 Prozent. Die Mehrzahl der Salinen im 17. und 18. Jahrhundert wies Gehalte auf, die unter 5, ja manchmal sogar nur bei 1 Prozent lagen. Für das Versieden einer einprozentigen Lösung gegenüber einer voll gesättigten Sole benötigte man die dreißigfache Wärmemenge. Um einen unnötigen und zudem sehr kostspieligen Brennstoffverbrauch beim Eindampfen der Sole zu vermeiden, suchte man daher die Salzkonzentration der Sole schon vorher zu erhöhen. Eine Möglichkeit war die natürliche Verdunstung nach dem Beispiel der Meersalzgewinnung an den wärmeren Küsten Europas. Da in Mitteleuropa die Sonneneinstrahlung geringer war und die meisten Salinen über viel weniger Fläche verfügten, wurde ein anderer Weg zur Vergrößerung der Verdunstungsoberfläche beschritten. Sehr wahrscheinlich auf eine Erfindung in der Lombardei zurückgehend, errichteten 1563 der Augsburger Münzmeister Caspar Seeler und der Nürnberger Berthold Holzschuher in Kissingen das erste sogenannte Leck- oder Lepperwerk. Es bestand aus mehreren flachen, etwa 0,5 Meter über dem Erdboden stehenden Holzkästen, die aneinandergereiht und durch Rinnen miteinander verbunden waren. Über den Kästen befanden sich längs oder auch quer aufgehängte Strohmatten, die man mehrmals am Tage mit der Sole aus dem jeweiligen Kasten bewarf, wobei Wasser verdunstete und Nebenbestandteile der Sole vom Stroh festgehalten wurden. Der Vorgang wurde so lange wiederholt, bis die Sole angereichert war, was etwa acht Tage dauerte. Die gesamte Anlage war durch ein Schindeldach gegen Regen abgedeckt. Diese Neuerung erwies sich als so zweckmäßig, daß bereits vor Beginn des Dreißigjährigen Krieges 30 solcher Anlagen in Betrieb gingen, wobei die Übernahme zunächst in der näheren Umgebung von Kissingen erfolgte, sich aber bald bis in die Schweiz und nach Polen ausbreitete. Weitere Leckwerke wurden bis an das Ende des 17. Jahrhunderts errichtet, meist in immer größeren Abmessungen. Hatte das Leckwerk in Kissingen eine Gesamtlänge von etwa 13 Metern, so baute man im 17. Jahrhundert Anlagen mit Längen bis zu 200 Metern, häufig mehrere nebeneinander.

Die Strohgradierung hatte allerdings auch gewisse Nachteile. Die Sole konnte nur um wenige Prozent angereichert werden. Das Stroh faulte schnell und gab unerwünschte Stoffe an die Sohle ab. Außerdem war die Beschaffung von ausreichenden Strohmengen für die Leckwerke, die von März bis Oktober in Gang gehalten

27. Soleförderung in der Saline Halle. Kupferstich in der 1670 erschienenen Beschreibung der Saline zu Sülldorf von Friedrich Hondorff. Leipzig, Universitätsbibliothek

wurden, zuweilen schwierig. Eine wesentliche Verbesserung brachte die 1716 erstmals in Nauheim erprobte Dornengradierung. Statt der Strohbüschel verwendete man in den Gradierwerken nun Strauchwerk vom Schwarzdorn, das mit seinen vielen Verästelungen und den Dornen eine große Verdunstungsoberfläche bildete und zu festen, aber luftdurchlässigen Wänden aufgebaut werden konnte. Wo kein Schwarzdorn zur Verfügung stand, nahm man Wacholder oder Birkenreisig. Durch die Dorngradierung erzielte man nicht nur eine konzentriertere, sondern auch reinere Sole als mit der Strohgradierung. Der bei der Verdunstung durch chemische Reaktion entstandene Gips sowie die in der Sole enthaltenen Mineralien, vor allem Eisen und Schwermetalle, blieben im Strauchwerk als Dornstein hängen. Alle paar Jahre mußte daher das Strauchwerk durch neues ersetzt werden. Den Gips veräußerte man als Düngemittel.

Die Anlage solcher Gradierwerke, die sich im 18. Jahrhundert auf den großen deutschen Salinen durchsetzten, waren technisch sehr aufwendig, da eine gute Verdunstung nur gewährleistet war, wenn die durch hölzerne Leitungen gepumpte Sole an möglichst vielen Stellen gleichmäßig von oben über das Strauchwerk rieselte, wofür zahlreiche Hähne gebraucht wurden. Die Gradierwerke erreichten bereits um 1750 Höhen zwischen 7 und 16 Metern und Breiten zwischen 5 und 10 Metern. Ihre Länge konnte 1.000 Meter erreichen. Dementsprechend hoch waren die Investitionskosten. Daraus erklärt sich, warum die meisten Gradierwerke nicht von Pfännerschaften mit ihrer Anteilszersplitterung, sondern von staatlichen Salinen errichtet worden sind. Die Schwarzdorngradierung »ist als eine entscheidende Neuerung in der Technologie der Siedesalzgewinnung zu bezeichnen, die in ihrer Bedeutung mit dem Übergang von Tongefäßen zu Metallpfannen im frühen Mittelalter vergleichbar ist. Diese wirksame Anreicherungsmethode, empirisch durch ständiges Suchen nach besser geeigneten Gradiermethoden gefunden, ist gleichzeitig mit einer Reinigung der Sole verbunden und trug dazu bei, daß das Salz im 18. Jahrhundert zu einer ausreichend verfügbaren Ware wurde« (H.-H. Walter).

Eine Möglichkeit, den eingesetzten Brennstoff ökonomisch zu nutzen, bestand in einer Vergrößerung der aus kleinen Einzelblechen zusammengenieteten Eisenpfannen. In den landesherrlichen alpenländischen Salinen standen im 17. und 18. Jahrhundert Pfannen mit 18 Metern Durchmesser und darüber. Eine weitere Möglichkeit, den Brennstoffverbrauch beim Versieden herabzusetzen, wurde ebenfalls schon um 1570 entwickelt, indem man neben die eigentliche Siedepfanne bis zu drei Vorwärmpfannen stellte, in denen die Sole von den Rauchgasen der Siedepfanne angewärmt wurde. Eine andere Lösung war der Durchlauf der Sole in vorgewärmten Röhren. Obwohl vor dem Dreißigjährigen Krieg 15 deutsche Salinen das Prinzip der Vorwärmung nutzten, zog sich die weitere Diffusion dieser energiesparenden Technologie bis in das 18. Jahrhundert hinein.

Daß angesichts des holzfressenden Siedeprozesses und schwindender Holzvorräte im näheren Umfeld der Salinen schon frühzeitig eine Beheizung der Pfannen mit Steinkohle ins Auge gefaßt worden ist, scheint plausibel zu sein. Um 1560 wurde im hessischen Salinenort Allendorf erstmals in Deutschland Steinkohle eingesetzt, die als Rückfracht aus dem Lütticher Kohlenrevier herantransportiert wurde. Wenig später baute man den Brennstoff im nahegelegenen Meißner-Gebiet ab. Im Gegensatz beispielsweise zu England, wo seit dem 17. Jahrhundert die Siedepfannen fast ausschließlich mit Steinkohle beheizt wurden, konnte sich die Kohlenfeuerung in Deutschland eigentlich erst im Laufe des 18. Jahrhunderts weiter ausbreiten. Ein wesentlicher Grund lag in der seinerzeit noch zu geringen Anzahl an erschlossenen Kohlevorkommen, die sich außerdem meist weit entfernt von den Salinen befanden. Auch die noch mangelnde Beherrschung der neuen Feuerungstechnik mag eine gewisse Rolle gespielt haben.

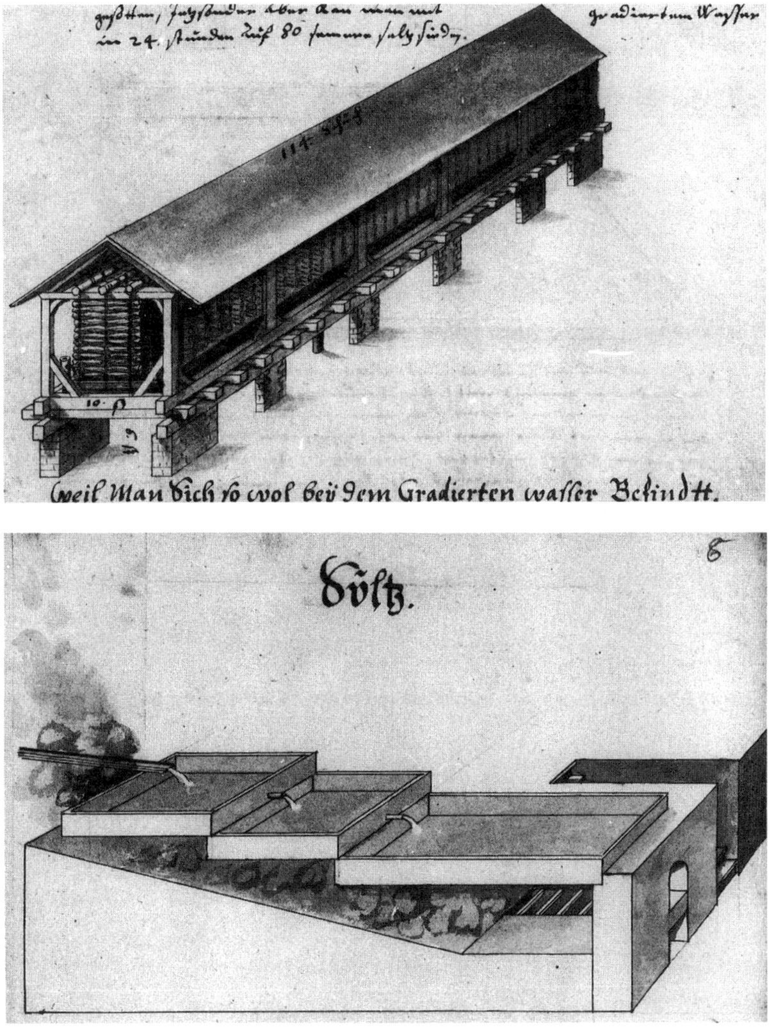

28 a und b. Leckwerk zur Verdunstung von Salzsole und Salzsiedepfanne mit zwei Vorwärmpfannen. Lavierte Zeichnungen von Heinrich Schickardt, 1595. Stuttgart, Hauptstaatsarchiv

Eine Möglichkeit, die räumliche Distanz zwischen Salzvorkommen und dem Brennstoff Holz zu überbrücken, wobei aus wirtschaftlichen Gründen stets das leichter zu transportierende Gut an den Ort der Verarbeitung gebracht wurde, war der Bau von hölzernen und bleiernen Soleleitungen. Solche sind für die meisten alpenländischen, aber auch für einige mitteldeutsche Salinen bereits vor 1600 belegt. Dabei lag der Sod, aus dem die Sole geschöpft wurde, stets höher als die Siedehäuser, es waren also Gefälleleitungen. Im zweiten Jahrzehnt des 17. Jahrhun-

29. Trocknen, Abwiegen und Verpacken von Siedesalz im Pfannhaus zu Hall. Gouache des Franz Anton von Waldauf, um 1715. Innsbruck, Tiroler Landesmuseum Ferdinandeum

derts ist indessen in Bayern eine Anlage errichtet worden, die man durchaus als Meisterleistung der damaligen Technik bezeichnen kann. Im Jahr 1613 war in Reichenhall eine neue Solequelle entdeckt worden, die wegen Holzknappheit nicht genutzt werden konnte. Auf Vorschlag der Berater beschloß Herzog Maximilian I. (1573–1651), im 32 Kilometer entfernten Traunstein eine neue Saline errichten und durch eine Soleleitung von Reichenhall aus versorgen zu lassen. Die besondere Schwierigkeit war dabei, daß insgesamt 260 Höhenmeter zu überwinden waren, was den Bau mehrerer Pumpwerke mit bronzenen Saugdruckpumpen erforderlich machte. Mit dem Bau der Leitung, für die 7.000 Holzröhren gebohrt und zahlreiche Bleileitungen für die Pumpstationen gegossen werden mußten, wurden der Hofbaumeister Hans Reiffenstuel (1548–1620) und dessen Sohn Simon (1574–1620) beauftragt, die die Leitung in den Jahren 1617 bis 1619 fertigstellten. Sie tat fast genau zweihundert Jahre erfolgreich ihren Dienst.

Obwohl im 17. und 18. Jahrhundert auf dem europäischen Festland zahlreiche neue Salinen in Betrieb genommen wurden, viele allerdings wegen Versiegens der Quellen schließen mußten, und unbestreitbare technische Innovationen stattfanden, kam es zu einem allmählichen Bedeutungsverlust des Salinenwesens. England wuchs schrittweise nicht nur zum größten Salzverbraucher, sondern auch -erzeuger heran, wobei die reichen Kohlevorkommen es sogar ermöglichten, den Gradierungsprozeß zu überspringen und Sole mit geringem Salzgehalt direkt zu versieden. Mit dem Aufschwung der Baumwollindustrie im letzten Drittel des 18. Jahrhunderts wurde Kochsalz einer der Hauptgrundstoffe für die allmählich entstehende chemische Industrie.

Hüttenwesen

Eisen in Form des weichen Schmiedeeisens, als Stahl sowie als Gußeisen war bis in die beginnende frühe Neuzeit hinein ein begehrtes, aber auch sehr teures Produkt, obwohl abbaubare Eisenerze in fast allen europäischen Regionen vorkamen. Die hochwertigsten Erze wurden allerdings in gebirgigen Gegenden wie der Steiermark, Schweden, dem Siegerland, Lothringen und dem Ural gefördert und dort selbst oder in der näheren Umgebung verarbeitet. Mit dem Anstieg der Bevölkerung wuchs der Bedarf an eisernem Gerät. Bergbau, Handwerk und Landwirtschaft blieben weiterhin beständige Nachfrager; sie brauchten Schmiedeeisen und stählerne oder verstählte Werkzeuge, Beschläge, Nägel, Bleche, Draht, Wellenzapfen und dergleichen. Verstärkte Bedeutung gewann der Eisenguß. Gußeiserne Ofen- und Kaminplatten mit künstlerischen Darstellungen erfreuten sich bei den besitzenden Schichten zunehmender Beliebtheit. Eiserne Pfannen und Töpfe ergänzten dort die Haus- und Küchengeräte aus Kupfer, Messing, Zinn und Keramik. Der Bau der atmosphärischen Dampfmaschinen und der dazugehörenden Pumpanlagen eröffnete dem Werkstoff Eisen neue Einsatzmöglichkeiten. Dabei stieß man, beispielsweise bei der Anfertigung der Dampfzylinder, in neue Größenordnungen vor. Mit dem Auf- und Ausbau stehender Heere und der Kriegsflotten im 17. und 18. Jahrhundert stieg der schon vorher große Bedarf an eisernen Waffen und Kriegsgerät steil an, was die Eisenerzeugung beträchtlich stimulierte. Ein sehr hochwertiges Eisen wurde in Schweden erzeugt, das um 1750 ein Drittel der Weltproduktion bestritt. Der größte Teil davon ging in den Export. Bald danach übernahm Rußland bis zum Jahrhundertende die Führung im Export. Zu den Hauptabnehmern dieser beiden Länder zählte damals vor allem England, das erst mit der Durchsetzung des Kokshochofens im letzten Viertel des 18. Jahrhunderts in vermehrtem Umfang die heimischen Ressourcen nutzte.

Der Vielzahl der Eisenerzvorkommen mit ihren unterschiedlichen chemischen Zusammensetzungen und Eisengehalten entsprachen die jeweils angewandten Verfahren der Eisen- und Stahlerzeugung. Die Verfahren und die dabei eingesetzten Öfen waren das Ergebnis mehrhundertjähriger Praxis und zumeist in langen Probierphasen vorgenommener grundlegender Abänderungen. Das änderte sich auch bis zur Mitte des 18. Jahrhunderts nicht wesentlich. Die Qualität der Eisen- oder

Stahlerzeugnisse war von deren regionaler Herkunft abhängig. Die unterschiedlichen Betriebsformen im eisenerzeugenden Gewerbe blieben ebenfalls bestehen. Weiterhin gab es eine bäuerlich-genossenschaftlich orientierte Produktion, die eiserne Gegenstände im Nebengewerbe herstellte, ausgerichtet am jahreszeitlichen Bedarf der Landwirtschaft. Daneben existierten private Betriebseinheiten sowie solche in Staatsregie. Ausschlaggebend wurde die Hinwendung zu neuen Größenordnungen vor allem bei den Produktionsmitteln und den damit erzeugten Mengen. Das galt besonders für die Ausbreitung und technische Weiterentwicklung des Hochofens. Im Laufe der Zeit entstand trotz aller regionalen Abweichungen so etwas wie ein Standardprofil des Hochofenschachtes, den man immer häufiger mit »offener Brust« baute. Der Ofen war nun unten offen, so daß er nach Beendigung eines Schmelzvorganges nicht mehr aufgebrochen und anschließend wieder zugemauert werden mußte; er verfügte über einen Vorherd, in dem sich das erschmolzene Roheisen sammelte, das aus einem mit Lehm verschließbaren Stichloch im Wallstein floß. Dort konnte es mit Kellen abgeschöpft und entweder zum Gießen von Masseln im Sandbett oder, bei entsprechend hohem Siliziumgehalt, als Grauguß direkt zu Gegenständen in Formen gegossen werden. Auch die Entfernung zähflüssiger Schlacken war auf diesem Weg möglich, ohne daß der Schmelzvorgang gestoppt werden mußte.

Im Verlauf des 17. und 18. Jahrhunderts nahmen die Hochöfen an Größe zu. Statt der ursprünglichen 4 bis 5 Meter erreichten manche eine Höhe von 7, in Einzelfällen sogar von 9 Metern. Entsprechend vergrößerte sich das Fassungsvermögen der Öfen. Produzierte man bis zum Beginn des 18. Jahrhunderts innerhalb von 24 Stunden zwischen 800 und 1.600 Kilogramm Roheisen, so erschmolz man um 1750 bereits 2.000 oder gar 2.500 Kilogramm. Was damals als enorme Produktionssteigerung empfunden worden ist, nimmt sich gegenüber den 10.000 Tonnen Tagesleistung der gegenwärtig größten Hochöfen scheinbar bescheiden aus. Doch man darf nicht übersehen, daß jede Veränderung der Abmessungen in Höhe und Breite den Schmelzmeister und seine Gehilfen vor neue metallurgische Aufgaben gestellt hat; denn der Durchsatz von größeren Mengen an Eisenerz, Holzkohle und Zuschlägen rief eine Veränderung bei den chemischen Reaktionen im Ofeninneren hervor, die bis zur Mitte des 19. Jahrhunderts nicht bekannt waren. Die Erfahrung zeigte dem Schmelzmeister, daß beispielsweise zur Erzeugung der für ein gutes Roheisen erforderlichen Temperatur von über 1.500 Grad die bisher üblichen, von Wasserrädern angetriebenen ledernen Blasebälge nicht genügend Wind liefern konnten. So sind für die Eisenhütten im Harz für 1620 erstmals hölzerne Kastengebläse bezeugt, die größer dimensioniert und weniger reparaturanfällig gewesen sind als die rasch brüchig gewordenen Lederbälge. Die Beschickung des Hochofens geschah mit Karren und Tragkörben über aufgefahrene Erdrampen. Vereinzelt wurden schon, wie in der Steiermark, mit Wasserkraft betriebene Schrägaufzüge, häufiger auch

30 a und b. Holzkohlen-Hochöfen mit Blasebalg und mit Abstichloch. Kupferstiche in dem 1761 in Paris erschienenen Werk »Art des forges et fourneaux à fer« von de Courtivon und M. Bouchu. Privatsammlung

Seilhaspeln eingesetzt. Die Arbeit auf der Gichtbühne war für die Hüttenarbeiter wegen der austretenden Gichtgase gesundheitsschädlich, plötzliche Gasausbrüche konnten dort zum Tod führen.

Der Bau größerer Hochöfen mit Wasserrad und Gebläse erforderte einen größeren Kapitaleinsatz, der sich mit der bislang üblichen alljährlichen Betriebsdauer von durchschnittlich 4 oder 8 Wochen, der sogenannten Hochofenkampagne, nicht mehr amortisieren ließ. Das führte auf die Dauer zu einer Ausdehnung der Betriebszeiten bis zu 40 Wochen im Jahr. Der Hochofen wurde nur noch bei Störungen sowie Betriebswassermangel in Trockenzeiten oder im Winter ausgeblasen. Diese Steigerung der Eisenproduktion verlangte wachsende Mengen an hochwertiger Eichen- oder Buchenholzkohle, was im 17. und 18. Jahrhundert dann zu lokalen oder regionalen Engpässen in der Versorgung mit Holzkohle führte, die sich wegen des Abriebs nicht über größere Entfernungen transportieren ließ. Zeitweiliges Ausblasen der Hochöfen wegen Brennstoffmangels war in verschiedenen Gegenden Europas vor allem im 18. Jahrhundert die Folge. Zweifellos wurde dadurch die Suche nach einem Ersatzbrennstoff für die zudem teure Holzkohle angeregt. Zur Gewinnung von 1 Tonne Roheisen benötigte man 8 Tonnen Holzkohle, die wiederum aus 30 Tonnen Holz gewonnen wurden. Schon im frühen 17. Jahrhundert fanden die ersten Versuche statt, Roheisen mit der mineralischen Kohle beziehungsweise mit Koks zu erschmelzen. Aber Erfolge stellten sich erst im 18. Jahrhundert mit den Versuchen des Eisenhüttenbesitzers Abraham Darby (1677–1717) ein, der ab 1709 mit Steinkohlenkoks erschmolzenes Gußeisen zur Herstellung eiserner Töpfe und Geschirre verwendete.

Die Erzeugung von weichem Schmiedeeisen mit einem Kohlenstoffgehalt von weniger als 0,5 Prozent und von Stahl mit Gehalten zwischen 0,6 und 1,5 Prozent erfolgte nach wie vor im Frischherd, wo die Roheisenmasseln mit Kohlenstoffgehalten von 2 bis 4 Prozent unter einer Schlackendecke eingeschmolzen wurden. Aus dem geschmolzenen Roheisen entstand dabei eine zähflüssige Luppe, die mit einer Zange herausgeholt, geteilt, dann unter dem Wasserhammer gereckt und anschließend durch Eintauchen in kaltes Wasser gehärtet wurde. Auf diese Weise konnten von erfahrenen Frischmeistern nach Wunsch harte oder weiche Stähle erzeugt werden. An der Wende zum 17. Jahrhundert kam, wohl zunächst in Oberitalien, dann auch in Deutschland, genauer gesagt, in Nürnberg, sowie später in den Niederlanden und in England ein Verfahren zur Erzeugung härterer Stähle auf, bei dem der umgekehrte Weg beschritten wurde, das sogenannte Zementieren. Dabei wurde in einem Flammofen ein aus feuerfesten Steinen bestehender und mit Eisenstangen zusammengehaltener Einsatzkasten auf Glühhitze gebracht, in den Stäbe aus weichem Frischfeuerstahl in Holzkohlen oder Holzkohlenpulver eingebettet waren. Während des mehrtägigen Glühens erfolgte eine langsame Aufkohlung der Stäbe in den äußeren Randschichten. »Durch wiederholtes Schmieden der dabei erhaltenen Stäbe zu Schienen und Zusammenschweißen zu Paketen (›Garben‹ oder ›Zangen‹) erhielt man den ›Gärbstahl‹, in dem der Kohlenstoffgehalt gleichmäßiger verteilt war als nach dem bloßen Zementieren« (W. Fischer). 1722 beschrieb der vielseitig interessierte Naturwissenschaftler René Antoine Ferchault de Réaumur (1683–1757) in seiner Publikation »L'art de convertir le fer forgé en acier« (Die Kunst, Schmiedeeisen in Stahl umzuwandeln) erstmals ausführlich die Herstellung von Zementstahl. Für den englischen Uhrmacher Benjamin Huntsman (1704–1776) diente der Zementstahl als Einsatzmaterial in seinen graphithaltigen Tontiegeln, in denen er 1740 erstmals einen völlig homogenen Stahl, nämlich Tiegelgußstahl, erzeugte.

Obwohl die Eisenproduktion im 17. und 18. Jahrhundert das stärkste Wachstum aufwies, verloren die Nichteisenmetalle keineswegs an Bedeutung. Nach dem hauptsächlich durch Amalgamation gewonnenen Gold, das im europäischen Raum aber relativ selten war, behielt das Silber seine Vorrangstellung als Münzmetall und kostbarer Werkstoff für Schmuck, Kirchengerät und Tafelgeschirr. Die bereits Mitte des 16. Jahrhunderts in Portugal erfundene Extrahierung von Silber mit Hilfe von Quecksilber, die vor allem in Südamerika angewendet wurde, konnte sich in Europa wegen der anderen Zusammensetzung der Silbererze zunächst nicht durchsetzen.

31. Zementstahlwerk. Kupferstich in dem 1722 in Paris erschienenen Werk »L'art de convertir le fer forgé en acier...« des Ferchault de Réaumur. München, Deutsches Museum

Erst im letzten Drittel des 18. Jahrhunderts wurde ein brauchbares Verfahren entwickelt. So standen bis dahin weiterhin bei silberhaltigem Bleierz die Treibarbeit und bei silberhaltigem Kupfer das Seigern zur Verfügung, obschon hier immer wieder Verbesserungen in der Verfahrenstechnik und bei den Öfen vorgenommen wurden, um auch die silberärmeren Erze ausbeuten zu können.

Neben dem Eisen blieb das Kupfer das wichtigste Gebrauchsmetall, das in reiner Form für Bleche, Nägel, Drähte, Beschläge, Töpfe und Kessel, als Bestandteil der Bronze für Glocken, Kanonen und im Maschinenbau verwendet wurde. Aus Kupfer und Galmei erschmolz man das goldgelbe Messing, aus dem ebenfalls Gefäße und Beschläge gefertigt wurden. Neben das Schachtofenschmelzen trat eine neue Technologie, die auf dem Weg vom Kupfererz über das Roh- zum Garkupfer zwar statt der üblichen 8 nun 10 Verfahrensschritte erforderte, aber dafür ließen sich größere Mengen an Kupfer gleichzeitig gewinnen. Statt des Schachtofens benutzte der Engländer Wright ab 1698 den schon seit dem frühen 17. Jahrhundert in England bekannten Flammofen, bei dem die Erze nicht mehr direkt mit dem Brennstoff, sondern nur noch mit den heißen Verbrennungsgasen in Berührung kamen, die über das im Herd ausgebreitete Schmelzgut strichen. So war es möglich, statt der Holzkohle auch Steinkohle zu verwenden. Die Reduktion von Oxiden geschah nicht mehr wie im Schachtofen durch den Kohlenstoff der Holzkohle, sondern durch den Schwefel von beigegebenen sulfidischen Erzen.

Auch das Blei blieb weiterhin ein begehrtes Metall, da es sich leicht verarbeiten und vielseitig verwenden ließ. Die Skala reicht vom Seigerverfahren, den Bleifarben in der Keramikherstellung, den mit Blei gedeckten Hausdächern, Bleirohrleitungen, profilierten Fassungen für Butzenscheiben und Kirchenglasfenster bis zu Bleikugeln für die Musketen der stehenden Heere und das Schrot für die Jagd. Das Bleierz wurde in Mitteleuropa nach wie vor in Schachtöfen erschmolzen, die allerdings wesentlich größer waren als zu Beginn der frühen Neuzeit. In England kam bereits im 16. Jahrhundert der schottische Erzherd auf, der im 18. Jahrhundert dann allmählich durch den Wrightschen Blei-Flammofen verdrängt wurde. Wie schon bei der Kupferschmelze verlangte der Übergang vom Schacht- zum Flammofen andere hüttentechnische Operationen, die nach dem damaligen Wissensstand nur empirisch, das heißt durch das hüttenmännische »Probieren« entwickelt werden konnten. Später fand der englische Flammofen auch in Kärnten, dem Oberharz und in Sachsen Eingang, allerdings nur bei reinen Bleierzen und zum Teil in Kombination mit dem Schachtofen.

Obwohl das Kobaltmetall erst im Jahr 1733 von dem schwedischen Bergrat Georg Brandl entdeckt wurde, baute man Kobalterze im sächsischen und böhmischen Erzgebirge schon seit der ersten Hälfte des 16. Jahrhunderts ab, die in Süddeutschland und den Niederlanden von Kaufleuten zu einem blauen Farbstoff (Safflor) zermahlen beziehungsweise durch Zusammenschmelzen mit Glasrohstoffen zu blauem Glas (Schmalte) und nach anschließendem Zermahlen zu einem hochwertigen Farbstoff verarbeitet und mit sehr hohen Gewinnspannen veräußert wurden. Eine internationale Absatzkrise während des Dreißigjährigen Krieges führte zur Gründung von fünf Blaufarbenwerken im sächsischen Erzgebirge, an denen sich auch der sächsische Kurfürst beteiligte. »Die Gefahr der Überproduktion und Konkurrenz veranlaßte diese Werke schon 1659 zu einer Syndikatsbildung. Man einigte sich auf Festpreise, Produktionsbeschränkungen und Produktionsquoten (ein Fünftel der Gesamtproduktion pro Werk), gemeinsame Kennzeichnung der Produkte und gemeinsame Verkaufslager in Schneeberg und Leipzig« (O. Wagenbreth/E. Wächtler). Die begehrten, in vielen Abstufungen hergestellten Blaufarben führten zu einer Blütephase dieses Produktionszweiges, die bis in das 19. Jahrhundert hinein dauerte und den sächsischen Blaufarbenwerken eine weltweite Monopolstellung sicherte. Selbst chinesisches Porzellan wurde zeitweise mit sächsischen Kobaltfarben bemalt. Die Erfindung des europäischen Hartporzellans in Sachsen zu Beginn des 18. Jahrhunderts gab dann einen zusätzlichen Impuls. Bemerkenswert an dieser Entwicklung ist, daß auf den einzelnen Werken durchschnittlich nur 20 bis 25 Menschen beschäftigt gewesen sind und daß die Technologie und die Rezepturen der Blaufarbenherstellung im hier behandelten Zeitraum als »Arkanum«, als Geheimnis, bewahrt werden konnten.

Bei den Röst- und Schmelzprozessen von Silber, Kupfer, Blei, Quecksilber, Zinn, Kobalt und Wismut fielen auch Stoffe wie Schwefel, Vitriol oder Arsenik an, die einerseits wichtige Handelsprodukte darstellten, andererseits, sofern sie in die Luft oder in das Trinkwasser gerieten, schwere Umweltschäden und gesundheitliche

32. Ausräumen des »Giftfangs« eines Blaufarbenwerkes im sächsischen Erzgebirge. Gouache, 1790. Privatsammlung

Beeinträchtigungen bei den Hüttenarbeitern hervorriefen. Die Prozesse gegen den sogenannten Hüttenrauch, der bei der Verhüttung arsenhaltiger Erze wie Kobalt oder Schwefelkies entstand, füllen die Berggerichtsakten bis ins 20. Jahrhundert hinein. Schon im 16. Jahrhundert hatte man an die Röstöfen bis zu 30 Meter lange »Giftfänge« angebaut, wo sich eine Vorstufe des weißen Arsenik, der als Rattengift verkauft, aber auch in den Glashütten, Gerbereien und Färbereien benötigt wurde, an den Wänden niederschlug. Da trotzdem weiterhin Hüttenrauch in die Umgebung gelangte, ging man wohl seit Mitte des 17. Jahrhunderts dazu über, die Mehlfänge erheblich zu verlängern; man versah sie, wie Balthasar Rössler in seinem 1700 postum veröffentlichten »Bergbauspiegel« schrieb, »mit 3 in 4 Krümmen, daran sich der Gifft-Rauch desto besser stoßen und das Mehl sich setzen kann«. Seit dieser Zeit mauerte man nur noch den Röstofen in Stein auf, während der eigentliche Mehlfang aus Holz errichtet wurde. Der angesammelte Staub aus Arsentrioxid wurde von Zeit zu Zeit per Hand entfernt und zum größten Teil an die »Gifthütten« verkauft, wo durch Umsublimation dann Reinarsenik für den Handel erzeugt wurde. Einen aktiven Schutz der in den Hütten- und Blaufarbenwerken Beschäftigten gab es

33. Kalzinierofen mit »Giftfang«. Kupferstich in dem 1761 in Königsberg erschienenen Werk »Cadmiologia« von D. J. G. Lehmann. München, Deutsches Museum

noch nicht, und auch vorbeugende Maßnahmen waren eher die Ausnahme. Bei der Verarbeitung der arsenhaltigen Gase und Stäube waren die gesundheitsgefährdenden Belastungen hingegen so erheblich, daß sich die Hüttenarbeiter Atemschutztücher vor Mund und Nase binden mußten.

Landwirtschaft und Landtechnik im Wandel

Im Hoch- und Spätmittelalter hatte mit der Einführung der Dreifelderwirtschaft, der Verwendung des Pferdes als Zugtier sowie dem Gebrauch von Räderpflug, Egge und Sense ein Innovationsschub eingesetzt, der in den nachfolgenden Jahrhunderten wirksam blieb, weil sich diese Neuerungen nun allmählich in Europa ausbreiteten und dabei den jeweiligen regionalen Erfordernissen angepaßt wurden. Eine zweite Innovationswelle ist etwa ab Mitte des 16. Jahrhunderts zu beobachten, die bis in die Frühphase der Industriellen Revolution hinein gereicht hat. Wenn einzelne Autoren für diesen Zeitraum von einer »Agrarrevolution« sprechen, dann bezieht sich das nicht vorrangig auf landwirtschaftliche Geräte, sondern auf die Landwirtschaft insgesamt, die vor allem in Westeuropa durch eine steigende Intensivierung der Bodenbearbeitung, durch Gewinnung von Anbauflächen und durch bislang unbekannte Pflanzenarten gekennzeichnet ist. Die Revolutionierung der Landtechnik hingegen ist erst für das Jahrhundert zwischen 1750 und 1850 anzusetzen, obwohl vereinzelte Ansätze schon im späten 17. Jahrhundert zu erkennen sind. Aber auch das Urteil derjenigen, die den Wandel in der Landwirtschaft während des 17. und 18. Jahrhunderts eher als einen evolutionären Prozeß bewerten, ist nicht gänzlich von der Hand zu weisen; denn die Innovationen und deren Ausbreitung erstreckten sich im Vergleich zu den Entwicklungen in den städtischen Gewerben über einen sehr langen Zeitraum. Doch das ist nicht unbedingt ein ausschließliches Charakteristikum der hier behandelten Epoche, da es wohl in der vorindustriellen Periode auf Diffusionsprozesse im ländlichen Raum generell zutrifft. Wesentliche Ursachen waren das Beharrungsvermögen der bäuerlichen Gesellschaft, die Großräumigkeit und mangelndes Kapital für die Anschaffung neuer Geräte.

Zwei Staaten erlebten im 17. und 18. Jahrhundert eine nur phasenweise gestörte Blütezeit der Landwirtschaft: die Niederlande und England. Sie bildeten folgerichtig, zeitlich nacheinander, die maßgeblichen Innovationszentren in Europa. Allerdings darf man dabei nicht außer acht lassen, daß in diesen Ländern günstigere Boden- und Klimaverhältnisse als in anderen Gegenden Europas geherrscht haben. Hatte beispielsweise um 1300 in Europa fast überall das Verhältnis von Aussaat und Ernte 1 zu 3 betragen, so zeigte sich um 1600 ein deutliches Ertragsgefälle von West nach Ost: Niederlande 1 zu 11; England 1 zu 6; Frankreich 1 zu 4 bis 5; Deutschland 1 zu 4; Polen 1 zu 3 bis 4; Rußland 1 zu 2 bis 3. Während die mitteleuropäischen Staaten, allen voran Deutschland, durch die Verheerungen des Dreißigjährigen

Krieges eine lange Phase des wirtschaftlichen Niederganges erlebten und erst im frühen 18. Jahrhundert allmählich wieder Anschluß fanden, konnte sich die Landwirtschaft in Oberitalien, den Niederlanden und England weiterentwickeln. An erster Stelle sind für das 17. Jahrhundert die Niederlande zu nennen, deren gewerbereiche Städte infolge der Importe aus dem Kolonialhandel einen stetigen Bevölkerungszuwachs aufzuweisen hatten. Dementsprechend stieg der Bedarf an agrarischen Erzeugnissen. Dies erforderte eine Extensivierung, nämlich die Gewinnung neuer Landflächen durch Eindeichung, vor allem aber durch Entwässerung tiefliegender Gebiete mittels der neuentwickelten Drainagesysteme. Dabei wurde überschüssiges Wasser durch offene Gräben, besonders durch Leitkanäle, die unter dem Acker- oder Weideland eingebracht waren, abgeführt. Statt der erst mit Beginn des 19. Jahrhunderts verfügbaren Drainageröhren aus Ton schuf man die benötigten Hohlräume durch Einbringen von Reisig, Lagen von kleineren Steinen oder Grassoden, im 18. Jahrhundert auch durch Dachziegel oder Steinplatten.

Wesentlich effektiver war die Steigerung des Bodenertrages durch eine Intensivierung. So hatte man schon im 16. Jahrhundert auf empirischem Weg festgestellt, daß die nach dem Getreideanbau notwendige Erholung des Bodens nicht nur durch sein Brachliegen erfolgen mußte, daß der gleiche Effekt vielmehr mit dem zwischenzeitlichen Anbau von sogenannten Gewerbspflanzen wie Flachs für die Leinenherstellung, Hanf für das Seilergewerbe sowie Krapp und Waid für das Rot- beziehungsweise Blaufärben von Tuchen zu erreichen war. Hinzu kamen Ölpflanzen wie Raps und Rübsen, deren Rückstände man in Form der gepreßten Ölkuchen gleich den speziellen Futterpflanzen für die Viehfütterung verwenden konnte. Der vom Vieh produzierte Mist wurde zusammen mit Kehricht und Abfällen aus den Städten als Dünger auf die Felder gebracht. Anders als beim Getreide erforderten die sehr

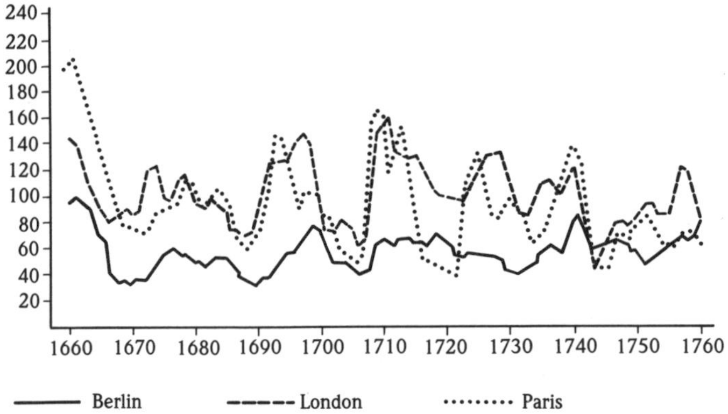

Weizenpreise in London, Paris und Berlin 1660–1760 in Gramm Silber je 100 Kilogramm (nach Abel)

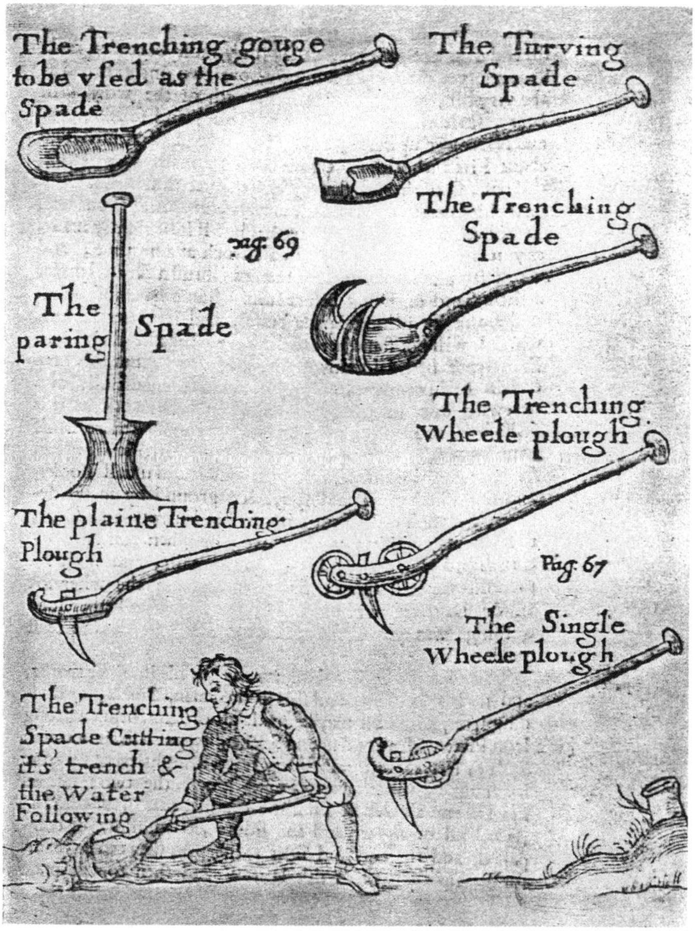

34. Arbeitsgeräte für die Bodendrainage. Kupferstich in der dritten, 1653 edierten Auflage des Werkes »English improver improved« von Walter Blith. Privatsammlung

begehrten Handelspflanzen, zu denen sich Sonderkulturen wie der Gartenbau mit Blumen, Gemüse und Küchenkräutern sowie der Tabakanbau gesellten, eine intensive Pflege von Boden und Pflanzen. Dafür waren das Vereinzeln von Pflanzen, die Reihenkultur und ein mehrfaches Beackern zwangsläufig. Hierzu entwickelten die Niederländer die erforderlichen Arbeitsgeräte und Werkzeuge, welche dann von anderen Ländern übernommen wurden. Da die derart erzeugten Agrarprodukte, die über ein gut ausgebautes Wasserstraßennetz rasch in die Städte transportiert werden konnten, auf dem Markt höhere Gewinne als das Getreide abwarfen und somit auf Dauer den Bauern einen größeren Wohlstand brachten, ging man in den Niederlanden sogar dazu über, das benötigte Getreide zum Teil zu importieren.

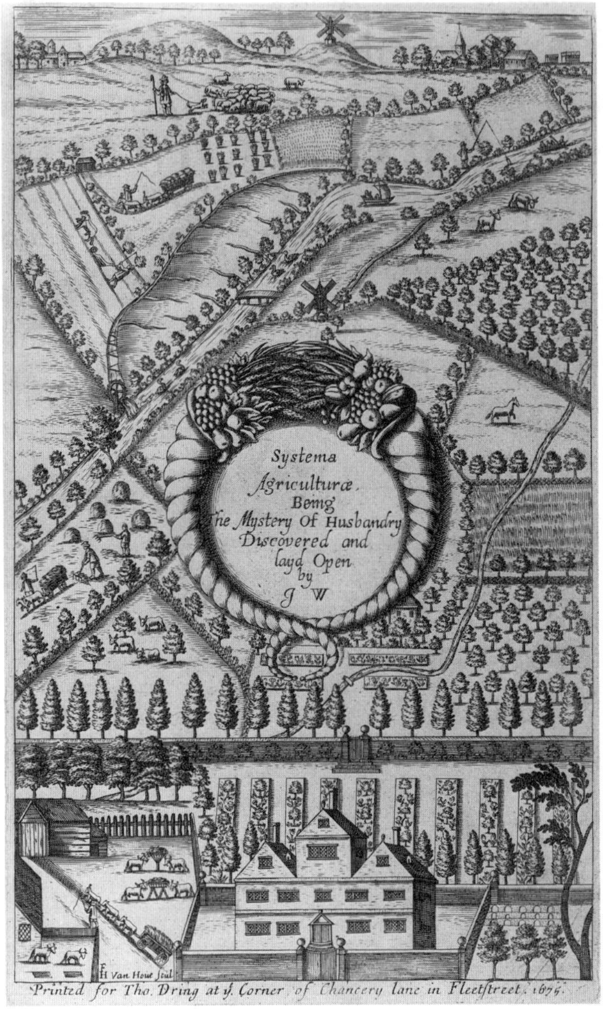

35. Das erste Lehrbuch für englische Landwirte. Titelseite der zweiten Auflage der 1669 erschienenen »Systema agriculturae« von John Worlidge. London, British Museum

Man könnte annehmen, daß diese eindeutig produktivere Form der Landwirtschaft umgehend von den Nachbarländern übernommen worden wäre, zumal von Frankreich. Aber gerade dort bewegte sich vor der Französischen Revolution relativ wenig, was wohl nicht zuletzt an der staatlichen Agrarverfassung lag. Die Bodennutzung durch Adel, Kirche und wohlhabendes Bürgertum erfolgte fast zu 90 Prozent auf indirekte Weise, indem die Gewinne durch extreme Belastungen der weitgehend abhängigen Bauern erwirtschaftet wurden. Große Neigungen zu Innovationen konnten sich dabei kaum entfalten. Wesentlich anders war die Situation in England, wo der Grundbesitz unmittelbar vom Adel bewirtschaftet wurde und Nutzungsformen wie die einträgliche Schafzucht allmählich zu Großgrundbesitz und zu einer Reduzierung des Kleinbauerntums geführt hatte. Da im Inselstaat der Betätigung des Adels in Handel und Gewerbe keine Schranken gesetzt wurden, waren etliche Finanzierungsmöglichkeiten zur Modernisierung der Landwirtschaft gegeben. Die ersten Hinweise von der Überlegenheit der niederländischen Landwirtschaft gelangten schon um die Mitte des 17. Jahrhunderts durch englische Reisende auf die Insel und wurden in der dortigen Agrarliteratur vorgestellt und diskutiert. Noch im ausgehenden 17. Jahrhundert reisten zahlreiche britische Landwirte nach Flandern und Brabant, um die dortigen Anbaumethoden und die dazu verwendeten Geräte zu studieren. Das Ergebnis war keine sklavische Nachahmung des Gesehenen; der Innovationstransfer schloß vielmehr eine gleichzeitige Abwandlung und Anpassung an die englischen Bodenverhältnisse ein, wobei manche der empfangenen Anregungen durch eigens angestellte Versuche produktiv weiterentwickelt wurden.

Die bedeutsamste Neuerung, die diesen Trend an der Wende zum 18. Jahrhundert auf beeindruckende Weise bezeugt, ist die Einführung des sogenannten Norfolker Fruchtwechsels durch den Gutsbesitzer Charles Viscount Townshend (1674–1738) gewesen. »Dieses System gab es in zwei Unterformen: als Vierfelderwirtschaft mit Weizen, Rüben, Gerste und Klee, und als Sechsfelderwirtschaft mit Weizen, Gerste oder Hafer, Rüben, Hafer oder Gerste gemeinsam mit Klee, danach Futterklee bis zum 21. Juni, gefolgt von der Aussaat von Winterweizen. Von der Norfolker Fruchtwechselwirtschaft wird zu Recht behauptet, sie habe sich nicht nur aufgrund ihrer Fruchtwechselmethode als so erfolgreich erwiesen, sondern auch deshalb, weil ihre Einführung mit dem Fortschritt der Mergeldüngung und mit Einhegungen, mit der Vergrößerung der Betriebe und dem Übergang zu längeren Pachten zusammenfiel. In der zweiten Hälfte des 18. Jahrhunderts kam sie voll zur Geltung« (A. de Maddalena).

Der vermehrte Anbau von neuen Feldfrüchten, darunter der Kartoffel, vor allem von Futterpflanzen wie der weißen Rübe und von verschiedenen Kleesorten schufen eine »neue Landwirtschaft«, die sich erheblich von den traditionellen Methoden in Ackerbau und Viehzucht abhob. Die ausreichende Erzeugung von Futterpflanzen sorgte beispielsweise für ein verstärktes Interesse an der Rinder- und Schafzucht. So erregte der britische Viehzüchter Robert Bakewell (1725–1795) mit seinen Rindern und Schafen Aufsehen, weil er durch gezielte Selektion und das Kreuzen von Rassen bislang unerreichte Schlachtgewichte, zudem bei den Schafen hervorstechende Wollmengen erzielt hatte. Er fand bald erfolgreiche Nachahmer, so daß sich das durchschnittliche Schlachtgewicht von Rindern und Schafen bis zum Ende des 18. Jahrhunderts binnen fünfundachtzig Jahren mehr als verdoppelte (K. Herrmann).

Die neuen Anbaumethoden veränderten vor allem seit dem 18. Jahrhundert auch allmählich die Arbeit der Bauern. Hatten sie bisher nur wenige Wochen im Jahr auf dem Feld zu schuften, nämlich bei Aussaat und Ernte, so führte die Fruchtwechselwirtschaft mit ihren vielfältigen Pflegearbeiten auch während des Wachstums zu einer permanenten Arbeitsbelastung. Dies beförderte den Wunsch nach Geräten, die sowohl den neuen Erfordernissen angepaßt waren, als auch die Arbeit für Mensch und Zugtier erleichterten. Seit dem 17. Jahrhundert kam es zu einer fast unüberschaubaren Vielzahl von kleinen und kleinsten Verbesserungen, die meist nur lokale oder höchstens regionale Verbreitung fanden, sich dort aber zum Teil über lange Zeit halten konnten. Die Zahl der wirklich grundlegenden Neuentwicklungen war dagegen relativ klein, ihre Bedeutung für die spätere »Technisierung« der Landwirtschaft hingegen beträchtlich. Allerdings lassen sich für den hier behandelten Zeitraum in Ermangelung von statistischen Quellen kaum quantitative Aussagen treffen.

Vielfältige Veränderungen erlebte das wichtigste Ackergerät des Bauern, der Pflug. So erhielten die hölzernen Räder am Vorgestell des Beetpfluges im 16. Jahrhundert eiserne Reifen. In den Niederlanden sind Versuche nachweisbar, das schwere Vordergestell durch eine am Pflugbaum angebrachte Stelze mit kleinem Eisenrad oder einer Holzschleife zu ersetzen. Der Kehr- oder Wendepflug mit umsetzbarem Streichbrett, symmetrischer Pflugschar und verstellbarem Sech, mit dem man nun Furche neben Furche ziehen und die Schollen alle zur gleichen Seite wenden konnte, hielt bereits im 15. Jahrhundert seinen Einzug, ohne jedoch die Dominanz des Beetpfluges ernsthaft zu erschüttern. Schließlich sind auch erste Versuche mit gewundenen Streichbrettern überliefert, bei denen durch Aufbiegen der Schar ein glatter, konkaver Übergang zum Streichbrett erreicht wurde, was wiederum das Wenden der Scholle erleichterte. Aber eine breite Durchsetzung scheiterte daran, daß die feste Verbindung von eiserner Schar und hölzernem Streichbrett erhebliche technische Probleme aufwarf.

Nicht zuletzt durch die Folgen des Dreißigjährigen Krieges verschob sich auch beim Bau von Pflügen der Schwerpunkt an den Westrand Europas, wobei im 17. Jahrhundert die Niederlande das eigentliche Innovationszentrum bildeten. Die unterschiedlichen Anforderungen, die traditioneller Feldbau einerseits sowie Gartenbau und Sonderkulturen andererseits an die Bodenbearbeitung stellten, führten zu einer Vielfalt von Pflugtypen, für deren Konstruktion allerdings durch den Werkstoff Holz bestimmte natürliche Grenzen gesetzt waren. Gegen Ende des 17. Jahrhunderts tauchte in den Niederlanden erstmals statt des gewundenen Streichbretts das aus Eisen geschmiedete Streichblech auf, an das die Pflugschar fest angeschraubt werden konnte.

Die Wiege des modernen Pflugbaus lag in England, wo man sich seit dem späten 16. Jahrhundert als gelehriger Schüler der niederländischen Landwirtschaft erwies und Neuerungen nicht nur übernommen, sondern häufig kreativ weiterentwickelt hatte. Bei den Pflügen allerdings klagte der Agrarschriftsteller und versierte Land-

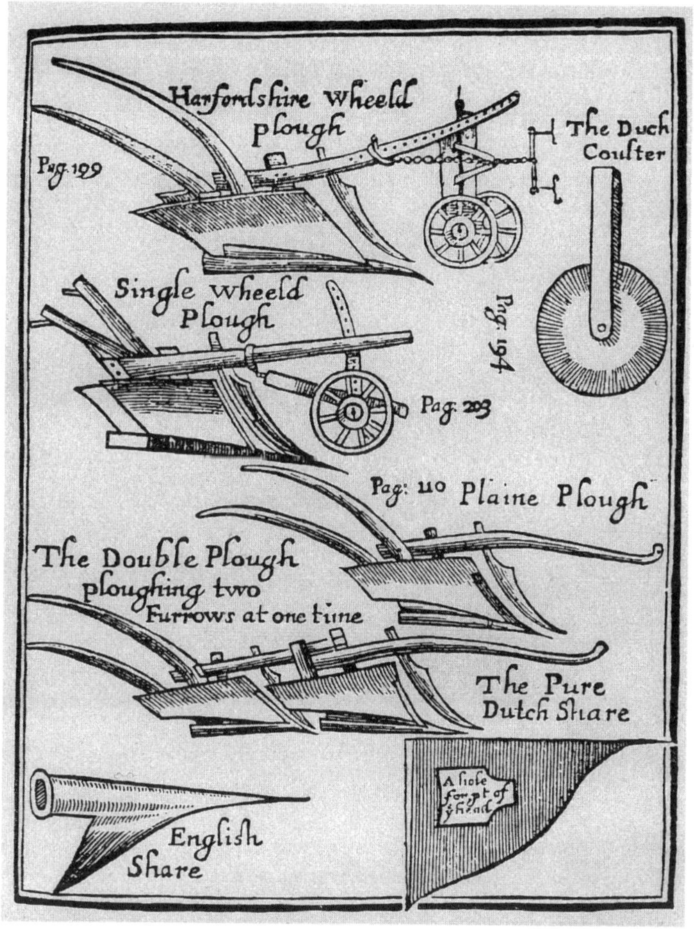

36. Verschiedene Pflugformen. Kupferstich in der dritten, 1653 edierten Auflage des Werkes »English improver improved« von Walter Blith. Privatsammlung

wirt Walter Blith in seinem 1653 erschienenen Buch »English improver improved«, daß die Pflüge nicht auf ihre Zwecke hin konstruiert seien, weil weder der am Bau beteiligte Schmied noch der Stellmacher praktische Erfahrungen im Umgang mit den von ihnen hergestellten Pflügen aufzuweisen hätten. Und ähnliche Argumente, verbunden mit der Forderung nach einer theoretischen Durchdringung des Baus von Pflügen, benutzte noch im Jahr 1716 John Mortimer in seinem Buch »Whole art of husbandry«. Die entscheidende Wendung brachte ein Pflug, den ein gewisser Joseph Foljambe in Rotherham in der Grafschaft Lincolnshire im Jahr 1730 der Öffentlichkeit vorführte und der sich in den folgenden fünfzig Jahren unter der Bezeichnung »Rotherham-Pflug« vor allem im Norden Englands bei den Bauern

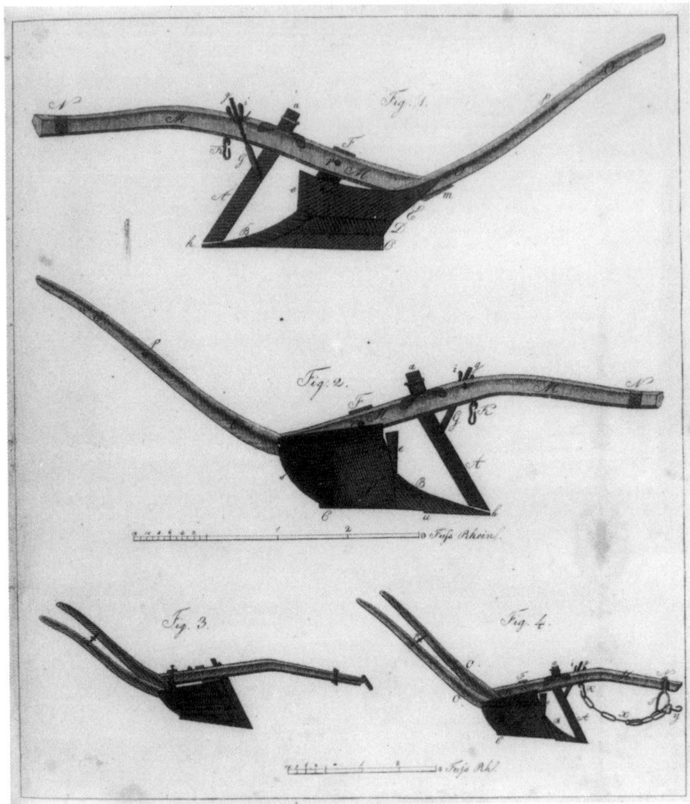

37. Smalls eiserner Pflug von 1763. Kupferstich in dem 1803 in Hannover erschienenen Werk »Beschreibung der nutzbarsten neuen Ackergeräthe« von Albrecht Daniel Thaer. Bonn, Universitätsbibliothek

großer Beliebtheit erfreute. Inwieweit es sich bei diesem Pflug um einen eigenständigen Entwurf Foljambes gehandelt hat, oder ob dieser ihn aus Holland eingeführt hat, ist bis heute nicht geklärt. Es ist in diesem Zusammenhang immerhin bemerkenswert, daß das Gerät in Schottland unter der Bezeichnung »Dutch plough« vertrieben wurde. Es war ein sogenannter Schwingpflug. Dieser leichte Pflugtyp, der eine deutlich geringere Zugkraft als die traditionellen schweren Pflüge verlangte, besaß kein Vordergestell und keine Stelze, so daß die Geradführung sowie die Furchentiefe vorwiegend von der Geschicklichkeit des Pflügers abhängig waren. Pflugbaum, Doppelsterze und gewundenes Streichbrett waren aus Holz gefertigt, letzteres allerdings, gleichfalls auch die Sohle, mit Eisenblech beschlagen. Lediglich die Schar und das Sech bestanden völlig aus Schmiedeeisen.

Den entscheidenden qualitativen Sprung im Pflugbau aber vollzog der schottische

Landwirt James Small (geboren um 1740), der ursprünglich bei einem Dorfzimmermann und in einer Wagenmanufaktur in Doncaster gearbeitet hatte. 1763 nach Schottland zurückgekehrt versuchte er auf der Grundlage von mathematischen Berechnungen und zahlreichen praktischen Experimenten eine ideale Pflugform zu entwickeln, die für jede Bodenart geeignet, effektiver als der als Vorbild dienende Rotherham-Pflug sein und zudem Pflüger und Zugtiere weniger belasten sollte. Das Ergebnis war ein Pflug, dessen gesamter Körper aus Eisen bestand. »Die Schar war an die Sohle angeschuht und unmittelbar mit dem gewölbten Streichblech verbunden. Der so gegebene Übergang der verschiedenen Pflugteile bewirkte ein besseres Wenden des Bodens und verringerte die Zugkraft nicht unerheblich. Besonders qualifizierte Arbeit leistete der stets zweisterzig ausgestattete Smallsche Pflug beim Tiefpflügen (15 bis 18 Zentimeter). Flacheres Pflügen, zumal in leichtem Boden, setzte hingegen beim Pflüger eine meisterliche Handhabung voraus« (K. Herrmann). Unter dem Titel »Treatise of ploughs and wheel carriages« veröffentlichte Small 1784 die Ergebnisse seiner Experimente. Der Smallsche Pflug war übrigens der erste, der in größerer Serie gefertigt wurde, auch wenn der Beginn einer speziellen Landmaschinenindustrie erst für das 19. Jahrhundert anzusetzen ist.

Das Ausbringen der Saat geschah bis in das 17. Jahrhundert hinein ausschließlich mit der Hand. Mit breiten Würfen aus einem vor dem Körper getragenen Sätuch verteilte der Bauer das Saatgut möglichst gleichmäßig über die Ackerfläche, was viel Erfahrung erforderte. Die sich seit dem 16. Jahrhundert ständig verbessernde Bodenvorbereitung durch Pflügen, Eggen und Walzen führte zu ebeneren Flächen ohne größere Schollen. Das erlaubte eine maschinelle Aussaat. So sind, zudem möglicherweise wegen der Verteuerung landwirtschaftlicher Arbeitskräfte, seit Mitte des 16. Jahrhunderts im agrarisch hochentwickelten Oberitalien erste Versuche zur Einführung von Sämaschinen belegt. Die Stadt Venedig erteilte bereits im Jahr 1566 einem Camillo Torello ein Patent über eine solche Maschine, und wenige Jahre später hat ein Bologneser namens Tadeo Cavalini ebenfalls eine Sämaschine konstruiert. In einer Beschreibung dieser Erfindung aus dem Jahr 1602 werden als deren Vorteile gleichmäßige Reihensaat und damit sparsamer Einsatz des kostbaren Saatgutes genannt. Ob sie eingesetzt worden ist, läßt sich nicht ausmachen.

Mehr Erfolg mit seiner Erfindung hatte der um die Mitte des 17. Jahrhunderts in Kärnten lebende spanische Edelmann Joseph von Locatelli, dem im Jahr 1663 durch einen von Kaiser Leopold I. bestellten Prüfer ausdrücklich der hohe Nutzwert seiner Erfindung bestätigt wurde. Danach werde für die gleiche Fläche nur noch ein Fünftel der Saatgutmenge benötigt, dennoch steige der Ertrag vom bislang Vier- bis Fünffachen auf das Sechzigfache. Selbst unter der Annahme, daß es sich hierbei um sehr übertriebene Angaben handelt, lagen die Vorteile der Erfindung auf der Hand, und eine ganze Reihe von Landwirten schaffte sich diese Sämaschine, besser diesen Säpflug damals an. Schnell kam es auch zu einem Technologietransfer nach Spanien;

denn Locatelli erhielt dort schon 1664 ein Privileg, das ihm den alleinigen Verkauf sicherte. Um diesen zu fördern, veröffentlichte er kurz darauf, zunächst in spanischer Sprache, eine Beschreibung seiner Erfindung, die sich unter der Bezeichnung »Sembrador« (Sämann) in Spanien rasch verbreitete und bis in das 19. Jahrhundert hinein in Gebrauch war. Wie aus einer 1690 in deutscher Sprache erschienenen Beschreibung, die eine Abbildung enthält, hervorgeht, ist die Konstruktion recht einfach gewesen: In einem an die beiden Pflugsterzen gebundenen Kasten befand sich das Saatgut. Quer hindurch lief eine mit kurzen Stäben besetzte Walze, die von einem außen angebrachten Laufrad angetrieben wurde. Beim Pflügen fielen die von der Walze ständig bewegten Samenkörner durch kleine Öffnungen im Bodenbrett des Samenbehälters.

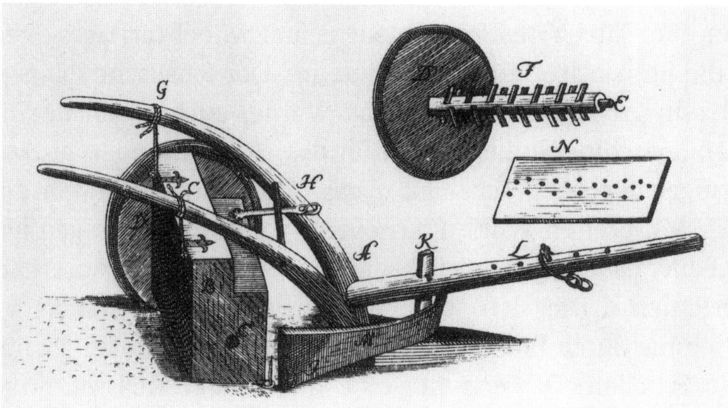

38. Sämaschine von Locatelli. Kupferstich in der 1690 veröffentlichten Beschreibung seines »neuen Instruments«. München, Deutsches Museum

Am Ende des 17. Jahrhunderts gelangte ein solcher Säpflug auch nach England und erregte das Interesse von Jethro Tull (1674–1741), einem Landwirt, der in Oxford Rechtswissenschaften studiert hatte, aber seinen Wunsch, später in die Politik zu gehen, wegen schwacher Gesundheit aufgeben mußte. Tull, der zu den für Neuerungen aufgeschlossenen englischen Landwirten zählte, hatte auf einer Studienreise in Frankreich die Reihenkultur kennengelernt und war anschließend auf der Grundlage von genauen Beobachtungen und Versuchsreihen zu der richtigen Überzeugung gelangt, daß bestimmte gleichmäßige Abstände, eine je nach Getreideart bestimmte Furchentiefe sowie die gründliche Auflockerung des Bodens zwischen den Reihen das Pflanzenwachstum begünstigen würden. Falsch war hingegen, wie schon im 19. Jahrhundert wissenschaftlich nachgewiesen wurde, seine Theorie, daß die Bodenbearbeitung den Einsatz von Düngestoffen überflüssig mache. Da die für Tull tätigen Landarbeiter die von ihm geforderten Bearbeitungsmethoden offenbar nur unzulänglich ausführten, entwickelte er nach dem Vorbild des Säpfluges von Locatelli eine wesentlich verbesserte Sämaschine.

Die erste Maschine hatte Tull aus einem Schubkarrengestell entwickelt, aber es gab noch zu viele Mängel, so daß er in den folgenden Jahrzehnten verschiedene Varianten und weitere Geräte zur Bodenbearbeitung schuf. Bei den englischen Landwirten stieß er mit seinen neuen Ideen und Geräten lange Zeit auf Ablehnung. 1731 und 1733 stellte er seine Neuerungen in einer bebilderten Publikation unter dem Titel »The horse hoing husbandry« als »Die Landwirtschaft mit der Pferdehacke« vor. Als Beispiel sei hier seine von einem Pferd gezogene Drillmaschine kurz beschrieben, mit der gleichzeitig drei Reihen Weizen gesät werden konnten. Die

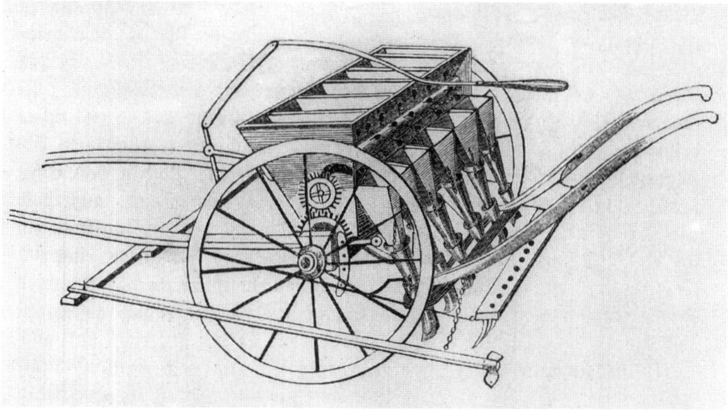

39. Sämaschine von Cooke aus dem Jahr 1785. Stahlstich, um 1845. München, Deutsches Museum

Drillmaschine arbeitete folgendermaßen: Durch den gefüllten Samenkasten lief, direkt über den Saatleitungen, die mit Auskerbungen versehene Radachse. Bei jeder Umdrehung nahmen diese Auskerbungen jeweils die gewünschte Saatmenge auf und gaben sie anschließend an die Saatleitungen ab. Da vor diesen kleine Pflugscharen angebracht waren, fielen die Körner in die vorbereitete Furche und wurden danach von den hinten am Gerät angebrachten Metallzinken mit Erde bedeckt. Die Maschine konnte außerdem auf verschiedene Saattiefen eingestellt werden.

Die von Tull entwickelten Geräte, zu denen mehrreihige Hackmaschinen besonders für die Rübenkultur gehörten, wurden nach dessen Tod weiter verbessert, ohne daß es zunächst zu einer breiten Anwendung kam. Auch hier waren es lediglich Betriebe mit größeren Flächen, die einen Einsatz solcher Geräte ökonomisch sinnvoll erscheinen ließen und die auch die hohen Anschaffungskosten aufzubringen vermochten. Mit Beginn des Industrialisierungsprozesses in England läßt sich dann eine Verdichtung der Bemühungen um die Konstruktion einer möglichst einfach konstruierten, zugleich robusten wie produktiven Drillmaschine beobachten. Die entscheidende Verbesserung ging auf den klugen Geistlichen James Cooke aus Lancashire zurück, der in den Jahren 1782 und 1785 seine Sämaschine vorstellte, die einerseits auf den Vorarbeiten von Tull basierte, andererseits aber deren Schwächen beseitigte. Zunächst teilte er den auf ein zweirädriges Fahrgestell gesetzten Samenkasten in eine Vorratszone und sechs Schöpfräume, wobei der Zulauf des Saatgutes durch einen Schieber regulierbar war. Statt der Auskerbungen in der Radachse, die häufig Körner zerquetscht hatten, konstruierte er eine gesondert

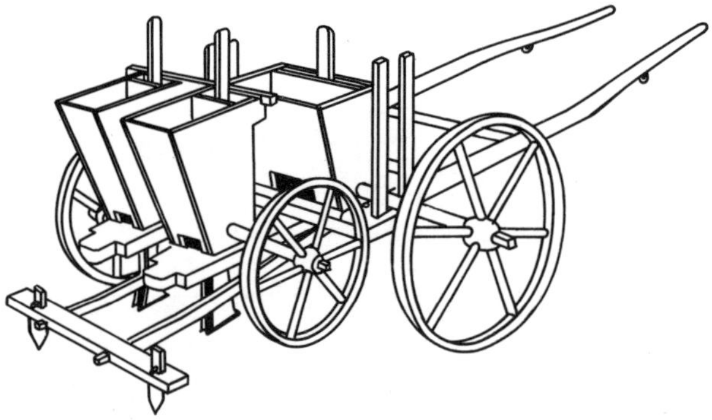

Drillmaschine von Jethro Tull um 1730 (nach Pertridge)

angetriebene Walze. Auf ihr rotierten kleine Löffel, die das Saatgut aus dem Samenkasten in Trichter über den Saatleitungen beförderten. Diese Entwicklung darf durchaus als Basisinnovation bezeichnet werden; denn bis heute enthalten die Breitsämaschinen wesentliche Elemente der Erfindung von Cooke. Die Durchsetzung der Reihensaat am Ende des 18. Jahrhunderts übertrug den Erfolg auch auf die von Tull entwickelte Pferdehacke, mit der der Ackerboden aufgelockert, Unkraut beseitigt und Erde an den Pflanzen angehäufelt werden konnte. »Aus ihr hat sich binnen weniger Jahrzehnte eine Vielzahl teilweise nur geringfügig voneinander unterschiedener Geräte zur Pflanzenpflege entwickelt, die als Kultivatoren, Exstirpatoren, Pflugeggen, Messerhacken, Häufelpflüge oder auch Schrubbpflüge zum Teil zeitweilig weite Verbreitung fanden. Letzteres trifft beispielsweise auf den Grubber... zu, der vermutlich 1784 in Schottland erstmals gefertigt wurde« (K. Herrmann).

Die zeitaufwendigste Arbeit in der Landwirtschaft war das Ausdreschen des Getreides mit dem Dreschflegel, das sich meist über den ganzen Winter erstreckte

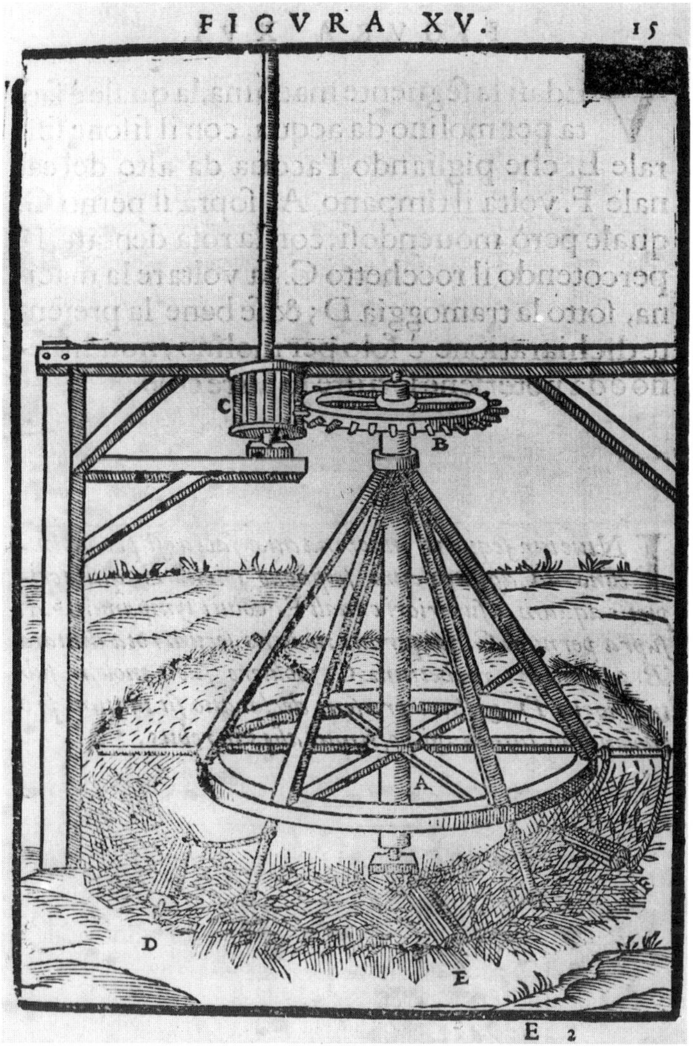

40. Dreschen mit mechanisch angetriebenen Walzen. Holzschnitt in dem 1629 in Rom erschienenen Werk »Le machine« von Giovanni Branca. München, Deutsches Museum

und bis zu 60 Prozent der Gesamtarbeitszeit eines Tagelöhners betragen konnte. Bereits in der ersten Hälfte des 17. Jahrhunderts machten sich deshalb erfindungsreiche Männer Gedanken, diesen Arbeitsprozeß auf mechanischem Weg durchführen zu lassen. Neben dem Flegeldrusch war seit der Antike auch das Austreten des Getreides durch Tiere sowie von diesen über die Garben gezogene Dreschschlitten und geriffelte Walzen in Gebrauch. Das Verunreinigen des Getreides durch Tierkot nahm man in Kauf, allenfalls band man den Tieren Beutel unter. Der 1629 von

Giovanni Branca in seinem Buch »Le machine« veröffentlichte Entwurf vermeidet dieses Problem, indem mehrere kreisförmig angeordnete Walzen an einem vermutlich durch ein Windrad angetriebenen Drehgestell mittels Zugleinen über das Dreschgut bewegt werden.

Das erste auf die Erfindung einer mechanischen Drescheinrichtung erteilte Patent erhielt im Jahr 1636 der aus Mähren geflüchtete Adlige Sir John Christopher van Berg, von der man aber nur erfährt, daß sie mit Göpel, Wasser- oder Windkraft betrieben werden könne. Aus den folgenden anderthalb Jahrhunderten ist eine Vielzahl von Vorschlägen aus verschiedenen europäischen Ländern bekannt, wobei die überwiegende Mehrzahl auf zwei unterschiedlichen Grundideen beruht. Das sind zum einen Entwürfe, die das in zahlreichen Gewerbezweigen seit dem Mittelalter angewendete Prinzip der Stampfe – Pochwerk, Ölstampfe, Pulverstampfe – anwenden. Als ein Beispiel sei die durch Göpel, Wasser- oder Windkraft angetriebene »Dreschmaschine« des großen schwedischen Mechanikers Christopher Polhem angeführt. Damit die von Zahnrädern oder einer Nockenwelle angehobenen Stempel die Körner nicht zerquetschten, waren sie federnd aufgehängt und berührten so beim freien Fall nicht den Boden. Das ist zum anderen das Prinzip, das sich in der vor- und frühindustriellen Technik sehr häufig findet, nämlich der Bau von Maschinen, bei denen lediglich ein Werkzeug mit der Wasser- oder Windkraft gekoppelt wird, wobei man die ursprünglich mit der Hand ausgeführte Bewegung nachzuahmen versucht.

So stellte ein Landwirt aus Kurland im Jahr 1670 eine Dreschmaschine vor, bei der durch eine wassergetriebene Welle eine Reihe von Dreschflegeln bewegt wurden. Diese schlugen auf einen langsam rotierenden, runden, zur Drehachse leicht geneigten und im Zentrum mit Löchern versehenen Dreschboden. Die dabei ausgedroschenen Körner und Spelzen rutschten allmählich zur Mitte und fielen durch die Löcher. Ein darunter angebrachter Blasebalg trennte dann Körner und Verunreinigungen voneinander. Eine ähnliche Konstruktion war die von einem Oberamtmann Vogt in Aerzen bei Braunschweig um 1700 gebaute »Dreschmühle«, von der mehrere Abbildungen überliefert sind. Bei dieser Dreschmaschine rotierten 9 mal 3 an einer Wasserradwelle befestigte Dreschflegel. Gleichzeitig wurde der mit Getreide belegte Dreschboden seitlich von einem Arbeiter durch eine Knagge langsam vor- und dann wieder zurückbewegt. Zwei weitere Arbeiter besorgten das Aufschütten des Getreides, das Wegräumen des ausgedroschenen Strohs und das Zusammenschaufeln der Körner. Im Vergleich soll es mit dieser Maschine, die offenbar etliche Jahre in Betrieb war, gegenüber dem Handdrusch eine um das Sechsfache höhere Ausbeute ergeben haben. Angeblich wurde die Maschine in Deutschland verschiedentlich nachgeahmt, wobei es zu Zerstörungen durch die Drescher gekommen sein soll, die um ihre Arbeit fürchteten.

Auch in England wurde im 18. Jahrhundert mit den beweglichen Dreschflegeln

41. Vogts »Dreschmühle« aus der Zeit um 1700. Kupferstich in dem 1735 in Leipzig erschienenen »Theatrum machinarum molarium« von Johann Matthias Beyer. Leipzig, Universitätsbibliothek

experimentiert. Im Jahr 1739 stellte der Schotte Michael Menzies eine wasserradgetriebene Maschine vor, die die Arbeit von 33 Dreschern ersetzen sollte. Obwohl die Maschine vor Mitgliedern der schottischen »Society of Improvers« vorgeführt und gut beurteilt wurde, konnte sie sich nicht durchsetzen. – Es ließ sich für das 18. Jahrhundert noch eine Fülle ähnlicher Beispiele insbesondere aus Deutschland, England, Frankreich und den Vereinigten Staaten anführen, wobei eine große Zahl dieser Erfindungen oder Weiterverbesserungen technisch ausführbar war und durchaus befriedigende Dreschergebnisse erzielte. Dennoch war diesen Maschinen, die in der Regel nur in einem oder ganz wenigen Exemplaren gebaut wurden, kein längerfristiger Erfolg beschieden. Dafür gab es mehrere Ursachen: Viele dieser Maschinen waren umfängliche, schwere Apparate, die in einigen Fällen, so bei der »Dreschmühle«, sogar die Errichtung eines eigenen Gebäudes, einen Wasserradantrieb oder einen Göpel erforderten. Nur größere Wirtschaftsbetriebe konnten sich wegen der hohen Investitionskosten eine solche Maschine leisten. Im übrigen waren die Drescher und, wie in Deutschland, zeitweise selbst die zünftig organisierten Dreschkolonnen letztlich billiger. Außerdem waren die Dreschergebnisse offenbar nicht so überragend, daß eine Einführung derartiger Maschinen zwingend erschien. Und schließlich darf man das bäuerliche Mißtrauen gegenüber technischen Neuerungen nicht vergessen, das dafür gesorgt hat, daß deren Durchsetzung auf dem Lande sich grundsätzlich langsamer vollzog als im städtisch-gewerblichen Bereich.

Dennoch wurde in England im letzten Drittel des 18. Jahrhunderts das Bedürfnis nach einer produktiven und konstruktiv nicht allzu komplizierten Dreschmaschine immer stärker; denn einerseits forcierte eine wachsende Bevölkerung den Anbau von Brotgetreide auf den durch vermehrte Einhegungen entstandenen Großflächen, andererseits wanderten die ländlichen Unterschichten zunehmend in die neuen Fabriken ab, so daß Landarbeiter in manchen Regionen knapp und damit teurer wurden. Dieses Bedürfnis veranschaulichte unter anderem eine steigende Zahl von neuentwickelten Dreschmaschinentypen, die, obwohl zunächst noch ohne durchschlagenden Erfolg, ein Konstruktionsprinzip zu verwerten suchten, nämlich das Walzenprinzip, das in Maschinen wie dem »Holländer« in der Papiermacherei oder den Kardiermaschinen in der Textilindustrie schon Eingang gefunden hatte. Der entscheidende Durchbruch gelang schließlich 1786 bis 1788 dem schottischen Mühlenbauer Andrew Meikle, der die größten Schwierigkeiten bei der Adaption dieses Prinzips in den Landmaschinenbau überwand. Mit der Entwicklung der rotierenden Schlagleisten markierte er den Beginn des modernen Dreschmaschinenbaus. In der Maschine von Meikle wurden die über ein schräges Brett nach unten geschobenen Halme von zwei gegenläufigen kleinen Walzen erfaßt und einer außen mit vier Schlagleisten besetzten rotierenden Trommel zugeführt. Obwohl bereits beim Druschgang durch die Walzen ein Teil der Körner aus den Ähren gelöst wurde, erfolgte der eigentliche Dreschvorgang erst durch die Schlagleisten der Trommel. Das Stroh und die Körner liefen dabei zwischen der Trommel und einem muldenförmigen Sieb hindurch, wobei Körner und Stroh weitgehend getrennt wurden. Die Konstruktion von Meikle wurde in kürzester Zeit ein Erfolg und fand auf vielen Landgütern Schottlands und Englands Eingang, aber ebenso rasch auch Nachahmer, so daß sich die neue Art des Dreschens bald im übrigen Europa sowie in Nordamerika ausbreitete. Meikle verbesserte seine Maschine in den folgenden Jahren mehrmals. Vor allem versah er die hölzernen Schlagleisten und die Führungswalzen mit Eisenblech; später waren sie ganz aus Metall. Der Antrieb der Meikleschen Schlagleisten-Dreschmaschine erfolgte durch Göpel, Wasser-, Wind- und am Ende des Jahrhunderts sogar schon durch Dampfkraft.

Dem Ausdreschen der Körner folgt das Reinigen des Getreides, bei dem Spreu, Staub, taube Körner und gröbere Teile wie Ähren- und Strohreste entfernt werden müssen. Dafür gab es in Europa verschiedene Verfahren, die insbesondere bei kleinbäuerlichen Betrieben zum Teil bis in die Gegenwart gebräuchlich sind. Neben dem Reinigen mit der Wurfschaufel, dem »Worfeln«, bei dem das Getreide mittels Luftdurchzug emporgeschleudert wurde, benutzte man geflochtene, wannen- oder muldenförmig gestaltete Getreideschwingen, mit denen durch ruckartige Auf- und

Abbewegungen per Hand die Spreu vom Getreide geschieden wurde. Auch Hand- und Standsiebe fanden Verwendung. Diese Tätigkeit war ebenso arbeitsintensiv wie das Dreschen, so daß auch hier in der frühen Neuzeit Versuche zur Mechanisierung unternommen wurden, allerdings mit besserem Erfolg. Da die Separierung bei der Handreinigung vom Wind oder dem durch Bewegung erzeugten Luftzug vorgenommen wurde, lag es nahe, diesen durch ein Gebläse künstlich zu erzeugen. Bereits die Chinesen waren auf die Idee gekommen, Getreide mit Hilfe eines in einem geschlossenen Kasten untergebrachten Zentrifugalgebläses zu reinigen. Doch in Europa tauchte dieses Gebläse erst fünfzehnhundert Jahre später im Bergbau auf, wo es zur Bewetterung der Gruben eingesetzt wurde. Im »Bergbuch« des Agricola sind solche »Wettermühlen« oder »Windfaucher« abgebildet. Für den Beginn des 17. Jahrhunderts sind dann erste Patentanmeldungen für Windfegen in den Niederlanden belegt, und am Ende des Jahrhunderts lassen sich solche Geräte bereits in bäuerlichen Nachlaßverzeichnissen finden. Die Niederlande bildeten damit das Innovationszentrum des nordwestlichen Europa, von dem aus auf direktem oder mittelbarem Weg die Diffusion beispielsweise in die nordwestlichen deutschen Territorien erfolgte. Und im Jahr 1710 lernte James Meikle, der Vater des Erfinders der Dreschmaschine, auf einer Informationsreise durch Holland die niederländische Windfege kennen und ließ sie später in Schottland nachbauen.

Angesichts dieser angedeuteten Entwicklung müßte man davon ausgehen können, daß die Erfindung der Windfege in den Niederlanden erfolgt ist. Andererseits ist es nicht unwahrscheinlich, daß die Kenntnis über die chinesische Windfege von den frühen Ostindien-Fahrern mitgebracht worden ist, zumal sich der chinesische und der niederländische Typus in der Konstruktion sehr ähnlich sind. Bisher gibt es allerdings keinen Beleg, daß eine Windfege oder auch nur ein Modell im frühen 17. Jahrhundert in die Niederlande gelangt ist. Für spätere Zeiten ist das nicht auszuschließen. Weitere Innovationszentren, von denen dann eine regionale Ausbreitung erfolgte, waren Kärnten und die Steiermark sowie die Schweiz, wobei hier die Erstinnovation in der zweiten Hälfte des 17. Jahrhunderts stattfand. Bei Kärnten und der Steiermark schließt man auf den Einfluß der Jesuiten, die damals in Ostasien missionierten, im Falle der Schweiz auf mögliche Kontakte von Schweizer Kaufleuten nach China.

Die frühen Windfegen in den Niederlanden waren sehr einfach konstruiert und ausschließlich aus Holz. Sie arbeiteten in folgender Weise: »Bei den Windfegen wird der Trichter zunächst mit Reinigungsgut gefüllt und das Gebläse in Gang gesetzt, anschließend die Trichteröffnung um die gewünschte Weite geöffnet. Die Körner gelangen im freien Fall in den Luftstrom, Staub und leichte Spreuteilchen werden erfaßt und über ein Abschlußbrett hinweg aus der Maschine geblasen. Schwere Körner werden dagegen vom Windzug kaum berührt und gelangen über eine schräge Schüttrinne aus der Maschine oder fallen ... in ein Sortierfach, das durch ein festes oder herausnehmbares Brett von einem zweiten oder dritten Fach für die leichteren Körner getrennt ist. Die Fächerböden können schief angelegt sein, so daß das sortierte Korn durch die seitlichen Öffnungen in darunter gestellte Gefäße oder Säcke rutscht« (U. Meiners).

Schon bald nach 1700 wurden an der Kornfege verschiedene Verbesserungen vorgenommen, die die Leistungsfähigkeit der Maschine noch erheblich steigerten. Statt der am Ende als Handkurbel ausgebildeten Welle des Flügelrades mit seinen 3 bis 6 Windschaufeln brachte man nun ein aus 2 Zahnrädern bestehendes Getriebe an, das eine höhere Drehzahl ermöglichte und gleichzeitig den Kraftaufwand verringerte. War die Windfege zunächst ganz aus Holz gebaut, so gab es bald auch Konstruktionen mit eiserner Welle und mit durch Eisenzähne besetzten Rädern und schließlich mit gußeisernen Rädern. Die reifste konstruktive Lösung stellte jedoch die ebenfalls schon kurz nach 1700 in den Niederlanden entwickelte Siebwindfege dar. Durch einen mit dem Antrieb gekoppelten Rüttelmechanismus wurde ein mit mehreren Drahtsieben ausgestatteter Siebkasten bewegt, der die groben, vom Luftstrom nicht erfaßten Teile des Reinigungsgutes zur Seite durch eine Öffnung abführte und die durchfallenden Körner und Samen nach Größe trennte.

Die Windfege, die als kompaktes Gerät mit vertikalem Gebläse, aber auch in gestreckter Form mit vertikalem oder horizontalem Gebläse sowie zahlreichen anderen konstruktiven Abänderungen vorkam, hatte sich in Holland und Flandern zunächst in Mühlenbetrieben durchgesetzt, wo ihre hohe Produktivität voll genutzt werden konnte. Hier lohnte sich auch der Antrieb durch Pferdegöpel oder Wasserräder. Anders als in den übrigen Innovationszentren gelangte sie erst mit zeitlicher Verzögerung auf das Land, wo sie wegen der hohen Anschaffungskosten zunächst nur von größeren bäuerlichen Betrieben eingesetzt wurde. Im Zuge der ansteigenden Agrarkonjunktur in der zweiten Hälfte des 18. Jahrhunderts nahm die Verbreitung der Windfege stärker zu; sie erreichte ihren Höhepunkt im späten 19. Jahrhundert. Erst als Dresch- und Reinigungsvorgang in der Dreschmaschine vereint wurden, geriet die Windfege allmählich außer Gebrauch.

Die wachsende Zahl an erteilten Patenten auf landwirtschaftliche Geräte und Maschinen in der zweiten Hälfte des 18. Jahrhunderts ist ein deutlicher Hinweis auf eine zunehmende Innovationsbereitschaft im ländlichen Raum. Der englische Landadel, meist wissenschaftlich vorgebildet, zeigte ein vermehrtes Interesse an der Verbesserung der Landwirtschaft. Zahlreiche dieser Gutsbesitzer führten Neuerungen ein und suchten sie durch Vorführungen zu verbreiten. Außerdem wurden viele Gesellschaften zur Förderung der Landwirtschaft auf lokaler, regionaler und nationaler Ebene gegründet, die durch Veranstaltungen und Zeitschriften für einen raschen Informationstransfer sorgten. Die Auslobung von Prämien für die Erfindung oder Verbesserung von landwirtschaftlichen Maschinen und Geräten sowie Wettbewerbe im Pflügen spornten die Erfindungstätigkeit an. Zwei der bedeutendsten und

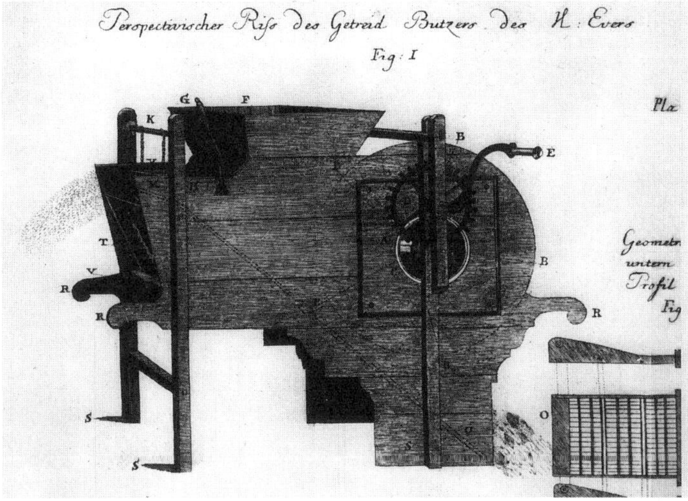

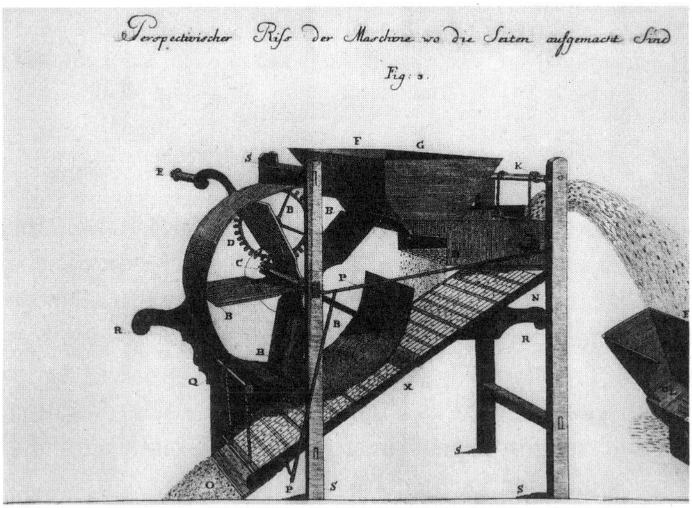

42 a und b. Englische Windfege. Kupferstiche in der um 1770 in München erschienenen deutschsprachigen Ausgabe des Werkes »Die Beförderung der Künste« von William Bailey. Privatsammlung

zugleich ältesten Gesellschaften seien stellvertretend genannt: Bereits im Jahr 1723 wurde in Schottland die »Honourable Society for Improving in the Knowledge of Agriculture« gegründet, und 1754 entstand in London mit der »Society for the Encouragement of Arts, Manufactures and Commerce« eine Vereinigung, die wissenschaftliche Erkenntnisse für die Wirtschaft nutzbar zu machen suchte und gerade der Landtechnik wesentliche Impulse gab.

43. Einsatz der Sämaschine von Ellis. Kupferstich in der zweiten, 1750 edierten Auflage seines Buches »The farmer's instructor«. Privatsammlung

Bemühungen dieser Art waren letztlich nur erfolgreich, weil herausragende Einzelpersönlichkeiten wie der gründliche Kenner der europäischen Landwirtschaft und publizistisch überaus fruchtbare Agrarschriftsteller Arthur Young (1741–1820) unermüdlich Reformen im Agrarwesen sowie eine Mechanisierung der Landwirtschaft propagierten. Young gab mit den »Annals of Agriculture« wohl das erste landwirtschaftliche Periodikum heraus. – Die Konzentration der Darstellung auf die Entwicklung in England zeigt, von welchem Zentrum die Anstöße für die Weiterentwicklung der Landtechnik im 18. Jahrhundert ausgegangen sind. Allerdings soll damit nicht behauptet werden, daß in den übrigen Ländern Europas keinerlei innovatorische Bemühungen stattgefunden hätten. Auch auf dem Kontinent waren zahlreiche Landwirte und Techniker, sogar, zumindest in Deutschland, erstaunlich viele Geistliche beider Konfessionen hierfür erfindungsreich. Gesellschaften zur Förderung der Landwirtschaft wurden nach 1750 in großer Zahl gegründet. Daß dennoch Erfolge wie jene in England zunächst ausblieben, war vor allem in den unverändert bestehenden feudalen Agrarverfassungen begründet, durch die rationelle Nutzungen des verfügbaren Bodens verhindert und die zum großen Teil noch leibeigenen Bauern durch Abgaben sowie Hand- und Spanndienste in fast totaler Abhängigkeit gehalten wurden. Allerdings gab es auch hier Männer des aufgeklärten Adels und später wohlhabende Bürger, die auf ihren Gütern Neuerungen einführten, die Entwicklungen in England aufmerksam verfolgten und sie über die Gesellschaften publik zu machen suchten, obschon nur mit bescheidenen Erfolgen. Für Deutschland ist in diesem Zusammenhang auf den Arzt Albrecht Daniel Thaer (1752–1828) hinzuweisen, der nach gründlichem Studium der englischen Literatur von 1798 bis 1804 sein dreibändiges Werk »Einleitung zur Kenntnis der englischen Landwirtschaft und ihrer praktischen und theoretischen Fortschritte in Rücksicht auf Vervollkommnung deutscher Landwirtschaft für denkende Landwirte und Kameralisten« veröffentlichte und dabei die englische Landtechnik ausführlich behandelte. Wirkliche Erfolge stellten sich allerdings erst nach der Durchführung von Agrarreformen und der sogenannten Bauernbefreiung ein, nach Prozessen, die – teilweise mit abermals deutlicher zeitlicher Phasenverschiebung von West nach Ost – parallel zur beginnenden Industrialisierung in den jeweiligen Ländern abliefen.

Das Transportwesen zu Lande und zu Wasser

Landfahrzeuge

Bis in die frühe Neuzeit hinein dienten Landfahrzeuge fast nur dem Transport von Gütern aller Art, während die ausschließliche Personenbeförderung noch die Ausnahme darstellte. In der Landwirtschaft verwendete man relativ leicht gebaute Karren sowie Leiter- und Kastenwagen, die auch auf ungebahnten Wegen und Äckern mit ein oder zwei Zugtieren zu bewegen waren. Wesentlich größer und schwerer waren die im Ferntransport eingesetzten Frachtwagen, die in der Regel nur befestigte Wege und Straßen befuhren, meist eine Plane zum Schutz hochwertiger Güter hatten und mehrere Tonnen Ladung aufnehmen konnten. In Anbetracht der Tatsache, daß nahezu der gesamte Lastentransport auf solchen Wagen erfolgt ist, mag es erstaunen, daß sich deren Konstruktion vom 17. bis zum späten 19. Jahrhundert nur unwesentlich geändert hat. Wie schon im Spätmittelalter verband

44. Wagen mit einer stählernen Federung und mit Schleifhölzern zum Bremsen bei der Bergabfahrt. Kupferstich in dem 1615 oder 1616 in Venedig erschienenen Werk »Machinae novae« von Fausto Veranzio. Privatsammlung

45. Mit Handelsgütern beladener Frachtwagen. Zeichnung, 17. Jahrhundert. Köln, Stadtmuseum

bei den vierrädrigen Gefährten der Langbaum die mit Reibscheit versehene Vorder- mit der Hinterachse. Das Bremsen der schweren Wagen erfolgte auch weiterhin durch Stillegung der Hinterräder mit Ketten, durchgesteckten Stangen oder mit vorgelegten Hemmschuhen, so daß es zu einem Gleiten der Räder und damit zu einem hohen Reibungswiderstand kam. In dem 1615/16 erschienenen Buch »Machinae Novae« von Fausto Veranzio (1551–1617) ist ein Wagen wiedergegeben, dessen Radnaben auf nach hinten gehenden Schleifhölzern ruhen. Ob diese Technik Verbreitung gefunden hat, ist bisher nicht bekannt.

Die Wagen wurden im Laufe der Zeit immer größer. Betrug die Ladung zu Beginn des 17. Jahrhunderts im Durchschnitt bei 4 bis 6 Pferden 3 bis 4 Tonnen, so konnte man im 18. Jahrhundert in England auf guten, ebenen Straßen Wagen mit Ladungen von 8 Tonnen antreffen. Allerdings waren dazu dann bis zu 12 Pferde erforderlich. Um bei zunehmendem Gewicht von Wagen und Nutzlast ein tieferes Einsinken auf den Fahrwegen zu verhindern, verwendete man bis zu 18 Zentimeter breite Felgen. Manche Länder erhoben eine Abgabe bei zu schmalen Rädern, da diese häufig sogar die befestigten Straßen beschädigten. Insgesamt gab es im europäischen Raum eine große Typenvielfalt an zwei- und vierrädrigen Lastwagen, die dem jeweiligen Verwendungszweck, der unterschiedlichen Gebietsstruktur mit ihren speziellen Bodenverhältnissen entsprachen und zudem regionale Eigentümlichkeiten im Design aufwiesen. Daß die Grundkonstruktion bei den Lastwagen über Jahrhunderte fast unverändert geblieben ist, läßt sich recht einfach erklären: Waren, sicher verstaut, benötigen im Gegensatz zum Menschen nur bedingten Schutz gegen Stöße, die von den Unebenheiten der Fahrbahn herrühren. Auch eine höhere Reisegeschwindigkeit und Wendigkeit der Fahrzeuge waren nicht zwingend erforderlich. Einen wirklichen qualitativen Sprung kann man für die Lastfuhrwerke erst mit der Einführung der eisernen Schmierachsen im 19., dem Eigenantrieb und der Verwendung der Luftbereifung im 20. Jahrhundert verzeichnen.

Im Mittelalter war das Reisen mit dem Wagen ausschließlich adeligen Frauen, Kindern, Alten, Gebrechlichen und hochgestellten Geistlichen vorbehalten. Im Spätmittelalter fuhren zuweilen auch Könige bei festlichen Einzügen in entsprechend prächtig geschmückten Wagen. Ritter hatten jedoch, um ihre Tauglichkeit für den Kriegsdienst zu erhalten, auf dem Pferd zu reiten. Noch 1588 hat Herzog Julius von Braunschweig (1528–1589) seinem Adel in einem längeren Erlaß das »Gutschenfahren« verboten, da es zur Verweichlichung führe. Doch damit ließ sich der rasche Aufstieg der Kutsche zum Fahrzeug für den Adel und schließlich auch für das Bürgertum nicht mehr aufhalten. Der typische Reisewagen des Spätmittelalters war der sogenannte Kobelwagen, bei dem der Kobel, »ein mehrrippiges, tonnenförmiges Gewölbe«, auf den Wagenboden aufgesetzt war (R. Wackernagel). Mit zunehmender Anerkennung des Wagens als Mittel der Repräsentation stieg das Bedürfnis nach größerer Bequemlichkeit, der im 15. Jahrhundert durch eine erste wichtige Innovation entsprochen wurde, nämlich durch die Aufhängung des Wagenkastens mittels Ketten, Seilen oder Lederriemen, die an den sogenannten Kipfstöcken zwischen Vorder- und Hintergestell befestigt waren. Im Jahr 1457 gelangte als Geschenk unter Königen ein leicht gebauter, leicht zu lenkender und mit Riemen abgefederter Wagen nach Paris, der in dem ungarischen Dorf Kocs bei Raab gefertigt worden war. Der Herkunftsort wurde im Laufe der Zeit zum Gattungsbegriff; denn alsbald bezeichnete man ähnliche Fahrzeuge als »Gotschiwagen, Coach, Coche, Kutsche« (R. Wackernagel).

Seit der Mitte des 16. Jahrhunderts wurde der Wagen bei offiziellen Anlässen benutzt, wobei eine immer aufwendigere Ausstattung Platz griff. Der Wagen in Gestalt der Karosse war politisches und soziales Statussymbol sowie Kunstwerk in einem. In ihrem Herkunftsland Italien war die »Carozza« ursprünglich ein offener Wagen mit einem auf vier Säulen ruhenden Stoffdach. Gegen Ende des 16. Jahrhunderts erschien sie dann in geschlossener Form, erhielt Türen und um 1630 schließlich auch Glasfenster. Einerseits war die Karosse samt ihren mit reichem Schnitzwerk und Skulpturen verzierten Gestellbrücken Zeremonien- und schließlich Krönungswagen, andererseits setzte sie sich allmählich auch als Reise- und Stadtwagen des mittleren Adels und der reichen Bürger durch.

Ab Mitte des 16. Jahrhunderts bildete Italien das Zentrum des Karossenbaues. Standen dabei zunächst die oberitalienischen Städte Mailand, Padua, Ferrara, Bologna und Venedig an der Spitze, so übernahm gegen Ende des 16. Jahrhunderts Rom die Führungsrolle. Die Karosse war das Ergebnis der Zusammenarbeit von mehreren Gewerken. Architekten oder andere Hofkünstler stellten die Entwürfe her, die dann von hochqualifizierten Stellmachern, Wagentischlern, Sattlern, Schlossern, Malern

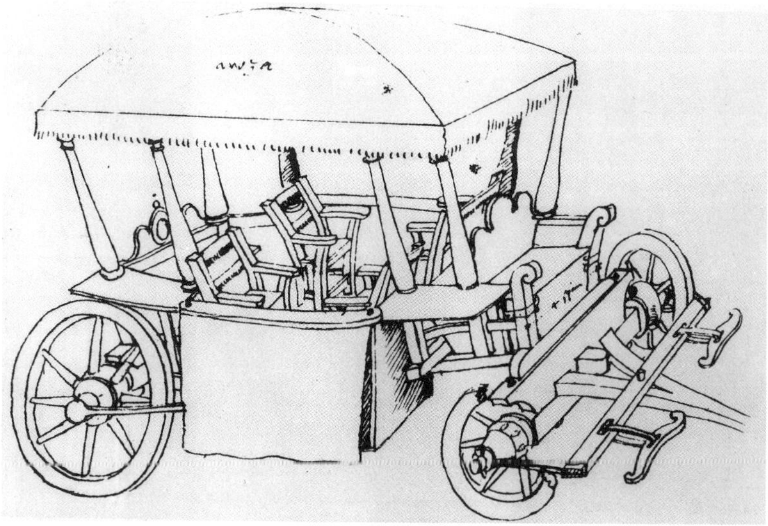

46. Reisewagen des »Gotschityps«. Zeichnung von Heinrich Schickhardt, 1599. München, Deutsches Museum

und Lackierern ausgeführt wurden. Aus Rom stammen zwei bemerkenswerte wagentechnische Verbesserungen. Eine 1637 gefertigte offene Botschafterkarosse weist als eines der ersten Fahrzeuge statt des Reibscheits einen Drehkranz zur Lenkung der Vorderachse auf – eine Technik, die dann bis zur Einführung der Achsschenkellenkung im 19. Jahrhundert Anwendung fand. Um 1670 taucht schließlich zum ersten Mal in einer Entwurfszeichnung der sogenannte Schwanenhals auf. Dabei handelte es sich um eine vorn am hölzernen Langbaum angeschäftete schmiedeeiserne Stange in Form eines Schwanenhalses, die einen Durchlauf der nun allerdings im Vergleich zu den Hinterrädern erheblich kleineren Vorderräder ermöglichte, was eine größere Wendigkeit des Fahrzeuges erlaubte. Allerdings bestand bei zu scharfem Einschlag der Vorderräder die Gefahr, daß der Wagen umschlug.

Mit dem persönlichen Regierungsantritt Ludwigs XIV. im Jahr 1661 entstand in Paris ein zweites Zentrum des Kutschenbaues, das bis in das nächste Jahrhundert hinein dominierend blieb. Im Einklang mit seinen Baumaßnahmen, die Ruhm und Glanz des Sonnenkönigs verkünden sollten, wurde ein neues Hofzeremoniell eingeführt, in dem die Karossen eine maßgebliche Rolle spielten. Ab 1680 regelte ein eigenes »Droit de carosse« die Nutzungsrechte für Staatswagen. Allein an der Zahl der vorgespannten Pferde war der gesellschaftliche Rang der Insassen erkennbar – ein Prinzip, das andere Herrscher gern übernahmen. Die Aufträge des Hofes sowie des Adels sorgten dafür, daß sich in Paris ein innovatives Potential an Künstlern und

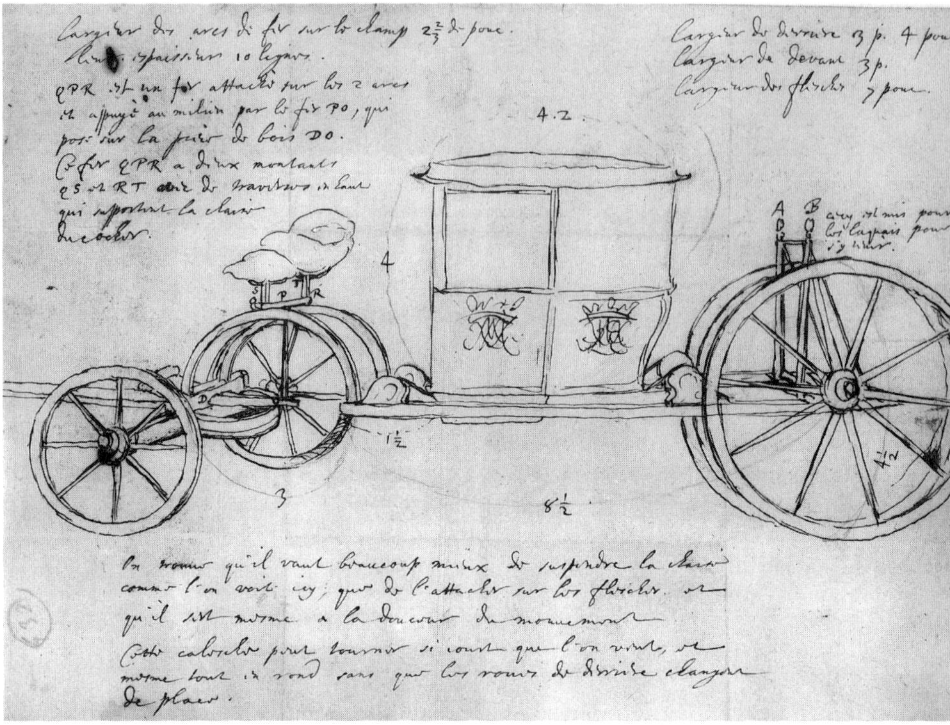

47. Pariser »Calesche« des Erfinders de Mans. Zeichnung von Christiaan Huygens, 1667. Leiden, Bibliotheek der Universiteit

Wagenbauern ansammelte, was bald Wirkung zeigte. Bereits 1667 wurde der Schwanenhals an leichten Stadt- und Parkwagen eingeführt, und ab Mitte der achtziger Jahre wurden auch die schweren Karossen mit dem gebogenen Achsholz ausgestattet. Eine zweite technische Neuerung taucht auf einer Zeichnung des in Paris lebenden Physikers Christiaan Huygens auf, die er seinem Schwager, einem Wagenbauer in Den Haag, gesandt hat. Sie zeigt den Aufriß einer Kalesche, bei der der Wagenkasten nicht, wie bisher üblich, an Riemen aufgehängt ist, sondern auf Lederriemen ruht, die zwischen zwei Schwanenhals-Langbäume (Brancards) gespannt sind. Der Kutschbock befindet sich auf den Schwanenhälsen.

Schließlich ist als weitere grundlegende Neuerung der Einsatz von stählernen Blattfedern zu nennen, die in Verbindung mit der Riemenaufhängung den Fahrkomfort erhöhen sollten. Bereits in dem erwähnten Buch von Veranzio findet sich der Entwurf eines Reisewagens ohne Riemenaufhängung, bei dem die Stöße durch eine doppelte Druckfeder zwischen Wagenkasten und Fahrgestell abgefangen werden sollten. Praktikabel dürfte diese Idee allerdings kaum gewesen sein. Erst die in der zweiten Hälfte des 17. Jahrhunderts entwickelten Blattfedern, die aus 5 bis 10

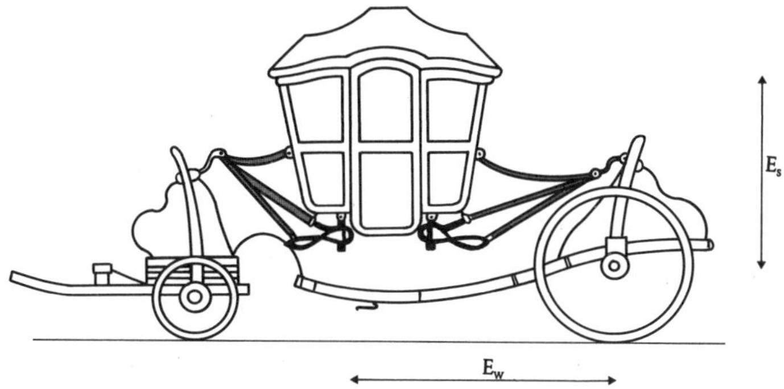

Dalême-Federung des 17. und 18. Jahrhunderts (nach Smolian)

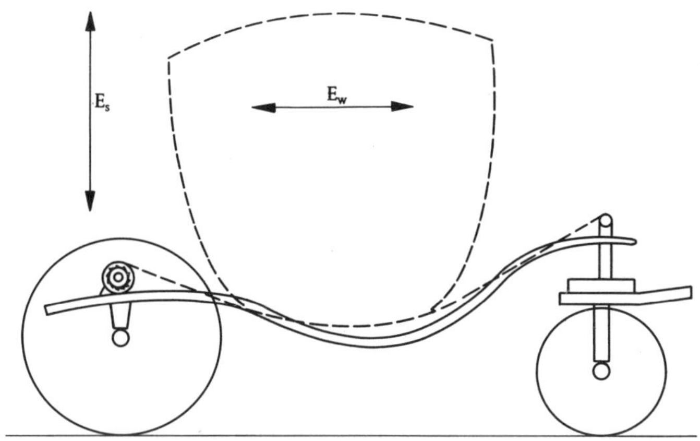

Wagen mit Berline-Aufhängung (nach Smolian)

aufeinander liegenden und durch eine Manschette zusammengehaltenen Federblättern bestanden, waren wirklich brauchbar. In Form der gegenständig wirkenden sogenannten Krebsfedern, die am Boden des Wagenkastens befestigt und mit der Riemenaufhängung verbunden waren, fanden sie bei Karossen und anderen Kutschfahrzeugen Verwendung.

Neben der Karosse erfreute sich im späten 17. Jahrhundert ein neuer Wagentyp allmählich größter Beliebtheit: Die sogenannte Berline leitete wegen ihrer konstruktiven Besonderheiten das eigentliche Zeitalter der Kutsche als Verkehrsmittel ein. Angeblich soll sie von einem italienischen Wagenbauer in Berlin entwickelt und dann nach Paris gebracht worden sein. Es wird aber auch die Auffassung vertreten, daß dieses Fahrzeug in Paris seinen Ursprung gehabt hat. Wie die von Huygens gezeichnete Kalesche verfügte die Berline über zwei Brancards, die allerdings nun keinen Schwanenhals besaßen, sondern vorn so hochgezogen waren, daß die Vorderräder freies Spiel hatten. »Der Kasten hing also nicht wie bei der Karosse an Riemen zwischen hohen Gestellbrücken, sondern auf Riemen, die an einem Querholz des Vordergestells fest verankert waren, am Hintergestelle hingegen über Zahnwinden nachgespannt werden konnten« (R. Wackernagel). Leicht gebaut und aufgrund ihrer Konstruktion sehr beweglich wurde die Berline im Laufe der Zeit vom anfänglichen Reise- zum idealen Stadtwagen, der vor allem im 18. Jahrhundert die Straßen belebte und in vielen Varianten gebaut wurde. Ab Mitte des 18. Jahrhunderts wurden im Kutschenbau dann weitere wichtige Neuerungen eingeführt. Achsen und Brancards fertigte man nun immer häufiger aus Eisen, und bessere Stahlqualitäten erlaubten die Herstellung von widerstandsfähigen, elastischeren Federn, die vermehrt im Kutschenbau verwendet wurden. Aufrechtstehende, S-förmig gebogene Stützfedern ersetzten die Kipfen bei den Karossen und Berlinen; schräggestellte und liegende S-Federn wurden zur Steigerung der Bequemlichkeit ebenfalls eingebaut.

Neben Frankreich spielte seit der Mitte des 18. Jahrhunderts England eine wesentliche Rolle im Kutschenbau. Nicht zufällig stammten von dort zwei neue Federtypen, nämlich die bereits 1754 zum Patent angemeldete Elliptikfeder sowie die um 1770 erstmals auftauchende C-Feder, die sich allerdings erst im Laufe des 19. Jahrhunderts endgültig durchsetzten. Hervorzuheben ist dabei, daß all diese Entwicklungen auf rein empirischem Weg erfolgt sind, während die theoretische Durchdringung des Federungsproblems erst viel später stattgefunden hat. Ähnlich verhielt es sich mit den Fragen der Reibung zwischen Radachse und Radlager. Schon Robert Hooke hatte sich in der Royal Society mit Reibungsproblemen und der Schmierung beschäftigt. Leibniz erkannte als erster den Unterschied zwischen gleitender und rollender Reibung; aber Auswirkungen auf die Praxis gab es nicht.

Die zunehmende Verwendung der teuren Stahlfedern war deshalb möglich, weil beispielsweise in England eine immer breiter werdende zahlungskräftige bürgerliche Schicht sich eigene Kutschen leisten konnte. Statt nur wie bisher Einzelstücke auf individuelle Bestellung zu fertigen, ging man in England schon zu einer Art Serienbau über, den man dem sich häufig wechselnden Geschmack anpaßte. Es gab Kutschenmanufakturen, die an die hundert Leute und mehr beschäftigten. Erwähnenswert ist, daß in der zweiten Hälfte des 18. Jahrhunderts auch elegant und leicht gebaute Selbstkutschierwagen mit zurückklappbarem Dach, die einspännig gefahren wurden, im Straßenbild zu sehen waren. Bei Leuten, die sich keine eigene Kutsche leisten konnten, war allmählich ebenfalls das Bedürfnis gewachsen, sich, vor den Unbilden des Wetters geschützt, rasch durch die großen Städte transportieren zu lassen. Bereits zu Beginn des 17. Jahrhunderts tauchten in London die ersten Mietkutschenunternehmen auf. 1625 sollen es 20 gewesen sein, und 1715 gab es dort 800 lizensierte Mietfahrzeuge. In Paris sah man die ersten Mietkutschen um 1640. Da sich die Geschäftsräume des Unternehmens im Hôtel Saint Fiacre befanden, wurden die Fahrzeuge scherzhaft »Fiacres« genannt. Auch Pferdeomnibusse, die bis zu 8 Passagiere auf festgelegten Strecken und zu bestimmten Zeiten beförderten, waren in Paris im späten 17. Jahrhundert zeitweilig in Betrieb. Welchen ungeheuren Aufschwung der Kutschenverkehr innerhalb von rund einhundert Jahren genommen hat, verdeutlichen zwei Zahlen: 1658 zählte man in Paris 320 Kutschen und Karossen, 1762 war ihre Zahl auf ungefähr 14.000 angestiegen. Die anderen europäischen Großstädte wiesen vergleichbare Wachstumsraten auf.

Auf diesen Ansturm von Fahrzeugen unterschiedlichster Bauart und Anspannung waren die Städte mit ihrem zumeist noch mittelalterlichen Straßennetz zunächst nicht eingerichtet, so daß in den engen Gassen und auf den Plätzen häufig ein

48. Kunstwagen von Hautsch. Kupferstich in dem 1730 in Nürnberg erschienenen Buch über Nürnbergs Künstler von J. G. Doppelmayr. Nürnberg, Germanisches Nationalmuseum

anarchisches Gedränge herrschte. Verkehrsregeln gab es noch nicht, jeder fuhr, wie er wollte oder konnte. Zahllose Unfälle, viele mit tödlichem Ausgang, waren die unvermeidliche Folge. Doch sie vermochten die rapide Zunahme an Kutschfahrzeugen nicht aufzuhalten. Breitere Straßen in den Großstädten brachten nur zeitweilig Entlastung.

Auch wenn der von Tieren gezogene Wagen das vorherrschende Transportmittel war, hatte es schon seit dem Spätmittelalter immer wieder Versuche gegeben, Gefährte mit Eigenantrieb zu konstruieren oder solche, die vom Wind oder durch menschliche Muskelkraft bewegt wurden. Ein frühes Beispiel ist der Entwurf eines von einem Federwerk angetriebenen dreirädrigen Wagens durch Leonardo da Vinci. Im Jahr 1649 stellte der Nürnberger Zirkelschmied Johann Hautsch (1595–1670) einen für Festumzüge gedachten »Kunstwagen« vor, der nur in zeitgenössischen Außenansichten überliefert ist. Im Inneren sollen mehrere Personen den Wagen über ein Räderwerk bewegt und damit innerhalb einer Stunde 1,5 Kilometer zurückgelegt haben. Nahe lag es auch, zumindest in der Ebene die Kraft des Windes für den Antrieb von Landfahrzeugen zu nutzen. Sicherlich erleichterten sich Menschen schon im Altertum den Transport von Lasten, indem sie einen Stock mit einem kleinen Segel an ihrem geschobenen Karren befestigten. In den Quellen begegnen einem ab Mitte des 16. Jahrhunderts vermehrt Hinweise auf vierrädrige Landfahrzeuge, die mit einem oder mehreren Segeln ausgestattet gewesen sind, wobei es sich meistens um Vergnügungsfahrzeuge für Fürsten oder andere hochgestellte und vermögende Personen gehandelt hat. So erregte der niederländische Mathematiker, Physiker und Ingenieur Simon Stevin (1548–1620) mit einem Segelwagen großes Aufsehen, den er um 1600 für den Herzog Moritz von Nassau-Oranien (1567–1625) konstruiert hatte. Dieses Fahrzeug, dessen hintere Achse beweglich war, soll am Strand von Scheveningen 28 Personen befördert haben und schneller als ein Pferd gewesen sein.

Obwohl es sich bei den erwähnten Fahrzeugen meist um Einzelstücke handelte, stellten sie in mehrerlei Hinsicht eine wichtige Etappe in der Entwicklung der Landfahrzeuge dar. Es wurde damit der Beweis erbracht, daß außer dem Ziehen oder Schieben durch Muskelkraft andere Formen der Fortbewegung möglich waren. Die technischen Lösungen beruhten auf dem technischen Wissen der Zeit und schienen zunächst auch zweckmäßig zu sein. So wurden beispielsweise die Erfahrungen der Mühlenbauer und der Uhrmacher beim Getriebebau auf den Fahrzeugantrieb übertragen. Erst beim praktischen Gebrauch stellten sich jedoch erhebliche Nachteile heraus. Bei der Verwendung von Uhrwerken als Antriebskraft erwies sich sehr schnell, daß man damit nur kurze und relativ ebene Strecken zurücklegen konnte und man die Federwerke dann mit erheblichem Kraftaufwand wieder spannen mußte. Im Gegensatz zum Automatenbau stellte sich diese Antriebsart für die Großtechnik fortan als ungeeignet heraus, so daß sie dort nicht weiter angewendet wurde. Beim Segelwagen wiederum machte sich die Gebundenheit an die Windrichtung und an ebene Flächen ebenfalls negativ bemerkbar. So blieb er das, was er heute noch ist: ein Sport- und Vergnügungsfahrzeug für flache, windige Strände. Letztlich waren die Erfinder an zwei Dingen gescheitert, erstens an dem Konstruktionsmaterial Holz, das bei den beweglichen Teilen der Fahrzeuge zu viel Reibungswiderstand erzeugte, und zweitens, was ausschlaggebend war, an den schlechten Straßen und Fahrwegen der damaligen Zeit. Der hier auftretende Rollwiderstand war durch die Muskelkraft eines einzelnen Menschen nur mit kräfteraubender Anstrengung zu überwinden. Die im 19. Jahrhundert entwickelte, manuell auf Eisenbahnschienen bewegte Draisine, mit der beträchtliche Geschwindigkeiten erzielt werden konnten, belegt, daß man im 17. und 18. Jahrhundert im Prinzip schon auf dem richtigen Weg gewesen ist.

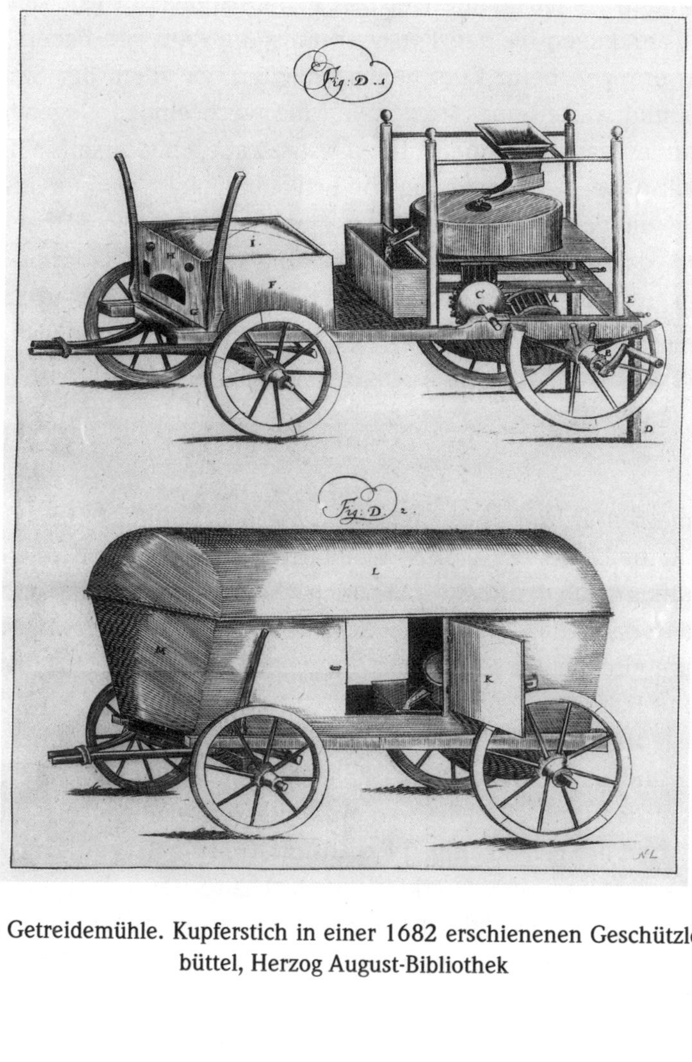

49. Fahrbare Getreidemühle. Kupferstich in einer 1682 erschienenen Geschützlehre. Wolfenbüttel, Herzog August-Bibliothek

Als letztes Beispiel für die Fähigkeit der damaligen Techniker, durch Kombination bekannter Elemente neue Anwendungsmöglichkeiten zu erschließen, sind die »Wagenmühlen« oder »Feldmühlen« zu nennen. Um die Truppen während der Märsche mit Brot versorgen zu können, setzte man bereits an der Wende zum 17. Jahrhundert ein oder zwei Mahlwerke auf einen Wagen. Während des Biwaks wurden die Wagen bis an die Radnaben in die Erde eingesenkt, und mit Hilfe eines von Menschen oder Pferden bewegten Göpelantriebes konnte dann gemahlen werden. Noch »pfiffiger« war eine Feldmühle, bei der die Mahlwerke während der Fahrt über ein Vorgelege, das mit den Rädern verbunden war, angetrieben wurden. Obwohl verschiedene Abbildungen solcher Feldmühlen überliefert sind, weiß man kaum etwas über ihren tatsächlichen Einsatz. Im Verlauf des 18. Jahrhunderts scheinen sie nicht mehr eingesetzt worden zu sein.

Überblickt man im Bereich der Landfahrzeuge die wichtigsten technischen Änderungen im 17. und 18. Jahrhundert, so läßt sich feststellen, daß sie sich hauptsächlich bei den Fahrzeugen für den Personentransport vollzogen haben. Die technischen Verbesserungen beim Kutschenbau dienten vor allem der Steigerung des Fahrkomforts und waren eine Antwort auf die wechselnden Gegebenheiten des Fahruntergrundes, das heißt einerseits auf feste Straße, andererseits auf Fahrspuren beziehungsweise, bei der Umgehung von Schlammlöchern und unverhofften Hindernissen, auf unebenes Gelände. Kaum eine Änderung gab es bei der Fahrgeschwindigkeit, da sie an die physische Leistungskraft der Zugtiere – Ochsen im Schritt, Pferdegespanne im Schrittempo oder im Trab – gebunden war. Technische Problemlösungen waren in der vorindustriellen Periode nicht möglich.

Schiffbau

Obwohl, gemessen an der Gesamtentwicklung des Schiffbaus, das 17. und 18. Jahrhundert keine bemerkenswerten qualitativen Sprünge zu verzeichnen haben, wie sie das Aufkommen der Kogge im Spätmittelalter oder das des Dampfschiffes im 19. Jahrhundert darstellen, ist diese Epoche dennoch in zweierlei Hinsicht bemerkenswert. Zum einen steht seit dieser Zeit dem Historiker der Schiffahrt und des Schiffbaus eine Fülle von Quellen in Form von detailgenauen Gemälden und Stichen, ersten gedruckten Handbüchern zum Schiffbau sowie technischen Skizzen, Zeichnungen und maßstabgerechten Modellen zur Verfügung. Zum anderen erfolgte im Zuge der innereuropäischen Auseinandersetzungen um die politische Vorherrschaft und der gleichzeitigen Expansion nach Übersee, die die Gewinnung von Rohstoffquellen und Absatzmärkten zum Ziel hatte, der Aufbau von eigenständigen Kriegsflotten. Wie zu Lande an die Stelle der zusammengewürfelten Söldnerhaufen die stehenden Heere mit ihren einheitlichen Uniformen und ihrer standardi-

50. Zollabfertigung am Londoner Themse-Hafen. Gemälde von Samuel Scott, Mitte des 18. Jahrhunderts. London, Victoria and Albert Museum

sierten Bewaffnung traten, so löste sich das militärische Seewesen aus seiner Rolle als Unterstützer der Landstreitkräfte und als Begleitschutz der Handelsschiffahrt und formte sich zu einer eigenständigen Waffengattung, der Marine, aus. Diese verfügte nun über Berufsseeleute und -soldaten, eigene Werften und Arsenale sowie Zulieferer für die Ausrüstung und Nahrungsmittelversorgung. Waren bis dahin die

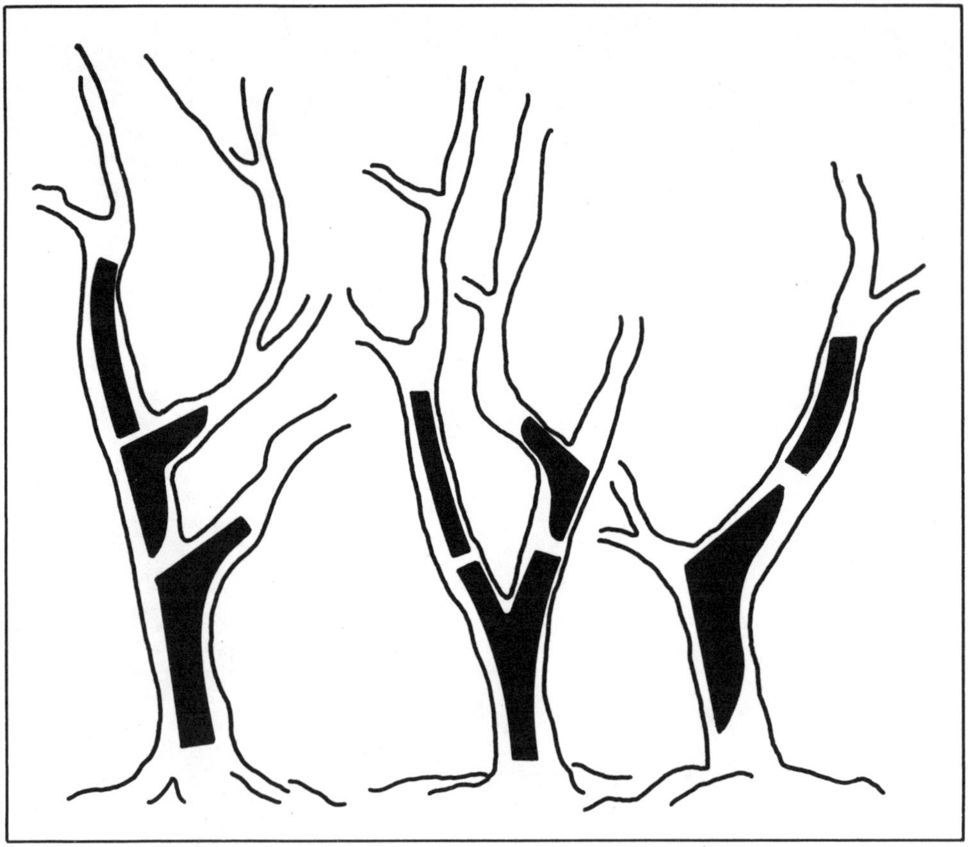

Schiffsteile aus gewachsenem Holz

Kriegsschiffe, sieht man von den Galeeren ab, Handelsschiffe, die man vorn und achtern mit Kastellen, also Kampfplattformen, versehen und mit Geschützen ausgerüstet hatte, so baute man jetzt wirkliche Kriegsschiffe, die allein auf ihre Aufgabe als Kampffahrzeuge hin konstruiert wurden. Die bessere Bewaffnung mit Kanonen führte zu einer allmählichen Änderung der Kampftaktik. Man fuhr nicht mehr an den Gegner heran und enterte im Nahkampf das feindliche Schiff, sondern suchte es durch Breitseiten der Geschütze bewegungs- und kampfunfähig zu machen. Das Ringen europäischer Seemächte im ausgehenden 16. und den beiden darauffolgenden Jahrhunderten um kolonialen Besitz in Asien und Amerika war mit dem Kampf der beteiligten Nationen um die Seeherrschaft eng verbunden, wobei sich die Zentren der Macht allmählich nach Nordwesteuropa verschoben. War die Bedeutung des noch im Spätmittelalter im Mittelmeer dominierenden Venedig durch die Entdeckung der Neuen Welt von den Spaniern und Portugiesen abgelöst worden, so konkurrierten seit der Loslösung der nördlichen niederländischen Provinzen 1579 von der spanischen Herrschaft und der Niederlage der spanischen Armada vor der englischen Küste im Jahr 1588 Holland und England sowie seit dem späten 17. Jahrhundert auch die Festlandsmacht Frankreich miteinander um die Führungsrolle auf den Meeren.

Mit der Unabhängigkeitserklärung der niederländischen Generalstaaten begann in Holland das berühmt gewordene »Goldene Zeitalter«, in dem Wirtschaft, Wissenschaft und Kunst blühten und sich Amsterdam als Handelszentrum und seit 1611 als Börsenplatz zur reichsten Stadt in Europa entwickelte. Dieses Land, das kaum über eigene Ressourcen verfügte, war vorwiegend auf die Schiffahrt angewiesen, um sowohl Rohprodukte aus Nord- und Osteuropa als auch aus Übersee für den Zwischenhandel und zur eigenen Weiterverarbeitung heranzuschaffen. Auch als Sklavenhändler und Transporteur im Auftrag ausländischer Kaufleute betätigte man sich hier. Die Folge dieser Entwicklung war ein starker Aufschwung des holländischen Schiffbaus, der eine lange Tradition hatte, aber seit dem späten 16. Jahrhundert für etliche Jahrzehnte qualitativ wie quantitativ an der Spitze Europas stehen sollte. Zeitgenössische Schätzungen aus der ersten Hälfte des 17. Jahrhunderts beziffern den Bestand an holländischen Schiffen zwischen 10.000 bis 16.000, womit er ein Mehrfaches der unter anderen europäischen Flaggen segelnden Schiffe umfaßte. Dabei ist zu berücksichtigen, daß die Holländer auch Schiffe für andere Staaten gebaut haben.

Die führende Rolle der Holländer beruhte keineswegs auf der Verwendung neuer Techniken beim Schiffbau. Wie auf den übrigen europäischen Werften herrschte das auf Empirie beruhende handwerkliche Können vor. Form und Konstruktion hatte der Schiffbaumeister im Kopf, gelegentlich besaß er als Gedächtnisstütze geheimgehaltene Notizen und Skizzen, oder er formte vorab ein kleines Rumpfmodell aus Holz, das er in Scheiben schnitt, um sich ein Bild von der Form der Spanten zu machen. Seit 1642 mußte ein holländischer Schiffszimmerer einen einfachen Spantenriß anfertigen können. Das älteste Fachbuch, allerdings vorwiegend über den Schiffbau des 16. Jahrhunderts, wurde erst im Jahr 1671 von dem Amsterdamer

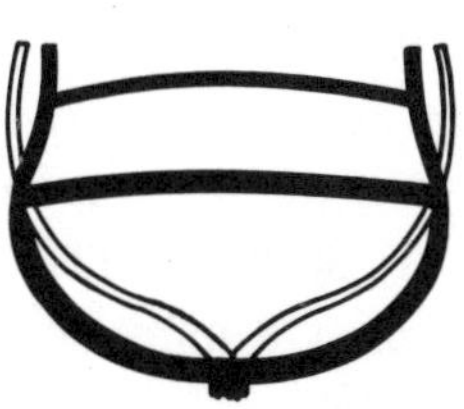

Hauptspant eines englischen (weiß) und eines niederländischen Schiffes (schwarz)
(nach Daumas)

Bürgermeister Nicolas Witsen herausgegeben unter dem Titel »Aeloude en hedendaegsche scheepsbouw en bestir«. Auf eigener praktischer Erfahrung fußte hingegen »De Neederlansche Scheepsbouw-Konst open gestelt« des Schiffbaumeisters Cornelis van Yk, ein Buch, das 1697 veröffentlicht wurde. Einfache Hebezeuge, Böcke, Gerüste und Seilwinden bildeten neben den traditionellen Werkzeugen der Schiffszimmerer die technische Grundausstattung der meisten europäischen Werften. Eine holländische Besonderheit war jedoch das Entwickeln der Schiffsform aus dem Schiffsboden. Dabei wurden die Planken seitlich des Kielbalkens oder der Kielplanke zunächst mit kleinen Klötzchen provisorisch miteinander und an dem Kiel befestigt. »An den Enden bog man die Planken nach oben mit einer leichten Neigung zum Steven. Auf diese Weise entstand der Boden bis zur Kimm, der nun durch eingepaßte Lager im Spantabstand zu einem festen Ganzen zusammengebaut wurde. Nun konnte man die Klötzchen entfernen und die Sitzer und Auflager der Spanten mit Hilfe eines Ledermalls, einer Gelenkschablone, formen und im halben Spantabstand einbauen. Am oberen Ende hielten Berghölzer das so entstandene Gerippe fest zusammen, das nun weiter mit Planken von gleicher Breite verkleidet werden konnte« (G. Timmermann).

Die zeitweilige Überlegenheit des holländischen Schiffbaus im 17. Jahrhundert beruhte auf noch anderen Eigenheiten: Die Schiffe waren ganz auf Zweckmäßigkeit ausgerichtet, einfach in der Konstruktion und meist ohne aufwendigen Zierat. Schwerer wog im Urteil der Zeitgenossen jedoch die Tatsache, daß die Fertigstellung eines Schiffes, die in England etwa ein Jahr dauerte, auf holländischen Werften in vier Monaten erfolgte. Dies dürfte durch den Einsatz von windgetriebenen Sägemühlen erreicht worden sein. Decksbalken und Planken mußten nicht mehr mühsam von Hand behauen werden, sondern wurden wesentlich rascher auf maschinellem Weg geschnitten. Eine weitere Besonderheit des holländischen Schiffbaus, nämlich eine spezielle Bauart der Rümpfe, ergab sich aus den geographischen Bedingungen. So erforderten die flachen Fahrrinnen des niederländischen Watts und der Flußmündungen sowie das weitverzweigte Netz der Binnengewässer Schiffe, die sowohl flußtauglich als auch seetüchtig waren. Das Ergebnis waren flachbodige und im Verhältnis zu den Schiffen anderer Schiffahrtsnationen deutlich kleinere Segler. Aus diesem Grund haben die Holländer nur wenige der sehr tiefgehenden Dreidecker gebaut, was sich in den Seekriegen mit England als Nachteil erweisen sollte. Berühmtheit aber erlangte der holländische Schiffbau durch seine erstaunliche Typenvielfalt. Aus der breiten Palette seien nur folgende Schiffe genannt: Schnigge, Galiot, Kuff, Tjalk, Bojer, Kraak, Poon, Buise, Smack, Hoeker und Damlooper. Ein niederländisches Kupferstichwerk von 1789 führt allein 84 verschiedene Schiffsarten auf.

Eine eigenständige und zugleich eigenwillige, von den Kriegsschiffen unabhängige Schöpfung stellte die »Fleute«, auch »Fliete« genannt, vermutlich von »fließen«

51. Niederländische Fleuten. Delfter Kacheln, um 1700. London, Victoria and Albert Museum

abgeleitet, dar, die von den holländischen Schiffbauern wohl aus dem zweimastigen Bojer des 16. Jahrhunderts entwickelt worden ist. Es handelte sich um ein relativ kleines dreimastiges Fahrzeug, das lediglich eine Tragfähigkeit von etwas mehr als 100 Tonnen besaß, aber gegenüber anderen, zum Teil auch größeren Schiffen über verschiedene konstruktive Neuheiten verfügte, die es insbesondere für die Schifffahrt in den nordeuropäischen Meeren geeignet machten. Betrug das Verhältnis von Länge zu Breite bisher 3 zu 1, so wurde mit der Fleute ein Schiffstyp gefertigt, bei dem dieses Verhältnis sich auf 4,5 bis 6 zu 1 steigerte. Die Gesamtlänge einer Fleute reichte bis zu 40 Metern. Weitere Kennzeichen waren ein geringerer Tiefgang, auffällig stark eingezogene Bordwände, wobei die größte Breite in Höhe der Konstruktionswasserlinie lag, sowie ein entsprechend schmales Deck mit jeweils großem Sprung vorn und achtern. Die schmale Form des Decks ist vermutlich auf den Sundzoll zurückzuführen, der nach der Decksbreite und dem Laderaum mittschiffs erhoben wurde. Als 1669 ein neues Berechnungssystem für die Sundpassage eingeführt wurde, verbreiterte man das Oberdeck der Fleute, so daß die Bordwände nicht mehr so stark eingezogen waren. Deutlich hob sich die Fleute von den traditionellen Schiffen auch durch eine neue Gestaltung von Bug und Heck ab. Der Steven im Überwasserbereich war stark gebaucht, und statt eines Kastells und des reichverzierten Spiegelhecks verfügte die Fleute über ein flaches Rundheck, wie es später auch bei anderen Segelschiffen Verwendung fand. Die Pinne des Heckruders wurde durch eine Öffnung im Heck bedient. Die Fleute besaß sehr hohe Masten, die aber mit schmaleren Rahen, auf denen größere trapezförmige Marssegel angebracht wurden, versehen waren. Dies erlaubte eine leichtere Handhabung der Segel und – was wohl entscheidend war – eine deutliche Verkleinerung der dafür benötigten Mannschaft. Eine Fleute kam in der Regel mit zehn Mann aus, während auf zahlreichen Schiffen vergleichbarer Größe mindestens die doppelte Anzahl gebraucht wurde. Ein wesentlicher Vorteil war es, daß die Fleute aufgrund ihrer neuartigen Konstruktion gut und hoch am Wind gesegelt werden konnte, was ihr große Schnelligkeit verlieh.

Die erste Fleute war 1595 im holländischen Hoorn vom Stapel gelaufen, und schon acht Jahre später gab es 80 Schiffe dieses neuen Typs. Ihre überlegene Schnelligkeit sowie ihr geringer Tiefgang machten die Fleute binnen kurzer Zeit zum konkurrenzlosen Haupttransportfahrzeug der Holländer in Nord- und Ostsee. Statt der bisher möglichen zwei Reisen im Jahr waren es nun deren vier. So ist es nicht verwunderlich, daß in der ersten Hälfte des 17. Jahrhunderts 3.000 bis 4.000 holländische Schiffe pro Jahr den Sund passierten. Das waren etwa 50 Prozent, zeitweilig sogar bis zu 75 Prozent aller Sundfahrten. Sowohl in den skandinavischen als auch in den deutschen Küstenstädten wurden ebenfalls Fleuten auf Kiel gelegt, um mit den Frachtraten der Holländer konkurrieren zu können. Bis in das 18. Jahrhundert hinein dominierte die Fleute in diesem Seegebiet. Auch als Walfänger gelangte sie erfolgreich zum Einsatz. Bereits 1596 hatten die Holländer Spitzbergen und dessen Reichtum an Walen entdeckt. Ab 1622 betrieben Holland, Frankreich und England, ab der Jahrhundertmitte auch Hamburg die Jagd auf Wale. Hierbei erwies sich die Fleute als geeignetes Fahrzeug, das im 18. Jahrhundert dann sogar mit größeren Abmessungen gebaut wurde.

Die Frage, wann und wo zuerst bestimmte Verbesserungen bei den Schiffskonstruktionen oder an der Takelage angewendet worden sind und wer der eigentliche Urheber gewesen ist, läßt sich für jene Zeit nur in ganz seltenen Fällen beantworten. Doch ohne Zweifel sorgten die Handelsbeziehungen zwischen den seefahrenden Nationen Europas, aber auch die kriegerischen Auseinandersetzungen dafür, daß Neuerungen nicht lange verborgen blieben und im Falle ihrer Brauchbarkeit rasch übernommen wurden. Noch wichtiger für den Technologietransfer im 17. und 18. Jahrhundert war allerdings die Tätigkeit von holländischen, englischen und schottischen Schiffbauern in Dänemark, Schweden und an der deutschen Nord- und Ostseeküste. Auch der umgekehrte Weg wurde beschritten. Die prominenteste Persönlichkeit, die in den damaligen Zentren des europäischen Schiffbaus praktische Erfahrungen sammelte, war der russische Zar Peter I., der 1698 inkognito auf den Werften von Saardam bei Amsterdam und Deptford in England weilte.

Aus der erstaunlichen Fülle an kleinen und größeren Erfindungen seien einige

52. Walfang vor Spitzbergen. Gemälde von Abraham Storck, zweite Hälfte des 17. Jahrhunderts. Rotterdam, Maritiem Museum »Prins Hendrik«

herausgegriffen. Eine wichtige, durch die wachsenden Schiffsgrößen bedingte Neuerung war schon im 16. Jahrhundert eingeführt worden, nämlich die Verlegung der Ruderpinne, des Querholzes zum Ruder, unter Deck. Bis dahin hatte man die Pinne oberhalb des Schiffsrumpfes angebracht, was nun durch die hohen Aufbauten im Achterschiff nicht mehr möglich war. Aus diesem Grund erhielten die Schiffe in einem der höher gelegenen Aufbaudecks eine Öffnung, durch die die Pinne in das Schiffsinnere geführt wurde. Nun war der Rudergänger zwar vor Wind und Regen geschützt, hatte aber keine Sicht mehr und war auf seinen Kompaß und auf Kommandorufe angewiesen. Da aus Mißverständnissen erhebliche Gefahren drohten, wurde gegen Ende des 16. Jahrhunderts bei den großen Schiffen der sogenannte Kolderstock eingebaut, eine am unteren Ende mit einer Gabel versehene Stange, die zum Oberdeck führte und dort vom Rudergast in einer Halterung nach den Seiten hin bewegt werden konnte. Nachteilig erwies sich allerdings, daß der Ruderausschlag maximal 10 Grad betrug und stärkere seitliche Schiffsbewegungen lediglich durch Segelverstellung möglich waren. Erst das Steuerrad mit zahlreichen Handspaken führte zu Beginn des 18. Jahrhunderts zu einer befriedigenden Lösung. Auf

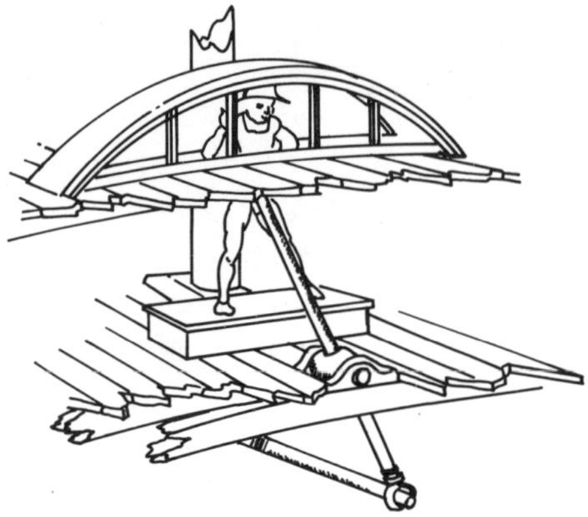

»Kolderstock« zum Bewegen einer unter Deck befindlichen Ruderpinne (nach Landström)

einer mit dem Steuerrad fest verbundenen hölzernen Trommel war ein Seil aufgewickelt, dessen beide Enden, je nach Drehrichtung, Zug auf die Ruderpinne und damit auf das Ruder ausübten. Das erlaubte größere Ruderausschläge als bisher.

Eine etwas kurios anmutende Erfindung aus dem 17. Jahrhundert hing mit der schwierigen Gewässersituation in Holland zusammen. Die seichten Flüsse drohten häufig zu versanden; zumal vor dem Amsterdamer Hafen mit dem Pompus eine Sandfläche lag, die sich in der Regel nur mit geleichterten Schiffen überwinden ließ. Problematisch war dies insbesondere für die mit zahlreichen Kanonen bestückten Kriegsschiffe. Im Jahr 1672 brachten die Holländer ihre Kriegsflotte nur deshalb in die Zuidersee, weil sie große, mit Wasser gefüllte Kisten unter den Schiffen befestigten und diese dann leerpumpten, so daß der dadurch entstandene Auftrieb die Schiffe über die Untiefe hinweghob. Eine auf Dauer brauchbare Konstruktion schuf 1688 der Amsterdamer Meeuves Meindertszoon Bakker mit den »Kamelen«. Dabei handelte es sich um zwei lange, durch Schotten abgeteilte flutbare Kästen, die sich an den Schiffsrumpf schmiegten und unter ihm durch Seile miteinander verbunden waren. Eine größere Anzahl von Pumpen auf den Kamelen besorgte das Herausdrükken des Wassers und damit das Anheben des Schiffes um ungefähr einen bis anderthalb Meter, was in der Regel ausreichte, um die Untiefe zu überwinden. Im Prinzip war hier das Schwimmdock bereits erfunden. Doch erst im Jahr 1839 kam ein amerikanischer Ingenieur auf den Gedanken, die beiden Kamele unten fest miteinander zu verbinden.

Richtungweisend für die kommenden Jahrhunderte war ohne Zweifel die Abkehr vom Viermaster. Bei der Entwicklung zum Dreimaster wurden sowohl die Bemastung als auch die Besegelung erheblich verändert. Die Schiffe verfügten nun über Fock-, Groß- und Kreuz- beziehungsweise Besanmast. Hatte man zuvor jeden Mast aus einem einzigen Stamm gefertigt, so wurde er jetzt dreigeteilt, indem man an den eigentlichen Mastbaum übereinander zwei Stengen anbrachte und sie durch das sogenannte Eselshaupt eng miteinander verband, so daß der Hauptmast eine Länge bis zu 70 Metern haben konnte. Diese Verlängerung der Masten bot die Möglichkeit, mehr Segelfläche einzusetzen und sie zudem in kleinere Segel aufzuteilen. Statt der bis dahin üblichen zwei trugen große Rahschiffe nun drei und bald sogar vier Segel an Fock- und Hauptmast, was den Seeleuten die Handhabung wesentlich erleichterte. Außerdem wurden die Segel fortan trapezförmig gestaltet, wobei sie sich nach oben hin verjüngten. Damit wurde eine Entwicklung gestoppt, die dazu geführt hatte, daß die Bramsegel, die sich über dem Fock- und dem Großsegel befinden, augenfällig größer waren. Überdies ließ man die Rahsegel nicht mehr so bauchig schneiden, was das Segeln gegen den Wind, das Kreuzen, erheblich leichter machte.

In das 17. Jahrhundert fiel eine Neuerung, die sich zwar rasch durchsetzte, jedoch eine temporäre Erscheinung blieb, da sie letztlich eher Nachteile aufwies. Auf dem Ende des Bugspriets befestigte man einen kleinen vertikalen Mast, der ein trapezförmiges Rahsegel als Steuersegel trug. Unterhalb des Bugspriets befand sich mit der Blinde eine weiteres Segel. Zum Reffen und Bergen dieser Segel mußten die Seeleute bis zur Spitze des Bugspriets hinausklettern. Wenn bei rauher See das Vorschiff tief ins Wasser eintauchte, wurden die Seeleute in sehr vielen Fällen

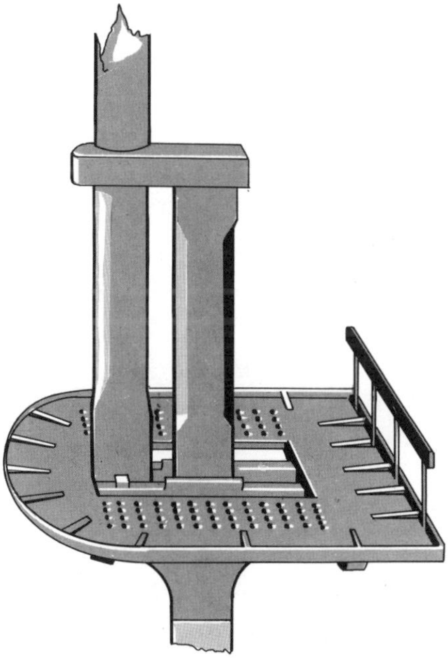

Verbindung zweier Maststengen durch das »Eselshaupt« (nach Landström)

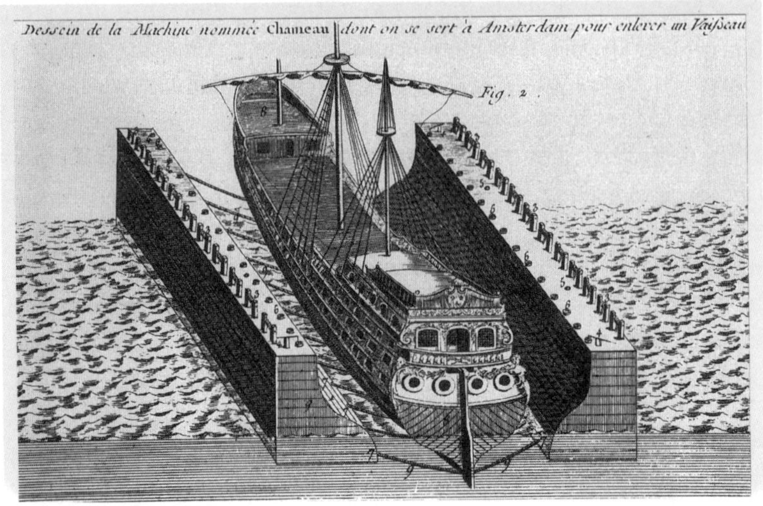

53. Sogenannte Kamele zur Überwindung von Untiefen. Kupferstich in dem 1768 in Paris erschienenen Band 28 der »Encyclopédie«. Privatsammlung

weggespült und in den Tod gerissen. Mit der Einführung von Stagsegeln, den längs zum Schiff geführten Segeln, brauchte man den Mast auf dem Bugspriet nicht mehr; statt dessen zog man Klüversegel auf, wodurch die Gefährdung der Besatzung erheblich vermindert wurde. Ebenfalls dem Schutz der in den Rahen Arbeitenden dienten seit dem 17. Jahrhundert Seile unter den Rahen, sogenannte Fußpferde, auf denen die Seeleute beim Bergen der Segel Halt fanden. Bis dahin konnte sich der Matrose lediglich an der Rah selbst festklammern. Der Besanmast, der ursprüngliche Kreuzmast mit dem oben angebrachten Kreuzsegel, der zum Manövrieren ein Lateinsegel getragen hatte, erhielt noch im 17. Jahrhundert am Mast angeschlagene Besansegel, die die Handhabung des Schiffes verbesserten. Zweckdienlich erwiesen sich auch die sogenannten Leesegel, die bei günstigem Wind an den durch Spieren verlängerten Rahen befestigt wurden. Generell läßt sich feststellen, daß die Takelung der Schiffe im 17. und 18. Jahrhundert sehr viel übersichtlicher wurde. Die mit zunehmend weniger Matrosen durchführbaren Segelmanöver steigerten die Effizienz der Schiffahrt.

Ein zentrales Problem für alle Staaten, deren Herrschaft sich vornehmlich auf die Existenz einer Flotte gründete, waren die Beschaffung von Baumaterialien und die langfristige Sicherung der Ressourcen. Während die Verfügbarkeit von qualitativ hochwertigem Eichenholz für Planken, Spanten und Decksbalken, das möglichst wasserbeständig und resistent gegen Parasiten sein mußte, zumindest für England und Frankreich keine besonderen Schwierigkeiten darstellte, da im Lande genügend nachwuchs, gestaltete sich die Beschaffung des Holzes für die Masten problemreicher. Allein bestimmte Kiefernarten, die in Regionen mit langen harten Wintern und kurzen Sommern heranwuchsen, besaßen die dafür erforderlichen Längen und großen Durchmesser sowie die Zähigkeit, aber auch die Elastizität. Wichtige Lieferanten beispielsweise für die englische Flotte waren das Baltikum, die Neu-England-Staaten, Kanada und Skandinavien. Im Unterschied zur englischen Marine, die aus Nordamerika Stämme mit ausreichenden Querschnitten für die Untermasten beziehen konnte, waren Frankreich und Holland zum Teil auf dünnere Hölzer angewiesen. Um dennoch eine angemessene Maststärke zu erreichen, waren die Schiffbauer gezwungen, mehrere Stämme kunstgerecht zu einem Rundholz zu fügen und durch zahlreiche Eisenringe zusammenzuhalten.

Nach wie vor suchte man der allmählichen Zerstörung des Unterwasserschiffes durch Parasitenbefall sowie dem die Gleitfähigkeit beeinträchtigenden Muschelbewuchs zu begegnen, fast immer ohne dauernden Erfolg. Zu Beginn des 18. Jahrhunderts wurde erstmals ein Schiffsrumpf mit Kupferblech beschlagen; auf solche Weise ließ sich die Lebensdauer eines Schiffes erheblich verlängern. Doch erst in den letzten Jahrzehnten jenes Jahrhunderts wurde diese für die künftige Segelschifffahrt wichtige Neuerung von den Marinen aufgegriffen – eine Verzögerung, die sich wohl mit dem hohen Kostenaufwand erklären läßt.

Bei derart vielen Neuerungen in der Schiffbautechnik liegt die Vermutung nahe, daß sich auch die Lebens- und Arbeitsbedingungen der Seeleute verbesserten. Aber dies war keineswegs der Fall; sie blieben unverändert hart und nach heutigen Maßstäben unzumutbar. Obwohl die Schiffe an Größe und damit an umbautem Raum sichtbar zunahmen, war für die Besatzungen auf den Kriegs- und Handelsschiffen mit 500 bis mehr als 700 Mann nur wenig Lebensraum unter Deck vorhanden. Sie mußten ihn mit Geschützen, Munitions- und Lebensmittelvorräten oder mit Handelsgütern teilen. Mangel an natürlichem Licht, stickige Luft, ständige Feuchtigkeit, Feuergefahr und bei längeren Reisen ungenießbar gewordene Nahrungsmittel und Trinkwasser erhöhten die Anfälligkeit für Krankheiten und machten das Leben an Bord schwer erträglich. Hinzu kam, daß die Seeleute bei schwerem Wetter ihre Notdurft nicht, wie gewohnt, vorn auf der Galion verrichten konnten. In solchen Fällen blieben die Fäkalien unter Deck. Die aus Südamerika stammende Hängematte, die im 17. Jahrhundert von den Marinen übernommen wurde, steigerte die Lebensqualität nur geringfügig. Einzig die Kajüten für die Kapitäne, Schiffsoffiziere und als wichtig betrachteten Passagiere waren auf Großschiffen geräumig und nicht selten prunkvoll ausgestattet.

Etwas vorteilhafter dürfte man wohl auf kleineren Handelsschiffen gereist sein, die mit wenigen Besatzungsmitgliedern auskamen und relativ kurze Fahrten unternahmen. Die durch das Be- und Entladen bedingten längeren Liegezeiten in den Häfen boten einen gewissen Ausgleich für die Strapazen an Bord. In der Regel waren

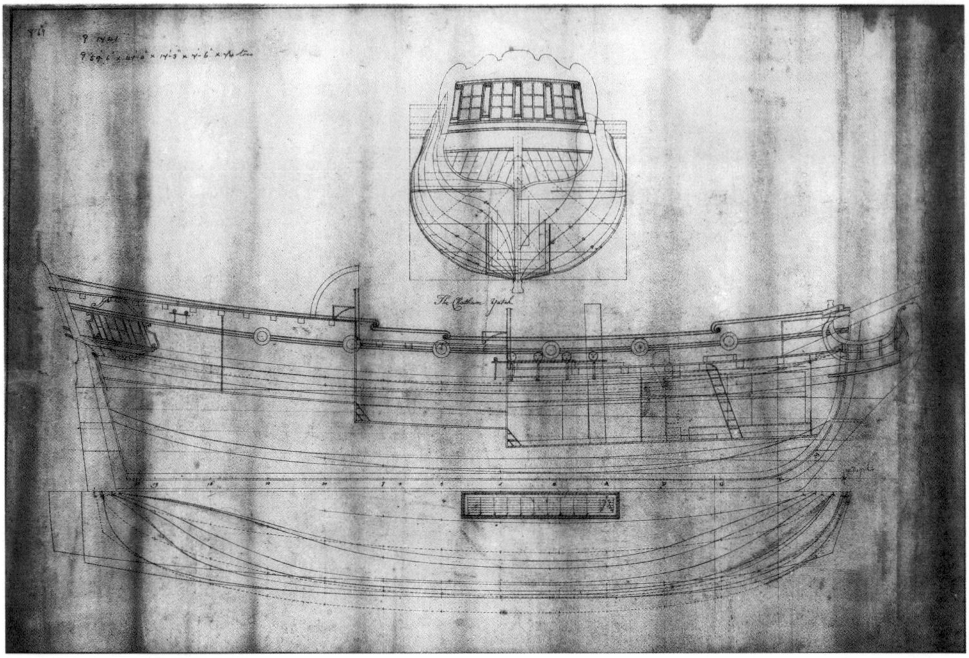

54. Grundriß, Aufriß und Schnitt der mit Geschützen bestückten Yacht »Chatham« der englischen Hafenpolizei. Konstruktionszeichnung, 1741. Greenwich, National Maritime Museum

diese Schiffe mit Berufsseeleuten bemannt. Anders sah es beispielsweise bei den Ostindien-Fahrern aus, die auf ihren langen Reisen von zwei, drei Jahren durch verschiedene Klimazonen nicht selten bis zu einem Drittel ihrer Besatzung aufgrund von Tropenkrankheiten, Mangelernährung und Piratenüberfällen verloren. Hier fanden sich nur wenige gelernte Seeleute zur Mitfahrt bereit, so daß die in Diensten der holländischen oder der englischen Ostindien-Kompanie stehenden Kapitäne auf ungelernte Männer angewiesen waren, die häufig dem kriminellen Milieu entstammten und mit Versprechungen, unter Verabreichung von reichlichen Alkoholmengen oder sogar mit Gewalt angeheuert wurden. Entsprechend brutal sorgten die Schiffsführer an Bord für Disziplin, wobei härteste Maßnahmen bis hin zur Todesstrafe durchaus an der Tagesordnung waren. Auf den Kriegsschiffen war durch die militärische Hierarchie die Disziplinierung der Mannschaften eher gegeben, zumal es sich bei den Seeleuten um Berufssoldaten handelte, die im Verhältnis zu ihren Kollegen von der Handelsschiffahrt besser bezahlt wurden.

Trotz der Führungsrolle Hollands im Schiffbau entstanden die herausragenden Schiffsneubauten der ersten Hälfte des 17. Jahrhunderts bei dessen größten Konkurrenten: in England und in Frankreich. Beispiele für machtstaatliche Repräsentanz wie für hohe Kriegsschiffbaukunst stellten die englische Galeone »Sovereign of the

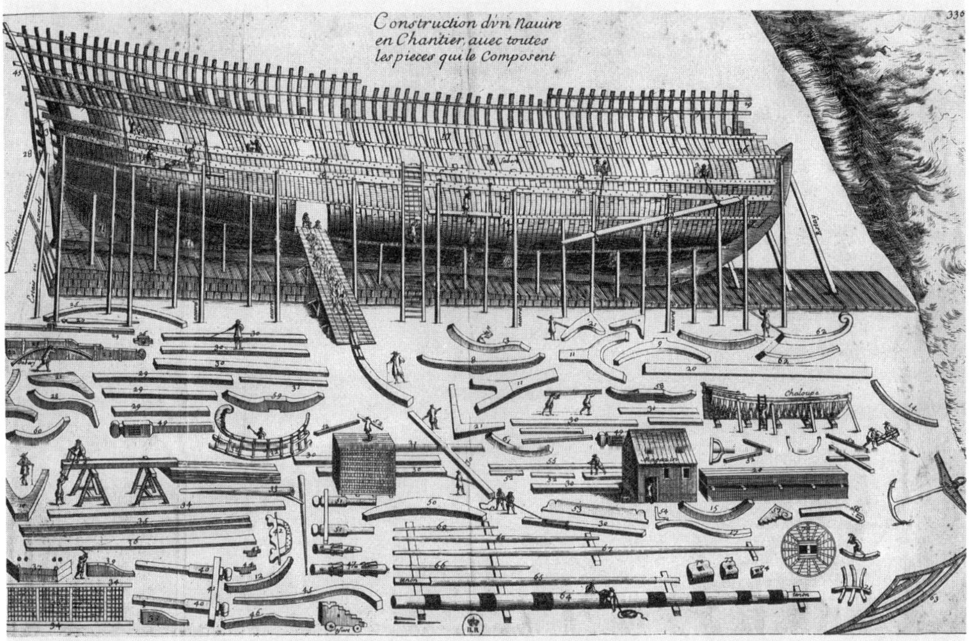

55. Bau eines Schiffsrumpfes und die dafür verwendeten Einzelteile auf einer Lehrtafel. Kupferstich, 18. Jahrhundert. Paris, Bibliothèque Nationale

Seas« und ihr französisches Gegenstück, die »Couronne«, dar, die 1637 und 1638 fertiggestellt wurden. Im Jahr 1634 beauftragte König Karl I. von England (1600–1649) den berühmten Schiffbauer Phineas Pett (1570–1647), der bereits 1610 mit der »Prince Royal« das erste Kriegsschiff mit drei Kanonendecks geschaffen hatte, und dessen Sohn Peter (1610–um 1670) mit dem Bau, obwohl Marinesachverständige wegen der geplanten Abmessungen davor gewarnt hatten. Als die »Sovereign of the Seas« drei Jahre später vom Stapel lief, war sie das bis dahin größte, am stärksten bewaffnete und mit reichhaltigem, zum Teil vergoldetem Zierat versehene Schiff. Seine Länge über alles betrug 71 Meter, auf drei durchlaufenden Batteriedecks waren insgesamt 104 Geschütze verschiedener Kaliber untergebracht, bei einer Größe von 1.522 Tonnen und einer Wasserverdrängung von 2.180 Tonnen. Die Zweifler behielten insofern recht, als das Schiff sich als topplastig, unstabil und unhandlich erwies, was nicht zuletzt auf die überschwere Bewaffnung zurückzuführen war. Bei starkem seitlichen Wind mußten die unteren Geschützpforten auf der Leeseite geschlossen werden, um das Eindringen von Wasser zu verhindern. Somit war das untere Batteriedeck bei einem Gefecht nicht einsetzbar. Aus diesen Gründen wurde die »Sovereign of the Seas« 1652 zu einem niedrigen Zweidecker umgebaut. Trotz allem war sie ein »glückhaftes« Schiff, denn sie nahm an zahlreichen englisch-holländischen Seegefechten erfolgreich teil und ging, nach einer für ein Kriegsschiff der damaligen Zeit ungewöhnlichen Lebensdauer von fast sechzig Jahren, nun unter dem neuen Namen »Royal Sovereign«, erst 1696 durch eine umgestürzte Kerze in Flammen auf.

In Frankreich, das in den dreißiger Jahren noch keine größere Marine besaß, erhielt ein Schiffbauer namens Charles Morieu aus Dieppe von Kardinal Richelieu (1585–1642) den Auftrag, ein starkes, repräsentatives Kriegsschiff zu bauen, welches 1638 als »Couronne« vom Stapel lief und mit seinen 1.500 Registertonnen und 1.500 Quadratmetern Segelfläche der »Sovereign of the Seas« durchaus ebenbürtig war. Gleiches galt für die prachtvolle Gestaltung der Heckpartie. Allerdings verfügte die »Couronne« nur über 72 Geschütze. Ihre Segeleigenschaften hingegen waren nach zeitgenössischen Aussagen hervorragend und englischen Schiffen überlegen. Die nach englischem Vorbild gestaltete, weit über den Vordersteven ragende Galion lag so tief, daß man mit Geschützen auch nach vorn schießen konnte, woher insbesondere von Galeeren Gefahr drohte, da diese wegen der seitlich angeordneten Geschütze meist von vorn angriffen.

Wegen seines Schicksals und seiner Bedeutung für die Nachwelt verdient der schwedische Zweidecker »Wasa« Erwähnung, der 1628 als künftiges Flaggschiff kurz nach Verlassen des Hafens von Stockholm von einer starken Bö erfaßt wurde und sogleich sank. Dank einer günstigen Wasserzusammensetzung an der Unglücksstelle existieren dort keine holzfressenden Mollusken, so daß 1961 der guterhaltene Rumpf des Schiffes mit zahlreichen Besitzstücken der Mannschaft, die das Alltagsleben an Bord vorstellbar machen, gehoben werden konnte. Nach einer langen Konservierungsphase ist das Schiff heute in Stockholm zu besichtigen. Gebaut wurde es nach Vorgaben von König Gustav II. Adolf (1594–1632) von einem holländischen Schiffbaumeister. Die »Wasa«, die mit ihren 57 Metern Länge und über 60 Geschützen in der Entstehungszeit zu den großen Kriegsschiffen zählte, war indes kein Meisterstück. Wie durch Untersuchungen kurz nach dem Untergang und durch neuere Forschungen festgestellt worden ist, hatte der Segelschwerpunkt zu hoch gelegen, war ein Ausgleich durch einen größeren Steinballast wegen des Raummangels und der ohnehin sehr dicht über der Wasseroberfläche liegenden Geschützpforten des unteren Batteriedecks nicht möglich gewesen. Insofern kann die »Wasa« als ein Beispiel unter wohl vielen dafür gelten, daß das bis in das späte 18. Jahrhundert hinein fast ausschließlich auf Erfahrungswissen basierende Können der Schiffbaumeister gerade bei den immer größer werdenden Schiffen erhebliche Risiken in sich barg.

Die Vormachtstellung der holländischen Handelsschiffahrt neigte sich erst in der zweiten Hälfte des 17. Jahrhunderts ihrem Ende zu, als sich England in seinen Handelsinteressen massiv bedroht fühlte. 1651 erließ der seit 1649 mit diktatorischen Vollmachten ausgestattete Lordprotektor Oliver Cromwell die »Naviga-

56. Rumpf der gehobenen, in Wiederherstellung befindlichen »Wasa« auf einem der Docks in Stockholm

tionsakte«, nach der die Beförderung von Waren von und nach England nur mit englischen Schiffen gestattet wurde. Die Folge waren die drei englisch-holländischen Seekriege – 1652 bis 1654, 1665 bis 1667 und 1672 bis 1674 –, welche, nach wechselseitigen Erfolgen, die englische Führungsmacht auf See bestätigten. Dieser Erfolg beruhte letztlich auf einem umfangreichen Neubauprogramm sowie auf einer tiefgreifenden Reorganisation der englischen Flotte seit 1649.

Unter Cromwell wurden innerhalb von elf Jahren über 200 Kriegsschiffe in Dienst gestellt, und auch der Bau von Handelsschiffen nahm durch den Erlaß der Navigationsakte erheblich zu. Dieser Trend setzte sich nach der Restauration der Monarchie 1660 weiter fort. Der rasche Ausbau forderte von der britischen Admiralität ein bislang ungekanntes Maß an Planung und Führung, wozu Schiffbau, Versorgung, aber auch Seekriegführung gehörten. Eine wichtige Maßnahme war dabei unter anderen die Verpflichtung der im staatlichen Auftrag arbeitenden Schiffbaumeister, vor Baubeginn Zeichnungen mit Aufriß und Spantenrissen sowie ein maßstäbliches hölzernes Modell zur Begutachtung vorzulegen. Auf diese Weise konnte vorab festgestellt werden, ob das Schiff den Wünschen der Marine entsprach und ob es, nach dem seinerzeitigen Stand des Wissens, seetüchtig sein würde. Die ersten Spantenrisse hatten englische Schiffbaumeister bereits im späten 16. Jahrhundert angefertigt, wobei sie die einzelnen Spanten mit dem Zirkel aus Kreisbögen, die Längskurven aus gestreckten Kreisbögen und Ellipsen konstruierten. Ein weiteres Zeichenverfahren beruhte auf der Grundlage von Proportionalteilungen. Derartige Zeichenmethoden, bei denen es ihren Erfindern, meist schiffbautechnischen Laien, in erster Linie um möglichst glatte Kurvenverläufe ging, fußten nicht auf praktischen Erfahrungen; wegen noch fehlender theoretischer Kenntnisse sagten die Zeichnungen nichts über Tragfähigkeit, Widerstand, Festigkeit oder Manövrierfähigkeit des geplanten Schiffes aus.

Die zweite Neuerung, die in England 1653 eingeführt und bald von den übrigen europäischen Marinen weitgehend übernommen wurde, war die Einteilung der Kriegsschiffe in sogenannte Ränge, wobei die Zahl der Geschütze als Hauptmerkmal gewählt wurde. 1. Rang: Kriegsschiff ab 90 Kanonen; 2. Rang: ab 80 Kanonen; 3. Rang: ab 50 Kanonen; 4. Rang: ab 38 Kanonen; 5. Rang: ab 18 Kanonen; 6. Rang: ab 6 Kanonen. Die Zahl der Kanonen korrespondierte im wesentlichen mit der Größe des Schiffes, auch wenn sich Länge und Breite mit jenen des nächsthöheren beziehungsweise nächstniedrigen Ranges überschneiden konnten. Mit der wachsenden Größe der Schiffe im Verlauf des 18. Jahrhunderts wurden die Ränge nach oben hin verschoben, so daß ein Schiff des 1. Ranges einem des 2. Ranges im 17. Jahrhundert in etwa entsprach.

Was war der eigentliche Sinn dieser Klassifizierung? Aus den Seegefechten im späten 16. und frühen 17. Jahrhundert, bei denen große und kleine, unterschiedlich bewaffnete Schiffe häufig regellos aufeinandergetroffen waren, hatte man gelernt, daß sich die Geschütze nur dann voll zur Wirkung bringen ließen, wenn man mit der Breitseite an den Gegner gelangte und dabei nicht durch dazwischenfahrende Schiffe der eigenen Flotte gehindert wurde. Daraus entwickelte sich eine taktische Form, bei der Schiffe mit annähernd gleicher Schnelligkeit und Kampfstärke hintereinander, also »in Linie«, sich dem Gegner stellten. Dies traf auf die ersten drei Ränge zu, die bis in das 20. Jahrhundert hinein als »Linienschiffe« bezeichnet wurden. Zum herausragenden Typ des 4. Ranges entwickelten die Franzosen die »Fregatte«, einen schnellen, hoch am Wind segelnden, rahgetakelten Eindecker, der vor allem als Verbindungsfahrzeug und gegen Kaperer zum Einsatz gelangte.

Auch wenn die Rangeinteilung der Kriegsschiffe organisatorischer Art war, sollte man ihren Einfluß auf die technische Entwicklung des Schiffbaus nicht unterschätzen. Erstmals wurden dem Kriegsschiffbau Auflagen vorgegeben, die auf Dauer zur Steigerung der Produktqualität, Verkürzung der Bauzeiten und Standardisierung von Bau- und Ausrüstungselementen geführt haben. Einschränkend muß allerdings hinzugefügt werden – und die stagnierende Entwicklung der englischen Schiffbautechnik im 18. Jahrhundert hat es offenbart –, daß die Bereitschaft der Schiffbauer gesunken ist, vom so bequemen, weil vorgeschriebenen Pfad abzuweichen und konstruktives Neuland zu betreten.

Eine bemerkenswerte Ausnahme läßt sich im Handelsschiffbau feststellen. Wie die holländischen Schiffbauer mit der Fleute im späten 16. Jahrhundert neue Wege

57. Stapellauf der »Duc de Dordogne« in Rochefort im Jahr 1751. Kupferstich, um 1760. Greenwich, National Maritime Museum

beschritten hatten, so tauchte zu Beginn des 18. Jahrhunderts in den englischen Kolonien Nordamerikas ein neuer Schiffstyp auf, der den Segelschiffbau der kommenden Jahrhunderte wesentlich beeinflußt hat, nämlich der Schoner. Dieser angeblich von dem Schiffbauer mit Namen Robinson im Jahr 1713 in Gloucester, MA, erstmals vorgestellte Typus besaß eine Länge von 30 Metern, zwei etwas nach hinten geneigte Masten, wobei der hintere gleichhoch oder etwas höher war, vorwiegend Längssegel und eine leichte Takelage, die nur eine relativ kleine Segelmannschaft erforderte. Die sogenannte Schonertakelung war keine überseeische Entwicklung, sondern ging auf holländische Vorbilder des 17. Jahrhunderts zurück. Neu hingegen waren der bis dahin ungewohnt große Tiefgang, der dem Schiff eine hohe Stabilität verlieh, eine sehr schlanke Form und vor allem der scharf geschnittene Bug. Die leichtgebauten Schoner ließen sich bei fast jedem Wetter hoch am Wind segeln und konnten die für damalige Zeit fast unglaubliche Geschwindigkeit bis zu 18 Knoten erreichen. Dieser Schiffstyp, für den sich Handelsschiffahrt wie Marine interessierten, wurde in zahlreichen Varianten weiterentwickelt, wobei er, was die Rumpfform anlangt, auf den Bau der berühmten amerikanischen Segelklipper im frühen 19. Jahrhundert eingewirkt hat.

Erste Versuche Frankreichs, auch auf See eine maßgebliche Rolle zu spielen, waren bereits von Kardinal Richelieu unternommen worden, der erhebliche Mittel in den Aufbau einer Kriegsflotte steckte. Aber erst unter Jean Baptiste Colbert, der ab 1661 als Oberintendant der Finanzen amtierte, wurden der Bestand der französischen Flotte verdoppelt und die atlantischen Kriegshäfen Brest und Rochefort sowie Toulon, Liegeort der Galeeren im Mittelmeer, ausgebaut, so daß die französische Flotte in den achtziger Jahren mit der englischen und holländischen Konkurrenz gleichgezogen hatte und über rund 120 Linienschiffe verfügte.

Daß Frankreich den erheblichen technologischen Rückstand in so kurzer Zeit aufholen, ja auf dem Gebiet der Schiffskonstruktion sogar international an die Spitze treten konnte, verdankte es mehreren klugen Maßnahmen von Colbert, der wohl frühzeitig erkannt hatte, wie ungenügend die Vermehrung von Werftbetrieben und der erhöhte Ausstoß von Neubauten auf Dauer sein würden. So gab er den Auftrag zu einem Schiffsatlas (1664–1669), in dem nicht nur die Konstruktionspläne der französischen, sondern vor allem auch der englischen und holländischen Schiffbauer aufgenommen wurden. Dahinter stand die Absicht, die für die jeweiligen Zwecke erforderliche günstigste Schiffsform zu ermitteln, die dann in Serie gebaut werden sollte.

Des weiteren hatte Colbert mit der Gründung der Akademie der Wissenschaften in Paris (1666) ein staatliches Instrument geschaffen, das nicht nur der Grundlagenforschung, sondern durch Umsetzung naturwissenschaftlicher Erkenntnisse auch der Effizienz von Wirtschaft und Technik im Rahmen merkantilistischer Wirtschaftspolitik dienen sollte. So waren es vor allem französische Mathematiker und Physiker, die sich seit der zweiten Hälfte des 17. Jahrhunderts in zunehmender Zahl mit den noch ungelösten Problemen bei der Herstellung von Schiffszeichnungen, bei der Berechnung von Schiffsgewichten und Rauminhalten, beim Widerstand des Schiffskörpers im Wasser und beim Schiffsschwerpunkt beschäftigten und entsprechende Veröffentlichungen vorlegten, die auch Wissenschaftler anderer Länder zu Forschungen anregten. Dazu einige Beispiele:

1677	S. Dassié,	L'architecture navale contenent la maniére de construire les navires, Paris
1689	B. Renau,	Théorie de la manœuvre des vaisseaux, Paris
1697	P. P. Hoste,	Théorie de la construction des vaisseaux, qui contient plusieurs traités de mathématique, Lyon
1714	J. Bernoulli,	Essai d'une nouvelle théorie de la manœuvre des vaisseaux, Basel
1746	P. Bouguer,	Traité du navire, de sa construction, et des ses mouvements, Paris
1749	L. Euler,	Scientia Navalis, Petersburg
1752	J. d'Alembert,	Essai d'une nouvelle théorie de la résistance des fluides, Paris
1752	H. L. Du Hamel du Monceau,	Eléments de l'architecture naval ou traité practique de la construction des vaisseaux

Aus der Fülle von Publikationen zu physikalischen Problemen des Schiffbaus darf jedoch keinesfalls geschlossen werden, daß damit eine Verwissenschaftlichung verbunden gewesen wäre. Auch weiterhin blieb die Arbeit auf dem Werftplatz von der Empirie bestimmt. Aber die Untersuchungen der Wissenschaftler, so praxisfern sie vorerst sein mochten, stellten – und hier müssen auch Isaac Newton und Gottfried Wilhelm Leibniz genannt werden – Theorien und vor allem Rechenmethoden zur Verfügung, die dann in weiterentwickelter Form seit der zweiten Hälfte des 18. Jahrhunderts allmählich Eingang in den Schiffbau fanden.

Den Bemühungen Colberts, Frankreich zur führenden Seemacht aufzurüsten, war nur ein kurzfristiger Erfolg beschieden. Nach einem anfänglichen Sieg über die vereinigten Seestreitkräfte von England und Holland im Jahr 1790 wurde die französische Flotte bereits zwei Jahre später bei La Hogue vernichtend geschlagen. Frankreich besaß zwar weiterhin die besseren Konstrukteure und Schiffe, aber England die besten Seeleute der Welt, und sie waren ausschlaggebend für die Vormachtstellung der Briten im 18. Jahrhundert.

Der Überblick über den Schiffbau im 17. und 18. Jahrhundert wäre unvollständig ohne die Erwähnung der Galeere, eines Schiffstyps, der schon in der Antike die Geschichte der Völker am Mittelmeer maßgeblich beeinflußt hatte und auch im Mittelalter und der frühen Neuzeit als Kriegs- wie als Handelsschiff in diesem Raum dominierte. Die Galeere, ein meist von Sklaven beziehungsweise von Galeerensträflingen gerudertes Fahrzeug von etwa 20 bis über 50 Metern Länge, war lediglich bei ruhiger See einsetzbar, jedoch aufgrund ihrer Schnelligkeit und Wendigkeit den schwerfälligen, hochbordigen Karavellen überlegen. Sie hatte zu Beginn der frühen Neuzeit erhebliche technische Veränderungen erfahren. So hatte man herausgefunden, daß der Antrieb effektiver und einfacher wurde, wenn man die Zahl der Riemen herab-, die der Ruderer aber heraufsetzte; schließlich arbeiteten fünf Ruderer an einem Riemen. Im Laufe des 16. und frühen 17. Jahrhunderts wurde auch die Besegelung der Galeeren verstärkt, so daß sie bis zu drei Masten tragen konnten. Mit der zunehmenden Verwendung von Schiffsgeschützen im Seegefecht entwickelte man Mitte des 16. Jahrhunderts in Venedig eine Sonderform der klassischen Galeere: die Galeasse. Dabei handelte es sich um eine hochbordige, mit Geschützplattformen versehene Galeere. Die bis dahin größte Seeschlacht, bei der Galeeren und erstmals Galeassen gemeinsam eingesetzt wurden, fand 1571 bei Lepanto statt, wo die verbündeten Flotten Spaniens, Maltas, Venedigs und des Papstes mit über 200 Fahrzeugen den türkischen Galeeren eine vernichtende Niederlage beibrachten.

Auch im nördlichen Europa hat es Versuche gegeben, die Galeasse einzusetzen, allerdings glichen die dort gebauten Typen, die den rauheren Seeverhältnissen an der europäischen Westküste gewachsen sein mußten, eher mit Riemen versehenen Segelschiffen. Dies blieb aber ein zeitlich begrenztes und zudem erfolgloses Zwischenspiel, da die mit Rahsegeln getakelten Kriegsschiffe des 17. und 18. Jahr-

58. Galeere in voller Fahrt. Zeichnung, Ende des 17. Jahrhunderts. Paris, Bibliothèque Historique de la Marine

hunderts letztlich die ursprünglichen Vorteile der Galeere wettgemacht hatten. Lediglich in Frankreich wurden unter Ludwig XIV. Galeeren und Galeassen für den Einsatz im Mittelmeer gebaut, obwohl seine Berater in Marinefragen davon abgeraten hatten. Das letzte Seegefecht, bei dem Galeeren zum Einsatz gelangt sind, fand im Jahr 1717 bei Kap Matapan statt. Erneute Versuche der Schweden im späten 18. Jahrhundert, riemengetriebene Schiffe für den Einsatz in den für Segler schwierigen finnischen Schären zu entwickeln, blieben eine Episode. Immerhin ist auch die Geschichte von Galeere und Galeasse ein Beispiel dafür, daß eine alte Technik unter der Herausforderung eines neuen, überlegenen Prinzips – hier der deutlich erkennbaren Weiterentwicklung der Segel und ihrer rationelleren und effektiveren Handhabung – durch Ausreizung der in ihr bisher nicht optimal genutzten Möglichkeiten noch eine Zeitlang mithalten konnte, um dann endgültig verdrängt zu werden.

Mechanisierung von Handwerk und Manufaktur

Das produzierende Gewerbe erfuhr im 17. und 18. Jahrhundert einen tiefgreifenden Wandel. Auf die Hochblüte des städtischen Handwerks im Spätmittelalter folgte eine lang anhaltende Krise, die, sieht man von den globalen Einwirkungsfaktoren wie Kriegen, Seuchen und langfristigen Konjunkturentwicklungen ab, durch den Monopolanspruch der Zünfte und ihr Bemühen um Besitzstandswahrung geprägt wurde. Die Zunftverfassungen jener Zeit enthielten immer mehr einschränkende Bestimmungen, die jede Abweichung streng ahndeten. Außenseiter wurden nicht aufgenommen und verfolgt. Technische Neuerungen wurden argwöhnisch beobachtet und, falls sie das innerzünftige Gleichgewicht bedrohten, abgelehnt. Das galt vorrangig für produktivitätssteigernde Neuerungen, die man als nicht »sozialverträglich« ansah, da sie vorhandene Arbeitsplätze gefährdeten. Ein weiteres Hemmnis für »Modernisierungen« waren die ungeheure Zersplitterung der Gewerbe und das Festhalten am Kleinbetrieb mit Meister und wenigen Gesellen und Lehrlingen.

Wachsende Konkurrenz bekam das städtische Gewerbe durch das sich immer stärker ausdehnende, durch die Trennung von Produktion und Absatz charakterisierte Verlagssystem, das nun auch im städtischen Raum breiter Fuß faßte. Die Impulse für die Anwendung technischer Neuerungen aber gingen vom Manufakturwesen aus. Hier hatte der Produzent seine ökonomische Selbständigkeit völlig verloren, denn er arbeitete mit Rohstoffen und Werkzeugen anderer im Auftrag und unter Kontrolle eines Manufakturunternehmers. Der Produktionsprozeß bestand aus zahlreichen Teilabschnitten und war in arbeitsteiliger Kooperation bei räumlicher Konzentration der Arbeitskräfte zusammengefaßt. Der Produzierende wurde zum Teilarbeiter. Zu den wesentlichen Merkmalen einer Manufaktur zählten außerdem: ihr erhöhter fixer Kapitaleinsatz für Anlagen, Rohstoffe und Werkzeuge, ihre Unterscheidung von Lohnarbeitern und Unternehmern, häufig die Trennung von Wohn- und Arbeitsstätte sowie die Disziplinierung der Arbeitskräfte. Der Idealfall dieser Betriebsform war die zentralisierte Manufaktur, bei der alle Produktionsschritte in einem Haus oder Gebäudekomplex stattfanden. Vorherrschend war jedoch der Typus der dezentralisierten Manufaktur. Hier erfolgte eine Reihe von Arbeitsschritten außerhalb, zum Beispiel in den Wohnungen der Produzenten, während die Veredelung des Erzeugnisses im zentralen Manufakturgebäude vorgenommen wurde.

Die wirtschaftshistorische Forschung hat sich bei der Untersuchung vorindu-

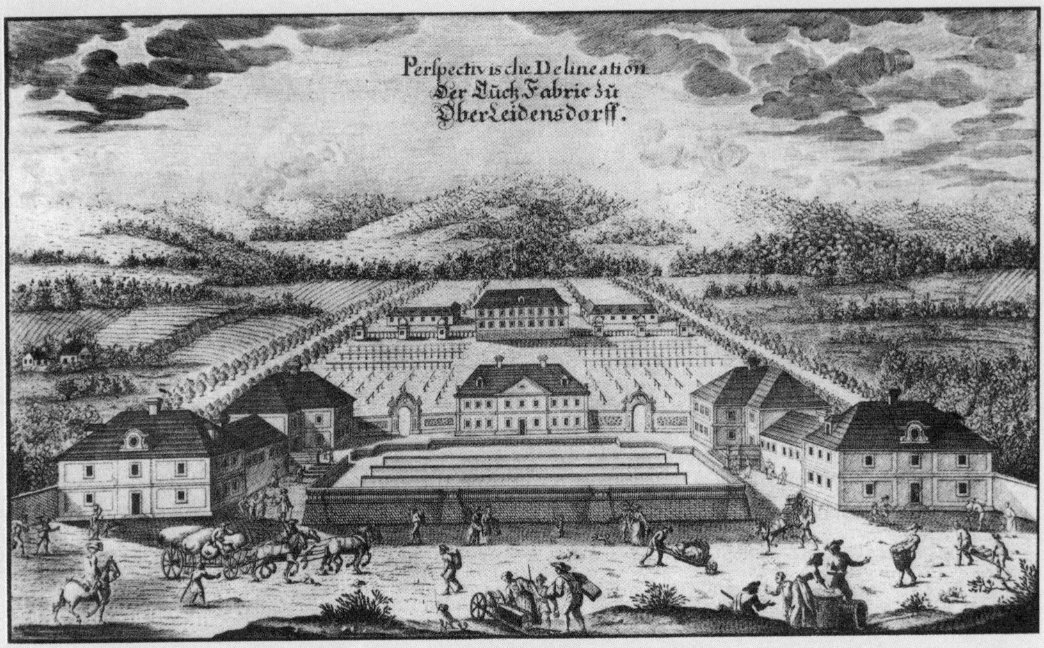

59. Zentralisierte Manufaktur im böhmischen Oberleutensdorf. Kupferstich, 1728. Prag, Nationalmuseum, Bibliothek

strieller Betriebsformen lange an idealtypischen Vorstellungen ausgerichtet. Handwerk definierte man als Produktion ausschließlich durch Handarbeit, Manufakturarbeit hingegen als arbeitsteilige Produktion mit geringem Maschineneinsatz und Fabrikarbeit als Bedienung von Maschinen, die, von einer zentralen Kraft angetrieben, auf vollmechanischem Weg ein Produkt herstellen. Zumindest unterschwellig war damit die Vorstellung verbunden, daß der Grad der Mechanisierung eines Produktionsprozesses von der jeweiligen Betriebsform abhängig ist. Nähere Untersuchungen der Technologie vorindustrieller Fertigungsprozesse haben diese Auffassung widerlegt und zudem gezeigt, daß manches Erzeugnis auf seinem Weg vom Rohstoff zum Endprodukt verschiedene Betriebsformen durchlaufen hat. Noch wichtiger ist die Erkenntnis, daß auch außerhalb des montangewerblichen Sektors zahlreiche vorindustrielle Produktionsprozesse viel weiter mechanisiert gewesen sind, als man bislang vermutet hat. Die Mechanisierung erstreckte sich allerdings in der Regel nicht auf den gesamten Fertigungsvorgang, sondern vorwiegend auf die Bereiche der Rohstoffaufbereitung und der Produktveredelung, wobei die mechanisierten Einzelarbeitsschritte manchmal Jahrzehnte oder gar Jahrhunderte auseinanderlagen. Bereits mechanisierte Arbeitsvorgänge übten dann auf die vor- beziehungsweise die nachgelagerten Abschnitte einen »Mechanisierungsdruck« aus, da es gerade an solchen Schnittstellen zu hemmenden Diskontinuitäten im Fertigungsprozeß kam. Das ökonomisch effiziente Rotationsprinzip wurde nicht erst in der Industrialisierungsphase »entdeckt«, sondern schon lange angewendet.

Der »Kernprozeß« der Produktion, die Stoffumwandlung und -verformung, ließ sich jedoch mit den damals zur Verfügung stehenden technischen Mitteln in der Regel nicht mechanisieren, da die Fertigung in diesem Abschnitt erhebliche manuelle Fähigkeiten erforderte; außerdem waren dabei komplexe Steuerungs- und Kontrollfunktionen auszuführen. Das galt in gleichem Maße für thermische Prozesse wie das Glasmachen, aber ebenso für die Arbeit an der Bütte bei der Papierherstellung. Unabhängig von solchen technischen Problemen befürchteten die qualifizierten Handwerker und Arbeiter, bei der Mechanisierung des Kernprozesses Einkommens-, Arbeitsplatz-, zumindest Statusverluste hinnehmen zu müssen. Am Ende der vorindustriellen Periode, um die Mitte des 18. Jahrhunderts, ergab sich so ein »Mechanisierungsübergang« in jenen Bereichen, welche dem Kernprozeß vor- und nachgelagert waren: Ein technisch rückständiger Sektor war von hochproduktiven Verfahrensschritten eingeschlossen; er war zum ökonomischen »Flaschenhals« geworden. Infolgedessen konzentrierte sich der frühindustrielle Erfindergeist in erster Linie auf die Beseitigung derartiger Engpässe, nämlich auf die Mechanisierung der Kernprozesse. Erst danach waren ein kontinuierlicher Fertigungsprozeß und die spätere Massenproduktion möglich.

Textilherstellung

Kleidung und Wohnung gehören zu den Grundbedürfnissen des Menschen, und so ist es nicht überraschend, daß etwa die Hälfte aller gewerblich Tätigen im Bereich der Textilerzeugung und -verarbeitung tätig gewesen sind. Die spektakulären Innovationen in der Baumwollindustrie im letzten Drittel des 18. Jahrhunderts, die als Initialzündung für die Industrielle Revolution gelten, verdunkeln die Tatsache, daß gerade auf dem Textilsektor die vorangegangenen zwei Jahrhunderte eine beachtliche Anzahl von Neuerungen mit großer Erfindungshöhe aufzuweisen hatten. Dies gilt allerdings nicht für die Herstellung von Gespinsten, für die mit dem einfachen Handspinnrad und dem Flügelspinnrad Geräte zur Verfügung gestanden haben, die den Garnbedarf zu decken vermochten. Und auch in der Weberei bestand zumindest im 17. und frühen 18. Jahrhundert kein erkennbarer Nachfragedruck nach einem produktiveren Webstuhl. Dennoch gab es Techniker und Mechaniker, die sich mit der Konstruktion eines mechanischen Webstuhls befaßten. Hervorzuheben ist hier der französische Marineoffizier und geschickte Mechaniker Jean Baptiste de Gennes (um 1655–1706), der bereits durch den Bau einer automatischen Ente

60. Entwurf für eine mechanisch angetriebene Spinnmaschine. Holzschnitt in dem 1629 in Rom erschienenen Werk »Le machine« von Giovanni Branca. München, Deutsches Museum

bekannt geworden war. Er legte 1678 der Pariser Akademie der Wissenschaften den Entwurf eines durch Wasserkraft angetriebenen Webstuhls vor, der alle wesentlichen Elemente eines mechanischen Webstuhls aufwies, aber offenbar nicht gebaut worden ist. Erfolgreicher waren im ersten Drittel des folgenden Jahrhunderts Innovationen, die die Möglichkeiten des traditionellen Webstuhls erheblich erweiterten. Zur Herstellung reichgemusterter Gewebe wurde der im Mittelalter aus dem Orient eingeführte Zugwebstuhl benutzt, da die Anzahl der Schäfte und Tritte nicht beliebig vermehrbar war. Die Fadenschlaufen, die Litzen, durch die die Kettfäden liefen, waren an einzelnen langen Fäden aufgehängt, die oberhalb des Webstuhls den sogenannten Harnisch bildeten, wobei die gleichzeitig für die Fachbildung anzuhebenden Fäden jeweils zusammengefaßt waren und auf Zuruf des Webers vom Ziehjungen gezogen wurden. Der an der Wende zum 18. Jahrhundert entwikkelte Zampelstuhl sowie der Kegelstuhl waren Varianten des Zugwebstuhls, bei denen das Ziehen der für ein bestimmtes Muster notwendigen Schnüre durch kleine technische Verbesserungen einfacher und übersichtlicher wurde.

Eine fundamentale Neuerung, deren eigentliche Zeit aber erst viel später kommen sollte, stammte von dem Lyoner Weber Basile Bouchon, der 1725 erstmals einen perforierten Endlospapierstreifen zur Steuerung der Zugbewegung verwendete und damit den Ziehjungen überflüssig machte. Verbessert wurde sein System durch den französischen Mechaniker Jean Baptiste Falcon, der zwischen 1728 und 1734 statt des Papierstreifens auswechselbare, aneinandergehängte Lochkarten benutzte, mit denen wechselnde Muster gewebt werden konnten. Auf die Lochkarten wirkten Nadeln ein, wobei diejenigen, die auf ein Loch trafen, Platinen bewegten. Durch einen Tritt wurden die betreffenden Platinen gleichzeitig nach unten gezogen, wobei sie das Fach öffneten. Nach dem Prinzip von Falcon sind mehr als 80 Webstühle erfolgreich im Betrieb gewesen, wenngleich noch zahlreiche Mängel vorhanden waren. Diese beseitigte dann im frühen 19. Jahrhundert Joseph Marie Jacquard (1752–1834) mit dem nach ihm benannten Webstuhlaufsatz, der Jacquard-Maschine, deren Einführung in Lyon übrigens großen Protest bei den Webern hervorrief.

Nach der Verdichtung und Reinigung des Gewebes in der mit Wasserkraft betriebenen Walke wurden die Tuche von den Tuchscherern zunächst geradegezogen und auf die vorbestimmte Länge und Breite gedehnt. Dann wurde das verfestigte Tuch mit sogenannten Karden, die mit Disteln besetzt waren, aufgerauht. Das war ein sehr mühseliger, mehrmals zu wiederholender Arbeitsvorgang, weswegen schon im 15. Jahrhundert die ersten Versuche zu seiner Mechanisierung unternommen wurden. In Leonardos Aufzeichnungen befindet sich ein, wenn auch nicht praktikabler Entwurf einer solchen Rauhmaschine. Die Abbildung einer funktionsfähigen Maschine ist in dem 1607 postum veröffentlichten Maschinenbuch von Vittorio Zonca (1568–1602) wiedergegeben. In einem Holzgerüst sind zwei mit Kardendisteln besetzte Walzen angebracht, die über ein Zahnradgetriebe mit einem Schwungrad verbunden sind, das von einem Arbeiter bewegt wird. Gegenläufig zur Drehrichtung der beiden Walzen wird die Tuchbahn an ihnen langsam vorbeigezogen und auf ein von einem zweiten Arbeiter über ein auf der Tuchbaumwelle sitzendes kleines Tretrad aufgewunden. Die Qualität des aufgerauhten Gewebes wurde somit maßgeblich vom »Fußgefühl« dieses Arbeiters bestimmt. Ob Rauhmaschinen eine breite Anwendung gefunden haben, ist nicht bekannt. Allerdings deuten Verbote, beispielsweise in England seit der Mitte des 16. Jahrhunderts,

61. Tuchrauhmaschine. Kupferstich in dem 1607 erschienenen Werk »Novo teatro di machine« von Vittorio Zonca. München, Deutsches Museum

darauf hin, daß die »Gig mill«, wie sie dort genannt wurde, zumindest in größeren Manufakturen verwendet worden ist.

Dem Rauhen folgte das Scheren des Tuches, das zu den höchstqualifiziertesten Tätigkeiten im Textilgewerbe zählte, nicht zuletzt, weil durch die kleinste Unachtsamkeit das Gewebe zerschnitten werden konnte. Die Arbeit mit der schweren eisernen Tuchschere, deren Blätter über einen Meter lang waren, erforderte zudem erhebliche körperliche Anstrengungen, die, wie schon zeitgenössische Mediziner

62. Aufriß einer Tuchfrisiermühle. Kupferstich, 1767. München, Deutsches Museum

feststellten, zu starken Verschleißerscheinungen führten. Um 1680 wurde ein einfacher, aber sehr sinnreicher Mechanismus erfunden, der dafür sorgte, daß sich, ähnlich wie bei einer Sprungfeder, die Tuchschere nach dem Schnitt von selbst wieder öffnete, was eine spürbare physische Entlastung brachte. Aber die Innovation stieß auf den geschlossenen Widerstand der zünftig organisierten Tuchscherergesellen, die einen verstärkten Zugang von Lehrlingen und damit ein Absinken der Löhne befürchteten. In Städten wie Sedan und Leiden kam es fast einhundert Jahre lang immer wieder zu gewaltsamen Protestaktionen gegen die Anwendung dieser technischen Verbesserung. Die Einführung der vollmechanischen Schermaschinen im frühen 19. Jahrhundert, die nach dem Walzenprinzip arbeiteten, führten dann zum Untergang des Tuchscherergewerbes.

Eine modische, aus Frankreich stammende Appreturtechnik des 17. und 18. Jahrhunderts war das sogenannte Frisieren oder Ratinieren des aufgerauhten und noch nicht geschorenen Tuches. Mit Sandsteinen oder besandeten Holzbrettern, die mit Eiweiß, Honig oder anderen klebrigen Substanzen bestrichen waren, führte man auf dem Tuch, in eine Richtung voranschreitend, kreisende Bewegungen aus, durch die die Fasern des Flors zu einzelnen kleinen Zapfen zusammengedreht wurden. Dieser komplizierte Bewegungsablauf wurde schon frühzeitig mechanisiert. Aus dem Jahr 1678 stammt der Hinweis auf eine sogenannte Frisiermühle im französischen Textilzentrum Troyes, die von Toulouse dorthin gebracht wurde. Der Göttinger Johann Beckmann (1739–1811) beschrieb in seiner Anleitung zur Technologie von 1777 recht anschaulich eine »witzig ausgedachte Frisirmühle, in der das Tuch über einem mit Plüsch bezogenen und mit Haaren ausgestopften Tisch, und unter eine mit Kütt und feinem Sande überzogene Tafel, die durch das Räderwerk eine zitternde Bewegung erhält, durch Hülfe einer mit Carden besetzten

Walze hinweggezogen wird«. Die zitternde Bewegung wurde durch eine exzentrische vertikale Achse bewirkt. Die Frisiermühle, die zunächst von Hand, bald aber auch durch Pferde- oder Wasserkraft angetrieben wurde, fand schnell in ganz Frankreich Verwendung, ohne daß es zu nennenswerten Protesten gekommen wäre. Die Erklärung mag darin liegen, daß hier keine hochqualifizierte Tätigkeit verdrängt wurde. In England und in den Niederlanden konnte sich die Maschine allerdings zunächst nicht durchsetzen.

Der abschließende Arbeitsschritt in der Tuchveredelung war das Pressen des Tuches, mit dem die letzten Unebenheiten beseitigt und seiner Oberfläche ein glänzender Schimmer verliehen wurde. Das Woll- oder Leinentuch wurde gefaltet, wobei man zwischen die einzelnen Lagen vorher in einem speziellen Ofen erwärmte Eisenplatten schob. Durch Holzplatten oder Pappdeckel wurde allerdings eine direkte Berührung von Stoff und Eisen vermieden. Die Spindelpressen des 18. Jahrhunderts waren nicht mehr aus Holz, sondern aus Gußeisen gefertigt, was einen besseren Andruck ermöglichte und die Haltbarkeit der Pressen, die zumeist in England hergestellt wurden, erhöhte.

Ein bedeutender Produktionszweig war nach wie vor das Verzwirnen von Seide. Bis in das beginnende 17. Jahrhundert hinein hatte Italien seine im Mittelalter begründete Vormachtstellung halten können, die auf den von Hand oder durch Wasserkraft angetriebenen Seidenzwirnmühlen beruhte, deren Technik sich auch im 17. und 18. Jahrhundert nur unwesentlich veränderte. Lediglich für das Abwikkeln des Seidenfadens vom Kokon und für das Aufspulen waren mittlerweile verschiedene Hilfsgerätschaften hinzugekommen. Seidenzwirnmühlen waren bald in ganz Europa in Betrieb. Im Jahre 1669 wurde das erste »Filatorium« in München errichtet, 1670 ein solches in Frankreich, wenig später folgten die Niederlande und die Schweiz. Auch in England scheinen in den beginnenden achtziger Jahren Versuche zu seiner Einführung unternommen worden zu sein, aber erst 1702 wurde in Derby eine Seidenzwirnmühle aufgebaut. Sie wurde später von den Brüdern John (um 1693–1722) und Thomas Lombe (1685–1739) gekauft. 1717 bis 1719 errichteten sie daneben die seinerzeit größte und modernste Seidenzwirnmühle Europas, in der 1720 in übereinanderliegenden Stockwerken insgesamt 26.600 Spindeln durch Wasserkraft angetrieben wurden, und zwar mittels einer senkrechten, durch alle Stockwerke laufenden Welle. Weitere Länder nahmen im Verlauf des 18. Jahrhunderts das Seidenzwirnen auf, so daß die für das Ende dieses Jahrhunderts geschätzte Zahl von 1.000 Seidenzwirnmühlen sicher nicht zu hoch gegriffen erscheint.

In diesem Zusammenhang ist der geniale Automatenbauer Jacques de Vaucanson (1709–1782) zu erwähnen, der 1741 zum Inspekteur der französischen Seidenmanufakturen ernannt wurde und im Rahmen dieser Tätigkeit sowohl einen mechanischen Webstuhl entwickelt als auch eine Steuerung des Zugwebstuhls durch Loch-

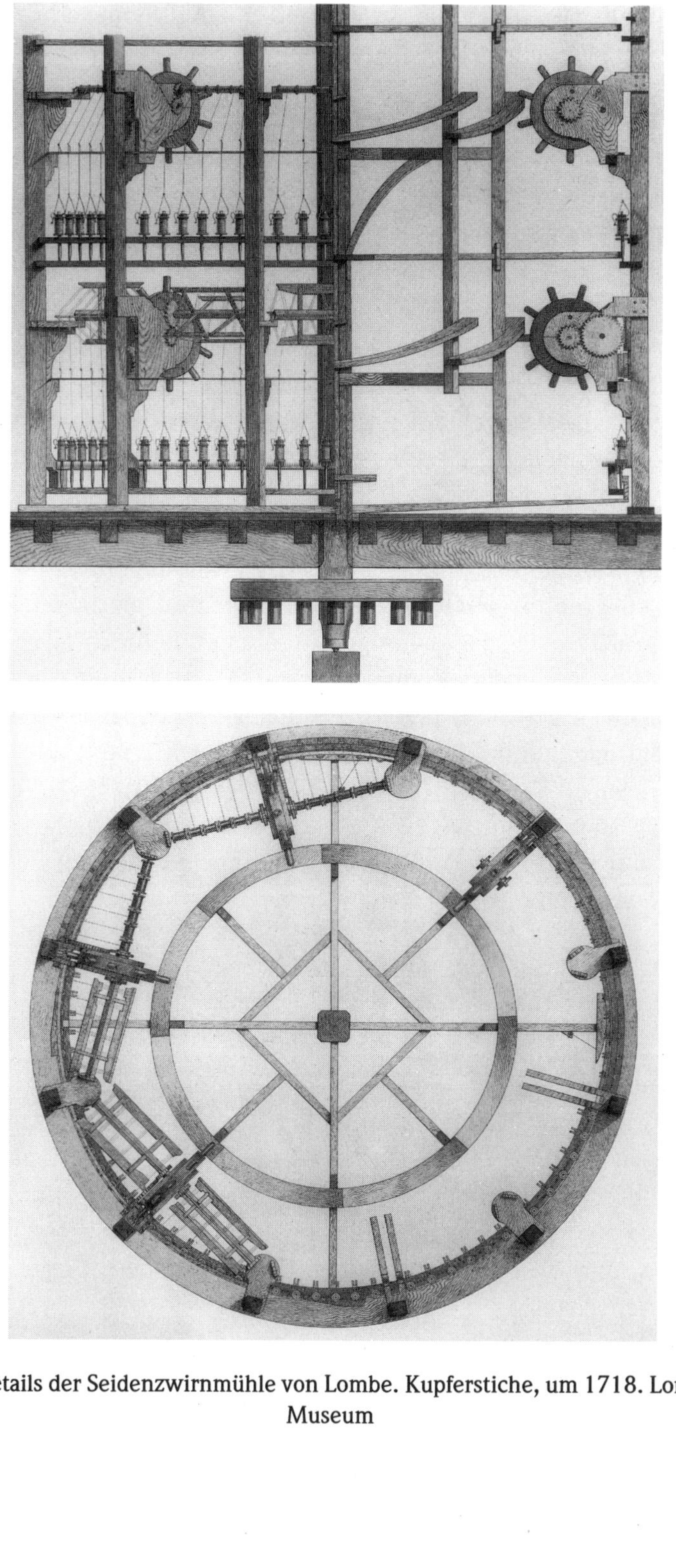

63 a und b. Details der Seidenzwirnmühle von Lombe. Kupferstiche, um 1718. London, Science Museum

karten ausgetüftelt hat. Da er die Karten auf einem Zylinder angeordnet hatte, konnte damit nur ein sich rasch wiederholendes Muster gewebt werden. Beide Erfindungen haben keine Anwendung in der Praxis gefunden, sind aber noch als funktionsfähige Modelle vorhanden. Nach einer Studienreise nach Piemont, wo Vaucanson die Herstellung des doppeltgezwirnten Seidenfadens, des Organsins, studierte, konstruierte er einen verbesserten Seidenhaspel sowie eine neue Organsinzwirnmaschine. Ab 1751 wurde in Aubenas in der Ardèche eine Manufaktur mit 200 Maschinen dieses Typs ausgerüstet.

Eine der bemerkenswertesten Erfindungen im Vorfeld der Industrialisierung war die sogenannte Bandmühle, der erste praktikable mechanische Webstuhl. Diese technische Innovation, deren Ausbreitung sowie die durch ihren Einsatz bewirkten sozialen Veränderungen zeigen auf plastische Weise wichtige Grundelemente des technologischen Wandels im 17. und 18. Jahrhundert. Im ersten Band seiner ab 1780 veröffentlichten »Beyträge zur Geschichte der Erfindungen« schrieb der Göttinger Technologe Johann Beckmann in einem längeren Artikel über die Entstehung und Verbreitung der Bandmühle: »Zu denen Erfindungen, die mehr leisten, als man wünscht, oder die zur Verfertigung so vieler Waaren, als der jetzige Verbrauch verlangt, eine große Menge der bisherigen Arbeiter entbehrlich machen, also diese ausser Verdienst setzen, und die eben deswegen, so witzig sie auch ausgedacht seyn mögen, für schädlich gehalten, und eine Zeitlang von der Obrigkeit unterdrückt sind, gehört die Bandmühle, Schnurmühle oder der Mühlenstuhl.« Gut achtzig Jahre später schrieb ihr Karl Marx (1818–1883) sogar eine wegbereitende Funktion für den Industrialisierungsprozeß zu: »Diese Maschine, die so viel Lärm in der Welt gemacht hat, war in der Tat Vorläufer der Spinn- und Webmaschinen, also der industriellen Revolution des 18. Jahrhunderts.«

Die Herstellung von Bändern, die sich schon für das Neolithikum nachweisen läßt, erlebte seit der frühen Neuzeit einen erheblichen Aufschwung; denn Bänder und Borten aus Leinen, Wolle und vor allem aus Seide wurden zunehmend als Schmuckbesatz für die Kleidung verwendet. Neben der einfachen Weblade, die bei einigen Ausführungen auf dem Schoß gehalten wurden setzte sich bei den schon frühzeitig zünftig organisierten Bortenwirkern oder Posamentierern der in der Breitweberei seit dem hohen Mittelalter bekannte Trittwebstuhl durch – wenn auch häufig in leichterer und kleinerer Form –, da man damit nicht nur glatte Bänder, sondern auch erhabene Gewebe herstellen konnte. Ein gewisser Nachteil war, daß, abgesehen vom Aufrüsten des Webstuhles mit den Kettfäden, die gleichen Arbeitsschritte vom Weber vollzogen werden mußten wie bei der Breitweberei, nämlich das Bewegen der Schäfte über Pedale, das Durchschieben des Weberschiffchens sowie das Anschlagen der Lade. Deshalb waren selbst schmale, glatte Bänder verhältnismäßig teuer. Daraus erklärt es sich, daß schon relativ früh Bemühungen zu erkennen sind, die Bandweberei produktiver zu gestalten.

64. Bortenwirker. Holzschnitt in dem 1698 in Regensburg erschienenen Werk »Abbildung der gemeinnützlichen Hauptstände« von Johann Christoph Weigel. Wolfenbüttel, Herzog August-Bibliothek

Der bislang älteste Hinweis auf Versuche, mehrere Bänder gleichzeitig auf einem Webstuhl herzustellen, findet sich in einem italienischen Reisebericht von 1636, dessen Autor sich auf einen Maler namens Anton Möller aus Danzig beruft. Danach sei etwa fünfzig Jahre zuvor der Erfinder eines Bandwebstuhls, mit dem man vier bis sechs Bänder habe gleichzeitig weben können, auf Anweisung des Magistrats erstickt oder ertränkt worden, um die Anwendung und Ausbreitung der Erfindung zu verhindern. Obwohl bisher keinerlei schriftliche Belege für diesen Vorgang gefunden werden konnten, deutet manches auf die Erfindung des mehrgängigen Bandwebstuhls in Danzig um oder vor 1586; denn seit den dreißiger Jahren des 16. Jahrhunderts hatten sich niederländische Glaubensflüchtlinge, darunter vor allem mennonitische Bortenweber, in Danzig niedergelassen und es für mehr als ein Jahrhundert zur größten Textilstadt im Ostseeraum gemacht. Da die Zuwanderer nicht zünftig gebunden waren, konnten hier durchaus technische Neuerungen erprobt werden. Verbote in Brügge und Antwerpen am Ende des 16. Jahrhunderts, den »Danziger Webstuhl« zu verwenden, könnten den erwähnten Bandwebstuhl betreffen. Ein weiteres Indiz für Danzig als Ursprungsort ist die Tatsache, daß der erste handfeste Beleg für das Vorhandensein von mehrgängigen Bandwebstühlen in den Niederlanden zu finden ist. Im Jahr 1604 verkaufte ein Willem Dircxzoon van Sonnevelt aus Honschoote in Flandern an zwei Leidener Posamentierer 3 Bandmühlen mit je 12 Gängen. Ein Jahr später erhielt Dircxzoon, von dem sich nicht herausfinden läßt, ob er der Erfinder gewesen ist, ein Privileg über zehn Jahre von den Generalstaaten.

Bis heute sind weder eine nähere Beschreibung, geschweige denn eine technische Zeichnung oder Skizze von einer Bandmühle des 17. Jahrhunderts bekannt. Das liegt wohl hauptsächlich daran, daß die Erfinder alle technischen Neuerungen ihrer Apparate oder Maschinen möglichst lange vor Nachahmung sichern wollten. So bleiben als Anhaltspunkte für die Konstruktion lediglich die Angaben über die Anzahl der Bänder, die man auf einer solchen Bandmühle anfertigen konnte, wobei die Spanne schon im 17. Jahrhundert von 6 bis zu 24 und mehr Bändern reichte, sowie das Wort »Bandmühle« selbst. Während der Begriff »Mühle« (lateinisch: Mola) ursprünglich nur die Getreidemühle gemeint hat, später aber auch auf Gewerbebetriebe ausgedehnt worden ist, in denen Wasser- oder Windkraft zum Einsatz gelangten, hat man vor allem seit dem 17. Jahrhundert komplizierte mechanische Geräte ebenfalls als Mühle bezeichnet, wobei die Frage des Antriebes keine Rolle zu spielen schien.

Obwohl also der mehrgängige Bandwebstuhl, auf dem man zunächst vorwiegend Leinenbänder herstellte, als Mühle charakterisiert wurde, hatte er mit Sicherheit nur eine geringe Ähnlichkeit mit jenem mechanischen Webstuhl, dessen Entwicklung wohl erst im 18. Jahrhundert erfolgte. Mit hoher Wahrscheinlichkeit handelte es sich bei der ersten Bandmühle um einen lediglich in einigen Details abgeänderten Breitwebstuhl. Dabei waren in der Weblade die einzelnen Schiffchen oder Schützen, die übrigens jeweils breiter als das zu webende Band waren, beweglich untergebracht. Die gleichzeitige Bewegung aller Schiffchen durch das Fach geschah nun in der Weise, daß der Weber eine parallel zur Weblade laufende hölzerne Stange mit rechtwinklig daran befestigten Metallzinken hin und her bewegte, wodurch die Schiffchen nach rechts beziehungsweise nach links durch das Fach geschoben wurden. Dieser in Deutschland als Schubstuhl bezeichnete Bandweb-

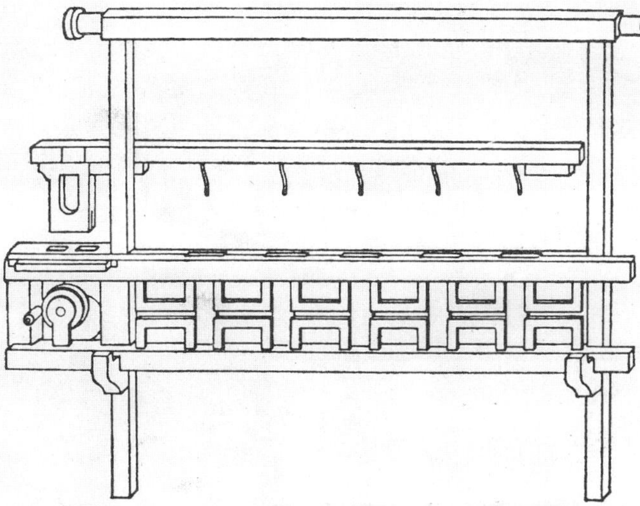

65. Skizze der Schiffchenbewegung mittels Rechen an einem Bandwebstuhl des frühen 18. Jahrhunderts (nach Daumas). Hannover, Universitätsbibliothek

stuhl veränderte die Arbeit des Bandwebers nur wenig. Alle Bewegungen, diejenigen der Tritte oder Schäfte, das Anschlagen der Lade nach jedem Schuß, wurden lediglich durch das Stoßen des »Rechens« ergänzt. Aber die Arbeitsproduktivität stieg um ein Mehrfaches, auch wenn man die Zahl der Gänge nicht als Multiplikationsfaktor ansetzen darf; denn mit deren Zunahme erhöhte sich die Wahrscheinlichkeit, daß einzelne Kettfäden rissen, wobei jedesmal auch die intakten Gänge stillgesetzt werden mußten. Um 1770 ging man in Deutschland bei einer 16gängigen Bandmühle von der 3- bis 4fachen Leistung gegenüber einem 1gängigen Bortenwebstuhl aus.

Im Verlauf des 17. und der ersten Hälfte des 18. Jahrhunderts wurden an den Schubstühlen Verbesserungsinnovationen vorgenommen, die dem Bandweber die Arbeit wesentlich erleichterten. Um 1670 sollen in Basel bereits Bandwebstühle in Gebrauch gewesen sein, bei denen die beiden Schäfte zum Öffnen des Faches durch eine Mechanik mit der Schubstange für die Schiffchen gekoppelt waren, so daß die Weber die Schäfte nicht mehr per Fuß über die Tritte bewegen mußten, sondern allein mit den Händen arbeiteten. Der Erfinder des sogenannten Schnellschützen, John Kay (1704–1774) ließ sich 1745 in England ebenfalls eine Vorrichtung patentieren, mit deren Hilfe die Bewegung der Schäfte selbständig gesteuert werden konnte. Etwa zur gleichen Zeit tauchte in England ein neues Prinzip zur Führung der Schützen auf, wobei diese nicht mehr durch den Rechen, sondern durch eine

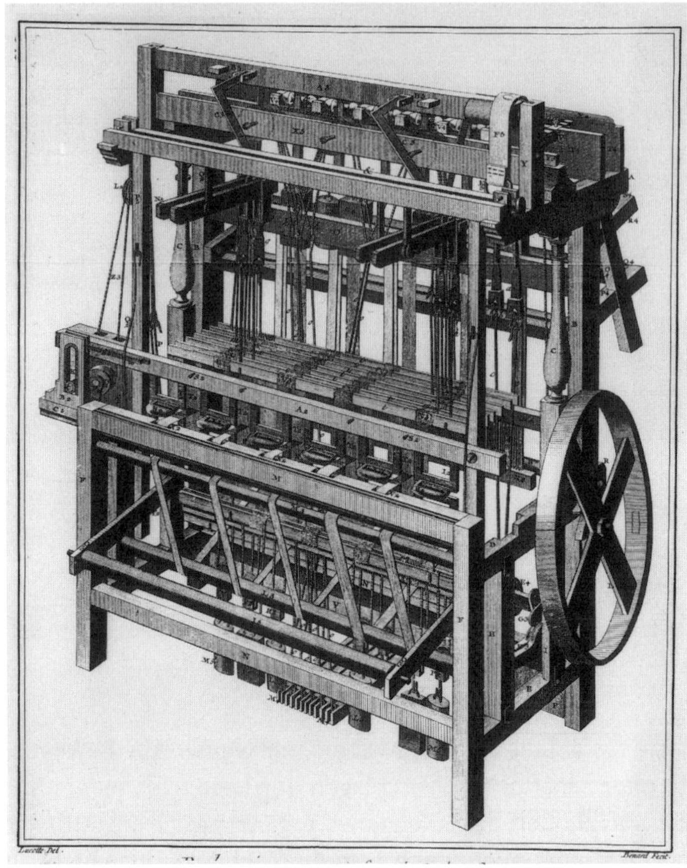

66. Bandmühle des frühen 18. Jahrhunderts. Kupferstich in dem 1772 in Paris erschienenen Band 32 der »Encyclopédie«. Privatsammlung

Zahnstange, die ihrerseits in Zahnräder eingriff, geführt wurden. Beide Systeme gelangten fortan zur Anwendung.

Solche Einzelverbesserungen steigerten zwar im Laufe der Zeit die Betriebssicherheit der Schubstühle sowie deren Produktivität, aber sie veränderten die Tätigkeit des Bandwebers nur marginal. Deshalb scheint es schon im späten 17. Jahrhundert in den Niederlanden Bemühungen gegeben zu haben, nicht nur die Anzahl der auf einem Stuhl zu webenden Bänder zu vergrößern, sondern auch den gesamten Webvorgang zu mechanisieren. Zu diesem Zweck mußten alle Bewegungen, die bisher von den Händen des Webers ausgeführt wurden, durch eine sinnvolle Kombination von hölzernen Zahnrädern, Wellen und Gestängen ersetzt werden. An der rechten Seite des Webstuhls wurde eine Schwungscheibe angebracht, über die der Antrieb erfolgte. Durch das Auf- und Niederbewegen einer quer vor dem

Webstuhl verlaufenden Stange, die mit der Schwungscheibe verbunden war, wurde der Webstuhl in Gang gehalten. Durch diese Konstruktion war es möglich, die Bandmühle, die nun ihren Namen zu Recht trug, durch menschliche Muskelkraft, aber auch durch Wasser- und später durch Dampfkraft anzutreiben. Noch weitgehend ungeklärt ist die Frage, wann dieser neue Typ der Bandmühle erstmals aufgetaucht ist. Die älteste präzise technische Beschreibung im deutschen Sprachraum stammt von 1762, und die älteste bisher bekannte Abbildung findet sich in einem Tafelband der »Encyclopédie« aus dem Jahr 1772. Allerdings gibt es gute Gründe anzunehmen, daß die dort wiedergegebenen Zeichnungen auf Skizzen aus dem Jahr 1716 zurückgehen. Damals bereiteten Abbé Bignon und René Antoine Ferchault de Réaumur im Auftrag der Französischen Akademie der Wissenschaften die Herausgabe der »Descriptions des arts et métiers« vor, wofür auch Zeichnungen von einer Bandmühle angefertigt wurden.

Auch die Tatsache, daß im Jahre 1730 ein Baseler Unternehmer den Magistrat um die Erlaubnis zur Anlage einer mit Wasserkraft angetriebenen Bandmühle ersuchte, was aber abschlägig beschieden wurde, scheint die Vermutung zu erhärten, daß die vollmechanische Bandmühle bereits im ersten Drittel des 18. Jahrhunderts entwickelt gewesen ist. Da der in der »Encyclopédie« abgebildeten Bandmühle merkwürdigerweise die sonst übliche ausführliche Beschreibung fehlt, ist deren Antrieb nicht genau erkennbar. Deshalb ist die in der Literatur zu findende Behauptung, Vaucanson habe um 1745 die Treibstange erfunden oder zumindest in die später gebräuchliche Form gebracht, nicht unwahrscheinlich. Im Volkskundlichen Museum der Stadt Basel befindet sich eine der ältesten noch erhaltenen Bandmühlen mit einer solchen Treibstange. Sie ist 1764 gebaut worden, also noch acht Jahre vor dem Erscheinen der Abbildungen in der »Encyclopédie«, und war bis in das 20. Jahrhundert hinein in Betrieb. Allerdings hat man im Laufe der Zeit einige Reparaturen und Änderungen vogenommen, so daß der ursprüngliche Zustand wohl nicht genau rekonstruierbar ist. Der große Nachteil der Bandmühle, nämlich der Umstand, daß man darauf nur glatte Bänder fertigen konnte, wurde zunächst dadurch gemildert, daß man an den Bandmühlen auf der linken Seite sogenannte Tambourmaschinen anbrachte. Hierbei handelte es sich um bereits etwa 1735 entwickelte Holztrommeln, auf denen, ähnlich wie bei einer Spieluhrwalze, Nocken eingelassen waren, die bei jeder Umdrehung nacheinander darunterliegende Tritte bewegten, so daß auf diese Weise die jeweils für das gewünschte Muster notwendige Fachbildung erfolgte. Diese Tambourmaschinen stellten jedoch nur eine zeitlich begrenzte Zwischenlösung dar, denn seit ungefähr 1820 setzten sich allmählich die von Joseph Marie Jacquard entwickelten Webmaschinenaufsätze durch, bei denen die Herstellung der Muster über Lochkarten gesteuert wurde.

Zunächst wurde der Bandwebstuhl in den Niederlanden bevorzugt verwendet; 1610 soll es allein in Leiden schon 45 gegeben haben. Andere Städte folgten nach, obwohl es hier und da zeitweilige Verbote gab. Bereits 1615 sind für England Bemühungen um seine Einführung belegt, wo der »Dutch loom«, wie er fortan hieß, anfangs aber auf energische Ablehnung stieß, was sich auch in einem Verbot des englischen Königs im Jahr 1638 manifestierte. Nachrichten über Widerstandsaktionen und sogar Zerstörungen von Bandmühlen durch die Bortenweberzünfte sowie von Magistraten und Regierungen erlassene Verbote sind deutliche, obwohl zeitlich nicht immer ganz präzise Hinweise auf deren zunehmende Benutzung außerhalb der Niederlande. Die erste Stadt, die in der zweiten Hälfte des 17. Jahrhunderts die Bandmühle einführte, war Basel, wo reformierte Glaubensflüchtlinge aus Frankreich und den Niederlanden bereits einhundert Jahre zuvor die Herstellung von Seidenbändern etabliert und zu einem begehrten Exportgewerbe entwickelt hatten. Im Jahr 1664 war der Baseler Wollweber Emmanuel Hoffmann (1643–1702) nach Haarlem zu seinem Bruder gereist, um dort neue Gewerbe kennenzulernen. Drei Jahre später schmuggelte er über die Spanischen Niederlande und Frankreich den ersten »Kunststuhl« nach Basel. Wenngleich die dort ansässigen Posamentierer eine Zeitlang die Einführung weiterer Stühle, die zunächst alle in Holland hergestellt wurden, zu verhindern suchten, konnten sie sich gegen die Baseler Seidenverleger, die auch Bänder bei Heimarbeitern in Basel-Land fertigen ließen, letztlich nicht durchsetzen. Zählte man 1670 in Basel und seinem Umland 22 »Bändelmühlen«, so stieg die Zahl bis 1700 auf etwa 200 an; im Jahr 1754 wurde allein in Basel-Land auf 1.238 und im Jahr 1789 auf 2.351 Bandmühlen produziert. Ihren Höhepunkt erreichte die Bandweberei in dieser Region allerdings erst an der Wende zum 20. Jahrhundert mit mehr als 8.500 Stühlen, die, technisch fast unverändert, nun allerdings von kleinen Elektromotoren angetrieben wurden.

Für andere europäische Regionen liegen bis heute nur vereinzelte Angaben vor, die eine flächendeckende Aussage über die Verbreitung der Bandmühle nicht zulassen. Für die deutschen Territorien läßt sich beispielsweise nur feststellen, daß erstmals 1645 ein Frankfurter Bortenwirker eine Bandmühle aus Krefeld nach Frankfurt gebracht hat, deren Betrieb ihm aber vom Magistrat untersagt wurde. Ähnliche Versuche mit gleichem Ergebnis sind für andere deutsche Städte belegt. 1685 wurde sogar vom Kaiser ein reichsweites Verbot der Bandmühlen erlassen und 1719 nochmals erneuert. Das letzte Verbot wurde in Sachsen offiziell erst 1765 aufgehoben. Trotz dieser Hemmnisse kam es zu einer schleichenden Ausbreitung, und in der zweiten Hälfte des 18. Jahrhunderts setzte sich die Bandmühle endgültig durch, mit hohen Verdichtungen in und um Berlin, Wien, Krefeld und Barmen-Elberfeld. In Frankreich konnte sie trotz verschiedener Anläufe seit 1666, als Colbert um die Erlaubnis zu ihrer Einführung ersucht wurde, erst gut einhundert Jahre später festen Fuß fassen, und noch am Ende des 18. Jahrhunderts gab es Proteste von Pariser Posamentierern, die sich offensichtlich gegen die Anwendung der Treibstange richteten.

Dieser im Vergleich zu anderen Innovationen äußerst langwierige Diffusionsprozeß ist auf verschiedene Ursachen zurückzuführen, die im Kern eine eminente Bedrohung des Posamentiererhandwerks gewesen sind. In dem kaiserlichen Edikt von 1685 werden auch die Klagen der Posamentierer wiedergegeben, die das Verbot veranlaßt haben. Dort heißt es, es hätten »diese nützlich und vorträglich scheinenden Schnur-Mühlen nunmehr dergestalten überhand genommen, daß nicht allein dadurch gedachtes, sich sonsten im Römischen Reich in großer Anzahl befindliche Schnürmacher- und Posamentirer Handwerk von Tag zu Tag abnehme, und sogar zu Boden geworffen werden solle, sondern auch so viel tausend Personen und gantze Familien an den Bettel-Stab und dahin gebracht werden, daß sie, bey ermangelnder, außer dieses von Jugend auf von ihnen erlernten Handwercks, anderwärtiger Nahrung und Gewerbs, nicht nur denen Herrschaften und Obrigkeiten mit den sonst eingerichteten Gebührnissen nicht einhalten können, sondern auch theils derselben gar in die Spitäler kommen, und also die Herrschaftliche Renten und Einkommen mercklichen Schaden leiden, hierentgegen deren Onera und Auslagen sich vermehren und häufen, und dergestalten gegen Ernehrung einer Person wohl 16 andere zu Grund gerichtet und dem gemeinen Wesen und Besten untauglich gemacht werden müssen; anderer mehr, bey solcher Beschaffenheit unter denen Handwerckern und Unterthanen schädlicher Zerrüttung und Empörung zu geschweigen.«

Auch wenn die Zünfte hinsichtlich der Leistungsfähigkeit der Bandmühle bewußt übertrieben haben, war die Furcht berechtigt, daß hierdurch insofern ein allmählicher Prozeß der Dequalifizierung eingeleitet wurde, als man für die Arbeit an der Bandmühle, auf der sich anfänglich nur glatte, schmale Bänder weben ließen, nun ungelernte, das hieß unzünftige Arbeiter anstellen konnte. Das wurde seit dem späten 17. Jahrhundert eine Realität. Da die Anschaffungskosten für eine Bandmühle beispielsweise um 1660 in England etwa 100 Wochenlöhne eines Webers betrugen, waren die meisten Handwerksmeister nicht in der Lage, zu ihrem eingängigen Posamentenstuhl zusätzlich einen Schubstuhl oder eine Bandmühle zu kaufen. Die Folge war, daß die Bandmühlen dem Verleger gehörten, der darauf Lohnarbeit verrichten ließ. Auf diese Weise wurden im Laufe der Zeit zahlreiche Posamentierer zu bloßen Lohnarbeitern. In Manufakturbetrieben mußten sie dann teilweise sogar zusammen mit angelernten Bandwebern arbeiten.

Aber auch die Arbeitsplätze der männlichen Lohnarbeiter gingen mit der Einführung der Treibstange beziehungsweise der Wasserkraft weitgehend verloren; denn die Arbeit an der Bandmühle erforderte nun so geringe Fertigkeiten und vor allem so minimale Körperkräfte, daß die Verleger die wesentlich billigeren Frauen und Kinder als Arbeitskräfte bevorzugten. Obschon die in ihrer Existenz bedrohten Bortenweber anfänglich noch aufzubegehren suchten, wie dies beispielsweise zwischen 1783 und 1786 in Berliner Manufakturen geschah, war das kein entscheiden-

67. Frauenarbeit an einer Bandmühle. Kupferstich von J. G. Prestel, 1789. Wolfenbüttel, Herzog August-Bibliothek

des Hindernis mehr. In seinem »Versuch eines Lehrbuches der Fabrikwissenschaft zum Gebrauch Akademischer Vorlesungen« schrieb der Kameralwissenschaftler Johann Heinrich Jung-Stilling (1740–1817) im Jahre 1785 fast begeistert: »Ein Vatter der das Bandwürken versteht, kan verschiedene Maschinen von seinen Kindern drehen lassen, er geht alsdann zwischen ihnen erum, giebt acht, spult ihnen die Einschlagspülchen, scheert ihnen die Kette, und hilft ihnen zurecht, wo etwas fehlt, es kostet nicht viel Anstrengung hundert elen Band auf einer solchen Maschine in einem Tag zu machen.« Angesichts dieser hochentwickelten Webmaschine stellt sich fast zwangsläufig die Frage, warum nicht auch bei der Breitweberei der Webvorgang bereits im frühen 18. Jahrhundert mechanisiert worden ist, zumal es sich letztlich um die gleichen Arbeitsschritte wie beim Weben von Bändern gehandelt hat. Überlegungen in dieser Richtung sind bekannt, doch das Konstruktionsmaterial dürfte Schwierigkeiten bereitet haben. Bandmühle und Breitwebstuhl waren überwiegend aus Holz gebaut, aber beim Breitwebstuhl waren erheblich größere Massen zu bewegen, und die Schiffchen hatten wesentlich längere Wege zurückzulegen – beides Faktoren, die einer einfachen Übertragung der Mechanismen im Weg standen. Die Erfindung der Schnellade durch John Kay um 1733 war dann ein erster wichtiger Teilerfolg. Doch erst zu Beginn der zwanziger Jahre des 19. Jahrhunderts stand ein wirklich brauchbarer Maschinenwebstuhl zur Verfügung. Die Erfindung von Edmund Cartwright (1743–1823) von 1786 vervollkommnend, bestand er weitgehend aus Eisen. Der amerikanische Technikhistoriker Abbot P. Usher hat in diesem Zusammenhang einmal mit Recht darauf hingewiesen, daß die Umsetzung von Konstruktionen aus kleinen Maßstäben in größere genauso schwierig sei wie die Entwicklung neuer technischer Prinzipien.

Eine zweite, für das damalige technische Niveau geniale Erfindung, deren Prototyp fast zur gleichen Zeit, nämlich 1589, der Öffentlichkeit vorgeführt wurde, war der Strumpfwirkstuhl. Obwohl das Stricken bereits im Mittelalter gang und gäbe war, setzte sich der gestrickte Strumpf als Kleidungsstück erst mit der Vorherrschaft der spanischen Tracht seit der zweiten Hälfte des 16. Jahrhunderts durch. In den meisten europäischen Ländern wurden die Strümpfe von Handstrickern sowohl in der Stadt als auf dem Lande gefertigt. In Deutschland waren sie zünftig organisiert. Produziert wurden die Strümpfe aus Leinengarn, Wolle, meistens Kammgarn, und Seide. Häufige Modewechsel insbesondere bei den feinen und damit sehr teuren Strümpfen bescherten dem Gewerbe der Strumpfstricker in Spanien, Italien, Frankreich, Deutschland und England für lange Zeit ein erträgliches Einkommen. Der hohe Arbeitsaufwand bei den feinen Seidenstrümpfen einerseits und die starke Nachfrage andererseits, angeblich aber auch die Zuneigung zu seiner Verlobten, die entweder selbst Strümpfe strickte oder die Produkte von Handstrickern verlegte, waren wohl dafür verantwortlich, daß sich der protestantische Geistliche Edmund Lee (gestorben nach 1610) aus Calverton bei Nottingham mit der Entwicklung eines Strumpfwirkstuhles beschäftigte. Die konstruktive Hauptschwierigkeit bestand darin, einen Mechanismus zu erfinden, der den komplizierten Bewegungsvorgang beim Handstricken, bei dem die Maschen durch das Zusammenwirken von Finger- und Nadelbewegungen entstanden, nachahmte. Lee fand die Lösung, indem er für jede einzelne Masche eine besondere, mit einem Haken versehene Nadel verwendete. »Zwischen diesen Nadeln befanden sich bewegliche Platinen, mittels welchen er einen von Hand vorgelegten Faden in Schleifenform zwischen die Nadeln führte und erst eine ganze Schleifenreihe bildete, aus der dann auf einmal auch eine ganze Maschenreihe vollendet wurde. Dieser Maschenbildungsvorgang war also von dem bisherigen Handstricken grundverschieden. Jetzt konnte man eine ganze Reihe von Maschen gleich in der Breite des Strumpfes auf einmal herstellen und die Reihen zu einem ebenflächigen Warenstück hintereinanderfügen. Die Form erlangte man durch Ein- und Ausdecken der Randmaschen« (C. Aberle). Als Lee 1589 seinen Prototyp vorstellte, konnte er damit zunächst nur die Funktionsfähigkeit seines Wirkstuhls demonstrieren; denn die anfänglich von ihm hergestellten Wollgestricke waren äußerst grob und weitmaschig, da er je 3 Zoll nur insgesamt 16 Nadeln einsetzen konnte. Außerdem war auf der Maschine das Rundstricken nicht möglich, was bei den Abnehmern anfangs auf Ablehnung stieß. Unübersehbar aber war die höhere Produktivität des Wirkstuhls gegenüber dem Handstricken. Schaffte ein geübter Handstricker in der Minute ungefähr 100 Maschen, so waren es beim

68. Arbeit am Strumpfwirkstuhl. Kupferstich in dem 1763 in Paris erschienenen Band 23 der »Encyclopédie«. Privatsammlung

Wirkstuhl, den der Wirker von einem angebauten Sitzbrett aus bediente, 1.000 und später sogar bis zu 1.500 Maschen.

Um sich ganz der Nutzung seiner Erfindung widmen zu können, gab Lee seinen Beruf als Geistlicher auf und baute, zusammen mit seinem Bruder James, in den folgenden Jahren immer weiter verbesserte Typen seiner Wirkmaschine, auf der sich schließlich, am Ende des Jahrhunderts, auch feine Seidenstrümpfe produzieren ließen, was eine höhere Dichte von feineren Nadeln zur Voraussetzung hatte. Diese Entwicklung kann nicht hoch genug eingeschätzt werden, denn dahinter steckten erhebliche fertigungstechnische Fortschritte. Im Gegensatz zur weitgehend aus Holz gefertigten Bandmühle bestand der auf einem hölzernen Rahmen ruhende Strickapparat fast völlig aus Eisenteilen, die Zeugnis von dem hohen Stand der englischen Feinmechanik, in erster Linie der Uhrmacherei, ablegten. Wie genial das von Lee, einem der zahlreichen und für die englische Gewerbeentwicklung so typischen technischen Außenseiter, erfundene Prinzip war, zeigte sich daran, daß der Wirkstuhl bis in die Mitte des 18. Jahrhunderts nahezu unverändert gebaut und bis in das späte 19. Jahrhundert nur marginal verbessert werden konnte. Der Göttinger Johann Beckmann bezeichnete in seiner »Anleitung zur Technologie« (1777) den Wirkstuhl als »ein Meisterstück der Erfindungskraft und des Witzes, das künstlichste Werkzeug aller Handwerker und Künstler, mit seinen drittehalb tausend Theilen«.

Trotz seiner staunenswerten Leistungen sollte Lee der wirtschaftliche Erfolg versagt bleiben. Mehrere Versuche, über Mittelspersonen ein Privileg für seine Erfindung von Königin Elisabeth I. (1533–1603) und später von ihrem Nachfolger, Jakob I. (1566–1625), zu erhalten, scheiterten. Vermutlich stand hinter den Ablehnungen die Befürchtung, daß die breite Anwendung des Strumpfwirkstuhles die in England unzünftigen Handstricker brotlos machen könnte. Auf Einladung Heinrichs IV. von Frankreich (1533–1610) ging Lee mit seinem Bruder, sechs Strickern sowie der entsprechenden Anzahl von Wirkstühlen nach Rouen, wo er ein Patent für die Produktion seiner Stühle erwartete. Die Ermordung des hugenottischen Königs im Jahr 1610 machte dann alle Hoffnungen von Lee zunichte. Verarmt ist er in Frankreich gestorben. Sein Bruder James kehrte jedoch mit den Arbeitern samt den Stühlen nach England zurück und eröffnete zusammen mit Partnern in Nottingham eine Produktionsstätte für Strumpfwirkstühle, die nach einigen weiteren Verbesserungen nun serienreif waren. War der Absatz zu Anfang noch zögerlich, so verstärkte sich die Nachfrage spürbar, zumal ein unter Cromwell 1657 erlassenes Dekret die Maschinenstricker, die Framework knitters, offiziell anerkannte und zugleich die Ausfuhr in andere Länder verbot, was aber den Schmuggel nicht verhindern konnte. Im Jahr 1669 standen in England etwa 660 Stühle, davon allein 400 in London. Dreiviertel davon dienten der Herstellung von Seidenstrümpfen. Im Jahr 1782 betrug die Anzahl der Stühle schließlich rund 20.000.

Auf Betreiben von Colbert, dem an der Förderung der Seidenindustrie als Luxus-

69. Detail einer Strumpfwirkmaschine. Kupferstich in dem 1763 in Paris erschienenen Band 23 der »Encyclopédie«. Privatsammlung

gewerbe gelegen war, wurde der Strumpfwirkstuhl Mitte der fünfziger Jahre erneut nach Frankreich geholt, dieses Mal allerdings auf illegalem Weg durch den Unternehmer Jean Hindret (gestorben 1697), der 1656 von Ludwig XIV. die Erlaubnis zum Bau von Wirkstühlen und zur Ausbildung von Maschinenstrickern erhielt. Hindret nahm an Lees Stuhl einige Verbesserungen vor, und die Abbildung in der »Encyclopédie«, die den technischen Stand des frühen 18. Jahrhunderts wiedergibt, dürfte bis auf einige Details auf Hindrets Wirkstuhl zurückgehen. Dieser Unternehmer war indessen nicht der einzige Innovator, der für einen rasch zunehmenden Einsatz der Wirkstühle in zahlreichen Städten Frankreichs sorgte. Während der Cromwell-Ära waren auch etliche katholische Strumpfwirker nach Avignon geflüchtet, die dort die Keimzelle der Wirkerei von Seidenwaren bildeten. Später breitete sich die Wirkerei auch in den ländlichen Regionen aus, wobei nun neben Seidenwaren solche aus Wolle, Leinen und Baumwolle produziert wurden. Am Verlust der mehrere Jahrzehnte andauernden französischen Monopolstellung auf dem Kontinent war Ludwig XIV. schuld, da mit der Aufhebung des Ediktes von Nantes zahlreiche hochqualifizierte hugenottische Stuhlwirker unter Mitnahme ihres Werkzeuges die Heimat verließen und die außerhalb Frankreichs noch weithin unbekannte Technologie unter anderem nach Deutschland und in die Schweiz brachten, wo sie vor allem seit dem 18. Jahrhundert aufblühte. In Berlin besaß 1721 die französische Kolonie 140 Strumpfwirkstühle, und 1737 waren es bereits 700, Bremen verfügte um 1750 über etwa 500 Stühle und Magdeburg 1729 sogar über 864. Zahlreiche andere Städte im deutschen Raum wiesen eine ähnliche Entwicklung auf.

Vergleicht man den Diffusionsprozeß des Strumpfwirkstuhls mit dem der Bandmühle, so fällt auf, daß er weniger Zeit benötigte und offenbar auch auf geringeren Widerstand bei jenen gestoßen ist, die sich von seiner Einführung in ihrer Existenz bedroht sehen mußten. Ein wichtiger Grund könnte gewesen sein, daß den bisherigen Handstrickern nun eine Apparatur zur Verfügung stand, die ihnen die recht mühsame und zeitaufwendige Fingerarbeit abnahm und sie um ein Vielfaches produktiver sein ließ; außerdem beanspruchte eine solche Maschine in der häuslichen Arbeitsstätte nicht allzuviel Platz. Tatsache ist jedenfalls, daß bereits im Laufe des 17. Jahrhunderts immer mehr ehemalige Handstricker zur Arbeit am Wirkstuhl übergegangen sind. Bei der Bandmühle hingegen war die Sachlage verwickelter. Die Bortenweber fertigten hauptsächlich Posamenten und Borten mit komplizierten Mustern an, während die Herstellung glatter Bänder nur einen geringen Teil ihrer Arbeit ausmachte, der aber insbesondere in Zeiten, in denen die teure Ware schlecht abzusetzen war, an Bedeutung zunahm. Mit der Einführung der in der Anschaffung recht teuren Bandmühle wurde den Bortenwebern eine wichtige Einnahmequelle genommen. Fortan bestanden somit zwei Gewerbe nebeneinander: das der hochqualifizierten, zünftig organisierten Bortenweber und das der

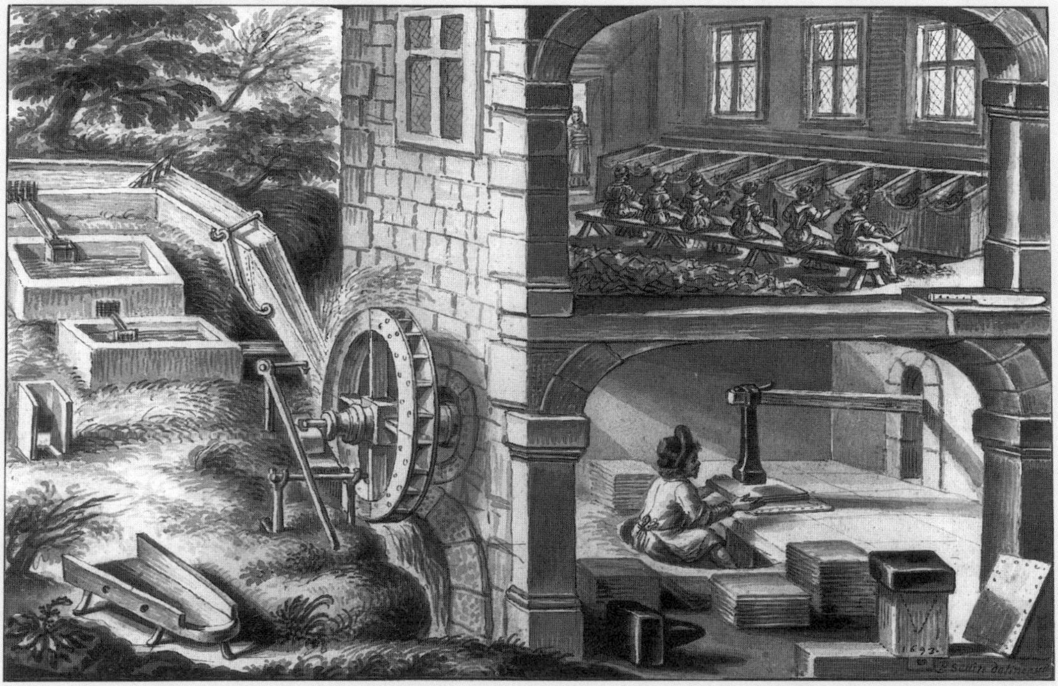

70. Arbeitsvorgänge in einer Papiermühle: Sortieren der Lumpen per Hand und Glätten des Papiers in einer durch Wasserkraft angetriebenen Stampfe. Lavierte Zeichnung von Pierre Paul Sevin, 1693. Paris, Académie Royale des Sciences, Bibliothèque de l'Institut

meist in Manufakturen tätigen oder von Verlegern abhängigen Bandweber. Beide Innovations- und Diffusionsprozesse zeigen in eindrucksvoller Weise, wie stark technischer Wandel mit den herrschenden, aber sich im Zeitablauf auch verändernden sozialen, ökonomischen und kulturellen Gegebenheiten verflochten sein kann.

Papiermacherei

Die durch die Erfindung des Buchdrucks mit beweglichen Metallettern ausgelöste Revolution des Kommunikationswesens führte zu einer ständig wachsenden Nachfrage nach Papier für den Druck von Büchern, Holzschnitten und Kupferstichen. Die Zunahme der Verschriftlichung in Handel, Gewerbe und Wissenschaft, vor allem aber der Ausbau der auf dem Aktenverkehr basierenden landesherrlichen Verwaltungen ließen den Papierverbrauch seit dem späten 16. Jahrhundert sprunghaft ansteigen. In Form der behördlichen Akte war das Papier nun ein »strategisches«

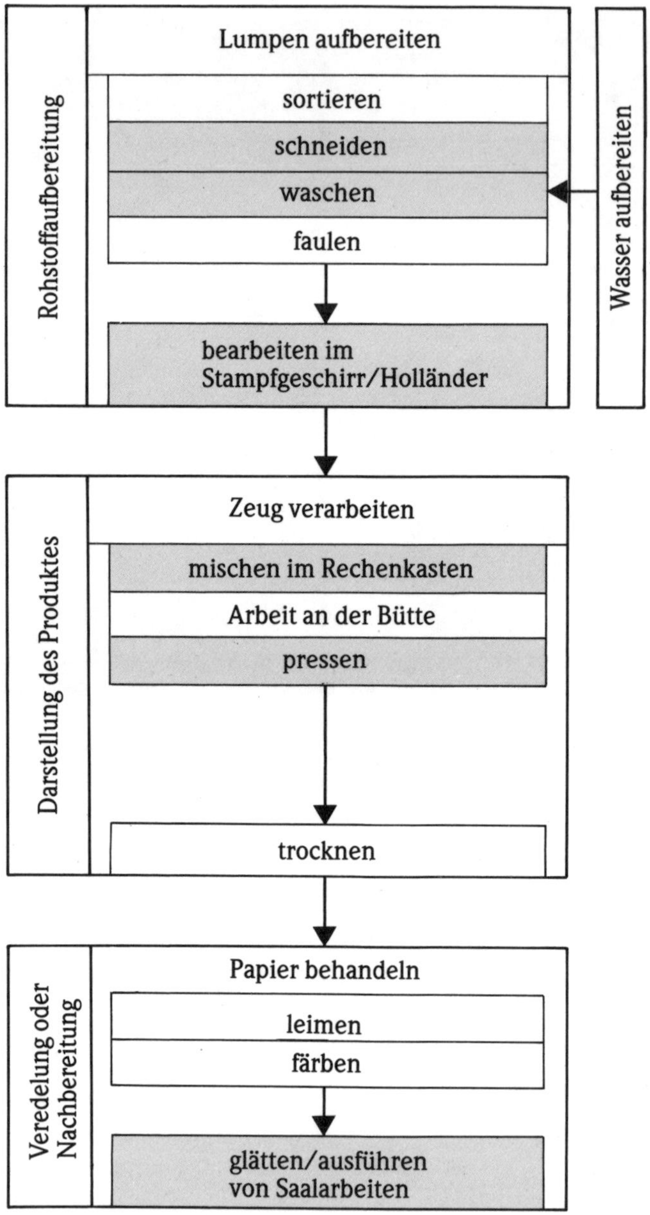

Stufen der vorindustriellen Papierproduktion: mechanisierte Arbeitsschritte gerastert (nach Bayerl und Pichol)

Produkt für die zentrale Verwaltung und zugleich Instrument obrigkeitlicher Kontrolle des Territoriums. Ein Problem, das sich am Ende des hier behandelten Zeitraumes verschärfte, war die zeitweise Knappheit an Rohstoff für die Papiererzeugung; denn die zur Verfügung stehende Rohstoffmenge, die aus abgelegten leinenen oder baumwollenen Kleidungsstücken in Form von Lumpen, auch Hadern genannt, bestand, war von der Bevölkerungsentwicklung und den wirtschaftlichen Wechsellagen abhängig. Abgegrenzte Lumpensammelbezirke, Ausfuhrverbote und sogar ein florierender Lumpenschmuggel waren im 17. und 18. Jahrhundert keine Seltenheit. Dennoch wuchs die Zahl der Papiermühlen im Laufe der Jahrhunderte unaufhaltsam an. Produzierten in den deutschen Territorien um 1600 etwa 190 Papiermühlen und in der zweiten Hälfte des 17. Jahrhunderts annähernd 500, so wird die Zahl der Betriebe um 1770 auf 950 bis 1.000 geschätzt.

Die Papiererzeugung mit ihren etwa 60 Arbeitsschritten im 17. Jahrhundert war nicht zwangsläufig mit einer bestimmten Betriebsform verbunden. Neben kleinen, handwerklich organisierten Betrieben mit geringer Arbeitsteilung und minimalem Mechanisierungsgrad gab es größere Manufakturen mit hoher Arbeitsteilung und vielen lohnabhängig Beschäftigten. Waren in kleinen Betrieben in der Regel 7 bis 10 Personen tätig, darunter 3 bis 4 gelernte Papiermacher, so waren die Arbeitsbereiche in den größeren Papiermühlen stärker differenziert: Dort arbeiteten Meister, Formenmacher, Büttknecht, Gautscher, Leger, Glätter, Mühlbereiter, der das Lumpenstampfwerk und die Mühlenmaschinerie überwachte und reparierte, Lehrjunge, Lumpenreißer, Lumpensammler samt der Hilfskräfte wie Tagelöhner, Frauen und Kinder. Aufgrund dieser Arbeitsteilung erfolgte die Mechanisierung einzelner Arbeitsschritte im 17. und 18. Jahrhundert vorrangig in den größeren, kapitalkräftigeren Betrieben. Der Standort von Papiermühlen war in doppelter Hinsicht vom Wasser abhängig: Es mußte für den Antrieb der Maschinerie in ausreichender Menge zur Verfügung stehen und zudem zwecks einer guten Papierqualität sauber sein. Daß die Papiermacherei andererseits zu den schlimmsten Umweltverschmutzern zählte, sollte dabei nicht übersehen werden. Die Abhängigkeit von einer bestimmten Wasserqualität war einer der Gründe, warum zahlreiche Papiermühlen außerhalb der Städte angelegt wurden.

Die Papierherstellung gliederte sich in drei Hauptabschnitte: Rohstoffaufbereitung, Formung des Produktes und Veredelung. Die Aufbereitung der Rohstoffe umfaßte Arbeitsschritte, die sich mit relativ einfachen, wenngleich häufig sehr kapitalintensiven technischen Mitteln mechanisieren ließen. Das Sortieren der Leinenlumpen nach Weiße und Feinheit, wovon die jeweilige Papierqualität abhing, wurde auf dem Lumpenboden meist von Frauen und Kindern vorgenommen. Ansteckungen durch verdreckte, sporenbildende Lumpen kamen häufig vor. Der gefürchtete Milzbrand wurde nicht grundlos auch »Hadernkrankheit« genannt. Gleiches galt für das Zerkleinern der Lumpen auf einem feststehenden, sensenartigen Messer. Daß im frühen 18. Jahrhundert, vermutlich zuerst in Deutschland, halbmechanische Lumpenschneider in größeren Papiermühlen eingesetzt wurden, geschah wohl weniger aus hygienischen, vielmehr aus wirtschaftlichen Gründen, weil die nach dem Fallbeilprinzip arbeitenden Geräte eine raschere Zerkleinerung der Lumpen ermöglichten. Solche Apparate wurden aber bald durch Schneidegeräte abgelöst, die nach dem Scherenprinzip funktionierten und offensichtlich die schon länger in der Landwirtschaft gebräuchlichen Häckselmaschinen zum Vorbild hatten, so daß es sich hier um einen Technologietransfer von einem Gewerbe in das andere handelte. Die älteste Abbildung eines Lumpenschneiders stammt aus dem Jahr 1736 und zeigt sogar ein vollmechanisches Gerät, in das die eingeführten Lumpen schrittweise vorangeschoben und zerhackt wurden. Doch diese Maschine, die in einer Nürnberger Papiermühle verwendet wurde, scheint wegen ihrer Kompliziertheit so anfällig gewesen zu sein, daß sie keine Verbreitung gefunden hat. – Auch das Waschen der Lumpen, das für die Herstellung eines fleckenlosen Papiers notwendig war, wurde zu Beginn des 18. Jahrhunderts mechanisiert. Die Lumpen wurden in eine auf einer vertikalen Welle sitzende Holztrommel gesteckt, die in einem mit Wasser gefüllten Bodenkasten lief. Im Innern der Trommel befestigte Bretter sowie Spaltöffnungen in den Seitenwänden, die das Wasser hereinließen, sorgten für einen gründlichen Waschvorgang.

Der von der Kapitalseite, dem erforderlichen Energieaufwand und der Zeitdauer her aufwendigste Arbeitsschritt im Rahmen der Rohstoffaufbereitung war das Zerstampfen der Lumpen zu einem Brei, das in dem »deutschen« Stampfgeschirr erfolgte, welches seit dem späten Mittelalter gebräuchlich war. Neben diese Maschinerie, die viel Raum beanspruchte, Erschütterungen und Lärm verursachte, trat eine um 1670 eingeführte Maschine, die man später nach ihrem Herkunftsland als »Holländer« bezeichnete. Wahrscheinlich ging sie auf eine vor allem in den zaanländischen Windpapiermühlen übliche Form der Rohstoffaufbereitung zurück, bei der man nicht Lumpen, sondern überwiegend alte Seile, Schiffstaue und Fischernetze zu Papier verarbeitet hat. Diese sehr festen Materialien wurden zunächst in der »Kapperij«, einem Stampfwerk mit wenigen Stempeln, die unten scharfe Schneidemesser trugen, zerkleinert und dann in einem Kollergang weiter zermahlen. In dem »Holländer«, der nach dem Walzenprinzip arbeitete, waren beide Vorgänge, das grobe Zerkleinern wie das anschließende Zermahlen, vereinigt. Gegenüber dem »deutschen« Stampfgeschirr besaß der »Holländer« mehrere entscheidende Vorteile.

Er war erheblich kleiner, wesentlich leiser, weniger reparaturanfällig und, was wohl ausschlaggebend gewesen sein dürfte, im Zeit-Leistungsverhältnis um das Doppelte besser. Die Konstruktion war einfach: In einem geschlossenen, von Wasser durchströmten Bottich lief eine mit 36 metallenen Schienen radial bestückte und durch Wasserkraft angetriebene hölzerne Welle. Am Boden des Bottichs befan-

71. Papiermacherwerkstatt mit Bütte, durch Wasserrad angetriebenem Stampfwerk und Presse. Kupferstich in dem 1673 in Nürnberg erschienenen »Theatrum machinarum novum« von Georg Andreas Böckler. Wolfenbüttel, Herzog August-Bibliothek

den sich eine Kröpfung und ebenfalls mehrere Schienen, so daß die Lumpen zwischen Welle, Kröpfung und Schienen zermahlen wurden. Der »Holländer«, der ab 1710 in deutschen Papiermühlen Verwendung fand und später in zahlreichen europäischen Ländern zu finden war, wurde lange Zeit ergänzend zum Stampfgeschirr für die Weiterverarbeitung des Halbzeugs zum Ganzzeug eingesetzt. Bei der Neugründung von Papiermühlen am Ende des 18. Jahrhunderts baute man nur noch »Holländer« ein.

Auch bei der Herstellung des Papiers wurden dem eigentlichen Kernprozeß, dem Schöpfen des Papierbreis aus der Bütte mit dem Drahtsieb, dem Gautschen und dem

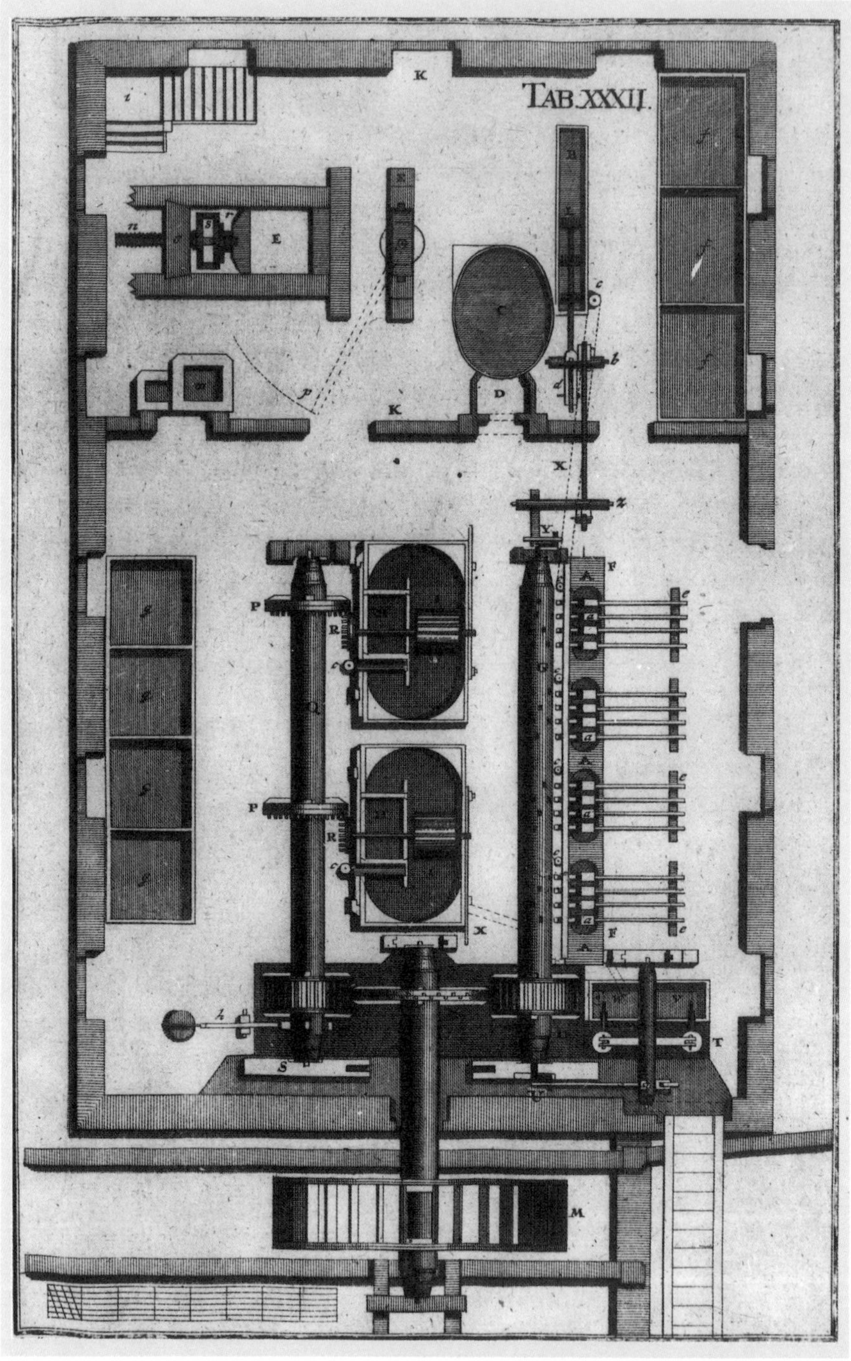

72. Grundriß einer Papiermühle. Kupferstich in dem 1735 in Leipzig erschienenen »Theatrum machinarum molarium« von Johann Matthias Beyer. Leipzig, Universitätsbibliothek

Legen, vorausgehende Fertigungsstufen beziehungsweise der nachfolgende Arbeitsschritt mechanisiert. Seit dem frühen 17. Jahrhundert stand, allerdings wohl nur in Deutschland, neben der Bütte der sogenannte Rechenkasten, in welchem die aus den Lumpen gewonnene Zeugmasse unter Zugabe von Wasser nochmals gründlich durchgemischt wurde, bevor man sie in die Bütte gab; denn je besser die Zeugmasse im Wasser verteilt war, desto gleichmäßiger wurde das geschöpfte Papier.

Der Rechenkasten bestand aus einem länglichen Trog, in dem eine mit Wasserkraft bewegte Stange mit einem rechenartigen Unterteil hin- und hergeschoben wurde, wobei sich die Zeugmasse mit dem Wasser vermischte. Das vom Gautscher mit Zwischenlagen von Filz gestapelte Pauscht wurde unter die Naßpresse gebracht, die der Tuchpresse glich. In den größeren Papiermühlen ging man wie im Textilgewerbe zu eisernen Spindeln oder ganzen Eisenpressen über. Am Ende des Jahrhunderts kamen in Deutschland die ersten mit Wasserkraft angetriebenen Naßpressen auf, die die schwere körperliche Arbeit, zu der immer mehrere Arbeiter zusammengerufen werden mußten, ersetzte. Die Kraftübertragung vom Wasserrad auf die Spindel der Presse erfolgte entweder über einen Seilzug oder über ein hölzernes Zahnradgetriebe.

Im letzten Produktionsabschnitt, der Veredelung, die das Leimen, Färben, Glätten, die Qualitätskontrolle und Abzählung der Papierbogen einschloß, bot sich in vorindustrieller Zeit nur der Glättvorgang zur Mechanisierung an. Das Glätten wurde mit einem eingefetteten, glatten Stein vorgenommen, und diese Arbeitsweise wurde in vielen kleinen Papiermühlen bis in das 19. Jahrhundert beibehalten. Aber bereits um die Mitte des 16. Jahrhunderts soll die durch eine Nockenwelle angetriebene Schlagstampfe, ein spezieller Schwanzhammer, erstmals eingesetzt worden sein. Wegen seiner um ein Vielfaches höheren Produktivität, die etwa drei Viertel der beschäftigten Glätter ersetzt hätte, gab es erhebliche Unruhen, so daß sich die Schlagstampfe nur allmählich und dann wiederum eher in den größeren Betrieben mit mehreren Bütten durchzusetzen vermochte. Im letzten Drittel des 18. Jahrhunderts benutzte man immer mehr von Hand- oder mit Wasserkraft angetriebene Glättwalzwerke, bei denen das Papier zwischen zwei Walzenzylindern hindurchlief.

Der technische Wandel in der Papiermacherei während des 17. und 18. Jahrhunderts zeigt auf beeindruckende Weise, daß die Maschinisierung gewerblicher Bereiche nicht erst und vermeintlich schlagartig mit der Industriellen Revolution eingesetzt hat, sondern das Ergebnis eines langen evolutionären Prozesses gewesen ist. Was auf der Basis des »hölzernen« Maschinenbaus zu mechanisieren war, wurde, sofern Investitionskapital bereitgestellt war, auch mechanisiert. Nur der von qualifizierter Handarbeit geprägte Kernprozeß blieb zunächst, nicht nur aus technischen Gründen, sondern wegen der noch dominierenden Handwerksverfassung, ausgespart. Doch da einer weiteren Steigerung der Arbeitsleistung physische Grenzen gesetzt waren, war die Entwicklung der Papiermaschine lediglich eine Frage der Zeit. Den wichtigen Schritt dazu leistete der Franzose Louis Robert (1761–1828), der 1799 die erste Papiermaschine zum Patent anmeldete, mit der statt einzelner Bögen lange Papierbahnen hergestellt werden konnten.

Glasproduktion

Die Herstellung von Hohl- und Flachglas nahm im 17. und 18. Jahrhundert in mehrerlei Hinsicht einen geradezu stürmischen Aufschwung. Sie stieg quantitativ stark an, die Produktpalette wurde erheblich erweitert und, was damit eng zusammenhing, es wurden neue Glassorten und neue technische Produktionsanlagen entwickelt. Über mehrere Jahrhunderte hatte die auf der Insel Murano konzentrierte venezianische Produktion von Luxusglas den europäischen Markt monopolisiert. Für bunte oder emaillierte Gläser, Fadengläser und Kristallglas sowie für Spiegel wurden Höchstpreise verlangt und bezahlt. Seit der Mitte des 16. Jahrhunderts war es mit der Vorzugsstellung von Murano vorbei. Die durch hohe Strafandrohungen lange Zeit streng geheimgehaltenen Schmelzverfahren und Verarbeitungstechniken waren mittlerweile durch Werkspionage und Abwerbung von Fachkräften in zahlreichen europäischen Ländern bekannt und führten dort zum Aufbau von landesherrlichen oder zumindest staatlich unterstützten Manufakturen, welche die Wanderglashütten ergänzten, die weiterhin grünes Gebrauchsglas wie Gläser, Becher und Flaschen produzierten.

In seiner Wirkung für die rasche Ausbreitung glastechnologischen Wissens nicht zu unterschätzen war das erste umfangreiche Fachbuch des Italieners Antonio Neri, »L'arte vetraria«, das im Jahre 1612 in Florenz erschienen ist. Ein halbes Jahrhundert später wurde dieses Werk von Christopher Merret ins Englische übersetzt und durch einen Kommentar ergänzt, und 1679 veröffentlichte dann, auf diesen Ausgaben fußend, der deutsche Glastechnologe Johann Kunckel (1638–1703) seine »Ars vitraria experimentalis, oder Vollkommene Glasmacher-Kunst«, die bis ins späte 18. Jahrhundert immer wieder neu aufgelegt wurde.

Obwohl die Zusammensetzung des Glases in ihren Grundkomponenten, nämlich Quarzsand, Soda oder Pottasche und Kalkstein oder Kreide, unverändert blieb und die Beigabe von Metalloxiden zur unterschiedlichen Färbung des Glases zum Teil seit der Antike bekannt war, wurden zahlreiche neue Glassorten von Glasmachern entwickelt, die (al-)chemische Kenntnisse besaßen und nun systematisch Schmelzversuche mit den verschiedensten Substanzen unternahmen. Johann Kunckel, der ab 1678 Pächter einer Glashütte und Geheimer Kammerdiener am Hofe des Kurfürsten Friedrich Wilhelm von Brandenburg (1620–1688) war, unternahm fast zehn Jahre lang geheime Versuche auf der ihm vom Kurfürsten geschenkten Pfaueninsel

73. Herstellung von Pottasche für die Glaserzeugung mit der daraus resultierenden Rauchentwicklung. Kupferstich in der 1679 in Frankfurt am Main erschienenen »Ars vitraria experimentalis« von Johann Kunckel. München, Deutsches Museum

bei Potsdam. Dort entwickelte er ein Verfahren zur Herstellung größerer Mengen des Goldrubinglases, das man schon im Mittelalter gekannt hat, dessen Rezeptur aber verlorengegangen war. Aufgrund seiner Versuche konnte er auch erstmals in seiner »Ars vitraria« genauere Angaben über die chemische Zusammensetzung des Kobaltfarbstoffes vorlegen.

In Großbritannien entwickelte um 1675 George Ravenscroft durch Beigabe von

Bleioxid das Bleikristallglas, das sich wegen seines großen Gewichtes und seiner Brillanz, die aus der hohen Brechungszahl resultierte, bald großer Beliebtheit erfreute. Außerdem ließ es sich wegen seiner relativen Weichheit gut schneiden. Die Bleikristallerzeugung breitete sich rasch auch in andere Länder aus. Fast zur gleichen Zeit experimentierte man in böhmischen Glashütten mit einem dem venezianischen Kristall ähnlichen Glas, nur daß man hier statt der Soda Pottasche verwendete. Das Ergebnis war ein hervorragendes Glas, das in Verbindung mit hohen künstlerischen Techniken den Ruhm der böhmischen Glaserzeugung begründete. Auch die Herstellung von opakem, fast undurchsichtigem sowie opalisierendem, milchig schimmerndem Glas gelang in diesen Jahrzehnten erstmalig in deutschen Hütten, wofür man nach Kunckel Knochenkohle oder Hirschhorn benutzte.

Die erheblichen Fortschritte in der Schmelztechnologie waren von mannigfaltigen Neuerungen in der Hüttentechnik und der Organisation des Produktionsablaufes begleitet. Wenngleich der bienenkorbähnliche Agricola-Ofen weiterhin zur Grundausstattung der meisten Glashütten gehörte, kam es vermehrt zur Entwicklung neuer Ofentypen, die nach R.-J. Gleitsmann von folgenden Gesichtspunkten geleitet war: die erzielbaren Ofentemperaturen zu steigern; die Qualität der erschmelzbaren Glasmasse zu erhöhen, wobei vor allem Maßnahmen gegen eine Verunreinigung durch Rauchgase und Flugasche im Vordergrund standen; den Schmelzprozeß in technischer Hinsicht besser beherrschbar zu machen, also insbesondere die Probleme des Brennmaterials, des Abbrandes und der Luftzuführung zu lösen; das Gesamtvolumen der möglichen Ausbringungsmenge an fertiger Glasmasse je Schmelze beziehungsweise je Hafen auszuweiten, um zu einer günstigeren Kosten-Nutzen-Relation zu kommen. So kam es im späten 17. Jahrhundert zur Entwicklung des »deutschen« Ofens, einer verbesserten Variante des Agricola-Typs, der dadurch im 18. Jahrhundert allmählich verdrängt wurde. Langfristig von größerer Bedeutung für die Glashütten sollten sich die seit dem 17. Jahrhundert entwikkelten Rostöfen erweisen, bei denen die Befeuerung nicht mehr vom Ofenboden aus, sondern auf einem Rost mit darunterliegendem Aschenkanal erfolgte. Die Innovation dieses Ofentyps wird auf die zunehmende Holzknappheit zurückgeführt, denn der Rostofen verbrauchte weniger Brennmaterial. Eine entscheidende Rolle spielte er in England, wo seit 1635 für die Glashütten die ausschließliche Verwendung von Steinkohle vorgeschrieben war. Wegen der schwefligen Rauchgase versah man die ursprünglich offenen Glashäfen mit einem Deckel, was allerdings zu niedrigeren Temperaturen führte. Um dennoch den gewünschten Glasfluß zu erreichen, gab man Bleioxid hinzu. Es gibt die These, daß Ravenscroft auf diese Weise zum Bleikristall gelangt ist. Eine weitere, vornehmlich auf England beschränkte Neuerung war der Bau von Hüttengebäuden in Gestalt eines Kegelstumpfes, die oben eine Öffnung besaßen, durch welche die von den Glasöfen aufsteigenden

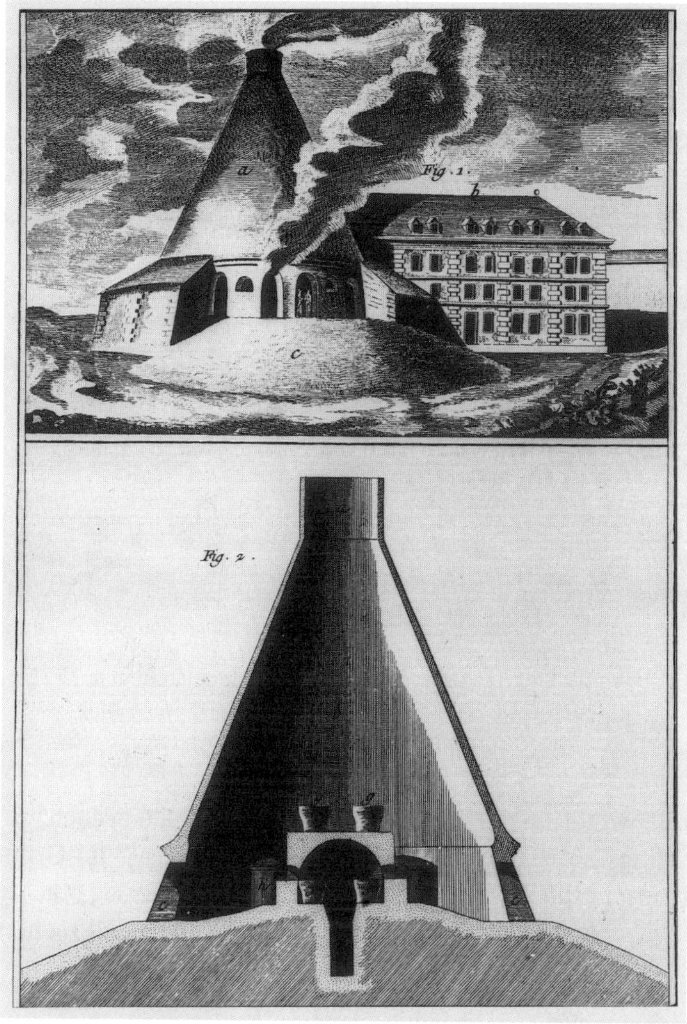

74. Englischer Glasofen. Kupferstich in dem 1772 in Paris erschienenen Band 31 der »Encyclopédie«. Privatsammlung

Rauchgase abgeführt wurden, was einen gleichmäßigen Zug bewirkte und Brennstoff einsparte. Auf dem Kontinent setzte sich die Steinkohlenfeuerung übrigens erst im frühen 19. Jahrhundert allmählich durch.

In den größeren Glashütten und Manufakturen entwickelte sich nicht zuletzt aus Rationalisierungsgründen eine differenzierte Arbeitshierarchie, an deren Spitze der hochqualifizierte Glasmacher stand, der sowohl den Schmelzprozeß als auch die Weiterverarbeitung der Glasmasse beherrschte. Wie in anderen Gewerben geschah

75. Glasproduktion unter Einsatz von Spezialstühlen. Kupferstich in dem 1772 in Paris erschienenen Band 31 der »Encyclopédie«. Privatsammlung

der Kernprozeß weiterhin per Hand, in diesem Falle vor allem auch mit dem Mund; denn das wichtigste Arbeitsgerät war die schwere eiserne, im Griffteil mit Holz umhüllte Glasmacherpfeife. Eine gewisse Arbeitserleichterung brachte die Einführung des Glasmacherstuhles, der über zwei Seitenlehnen und rechter Hand über eine Arbeitsfläche verfügte. In sitzender Stellung konnte der Glasmacher nun die Pfeife auf der Lehne abstützen, um beispielsweise der am Pfeifenende angesetzten plastischen Glasmasse durch Hin- und Herrollen eine gleichmäßig runde Form zu geben oder mit einer eisernen Schere überflüssige Teile abzuschneiden.

Nicht nur Hohl-, sondern auch Flachglas wurde seit jeher zunächst geblasen, indem der Glasmacher einen möglichst langen Zylinder herstellte, den er dann im warmen Zustand aufschnitt und im sogenannten Streckofen mit Hilfe eines Holzes flach machte. Das so gewonnene Flachglas, aus dem vor allem Fensterscheiben und, durch Belegen mit Quecksilber, Spiegel hergestellt wurden, hatte den Nachteil, daß die Größe des Zylinders von der Körper- und der Lungenkraft des Glasmachers abhängig war. Auf einer Art Kanzel stehend, schwenkte er beim Blasen Pfeife und Zylinder, die zusammen bis zu 60 Pfund wiegen konnten, wodurch der Zylinder in der Länge gedehnt wurde. Die größten mundgeblasenen Spiegelgläser erreichten eine Länge von etwa 200 und eine Breite von 70 Zentimetern. Bis in das späte 17.

Jahrhundert hinein mußten also größere Spiegelflächen, wie sie prunkliebende Herrscher und der Adel in ihren Schlössern bevorzugten, aus mehreren Einzelstükken zusammengesetzt werden.

Seit 1665 war in Frankreich unter Colbert eine eigene Spiegelglaserzeugung aufgebaut worden, die sich anfänglich noch auf venezianische Facharbeiter stützte. Zentrum der Fabrikation war das Schloß Saint-Gobain bei Laon, in dessen Umgebung viel Wald wuchs. Ende der achtziger Jahre war hier ein neues Verfahren zur Herstellung von Spiegeln entwickelt worden, mit dem man fortan doppelt so große Glasflächen wie bisher zu produzieren vermochte. Das Flachglas wurde nun nicht mehr geblasen; man goß die zähflüssige Glasschmelze auf einen mit einer Kupferplatte belegten, umrandeten Gießtisch und verteilte sie möglichst gleichmäßig mit einer Walze. Das neue Fertigungsverfahren erforderte eine Reorganisation des Hüttenbetriebes sowie die Entwicklung neuer Gerätschaften. Wurden bislang dem Glashafen die zum Blasen benötigten Mengen nacheinander entnommen, so mußte jetzt der ganze Glashafen mit einem Kran über den Gießtisch gefahren und dort

76. Gießen einer Glasplatte. Kupferstich in dem 1765 in Paris erschienenen Band 25 der »Encyclopédie«. Privatsammlung

ausgegossen werden. Da die gebräuchlichen Häfen dafür zu schwer waren, mußte man sie verkleinern. Eine weitere Folge war, daß bei dieser Produktionsweise einerseits die hochqualifizierten Glasmacher entbehrlich wurden, andererseits für den Gießvorgang eine größere Anzahl von Hilfskräften benötigt wurde. Das schon beim Blasverfahren vor allem in den größeren Hütten übliche Hand-in-Hand-Arbeiten erfuhr insofern eine Steigerung, als der Umgang mit größeren Gewichtsmengen und der Gießvorgang eine genau gelenkte Koordination der von mehreren Menschen gleichzeitig auszuführenden Tätigkeiten erforderte.

Ähnlich der indirekten gegenüber der direkten Eisenerzeugung war die Herstellung von größeren Spiegelgläsern umständlicher, denn im Gegensatz zum Blasverfahren war das Endprodukt zunächst undurchsichtig und mußte durch langwieriges Schleifen und anschließendes Polieren der Glasoberflächen erst durchsichtig gemacht werden. Der erste Arbeitsschritt war das Rauhschleifen, bei dem zur Beseitigung von Unebenheiten die Glasplatte um ein Drittel oder bis zur Hälfte der ursprünglichen Dicke heruntergeschliffen wurde. Das Schleifen geschah in den Manufakturen des 18. Jahrhunderts entweder von Hand oder durch Schleifmühlen. In beiden Fällen wurden mit Steinen beschwerte Schleifkästen unter Beigabe von Schmirgelstoffen hin- und herbewegt, so daß sowohl eine unter den Kästen mit Gips befestigte als auch auf dem Tisch liegende Glasplatte geschliffen wurden. Anschließend erfolgten das Feinschleifen und Polieren der Spiegelgläser auf die gleiche Weise. Das äußerst gesundheitsschädliche Belegen mit Quecksilber war der letzte Arbeitsschritt.

Mit dem Aufblühen der Naturwissenschaften stieg die Nachfrage nach optischem Glas, das möglichst blasen- und schlierenfrei sein mußte – eine Forderung, die nach dem damaligen Stand der Glastechnologie nur begrenzt zu erfüllen war. Neben den kleinen Brillengläsern wurden größere Linsen für den Bau immer besserer Fernrohre, aber ebenso besonders kleine Linsen für Mikroskope verlangt. Das Schleifen dieser gekrümmten Glaskörper führt, allerdings außerhalb der Glasmanufakturen, zur Entwicklung spezieller Linsenschleifmaschinen. Berühmtheit erlangten die großen Brennlinsen von fast 1 Meter Durchmesser des kursächsischen Naturwissenschaftlers, Mathematikers und Geheimen Rates Ehrenfried Walther von Tschirnhaus (1651–1708). In seiner Glashütte gelang es ihm erstmals, entsprechend große Glasblöcke gießen und anschließend schleifen zu lassen. Mit diesen Brennlinsen und auch metallenen Hohlspiegeln erzielte er durch die Bündelung von Sonnenlicht Temperaturen bis zu 1.500 Grad zum Schmelzen von Metallen und Mineralen. Die Versuche von Tschirnhaus waren im übrigen geplante Schritte auf dem Weg zur Nacherfindung des Porzellans.

Porzellanherstellung

Das Porzellan, das sich vom italienischen Wort »Porcella« (Muschel) herleitet, ist eine chinesische Erfindung aus der Zeit der T'ang-Dynastie (618–906 n. Chr.), bestehend aus Kaolin, einem feuerbeständigen Zersetzungsprodukt des Feldspats, Feldspat als Flußmittel und Quarz. Bereits 1100 v. Chr. war bei einer Temperatur von etwa 1.200 Grad die Erzeugung eines versinterten Steinzeugs gelungen, das in der Folgezeit verbessert wurde und so auf eher evolutionärem Weg zum Porzellan hinführte. Charakteristisch für die chinesische Brenntechnik war der Einmalbrand, der das sogenannte Weichporzellan ergab. Während der Zeit der Ming-Dynastie entwickelte sich die Stadt Ch'ing-tê-chên im Nordwesten der Provinz Kiangsu, in deren Umgebung reiche Rohstoffvorkommen lagen, zum Zentrum der Porzellanherstellung. Am Ende des 15. Jahrhunderts sollen dem kaiserlichen Hof 140.000 Stück Porzellan geliefert worden sein. Die Unterglasurmalerei, etwa mit Kobaltfarben, und die Aufglasurmalerei mit Schmelzfarben wurden vervollkommnet.

77. Chinesische Porzellanschale mit einer wohl in Delft erfolgten Bemalung, 1700. London, British Museum

78. Arkanist im Laboratorium bei der Prüfung eines Hartporzellanstücks. Kopenhagener Tasse, 1784. Stockholm, Nationalmuseet

In Europa blieb das Porzellan bis in das 16. Jahrhundert hinein weitgehend unbekannt. Lediglich einige, meist in Gold oder Silber gefaßte Stücke waren als Herrschergeschenke in die Sammlungen europäischer Fürsten gelangt. Das änderte sich nur allmählich, als die Portugiesen in Handelsbeziehungen mit dem chinesischen Reich traten und regelmäßig den Hafen Kanton anlaufen durften. Im Zusammenhang mit dem ersten Auftauchen der Genußmittel Tee, Kaffee und Kakao lernten wohlhabende Leute die Vorzüge des Porzellans schätzen, seine Beständigkeit gegen plötzliche Hitze und seine Widerstandsfähigkeit gegen chemische Einwirkungen. Vor allem aber war es die Schönheit der dünnwandigen, lichtdurchlässigen Gefäße, die die Europäer begeisterte und neben denen die hier gebräuchlichen Steingutgeschirre und Fayencen fast plump wirkten. Insbesondere Reiseberichte von Missionaren, die die fernöstliche Kultur in leuchtenden Farben schilderten sowie die sich verstärkenden Handelsbeziehungen dorthin ließen das Interesse wachsen, das im 18. Jahrhundert in eine förmliche Modewelle, die »Chinoiserie«, einmündete, die sich an chinesische Bau- und Kunstmuster anzulehnen suchte. Seit der Gründung der Englischen und der Niederländischen Ostindischen Kompanien zu Beginn des 17. Jahrhunderts gelangte chinesisches und später auch japanisches Porzellan in Mengen nach Europa und wurde vor allem seit dem späten 17. Jahrhundert sogar schiffsladungsweise zu Höchstpreisen versteigert. Eigene Porzellankabinette gehörten bei den prachtliebenden Fürsten zu den Prunkstücken ihrer

Schausammlungen. Der bedeutendste Sammler jener Epoche war unbestritten Friedrich August I., Kurfürst von Sachsen und König von Polen (reg. 1694–1733), mit dem Beinamen »der Starke«.

Der hohe Preis des Porzellans, aber auch die Abhängigkeit von den Importen hatten schon sehr früh Töpfer und Alchemisten vor allem in Italien angespornt, das streng gehütete »Arkanum« der Porzellanherstellung zu enträtseln. Aber über Vorstufen des Frittenporzellans, das im letzten Drittel des 17. Jahrhunderts in Frankreich unabhängig voneinander von den Töpfern Claude Réverend aus Paris, Louis Poterat (gestorben 1696) aus Rouen und Pierre Chicaneau (1618–1678) aus Saint-Cloud erfunden wurde, kam man nicht hinaus. Insbesondere die Erzeugnisse aus der Manufaktur in Saint-Cloud genossen einen guten Ruf und wurden zeitweise dem ostasiatischen Porzellan gleichgestellt. In Wirklichkeit handelte es sich jedoch beim Frittenporzellan um kein wirkliches Porzellan, da es kein Kaolin enthielt und in seiner Zusammensetzung aus unplastischen Frittenpulvern, geringen Mengen von plastischem Ton und Schmierseife dem Glas näher stand.

Zu diesem Schluß gelangte auch Tschirnhaus, der 1795 auf einer Informationsreise durch Holland und Frankreich die Manufaktur in Saint-Cloud besucht hatte, um die dortige Brenntechnik zu studieren. Schon in den Jahren davor hatte sich dieser herausragende Naturwissenschaftler der deutschen Frühaufklärung, der während seines Studiums in Leiden persönliche Kontakte zu dem Philosophen Baruch de Spinoza (1632–1677) und später zu den meisten europäischen Gelehrten, darunter Huygens und Leibniz, pflegte, mit der Porzellanherstellung befaßt. Mit seinen Brennlinsen und Hohlspiegeln, mit denen er bis dahin unerreichte Temperaturen erzielte, brachte er in systematischen Versuchsreihen die in Sachsen vorhandenen Minerale, Erden und Metalle zur Schmelze und analysierte die gewonnenen Proben auf ihren gewerblichen Nutzen hin. Als Begründer und Anreger sächsischer Glasmanufakturen machte er sich verdient. Auch wenn ihm vor 1700 im Laboratorium die Herstellung einer porzellanähnlichen Masse gelungen war, schien der Weg zum wirklichen Porzellan noch sehr weit zu sein. Erst der Auftrag von August dem Starken im Jahr 1704, zusammen mit dem Chemiker, Metallurgen und späteren Bergrat Gottfried Pabst von Ohain (1666–1729) die Versuche des vermeintlichen Goldmachers Johann Friedrich Böttger (1682–1719) auf der Albrechtsburg in Meißen zu überwachen, brachten eine entscheidende Wende. Böttger, ursprünglich Apothekergehilfe in Berlin, hatte sich als Lehrling für die Alchemie interessiert und unter anderem Bekanntschaft mit Kunckel geschlossen, der über ein umfangreiches Wissen verfügte, das sich, typisch für die Zeit, noch zwischen Alchemie und beginnender chemischer Wissenschaft bewegte. Der Glaube an den »Stein der Weisen« und die Möglichkeit, etwa aus Blei durch »Transmutation« Gold zu machen, war fest verwurzelt. Nach einem scheinbar erfolgreichen Transmutationsversuch unter Zeugen, wobei offenbleiben muß, inwieweit hier bewußter Betrug oder

79. Porzellanarbeiten vor dem Brennen. Kupferstich von Nicolas Ransonnette, 1771. Privatsammlung

Selbsttäuschung vorlagen, floh Böttger vor Häschern des preußischen Königs, der sich seiner Dienste versichern wollte, nach Sachsen. Dabei geriet er jedoch vom Regen in die Traufe; denn auch der sächsische Landesherr hatte von Böttger erfahren und ließ ihn Ende 1701 gefangennehmen, um hinter das angebliche »Arkanum« des Goldmachens zu gelangen.

Ob Ohain und Tschirnhaus von vornherein das Goldmachen für Betrug gehalten oder ob sie als Kinder ihrer Zeit ebenfalls daran geglaubt haben, ist nicht mehr zu ermitteln. Sicher ist jedoch, daß beide »Bewacher«, die Böttgers genialische Experimentierkunst erkannten, ihn auf keramische Versuche lenkten; offenbar ist August der Starke damit einverstanden gewesen, obwohl das Goldmachen nicht aufgegeben worden ist, wie erhaltene Proben aus dem Jahr 1713 belegen. Im Herbst 1705 wurde Böttger, und das ist hervorzuheben, mit mehreren Freiberger Berg- und Hüttenleuten auf die Albrechtsburg gebracht, wo sie unter Anwesenheit von Tschirnhaus und Ohain gezielte Versuche mit den unterschiedlichsten Erden vornahmen. Bereits im darauffolgenden Mai entdeckte die im staatlichen Auftrag arbeitende Forschungsgruppe das Herstellungsprinzip des roten und weißen chinesischen Porzellans. Hinzu kamen erste Erfolge beim Brand von rotem Porzellan, das später »Böttger-Steinzeug« genannt wurde. Ende des Jahres 1707 – zwischenzeitlich war Böttger wegen des Einmarsches der Schweden nach Kursachsen auf die Festung Königstein und anschließend nach Dresden in das in einer Bastion, der »Jungfernbastei«, neu eingerichtete Laboratorium gebracht worden – gelang den Beteiligten die Erfindung des europäischen Hartporzellans. Der König war bei einem Probebrand anwesend. Ein Protokoll vom 15. Januar 1708, Böttger zugeschrieben, galt bisher als offizielle Geburtsurkunde des Porzellans, weil es unter anderem die optimale Rohstoffzusammensetzung und die Bewertung des Scherbens als weiß und durchsichtig enthält. Nach neuesten Erkenntnissen stammt dieses Protokoll jedoch von dem Mediziner Dr. Jacob Bartholomäi, den der König Anfang 1708 Böttger als Leibarzt zugeordnet hatte, mit der Maßgabe, diesen in das »Arkanum« der Porzellanherstellung einzuweihen. Auf Böttgers Veranlassung hatte er eine Reihe von Bränden durchgeführt und dabei den optimalen Masseversatz, die am besten geeignete Rohstoffzusammensetzung, gefunden. Das ähnlich wie bei der Herstellung von Steinzeug in einem zweimaligen Brand, Glüh- und Glattbrand, gewonnene Porzellan stellte ein einwandfreies, dichtes Sinterungsprodukt dar, das hohe Temperaturen nicht zu deformieren vermochten. Bei den Proben hatte man noch Alabaster statt, wie später, Feldspat als Flußmittel verwendet.

Offiziell wurde die erfolgreiche Erfindung erst im Frühjahr 1709 dem König mitgeteilt, und dieser zögerte, weil er wohl aus ökonomischen Gründen die sichere Beherrschung der entwickelten Verfahren abwarten wollte, ein weiteres Jahr, bis er

80. Hof der Albrechtsburg mit der Meißener Porzellanmanufaktur. Kupferstich von Christian Gottlieb Werner, um 1750. Privatsammlung

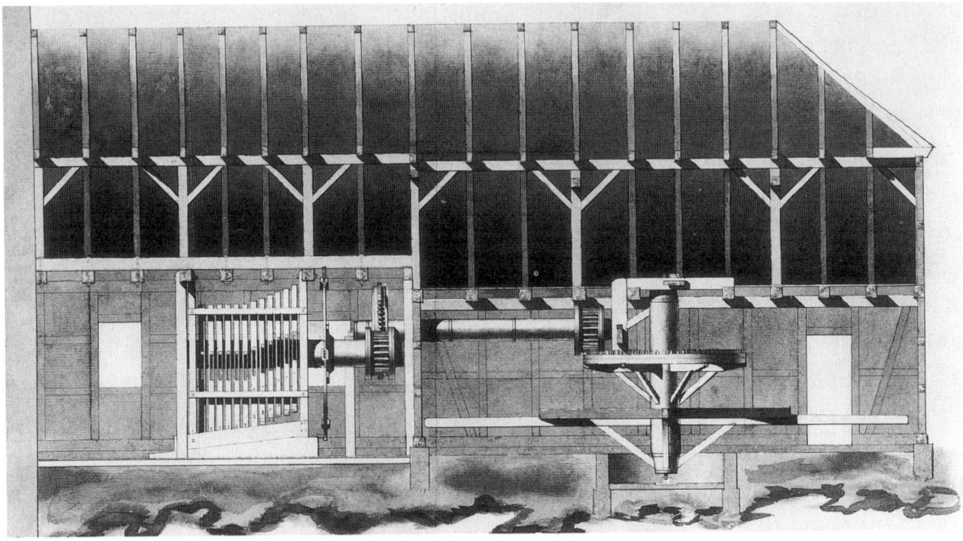

81. Pochwerk mit Göpelantrieb der Königlichen Porzellanmanufaktur in Berlin-Friedrichstadt. Kolorierte Zeichnung, um 1799. Berlin, Märkisches Museum

der Welt die Gründung der Porzellanmanufaktur in Meißen bekanntgab und Böttger zu deren Administrator ernannte. Das war im engeren Sinne nicht die erste Manufaktur für Hartporzellan, denn Böttger hatte nach dem unerwarteten Tod von Tschirnhaus im Sommer 1708 in Dresden begonnen, rotes und weißes Porzellan sowie Delfter Fayencen herzustellen, deren Verfahren die Arbeitsgruppe ebenfalls im Jahr zuvor nacherfunden hatte. Wenige Jahre nach dem Produktionsbeginn in Meißen wurde die Porzellanherstellung in Dresden eingestellt.

Wie schwierig der Schritt von der Invention zur Innovation gerade bei Verfahrenstechnologien war, zeigten die ersten Jahre der Meißener Manufaktur. Immer wieder mißlangen Brände, weil man den Schmelzprozeß, bei dem Temperaturen bis zu 1.400 Grad erreicht werden mußten – für das chinesische Weichporzellan waren lediglich 1.200 Grad erforderlich –, noch nicht im Griff hatte und die optimale Form für die Brennöfen erst gefunden werden mußte. Große Probleme stellten auch die Glasuren sowie die Entwicklung einer geeigneten Kobaltfarbe für die Unterglasurmalerei dar. Schließlich mußten weitere qualifizierte Fachkräfte wie Bildhauer und Porzellanmaler eingestellt werden, die neue Produkte entwarfen und gestalteten. Unter Böttgers Leitung, dem die Manufaktur 1714 übertragen worden war, gelang das nur teilweise; das junge Unternehmen hatte mit größten Schwierigkeiten zu kämpfen. Das lag sicherlich auch an Böttgers erheblich geschwächter Gesundheit durch die bei den jahrelangen Schmelzversuchen auftretenden und zum Teil giftigen Rauchgase, so daß er die letzten Jahre seines kurzen Lebens nicht mehr voll arbeiten konnte. Erst nach seinem Tod im Jahr 1719 begann der allmähliche Aufschwung der Meißener Manufaktur. Obwohl, nicht zuletzt durch entlaufene Mitarbeiter, das »Arkanum« der Porzellanherstellung in Europa bald verbreitet war und vor allem in den Residenzstädten zahlreiche Gründungen von Porzellanmanufakturen erfolgten, war Meißen aufgrund seiner langjährigen Erfahrung in seiner Spitzenstellung wenig gefährdet. Nach der Jahrhundertmitte traten allerdings erste ernsthafte Konkurrenten auf.

Auch wenn auf die Porzellanherstellung die Bezeichnung »Manufaktur« wie auf kein anderes Gewerbe zutrifft, und zwar bis heute, muß festgestellt werden, daß zumindest in der Rohstoffaufbereitung mit Wasserkraft oder durch Pferdegöpel bewegte Stampf- und später auch Rührwerke benutzt worden sind, die sich außerhalb der Manufaktur befunden haben. Gleiches galt für die Schleif- und Poliermühlen, die vor allem bei der Bearbeitung des Böttger-Steinzeugs benötigt wurden. Die Entwicklung des europäischen Hartporzellans ist ein frühes Beispiel für eine gezielte Auftragsforschung. Mit Sicherheit stellte sich der Erfolg so relativ rasch ein, weil der Landesherr, der im zeitgenössischen Selbstverständnis den Staat verkörperte, als Mittelgeber ein persönliches Interesse an der Sache hatte.

Metallverarbeitung

Zu den technischen Neuerungen des Mittelalters, die ohne wesentliche Veränderungen bis in die Mitte des 19. Jahrhunderts hinein eine fundamentale Bedeutung behalten haben, zählen die mit Wasserkraft betriebenen Hammerwerke für die Umformung von Schmiedeeisen, Kupfer und Messing. Sie wurden dort eingesetzt, wo der menschlichen Körperkraft Grenzen gesetzt waren, also in erster Linie bei der Herstellung von großen Schmiedestücken wie Schiffsankern und von sogenanntem Halbzeug, einem Vorprodukt, das dann, entweder im gleichen Betrieb oder von anderen Gewerben, zu den verschiedensten Erzeugnissen weiterverarbeitet wurde. In der Eisenverarbeitung waren dies vor allem Schienen oder Knüppel sowie Bleche. Doch es wurden in einigen Fällen auch Endprodukte hergestellt, etwa Sensen, oder, aus Kupfer beziehungsweise Messing, beispielsweise Kessel. Häufig fand diese Fertigung in den Hüttenwerken selbst statt, aber diese lieferten auch Halbprodukte an das städtische Handwerk, das die Weiterverarbeitung übernahm. Seit dem Spätmittelalter hatten sich mit den Schwanz-, Aufwerf- und Stirnhämmern drei Haupttypen herausgebildet – ihre Namen leiteten sich vom Angriffspunkt der Nockenwelle am Hammer her –, die jeweils unterschiedliche Wirkungen auf das warm umzuformende Schmiedestück ausübten. So wurden die schnellen Schwanzhämmer mit ihrem harten Schlag vorwiegend bei der Bearbeitung schwerer Stücke verwendet, die weniger wuchtigen Stirn- und Aufwerfhämmer hingegen zum Ausquetschen von Luppen. Analog zur Entwicklung ganzer Werkzeugfamilien in den Handwerken verfügten die Hammerschmiede am Vorabend der Industriellen Revolution über viele Formen bei den Hammerköpfen, die sie jeweils für bestimmte Teilarbeiten einsetzten. Leider läßt sich in der Regel schwer feststellen, wann und wo diese oder jene Hammerform zuerst erfunden worden ist, da man solche Verbesserungsinnovationen nur selten schriftlich dokumentiert hat. Hinzu kommt, daß in der technischen Literatur des 16. und 17. Jahrhunderts meist aus zeichnerischem Unvermögen die Formen der Hammerbahnen kaum erkennbar dargestellt worden sind; ganz anders verhält es sich auf den präzisen Abbildungen etwa in der »Encyclopédie«, die annehmen lassen, daß ein Großteil solcher Verbesserungen im 17. und 18. Jahrhundert erfolgt ist.

Die Hammerwerke waren im strengen Sinne keine Arbeitsmaschinen; denn Form und Qualität des Produktes bestimmte ausschließlich der Schmied, der das Werkstück unter dem regelmäßig fallenden Hammer geschickt hin- und herbewegte, wobei er es zwischendurch immer wieder im Schmiedefeuer auf Glühhitze bringen mußte. Wie erstaunlich perfekt die Schmiede ihr Handwerk zu beherrschen vermocht haben, zeigt die auch noch im 17. und 18. Jahrhundert beispielsweise in der Steiermark oder im Bergischen Land blühende Herstellung von Sensen, die zur Gänze unter dem Hammer aus einem Stück Stahl oder Eisen mit eingelassenem Stahl für die Schneide gefertigt worden sind. Gleiches gilt für das kunstvolle Treiben von Kupfer- und Messingblechen zu Kesseln, Töpfen und Schalen oder zu Kesselpauken, das man mit sehr langen, schmalen, unten abgerundeten Hammerköpfen vorgenommen hat. Die Arbeit im Hammerwerk führte durch den Lärm, den der eiserne Hammerbär beim Herabfallen erzeugte, auf die Dauer zu schweren Hörschäden, meistens sogar zur Taubheit.

Ein anderer Weg, Metalle umzuformen, ist das Walzen, das allerdings bei Eisen stabile Walzgerüste, harte Walzenoberflächen und sehr viel Kraftaufwand erfordert. Es lag daher nahe, die Technik des Walzens zuerst bei Bunt- und Edelmetallen einzusetzen. Schon bei Leonardo finden sich verschiedene Entwürfe zu einfachen Walzwerken für die Herstellung von Gold- und Zinnfolien sowie zu einer nach dem damaligen Stand der Technik nicht realisierbaren Maschine – halb Walzwerk, halb Ziehmaschine – für die Fertigung konisch gezogener Eisenstäbe zum Bau schmiedeeiserner Geschütze. Die Kraftübertragung sollte von einem Turbinenrad über Schneckenräder erfolgen. Aus dem 16. Jahrhundert sind, auch bildlich, kleine, handbetriebene Walzwerke bekannt, mit denen sich bleierne Fensterglaseinfassungen mit H-Profil walzen ließen. Berichte über kleine, mit Wasserkraft angetriebene gravierte Walzen, zwischen denen dünne Edelmetallbleche durchliefen, sind aus jener Zeit ebenfalls überliefert. Salomon de Caus (1576–1626) zeigt 1615 in seinem Buch »Von Gewaltsamen bewegungen« ein handbetriebenes Walzwerk zur Herstellung von Zinn- und Bleiblechen für Orgelpfeifen. Die Oberwalze ließ sich durch zwei Schraubenspindeln verstellen, so daß man die Platten herunterwalzen konnte. Mit derartigen Walzen waren jedoch nur kleine Bleche oder Metallstreifen herstellbar.

Es dauerte bis 1670, ehe Thomas Hale im London nahen Deptford das erste Bleiplattenwalzwerk errichtete, das dann als Vorbild für ähnliche Anlagen, zum Beispiel 1730 in Frankreich, diente. Wie rationell solche Produktionsanlagen hinsichtlich des Fertigungsablaufs bereits durchdacht gewesen sind, lassen Abbildungen in der »Encyclopédie« erkennen, auf denen der Guß und das Auswalzen von Bleiplatten in einem Betriebsgebäude dargestellt sind. Das im Schmelzofen verflüssigte und nochmals von Nebenbestandteilen befreite Blei floß nach Öffnung des Schmelzraumes über eine Rinne in eine horizontal kippbare Wanne, deren Volumen der zu gießenden Platte entsprach. Der Kippvorgang wurde von Arbeitern über zwei, mit Ketten verbundene Hebelarme ausgelöst; das Blei floß auf den Gießtisch und wurde vom Gießmeister mit einem Holz gleichmäßig ausgebreitet. Nach dem Erkalten griff der Haken eines hölzernen Schwenkkrans in ein durch einen Steckbolzen im Gießtisch ausgespartes Loch am Ende der Platte, schwenkte sie vor den Gießtisch und legte sie dort auf einen Stapel. Derselbe Kran nahm dann die Platten erneut auf und hob sie auf die in der Verlängerung stehende Walzanlage, die durch einen seitlich etwas tiefer gelegenen Pferdegöpel angetrieben wurde. Rechts und links vom Walzgerüst befanden sich Rolltische, auf denen der Walzer mit einem Hebel die schweren Bleiplatten zwischen die beiden Walzen schob. Beide Walzen waren über ein Getriebe umsteuerbar, und ihr Abstand ließ sich manuell verstellen. Auf diese Weise wurde die Bleiplatte in mehreren Durchgängen auf die vorgesehene Stärke, zum Beispiel für das Eindecken von Dächern, heruntergewalzt. Anschließend wurde das Walzgut zusammengerollt und mittels des Krans seitlich abgelegt.

Bemerkenswert ist, daß an dem ganzen Fertigungsprozeß, zumindest nach der bildlichen Darstellung, nur 6 Arbeiter, und rechnet man den nicht sichtbaren Göpelknecht hinzu, 7 Arbeiter beteiligt gewesen sind. Ofen, Gießtisch, Kran und Walzwerk waren, um jeden unnötigen Weg zu vermeiden, in der Reihenfolge der Verfahrensschritte im Betriebsgebäude aufgestellt – ein Organisationsprinzip, wie man es erst bei Fabriken und Hüttenbetrieben des 19. Jahrhunderts vermuten würde. Bei aller Bewunderung für diese vorindustrielle Betriebsorganisation darf man jedoch nicht vergessen, daß es sich bei Blei um einen leicht verformbaren Werkstoff handelt, der zudem das Kaltwalzen erlaubt. Schon bei Kupfer- und dem spröden Messingblech mußte das Walzgut zwischendurch immer wieder im Ofen geglüht werden, was den zügigen Arbeitsablauf unterbrach. Außerdem ließen sich nur wesentlich kleinere Werkstücke walzen.

Aber auch bei dem besonders schwer zu bearbeitenden Werkstoff, dem Schmiedeeisen, wurde bei der Herstellung von Halbzeug das Walzprinzip bereits im ersten Drittel des 16. Jahrhunderts angewendet. Hatte man bis dahin Stabeisen unter dem

82. Eisenwalz- und Schneidewerk. Kupferstich in dem 1775 in Paris erschienenen Band 32 der »Encyclopédie«. Privatsammlung

Hammer gestreckt und gebreitet und dann bei Glühhitze mit dem unter den Hammer gehaltenen Schrottmeißel gespalten, so setzte man nun, zuerst wohl im Nürnberger Raum, mit Wasserkraft angetriebene Schneid- oder vielleicht auch schon kombinierte Schneid- und Walzwerke ein. Dabei wurde der Knüppel zunächst zu flachen Bändern ausgewalzt und dann mit parallel nebeneinander auf einer Welle sitzenden, zum Rand hin konisch zulaufenden Eisenscheiben zu Zainen zerschnitten. In einem Bericht aus dem 18. Jahrhundert über den Nürnberger Mechaniker Hans Lobsinger (gestorben 1570) heißt es: »Er war auch letztens in Darstellung eines und des andern künstlichen und besonderen Preß-Werckes gar glücklich, indem er unter anderen einige in form einer Mühle machte, darinnen man das Eisen ohne Hammer zainen und strecken, dick und dünn als gesägte Blätter, richten kundte.« Diese Walz- und Schneidwerke waren technisch noch sehr unvollkommen, so daß die gewalzten und geschnittenen Stücke äußerst grob ausfielen, was aber für den gedachten Zweck ausreichte. Man führte sie bald auch in anderen eisenverarbeitenden Regionen Europas ein. In England sind sie erstmals für das Ende des 16. Jahrhunderts belegt. Verschiedene Verbesserungsinnovationen sorgten für eine allmähliche Steigerung der Leistungsfähigkeit solcher Anlagen. Im 18. Jahrhundert konstruierte man dann Schneidwerke, bei denen das vorgewalzte Eisen durch sich gegenseitig überlappende Schneidrollen geschickt wurde. – Für die Herstellung von schmalen Kupfer- und Messingblechstreifen zur Drahterzeugung benutzte man statt der Schneidwerke große eiserne, aufrecht stehende Scheren, deren bewegliche Schenkel über hölzerne Hebelmechanismen entweder per Hand oder von einer Wasserradwelle angetrieben wurden. Beim Wellenantrieb sprang der bewegliche Schenkel der Schere nach dem Schließen durch eine federnde Prelleinrichtung in die Ausgangsstellung zurück.

Walzte man gegen Ende des 17. Jahrhunderts Stäbe aus Schienen von etwa 20 bis 30 Zentimetern Länge, einer Breite von 7 bis 10 und einer Dicke von 1,5 bis 2,5 Zentimetern auf eine Länge von 2 bis 3 Metern aus, um sie anschließend wieder in mehrere Stäbe zu zerschneiden, so waren es vierzig Jahre später Schienen von 60 Zentimetern Länge mit einem Querschnitt von 10 mal 5 Zentimetern. Auch Bleche, die ohne zusätzliche Hilfskraft unter dem Hammer lediglich auf eine im Wortsinn noch handliche Größe von maximal 60 mal 60 Zentimetern ausgeschmiedet werden konnten, wurden seit dem letzten Drittel des Jahrhunderts zunächst in Deutschland, dann in England und anderen Ländern zu Tafeln von 50 mal 100 Zentimetern gewalzt. Dies stellte jedoch einen Grenzwert dar, bedingt durch die noch unzureichende Festigkeit der hölzernen Walzengerüste und die Leistungsfähigkeit der Wasserräder und Göpel. Aber die Arbeitsersparnis, die durch den Wegfall der zeitaufwendigen Hammerarbeit erreicht wurde, sowie die glattere Oberfläche und die gleichmäßige Dicke der Walzbleche wogen diesen, letzlich nur vorübergehenden Nachteil der neuen Technologie auf. Allerdings erforderte die Einrichtung von kombinierten Schneid- und Walzwerken erhebliches Kapital, so daß deren Ausbreitung relativ langsam vor sich ging. Noch vermochten sie die Hammerwerke nicht zu verdrängen; denn größere Bleche, wie sie für die riesigen eisernen Siedepfannen in den Salinen benötigt wurden, oder Kupferplatten mußten weiterhin unter dem Hammer hergestellt werden. Aus einer technologischen Beschreibung über die Herstellung von Kupferplatten, entstanden in der zweiten Hälfte des 18. Jahrhunderts, geht hervor, daß für das Ausschmieden einer Platte mit einem Gewicht von 150 bis 200 Kilogramm 2 bis 4 Personen das entstehende Blech unter dem Hammer mit Zangen regieren mußten; ein solches Blech maß nach dem Ausschmieden etwa 2,70 Meter.

Zur Weiterentwicklung von Walzwerken steuerte vor allem Christopher Polhem mehrere wichtige Verbesserungen bei. So empfahl er bereits kurz nach 1700 das Auswalzen von Schienen in gefurchten Kalibern, wie es dann einige Jahrzehnte später in England praktiziert wurde. Ferner baute er in Schweden Walzanlagen, auf denen sich Eisen mit runden und kantigen Querschnitten zur Herstellung von Messer- und Degenklingen, Feilen und Schlüsseln walzen ließ. Dazu verwendete er

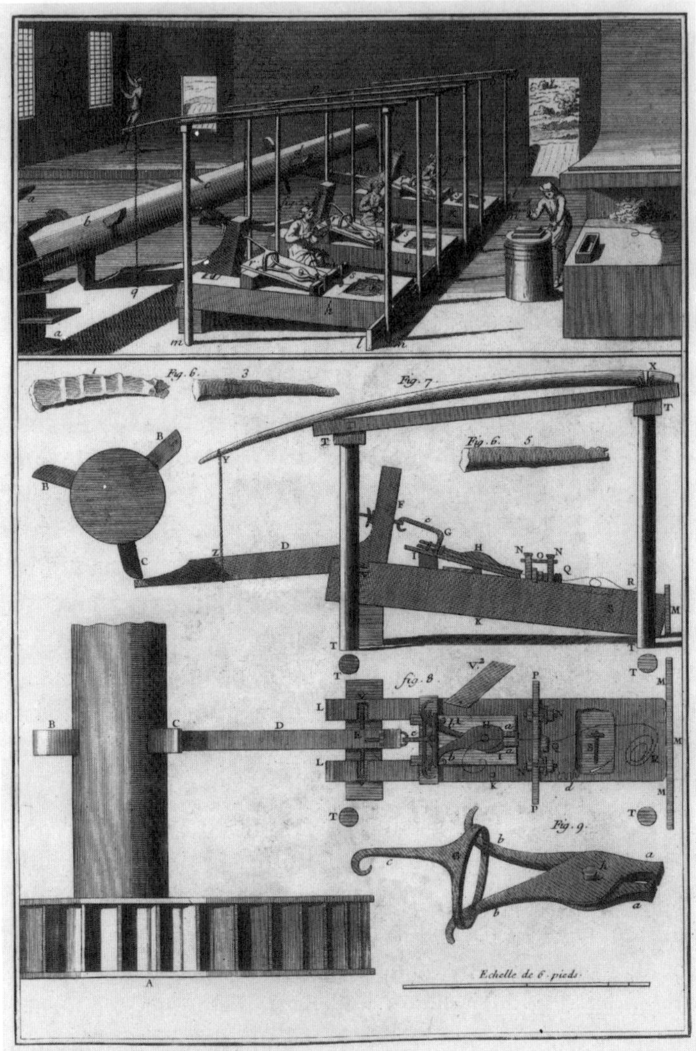

83. Automatische Drahtziehbänke. Kupferstich, 1762. München, Deutsches Museum

neben gegossenen, oberflächengehärteten Walzen, wie man sie in England schon länger herzustellen verstand, geschmiedete Walzen, die er im Walzgerüst mit einem Meißel, der in einem verschiebbaren Support befestigt war, abdrehen, härten und abschließend schleifen ließ. Das stabile Walzgerüst fungierte in diesem Falle als Drehbankgestell.

Auf die Drahtproduktion wirkte sich die Entwicklung der Eisenschneid- und -walzwerke ebenfalls vorteilhaft aus. Bereits zu Beginn des 15. Jahrhunderts ge-

I. Frankfurts Warenumschlagplatz mit Hebekran am Main-Ufer. Aus dem Gemälde »Ansicht von Frankfurt« von Wilhelm Friedrich Hirt, 1757. Frankfurt am Main, Historisches Museum

II. Das Wasserhebewerk bei Marly an der Seine zur Speisung der Wasserkünste des Schloßgartens von Versailles. Kolorierter Stich der zwischen 1681 und 1685 errichteten Pumpstation, um 1700. München, Deutsches Museum

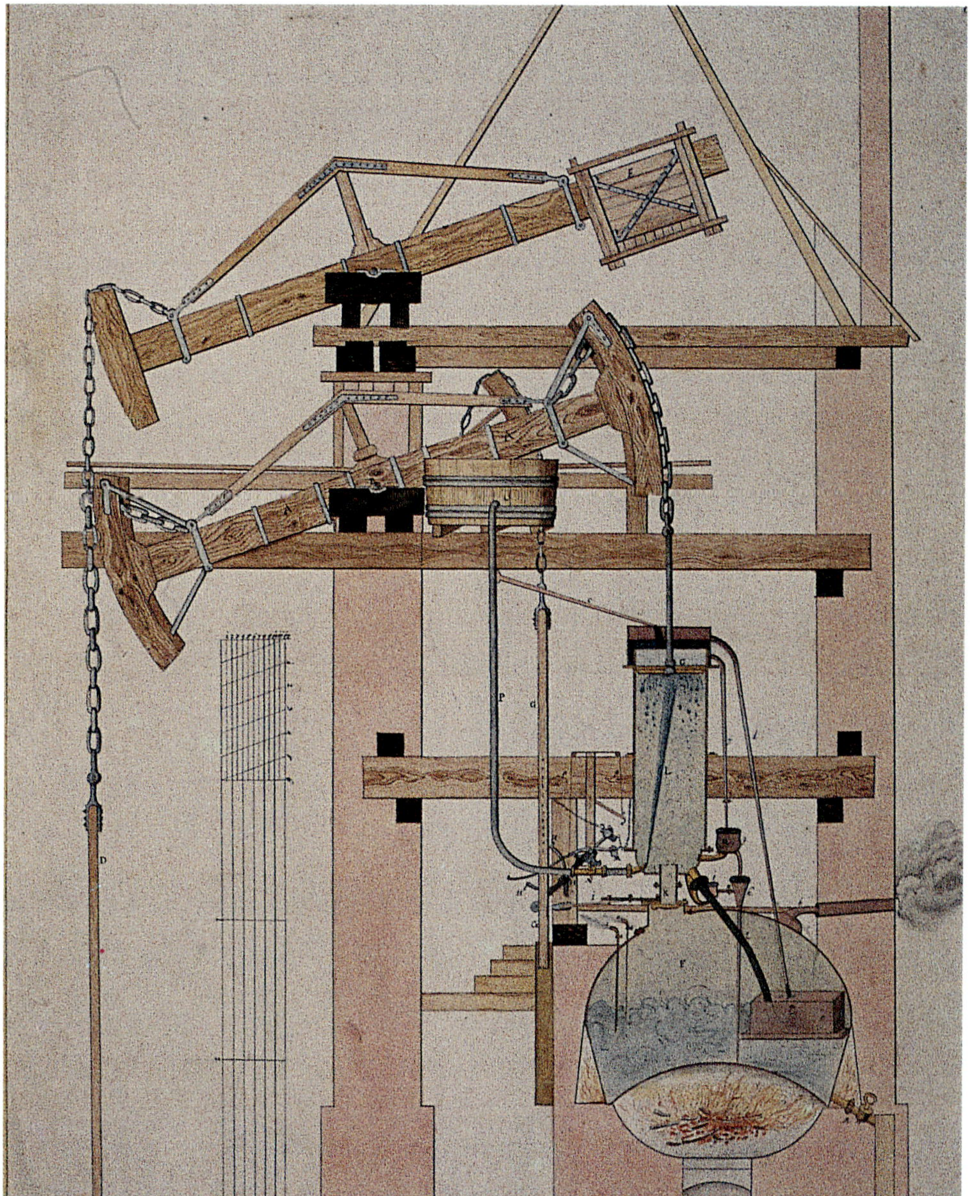

III. Atmosphärische Kolbendampfmaschine mit doppeltem Pumpengestänge: die von Isaac Potter zwischen 1732 und 1735 verbesserte Newcomensche »Feuermaschine« für das ungarische Edelmetallzentrum Schemnitz. Lavierte Zeichnung von Andreas Fritsch. Budapest, Ungarische Nationalarchive

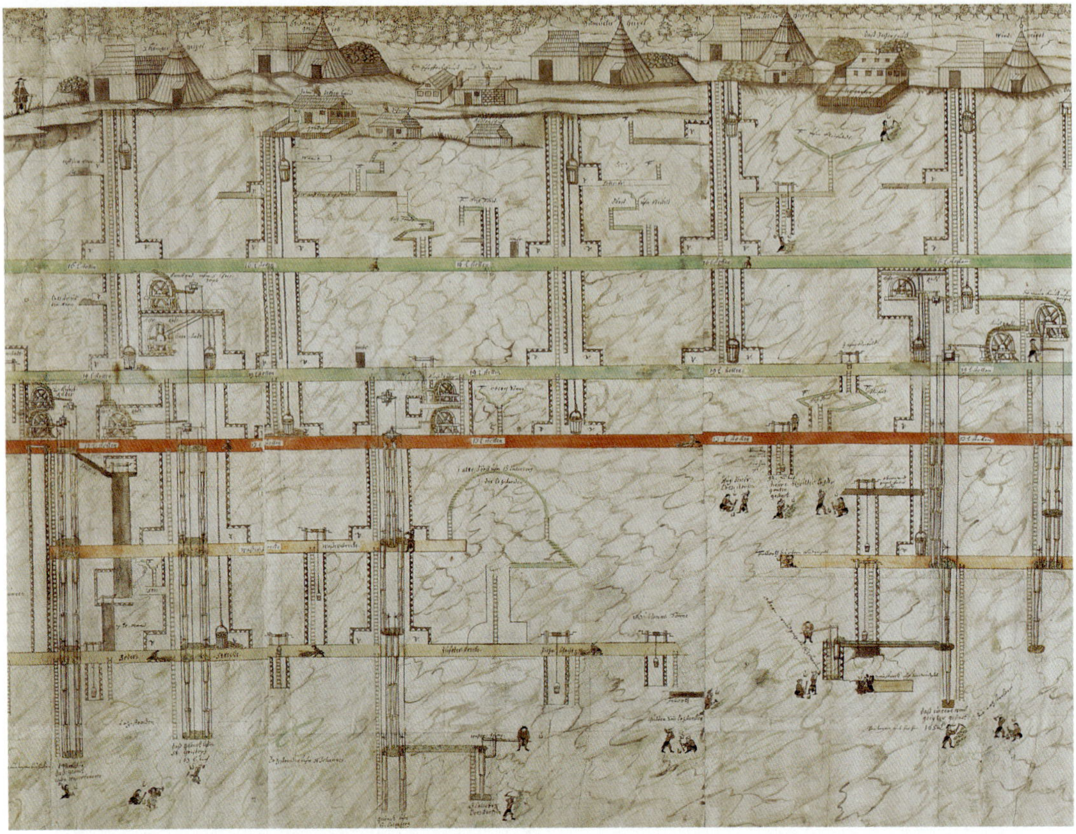

IV. Bergbautechnik über und unter Tage mit senkrecht eingezeichneten Schächten und horizontal verlaufenden Stollen und Strecken sowie den gebräuchlichen Maschinenanlagen. Aus dem kolorierten Grubenriß des Zellerfelder Gangzuges im Oberharz, um 1675. Hannover, Historisches Museum am Hohen Ufer

V. Beschickung eines Hochofens mit Erz und Holzkohle und einem mit Wasserrad angetriebenen Gebläse. Aus dem Gemälde von Jan Bruegel d. Ä., Anfang des 17. Jahrhunderts. Rom, Galleria Doria Pamphilj

VI. Funktionale Arbeitsabläufe in einer Metallhütte. Gemälde von Benedikt Werkstätter aus seinem Zyklus über den Bergbau, um 1770. Salzburg, Museum Carolino Augusteum

VII. Eine sogenannte Halbberline in Amsterdam. Gouache aus der Folge »Das Gastmahl des Biberius« von Cornelis Troost, 1740. Den Haag, Mauritshuis

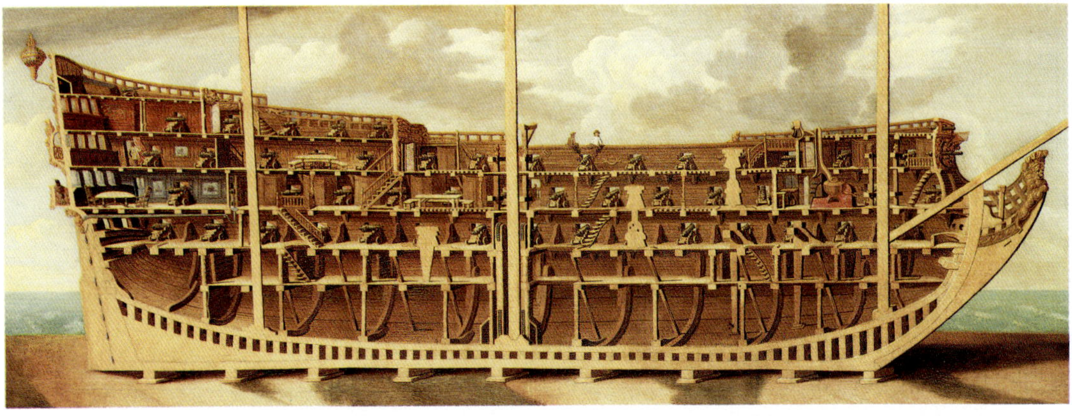

VIII a. Der Dreimaster »Assistance« der britischen Kriegsmarine. Aquarellierte Zeichnung auf einer Rolle, Ende des 17. Jahrhunderts. London, British Museum. – b. Querschnitt durch ein britisches Kriegsschiff ersten Ranges. Gemälde von Thomas Phillips, 1701. Greenwich, National Maritime Museum

IX. Arbeitsvorgänge in einer Tuchmanufaktur von der Aufbereitung der Rohwolle bis zum Pressen der Stofflagen. Gemälde eines Unbekannten, um 1760. Utrecht, Centraal Museum

X a. Färber und Manger unter dem Obermeister bei der Arbeit. Mittelschrein der Meistertafel der Ulmer Tuchfärber von Daniel und Hans Denzel, 1596–1598. Ulmer Museum. – b. Tuchherstellung und -verkauf in einer Weberei von Spitalfields. Lavierte Zeichnung von William Hogarth, vor 1747. London, British Museum

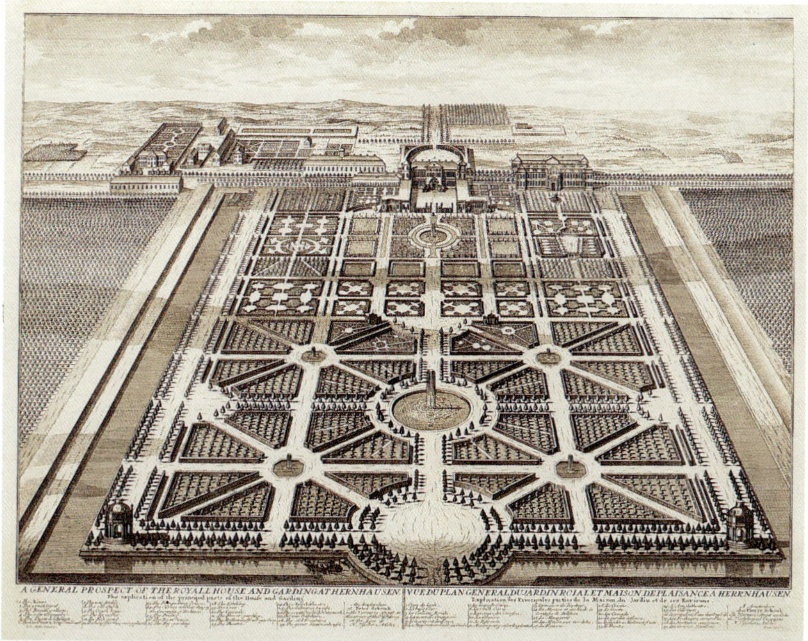

XI a. Der »Große Garten« in Herrenhausen. Kolorierter Stich von Joost van Sasse, um 1735. Hannover, Historisches Museum am Hohen Ufer. – b. Erweiterung der Berliner Friedrichstadt nach Westen und Süden mit Typenhäusern unter Einsatz von Soldaten bei den Pfahlgründungen. Idealprospekt von Dismar Degen, um 1735. Potsdam-Sanssouci, Staatliche Schlösser und Gärten

XII. Triumphfeuerwerk aus Anlaß der Vermählung Friedrichs V. von der Pfalz mit Elisabeth Stuart im Jahr 1613. Aquarellierte Radierung von W. Harnister. Berlin, Staatliche Museen Preußischer Kulturbesitz, Kunstbibliothek

XIII. Berufsdarstellung des Glasbläsers. Kolorierter Stich in dem um 1700 in Amsterdam gedruckten »Spiegel van't menschelyke bedryf«. Wolfenbüttel, Herzog August-Bibliothek

XIV. Isaac Newtons Manuskript über die Lichtbrechung und das von ihm für dieses Experiment benutzte Prisma. Photographie von Erich Lessing

XV. Aufstieg der ersten Montgolfiere in Versailles am 19. September 1783. Lavierte Zeichnung von Chevalier de Lorimier. Paris, Musée Carnavalet

XVI. Allesschreibende Wundermaschine. Metallarbeit aus der Wiener Werkstatt des Friedrich von Knaus, 1760. Wien, Technisches Museum

schah das Ziehen von Grob- zu Mitteldraht in Nürnberg halbautomatisch, und diese Technologie wurde in den folgenden Jahrhunderten auch in andere europäische Zentren der Drahterzeugung transferiert. Lediglich das Öffnen und erneute Ansetzen der Zange am Draht mußte der auf einer Schaukel sitzende Schockenzieher nach jedem Zug, der durch eine vom Wasserrad angetriebene gekröpfte Welle bewirkt wurde, vornehmen. Um 1530 erfolgte dann in Nürnberg der Übergang zum automatischen Drahtzug, indem man einen Mechanismus mit einer sich selbst öffnenden, zugreifenden und sich wieder schließenden Zange entwickelte, so daß der Schokkenzieher überflüssig war. Bildliche Darstellungen der äußerst sinnreichen Mechanik liegen allerdings erst seit Ende des 17. Jahrhunderts vor, so daß zwischenzeitliche Verbesserungsinnovationen anzunehmen sind. Die Technik beim Ziehen vom Grobdraht wurde im wesentlichen bis in die Mitte des 19. Jahrhunderts beibehalten, auch wenn man die Zangenbisse stets als qualitätsmindernd betrachtete. An ihre Stelle trat dann die Schleppzangenziehbank, mit der sehr viel längere Grobdrahtstücke in einem Arbeitsgang gezogen werden konnten. Aber schon um die Mitte des 18. Jahrhunderts hatte man in Schweden vorgeschlagen, das Ausgangsmaterial für den Grobdraht mit kalibrierten Walzen herzustellen. Das erste Patent dafür wurde 1766 in England erteilt.

Zur Weiterverarbeitung von Halbzeug, ob gegossen, geschmiedet, gewalzt oder

84. Dreherei mit dem Einsatz eines Doppelrades. Kupferstich in dem 1772 in Paris erschienenen Band 31 der »Encyclopédie«. Privatsammlung

gezogen, wurden in Handwerk und Manufaktur neben den Handwerkzeugen auch Werkzeugmaschinen eingesetzt. Für die spanende Verarbeitung von Holz, Edel- und Buntmetall, Horn, Elfenbein und Alabaster stand seit dem Mittelalter die durch ein Pedal bewegte Wippendrehbank mit alternierender Bewegung zur Verfügung, und im Kleingewerbe blieb sie bis in das 19. Jahrhundert in Gebrauch. Daneben wurde schon vor dem 17. Jahrhundert die Drehbank mit kontinuierlicher Drehbewegung entwickelt, wobei die Antriebskraft von einem großen, rechtwinklig zu ihr stehenden Drehrad über eine Schnur auf sie übertragen wurde. Der Dreher konnte so seine Aufmerksamkeit ganz auf die Handhabung des Werkzeugs richten, bedurfte allerdings einer Hilfskraft, die das Rad in Gang hielt. Im 18. Jahrhundert gab es sogar Doppelräder, mit denen zwei verschiedene Geschwindigkeiten erzeugt werden konnten. Eine dritte Lösung hatte schon Leonardo vorgeschlagen, nämlich den Antrieb der Drehbank per Trittbrett über eine mit einem Schwungrad gekoppelte Kurbelwelle. Eine Verbreitung dieses Prinzips in mehreren Varianten erfolgte offenbar aber erst seit dem 18. Jahrhundert.

Wichtige Elemente auch der modernen Drehmaschine, etwa der bewegliche Werkzeugschlitten, Support, und die Leitspindel, waren bereits im späten 15. beziehungsweise seit der Mitte des 16. Jahrhunderts vorhanden, genauso wie die Technik des Passigdrehens, das heißt die Herstellung von exzentrischen Formen mit Hilfe von verstellbaren Schablonen. In Frankreich erlebte die Drechselkunst im späten 17. und im 18. Jahrhundert eine große Blüte, die sich in dem 1701 in Lyon erschienenen Werk »L'art de tourner« des Geistlichen Charles Plumier (1646–1706) widerspiegelte. Mit der Drehbank wurden die kompliziertesten kunsthandwerklichen Gegenstände hergestellt. Eine besondere Form der Drehbank war die Guillochiermaschine, bei der die Spindel mittels Kurvenscheiben in pendelnde Bewegung gesetzt wurde und variantenreiche Ornamente auf Metallteller und Taschenuhren gravierte. Im 19. Jahrhundert wurde die Technik des Guillochierens auch vom graphischen Gewerbe aufgegriffen. Die verschlungenen Linien auf den heutigen Banknoten beispielsweise sind Guillochen. Diese Entwicklung der Drehbank hing nicht zuletzt damit zusammen, daß die »L'art de tourner« im 18. Jahrhundert eine Liebhaberei von Angehörigen des Adels und des reichen Bürgertums blieb, die sich derart komplizierte »Kunstdrehbänke« bauen ließen.

Während bei der Herstellung immer kunstvollerer körperlicher und flächiger Gebilde die Möglichkeiten, die die Drehbank bot, schon im 18. Jahrhundert fast ausgeschöpft waren, hinkte die Entwicklung auf jenem Gebiet, das sie im 19. Jahrhundert zum Symbol der industriellen Fertigung machen sollte, nämlich im Produktionsbereich von Maschinenbauteilen, weit zurück. Dies scheint insofern erstaunlich zu sein, als wesentliche Elemente der modernen Drehbank, wie die Leitspindel, der bewegliche Support, die Spitzen und der kontinuierliche Antrieb, schon seit langem bekannt gewesen sind. Ein näherer Blick zeigt jedoch, daß die

85. Guillochiermaschine mit Kurvenscheiben zur Herstellung von Ornamenten. Kupferstich in dem 1772 in Paris erschienenen Band 31 der »Encyclopédie«. Privatsammlung

Ursachen für die Rückständigkeit auf ganz anderen Feldern zu suchen sind: Die im Handwerk benutzen Drehbänke waren im wesentlichen aus Holz, dem einzig in größeren Abmessungen zu bearbeitenden und in ausreichenden Mengen zur Verfügung stehenden Werkstoff. Auf solchen Drehbänken ließen sich nur relativ kleine und in ihrem Gesamtgewicht nicht allzu schwere Teile herstellen. Beim Drehen von Holzteilen gab es kaum Schwierigkeiten, da selbst bei der Wippenbank die auf das Schneidwerkzeug übertragene körperliche Kraft zur Bearbeitung ausreichte. Problematischer war das bei härteren Werkstoffen, vor allem beim Metalldrehen. Hier erwies sich der Radantrieb als Vorteil, weil sich mit ihm durch die Übersetzung vom großen Rad auf die Spindel sehr viel höhere Antriebskräfte übertragen und höhere Schnittgeschwindigkeiten erzielen ließen, was eine bessere Oberflächengüte des Werkstücks ermöglichte. Das Abdrehen von Zinn, Gold oder Silber bereitete keine Schwierigkeiten, im Unterschied zu dem des härteren Messings, das einen erheblich höheren Andruck des stählernen Werkzeugs erforderte, dem die hölzerne Konstruktion der Drehbank nur begrenzt gewachsen war, weil sie bei zu starker Belastung nachgab. Verankerungen der Bank in Decke, Boden und Wand, wie sie teilweise vorgenommen wurden, halfen nicht entscheidend weiter. Entsprechend gering waren die Maß- und Paßgenauigkeit der angefertigten Teile, und bei einer Mengenproduktion war kein Teil wie das andere. Nacharbeiten mit der Feile blieben beim Einpassen die Regel. Drehbänke aus gegossenen und nachträglich bearbeiteten Maschinenelementen, die schon eine feste Führung für die beweglichen Teile der Maschine aufwiesen, erlaubten eine etwas präzisere Fertigung der Werkstücke. Aber solche Drehbänke ließen sich, nicht zuletzt wegen der hohen Herstellungskosten, lediglich in kleinen Abmessungen herstellen, so daß darauf nur kleine Teile gedreht werden konnten, wie man sie für Uhren und wissenschaftliche Instrumente brauchte. Solcherart Drehbänke sowie die mit Fiedelbogen oder Schwungrad angetriebenen Räderschneidmaschinen hatten die Uhrmacher selbst entwickelt.

Eines der wichtigsten, aber zugleich am schwierigsten zu fertigenden Maschinenelemente, das man für den Bau von metallenen Drehbänken benötigte, war die Schraube. Doch das Schneiden von Gewinden, also die Herstellung von Schrauben und Muttern, galt damals noch »als eine schwierige Kunst. Obwohl die Befestigungsschraube schon aus der späten Antike bekannt war, vermieden viele Handwerker, selbst gegen Ende des 18. Jahrhunderts, Schraubenverbindungen zu verwenden. Für lösbare Verbindungen wurden Keile und für dauernde Verbindungen Nieten bevorzugt« (K. H. Mommertz). Große Holzgewinde, zum Beispiel bei den Pressen, wurden vorher auf den Rundstab aufgezeichnet und dann mit der Feile herausgearbeitet. Für kleine Metallschrauben benutzte man im 17. und 18. Jahrhundert das Schraubenblech, das aus einem gehärteten Blech mit Gewinde bestand, wobei das Gewinde mehr durch Quetschen als durch Schneiden entstand und dementsprechend mit der Feile nachbearbeitet werden mußte. Größere Metallspindeln für Pressen, Winden oder Schraubstöcke fertigte man auf einer sogenannten Patronendrehbank; hier war die durch eine Laufmutter gehende Leitspindel mit dem Drehling durch ein Schraubenfutter in Längsrichtung verbunden. Beim Vorschub der Leitspindel wurde das Gewinde durch einen feststehenden stählernen Schneidzahn eingeschnitten. Der Nachteil dieser von Hand am Achsenende gedrehten Maschine war allerdings, daß immer nur das von der Leitspindel vorgegebene

Gewinde hergestellt werden konnte, jede Werkstatt schnitt also ein anderes Gewinde. So verhielt es sich mit allen damals produzierten Gewindestücken: Sie waren untereinander nicht austauschbar. Beschädigte oder verlorengegangene Schrauben und Muttern mußten einzeln nachgefertigt und eingepaßt werden. Das war zwar lästig und zeitaufwendig, aber da in vorindustrieller Zeit noch kein massenhafter Bedarf an solchen Gewindestücken bestand und die damit zusammengehaltenen Apparate, Instrumente und Maschinen ebenfalls als Einzelstücke, allenfalls in kleiner Serie gefertigt wurden, war der Druck auf die damaligen Mechaniker und Maschinenbauer zur Entwicklung von Maschinen für austauschbare Schrauben und Muttern noch nicht zwingend.

Hinsichtlich der Vorstellung von Präzision bei der Fertigung ihrer Werkstücke klafften zwischen den Feinmechanikern und den Maschinenbauern in jener Zeit noch Welten. Der Maschinenbauer »begnügte sich meistens mit jener Genauigkeit, die mit Gießen beziehungsweise Schmieden zu erreichen war. Wenn eine höhere Präzision erforderlich war, blieb nur der Weg des Schrubbens auf der Hand-Drehbank sowie des arbeitsintensiven und Geschick, Erfahrung und Geduld verlangenden Nacharbeitens mit Hand-Werkzeugen« (A. Paulinyi). Gewisse Fortschritte erzielte man in der ersten Hälfte des 18. Jahrhunderts auf einem anderen Feld der spanenden Formveränderung, nämlich dem des Bohrens. Das Ausbohren von Holzrohren und bronzenen oder gußeisernen, über einen Kern gegossenen Geschützrohren war bereits seit der Renaissance üblich. Dies galt auch für die beiden Methoden, waagerecht oder senkrecht zu bohren. Neu war hingegen das Bohren voll gegossener eiserner Kanonenrohre im Jahr 1720 durch einen Kasseler Geschützgießer mit einer vertikalen Bohrmaschine. Größere Bekanntheit erlangten die Schweizer Geschützgießer Maritz. Schon Vater Johann (1680–1743) hatte eine Stückbohrmaschine entwickelt. Während der ältere Sohn Samuel (1705–1786) in Genf und Bern als Kanonengießer wirkte, brachte es der jüngere Bruder Johann (1711–1790) in französischen Diensten bis zum Inspekteur der Königlichen Gießereien zu Périgord, Straßburg und Douai. Auch dieser Maritz erfand eine Bohrmaschine, eine horizontale, wobei das Bemerkenswerte war, daß sich beim Bohrvorgang nicht das Werkzeug, sondern das Kanonenrohr drehte. Diese Maschine wurde erstmals 1744 in Betrieb genommen. »Da sie den Vorteil des konzentrischen Bohrens und des zylindrischen Drehens bot, war sie dazu berufen, den Geschützguß über den Kern zu verdrängen und das Bohren aus dem Vollen mehr und mehr einzubürgern« (W. Springer).

In England wurden horizontale Bohrwerke auch für die Herstellung der gußeisernen Zylinder der atmosphärischen Dampfmaschinen verwendet, wobei sowohl die von Johann Maritz dem Jüngeren entwickelte Methode zum Einsatz gelangte als auch das ältere Verfahren, bei dem der hohl gegossene Zylinder mit einer rotierenden Bohrstange, die mit Schneidwerkzeugen besetzt war, aufgebohrt wurde. Abweichungen von der Seelenachse des Zylinders bis zur »Kleinfingerbreite«, die durch die Schwingungen der vom Wasserrad oder Göpel angetriebenen Bohrstange entstanden, galten als normal. Erst als der Hüttenbesitzer John Wilkinson (1728–1808) sie dicht vor und hinter dem Zylinder fest lagerte, reduzierte sich die Abweichung auf die Stärke einer Münze; das war für damalige Verhältnisse ein enormer qualitativer Sprung. Jenes Ereignis markiert schon den Beginn der Industriellen Revolution. In vorindustrieller Zeit war nach und nach das ganze technische Repertoire geschaffen worden, aber so verstreut auf verschiedene Maschinen und Apparate, auf unterschiedliche Branchen, daß es schließlich eines neuen gedanklichen Konzeptes bedurfte, um alles Vorhandene zu einem neuen Ganzen zusammenzufügen. Dies gelang dann am Ende des 18. Jahrhunderts dem Mechaniker Henry Maudslay (1771–1831), und es ist kein Zufall, daß die erste von ihm entwickelte Maschine der Herstellung von austauschbaren Schrauben diente.

Technik und Naturwissenschaft

Optische und physikalische Instrumente

Mit dem Umsturz des geozentrischen Weltbildes durch Nikolaus Kopernikus (1473–1543) wurde der Boden für die Entstehung und Ausformung der modernen Naturwissenschaften im 17. Jahrhundert bereitet. Am Anfang dieser Revolution stand Galileo Galilei, der mit seiner quantitativen Physik bewegter Körper die klassische Mechanik begründete, die dann im letzten Drittel des 17. Jahrhunderts Isaac Newton mit der Formulierung des Gesetzes von der Schwerkraft und der damit verbundenen Erkenntnis vollendete, daß auf Erden und im Weltenraum die gleichen physikalischen Gesetze wirken. Im Zuge jenes wissenschaftlichen Umwälzungsprozesses löste sich die Forschung von der Theologie und der allgemeinen Naturphilosophie der Renaissance, und das auf vorwiegend mathematischer Grundlage beruhende neue Wissenssystem verdrängte die scholastische Denkweise.

Ein wesentlicher methodischer Baustein des neuen Denkansatzes stellte das zweckgerichtete Experiment dar, um mittels Verknüpfung von praktischer Erfahrung und Theorie auf induktivem Weg zu allgemeingültigen Erkenntnissen zu gelangen. Quantitative Ergebnisse erhielt man durch Messen und Wägen, was wiederum den Einsatz von Instrumenten und Versuchsapparaturen voraussetzte. Eine ganze Reihe von Meß- und Beobachtungsinstrumenten stand am Ende des 16. Jahrhunderts bereits zur Verfügung; sie wurden vor allem in der praktischen Geometrie, der »Feldmeßkunst« zur Winkel- und Entfernungsmessung benutzt. Einige davon brauchte man auch für die Astronomie. Hinzu kamen Instrumente wie Setzwaage, Kompaß, Bussole, Meßkette, der Proportionalzirkel als analoges Recheninstrument oder Geschützaufsätze in der Artillerie, die das Richten erleichtern sollten. Manche Instrumente wie das Astrolabium oder der Quadrant waren schon seit der Antike bekannt und wurden im Laufe der Zeit immer weiter verbessert, so daß sie am Ende des 16. Jahrhunderts, wie Maurice Daumas konstatiert, nach dem Stand des damaligen Wissens und Könnens nahezu ausgereift waren. Fortschritte in den Techniken der Metallbearbeitung sorgten für genauere Meßskalen und Einstellmöglichkeiten. Mit der zunehmenden Verwendung solcher Instrumente etablierte sich allmählich ein zünftig gebundenes Instrumentenmachergewerbe, das sowohl technisch als auch künstlerisch wertvolle Instrumente sowie Demonstrationsmodelle, zum Beispiel Planetarien, herstellte. Daneben gab es etliche Handwerke, die eher mit billigen Erzeugnissen wie einfachen Sonnenuhren auf einen ebenfalls wachsenden Käufermarkt stießen.

86. Astronomische Instrumente des 16. Jahrhunderts: Tycho Brahe und Studenten in seinem Observatorium auf der Insel Ven. Kupferstich in seinem 1598 erschienenen Werk »Astronomiae instauratae mechanica«. Kopenhagen, Kongelige Bibliotek

Mit der naturwissenschaftlichen Revolution erlangte das Instrument, das im Praxisbereich weiterhin seine wichtige Funktion behielt, auch in der Wissenschaft eine herausragende Bedeutung, weil jetzt infolge neuartiger Fragestellungen an die Natur neue Instrumente für die dafür erforderlichen Versuche erfunden werden mußten oder zumindest erstmals für wissenschaftliche Zwecke eingesetzt wurden. Die Instrumentenmacher waren hierdurch vor völlig neue Aufgaben gestellt, die sie meist in enger Zusammenarbeit mit den Wissenschaftlern lösten, beispielsweise mit

Christiaan Huygens oder Robert Hooke, den hervorragenden Experimentatoren und Mechanikern. Hinzu kam die Forderung von seiten der Wissenschaftler nach immer größerer Genauigkeit der Meßergebnisse und der Funktion von Apparaturen – ein Anspruch, der sich mit zunehmender Kunstfertigkeit der Instrumentenmacher im Laufe der Zeit steigerte. Ihre Bereitschaft war im 17. und 18. Jahrhundert durchaus vorhanden, da das Befassen mit naturwissenschaftlichen Fragen und vor allem Experimenten auch außerhalb der eigentlichen Wissenschaftssphäre ständig stieg. Das Experimentieren und die Vorführung von effektvollen Demonstrationsversuchen im geselligen Kreis wurden zur Liebhaberei zahlungskräftiger Leute im 18. Jahrhundert. Die wichtigsten Abnehmer von Instrumenten waren jedoch die Handels- und Kriegsflotten, die Universitäten, die Sammlungen für Forschungs- und Lehrzwecke anlegten, Gymnasien und Akademien sowie die vielerorts gegründeten Sternwarten.

Waren noch im 16. Jahrhundert insbesondere Augsburg und Nürnberg führend in der europäischen Instrumentenfertigung, so verschoben sich seit dem 17. Jahrhundert die Gewichte nachhaltig gen Westen. Die Niederlande, vor allem aber Paris und London entwickelten sich zu neuen Zentren. Dort, wo Handel und Wandel blühten, wo sich politische Macht konzentrierte und, wie in Paris und London, wissenschaftliche Gesellschaften den Fortschritt der Naturwissenschaften nicht nur um der reinen Erkenntnis willen, sondern zur Förderung der Gewerbe voranzutreiben suchten, entstanden im Laufe des 17. und 18. Jahrhunderts bedeutende Werkstätten des Instrumentenbaus. Im deutschsprachigen Raum waren Werkstätten außer in Augsburg und Nürnberg in Residenz- und Universitätsstädten zu finden, ohne allerdings an die großen westeuropäischen Betriebe heranzureichen. Das erste wichtige Instrument, das am Beginn des 17. Jahrhunderts erfunden wurde und dessen Weiterentwicklung bis zur Mitte des 18. Jahrhunderts wie kaum ein anderes den Aufbruch der neuen Wissenschaften widerspiegelt, war das Fernrohr. Ob es tatsächlich von dem holländischen Brillenschleifer Hans Lipperhey (um 1570–1619) erfunden worden ist, bleibt umstritten. Aktenkundig hingegen ist, daß Lipperhey im Jahr 1608 bei den Generalstaaten in Den Haag für ein Fernrohr mit einer Sammel- und einer Zerstreuungslinse ein Patent beantragt hat. Sicher ist weiter, daß Galilei in Padua, wie er in seinem Werk »Sidereus nuncius« 1610 berichtet, von dieser Erfindung in Holland gehört und sofort ein Fernrohr gleicher Bauart angefertigt hat. Da Galilei das holländische Instrument nur vom Hörensagen kannte, handelte es sich bei seinem Fernrohr um eine Nacherfindung. Hatte man in Holland zunächst mehr an eine militärische Nutzung des Fernrohrs gedacht, so erkannte Galilei sogleich dessen Bedeutung für astronomische Beobachtungen, und schon kurz nach der Fertigstellung entdeckte er die vier Jupitermonde. Das war ein weiterer Beleg für die grundsätzliche Richtigkeit des kopernikanischen Systems, das bald durch die Keplerschen Berechnungen der Planetenbahnen sowie die daraus abgeleiteten Gesetze seine endgültige Bestätigung fand. Johannes Kepler (1571 bis 1630) entwarf übrigens das erste Fernrohr mit zwei Sammellinsen, das dann von dem jesuitischen Astronomen Christoph Scheiner (1575–1650) gebaut wurde. Es hatte ein größeres Gesichtsfeld und ergab stärkere Vergrößerungen.

Durch das Fernrohr veränderte sich das Weltbild in wörtlichem Sinne: »Mit der Erfindung des Fernrohrs wurde es zum ersten Mal in der Geschichte der Astronomie möglich, von den Himmelskörpern nicht nur ihren Ort, sondern auch bei Körpern unseres Sonnensystems etwas über sie selbst zu erfahren« (J. Teichmann). So entdeckte man nach den Jupitermonden unter anderem die unterschiedlichen Phasengestalten von Venus und Merkur, die Mondgebirge und die Sonnenflecken. Der Einsatz des Fernrohrs als Meßinstrument ließ unerklärlicherweise noch einige Zeit auf sich warten. Erst um 1660 wurde das Fadenmikrometer zur Messung kleiner Winkel und geringer Abstände eingeführt.

Das Fernrohr und das etwa um die gleiche Zeit in Holland erfundene zweilinsige Mikroskop sorgten in der Wissenschaft für eine intensive Beschäftigung mit optischen Phänomenen. Ein Hauptproblem war dabei die Lichtbrechung, die zahlreiche Wissenschaftler, von Kepler angefangen, beschäftigte. Auf den Ergebnissen anderer fußend, veröffentlichte schließlich René Descartes (1596–1650) im Jahr 1637 das Brechungsgesetz, das vierte und letzte der geometrischen Optik. Die Frage nach der Natur des Lichtes war ein weiteres Problem der Zeit, in dem sich Befürworter der Wellentheorie wie Huygens und solche der Korpuskulartheorie wie Newton gegenüberstanden. Die Entdeckung der Doppelnatur des Lichtes erfolgte erst viel später. Trotz der vielen Entdeckungen im Bereich der Optik bis zur Mitte des 18. Jahrhunderts gab es erhebliche Schwierigkeiten vor allem technischer Art. Mit Recht empfand man die auftretenden Farbränder um die zu sehenden Bilder als lästig; sie resultierten aus dem unterschiedlichen Brechungsvermögen von Glas für verschiedene Wellenlängen der Lichtstrahlen. Newton glaubte irrtümlicherweise, die »chromatische Aberration« lasse sich nicht beseitigen, was eine weitere Beschäftigung mit diesem Problem für mehrere Jahrzehnte blockierte. Der Mangel der damaligen Linsen führte zur Entwicklung der Spiegelteleskope, zunächst 1660 von James Gregory (1638–1675) und dann 1671 von Newton selbst, die statt der lichtbrechenden Gläser reflektierende Spiegel enthielten. Ihr einziger Nachteil war ein relativ kleines Gesichtsfeld. 1733 stellte der Jurist und Naturwissenschaftler Chester Moor Hall (1704–1771) das erste achromatische Fernrohrobjektiv her, trat damit aber nicht an die Öffentlichkeit, so daß erst 1758 die von dem Instrumentenmacher John Dollond (1701–1761) gebauten achromatischen Fernrohre große Verbreitung fanden und in Lizenz nachgebaut wurden.

Im Verlauf der anderthalb Jahrhunderte nach Galileis Einführung des Fernrohrs in die Astronomie und wenig später auch für die Erdbeobachtung und die Landvermessung bot sich den Instrumentenmachern ein weites Feld von Möglichkeiten für den

87. Mikroskopische Untersuchung im Präpariersaal des Naturforschers George Louis Le Clerc, Graf von Buffon. Zeichnung von Jacques de Sève, nach 1749. Paris, Bibliothèque Nationale

Bau der unterschiedlichsten Typen. Die Herstellung von präzisen Linsen, gewissermaßen die eigentliche »Seele« des Fernrohrs, aber blieb trotz mancher Fortschritte ein Dauerproblem. Das begann schon beim Rohstoff. Glas für optische Zwecke zu gießen, war äußerst schwierig; denn der Glaskörper sollte möglichst farblos, frei von Blasen, Knoten, Steinchen, Schlieren und Spannungen sein. Zunächst verwendete man das Kronglas, das auch den Namen »Mondglas« hatte, da die dem Glashafen entnommene Masse durch rasche Rotation der Glasmacherpfeife zu einer Scheibe ausgeschleudert wurde. Als begehrtes Material kam dann ab 1675 das von George Ravenscroft entwickelte Bleikristallglas, das sogenannte Flintglas, hinzu.

Obwohl das Schleifen von Brillengläsern seit dem späten Mittelalter handwerklich ausgeübt wurde und Fernrohr und Mikroskop von Brillenschleifern entwickelt worden waren, stand man nun vor neuen ungewohnten Aufgaben. Statt der Brillengläser mit langen Brennweiten mußte man jetzt viel größere und extrem kleine Linsen mit sehr kurzen Brennweiten schleifen, wobei genau vorgegebene Krümmungsradien eingehalten und die Oberflächen makellos poliert werden mußten. Vor allem im 17. Jahrhundert haben Forscher wie Descartes, Huygens, Newton oder der große Mikroskopiker Antonio van Leeuwenhoek (1632–1723), der über 500 einlinsige Mikroskope baute, ihre Linsen selbst geschliffen. Huygens und andere entwickelten Schleif- und Poliermaschinen, um die Genauigkeit zu steigern.

88. Linsenschleif- und Poliermaschine mit Wippantrieb. Kupferstich in der 1700 in Regensburg erschienenen »Vollständigen Hauß- und Land-Bibliothec« von Andreas Glorez. Wolfenbüttel, Herzog August-Bibliothek

Die technische Entwicklung des Mikroskops hat sich in vergleichbarer Weise wie beim Fernrohr vollzogen, jedoch mit dem Unterschied, daß im 17. Jahrhundert neben dem zweilinsigen Mikroskop sich auch das lichtstärkere einlinsige, das im Prinzip nur eine überstarke Lupe darstellte, lange behaupten konnte. Wesentlich verbessert wurden im Laufe der Zeit Ständer und Tubus, und es folgten immer mehr Zusatzgeräte wie Objektträger, Spiegel zur besseren Beleuchtung der Objekte sowie

Einrichtungen zur Scharfeinstellung. Die Linsenprobleme waren noch etwas gravierender als bei den Fernrohren, da gefärbte oder fehlerhafte Linsen die Beobachtungen stärker beeinträchtigten. Der Bau von zweilinsigen Mikroskopen war eine einträgliche Einnahmequelle für die Instrumentenmacher, die nicht nur einfache Geräte mit Papptubus, sondern auch prachtvoll verzierte Stücke fertigten, die zudem als repräsentativer Blickfang dienten. Im Gegensatz zum Fernrohr erschloß sich mit dem Mikroskop dem Betrachter eine bis dahin völlig unbekannte Welt, und jeder Blick auf ein neues Objekt war eine Entdeckung. Allerdings ist man lange Zeit auch dabei stehengeblieben. Spürbare Impulse auf die Entwicklung von Botanik und Zoologie zu eigenständigen Wissenschaften sind für den behandelten Zeitabschnitt noch nicht zu erkennen.

Fast unübersehbar groß war die Zahl an physikalischen Instrumenten und ganzen, aus vielen Einzelteilen bestehenden Apparaturen, die zwischen 1600 und 1750 von den Wissenschaftlern für ihre Versuche entworfen und zusammen mit den Instrumentenmachern gebaut wurden. Wichtige Geräte wie das Thermometer oder das Barometer tauchten zwar schon in Vorformen in der ersten Hälfte des 17. Jahrhunderts auf, aber es handelte sich noch nicht um Meßinstrumente, weil die Skaleneinteilungen fehlten. Dieser Schritt konnte erst nach einem allmählichen Bewußtseinswandel innerhalb der Wissenschaften vollzogen werden; es war der Wandel von den bisher vorwiegend subjektiv-qualitativen zu den objektiv-quantitativen Aussagen, zu denen man mit Hilfe experimenteller Untersuchungen gelangte. Da bei der Erörterung von wärmetheoretischen Problemen das subjektive Empfinden »warm – kalt« keinerlei quantitative Aussage zuließ, suchte man nach Möglichkeiten für eine allgemeine Vergleichbarkeit. Schon 1665 hatte Robert Boyle einen Wärmestandard gefordert, doch erst im beginnenden 18. Jahrhundert schufen dann Newton, vor allem aber Gabriel Daniel Fahrenheit (1686–1736), Réaumur und schließlich 1742 Anders Celsius (1701–1744) Thermometer mit Skaleneinteilungen, mit denen unterschiedliche Wärmegrade eines Körpers objektiv bestimmt werden konnten. Der Instrumentenmacher Fahrenheit hatte das Quecksilber als Thermometerflüssigkeit eingeführt, und von Celsius schließlich stammte die heute noch gültige Einteilung mit 0 Grad am Eispunkt und 100 Grad am Siedepunkt. Erst mit der genauen Skaleneinteilung war das Thermometer zum Meßinstrument geworden, ohne daß dabei technische Probleme zu lösen waren, während bestimmte, auf empirischen Untersuchungen basierende wissenschaftliche Erkenntnisse erst gewonnen werden mußten.

Von einem der wichtigsten Geräte des 17. Jahrhunderts, der von Otto von Guericke entwickelten Luftpumpe, war bereits im Zusammenhang mit der Frühgeschichte der Dampfmaschine die Rede. Besonders seit dem späten 17. Jahrhundert wurde die Luftpumpe, die Robert Boyle und andere weiter verbesserten und mit zahlreichen Zusatzgeräten für physikalische Versuche ausstatteten, zu einem zen-

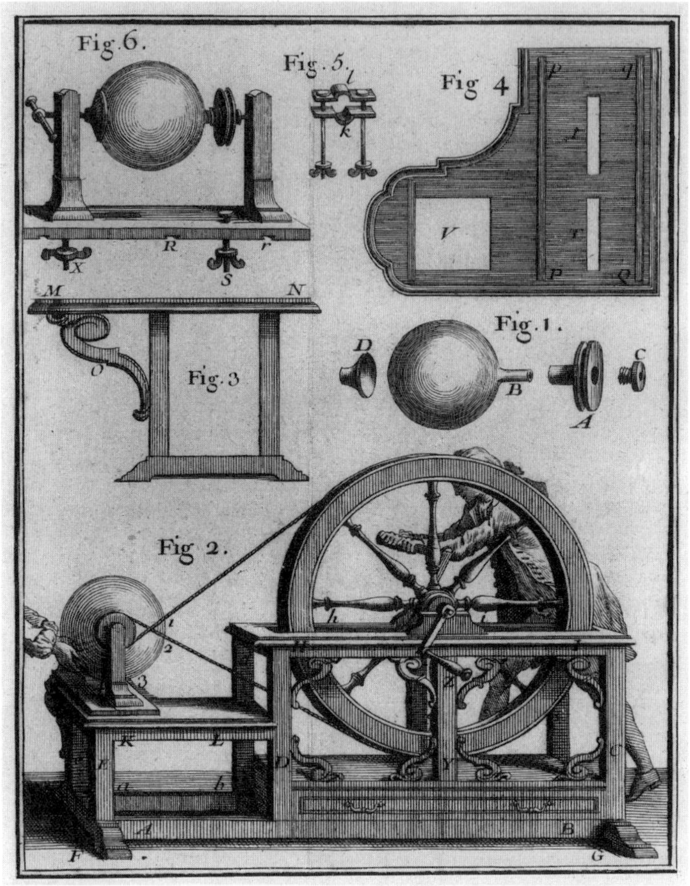

89. Kugelelektrisiermaschine von Nollet. Kupferstich in seinem 1750 veröffentlichten Essay über die Elektrizität. München, Deutsches Museum

tralen Apparat der Forschung. »In England wird die Luftpumpe zum Emblem der neuen experimentellen Philosophie und steht damit für ein Programm. Neben dem Mikroskop war die Luftpumpe das Schaustück der Royal Society, jedem prominenten Besucher wurden eindrucksvolle Versuche mit ihr vorgeführt. An der Luftpumpe werden als erstem größeren und teuren Versuchsinstrument des Labors, wenn wir von traditionellen Destillierapparaten absehen, die Regeln einer institutionalisierten, experimentell arbeitenden Wissenschaft entwickelt« (E. Weigl). Auch ein weiteres Forschungsfeld, die Untersuchung von elektrischen Erscheinungen, ist von Otto von Guericke angeregt worden, der sich mit den Anziehungs- und Abstoßungskräften einer geriebenen Schwefelkugel befaßte. Er entwickelte dazu das erste Modell einer Elektrisiermaschine, die in verbesserter Ausführung, ähnlich wie die Luftpumpe, zum Grundgerät für Versuche mit der Reibungselektrizität wurde.

Die an einigen charakteristischen Instrumenten der neuen Naturwissenschaften aufgezeigte Entwicklung belegt nachdrücklich, daß die Technik der Wissenschaft die von ihr gewünschten technischen Hilfsmittel bereitgestellt und sie im Kontext mit dem Fortschreiten der wissenschaftlichen Erkenntnis verbessert, häufig auch erst erfunden hat. Anders verhält es sich, wenn man fragt, inwieweit die entstehenden neuen Naturwissenschaften die allgemeine Entwicklung der Technik beeinflußt haben. Von einer Verwissenschaftlichung der Technik in heutigem Verständnis konnte damals noch keine Rede sein. Bis in das späte 18. und in vielen Bereichen bis weit in das 19. Jahrhundert hinein vollzog sich technischer Wandel meistens auf empirischem Weg nach dem Prinzip »Trial and error«. Es gab im 17. und 18. Jahrhundert natürlich eine Reihe von Naturwissenschaftlern, die sich mit techniktheoretischen Problemen wie der Reibung oder im Bauwesen mit der Statik befaßten, aber eine Breitenwirkung erzielten sie damit, häufig sogar mit Absicht, noch nicht. Andererseits besteht kein Zweifel an der Tatsache, daß die gewerbliche Technik durchaus vom Fortschritt der naturwissenschaftlichen Erkenntnis profitiert hat, indem sie sich jederzeit auf dem Boden des sich ständig erweiternden Allgemeinwissens bewegte. Ein Thomas Newcomen konnte seine atmosphärische Dampfmaschine nur entwerfen und bauen, weil das Wissen um die Wirkung des atmosphärischen Druckes inzwischen jedermann bekannt war.

Uhren

Der Durchbruch der modernen Naturwissenschaften seit dem Beginn des 17. Jahrhunderts wäre ohne ein komplexes Instrument in dieser Form nicht möglich gewesen: Die Räderuhr hatte schon eine dreihundertjährige erfolgreiche Entwicklung hinter sich. Ursprünglich im klösterlichen Bereich entstanden, hielt sie bald Einzug in die Städte und beeinflußte als Kirchturm- oder Rathausuhr das Zusammenleben der Menschen. Während man sich auf dem Lande auch weiterhin nach dem jahreszeitlichen Rhythmus richtete, bestimmte die durch die Uhr nun möglich gewordene Einteilung des Tages in 24 gleichlange Stunden die Handlungsabläufe. Die Uhr mit ihrem für die meisten Menschen nur schwer durchschaubaren Räderwerk wurde, was sich bereits im Bau der komplizierten astronomischen Großuhren des Spätmittelalters gezeigt hatte, zum Sinnbild des vom Schöpfer gelenkten Kosmos, aber auch zum Tugendsymbol. Das Uhrengleichnis verlor im 17. und 18. Jahrhundert nichts von seiner Bedeutung, allerdings wandelte sich unter dem Einfluß des mechanischen Denkens und der Entstehung des Absolutismus sein Symbolgehalt.

Die Uhr war aber nicht nur Symbol, sondern auch Inkarnation der Technik schlechthin, und in keinem anderen Bereich finden sich bis zum Beginn des 17. Jahrhunderts so viele Verbesserungsinnovationen wie gerade bei den Uhren. Doch es gab auch einen entscheidenden qualitativen Sprung, der diese Entwicklung beschleunigte. Kurz nach 1500 war neben den Gewichtsantrieb der Antrieb durch eine Stahlfeder getreten, was zur Entwicklung von kleinen Tisch- und vor allem von Taschenuhren geführt hatte. Anders als bei der Großtechnik, wo Reibung und unzureichende Materialfestigkeit mancher guten technischen Idee von vornherein einen Riegel vorschoben, konnten die Uhrmacher ihre Phantasien in konkrete Technik umsetzen. Und immer wieder, nicht nur von Karl Marx, ist darauf verwiesen worden, daß man den Formenschatz des industriellen Maschinenbaus en miniature im Uhrenbau grundgelegt hat. Dabei vollzog sich bis in die Industrielle Revolution insofern ein Ausleseprozeß, als bizarre, wenngleich technisch mögliche Mechanismen, so sie nicht mehr als einfachere technische Lösungen leisteten, wieder verschwanden. Besonders der Zeitraum zwischen 1550 und 1650 gilt als erste große Blütezeit der Uhrmacherkunst, wobei man sich fragt, was mehr zu bewundern ist: die technische Raffinesse mancher Erzeugnisse oder ihre künstlerische Gestaltung. In jener Epoche wurde die Uhr zum Statussymbol besitzender Schichten, die bereit waren, für besonders komplizierte Gebilde, die neben der Zeitangabe noch allerlei andere Funktionen ausführten, viel Geld zu bezahlen, was wiederum zu technischen Neuerungen anregte.

Doch die heute von den Uhren als selbstverständlich geltende Eigenschaft besaßen sie bis in die Mitte des 17. Jahrhunderts noch nicht, nämlich die Zeit zu messen. Gangabweichungen zwischen 10 und sogar 20 Minuten, die mit Hilfe von Sonnenuhren korrigiert wurden, waren normal. Die seit der Einführung der Räderuhr gebräuchliche Spindelhemmung ließ keine größere Genauigkeit zu, aber es bestand zunächst auch kein Bedürfnis nach einer Messung der Zeit. Erst im Zusammenhang mit dem naturwissenschaftlichen Experiment als neuem Mittel der Naturerkenntnis und mit ganz konkreten Bedürfnissen wie der Längenbestimmung auf See, richtete sich das Interesse der Wissenschaft auch auf die Verbesserung der Ganggenauigkeit von Uhren. Da die Spindelhemmung mit Waag keine entscheidenden Verbesserungsmöglichkeiten bot, mußte nach einer anderen Lösung gesucht werden. Schon als junger Student soll Galileo Galilei 1583 beim Anblick eines schwingenden Kronleuchters im Dom zu Pisa den Isochronismus entdeckt haben, also die Tatsache, daß die Schwingungsdauer eines Pendels, unabhängig von seinem Ausschlag, konstant ist. Im Jahr 1638 veröffentlichte Galilei dann seine Gesetze über die Pendelbewegung, und in seinem Nachlaß fand sich der Entwurf einer vollständigen Pendeluhr, die von seinem Sohn sogar nachgebaut wurde. Die erste wirklich brauchbare Uhr, die statt der Waag nun ein Pendel besaß, stellte Christiaan Huygens 1657 vor. Auch bei ihm, der sich mit Astronomie, Optik und Mechanik theoretisch

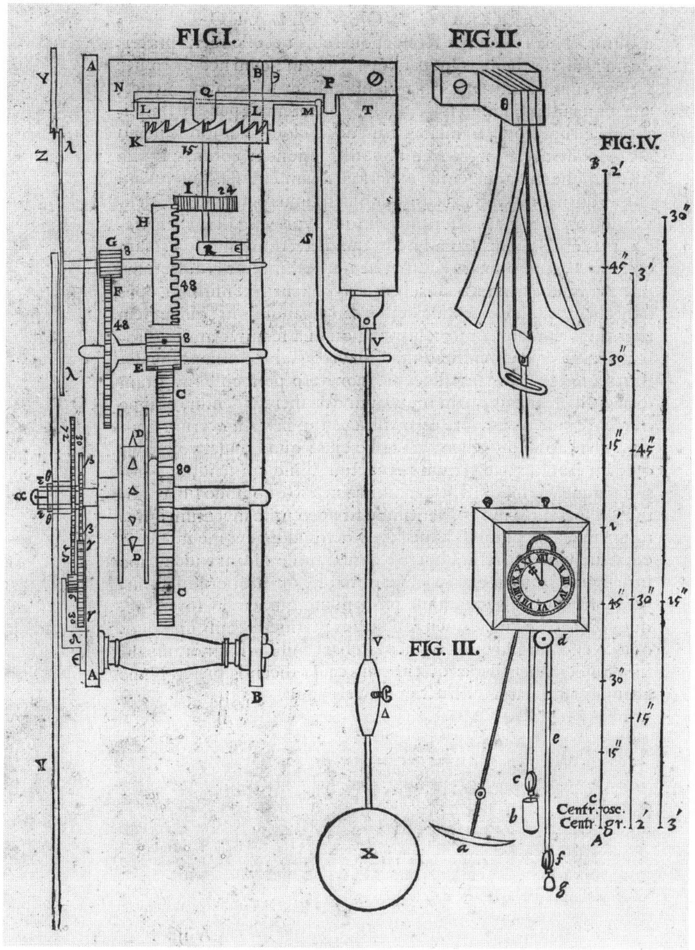

90. Pendeluhr mit zykloider Aufhängung von Huygens. Holzschnitt in seinem 1673 in Paris erschienenen »Horologium oscillatorium«. München, Deutsches Museum

wie praktisch beschäftigte – 1656 fand er durch Fernrohrbeobachtung den Saturnmond und 1657 den Orionnebel – , stand die Absicht dahinter, einen genauen Zeitmesser für die geographische Längenbestimmung auf dem Lande wie auf See zur Verfügung zu stellen. Bei seinen Versuchen, die er mit seinem Uhrmacher durchführte, hatte er festgestellt, daß ein Pendel erst dann konstant schwingt, wenn es sich auf einer zykloiden Kurve bewegt. Er ließ deshalb das an zwei Seidenfäden hängende Pendel im oberen Teil zwischen zwei zykloiden Metallwangen abschwingen. Vom Standpunkt der Uhrentechnik her gesehen kann die Einführung des Pendels nicht als spektakulär, von der erzielten Wirkung her jedoch ohne Übertreibung als revolutionär bezeichnet werden; denn die Gangabweichung betrug pro Tag lediglich noch zwischen 10 und 15 Sekunden. In der Praxis bewährte sich diese Konstruktion allerdings nicht, so daß Huygens bald zum kreisförmig schwingenden Pendel zurückkehrte, zumal die Ganggenauigkeit der Uhr dadurch nur minimal vermindert wurde. Die Pendeluhr setzte sich rasch durch, und sogar die meisten alten Waaguhren wurden umgerüstet.

Dennoch hatte die Huygenssche Pendeluhr einen großen Nachteil: Sie war wegen ihres Gewichtsantriebes und des senkrecht schwingenden Pendels auf schwankendem Schiffboden nicht verwendbar. Huygens, der übrigens seine bis dahin erzielten Forschungsergebnisse 1673 unter dem Titel »Horologium oszillatorium« veröffentlichte und damit das erste Werk der wissenschaftlichen und angewandten Mechanik vorlegte, sann auf eine grundsätzlich andere Lösung und fand sie 1675 in der sogenannten Unruh mit der schwingenden Unruh-Spirale, kurz bevor Robert Hooke und andere auf den gleichen Gedanken kamen. Die Erfindung hatte offenbar »in der Luft« gelegen. Die Unruh ersetzte bald die Spindelhemmung in den Kleinuhren, und damit war im Prinzip der Weg zur Konstruktion von Uhren für die präzise Längenbestimmung auf See frei. Bis zur Entwicklung des ersten Seechronometers sollten allerdings noch viele Jahrzehnte vergehen.

Daß die Lösung dieses Problems, das schon im frühen 16. Jahrhundert von den seefahrenden Nationen als dringlich erkannt worden war, vor allem den Engländern auf den Nägeln brannte, die sich in der zweiten Jahrhunderthälfte an die Spitze der Seemächte gesetzt hatten, war verständlich. Das englische Uhrmachergewerbe übernahm in jener Zeit ebenfalls die europäische Führungsrolle, und eine ganze Anzahl von bedeutenden technischen Neuerungen wurden auf der Insel entwickelt. Die erste Repetieruhr, die akustisch die letzte vergangene Stunde sowie die danach vergangenen Viertelstunden angab, baute der Uhrmacher Edward Barlow (1636–1716). Der Uhrmacher und Mechaniker George Graham (1673–1751) erfand die ruhende Ankerhemmung für Uhren mit langem Pendel, und 1695 stellte Thomas Tompion (1639–1713) die Sautroghemmung vor, die 1720 von Graham zur Zylinderhemmung verbessert wurde. Die Uhren liefen inzwischen so genau, daß die meisten am Ende des 17. Jahrhunderts einen zusätzlichen Minutenzeiger erhielten. War dieser vorher nur selten und dann meist auf einem besonderen Zifferblatt angebracht, so steckte man ihn jetzt auf eine durchgehende massive Welle, während der Stundenzeiger an einer Hülse saß, die einen eigenen Antrieb hatte und darübergeschoben wurde, wodurch das Zifferblatt sein heutiges Aussehen erhielt.

Aber trotz solcher Neuerungen war man bei der Entwicklung einer genaugehenden Uhr für die Längenbestimmung auf See immer noch keinen entscheidenden Schritt vorangekommen. Da setzte das englische Parlament 1714 ein »Board of Longitude« ein und lobte die enorme Summe von 20.000 Pfund Sterling für eine Navigationsuhr aus, wenn die Abweichung auf der Reise von England nach Westindien höchstens 0,5 Grad Länge, das heißt 30 Seemeilen, betrage. Die Schwierigkeiten des Baus einer solchen Uhr lagen vor allem darin, den Einfluß von Schiffsbewegungen und Klima – Temperaturschwankungen, Luftdruck und Feuchtigkeit – auf den gleichmäßigen Gang der Uhr soweit wie möglich zu vermindern beziehungsweise ganz auszuschalten. Diese die Navigation auf See revolutionierende Leistung gelang dem englischen Uhrmacher John Harrison (1693–1776) nach fast vierzigjähriger hartnäckiger Arbeit, wobei er nacheinander vier Uhren baute und sie immer wieder nach Erprobungsreisen durch neue Elemente verbesserte. Hatte die erste noch eine Höhe von 53 Zentimetern, so war die vierte schließlich eine etwas größere Taschenuhr mit einem Durchmesser von gut 13 Zentimetern. Nach einer Reise von England nach Jamaika und zurück, die der Sohn von Harrison mit dem vierten Modell unternommen hatte, zeigte die Uhr nach insgesamt 161 Tagen lediglich die sensationell geringe Gangabweichung von 5,1 Sekunden; die Längenabweichung betrug also nur 0,016 Grad. Doch trotz dieser eindeutigen Erfüllung der Bedingungen mußte Harrison bis 1772 gegen Intrigen kämpfen, um endlich das ihm zustehende Geld zu erhalten, und das waren dann nur 18.500 Pfund.

Die führende Stellung der englischen Uhrmacher, die häufig zugleich wissenschaftliche Instrumente herstellten, hielt bis etwa zur Mitte des 18. Jahrhunderts, dann gingen die innovatorischen Impulse wieder stärker von Frankreich und auch von der Schweiz aus. Stellvertretend für eine große Anzahl bedeutender französischer Uhrmacher seien hier nur Ferdinand Berthoud (1727–1807) und Pierre Le Roy (1717–1785) genannt, die das französische Marinechronometer entscheidend verbessert und zahlreiche Einzelerfindungen zum Uhrenbau beigesteuert haben. Allmählich breitete sich der einfach gestaltete Zeitmesser in der bürgerlichen Schicht aus und begann Alltag und Arbeitswelt zu bestimmen. Zeitdisziplin wurde zur Richtschnur. Die große Nachfrage nach Uhren förderte die Arbeitsteilung, so daß nun Gehäuse, Federn, Zahnräder und Zifferblätter in unterschiedlichen Werkstätten, zum Teil in ländlichen Regionen, gefertigt wurden und lediglich das Zusammensetzen, die Endfertigung, in einem zentralen Uhrmacherbetrieb oder einer Manufaktur erfolgte. Eine Uhr kostete, wie Adam Smith (1723–1790) in seinem berühmten Werk »An inquiry into the nature and causes of the wealth of nations« 1776 festhielt, bloß noch 5 Prozent dessen, was man hundert Jahre früher dafür bezahlen mußte. Zu dieser Zeit kam aus englischen Uhrenwerkstätten die Hälfte der Weltproduktion. Am Ende des Jahrhunderts produzierte allein London 80.000 Uhren für den Export und 50.000 für den Inlandsbedarf, aus Genf, dem Schweizer Uhrenzentrum, kamen zum gleichen Zeitpunkt 70.000.

Automaten

In engem Zusammenhang mit der Uhrenentwicklung stand der Bau von Automaten, der bis auf antike Traditionen zurückging, in Europa auf die mittelalterliche Räderuhr. Insbesondere bei den Großuhren an Kirchen und Rathäusern, die zudem repräsentativen Zwecken dienen sollten, war durch die Uhrgewichte ausreichend gespeicherte Energie vorhanden, um astronomische Anzeigen, Figurengruppen in Form des »Männleinlaufens«, krähende Hähne sowie Spiel- und Schlagwerke in Betrieb zu halten. Die Wasserkraft hingegen nutzte man seit dem 16. Jahrhundert, um lebensgroße Figuren in fürstlichen Parks zu bewegen oder um Wasserspiele in Gang zu setzen. Der Ingenieur Salomon de Caus schuf in Heidelberg und später in St.-Germain bei Paris seinerzeit berühmte Anlagen. Die Steuerung erfolgte mittels mit Nocken besetzter Holztrommeln, die das »Programm« enthielten und ihrerseits lange Drähte zogen, die mit den zu bewegenden Figuren im Park oder in den Grotten verbunden waren. Noch heute zum Teil funktionsfähig sind Automaten und Wasserspiele im Park von Hellbrunn bei Salzburg. Diese Anlage war 1613 errichtet und Mitte des 18. Jahrhunderts auf über 250 Figuren erweitert worden. Mit der Erfindung des Federwerkes im 15. Jahrhundert und den Mechanismen der Uhrentechnologie war die Grundlage für den Bau kleiner Automaten gegeben, die von Fürsten und Patriziern in Auftrag gegeben wurden.

Ähnlich der Uhr waren die Automaten Metaphern und Statussymbole zugleich, auch wenn insbesondere bei den kleinen Objekten wie zwitschernden Vögeln, musizierenden menschlichen Figuren, Wägelchen oder tanzenden Bären die Freude am Spielerischen im Vordergrund stand. Die ständige Wiederholung ein und derselben Bewegungsabläufe schien darüber hinaus eine sinnlich erfahrbare Bestätigung des sich nun durchsetzenden mechanischen Weltbildes zu sein. Die Wellen schlugen hoch, weniger bei den Automatenbauern als bei Philosophen, Theologen und Schriftstellern, als René Descartes in seinem 1637 veröffentlichten »Discourse de la méthode« das Tier als ein rein mechanisches, vernunft- und seelenloses Wesen – la bête machine – bezeichnete. Die Diskussion zwischen Anhängern und entschiedenen Gegnern setzte sich bis in das späte 18. Jahrhundert hinein fort, nicht zuletzt durch die Gedanken angeregt, die der Arzt und Philosoph Julien Offray de Lamettrie (1709–1751), einer der ersten französischen Materialisten, in seiner 1748 erschienenen Schrift »L'homme machine« geäußert hatte. Die Annahme ist wohl nicht weit hergeholt, daß die philosophisch-literarische Diskussion und der konkrete Bau von Automaten, der gerade im Zeitalter der Aufklärung einen Höhepunkt sowohl hinsichtlich der Technik als auch des Publikumsinteresses erlebt hat, über lange Zeit sich wechselseitig angeregt haben.

Der Bau von Automaten blieb nicht zuletzt wegen seiner komplizierteren Mechanismen auch im 18. Jahrhundert eine kostspielige Angelegenheit, so daß ihre

Schöpfer meist in höfischen Diensten standen, von dort Aufträge erhielten oder durch das Zurschaustellen ihrer Schöpfungen die Herstellungskosten hereinzuholen suchten. Die vor allem wegen ihrer Vielseitigkeit herausragende Persönlichkeit unter den Automatenkonstrukteuren war unbestritten Jacques de Vaucanson, der Innovator in der französischen Seidenindustrie.

Der aus Grenoble stammende, von Jesuiten erzogene Vaucanson hatte frühzeitig eine hohe Begabung für die Mechanik erkennen lassen und sich dem Bau von Automaten zugewandt, so daß er sich dadurch hoch verschuldete. Nach anatomischen Studien, die vor allem menschlichen Bewegungsabläufen galten, und solchen physikalischer Art über Aufbau und Spielweise der Querflöte, fertigte er 1737 seinen ersten Androiden, einen Flötenspieler, bei dem der mit Blasebälgen erzeugte Luftstrom durch den Mund und über die Zunge an das Mundstück der Flöte gelangte, wo tatsächlich der Ton gebildet wurde, den die Finger, auf den entsprechenden Klappen liegend, vorgegeben hatten. Wie mit diesem Flötenspieler, so erregte Vaucanson auch mit dem kurz danach konstruierten Schalmei- und Tamburinspieler Bewunderung, mehr noch mit seiner berühmten Ente, die, auf einem Podest stehend, nicht bloß watscheln, schnattern und mit den Flügeln schlagen, sondern erstaunlicherweise auch fressen, offenbar verdauen und sichtbar ausscheiden konnte. Die Ente war derart perfekt gestaltet, daß sie sogar aus der Nähe für lebendig gehalten wurde.

Was Vaucanson von anderen Automatenbauern unterschied, war seine wissenschaftliche Vorgehensweise, indem er die natürlichen Vorgänge genau studierte, um sie dann möglichst perfekt zu simulieren. Dies ließ sich nur durch eine bis dahin unerreichte Präzision in der Metallbearbeitung und dem Zusammenspiel neuer, komplexer Mechanismen erreichen. Bei der Ente, die aus über 1.000 Einzelteilen bestand, verwendete Vaucanson für den Transport des angeblichen Verdauungsproduktes als erster einen von ihm gefertigten Kautschukschlauch. Aufgrund seiner Leistungen wurde er zum Mitglied der Akademie der Wissenschaften gewählt. Er hat die Androiden, mit denen er Schaureisen unternahm und viel Geld verdiente, bald verkauft. Keiner ist erhalten geblieben, jedoch zwei eigenhändige ausführliche technische Beschreibungen Vaucansons sind überliefert. Er konstruierte danach keinen Automaten mehr, aber als 1741 ernannter Inspekteur der Seidenindustrie nutzte er die beim Bau der Androiden und der Ente gewonnenen Erfahrungen und seinen Ideenreichtum zur »Automatisierung« des Seidenwebstuhls und die Kenntnisse in der Präzisionsmechanik für die Entwicklung von Werkzeugmaschinen.

Der Ehrgeiz der Automatenkonstrukteure in der zweiten Hälfte des 18. Jahrhunderts richtete sich nach Vaucanson auf die Nachahmung weiterer menschlicher Fähigkeiten wie die der Stimme, was nur in Ansätzen gelang, und auf die Nachahmung der Handschrift. Um das Jahr 1760 fertigte der Wiener Hofmechaniker Friedrich von Knaus (1724–1789), der schon durch Kunstuhren hervorgetreten war, eine »Allesschreibende Wundermaschine«, die zu den bedeutendsten und mit ihrer Höhe von 2 Metern größten Automaten des 18. Jahrhunderts zählt und heute noch im Technischen Museum in Wien vorgeführt wird. Auf einer Weltkugel, die Mechanik enthaltend, sitzt eine allegorische Figur, eine Göttin, mit einer Feder in der Hand, die jeden gewünschten Text auf eine hinter ihr befindliche, mit Papier bespannte Tafel schreibt, wobei sie nach mehreren Buchstaben die Feder in die Tinte taucht und neu ansetzt. »Auf einem horizontal angebrachten Zylinder wird der gewünschte Text mit kleinen Stiften ›eingegeben‹. Diese Stifte schlagen Tasten an, die über einen Hebel die Kurvenscheiben des gewünschten Buchstabens in Bewegung bringen. Diese wird auf den Arm übertragen, der die entsprechenden Schreibbewegungen ausführt« (A. Beyer).

Die schönsten und zugleich technisch vollkommensten Androiden schufen jedoch die drei Schweizer Mechaniker Pierre Jaquet Droz (1721–1790), sein Sohn Henri Louis (1752–1791) und Jean Frédéric Lescot (1746–1824) aus Neuchâtel, mit denen sie 1774 an die Öffentlichkeit traten und im Jahr darauf das Publikum in Paris und London und anschließend in weiteren europäischen Städten begeisterten. Es handelte sich um drei lebensecht wirkende Figuren: eine Klavierspielerin sowie ein schreibendes und ein zeichnendes Kind, wobei besonders die Koordination von Hand-, Kopf- und Augenbewegungen bis heute den Betrachter fasziniert, wenn er die Androiden bei einer Vorführung in Neuchâtel erlebt. Das mechanische Repertoire ist in etwa das gleiche wie bei der Maschine von Knaus, das heißt, es umfaßt Hebel, Kurvenscheiben, Nocken, Stangen, Zahnräder, Federn und Drahtzüge, nur daß die jeweiligen Mechanismen genau in die Körperform eingepaßt und noch präziser gefertigt sind.

Rechenmaschinen

Der für das 17. Jahrhundert die Naturwissenschaften, die Wirtschaft und die Politik kennzeichnende Zug, die Welt in Zahlen zu erfassen, führte zu einem sprunghaften Anstieg der Rechenoperationen, die mit Kopf und Schreibstift durchgeführt werden mußten, was beträchtliche Zeit erforderte. Es lag daher nahe, daß gerade vielseitige Wissenschaftler, die unter anderem auch Mathematiker waren, sich intensiv mit Möglichkeiten für die Rechenerleichterung und dann auch mit dem Gedanken der Mechanisierung des Rechnens befaßten. Ein weiteres Ziel war es, das Rechnen sicherer zu machen. So kam es beispielsweise bei der Erstellung von astronomischen Tafeln, die auf einer Vielzahl von Einzelberechnungen basierten, fast zwangsläufig zu Rechenfehlern. Der zumindest heute naheliegende Gedanke, durch eine Mechanisierung vielleicht auch die Rechengeschwindigkeit zu steigern, hat offenbar noch keine Rolle gespielt.

Den ersten Schritt unternahm der schottische Mathematiker Lord John Napier von Merchiston (lat. Neper, 1550–1617), der unabhängig von dem kaiserlichen Uhrmacher Jost Bürgi (1552–1632) die natürlichen Logarithmen erfand und auch diesen Begriff prägte. Im Jahr 1614 veröffentlichte er die in zwanzigjähriger Arbeit erstellten Tafeln, um damit anderen die Durchführung umständlicher Rechnungen zu erleichtern. Für die Entwicklungsgeschichte der Rechenmaschinen bedeutsamer aber waren die von ihm ebenfalls erfundenen (Neperschen) Rechenstäbchen zur Erleichterung des Multiplizierens, die er 1617 in seiner Schrift »Rhabdologia« vorstellte. Es handelte sich dabei um eine »Einmaleins-Tafel, die spaltenweise auf Stäbchen übertragen war, welche man dann für jede Faktorstelle des Multiplikators zusammenlegen konnte, um die Teilprodukte aufzusummieren« (von Mackensen).

Mit Napier korrespondierte auch der Tübinger Wilhelm Schickard (1592–1635), Professor für biblische Sprachen und später auch für Mathematik und Astronomie, der außerdem als Landvermesser und Kartograph tätig war. Er konstruierte 1623 die erste mechanische Rechenmaschine, die noch im gleichen Jahr einem Brand zum Opfer fiel. Aufgrund von zwei vorhandenen Skizzen mit recht genauen Erläuterungen – eine davon fand sich im Nachlaß seines Freundes und Förderers Johannes Kepler – konnte sie 1960 nachgebaut werden; sie funktionierte genauso, wie es Schickard 1623 ganz begeistert, allerdings in Latein, an Kepler geschrieben hatte: »Dasselbe, was Du rechnerisch gemacht hast, habe ich in letzter Zeit auf mechanischem Wege versucht und eine aus elf vollständigen und sechs verstümmelten Rädchen bestehende Maschine konstruiert, welche gegebene Zahlen augenblicklich automatisch zusammenrechnet, addiert, subtrahiert, multipliziert und dividiert. Du würdest hell auflachen, wenn Du da wärest und erlebtest (rideres clare, sie praesens cerneres), wie sie die Stellen links, wenn es über einen Zehner oder Hunderter weggeht, ganz von selbst erhöht beziehungsweise beim Subtrahieren ihnen etwas wegnimmt.«

Die Maschine gliedert sich in drei horizontale Teile. Der obere enthält zu drehbaren Zylindern umgestaltete Nepersche Rechenstäbchen sowie mit Fenstern versehene Schieber, die das Ablesen des Ergebnisses erleichtern. »In der Mitte des Schickardschen Gerätes befindet sich in einem abgesetzten Teil die eigentliche Zwei-Spezies-Rechenmaschine, die ein sechsstelliges Zählwerk mit Zehnerübertragung darstellt, in dem die oben abgelesenen Teilprodukte mit einem Griffelstift Stelle für Stelle eingedreht und damit aufsummiert oder subtrahiert werden können« (von Mackensen). Die Zehnerübertragung erfolgte über zehnzähnige Zahnräder und einzähnige (»verstümmelte«) Zwischenräder. Im unteren Teil waren schließlich Merkscheiben zum Behalten von Zahlen untergebracht.

Die Wirren des Dreißigjährigen Krieges sorgten dafür, daß Schickard offenbar keine weitere Maschine bauen ließ, so daß die Erfindung nach seinem Tod – er und seine Familie wurden durch die Pest hinweggerafft – in Vergessenheit geraten ist und somit der nächste große Geist, der eine brauchbare Rechenmaschine entwickelte, nämlich der Mathematiker und Religionsphilosoph Blaise Pascal, auf keinerlei Vorbild zurückgreifen konnte. Nach eigener Aussage wollte er mit seiner Erfindung seinem als Steuereinnehmer tätigen Vater die umständlichen Steuerberechnungen erleichtern. Obwohl Pascal für seine 1644 vollendete Maschine ein staatliches Privileg erhielt, konnte sie sich nicht durchsetzen, weil sie, ein Rückschritt gegenüber Schickards Erfindung, nur addieren und subtrahieren konnte und zudem nicht zuverlässig arbeitete. Trotzdem trug sie zu Pascals internationaler Reputation in der Gelehrtenwelt bei und regte andere, darunter Leibniz an, sich mit dem Bau einer Rechenmaschine zu beschäftigen. Über Schickard und Pascal hinausgehend wollte Leibniz eine weitgehend selbstrechnende Maschine entwickeln, wie er bereits 1671 in einem Brief mitteilte: »In Mathematicis und Mechanicis habe ich vermittels artis combinatoriae einige Dinge gefunden, die in praxi vitae von nicht geringer importanz zu achten, und erstlich in Machine, so ich eine Lebendige Rechenbanck nenne, dieweil dadurch zu wege gebracht wird, daß alle Zahlen sich selbst rechnen, addiren, subtrahiren, multipliciren, dividiren.«

Zunächst beschritt Leibniz einen neuen Weg, indem er von dem Grundgedanken ausging, die Multiplikation durch wiederholtes Addieren und die Division durch wiederholtes Subtrahieren zu erzeugen. Hierzu mußte er eine Reihe von technischen Einzelelementen entwickeln wie Einstellwerk, Betragschaltwerk und Resultatwerk, wobei nach dem Einstellen die Rechenabläufe lediglich durch Kurbeltrieb erfolgen sollten. Der entscheidende gedankliche Schritt war dabei die zweistufige Arbeitsweise, das heißt, die eingestellten Zahlen sollten über das Betragschaltwerk an das Resultatschaltwerk übermittelt werden. Es gelang Leibniz, einen verschiebbaren Zählwerkschlitten zu konstruieren und die Fortschaltung eines Zifferrades um eine einstellbare Anzahl von Positionen durch das Zusammenspiel einer Zahnwalze mit staffelförmig von 0 bis 9 zunehmender Zähnezahl (»Staffelwalze«) mit einem verschiebbaren Abgriffszahnrad zu verwirklichen. Leibniz beschäftigte sich bis an sein Lebensende mit der Vervollkommnung dieser ersten Vier-Spezies-Rechenmaschine, die bereits die wichtigsten Grundelemente aller nachfolgenden mechanischen Rechenmaschinen enthielt, aber er brachte sie nicht zur vollen Funktionsfähigkeit. Das hatte primär keine konstruktiven, sondern fertigungstechnische Gründe. Schon Pascal, der wie Leibniz nur über geringe technische Fähigkeiten verfügte, hatte sich darüber beklagt, daß die Mechaniker nicht imstande seien, seine Ideen präzise genug umzusetzen. Ein im Jahr 1894 nun mit industriellen Fertigungsmethoden durchgeführter Nachbau des zweihundert Jahre vorher entstandenen Originals erwies die volle Funktionsfähigkeit der Maschine.

Auf der Basis der Leibnizschen Erfindungen wurde die Rechenmaschine im 18. Jahrhundert von verschiedenen Wissenschaftlern und Mechanikern weiterentwickelt. So verwendete der italienische Professor Giovanni Poleni (1683–1761) erst-

91. Pascals Maschine zum Addieren und Subtrahieren. Modell für den Kanzler Séguier, um 1644. Paris, Musée des Techniques

mals 1709 statt der Staffelwalze ein Sprossenrad, das übrigens auch von Leibniz schon ersonnen, aber nicht realisiert worden war. Der Entwurf einer dosenförmigen, dezimal arbeitenden Rechenmaschine mit konzentrisch angeordneten Getriebeteilen erschien 1727 im »Theatrum machinarum« von Jacob Leupold, den er jedoch nicht mehr verwirklichen konnte. Im gleichen Jahr fertigte der Wiener Hofmechanikus Antonius Braun (1685–1727) die erste zylindrische Maschine. Ab 1770 baute der schwäbische Pfarrer und hochbegabte Uhrmacher und Feinmechaniker Philipp Matthäus Hahn (1739–1790), der als Begründer der württembergischen Feinwerktechnik gilt, etliche dosenförmige Rechenmaschinen. Aber selbst wenn die fertigungstechnischen Probleme im Laufe des 18. Jahrhunderts gelöst wurden, war der Rechenmaschine trotz ihrer unbestreitbaren Vorteile gegenüber den traditionellen Rechenmethoden kein Erfolg beschieden. Dafür waren die Herstellungskosten einfach zu hoch. Erst die industriellen Fertigungsmethoden im späten 19. Jahrhundert erlaubten die Produktion größerer Stückzahlen von Geräten, die letztlich fast zweihundert Jahre früher erdacht worden waren.

Entfaltung von Macht und Pracht

Militärwesen

Im Zeitalter des Absolutismus vollzog sich im Militärwesen ein grundlegender Wandel, der sowohl auf einer Reorganisation des Heerwesens und auf neuen Formen der Kriegführung als auch auf einer Weiterentwicklung in der Waffentechnik beruhte. Obwohl im Dreißigjährigen Krieg noch das von Militärunternehmern wie Albrecht Wallenstein (1583–1634) geführte Söldnerheer mit seiner Kampftaktik Haufen gegen Haufen dominierte, wobei es sich plündernd ernährte, deutete sich mit dem Einsatz des von Gustav II. Adolf von Schweden befehligten Heeres eine neue Gefechtsform an. Bereits Moritz von Oranien, Oberbefehlshaber der Vereinigten Niederländischen Provinzen im Kampf gegen die Spanier und Militärtheoretiker, hatte noch im 16. Jahrhundert eine nationale Armee aufgestellt, sie in kleine Kampfeinheiten, in Kompanien, aufgeteilt und die Lineartaktik mit breiter Front und wenigen Gliedern in der Tiefe eingeführt, eine Gefechtsform geschaffen, die erst mit dem Amerikanischen Unabhängigkeitskrieg und den französischen Revolutionskriegen wieder verschwand. Statt der lockeren Belagerung schloß man nun die Befestigungen durch Wälle und Gräben fest ein und schob Minen unter Mauern und Türme, um sie zu sprengen. Ein neues Merkmal des niederländischen Heeres war die äußerst strenge Disziplin, die sich nicht nur auf das regelmäßige Exerzieren, sondern auch auf das alltägliche Leben der nun erstmals pünktlich entlohnten Soldaten erstreckte. Gustav Adolf befehligte ebenfalls keine Söldner mehr, sondern im eigenen Land ausgehobene Truppen, was die Disziplinierung, zumindest zu seinen Lebzeiten, erleichterte. Neu und nicht auf die Niederländer beschränkt, waren der vermehrte Einsatz von Musketen neben dem der bisher vorrangigen Piken sowie die Attacken von geschlossenen Kavallerieformationen mit Pistole und Säbel, wobei der Angriff von leichten Feldgeschützen unterstützt wurde.

Das stehende Heer, bei dem die ständig verfügbaren Soldaten in Kasernen untergebracht, mit Ausrüstung und Verpflegung versorgt und durch regelmäßiges Exerzieren jederzeit kampfbereit gehalten wurden, entstand während der Regentschaft Ludwigs XIV. in Frankreich und wurde bald von anderen Staaten übernommen. Um die große Zahl von Soldaten in Friedens- wie in Kriegszeiten – diese herrschten zwischen 1667 und 1713 fast ununterbrochen – ausreichend versorgen zu können, wurden in den Garnisonen vor allem im Grenzgebiet Magazine und Zeughäuser angelegt, die Nahrungsmittel für Menschen und Pferde sowie Uniformen und Waffen vorrätig hielten. Hinzu kamen Waffenmanufakturen, in denen man

92. Hüttenwerk und Kanonengießerei im schwedischen Julita Stykebruket während des Dreißigjährigen Krieges. Aus einem Gemälde des Allaert van Everdingen, Mitte des 17. Jahrhunderts. Amsterdam, Rijksmuseum

Gewehre, Pistolen, Säbel und Bajonette nach vorgegebenen Mustern in großer Stückzahl herstellte. Eng verbunden mit der Einrichtung der stehenden Heere war die Einführung einheitlicher Kleidung, der Uniformen, die ebenfalls in staatlichen Manufakturen angefertigt wurden. Die Versorgung der ständig sich vergrößernden Armeen stellte einen erheblichen Wirtschaftsfaktor in den jeweiligen Ländern dar. In der Uniform spiegelte sich seit dem späten 17. Jahrhundert die mittlerweile höchst differenzierte militärische Hierarchie wider; außerdem machte es die je nach Land unterschiedliche Einfärbung des Uniformtuches möglich, Freund oder Feind zu erkennen.

Parallel zu den organisatorischen Veränderungen im Heerwesen kam es zur Einführung von waffentechnischen Neuerungen. Allerdings handelte es sich dabei in ganz wenigen Fällen um neue Erfindungen, vielmehr um die breite militärische Anwendung und partielle Verbesserung von Waffen, die bereits im 15. oder 16. Jahrhundert erfunden worden waren. Das traf auf Waffen für rein militärische Zwecke ebenso zu wie auf solche für Jäger und Scheibenschützen. Während die Militärwaffen vor allem technisch möglichst einfach, robust, handhabungssicher und preiswert zu sein hatten, während die Treffgenauigkeit, sieht man von speziellen Scharfschützeneinheiten ab, wegen des Salvenfeuers eher als zweitrangiges Problem betrachtet wurde, legten Jäger und Scheibenschützen gesteigerten Wert darauf. Militärgewehre und Pistolen hatten daher auch nur glatte, die Jagdgewehre hingegen meist gezogene Läufe. Die Büchsenmacher, die zu den Spitzenkönnern im metallverarbeitenden Gewerbe gehörten, bauten in der Regel Einzelstücke, bei denen sie sich auch nach den Wünschen des Kunden richteten, oder sie probierten eigene technische Verbesserungen aus. Auch im 17. und 18. Jahrhundert wurden auf diese Weise viele Verbesserungsinnovationen beigesteuert.

Hinsichtlich der Kriterien für Militärwaffen war das seit dem 15. Jahrhundert gebräuchliche Luntenschloßgewehr in Form der Muskete, einer wesentlich leichteren Ausführung der Hakenbüchse, eine durchaus geeignete Waffe, die bis zur Mitte des 17. Jahrhunderts dominierte. Dabei wurde über einen unterhalb des Laufes befindlichen großen Abzugsbügel der Hahn, in dessen Lippen die glimmende Luntenschnur eingeklemmt war, nach unten bewegt, wo er auf die seitlich an den Lauf geschweißte Zündpfanne traf und das darauf befindliche feinkörnige Schwarzpulver entzündete. Die Flamme drang durch den Zündkanal in den Lauf und zündete die Pulverladung. Der Vorteil der einfachen Konstruktion lag darin, daß der Zündfunke sofort vorhanden war, der Nachteil darin, daß der Docht ständig nachgestellt und glimmend gehalten werden mußte, was bei feuchtem Wetter schwierig oder unmöglich war, zumal auch das Pulver auf der Pfanne hygroskopisch reagierte. Auch das schon zu Beginn des 16. Jahrhunderts in Deutschland oder Oberitalien entwikkelte Radschloß für Gewehre und Pistolen verwendete man bis in das 18. Jahrhundert hinein, allerdings war seine Konstruktion recht aufwendig. Bei Radschloßwaffen wurde der Hahn mit einem Stück Schwefelkies zwischen den Hahnlippen gegen den Pfannenboden gedrückt, während von unten durch eine Öffnung im Boden ein von einem Federaufzugswerk angetriebenes geriffeltes Rädchen Funken von dem Schwefelkies riß und damit das Pulver entzündete. Das Radschloß wurde besonders bei Pistolen verwendet, weil hier das Luntenschloß mit seiner gekrümmten langen Schnur eher hinderlich war. Der Vorteil des Radschloßsystems war, daß beim Zünden keine Erschütterung durch das Aufschlagen des Hahns auf die Pfanne auftrat, wie dies beim Luntenschloßgewehr der Fall war.

Die militärische Standardwaffe vom letzten Drittel des 17. bis in das erste des 19.

93 a und b. Laden und Abfeuern eines Luntenschloßgewehres. Holzschnitte in dem 1609 in Frankfurt am Main erschienenen Werk »Waffenhandlung von den Röhren, Mußquetten und Spiessen« des Jacques de Gheyn. Wolfenbüttel, Herzog August-Bibliothek

Jahrhunderts wurde das Steinschloßgewehr. Auch dieses Schloßprinzip, bei dem statt des Schwefelkieses ein Stück Feuerstein – englisch »Flint«, daher die Bezeichnung »Flinte« – zwischen die Hahnlippen geklemmt wurde, die beim Herabfallen an der Stahlplatte entlangschürften und so die Zündfunken erzeugten, hatte seine Ursprünge im zweiten Viertel des 16. Jahrhunderts. Schriftliche Belege für Italien und Schweden stammen aus dem Jahr 1547. Da auch dieses Schloßprinzip bald in fast allen europäischen Staaten aufgetaucht ist, vermuten manche die Ersterfindung in Oberdeutschland. Die frühen Schlösser werden meist als sogenannte Schnapphahnschlösser bezeichnet, deren Hauptmerkmal die noch vorhandene Trennung von Stahlplatte und Pfannendeckel ist. Bis zum Beginn des 17. Jahrhunderts entwikkelte man in den verschiedenen Ländern eigene Varianten, bei denen der Mechanismus mit der Schlagfeder entweder außen oder hinter dem Schloßblech im Gewehrschaft untergebracht sein konnte.

Da beim Laden der Hahn gespannt werden mußte, kam es häufig vor, daß die Zündung unbeabsichtigt erfolgte, was den Schützen gefährdete. Das Problem löste

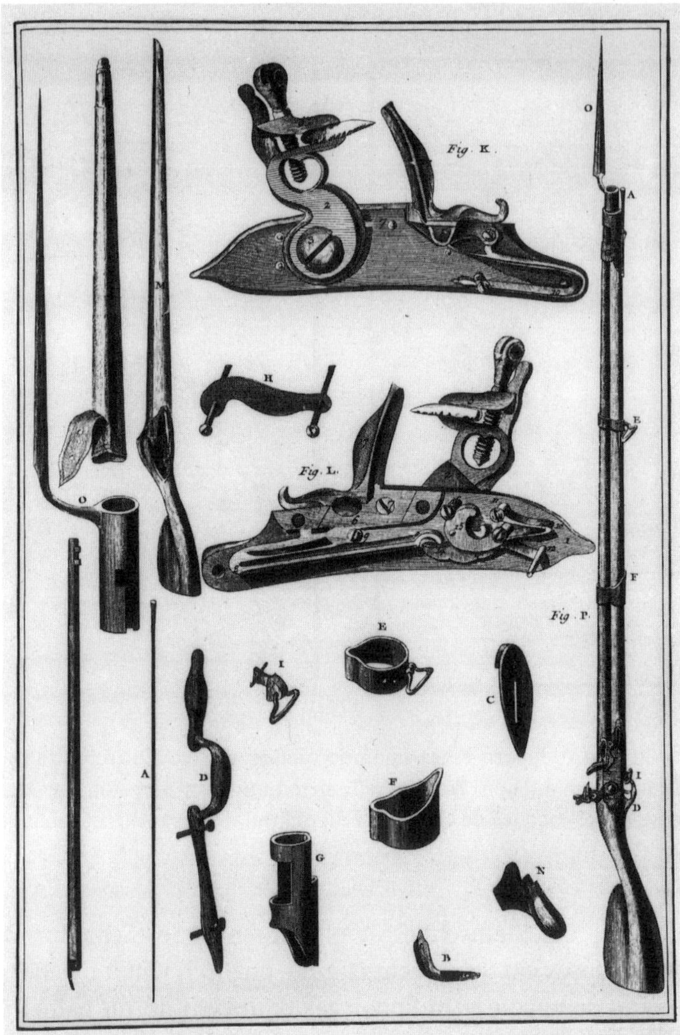

94. Steinschloßgewehr und seine Bestandteile. Kupferstich in dem 1777 in Paris erschienenen Band 33 der »Encyclopédie«. Privatsammlung

man durch seitliches Wegdrehen des Stahls beim Laden. Als man aber die wesentlich zweckmäßigere Batterie entwickelte, bei der Pfannendeckel und Stahl zu einem L-förmigen Teil kombiniert wurden, stand man erneut vor dem alten Problem. Überwunden wurde es im frühen 17. Jahrhundert durch einen französischen Büchsenmacher, der den Abzugsmechanismus so umgestaltete, daß der Hahn beim Spannen zwei Stellungen einnehmen konnte. Halb zurückgezogen stand der Hahn in der sogenannten Halb- oder Laderast; ein versehentliches Berühren des Abzuges hatte dann keine Wirkung. Erst wenn man den Hahn ganz zurückzog, ließ sich der Schuß auslösen. In Verbindung mit der geschlossenen Batterie erfreute sich das französische Flintschloß seit Mitte des 17. Jahrhunderts wachsender Beliebtheit und wurde um 1770 bei der französischen Armee und bald danach auch bei anderen europäischen Heeren eingeführt. Wie schon beim Luntenschloß verhinderte allerdings auftretende Feuchtigkeit das Zünden, und auch die durch das zweimalige Zünden des Pulvers auf der Pfanne und im Lauf bedingte Zeitverzögerung beeinträchtigte das genaue Schießen. Hinzu kam der Pulverdampf direkt vor dem Auge.

Lästig war zudem, daß die Feuersteine nach 40 bis 50 Schuß unbrauchbar geworden waren und ausgewechselt werden mußten, was den Schützen im Gefecht in diesen Momenten wehrlos machte. Wohl nicht zuletzt aus diesem Grund wurde seit Mitte des 17. Jahrhunderts das Bajonett gewissermaßen als Ersatz für die Pike eingeführt, wobei es zunächst in den Lauf gesteckt, seit dem Ende des Jahrhunderts mit einer seitlich angebrachten Tülle über den Lauf geschoben wurde, so daß man auch mit aufgepflanztem Bajonett schießen konnte. Zwei weitere Neuerungen vervollständigten das Steinschloßgewehr als Waffensystem, nämlich der ab 1698 in Brandenburg-Preußen erfolgte Austausch des zerbrechlichen hölzernen Ladestocks durch eine eiserne Ausführung sowie die schon seit einigen Jahrzehnten bekannte Verwendung von Papierpatronen, in denen die Kugel mit fast 2 Zentimetern Durchmesser und die genaue Menge des benötigten Pulvers verpackt waren. Allerdings mußten die Komponenten beim Laden wieder getrennt werden, wie der nachfolgende, den berüchtigten preußischen Drill dokumentierende Auszug aus dem preußischen Exerzierreglement von 1726 zeigt:

»Es muß einem jeden Kerl wohl gelernt werden, wie er geschwinde laden und sein Gewehr im Chargieren (Vorrücken) recht gebrauchen soll, daß er nicht mehr oder weniger Tempos macht, als wie nötig sind, und es muß geladen werden wie folgt: Die Kerle müssen sehr geschwinde, indem das Gewehr an die rechte Seite gebracht wird, den Hahn in die Ruhe bringen, hernach sehr geschwinde die Patron ergreifen. Sobald die Patron ergriffen, müssen die Burschen selbige sehr geschwinde kurz abbeißen, daß sie Pulver ins Maul bekommen, darauf geschwinde Pulver auf die Pfanne schütten, die Pfanne geschwinde schließen, das Gewehr hurtig zur Ladung herumwerfen, aber die Patron nicht verschütten, worauf man wohl acht haben muß. Nach diesem muß die Patron geschwinde in den Lauf gebracht und rein ausgeschüttet, der Ladestock mit zwei Mahl auf das geschwindeste herausgezogen, geschwinde verkürzt, geschwinde in den Lauf gesteckt und sehr stark heruntergestoßen werden, daß die Ladung fest angesetzt wird, worauf sämtliche Officiers gut acht haben und wohl oberservieren sollen, wenn ein Kerl den Ladestock nicht gut herunterschmeißt. Hernach muß der Ladestock mit einem Ruck geschwinde herausgerissen, geschwinde verkürzt und geschwinde mit zwei Mahl an seinen Ort gebracht werden...« (zitiert nach H. D. Götz).

95. Bearbeitung der Gewehrläufe. Kupferstich in dem 1777 in Paris erschienenen Band 33 der »Encyclopédie«. Privatsammlung

Die Massenproduktion von Gewehren und Pistolen war von den im 17. Jahrhundert bestehenden Büchsenmacherwerkstätten nicht mehr zu bewältigen, wenngleich sich seit der frühen Neuzeit in den meisten Ländern Fertigungszentren, etwa in Birmingham, Brescia, Lüttich, Maastricht, Nürnberg, Prag, Rotterdam, Saint-Étienne, Suhl und Wien, gebildet hatten. Der nun rapide ansteigende Bedarf führte im späten 17. und beginnenden 18. Jahrhundert zur Neugründung staatlicher oder im Staatsauftrag tätiger Gewehrmanufakturen, so in Amberg, Charleville, Herzberg im Harz, Mauberge in Frankreich, Potsdam und Spandau sowie Tula in Rußland. Die Rohrläufe wurden aus vorgewalzten Eisenplatinen mit einem Gewicht von etwa 10 Kilogramm über einem Dorn zu einem Rohr geschmiedet, verschweißt und danach mit Hilfe der Wasserkraft ausgebohrt. Schlösser und Beschlagteile aus Eisen und Messing wurden von qualifizierten Handwerkern hergestellt, zum Teil auch im Verlagssystem. Obwohl manche Manufakturen 10.000 oder mehr Gewehre pro Jahr anfertigten, handelte es sich noch nicht um Serienproduktion im Sinne des Industriezeitalters; denn jedes Teil wurde von Hand gemacht und beim Zusammensetzen des Gewehres oder der Pistole eingepaßt, was meist erhebliche Nachbearbeitungen erforderte. Die Waffen glichen sich nur auf den ersten Blick; ein Austausch von Einzelteilen war beispielsweise im Felde noch nicht möglich.

Eine weitere waffentechnische Neuerung, die in der zweiten Hälfte des 17. Jahrhunderts bei den Armeen eingeführt wurde, war die (Hand-)Granate, benannt nach dem zahlreiche Körner enthaltenden Granatapfel, die von den »Grenadieren«, einer neuen Truppengattung, geworfen wurde, um beim Angriff eine Bresche zu schlagen. Granaten beziehungsweise Sprengkugeln wurden vor allem von der Artillerie verschossen, die sich im 17. und 18. Jahrhundert als eigenständige Waffengattung herausbildete. Ursprünglich in der Hauptsache für die Belagerung vorgesehen, wurde sie erstmals unter Gustav Adolf zur Gefechtsvorbereitung eingesetzt, während leichte, kleinkalibrige Feldgeschütze das Fußvolk unterstützten. Unter dem Großen Kurfürsten wurde die Artillerie endgültig zur militärisch organisierten Truppengattung mit eigenem Offizierskorps. Der Rückgang im Guß von Großgeschützen hin zu kleineren und damit besser beweglichen Kalibern setzte sich im 17. und 18. Jahrhundert fort, wobei durch die Festlegung von Kugelgewichten eine gewisse Standardisierung erreicht wurde. Es gab nur noch drei Gattungen, nämlich Kanonen, Mörser und – ein Mittelding zwischen beiden – Haubitzen. Statt pompöser Namen wie im 15. und 16. Jahrhundert erhielten die Geschütze lediglich Kaliberbezeichnungen, zum Beispiel 4-, 8- oder 12-Pfünder.

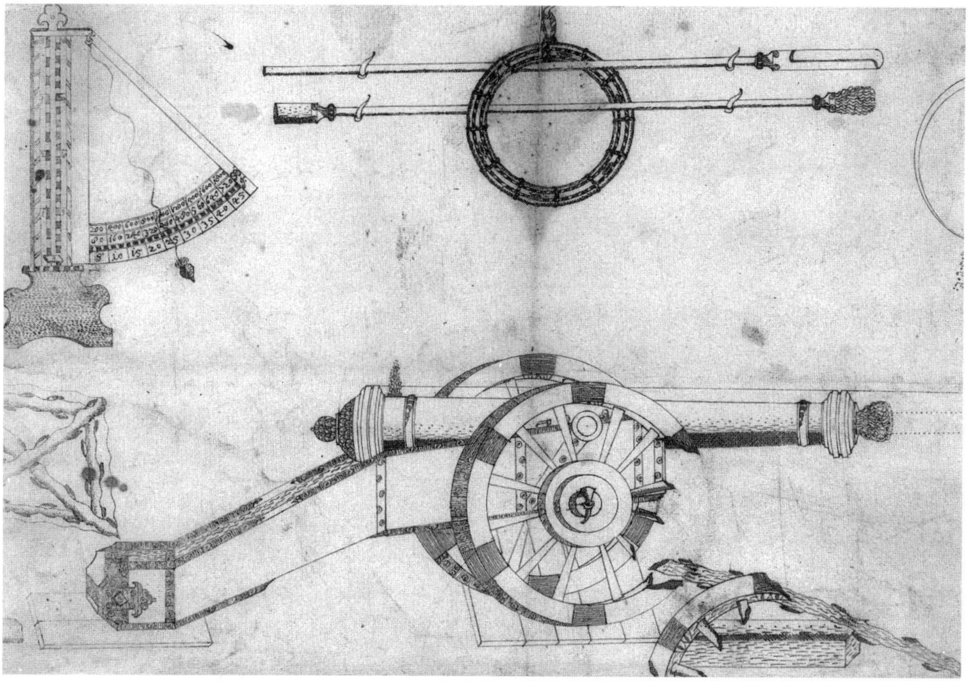

96. Spanisch-niederländisches Feldgeschütz mit Richtaufsatz. Zeichnung, 17. Jahrhundert. Münster, Westfälisches Landesmuseum für Kunst und Kulturgeschichte

Im Gegensatz zu diesen organisatorischen und taktischen Veränderungen bewegte sich sowohl im Geschützguß als auch bei der Konstruktion kaum etwas. Weiterhin wurden glatte Bronze- und Eisenrohre als Vorderlader gegossen, die zwar in manchen Fällen hohe künstlerische Qualität besaßen, aber in Leistung und Treffgenauigkeit über das Niveau des späten 16. Jahrhunderts nicht merklich hinauskamen. Auch die seit der Renaissance-Zeit von Instrumentenmachern angefertigten, meist prachtvoll verzierten Richtaufsätze für Geschütze, die auf Skalen die Rohrerhöhung anzeigten und zusammen mit Schußtabellen benutzt wurden, waren angesichts der einfachen, wegen der noch nicht vorhandenen Präzisionswerkzeugmaschinen sehr grob ausgebohrten Geschützrohre trotz ihrer Genauigkeit wenig hilfreich. In einem Buch zur Geschichte der Artillerie aus dem Jahr 1723 wird dieses Mißverhältnis anschaulich beschrieben: »Es gibt Hinderniße (Witterung, Boden, Geschoßmaterial, Pulver, Größe und Zustand des Geschützes), die verursachen, daß, wenn man auch die besten Instrumente braucht und allen gehörigen Fleiß anwendet, dennoch fehlet und ein anderer, der über den Daumen richtet, besser trifft, als der einen gantz vergoldeten Quadranten braucht. Doch ist nicht zu leugnen, daß ein Aufsatz vor den anderen einige von denen bis anhero erzehlten Fehlern abhelfen kan« (zitiert nach H. Wunderlich).

Mit den niederländischen Freiheitskriegen am Ende des 16. Jahrhunderts und Frankreichs Aufstieg zur Führungsmacht auf dem Kontinent verlagerte sich auch das Schwergewicht im Festungsbau nach Westeuropa. Da die Niederländer im Kampf gegen die Spanier gezwungen waren, rasch und möglichst billig ein Verteidigungssystem zu errichten, baute man keine kostspieligen Mauern, sondern setzte die natürlichen Ressourcen des flachen Landes, Erdreich und Wasser, ein. Wegen des hohen Grundwasserspiegels baute man relativ flache Erdwälle mit davorliegenden breiten Wassergräben, die durch einen vor dem Hauptgraben gelegenen Niederwall bestrichen wurden; im Hauptgraben lagen zudem zahlreiche Außenwerke. Die beiden wichtigsten Persönlichkeiten, die den Festungsbau dann in der zweiten Hälfte des 17. Jahrhunderts prägten, waren der Generalinspekteur des niederländischen Befestigungswesens, Baron Menno van Coehoorn (1641–1704), vor allem aber der Franzose Sébastien le Prestre de Vauban (1633–1707), der als der bedeutendste Festungsbaumeister seiner Zeit galt und weit über seinen Tod hinaus als Autorität geachtet wurde. Er begann 1655 seine Laufbahn als Ingenieur-Offizier und entwickelte sich in den ersten Feldzügen Ludwigs XIV. ab 1667 zu einem Meister des Belagerungskrieges, so daß ihn der König 1677 zum Generalinspekteur der französischen Festungen ernannte. Bis zum Jahr 1697 schuf er von Dünkirchen bis zu den östlichen Pyrenäen einen Kranz von vorgeschobenen Befestigungen, so Straßburg, Lille, Belfort, Metz, Verdun und Saarlouis, die bis in das 19. Jahrhundert hinein als uneinnehmbar galten. Insgesamt nahm er in seiner siebenundfünfzig Jahre währenden Dienstzeit an 53 Belagerungen und 140 Gefechten teil, baute 33

97. Batteriedeck der »Wasa« mit Lafetten und geöffneten Geschützpforten. Stockholm, Vasa-Museet

feste Plätze neu und verbesserte durch Umbauten über 300. Wegen seiner Verdienste wurde Vauban 1703 zum Marschall ernannt, fiel aber wenige Jahre vor seinem Tod beim König in Ungnade, da er sich kritisch über das die unteren Schichten besonders bedrückende Steuersystem geäußert hatte. Schon vorher hatte er sich mit Untersuchungen über das Nationaleinkommen und die Bevölkerungsbewegungen befaßt und dabei als einer der ersten statistische Methoden eingesetzt.

Vauban wie Coehoorn, dessen zeitweiliger geachteter Gegner, waren stark vom italienischen Festungsbau beeinflußt, aber beide Praktiker übernahmen nicht den geometrischen Formalismus. Vauban, der, ungewöhnlich genug, keine eigene »Festungsmanier« hinterließ, äußerte einmal, daß die Kunst des Festungsbaues nicht auf Regeln und Systemen, sondern allein auf gesundem Menschenverstand und auf Erfahrung beruhe. Wenngleich er damit, wie seine Festungsbauten zeigen, übertrieben hat und seine Nachfolger drei zeitlich aufeinanderfolgende Systeme erkannt haben wollen, wird an ihnen erkennbar, wie stark jeweils die natürlichen Vor-, aber auch Nachteile des Geländes in die Planung einbezogen wurden. Anders als die Italiener ließen Vauban und Coehoorn Erdbefestigungen und Wassergräben errichten und schenkten der Artillerie, die sie selbst bei Belagerungen erfolgreich eingesetzt hatten, stets große Beachtung. Vauban gilt als der Erfinder des »Tir à ricochet«, des Prellschusses, und Coehoorn entwickelte einen nach ihm benannten Mörser. Die beim Festungsbau gewonnenen Erfahrungen, vor allem hinsichtlich der Organisation von großen Erdbewegungen, gab Vauban in Form von Ratschlägen anläßlich der Errichtung des Canal du Midi an das zivile Bauwesen weiter. Im übrigen machte er sich aufgrund seiner rastlosen Bautätigkeit immer wieder Gedanken über die Einsparung von Arbeitskräften sowie über den Einsatz geeigneter Werkzeuge und Geräte.

Die bisherige Festungsforschung hat die Entwicklung der geometrischen Festungsarchitektur vorwiegend als Reaktion auf die immer stärker werdende Belagerungsartillerie erklärt und die seit dem späten 16. Jahrhundert überbordende Fülle neuer »Manieren« oder den Streit darum, ob man einen Festungsgrundriß aus dem Kreis oder aus dem Rechteck konstruieren solle, als Produkte von Außenseitern ohne Praxiskenntnis abgetan. Insgesamt aber unterstellte man der barocken regulären Bastionärbefestigung eine logisch fortschreitende Entwicklung, geprägt von militärischer Zweckrationalität. Henning Eichberg macht darauf aufmerksam, daß die Geometrisierung zwischen dem 16. und dem 18. Jahrhundert sich nicht allein auf das Fortifikationswesen beschränkt hat, sondern auch beim höfischen Tanz, bei der Fechtkunst, dem Reiten, dem Voltigieren, dem Ballhaustennis und dem Exerzieren als reguläre Grundmuster zu finden sind. Analogien sieht er im mathematisch-naturwissenschaftlichen Denken der Zeit. Der Philosoph der deutschen Frühaufklärung und Mathematiker Christian Wolff betrachtete die Fortifikation als eine der Geometrie verwandte Form der Mathematik und versuchte sie dementsprechend in Lehrsätze zu fassen. Eichberg zieht daraus den Schluß, daß es sich bei all den regulären Formen um ein die gesamte Gesellschaft prägendes Verhaltensmuster gehandelt hat. Er nennt es »Konfiguration« mit einer eigenständigen, nicht mit gegenwärtigen Maßstäben zu bewertenden Rationalität, die nach dem Zusammenbruch des Absolutismus durch eine andere Konfiguration samt einer neuen Rationalität ersetzt worden ist. »Technische Rationalität erweist sich damit nicht als eine feste Größe, die als solche ›Motor‹ der historischen Veränderung sei. Sie wird selbst relativ und veränderlich.« Für den Festungsbau des 17. Jahrhunderts bedeutete dies zum Beispiel, daß eine reguläre Anlage einer irregulären auch dort vorgezogen werden konnte, wo das nach heutigem Verständnis nicht zweckmäßig erschien.

Wie eng militärische Machtentfaltung und der besonders dem Absolutismus eigene Zug zu äußerem Gepränge, zu eher friedlicher Machtdemonstration miteinander verbunden sein konnten, zeigte sich an einer Erscheinung, die in der Barockzeit zwar nicht erfunden wurde, jedoch damals ihren Höhepunkt erlebte: der Inszenierung von Feuerwerken. Vermutlich zusammen mit dem ersten Einsatz von Schwarzpulvergeschossen und Raketen im 14. Jahrhundert scheint man auch Feuerwerke zu festlichen Anlässen abgebrannt zu haben, wozu man nicht nur das hochexplosive Schießpulver, sondern auch andere, langsam oder rasch abbrennende Salpetermischungen benutzte und sie mit flammenfärbenden Zusatzstoffen versah. Bereits im 15. und 16. Jahrhundert war die »Lust-Feuerwerkerei«, wie man

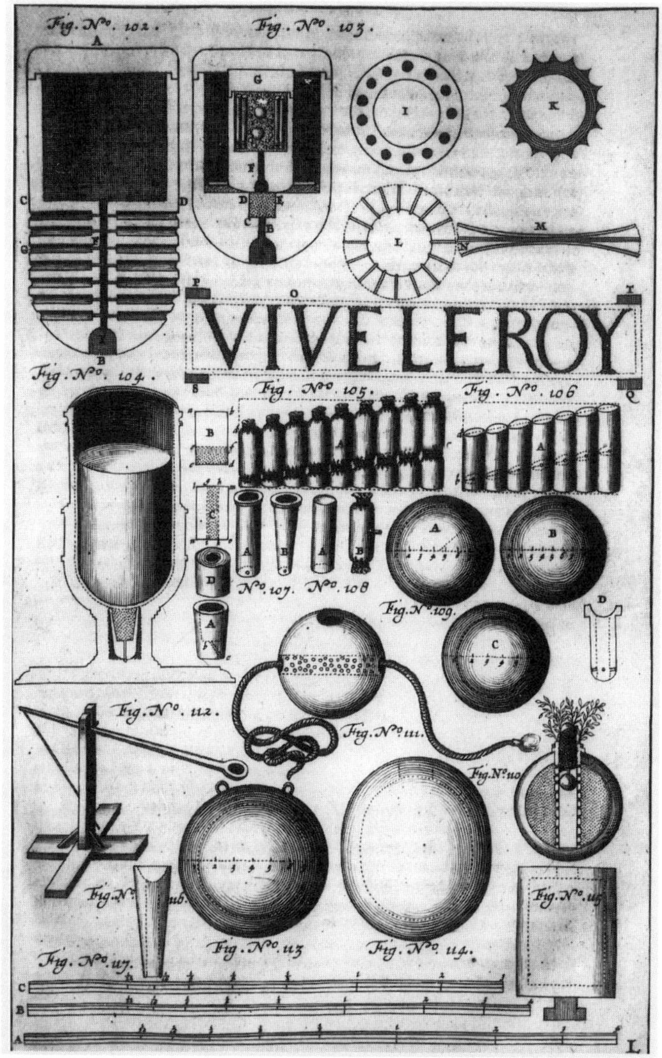

98. Feuerwerkskörper. Kupferstich in dem 1751 in Amsterdam erschienenen Werk »Grand art d'artillerie« von Casimir Simienowicz. Privatsammlung

sie vor allem in den wohlhabenden Städten Oberitaliens und Oberdeutschlands kannte, technisch weitgehend ausgereift: »Vielfältige Formen von Feuerwerkskörpern waren im Prinzip bekannt und erprobt: Schwärmer, Kanonenschläge, Lichtröhren, Raketen, Sternbutzen oder Lustkugeln, Feuerräder, Schnurfeuerwerk, Feuerwerksräder« (Sievernich). Hinzu kam eine Fülle von feuerspeienden Figuren wie Engeln, Mohren, Türken sowie Göttern und Tieren aus der Mythologie.

99. Allegorisch verbrämtes Feuerwerk im Dresdener Palais am 10. September 1719 aus Anlaß der Hochzeit des sächsischen Kurprinzen mit der Kaisertochter Maria Josepha. Kupferstich von Johann August Corvinus, 1719. Berlin, Kunstbibliothek Preußischer Kulturbesitz

Die Herstellung von Feuerwerkskörpern und das Abbrennen von Feuerwerken lagen stets in den Händen der Feuerwerker und Büchsenmeister, wie aus den zahlreichen Feuerwerkshandschriften des Spätmittelalters hervorgeht. Mit der Verselbständigung der Artillerie als eigener Truppengattung ging diese Tätigkeit an die Artillerieoffiziere über. Nach Sievernich waren sie »stolze, von Öffentlichkeit und Herrschern anerkannte Magier, Herrscher über Feuer und alchemistische Mächte, Dirigenten im Krieg und Regisseure repräsentativer Unterhaltung. Die Feuerwerkskünstler waren also für lange Zeit ›Gestalter‹ von Kriegskunst und Kunstfeuerwerk.« Obwohl die Anlässe für Feuerwerke im wesentlichen immer die gleichen blieben, nämlich Geburt, Taufe, Hochzeiten und Krönungen von fürstlichen Persönlichkeiten, Siege und Friedensschlüsse, sorgte die vielfach hemmungslose Verschwendungssucht der Fürsten im 17. und 18. Jahrhundert für eine Steigerung der Darbietungen. Riesige Kulissenbauten wurden errichtet, Feuerwerkspantomimen aufgeführt, Belagerungen simuliert und vieles mehr, wobei man Tanz, Theater, Parklandschaft und Wasserspiele mit einbezog. Ein Höhepunkt in dieser Entwicklung war zweifellos die Aufführung der »Feuerwerksmusik« von Georg Friedrich Händel (1685–1759) im Jahr 1749 in London, die während eines Feuerwerks zur Feier des im Jahr zuvor erfolgten Friedensschlusses von Aachen gespielt wurde. Nach geglückter Generalprobe mußte allerdings die eigentliche Uraufführung abgebrochen werden, weil ein Teil der Feuerwerkskulissen in Brand geraten war. Dieses Londoner Ereignis markiert jedoch schon die Wende in der Inszenierung von Feuerwerken, da sie letztlich zu kostspielig waren. Der Übergang zu öffentlichen Feuerwerken, bei denen man Eintritt bezahlte, sowie die Trennung von Artillerie und ziviler Feuerwerkerei waren am Ende des 18. Jahrhunderts die Folge.

Landesausbau

Der zunehmende Ausbau des Militärwesens belastete die Staatshaushalte in steigendem Maße, und die dafür notwendigen Mittel konnten nur durch höhere Steuern beschafft werden; das aber setzte eine florierende Wirtschaft voraus. Hier lag es jedoch bei etlichen kontinentalen Staaten im argen. Besonders die deutschen Territorien waren im Dreißigjährigen Krieg und in den Pfalz-Kriegen zum Teil so verwüstet und entvölkert worden, daß die Infrastruktur neu aufgebaut, Gewerbe neu angesiedelt, Meliorationen vorgenommen werden mußten, was angesichts leerer Kassen recht schwierig war. Frankreich als kontinentale Hegemonialmacht mit einer wachsenden Bevölkerung besaß im 17. Jahrhundert die besseren Voraussetzungen für einen flächendeckenden Landesausbau, der sich unter Colbert auf die Erweiterung der Häfen, die Schaffung eines Verkehrsnetzes zu Wasser und zu Lande sowie die Ansiedlung von Manufakturen für Militär- und Luxusbedarf konzentrierte.

Solche Maßnahmen waren allerdings ohne Planung nicht durchführbar, und dazu bedurfte es der genauen Kenntnis des Landes, seiner Geographie, seiner Rohstoff- und Energiepotentiale, der Lage der Ansiedlungen und der damit verbundenen landwirtschaftlichen und gewerblichen Produktion sowie der Zahl und Zusammensetzung der Bevölkerung. Aus diesem Bedürfnis heraus entwickelte sich im Laufe des späten 17. Jahrhunderts in ersten Ansätzen die moderne Statistik, die sich damals im Deutschen noch »Staatistik« schrieb und somit als Landeskunde begriff. Eine genaue geographische Kenntnis des Landes setzte das Vorhandensein einer topographischen Karte und diese eine Landesvermessung voraus. Die dafür notwendigen Instrumente standen bereits im 16. Jahrhundert zur Verfügung und wurden im Bergbau, beim Festungs- und Geschützwesen sowie beim Feldmessen eingesetzt. Es gab auch schon kartographische Landesaufnahmen wie die erwähnte von

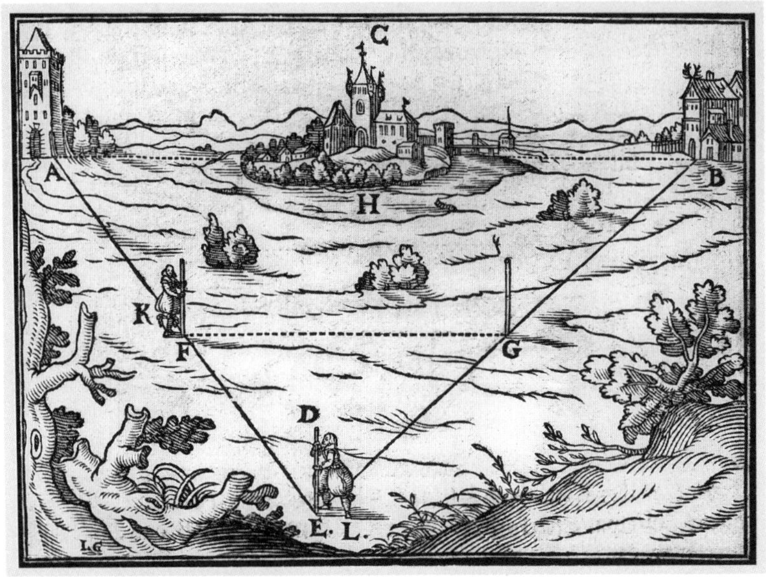

100. Indirekte Entfernungsmessung zweier Punkte mit der Meßschnur. Holzschnitt in der 1618 erschienenen Schrift »Geometriae practicae« von D. Schwenter. München, Deutsches Museum

Johann Schickard in Württemberg sowie die berühmt gewordene Landesaufnahme von Bayern durch Philipp Apian (1531–1589), die 1568 in 24 Kartenblättern veröffentlicht wurde. Aus anderen Ländern sind ähnliche Unternehmungen bekannt. Spätere Vermessungen ergaben jedoch, daß die älteren ziemlich ungenau gewesen sind. Einen Markstein in der Geschichte der Landesvermessung stellt die kartographische Erfassung von Frankreich dar, die auf Verlangen Ludwigs XIV. 1668 begonnen worden ist. Bemerkenswert an dieser Landesaufnahme war zweierlei: »Die über hundertjährige Arbeit an diesem Unternehmen benötigte nicht nur die wissenschaftliche Betreuung der neugegründeten Académie des Sciences (1666), die für dieses gewaltige Werk notwendige Kontinuität wurde erst durch die Generationsfolge einer Familie sichergestellt, die sich von 1669 bis zum Beginn der Französischen Revolution in den Dienst dieser Aufgabe stellte« (E. Weigl).

Es handelte sich dabei um Gian Dominico Cassini (1625–1712), den Direktor der Pariser Sternwarte, und seine Nachkommen. Die Vermessung erfolgte nach dem bereits von dem holländischen Mathematiker Gemma Frisius (1508–1558) entwickelten und von Snellius vollendeten Triangulationsverfahren, das auf nur einer Längenmessung und anschließenden Winkelmessungen beruhte. Als die erste Erfassung, die nur einen Zwischenschritt darstellte, 1744 beendet war, hatte man 800 Triangeln und 19 Basislinien vermessen. Daß dieser langwierige Prozeß der französischen Landesaufnahme eng mit der Astronomie, dem Streit um die Abplattung der Erde an den Polen und mit anderen naturwissenschaftlichen Fragen verbunden war, wirkte sich auf den eigentlichen Landesausbau insofern vorteilhaft aus, als auch die praktische Geometrie, wie sie besonders beim Bau von Kanälen und Straßen zur Anwendung gelangte, von der zunehmenden Genauigkeit der Meßmethoden und Meßinstrumente profitierte.

Eine Form des Landesausbaues, der in einigen Ländern eine erhebliche, in anderen dagegen eine eher geringe oder gar keine Rolle spielte, waren die Gewinnung von Land durch Eindeichung, die Trockenlegung von Binnenseen, Feuchtwiesen und Mooren sowie die Regulierung von Überschwemmungsgebieten. Solche Leistungen hatten bereits im Mittelalter die Niederländer vollbracht, die schon im 13. Jahrhundert als Fachleute für den Deichbau und die Entwässerung tiefliegender Böden ins Alte Land bei Hamburg geholt worden waren. Im eigenen Land rangen sie der Nordsee seit dem 16. Jahrhundert in großem Umfang Neuland durch Eindeichungen ab und schufen Entwässerungen im Binnenland. Niederländische Wasserbauer galten in ganz Europa als begehrte Spezialisten. Sie waren an Entwässerungsprojekten in Frankreich und Italien, beim Bau von Kanälen in der Mark Brandenburg im 17. Jahrhundert und der späteren Entwässerung des Oder-Bruches ebenso beteiligt wie bei der Gründung von St. Petersburg im sumpfigen Newa-Gebiet zu Beginn des 18. Jahrhunderts. Bedeutende Wasserbautechniker waren vor allem der Mathematiker Simon Stevin (1575–1650) und Jan Adrianszoon, später Leeghwater (1575–1650) genannt. Stevin, der sich auch theoretisch mit wasserbautechnischen

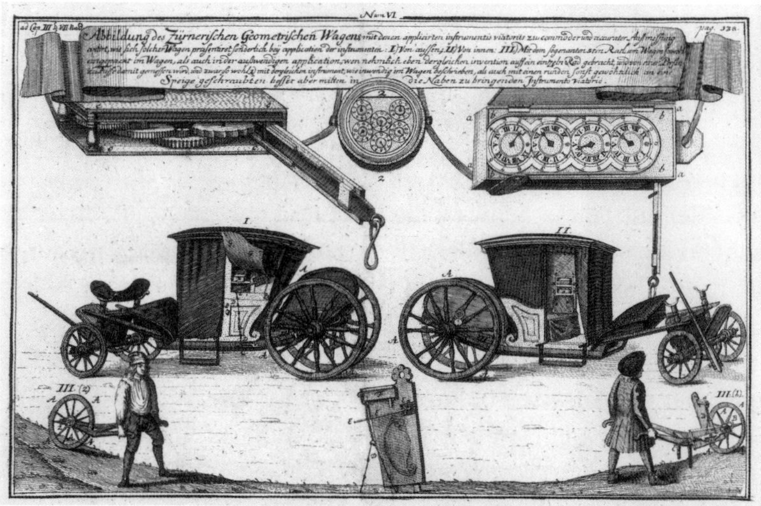

101. Zürners Meßwagen sowie andere fahrbare Wegmesser. Kupferstich, 1710. München, Deutsches Museum

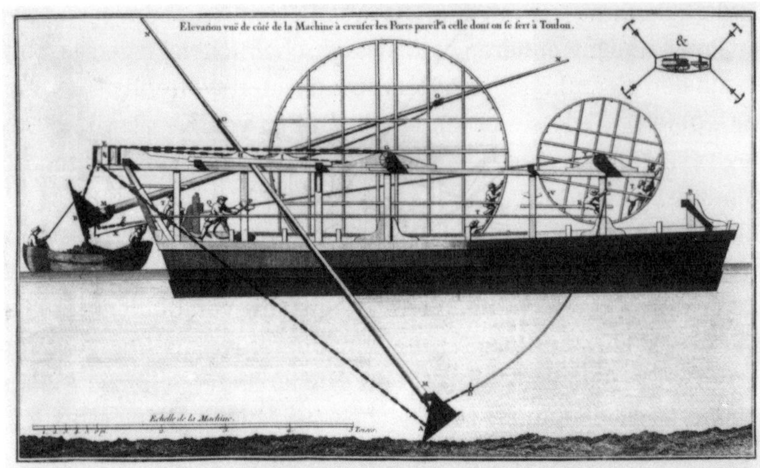

102. Schaufelbagger mit Tretradantrieb. Kupferstich in der deutschsprachigen Ausgabe der 1737 bis 1739 in Paris erschienenen »Architectura hydraulica« des Forest de Bélidor. München, Deutsches Museum

Problemen befaßte und darüber publizierte, erhielt unter anderem Patente auf Entwässerungsmühlen, die durch Pferdegöpel und Windkraft angetrieben wurden. Leeghwater gelang es, tiefliegende Binnengewässer trockenzulegen, indem er auf unterschiedlichem Bodenniveau jeweils mehrere große Schöpfräder kombinierte und von Holländer-Mühlen antreiben ließ. Völlig anders waren die Wasserprobleme vor allem im nördlichen Teil Italiens, wo reißende Flüsse und periodische Überschwemmungen in den Mündungsgebieten durch wasserbauliche Maßnahmen zu regulieren, trockenliegende Ackerflächen zu bewässern und die Pontinischen Sümpfe zu entwässern waren. Die bereits in der Renaissance-Zeit begonnenen Maßnahmen wurden im 17. Jahrhundert fortgesetzt, nicht zuletzt unter Mitwirkung von Galilei und seiner Schüler, die bedeutende wissenschaftliche Beiträge zu hydraulischen Fragen, etwa zum Verhalten schnell fließender Gewässer, beisteuerten, die dann zu praktischen Lösungen im Wasserbau führten.

Die Kammerschleuse, seit dem 14./15. Jahrhundert bekannt, erlaubte es, daß man Kanäle baute, die Wasserspiegel von unterschiedlichem Niveau miteinander verbanden. Aber die Ansätze zu einem systematischen Ausbau dieser Wasserstraßen im 17. Jahrhundert gingen vor allem von Frankreich aus. Den Auftakt bildete der zwischen 1604 und 1642 gebaute Briare-Kanal, der, weitgehend dem Lauf der Loing folgend, die Loire mit der Seine verband und damit per Schiff die Versorgung der Stadt Paris mit Nahrungsmitteln und Rohstoffen erheblich verbesserte. Das bedeutendste und nach seiner Fertigstellung am meisten bewunderte Kanalprojekt

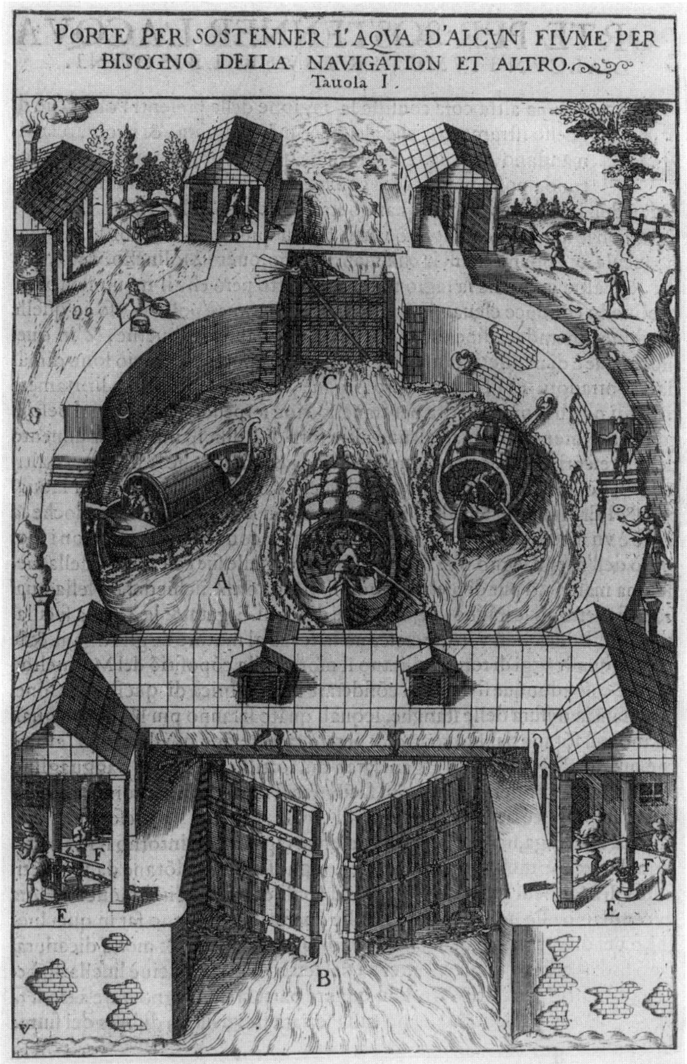

103. Kammerschleuse. Kupferstich in dem 1607 in Padua erschienenen »Novo Teatro« von Vittorio Zonca. Wolfenbüttel, Herzog August-Bibliothek

des 17. Jahrhunderts war der Canal du Languedoc, auch Canal du Midi genannt. Dieser Wasserweg, der bei Toulouse von der Garonne abzweigt und bei Sète das Mittelmeer erreicht, stellte eine kurze Verbindung zwischen Atlantik und Mittelmeer her, wodurch der lange Seeweg entlang der spanischen Küste vermieden wurde und zudem die Schiffer weder Sturm und Nebel noch Piraten zu fürchten hatten. Erste Überlegungen zum Bau dieses Kanals wurden schon in der Römerzeit angestellt, scheiterten aber an einer Schwierigkeit, die mit den damaligen technischen Mitteln nicht zu bewältigen gewesen wäre; denn auf der vorgesehenen Strecke war eine Höhendifferenz von 190 Metern zu überwinden, was lediglich mit Hilfe von Kammerschleusen möglich ist. Ein weiteres Problem bestand darin, daß in der Gegend um den Kanalscheitel im Sommer häufig Trockenheit herrschte, so daß die ausreichende Speisung des Kanals mit Wasser nicht gesichert erschien.

Obwohl es bereits seit dem frühen 16. Jahrhundert wiederholt Pläne zum Bau dieses Kanals gegeben hatte, wurden sie erst verwirklicht, als sich Ludwig XIV. von seinem Minister Colbert für dieses Projekt begeistern ließ und 1663 eigens eine Kanalkommission berief. Der führende Kopf der Kommission, der sich bereits seit längerem mit diesem Projekt befaßt und es Colbert unterbreitet hatte, war der Wasserbau-Ingenieur Jean Pierre Riquet (1604–1680). Schon drei Jahre später erfolgte der erste Spatenstich, und ab 1669 waren – eine arbeitsorganisatorische Meisterleistung – insgesamt 8.000 Arbeiter unter der Aufsicht von zahlreichen Ingenieuren tätig, um den 240 Kilometer langen Kanal mit einer Sohlenbreite von 10, einer Wasserspiegelbreite von 20 und einer Wassertiefe von 2 Metern auszuheben und die vorgesehenen elliptischen Kammerschleusen und Brückenbauwerke zu errichten. Bei Taleinschnitten wurde das Kanalbett durch steinerne Pfeiler und Rundbögen unterfangen. Ferner mußten nahe gelegene Flüsse durch kleine Kanäle angezapft sowie eine Wasserleitung aus entfernt liegenden Bergen gebaut und über querverlaufende Flüsse geführt werden, um den Kanal ausreichend mit Wasser zu versorgen. An der Wasserscheide ließ Riquet zudem ein 400 mal 300 Meter großes Speicherbecken errichten.

Als das größte zivile Bauwerk zwischen der Römerzeit und dem 19. Jahrhundert mit Gesamtkosten von 16 Millionen Livres schließlich 1681 eröffnet wurde, enthielt es 26 Schleusen für die Überwindung von 63 Höhenmetern zwischen Toulouse und der Wasserscheide bei Naurouze und 74 Schleusen für die 190 Meter bis zum Mittelmeer. Unter diesen 100 Schleusenbauten befanden sich 19 doppelte, 4 dreifache Schleusen und je 1 Anlage mit 4 beziehungsweise sogar 8 aufeinanderfolgenden elliptischen Kammern. Durch diese wurden auf kürzester Strecke 22 Höhenmeter überwunden. Außerdem gab es die runde Schleuse bei Agde, bei der drei Kanäle unterschiedlicher Höhenlage aufeinandertrafen sowie einen 165 Meter langen Kanaltunnel mit Treidelpfad bei Malpas. Die direkte Einleitung von Flußwasser erwies sich bald als problematisch, da auf diese Weise große Mengen an Sedimenten in den Kanal und in das Speicherbecken gelangten und diese allmählich anfüllten. Durch Verbesserungsvorschläge von Vauban wurden gegen Ende des Jahrhunderts die letzten technischen Mängel des Kanals endgültig behoben; er ist heute noch zum größten Teil befahrbar. In Frankreich wurden allein im 17. Jahrhundert 7 und bis 1754 nochmals 4 größere Kanalbauten durchgeführt, die den zeitaufwendigen Straßenverkehr wesentlich entlasteten.

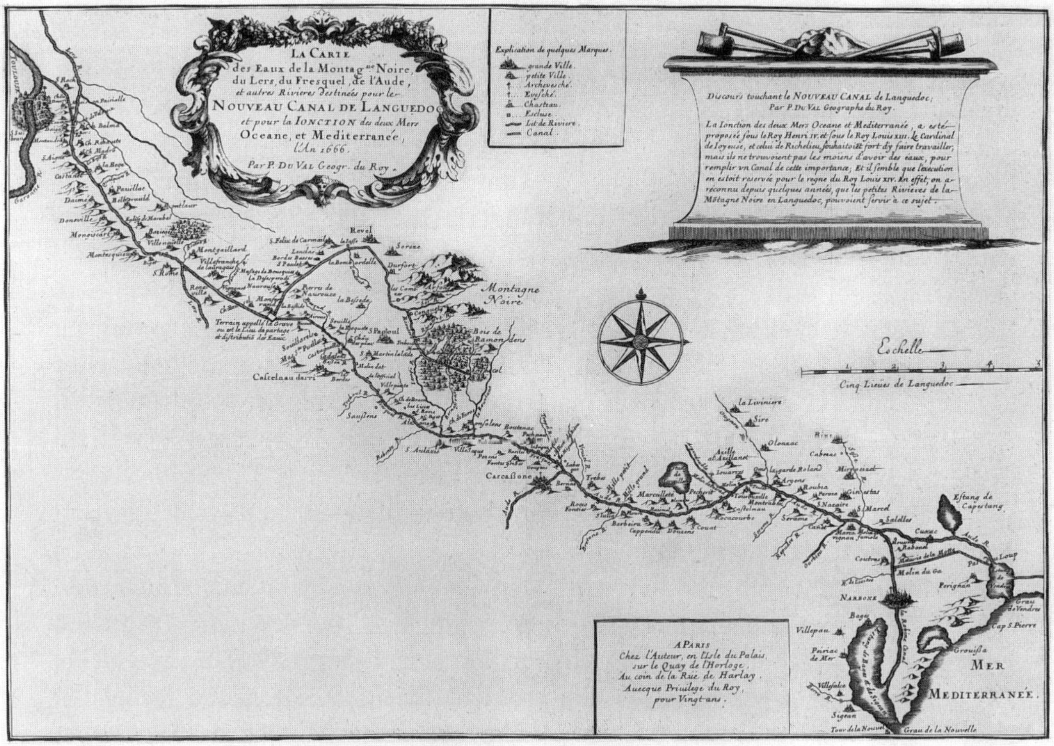

104. Der 1666 gebaute Languedoc-Kanal. Karte von Paul Duval, 1681. Paris, Bibliothèque Nationale

Aber auch in fast allen übrigen europäischen Staaten hat man Schiffahrtskanäle neu geplant oder ältere Vorhaben wieder aufgegriffen. In Brandenburg-Preußen wurde mit holländischen Wasserbautechnikern von 1605 bis 1620 der Oder und Havel miteinander verbindende Finow-Kanal gebaut, der allerdings im Verlaufe des Dreißigjährigen Krieges zerstört und erst ab 1744 unter Friedrich II. (1713–1786) wieder in Betrieb genommen wurde. Wirtschaftlich bedeutsamer war der 1662 unter dem Großen Kurfürsten begonnene und 1668 in Betrieb genommene Friedrich-Wilhelm-Kanal, der als entscheidendes Zwischenglied eine durchgehende Verbindung von Oberschlesien bis zur Nordsee herstellte, indem er Oder und Havel verband und damit auch Berlin zum Zetrum von Wirtschaft und Verkehr machte. Während man sich in England im 17. und frühen 18. Jahrhundert lediglich von privater Seite um die Schiffbarmachung einiger Flüsse bemühte und das eigentliche »Kanalfieber« als Vorbote der Transportrevolution erst seit 1760 ausbrach, blieb der Kanalbau in den absolutistisch regierten Ländern Staatsaufgabe. Hingewiesen sei hier auf den 110 Kilometer langen Ladoga-Kanal, der die Verbindung zwischen der

Nordsee und dem Kaspischen Meer herstellte. Unter Peter I. in Angriff genommen, wurde er 1730 fertiggestellt.

Einen für seine Zeit aus technischer Sicht revolutionären Schleusentyp baute ein Ingenieur namens Dubié 1643 bei Boesinghe am Ypern-Kanal in Flandern. Um ein Gefälle von 6 Metern zu überwinden, konstruierte er statt der nach den damaligen Erfahrungswerten dazu erforderlichen 3 Kammerschleusen nur eine einzige mit 39 Metern Länge und 6 Metern Breite und Höhe. Um die dafür erforderlichen Wassermengen zur Verfügung zu haben, ohne den Wasserspiegel des Kanals allzusehr zu beeinträchtigen, ordnete er rechts und links der Schleuse auf unterschiedlicher Höhe 2 Wasserbecken an, heute Sparbecken genannt, die beim Schleusungsvorgang jeweils zwei Drittel des notwendigen Wassers in der Schleuse aufnehmen oder abgeben konnten, so daß lediglich ein Drittel der Wassermenge in den tieferen Kanalteil abfloß. Erst im 19. Jahrhundert konnte der bereits im späten 17. Jahrhundert erreichte Stand der Kanalbautechnik durch den vermehrten Einsatz des Werkstoffes Eisen sowie dank wissenschaftlicher Erkenntnisse auf dem Gebiet der Hydraulik merklich erhöht werden.

Bei aller Bewunderung dieser technischen Großleistung bleibt darauf hinzuweisen, daß es sich dabei nur partiell um weiterentwickelte oder neue Techniken gehandelt hat. Beachtenswerter ist, ähnlich wie beim Festungsbau, die geschickte Organisation von Arbeitermassen, die größtenteils aus Soldaten und fronenden Bauern der Region bestanden hat. Der Einsatz technischer Mittel war im gesamten Bauwesen durch die Tatsache bestimmt, daß sich auf den Baustellen im Regelfall nur menschliche und tierische Muskelkraft einsetzen ließ. Erdbewegungen geschahen in Handarbeit mit der Schaufel, Transporte von Erde und Baumaterialien erfolgten mit Schleifen, Karren und Wagen. Schwere Lasten wurden mit Kränen und Hebezeugen bewegt, die man mit Treträdern in Funktion setzte. Gründungspfähle trieb man mit Rammen in den Boden, bei denen der schwere eiserne Hammerbär bei jedem einzelnen Schlag mit Muskelkraft hochgezogen werden mußte. Auch die im 17. und vor allem im 18. Jahrhundert schon recht hochentwickelten Maschinen zum Ausbaggern von verschlammten Fahrrinnen und Hafenbecken benötigten tierische oder menschliche Muskelkraft zum Antrieb.

Neben dem Ausbau des Wasserstraßennetzes für den Transport von Massengütern erfuhr der Straßenbau unter Colbert besondere Förderung, wobei nicht allein wirtschaftliche, sondern auch militärische Gesichtspunkte maßgebend waren. Ziel war es, die wichtigsten Städte und Festungsorte miteinander und mit der Metropole Paris zu verbinden. Für die einzelnen Provinzen wurden 1669 Beauftragte für den Straßen- und Brückenbau ernannt, die dafür zu sorgen hatten, daß gepflasterte Hauptstraßen mit festem Unterbau und leichter Wölbung für den raschen Ablauf des Regenwassers angelegt wurden, die man nicht bloß mit Karossen, sondern auch mit schweren Frachtwagen befahren und zum Transport von Kanonen benutzen konnte. Die Reisezeiten verkürzten sich spürbar. Die seit der Römerzeit kaum veränderte Bautechnik war allerdings dem zunehmenden Schwerverkehr nur begrenzt gewachsen, so daß häufig Reparaturen erforderlich wurden. Außerdem blieben die Nebenstraßen, unbefestigte Fahrwege, weiterhin in einem desolaten Zustand. Dennoch war Frankreich mit seinem Netz von gepflasterten Hauptstraßen den übrigen Staaten auf dem Kontinent weit voraus. Die Rückständigkeit in Deutschland mit seinen vielen Territorien war weniger auf technische als vielmehr auf ökonomische Ursachen zurückzuführen, da ausreichende Mittel für den sehr kostenaufwendigen Bau von Pflasterstraßen außerhalb der Städte kaum zur Verfügung standen. Der französische Vorsprung vergrößerte sich im 18. Jahrhundert, als man den Straßenbau erneut intensivierte und 1716 für die im Staatsdienst tätigen Zivilingenieure eine eigene Körperschaft schuf: das »Corps Royale des Ponts et Chaussées«. Als Vorbild diente das 1675 von Vauban ins Leben gerufene »Corps des Ingénieurs du Génie militaire«, das schon um 1700 300 Ingenieure umfaßte.

In England, wo der Staat keinen direkten Einfluß auf den Straßenbau nahm, hatte seit Mitte des 16. Jahrhunderts jeder Mann in dem für ihn zuständigen Gerichtsbezirk 6 Tage im Jahr an Straßenarbeiten teilzunehmen beziehungsweise Geld zu zahlen oder ein Gespann zu stellen. Da dieses System aber schlecht funktionierte, zumal in Gegenden, in denen kein Steinmaterial vorhanden war, genehmigte das englische Parlament ab 1663 die Gründung von »Turnpike trusts«, Beteiligungsgesellschaften, die befestigte Straßen bauten und instandhielten, dafür aber Benutzungsgebühren erheben durften. Um 1750 gab es bereits etwa 150 solcher Trusts mit insgesamt 3.000 Meilen privater Straßen.

Die Konstruktion von Brücken unterlag bis in das beginnende 18. Jahrhundert hinein kaum wesentlichen Veränderungen. Viele der im Spätmittelalter und in der frühen Neuzeit gebauten steinernen Brücken waren im 17. Jahrhundert noch intakt und wurden nur abgerissen, wenn sie dem zunehmenden Verkehr nicht mehr gewachsen waren. Häufiger wurden Holzbrücken, die meist keine so lange Lebensdauer besaßen, durch Steinbrücken ersetzt. Schon seit der Renaissance-Zeit hatten sich statt der römischen Rundbögen etwas flachere Bögen durchgesetzt, die zwar stärkere Widerlager an den Ufern erforderten, dafür aber einen jeweils breiteren Durchfluß zwischen den Pfeilern ermöglichten. Brücken wurden zwar schon »berechnet«, aber ohne Anwendung von Mechanik und Statik, vielmehr mittels Faustformeln, die auf geometrischen und mathematischen Kenntnissen beruhten. Immerhin entstand bis zum frühen 18. Jahrhundert ein umfassender Kanon von Konstruktionsregeln und Tabellen, für die zwar noch eine wissenschaftlich exakte Begründung fehlte, die jedoch durch die Praxis erhärtet waren, weil man falsche Annahmen aufgrund negativer Erfahrungen eliminiert hatte. In seinem »Theatrum pontificale, oder Schau-Platz der Brücken und Brücken-Baues« stellte Jacob Leupold 1726 den Stand des praktisch-theoretischen Wissens sehr anschaulich dar.

105. Die Londoner Blackfriars-Brücke des Ingenieurs Robert Mylne im Bauzustand. Radierung von Giovanni Battista Piranesi, 1764. Privatsammlung

Mit der Gründung der »École des Ponts et Chaussées« im Jahr 1747 wurde die erste staatliche Ausbildungsstätte für Straßen- und Brückenbau-Ingenieure geschaffen, in der von Anfang an Praxis und Theorie eng miteinander verknüpft wurden. Ihr erster Leiter war für siebenundvierzig Jahre bis an sein Lebensende Jean Adolphe Peronnet (1708–1794), der dem Brückenbau ein wissenschaftliches Fundament zu geben suchte und selbst hervorragende Brücken entwarf und baute. Berühmt wurde er vor allem mit dem Pont de Neuilly in Paris, den man zwischen 1768 und 1774 über der Seine errichtete. Um das Durchflußprofil günstiger zu gestalten, verringerte er die Pfeilerstärke und verwendete stark abgeflachte polyzentrische Korbbögen oder Kreissegmentgewölbe, also Stichbögen. In einem großformatigen Kupferstichwerk hat er seine Bauten, zu denen ein Kanal zählte, ausführlich beschrieben und alle Arbeitsschritte sowie die dabei benutzten Werkzeuge, Geräte und Baumaschinen aufgeführt, wobei er auch Wasserräder zum Antrieb einsetzte.

Obwohl die Kanäle, Straßen und Brücken des 17. und 18. Jahrhunderts hervorragende technische Leistungen darstellten, handelte es sich letztlich um nüchterne Zweckbauten, die nur wenig mit der auch heute noch so bewunderten Barockarchitektur, wie sie sich in den Schlössern und Parks, den städtischen Palais und Plätzen mit ihren reichen Schmuckelementen zeigte, gemeinsam hatten. Herrscher und Adel waren, wie schon die Zeitgenossen konstatierten, von der »Bau-Lust« oder dem »Bauwurmb« besessen. Aber nicht nur Einzelanlagen wurde geschaffen, sondern bestehende Städte etwa durch eine »Neustadt« erweitert, nach weitgehender Zerstörung wieder aufgebaut. Architekten entwarfen Pläne zur Errichtung von Städten »auf der grünen Wiese«, die man in zahlreichen Fällen auch verwirklichte. Wesentliche Merkmale besonders der neugegründeten Stadtanlagen waren die geometrische Gestaltung sowie das Bemühen um eine einheitliche Bebauung von Straßenzügen, unter anderem durch gleiche Geschoßhöhen. Die Formenvielfalt war beachtlich. Es gab rechteckige, quadratische und polygonale Grundrisse, und die Straßen konnten entsprechend achsensymmetrisch, gitter- oder rasterförmig beziehungsweise radial angelegt sein. Als erste Planstadt oder Idealstadt, wie man sie auch bezeichnet, gilt Pienza, das bereits zwischen 1459 und 1464 in Italien auf Veranlassung von Papst Pius II. (1458–1464) ausgebaut wurde. Der Tod dieses Bauherrn verhinderte jedoch die vollständige Ausführung der Bauten. Diese Idealstadt, der vornehmlich im 16. Jahrhundert zahlreiche weitere italienische Idealstädte folgten, die Vorbildcharakter für das übrige Europa besaßen, »ist Abbild der zeitspezifischen materiellen und geistigen Kultur, vor allem aber kulturelles Manifest des Auftraggebers. Als exakt konstruierte Stadt trägt sie die idealtypische Anwendung eines Regelkanons, eine gezielt eingesetzte Formensprache und Prinzipien der räumlichen Ordnung in sich« (Karin Stober).

Seit dem 16. Jahrhundert erschienen, unter anderen von Albrecht Dürer (1471–1528), detaillierte Entwürfe von Idealstädten, die zwar nicht realisiert wurden, aber als Anregungen für später gebaute Planstädte dienten. Inwieweit utopische Stadtstaats- und Sozialideen, wie sie erstmals Thomas Morus (1478–1535) in seiner 1516 erschienenen »Utopia« geäußert hat, auf die Planung und Erbauung von Idealstädten Einfluß genommen haben, ist noch nicht abschließend geklärt. Die seit dem 17. Jahrhundert errichteten Planstädte waren bis auf wenige Ausnahmen wesentlich nüchterner in ihren Zwecksetzungen. Zum einen richtete sich die Baudurchführung, die meist aus finanziellen Gründen viel bescheidener ausfiel als die Planung, nach den Wünschen des Bauherrn, der darin seine Persönlichkeit und seine Herrschaft über Land und Menschen gespiegelt sehen wollte, zum anderen nach den für das Leben in der Stadt jeweils als notwendig erachteten Bedürfnissen.

Bei alledem darf nicht vergessen werden, daß fast alle Neugründungen entweder

106. Die Fassade des Louvre im Bau. Kupferstich nach einer Vorlage von Sébastien Le Clerc, 1677. Paris, Bibliothèque Nationale

gleich als Festungsstädte entworfen oder zumindest als befestigte Städte angelegt worden sind. Zivil- und Militärarchitektur standen damit in einem engen Zusammenhang, so daß das Regularitätsprinzip bei der Konstruktion des Straßensystems zwangsläufig war. Deutlich erkennbar ist dies beispielsweise bei den beiden von Vauban entworfenen Festungsstädten Neu-Breisach, gegründet 1669, und Saarlouis, gegründet 1680. Andererseits gab es offene Anlagen wie Schloß und Stadt Versailles, ab 1678 Residenz und mit seinen drei strahlenförmig vom Schloß ausgreifenden Hauptstraßen Vorbild für nahezu alle nachfolgenden Residenzstädte. Anders verhielt es sich bei den gewachsenen Städten, in denen lediglich die alten Stadtmauern durch bastionäre Befestigungen ersetzt wurden, was allerdings erhebliche Nachteile brachte. So beanspruchten die neuen Verteidigungsanlagen sehr viel mehr Raum und zudem freies Schußfeld, was vielfach zu einer Beseitigung der Vorstädte, manchmal erst im Belagerungsfall, führte, wo vor allem die Angehörigen der Unterschichten wohnten. Stadterweiterungen gestalteten sich wegen der Einschließung durch die Befestigungsanlagen ebenfalls schwierig und sehr kostspielig.

Faßt man den Begriff der Planung etwas weiter und beschränkt ihn nicht auf die hier skizzierten Planstädte, so läßt sich konstatieren, daß auch innerhalb der gewachsenen Städte zumindest eine Teilgeometrisierung durch die Anlage von neuen Straßenzügen mit offenen Plätzen, einheitliche Bebauung und breite Fahrbahnen stattgefunden hat, die nicht nur der Verschönerung des Stadtbildes, sondern auch zur Aufnahme des anwachsenden Verkehrs durch Wagen und Karossen dienten. Dies galt allerdings in erster Linie für die größeren Städte, zum Beispiel für Paris und Rom sowie für die belebten Residenzstädte. Die meisten Städte in Europa zählten hingegen nur wenige tausend Einwohner, und ihr mittelalterliches Stadtbild änderte sich kaum bis in das 19. Jahrhundert hinein.

Wie sich beim Einsatz technischer Hilfsmittel im Bauwesen während des 17. und 18. Jahrhunderts relativ wenig veränderte, so auch in dem wichtigen Bereich der Wasserversorgung, abgesehen von der Tatsache, daß das Bevölkerungswachstum in den Städten sowie die steigende Anzahl an Zierbrunnen und Fontänen eine Vermehrung der Pumpanlagen erforderlich machten, die dank besserer Methoden der Metallverarbeitung effektiver arbeiteten. Neben der Trinkwasserversorgung aus öffentlichen Brunnen gewann der Bau von Hauswasserleitungen an Bedeutung, auch wenn wegen der hohen Kosten nur die vermögenden Schichten sich derartige Anlagen leisten konnten. Auf einem anderen, gleichfalls alle städtischen Bewohner

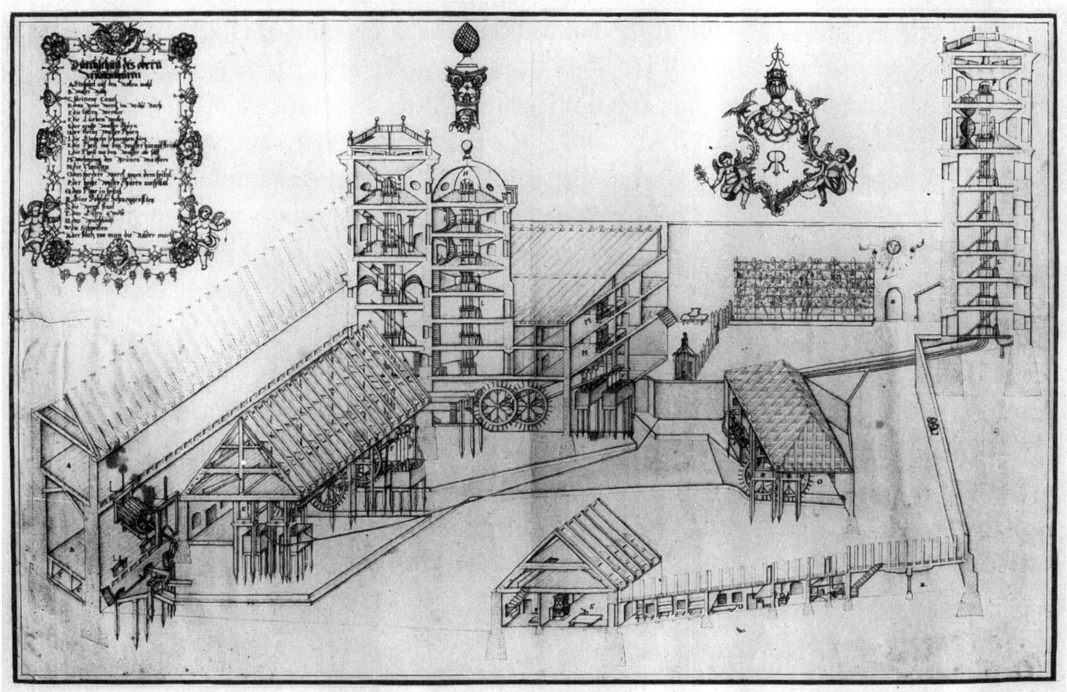

107. Pumpanlagen im Brunnwerk am Roten Tor zu Augsburg. Lavierte Zeichnung, Mitte des 18. Jahrhunderts. Nürnberg, Germanisches Nationalmuseum

tangierenden Sektor, nämlich dem der Brandbekämpfung, kam es dagegen zur Einführung wichtiger technischer Neuerungen.

Neben Krieg, Seuchen und Überschwemmungen gehörten Brände seit eh und je zu den schlimmsten Ereignissen, da sie Leib und Leben der direkt Betroffenen gefährdeten und sie um Wohnung und Besitz brachten. Ließ sich der Schaden auf dem Lande meist auf einzelne Häuser und Gehöfte beschränken, so daß man zur Not beim Nachbarn unterkommen konnte, äscherten Feuersbrünste in den Städten in der Regel ganze Straßenzüge und Stadtviertel ein, zumal wenn noch die Holzbauweise und dichte Bebauung vorherrschten. Es gab kaum eine Stadt, die nicht in gewissen Abständen von dieser Plage heimgesucht wurde, wobei die Ursachen Blitzschlag, Brandstiftung, am häufigsten aber sorgloser Umgang mit Herdfeuer und Licht waren. Der verheerendste Brand ereignete sich im Jahr 1666 in London, bei dem 13.200, das heißt drei Fünftel aller Häuser im Zentrum der noch mittelalterlichen Stadt in Schutt und Asche gelegt wurden. Diese Brandkatastrophe bot allerdings danach die einmalige Chance, die Hauptstadt nach neuen Plänen insbesondere des Architekten und Mathematikers Christopher Wren (1632–1723) wiederaufzubauen. Besitzerinteressen sorgten jedoch dafür, daß lediglich große Plätze geschaffen und Straßen verbreitert wurden. Öffentliche und repräsentative Gebäude baute man nun aus Hausteinen, die sich leicht auf der Themse herbeischaffen ließen; die Wohnhäuser errichtete man in Ziegelbauweise mit verstärkten Brandmauern.

Der Brandgefahr suchte man seit dem späten Mittelalter auf zweierlei Weise zu begegnen, zum einen durch Vorschriften zur Brandverhütung, zum anderen, falls diese wirkungslos geblieben waren, mit einer aktiven Brandbekämpfung. Die von zahlreichen Magistraten in den europäischen Städten erlassenen Feuerordnungen enthielten vor allem baupolizeiliche Vorschriften, beispielsweise die Errichtung von sogenannten Brandmauern zum Nachbarhaus, die Anordnung, genügend Löschwasser vorrätig zu halten, sowie die Verpflichtung der Bürger, allen voran der Zimmerleute, Maurer und Angehörigen des Transportwesens, sich an der Brandbekämpfung zu beteiligen. Bis ins späte 16. Jahrhundert hinein standen an technischen Hilfsmitteln nur Löscheimer aus Leintuch oder Leder, Haken und einfache Holzleitern zur Verfügung. Um ein Übergreifen des Feuers zu verhindern, schuf man Lücken durch Abreißen noch nicht in Brand geratener Häuser.

Es erhebt sich die Frage, warum beim Löschen mit Wasser nicht die bereits von Ktesibios aus Alexandrien im 3. Jahrhundert v. Chr. entwickelte und dann von seinem Schüler Heron verbesserte Saug- und Druckpumpe eingesetzt worden ist, obwohl das Pumpenprinzip im Bergbau seit dem späten 15. Jahrhundert bekannt war. Zwar wird berichtet, daß Ende des 14. Jahrhunderts in Nürnberg einfache Handspritzen benutzt worden sind, aber entscheidend ist offensichtlich das Löschen mit dem Eimer gewesen. Auch eine in Augsburg 1518 erstmals eingesetzte »Was-

108. Erfolgreiche Brandbekämpfung mit dem Feuerwehrschlauch des Jan van der Heyde (rechts) im Unterschied zu der herkömmlichen Methode mit dem Wenderohr (links). Kolorierter Kupferstich des Erfinders, 1690. Amsterdam, Rijksmuseum

sersprütze« scheint noch keinen nachhaltigen Erfolg gehabt zu haben. Zu Beginn des 17. Jahrhunderts tauchten dann die ersten wirklich brauchbaren Löschgeräte auf, bei denen aus einem mit Wasser gefüllten und an die Brandstelle geschleiften Holzkasten ein mit einer Druckpumpe erzeugter Wasserstrahl durch ein sogenanntes Wenderohr aus Metall in Richtung des Feuers geschleudert wurde. Vor allem im oberdeutschen Raum wurden im Verlaufe des 17. Jahrhunderts diese Handspritzen mit Wenderohr ständig verbessert. Erbauer waren meist Handwerker aus den metallverarbeitenden Gewerben wie Goldschmiede, Uhrmacher, Messinggießer, Kupferschmiede oder beispielsweise der als Erfinder eines mit Muskelkraft betriebenen Fahrzeugs erwähnte Hans Hautsch aus Nürnberg. Er fertigte 1655 die erste doppelwirkende Feuerspritze, wobei er zur Aufrechterhaltung eines gleichbleibenden Druckes im Wenderohr einen sogenannten Windkessel benutzte, der allerdings ebenfalls schon aus antiken Zeiten bekannt war.

Als der eigentliche Begründer des modernen Feuerlöschwesens gilt der niederländische Kupferstecher, Erfinder und Leiter des Amsterdamer Löschwesens, Jan van der Heyde (1637–1712), dem mit der Erfindung des ledernen Druckschlauches und des leinenen Saugschlauches eine wirkliche Basiserfindung geglückt ist. Im Gegensatz zum Wenderohr, welches das Löschwasser lediglich grob in die Richtung des Brandes beförderte, konnte das Löschpersonal mit dem Schlauch und dem daransitzenden Mundstück die Brandstelle direkt bekämpfen, während der ebenfalls direkt an die Pumpe gekoppelte Saugschlauch ständig Wasser von der nächstgelegenen Wasserstelle heranführte. Der schwerfällige Wasserkasten, der ständig von Hand nachgefüllt werden mußte, war damit überflüssig geworden. Auch heute noch bilden Pumpe sowie Saug- und Druckschlauch die Kernbestandteile einer Feuerlöschleitung. Auf seinem berühmten Kupferstich hat van der Heyde sehr werbewirksam die großen Vorteile seiner Erfindung gegenüber dem Wenderohr herausgestellt und auf diese Weise offenbar eine große Breitenwirkung erzielt; denn seine Technik setzte sich bald allgemein durch und wurde im 18. Jahrhundert durch weitere wichtige Verbesserungen und neue Erfindungen ergänzt. Im Jahr 1719 stellte ein Leipziger Posamentierer den ersten nahtlos gewebten Hanfschlauch vor, der allmählich den genähten und somit leicht undicht werdenden Lederschlauch ersetzte. Die von einem Münchener Wagenbauer konstruierte erste Schiebeleiter kam 1761 hinzu, 1785 gefolgt von dem ersten Saugschlauch-Atemschutzgerät, das der Franzose Jean François Pilâtre de Rozier (1756–1785) konstruiert hatte. Er hatte 1783 die erste freie Fahrt mit einer Montgolfiere unternommen und stürzte zwei Jahre später tödlich ab.

Ein im 17. Jahrhundert technisch noch nicht einfach zu lösendes Problem stellte die Abdichtung von Ventilen und Kolben in den Feuerspritzen dar. Statt der ursprünglichen Lederkolben verwendete man bald solche aus Filz oder umwickelte Messingkolben mit Hanf, die jedoch vor dem Einsatz erst quellen mußten. Ab 1670 wurden die ersten Messingkolben eingeschliffen, was allerdings Präzisionsarbeit verlangte und entsprechend teuer war. In seinem 1724 veröffentlichten »Theatrum machinarum hydraulicarum« hat der Leipziger Mechanikus Jacob Leupold den damaligen Stand der Feuerlöschtechnik zusammengefaßt, was einen Pionier des Feuerlöschwesens in der zweiten Hälfte des 19. Jahrhunderts, Conrad Dietrich Magirus (1824–1895), zu der Feststellung veranlaßte, Leupold sei in allen entscheidenden Fragen »so weit, als wir heute sind«.

Der Bau von Feuerspritzen wurde meist von den städtischen Verwaltungen örtlichen Handwerkern übertragen, während das Löschen von Bränden weiterhin von den Bürgern besorgt werden mußte, die im Falle eines Feuers an die ihnen vorher zugeteilte Spritze zu eilen hatten. Amsterdam besaß unter van der Heyde am Ende des 17. Jahrhunderts etwa 60 Feuerspritzen, die Stadt Berlin verfügte im Jahr 1743 über 23, und in Hamburg standen um 1750, über die Stadt verteilt, insgesamt

109. Das Zentrum Londons zu Anfang des 18. Jahrhunderts. Aus einem Kupferstich von Jan Kip, 1720. London, Guildhall Library

25 Spritzen sowie 6 Schiffspritzen und 25 Zubringerpumpen. Die erste Berufsfeuerwehr im deutschsprachigen Raum, wenn auch anfänglich aus nur 4 »Feuerknechten« bestehend, wurde 1665 in Wien gegründet. Hamburg richtete 1728 feste Löschmannschaften ein, die wegen ihrer weißen Schutzkleidung »Wittkittels« genannt wurden. Hamburg war auch die erste Stadt, in der, auf einen Vorläufer von 1591 zurückgehend, mit der 1676 vom Rat der Stadt gegründeten »GeneralFeuer-Cassa« die erste Feuerversicherung gegründet wurde, die als Vorbild für ähnliche Einrichtungen in Europa diente.

Die Ausbreitung technischen Wissens

Vom Kunstmeister zum Ingenieur

Die Technik wurde im behandelten Zeitraum nicht nur von immer mehr Menschen genutzt, sondern auch immer mehr Menschen erdachten, produzierten, verbesserten Maschinen und Anlagen, die in ihrer Konstruktion zum Teil immer komplexer wurden. Heute wird diese Aufgabe in der Regel vom Ingenieur übernommen, von einem – so ein gängiges Nachschlagewerk – wissenschaftlichen oder auf wissenschaftlicher Grundlage gebildeten Fachmann der Technik. Das inzwischen sehr differenzierte Berufsbild entwickelte sich erst seit dem 19. Jahrhundert im Zusammenhang mit der Entstehung der Polytechnischen Schulen. Die Bezeichnung »Ingenieur« ist jedoch bereits für das Mittelalter belegt und dürfte auf das lateinische »Ingenium«, also »Begabung, Talent« zurückzuführen sein. Dieses Wort konnte auch Kunst, Trick und sogar Geschütz (Torsionsgeschütz) bedeuten. Ein Ingenieur war im Spätmittelalter ein Mann, der Kriegsgerät herstellte. Die vielseitigen Techniker der Renaissance-Zeit, die man heute als »Künstler-Ingenieure« bezeichnet, waren stets auch Militärtechniker. Im Deutschland des 17. und 18. Jahrhunderts, in

110. Uhrmacherwerkstatt im späten 16. Jahrhundert. Kupferstich von Philipp Galle, um 1590, nach einer Vorlage von Jan van der Straet, genannt Stradanus. Amsterdam, Rijksmuseum

anderen Ländern etwas früher, wird unter einem Ingenieur grundsätzlich ein Techniker des Fortifikationswesens verstanden, im Gegensatz zum »Architectus«, der sich mit dem Zivilbau befaßt hat. Diese Scheidung, die auch in den Architekturbüchern vorgenommen wurde, war jedoch eher formaler Natur; denn in der Realität waren »Architekt und Ingenieur« sehr häufig ein und dieselbe Person, das heißt, sie mußten sich auf beides verstehen und darüber hinaus erhebliche organisatorische Fähigkeiten besitzen, wie sie bei der Durchführung großer Bauvorhaben gefordert wurden. Eine spezielle Ausbildung nach heutigem Verständnis gab es jedoch nicht. Solche Leute kamen meist aus handwerklichen Berufen, die mit dem Baubereich oder der Metallverarbeitung zu tun hatten; aufgrund vorhandener Begabung eigneten sie sich das übrige Rüstzeug und die notwendige Kenntnis über die »Architectura civilis« und die »Architectura militaris« durch Literaturstudium an. Die besten Möglichkeiten dazu ergaben sich in den höfischen Zentren, wo am Bau- und Kriegswesen sowie an den Naturwissenschaften interessierte Fürsten Gelehrte und Praktiker aller Sparten um sich versammelten, die in regem geistigen, allem Neuen aufgeschlossenen Gespräch standen. Solche Fürsten förderten auch junge Talente, denen auf diese Weise die Chance zum sozialen Aufstieg geboten wurde. Ein Paradebeispiel stellt der Lebensweg des berühmten Barock-Baumeisters Johann Balthasar Neumann (1687–1753) dar, der 1711 als Geschützgießergeselle nach Würzburg kam, sich autodidaktisch zum Kriegsingenieur weiterbildete und in dieser Eigenschaft 1717 an der Eroberung Belgrads teilnahm. Bereits 1719 wurde er fürstbischöflicher Baudirektor in Würzburg, 1731 Universitätslehrer und 1741 Oberst. Nach seinen Entwürfen und unter seiner Leitung entstanden nicht nur die großartige Residenz in Würzburg sowie zahlreiche Profan- und Kirchenbauten in Franken und am Rhein, sondern auch die Befestigungswerke in Würzburg.

Mit dem Ausbau der stehenden Heere vollzog sich, zunächst in Frankreich, in den Niederlanden und in Schweden, später in Brandenburg-Preußen, durch die Gründung der Ingenieurkorps eine allmähliche Trennung von Zivil- und Militärbauwesen sowie eine Spezialisierung innerhalb des Heeres. In Frankreich, wo auch das öffentliche Bauwesen staatlich gelenkt war, entstanden bis zur Französischen Revolution nach und nach staatliche Spezialschulen für den Straßen- und Brückenbau, dann auch für den Bergbau, und im militärischen Bereich für die Artillerie. Im Jahr 1748 wurde die École du Génie Militaire in Mésières gegründet, die bald Berühmtheit erlangte. Eine vergleichbare Entwicklung erfolgte in der Marine und bei den Schiffskonstrukteuren. In allen Anstalten bestand der Unterricht aus einer Kombination von praktischer Ausbildung und gleichzeitiger Vermittlung elementarer wissenschaftlicher Grundlagen. Ein eigentliches technisches Schulwesen, das auch für Deutschland wichtig werden sollte, entstand erst nach der Revolution mit der Gründung der École Polytechnique im Jahr 1794, einem militärisch organisierten Institut mit mathematischer Orientierung als Vorstufe für die Fachschulen.

111. Allegorische Darstellung der Wissens- und Tätigkeitsbereiche des Ingenieurs. Kupferstich aus dem 1630 in Frankfurt am Main erschienenen Werk »Ingenieurs-Schul, Erster Theyl« von Johann Faulhaber. Privatsammlung

Obwohl zur Architektur auch die Mechanik im weiten Sinne zählte und mancher Baumeister die für seine Arbeit notwendigen Maschinen entwarf oder verbesserte, hatte der eigentliche Maschinenbau seine Hauptwurzeln in jenen Bereichen, die eng mit den Gewerben, also mit der Produktionstechnik, verbunden waren. Ihre Hauptvertreter, die Mühlenbauer, die vor allem mit dem Werkstoff Holz umgingen,

112. Der Militär-Ingenieur. Holzschnitt in dem 1698 in Regensburg erschienenen Werk »Abbildung der gemeinnützlichen Hauptstände« von Johann Christoph Weigel. München, Deutsches Museum

oder die Kunstmeister, die die bergbaulichen Maschinen sowie die städtischen Wasserkünste bauten und es hervorragend verstanden, dabei Metall zu verwenden, waren reine Empiriker, die ihr Wissen und Können von Generation zu Generation weitergaben. Basisinnovationen gingen allerdings im 17. und 18. Jahrhundert nur selten von ihnen aus. Solche grundsoliden Maschinenbauer sorgten zwar dafür, daß

113. Allegorie auf die Technik in ihren mathematischen und praktischen Zweigen. Kupferstich in dem 1644 in Augsburg erschienenen Werk »Mechanischer Reiss-Laden« von Joseph Furttenbach. Wolfenbüttel, Herzog August-Bibliothek

die von ihnen gebauten Maschinen einwandfrei funktionierten, aber ob dies auf besonders effektive und damit ökonomische Weise erfolgte, war für sie nebensächlich. Erst die zunehmende, mit der Frühaufklärung einhergehende Ökonomisierung des Denkens, bei der zudem alles auf seinen Nutzen und »Effekt« hin bedacht wurde, führte im Maschinenbau zu Überlegungen, zum Beispiel Material so sparsam wie möglich zu verwenden, unnötige Reibung zu vermeiden, Brennstoff einzusparen und so die Gesamtkosten zu senken. Nach Ansicht mancher Zeitgenossen, die sich ebenfalls mit dem Maschinenbau befaßten, waren die rein empirischen Erfahrungen dazu nicht mehr ausreichend.

Einer dieser Männer, die neue Wege suchten, war der Leipziger Instrumentenbauer und technische Schriftsteller Jacob Leupold, der wegen mangelnder Mittel sein Mathematikstudium nicht hatte zu Ende bringen können. Da er als Handwerkersohn manuell sehr geschickt war, wandte er sich mit großem Erfolg dem Bau von Instrumenten, aber auch von großen Waagen sowie Feuerspritzen und anderen Maschinen und Geräten zu. Auf den Titelblättern seiner Schriften führte er als Berufsbezeichnung stets »Mathematicus und Mechanicus« an; die erstere sollte wohl auf die akademische Bildung hinweisen. Den Tätigkeitsbereich des Mechanicus und die dazu nötigen Voraussetzungen umriß Leupold in seinem 1724 veröffentlichten »Theatrum machinarum generale«, wobei er sich zunächst darüber mokierte, es würden »so gar zur Mechanic auch die gemeinsten Handwerker gezehlet. Ein Mechanicus aber ... soll eine Person seyn, die nicht nur alle Hand-Arbeit wohl und gründlich verstehet, als: Holtz, Stahl, Eisen, Meßing, Silber, Gold, Glaß, und aller dergleichen Materialien nach der Kunst zu tractiren, und der aus physicalischen Fundamenten zu urtheilen weiß, wie weit jedes nach seiner Natur und Eigenschafft zulänglich oder geschickt ist, dieses oder jenes zu praestiren und auszustehen, damit alles seine nöthige Proportion, Stärcke und Bequemlichkeit erlange, und der Sache weder zu viel noch zu wenig geschehe, sondern auch nach denen mechanischen Wissenschaften oder Regeln eine jede verlangte Proportion oder Effect nach vorhandener oder gegebener Krafft oder Last anordnen kan; wozu er aus der Geometrie und Arithmetic auch das nöthige zur Berechnung im Austheilen der Machinen muß erlernet haben.« Nachdem er darauf hingewiesen hat, daß die Hauptaufgabe eines Mechanicus das Erfinden neuer Maschinen sei, fährt er fort: »Vor allem aber muß er zu einem Mechanico gebohren seyn, damit er aus natürlichem Trieb nicht nur zum Inventiren geschickt ist, sondern auch mit leichter Mühe alle Künste und Wissenschaften geschwinde fassen kan, so daß man von ihm sagen darff: Was seine Augen sehen auch seine Hände können; und daß er aus Liebe zur Kunst keine Mühe, Arbeit noch Kosten scheuet, weil er Lebens-lang täglich was neues zu lernen und zu experimentiren hat.«

Natürlich war das Ganze Idealbild wie eitles Selbstporträt Leupolds zugleich, auch wenn er unter den Technikern seiner Zeit hinsichtlich seines handwerklichen Geschicks und durch seinen Erfindungsgeist zumindest in Deutschland herausragte. Einer der wenigen, die dem von Leupold gezeichneten Idealtypus am nächsten kamen und der angeblich sogar die deutsche Sprache erlernt haben soll, um dessen Schriften lesen zu können, war James Watt (1736–1819). Aber auch er war in England mit seinen mathematischen Kenntnissen und seinen Erfahrungen als Universitätsmechaniker eher die Ausnahme unter den Maschinenbauern, die ihre Fähigkeiten vorwiegend auf dem Weg des »Learning by doing« entfalteten. Ähnliches galt für den Schweden Christopher Polhem, der über seine wissenschaftlichen und praktischen Kenntnisse hinaus unternehmerisch erfolgreich war.

Es gab zumal im 17. Jahrhundert eine andere Gruppe von Personen, die im weiten Sinne zur technischen Intelligenz gehörten, nämlich jene Mathematiker und Naturwissenschaftler, die zwar in technisch-mechanischen Zusammenhängen zu denken wußten, denen aber die manuellen Fähigkeiten und praktischen Erfahrungen zur Umsetzung ihrer Ideen fehlten, so daß sie auf handwerkliche Unterstützung angewiesen waren. Harmonierten beide Seiten nicht miteinander, gab es Fehlschläge wie im Falle der Windmühlenversuche von Leibniz im Oberharzer Bergbau. Oft scheiterte die Realisierung einer Idee an dem Umstand, daß sie mit den damaligen technischen Mitteln noch nicht zu verwirklichen war. Die für den Barock typische Freude am Ungewohnten, Unbekannten und Bizarren ließ vor allem an den Höfen einen Menschentypus gedeihen, der von den Zeitgenossen als »Projektemacher« bezeichnet wurde, wobei das Feld, das diese durchaus einfallsreichen Leute bestell-

114. Perpetuum mobile mit zwei archimedischen Schrauben und einem Wasserrad. Kupferstich, 1629. München, Deutsches Museum

ten, von der Ökonomie über die Technik bis hin zur Alchemie und zur Goldmacherei reichte. Häufig waren es studierte Männer mit vielseitigen Kenntnissen und einer überschäumenden Phantasie, die ihnen jede Klarsicht auf die Grenze zwischen Machbarem und Realitätsferne nahm.

Selbst für die Zeitgenossen war schwer durchschaubar, ob es sich um seriöse Personen, wie Leibniz oder Huygens, oder, und sie waren die Mehrzahl, um Scharlatane handelte. Ein Mann, der Zeit seines Lebens auf dem schmalen Grat zwischen Seriosität und Phantasterei wandelte, war der Mediziner, Mathematiker,

Chemiker, Kameralist und Techniker Johann Joachim Becher (1635–1685), der mit seinem 1668 veröffentlichten Buch »Politischer Diskurs« ein bedeutendes volkswirtschaftliches Werk schuf, Seidenmanufakturen gründete, verschiedene Geräte zur Seidenfabrikation erfand, Uhren baute, chemische Probieröfen entwickelte, zukunftweisende Vorschläge für ein mehrstufiges technisches Schulwesen machte, sich aber ständig auf Wanderschaft im In- und Ausland befand, weil er als offensichtlich schwieriger Charakter leicht in die Nähe jener betrügerischen Projektemacher gerückt wurde, die im 29. Band von Zedlers 1756 abgeschlossenem Universallexikon wie folgt beschrieben wurden: »Solche Projectemacher wagen sich öfters an hohe Häupter, und hat ein Minister hierbey alle Behutsamkeit anzuwenden, daß er erforsche, ob sein Landes-Herr mit einem ehrlichen Manne oder einem Betrüger zu thun habe, welches letztere sich sonderlich erfahren und mercken läst, wenn ein solcher Kerl von lauter grossen Stücken und viel tausenden spricht, Monopolia anglebt und darbey grosse Besoldungen und Praedicta sich ausbedingen will.« In diesem Zusammenhang sei auf verschiedene Versuche hingewiesen, ein Perpetuum mobile bauen zu wollen. Selbst solche Randerscheinungen gehören zum Bild einer technischen Intelligenz, die sich damals zu formieren begann und erste tastende Schritte bei der Aufnahme der auch in den Naturwissenschaften neuen Erkenntnisse unternahm.

Technische Literatur

Mit der 1556 postum erschienenen Beschreibung des frühneuzeitlichen Berg- und Hüttenwesens im Erzgebirge unter dem Titel »De re metallica« von Georgius Agricola lag ein epochales Werk vor, das mit seinen zahlreichen technischen Abbildungen, die auch Einzelelemente von Maschinen und Anlagen zeigen, wegweisend für eine neue Sparte im Buchwesen gewesen ist: die technische Literatur. Seit der zweiten Hälfte des 16. Jahrhunderts erschienen viele, zumeist in wenigen Exemplaren gedruckte, reich illustrierte Werke über Architektur, Militärwesen, Bergbau, Schiffbau und nicht zuletzt über das Maschinenwesen. Die nur noch selten in Latein, sondern in den jeweiligen Landessprachen verfaßten Bücher waren in der Regel großformatig und mit Holzschnitten oder Kupferstichen ausgestattet, die den Erwerb eines solchen Opus zu einer teuren Angelegenheit machten. Derartige Prachtwerke wurden daher vornehmlich von Fürsten und Adligen, aber auch von Klöstern gekauft beziehungsweise systematisch gesammelt. Analog zu den fürstlichen Kunst-, Naturalien- und Wunderkammern, in denen man alles zusammentrug, was selten, kurios und kostbar war, darunter kunstvoll gefertigte Maschinenmodelle, Werkzeuge und wissenschaftliche Instrumente, wurden nun auch Bibliotheken eingerichtet und deren Bestände ständig erweitert. Als »achtes Weltwunder«

115. Die Bibliothek Herzog Augusts im vormaligen Marstallgebäude in der Dammfestung gegenüber dem Wolfenbütteler Schloß. Kupferstich, 1650. Wolfenbüttel, Herzog August-Bibliothek

galt im 17. Jahrhundert die von dem bibliophilen Herzog August dem Jüngeren (1579–1666) in Wolfenbüttel zwar nicht gegründete, aber durch Buchkäufe in ganz Europa enorm erweiterte »Bibliotheca Augusta«. Bei seinem Tod umfaßte die Bibliothek 134.000 Schriften, darunter einen erheblichen Teil an technischer Literatur.

Primär für diese Käuferschicht, der es mehr um den Besitz und um die Betrachtung bildlich anschaulich gemachter Texte als um deren mögliche Gebrauchsanweisung ging, waren vorwiegend die Maschinenbücher gedacht. Der immer wieder auftauchende Obertitel »Theatrum machinarum«, Schauplatz der Maschinen, der noch in der Zeit der Aufklärung verwendet wurde, verhieß etwas Außergewöhnliches. Die abgebildeten Maschinenentwürfe stellen in der Mehrzahl Pumpanlagen, Hebezeuge, Mühlen, Brunnen oder Kriegsmaschinen dar, die zum Teil aus äußerst komplexen Mechanismen zusammengesetzt sind. Ein näherer Blick zeigt rasch, daß viele der Maschinen wegen ihrer gigantischen Abmessungen oder vielgliedrigen Übersetzungsgetriebe und Flaschenzüge mit zahlreichen Umlenkrollen allenfalls als Modelle funktioniert hätten, ohne daß Reibung und Materialbeanspruchung berücksichtigt worden wären. Insofern handelte es sich in erster Linie um kinematische Spielereien, die das Auge erfreuen, das Bizarre und Außergewöhnliche an Maschinen in übersteigerter Form zeigen sollten. Friedrich Klemm hat zutreffend auf Zusammenhänge mit dem zur gleichen Zeit in der bildenden Kunst vorherrschenden Manierismus hingewiesen. Andererseits finden sich Abbildungen von Mühlen und Maschinen, die seinerzeit in den Gewerben genutzt worden sind. Ihre zeichnerische Wiedergabe vermittelt selten etwas von dem Funktionalen, weil der künstlerischen Gestaltung der Vorzug gegeben worden ist. Man erkennt weder Bemaßungen noch das richtige Verhältnis der einzelnen Maschinenelemente und erfährt selten etwas über die Festigkeit des Materials, auch nicht durch die meist sparsamen Begleittexte zu den im Vordergrund stehenden Abbildungen.

Erst im letzten Drittel des 17. Jahrhunderts lassen sich in der den Maschinenbau berücksichtigenden Literatur tendenzielle Veränderungen wahrnehmen, die, stärker auf ökonomischen Einsatz der technischen Mittel, auf bessere Wirkungsgrade und auf die Einbeziehung wissenschaftlicher Erkenntnisse bei der Konstruktion von Maschinen abgehoben, den Bau »nützlicher« Maschinen als Beitrag zur Steigerung der Landeswohlfahrt betrachtet haben. Am klarsten zeigt sich die von der Frühaufklärung geprägte Denkweise im 1724 bis 1727 veröffentlichten »Theatrum machinarum« von Jacob Leupold, das nach Friedrich Klemm die letzte große Zusammenstellung über die Maschinentechnik vor dem Durchbruch der neuen Kraft- und Arbeitsmaschinen im 18. Jahrhundert dargestellt hat. Wegen des unerwarteten Todes von Leupold sind von über 20 geplanten Bänden nur 8 erschienen. Aber auch der Torso, in dem sich der Verfasser stets kritisch mit der überlieferten technischen Literatur auseinandergesetzt und bessere Alternativen aufgrund seiner praktisch-theoretischen Kenntnisse vorgestellt hat, macht den systematischen Zugriff erkennbar, mit dem er die gesamte damals vorhandene Technik zu erfassen willens gewesen ist. Die nüchtern-sachlichen, perspektivischen Zeichnungen, die Kupferstecher nach seinen Angaben gefertigt haben, sind von hoher Qualität, die Texte mit Maßangaben einerseits noch etwas barock-weitschweifig, andererseits durch eine präzise technische Terminologie so eindeutig, daß die dargestellten Maschinen und Apparate in ihrer Konstruktion nicht nur verstanden, sondern auch nachgebaut werden konnten. Obwohl in Leupolds Werk, das man als deskriptive Maschinenkunde bezeichnen kann, empirische und theoretische Technikbetrachtung zumindest ansatzweise miteinander verbunden worden sind, bemerkte später der Philosoph und Mathematiker Christian Wolff, daß die Anfertigung von Instrumenten diesem keine Zeit gelassen habe, »sich in der Theorie allzusehr zu vertiefen, und auf deren Application in der Kunst zu gedenken«. Wolff fährt fort: »In Frankreich hat man erkannt, daß die Kunst ohne die Theorie nicht vollkommen seyn könne, und dannenhero Anstalten gemacht, daß diejenigen, welche Ingenieurs werden wollen, auch in der Theorie sich feste setzen müssen. Deswegen hat Herr Belidor, Provincial Commissarius des Artillerie-Wesens und Königl. Professor der Schulen des Artillerie-Corps, einen Anfang gemacht, die Theorie in Ausübung zu bringen.«

Diese Sätze stammen aus dem von Wolff verfaßten Vorwort zur deutschen Ausgabe des ersten Bandes der 1737 erschienenen »Architecture hydraulique«, die als frühes Beispiel und zugleich als Höhepunkt der wechselseitigen Befruchtung von naturwissenschaftlich-exaktem mit technischem Wissen gilt und bis in das 19. Jahrhundert hinein Maßstäbe gesetzt hat. Einen wesentlichen Beitrag zur allgemeinen Verbreitung technischer Sachverhalte über den mit der technischen Fachliteratur speziell angesprochenen Personenkreis hinaus leisteten die seit dem späten 17. Jahrhundert edierten Wörterbücher, vornehmlich die Enzyklopädien, die neben den Wissenschaften aufmerksam die Technik berücksichtigten. In England veröffentlichte John Harris (1667–1719), der spätere Sekretär der Royal Society, 1704 ein »Lexicon technicum or an universal English-dictionary of arts and sciences«, und 1728 gab Ephraim Chambers (um 1683–1740) seine zweibändige »Cyclopaedia or an Universal dictionary of arts and sciences« heraus, die, später erweitert, zahlreiche Auflagen erlebte und einen maßgeblichen Einfluß auf alle nachfolgenden Enzyklopädien des 18. Jahrhunderts hatte. Die erste Enzyklopädie, die wirklich alle Lebens- und Wissensbereiche zu erfassen suchte, war das von dem Leipziger Verleger Johann Heinrich Zedler (1706–1751) von 1732 bis 1754 in 64 Bänden und 4 Supplementen herausgegebene, den Geist der deutschen Frühaufklärung atmende »Große Vollständige Universal-Lexicon der Wissenschaften und Künste«. Der Terminus »Lexikon« läßt erkennen, daß es in diesem Werk nicht um die Darstellung von Zusammenhängen, sondern um die möglichst vollständige Erfassung und Erläuterung von Begriffen gegangen ist, darunter um solche gewerblich-technischer Herkunft, was im damaligen Deutschland absolut neu gewesen ist.

Eine umfassende Bestandsaufnahme der zeitgenössischen Technik in Form von detaillierten Beschreibungen und höchst präzisen Abbildungen erfolgte in Frankreich durch zwei publizistische Großunternehmungen, die annähernd zur gleichen Zeit mit einer Vielzahl von Bänden an die Öffentlichkeit traten. Von 1751 bis 1780 gaben der Schriftsteller Denis Diderot (1713–1784) und der Mathematiker Jean le Rond d'Alembert (1717–1783) das wohl bedeutendste Werk der Aufklärung heraus: die »Encylopédie ou Dictionnaire raisonné des sciences, des arts et des métiers«. Als der letzte Band erschienen war, umfaßte das Werk 21 Text- und 2 Registerbände sowie 12 mit mehr als 3.100 Kupfertafeln, wovon fast 2.900 allein auf die »Arts méchanique«, also auf die Technik, bezogen waren. Bei einem zweiten großen Werk handelte es sich um keine Enzyklopädie, sondern um eine in Form von Einzelmonographien erschienene Erfassung der französischen Gewerbe unter dem Sammeltitel »Descriptions des arts et métiers«, die zwischen 1761 und 1789 in 121 Einzelstücken mit zusammen über 1.000 Kupfern ediert worden ist. Obwohl bei beiden Publikationen Produktionsmittel und Verfahren in Handwerk und Manufaktur Gegenstand der Beschreibungen und Abbildungen waren, standen dahinter sehr unterschiedliche Absichten: Die »Descriptions« lassen ein Produkt des Ancien régime erkennen, die »Encyclopédie« hingegen die Versuche eines Aufbruchs zu neuen Ufern.

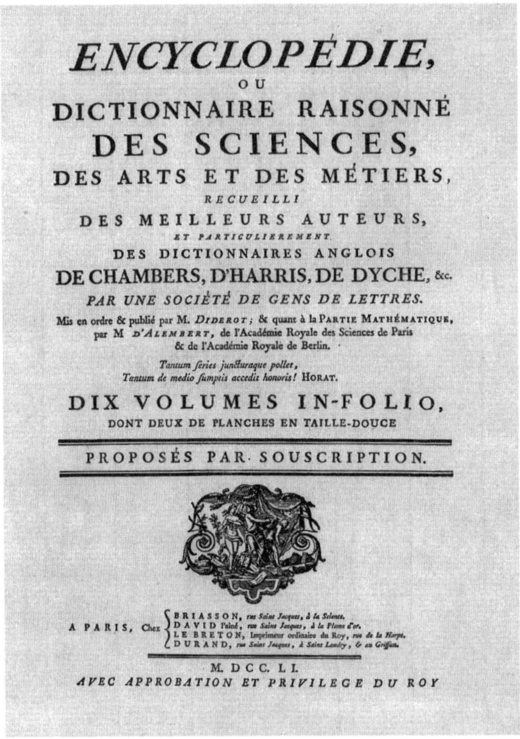

ENCYCLOPÉDIE,
OU
DICTIONNAIRE RAISONNÉ
DES SCIENCES,
DES ARTS ET DES MÉTIERS,
RECUEILLI
DES MEILLEURS AUTEURS,
ET PARTICULIEREMENT
DES DICTIONNAIRES ANGLOIS
DE CHAMBERS, D'HARRIS, DE DYCHE, &c.
PAR UNE SOCIÉTÉ DE GENS DE LETTRES.
Mis en ordre & publié par M. DIDEROT; & quant à la PARTIE MATHÉMATIQUE, par M D'ALEMBERT, de l'Académie Royale des Sciences de Paris & de l'Académie Royale de Berlin.
Tantum series juncturaque pollet,
Tantum de medio sumptis accedit honoris! HORAT.
DIX VOLUMES IN-FOLIO,
DONT DEUX DE PLANCHES EN TAILLE-DOUCE
PROPOSÉS PAR SOUSCRIPTION.
A PARIS, Chez BRIASSON, rue Saint Jacques, à la Science.
DAVID l'aîné, rue Saint Jacques, à la Plume d'or.
LE BRETON, Imprimeur ordinaire du Roy, rue de la Harpe.
DURAND, rue Saint Jacques, à Saint Landry, & au Griffon.
M. DCC. LI.
AVEC APPROBATION ET PRIVILEGE DU ROY

Neu-Erfundene
Höchst nöthige/ und sehr Einträgliche
ELEMENTAR-MACHINE,
oder
UNIVERSAL-Mittel/
bey allerley Wasser-Hebungen.
Wordurch man ohne Wind/ ohne Flüsse/ und ohne Menschen und Thiere Kräffte/ allerley Mühl-Wercke/ vehemente, continuirliche und egale Bewegungen machen/ und die Wasser aus denen Tieffen erheben; Wie auch vom Horizont an/ in die Höhe/ über Berge und Thäler erzwingen kan.
Absonderlich aber
Können dardurch alle Hindernüssen in denen Bergwercken/ welche entweder/ vom Mangel der obern/ oder vom Uberfluß der untern Wassern entstehen/ ohne die sonst lang-weilige und kostbahre
Stollen-Arbeit
Auf eine sehr bequeme/ und noch nie erhörte Weise/ vom Grund ausgehoben/ und mithin die allerwichtigste Vortheile/ welche man bißher vergeblich gesucht/ erlanget/ und sowohl bey Bergwercks/ als auch allen andern Mechanischen Operationen, zum Exempel bey Erbauung der Festungen/ Schleussen/ Lust- oder Spritz-Brunnen/ Brücken/ Canäle, See-Häfen
Und allerley Wasser-Bauen/
Die End-Absicht/ und der intendirende Nutzen/ viel sicherer und ehender/ als mit denen andern jetzt-üblichen mechanischen Machinen und Künsten erreichet werden.
Allen POTENTATEN und STAATEN
Welchen damit gedienet/ auff sehr billige Conditiones
in gebührender Submission dargebothen
von
Johann Jacob Brückmann. Ingenieur, und bey Sr. Königl. Majest. von Groß-Britannien u. Churf. Durchl. zu Braunschw. Lüneb. Handvrischen Artillerie bestalten Major/ zu Haarburg wonhafft und
Johann Heinrich Webern. Ingenieur, und bey Sr. Hochfürstl. Durchl. Landgraffen zu Hessen Cassel Artillerie bestalten Major/ zu Cassel wohnhafft.
In Verlegung Johann Bertram Cramers Buchhändl. in Cassel. Zu finden in Franckfurt und Leipzig. Cum Privilegio Anno MDCCXX.

116. Prospekt mit den Subskriptionsbedingungen von 1751 für die ursprünglich auf zehn Bände konzipierte »Encyclopédie«. Paris, Bibliothèque Nationale. – 117. Titelblatt einer Werbebroschüre von 1720 für die Erfindung einer Wasserhebemaschine. Wolfenbüttel, Herzog August-Bibliothek

Die »Descriptions« gingen auf einen Auftrag Colberts an die Akademie der Wissenschaften zurück, die in Frankreich vorhandenen Gewerbe und Manufakturen zu untersuchen, anschließend genaue Verfahrensbeschreibungen und Zeichnungen von den Werkzeugen und Maschinen anzufertigen und diese zu publizieren, um derart, ganz im Sinne merkantilistischer Wirtschaftspolitik, technologische Kenntnisse möglichst rasch und flächendeckend im Lande zu verbreiten. Ab 1695 wurde in der Akademie mit dem Sammeln der entsprechenden Informationen und Unterlagen sowie mit dem Anfertigen von Zeichnungen begonnen, was angesichts des Widerstandes bei den Handwerkern, die ihre speziellen Kunstgriffe und Verfahren geheimhalten wollten, nicht ohne Schwierigkeiten zu bewerkstelligen war. Im Jahr 1715 wurde der junge Réaumur mit der Sichtung des gesammelten Materials und der vorgesehenen Herausgabe des Gesamtwerkes, an dem zahlreiche Autoren mitarbeiteten, beauftragt. Bis zu seinem Tod 1757 fühlte er sich dazu berufen, ohne daß es ihm vergönnt war, das Erscheinen des ersten Bandes zu erleben. Die Vorlagen zu den aussagekräftigen Kupferstichen, auf denen Geräte und Maschinen in orthogonaler Projektion wiedergegeben sind, waren zumeist schon im ersten Drittel des 18. Jahrhunderts entstanden, so daß sie bei Erscheinen nicht in allen Bereichen dem neuesten Stand in den Gewerben entsprachen. Schon ein Jahr nach Erscheinen der ersten Teile der »Descriptions« wurden sie unter dem Titel »Schauplatz der Künste und Handwerke« im Auftrag der Preußischen Akademie der Wissenschaften ins Deutsche übertragen, bis 1805 erschienen insgesamt 21 Bände, zum Teil mit Hinweisen über die deutschen Verhältnisse.

Hatte Réaumur bewußt sein Augenmerk auf die bloße Darstellung der Werkzeuge, Maschinen und Verfahren gerichtet und jegliche Einbeziehung der Technik in den gesamtgesellschaftlichen Kontext vermieden, so lag es in der Absicht der Herausgeber der »Encyclopédie«, die für ihr Riesenwerk, in welchem das gesamte Menschheitswissen erfaßt werden sollte, die bedeutendsten progressiven Wissenschaftler der Zeit, unter ihnen Voltaire, gewinnen zu können. Demokratisierung der Wissenschaft, Verbreitung von Bildung in emanzipatorischer Absicht, Aufklärung über gesamtgesellschaftliche Verhältnisse und deren mögliche oder notwendige Veränderung waren wesentliche Ziele dieses Unternehmens. Und in der Tat wurde hier ein Teil jenes geistigen Sprengstoffes aufgehäuft, der die Französische Revolution vorbereiten half. Aus technikgeschichtlicher Perspektive war neu, daß der materiellen Kultur und ihren Schöpfern neben der Wissenschaft der gleiche Rang eingeräumt wurde, augenfällig an der großen Zahl technologischer Artikel und entsprechender Abbildungen, allerdings teilweise als Plagiate von Vorzeichnungen der »Descriptions«. Das weltberühmt gewordene Werk räumt nicht nur den Handwerkern und Technikern Gerechtigkeit ein, sondern versucht sie zur aktiven Weiterbildung anzuregen, zur Aufnahme und produktiven Umsetzung von wissenschaftlichen Erkenntnissen. Der Gewerbetreibende muß auch zeichnen können, sagte Diderot in einem seiner grundlegenden Artikel der »Encyclopédie«. Nicht zuletzt wegen der Abbildungen, die wie jene in den »Descriptions« nicht bloß den Arbeitsplatz, sondern auch, wenngleich in etwas ästhetisierender Form, arbeitende Menschen zeigen, stellte »Weltwerk« eine wichtige technikhistorische Quelle für die Technik der ersten Hälfte des 18. Jahrhunderts dar. Es liegt eine Tragik darin, daß es von der geistigen Konzeption her progressiv, zu einem Zeitpunkt erschienen ist, als die Industrielle Revolution mit ihren gesellschaftlichen und technischen Umwälzungen erst am Horizont erkennbar war. Anders als die »Descriptions« ließ sich das französische Standardwerk ob seines ideologisch-politischen Gehaltes nicht ins Deutsche übersetzen.

118. Der Instrumentenreichtum des physikalischen Kabinetts der Akademie der Wissenschaften zu Paris. Lavierte Zeichnung von Sébastien Le Clerc, vor 1698. Paris, École Nationale Supérieure des Beaux-Arts

Gesellschaften zur Förderung von Technik und Wissenschaften

Einer der großen Wegbereiter der Naturwissenschaften im frühen 17. Jahrhundert war der englische Philosoph und Staatsmann Francis Bacon (1561–1626), der in seinem 1620 veröffentlichten »Novum organum scientiarum« die scholastische Wissenschaft attackierte und an ihre Stelle die induktive Methode der Naturerkenntnis durch Erfahrung, das heißt durch das Experiment, setzte. Naturerkenntnis war für ihn ein erster Schritt in Richtung auf Naturbeherrschung, die durch wissenschaftlich entwickelte Technik den Menschen bessere Lebensbedingungen verschaffen sollte. »Als Maßstab des wissenschaftlichen Fortschritts wird deren Praxistauglichkeit verstanden« (A. Kanthak). Bacon gilt seitdem als der Begründer jenes ungehemmten Fortschritts- und Nützlichkeitsdenkens, das Wissenschaft wie Technik bis in die Gegenwart geprägt hat und erst jetzt angesichts ökologischer Bedrohung mit zunehmender Skepsis betrachtet wird. Um das Ziel der Naturbeherrschung zur Verbesserung gesellschaftlicher Lebensbedingungen zu erreichen, hielt Bacon eine organisierte Forschung für unerläßlich; er beschrieb sie in seiner unvollendet gebliebenen und kurz nach seinem Tod erschienenen Staatsutopie »Nova Atlantis«.

Der von Bacon für die Naturwissenschaften abgesteckte Rahmen fand bei den zeitgenössischen Vertretern der jungen Wissenschaften ein positives Echo, obwohl die einseitige Fixierung auf die induktive Methode sowie die Ignoranz gegenüber der Rolle der Mathematik allenthalben nicht geteilt wurde. Vornehmlich die Notwendigkeit zur Institutionalisierung der Forschung, die an den Universitäten noch nicht möglich war und, wo immer, erhebliche Mittel für den Aufbau von Laboratorien und die Beschaffung von Instrumenten erforderte, wurde von Wissenschaftlern vielerorts diskutiert. Bereits nach dem Ende des englischen Bürgerkrieges 1645 gab es in Großbritannien drei solcher Gruppen, darunter eine am Gresham College in London, die sich nach der Restauration des Königtums im Jahr 1660 zur Royal Society zusammenschlossen. Trotz des Namens handelte es sich um eine aus Mitgliederbeiträgen und privaten Spenden finanzierte Vereinigung, die bald ein eigenes Organ, die »Philosophical Transactions«, herausgab. Wie stark noch der baconische Utilitarismus die Vorstellungen der Gesellschaft und ihre nicht nur aus Wissenschaftlern, sondern auch aus Kaufleuten, Technikern und Adligen bestehende Mitgliederschaft geprägt hat, zeigt ein Memorandum von Robert Hooke, dem Sekretär und genialen Experimentator, aus dem Jahr 1662. Aufgabe und Ziel der Royal Society sei es unter anderem: »Das Wissen von natürlichen Dingen und von allen nützlichen Gewerben, Manufakturen, mechanischen Praktiken und Erfindungen durch Experimente zu vermehren.« Nach wenigen Jahren waren diese Ziele jedoch in den Hintergrund gerückt, und die Vereinigung beschäftigte sich vorwiegend mit der Weitergabe, Überprüfung und Kritik von Untersuchungen, die ihr von

119. Mme de Châtelet, die »Egeria« Voltaires, beim Meditieren über experimentalphilosophische Probleme. Gemälde vermutlich von Maurice Quentin de la Tour. Privatsammlung

Naturwissenschaftlern zugänglich gemacht wurden. Auf technischem Gebiet hatte sie den staatlichen Auftrag, neue Erfindungen zu prüfen. Wenngleich die »Transactions« zahlreiche Artikel aus dem technischen und gewerblichen Bereich veröffentlicht haben, kann von einer aktiven Einwirkung auf die technische Entwicklung durch gezielte Forschungen keine Rede sein. Dennoch sollte man die Funktion der Royal Society als Multiplikator von Neuigkeiten nicht zu gering einschätzen. Erinnert sei an Papin, Savery und Newcomen, deren Erkenntnisse und Erfindungen durch diese Gesellschaft publik gemacht worden sind.

Unter Newtons Präsidentschaft ab 1703 standen dann nur noch die Naturwissenschaften im Vordergrund. Gleichzeitig entwickelte sich in den gebildeten Kreisen Europas eine Newton-Manie, und Physik fand nun auch bei Frauen ein Interesse. »Newtons Welt-Wissenschaft für das Frauenzimmer, oder Unterredungen von dem Licht, von den Farben, und von der Anziehenden Kraft« lautete der Titel eines 1737 von dem Italiener Francesco Algarotti (1712–1764) veröffentlichten Buches, das 1745 in deutscher Sprache erschien. Die 1754 gegründete Society of Arts stand der

120. Allegorie auf das Künstlerische im Handwerk. Kupferstich in dem 1701 in Lyon erschienenen Werk »L'art de tourner« von Charles Plumier. Wolfenbüttel, Herzog August-Bibliothek

technischen Praxis wesentlich näher. Sie markiert den Beginn der Industrialisierung in England, der ohne einflußreiche Unterstützung durch die Wissenschaften geschah.

Erheblich anders als bei der Royal Society vollzog sich die 1766 erfolgte Gründung der Académie des Sciences in Paris. Hier hatten Naturwissenschaftler Colbert von der Notwendigkeit einer solchen Institution leicht zu überzeugen vermocht, da er selbst daran interessiert war, mit Hilfe der Wissenschaft die Gewerbe zum höheren Ruhm Frankreichs zu fördern. Die an der Akademie beschäftigten Wissenschaftler wurden von Anfang an fest besoldet und hatten neben ihren eigenen Grundlagenforschungen staatliche Aufträge zu erfüllen und eingereichte Erfindungen zu prüfen. Infolge der Tendenz der Wissenschaftler, die meist keine Techniker waren, sich auf ihre zweckfreien Forschungen zu konzentrieren, wurden die von Colbert in die Akademie gesetzten Hoffnungen nur begrenzt erfüllt. Am Ende des Jahrhunderts erfolgte eine Reorganisation des Akademiewesens, die der anwendungsbezogenen Wissenschaft wieder mehr Gewicht geben sollte. Eines der Ergebnisse war die Herausgabe der »Descriptions« durch Réaumur, der in diesem Zusammenhang seine metallurgischen Untersuchungen über die Zementstahlherstellung durchführte. Auch die Veröffentlichung sämtlicher bei der Akademie eingereichten Erfindungen in einem sechsbändigen Werk mit Abbildungen aller 377 Maschinen durch Jean Gaffin Gallon (1706–1775) sollte die Anwendung und Verbreitung von Technik im Lande fördern.

In Deutschland wurde die Akademiegründung vor allem von Leibniz seit 1668 in immer wieder abgeänderten Projekten durchdacht. Wirklichkeit wurden schließlich nur die »Societät der Wissenschaften« in Berlin im Jahr 1700 sowie 1712 die Akademie in St. Petersburg. »Theoria cum praxi« lautete der Leitspruch dieser »absolutistischen Staatsakademie«, die damit den Nutzen der Wissenschaft für Handwerk und Manufaktur betonte und in der wohl nicht zufällig französische Hugenotten eine maßgebende Rolle spielten und sich soziales Ansehen erwarben. Sieht man von den damals üblichen Preisaufgaben ab, so ist auch hier kein wesentlicher Einfluß auf die Technik- und Gewerbeentwicklung zu erkennen. Dennoch setzte die Wahl eines Jacob Leupold zum Akademiemitglied ein Signal für die zunehmende Aufwertung der einstmals zu den niederen Künsten gezählten Technik. Wenngleich man noch im 18. Jahrhundert fälschlich glaubte, daß Naturwissenschaftler die Entwicklung der Technik auf direktem Weg beeinflussen könnten, obwohl die Gründungen von technischen Spezialschulen in Frankreich schon die Verwissenschaftlichung der Technik andeuteten, sorgten die erwähnten Gesellschaften gerade in den gebildeten Kreisen für eine zunehmende Akzeptanz nicht nur der Naturwissenschaften, sondern auch der Technik. Somit waren die Weichen für die Industrielle Revolution, die nachfolgende größte gesellschaftliche Umwälzung seit dem Neolithikum, gestellt.

Akos Paulinyi

Die Umwälzung der Technik in der Industriellen Revolution zwischen 1750 und 1840

Die Industrielle Revolution

In der zweiten Hälfte des 18. Jahrhunderts begann in Großbritannien eine technische Entwicklung, die dieses Land in kurzer Zeit zum Zentrum der modernen Technik oder, wie es Zeitgenossen mit Stolz formulierten, zur »Werkstatt der Welt« machte. Das zur Begründung, warum auf den folgenden Seiten andere Länder, die bis in das 18. Jahrhundert für den technischen Aufschwung mindestens so bedeutungsvoll und zwischen etwa 1760 und 1840 auch nicht untätig gewesen sind, in den Hintergrund gedrängt werden. Dieser Zeitraum der britischen Geschichte wird – trotz vieler Meinungsunterschiede über die Griffigkeit oder Brauchbarkeit des Begriffes – mehrheitlich als die Epoche der »Industriellen Revolution« bezeichnet. Mit diesem Wortpaar haben bereits im ersten Drittel des 19. Jahrhunderts französische Publizisten den Prozeß der Industrialisierung im Inselstaat bezeichnet. Das akademische Schrifttum hat es nur sporadisch verwendet, aber seit der 1928 erschienenen englischen Übersetzung des 1905 edierten Werkes von Paul Mantoux »La révolution industrielle au XVIIIe siècle« ist jene Epochenbezeichnung aus der Fachliteratur und aus der Publizistik ebensowenig wegzudenken wie die Vielfalt ihrer Auslegung. Nach Auffassung des Autors steht der Begriff »Industrielle Revolution« für die Epoche der Entstehung des industriekapitalistischen Systems in Großbritannien zwischen 1750/60 und 1840/50 sowie für alle damit verbundenen Veränderungen nicht nur in der Wirtschaft und Technik, sondern auch in der Struktur der Gesellschaft, in den sozialen Beziehungen, im Lebensstil, im politischen System, in den Siedlungsformen bis hin zum Landschaftsbild. Die Industrielle Revolution war ein komplexer technischer, ökonomischer und gesellschaftlicher Umwälzungsprozeß, mit dem die durch ein beschleunigtes ökonomisches Wachstum gekennzeichnete Industrialisierung begann, aber nicht vollendet wurde. Gleichgesetzt mit Industrialisierung überhaupt und verwendet für so manche bedeutsame technische Neuerungen im Mittelalter oder im Verlauf der weiteren Entwicklung des Industriekapitalismus wird »Industrielle Revolution« zu einem Modewort und letztlich zu einer leeren Formel.

Der Technik, die nicht nur alle künstlichen Gegenstände und Verfahren, sondern auch alle Handlungen umfaßt, mit denen der Mensch zum Erreichen eines Zweckes sie vorausdenkend entwirft, herstellt und anwendet, fiel in diesem umfassenden Umwälzungsprozeß von einer Agrar- zu einer Industriegesellschaft eine zentrale Rolle zu. Ihre Aufgabe blieb fortan die Zustandsänderung von Stoff, Energie und

Information, aber der Mensch veränderte die Mittel, mit denen diese Aufgaben erfüllt werden konnten. Die Neuerungen waren so zahlreich und tiefgreifend, daß sich das gesamte technische System veränderte und mit der Industriellen Revolution auch eine neue Epoche der Technikgeschichte begann. Ihre Bezeichnung als Maschinenzeitalter deutet auf eines der wesentlichsten Merkmale: den Prozeß der Maschinisierung. Er war bis 1840 noch längst nicht abgeschlossen, setzte sich jedoch in solcher Breite durch, daß die führende Rolle in den für jedes technische Gesamtsystem tragenden Handlungen der Formveränderung von Stoffen von der Hand-Werkzeug-Technik auf die Maschinen-Werkzeug-Technik überging.

Warum in Großbritannien?

Zwar gehörte Großbritannien in der Mitte des 18. Jahrhunderts auch hinsichtlich der Technik zu den führenden Ländern Europas, doch von einem signifikanten und allgemeinen technischen Vorsprung gegenüber Frankreich und Mitteleuropa konnte zu diesem Zeitpunkt noch nicht die Rede sein. Der Eindruck einer Vorreiterrolle des Inselstaates entsteht zum einen dadurch, daß einzelne Errungenschaften, beispielsweise die Erfindung des Strumpfwirkstuhles und der Schnellade, die breite Nutzung der Steinkohle, die Entwicklung der Feuermaschinen zur Wasserhebung und das Experimentieren mit dem Eisenerzschmelzen unter Verwendung von Koks, als ein Zeichen genereller Überlegenheit britischer Technik gedeutet werden, und zum anderen dadurch, daß die zweifelsohne vorhandene ökonomische Vormachtstellung Englands in der Landwirtschaft, in der Seefahrt und im Welthandel sowie in einigen Sparten des Gewerbes, hier vor allem in der Tuchproduktion, mit einer auf britischem Boden gewachsenen technischen Überlegenheit gleichgesetzt oder verknüpft wird. Alles, was England-Reisende in der zweiten Hälfte des 18. Jahrhunderts an der Landwirtschaft bewundert haben, war irgendwo auf dem Festland punktuell bereits vorhanden. In der Konstruktion und in dem Bau von hochseetauglichen Schiffen konnten sich die Holländer und die Franzosen mit den Briten messen, und in der Tuchherstellung, dem wirtschaftlich wichtigsten gewerblichen Sektor Englands, gab es in der Produktionstechnik nichts, das die Kontinentaleuropäer nicht gekannt hätten. Viele Techniken übernahmen die Briten aus anderen europäischen Ländern. Das betraf nicht nur die in deutschen Landen entwickelte Bergbautechnik, den wallonischen Hochofen und die Schneidewalzwerke im Eisenhüttenwesen, die in Frankreich und den Niederlanden ausgebildeten Techniken der Buntmetallgießerei und des Aufbohrens von Kanonenrohren, sondern auch die Wollverarbeitung. So verdankte England dem Zustrom niederländischer und französischer Flüchtlinge die Verbreitung der Kammgarnproduktion und Verbesserungen beim Krempeln durch die Übernahme der sogenannten holländischen Karde. Beides erhöhte die Wettbewerbsfähigkeit des britischen Wollgewerbes, öffnete ihm mit neuen Erzeugnissen weitere Märkte und festigte seine Vormachtposition in der Welt. Die Baumwollverarbeitung, in der sich die neue Technik durchsetzen sollte, hatte in Großbritannien bis zur Mitte des 18. Jahrhunderts keine große Bedeutung; obwohl im Prokopfverbrauch von Baumwolle die Engländer vor den Franzosen lagen, waren die Schweizer, die auch reine Baumwollgewebe fertigten, in technischer Hinsicht beiden voraus.

Was das gedruckte Wort über die Technik betrifft, so hatten die Engländer den umfassenden technischen Abhandlungen des Jacob Leupold (1674–1727) oder den Spezialstudien des René Antoine Réaumur (1683–1757) über die Eisenverarbeitung ebensowenig Gleichwertiges entgegenzustellen wie der beeindruckenden und prunkvollen Darstellung der Technik in der berühmten »Encyclopédie« von Diderot und d'Alembert. Was viele Zeitgenossen über die Ursachen des in England erreichten Standes der Technik dachten, faßte ein Basler Baumwolldrucker 1766 so zusammen: »Jedermann kennt diese Nation, deren Fleiß und hartnäckige Geduld bei der Überwindung jeglicher Hindernisse über alle Vorstellungskraft geht. Sie kann sich nicht vieler Erfindungen rühmen, sondern nur dessen, daß sie Erfindungen anderer vervollkommnet hat. Daher stammt das Sprichwort, daß wenn eine Sache perfekt sein soll, so muß sie in Frankreich erfunden und in England ausgearbeitet werden.« Kaum war diese etwas überpointierte, jedoch zutreffende Beobachtung niedergeschrieben, setzte im Inselstaat eine Flut von technischen Neuentwicklungen ein, die 1832, also nach etwa zwei Menschenaltern, Charles Babbage (1792–1871) zu der Aussage berechtigten, daß das hervorragendste Unterscheidungsmerkmal Großbritanniens gegenüber anderen Staaten die Menge und die Perfektion der von Engländern erfundenen Werkzeuge und Maschinen sei.

Beide Feststellungen grenzen den hier behandelten Zeitraum ziemlich genau ab. Doch warum diese neue Epoche der Technik in Großbritannien und nicht in Frankreich oder in den Niederlanden angebrochen ist, läßt sich allein aus dem Niveau der Technik diesseits und jenseits des Ärmelkanals um 1750 nicht erklären. Die viele Historiker beschäftigende Frage, »Why was England first« (N. F. R. Crafts), kann, wenn überhaupt, nur unter Berücksichtigung der allgemeinen ökonomischen, gesellschaftlichen und politischen Gegebenheiten beantwortet werden.

Zwar belegen quantitative Daten, daß das Tempo der wirtschaftlichen Entwicklung in Frankreich zwischen 1700 und 1780 schneller gewesen ist als dasjenige in England. Eine Gegenüberstellung der absoluten Zahlen mit der in etwa gleichstark gestiegenen Bevölkerungszahl in diesen Ländern ergibt jedoch zu beiden Zeitpunkten einen deutlichen Vorsprung Englands in den Prokopfanteilen der einzelnen Meßwerte. Dies zusammen deutet darauf hin, daß Englands Vorsprung nicht nach, sondern schon vor 1700 entstanden ist – eine These, die angesichts der im 17. Jahrhundert unterschiedlichen politischen, soziostrukturellen und ökonomischen

	Frankreich		England	
	1700	1780	1700	1780
A Einwohner in Millionen	19,25	25,6	6,9	9,0
B davon in Städten	3,3	5,7	1,2	2,2
B in Prozent von A	17 %	22 %	17 %	24 %
Aussenhandel in Millionen Pfund	9	22	13	23
Anteil pro Einwohner in Pfund	0,46	0,86	1,88	2,55
Eisenerzeugung in 1000 Tonnen	22	135	15	60
Anteil pro Einwohner in Kg	1,14	5,27	2,17	6,67
Verbrauch von Baumwolle in Tonnen	226	4.983	498	3.352
Anteil pro Einwohner in Kg	0,01	0,19	0,07	0,37

Indikatoren der ökonomischen Entwicklung Frankreichs und Englands zwischen 1700 und 1780 (nach Rostow)

Entwicklung glaubwürdig zu sein scheint. Der Stagnation und dem Verfall der französischen Wirtschaft zwischen etwa 1630 und 1720, dem Colberts Maßnahmen entgegenzuwirken versuchten, standen im England des 17. Jahrhunderts eine deutliche Entfaltung der Landwirtschaft und des Kohlenbergbaus, ein mäßiges Wachstum der Wollverarbeitung sowie eine Erweiterung des Binnenmarktes und ein zunehmender Außenhandel gegenüber. Ganz eindeutig war der durch die sogenannte Agrarrevolution des 17. Jahrhunderts erreichte englische Vorsprung im Agrarsektor, der bis zur Industriellen Revolution die gesamte sozialökonomische Struktur entscheidend bestimmte. In Hinblick auf die Formen des Bodeneigentums und -besitzes, auf die im wesentlichen kapitalistische Organisation der marktorientierten Agrarproduktion, auf die das Kapital- und Lohneinkommen aus der Landwirtschaft erhöhende Produktivität des Ackerbaus sowie der Viezucht war im 18. Jahrhundert Großbritannien allen Staaten des Kontinents weit überlegen. Das hohe Niveau der Landwirtschaft trug dazu bei, daß man auf dem Lande, ohne die Ernährungsgrundlage zu gefährden, auch einkommenssteigernden gewerblichen Tätigkeiten nachging und so die Kaufkraft für gewerbliche Erzeugnisse vermehrte.

Was das Gewerbe anlangt, so fehlten in England die auf dem Kontinent vom Staat gegründeten beziehungsweise geförderten, zum Teil Luxusgüter produzierenden, zentralisierten Großbetriebe wie in Frankreich die Tuchmanufaktur Van Robais zu

Abbeville, die Königliche Manufaktur der Gobelins zu Paris und die Königliche Spiegelmanufaktur oder in den Habsburgischen Ländern das Manufakturhaus am Tabor zu Wien, die Textilmanufakturen zu Schwechat und Linz, um nur einige zu nennen. Im Gegensatz zu diesen durch eine kameralistische Wirtschaftspolitik in die Welt gesetzten Unternehmen dominierte in Großbritannien auch weiterhin die jahrhundertelang gewachsene Gewerbestruktur. Wie in der Landwirtschaft und im Handel bestimmten das Geschehen auch im Bergbau und im Gewerbe marktorientierte, über Senkung der Produktionskosten und Steigerung des Warenumsatzes an einer Gewinnmaximierung interessierte kapitalistische Unternehmer, die sich aus allen wohlhabenden Schichten einschließlich der Sprößlinge des Adels rekrutierten. Der auch für den Staatshaushalt bedeutungsvolle britische Binnenhandel, Export und Import sowie deren Betreiber im Handels-, Seefahrt- und Transportgeschäft hatten gemeinsame Interessen mit dem einheimischen Gewerbe, dessen Produkte sie verkauften und für das sie viele Rohstoffe lieferten. Die Exporte landwirtschaftlicher und gewerblicher Produkte, die Einfuhr von Rohstoffen und Kolonialwaren sowie ihr Reexport und auch der berüchtigte Sklavenhandel, der in den Außenhandelsstatistiken allerdings nicht erfaßt ist, leisteten einen wesentlichen Beitrag zur Kapitalakkumulation. Das 1776 erschienene Werk »Vom Reichtum der Nationen« des Schotten Adam Smith (1723–1790), das zur Bibel des Laisser-faire geworden ist, war keine Zukunftsvision, kein Rezeptbuch für die Umgestaltung der britischen Wirtschaft, sondern eine theoretische Schlußfolgerung aus der wissenschaftlichen Analyse des hier schon vorher erreichten Zustandes.

Auch wenn Unternehmer im Handel, in der Landwirtschaft und im Gewerbe in Fragen der Handelspolitik unterschiedliche Positionen vertraten, waren alle an einer nachfragegerechten Steigerung der Produktion des Gewerbes, insbesondere in seinen exportträchtigen Sparten, interessiert. Die ökonomische Gesamtlage, die gemessen an den Verhältnissen auf dem Kontinent freiheitlichere politische Verfassung und größere soziale Mobilität schafften sicherlich das, was man als ein innovationsfreundliches Klima zu bezeichnen pflegt. Doch damit ist noch nicht ausgemacht, warum sich im gewerblichen Bereich Großbritanniens seit etwa 1760 eine wahre Flut von technischen Neuerungen wahrnehmen läßt. Mit einem ausgeprägteren Sinn der Briten für Technik ist dies nicht erklärbar, weil er bei den Franzosen viel stärker zum Ausdruck gebracht wurde, was die Zahl und Qualität der Veröffentlichungen belegen. Es fehlte in Frankreich auch nicht an staatlich geförderten Erfindungen, die, wie jene von Jacques Vaucanson (1709–1782), Handarbeit durch Maschinenarbeit zu ersetzen suchten, von der gewerblichen Praxis jedoch nicht angenommen wurden und schließlich in staatlichen Depots landeten.

Ganz anders verlief die Entwicklung im Inselstaat. Hier gab es bis in die sechziger Jahre des 18. Jahrhunderts unter den patentierten Erfindungen einige – wie Newcomens Dampfmaschine, Darbys Experimente mit der Verwendung von Koks im

Eisenhüttenwesen, die Schnellade von Kay und die erste Spinnmaschine von Paul und Wyatt –, die versuchten, mit einer neuen Technik Engpässe im Kohlenbergbau, in der Eisenerzeugung und im Textilgewerbe, also in solchen Sparten zu beseitigen, die für die gesamte britische Wirtschaft schon vor der Industriellen Revolution von zentraler Bedeutung waren. Unter den Bedingungen einer mäßig, aber stetig steigenden Nachfrage auf dem Binnen- und Außenmarkt wurden sie von investitionsbereiten Privatmännern, ohne staatliche Subventionen, in die Praxis eingeführt. Aus diesen Schichten kamen wenn nicht direkt die Suche nach technischen Neuerungen, so doch das Interesse und die Geldressourcen für ihre Umsetzung. Die Triebfeder der Erfinder mußte nicht ökonomischer Natur sein, wohl aber jene der privaten Unternehmer. Sie erwarteten von den kapitalaufwendigen Innovationen Wettbewerbsvorteile.

Die genannten technischen Neuerungen, die heute vor dem Hintergrund des durch die Industrielle Revolution Realisierten auf den Gebieten der Energieumwandlung, der Stoffumwandlung und der Formveränderung von Stoffen als zukunftweisend erscheinen, waren punktuelle, das Gesamtsystem der Technik nicht umkrempelnde Veränderungen. Zwei davon entstanden in der Textilbranche für das Weben und für das Spinnen. Die Schnellade, eine weitere Mechanisierung des Handwebstuhles, verbreitete sich in der Handweberei nur selektiv. Die für das Spinnen von Wolle gesuchte, aber vorerst bloß für das Baumwollspinnen geeignete Maschine erweckte großes Interesse, das sich in Spekulationskäufen von Lizenzen und in einigen kurzlebigen Fabrikgründungen niederschlug, ohne schon zum dauerhaften Etablieren der Maschinenspinnerei zu führen.

Das Experiment war jedoch signifikant für die Gesamtlage des britischen Textilgewerbes. Seit dem Anfang des 18. Jahrhunderts mehrten sich die Klagen der Unternehmer über einen Garnmangel. Sie offenbarten, daß in der dominierenden Wollverarbeitung das Spinnen mit dem Handrad für die nachfragegerechte Steigerung der Tuchproduktion zu einem Engpaß geworden war. Angesichts der durch die Technik vorgegebenen Unterschiede in dem höchstmöglichen Tagesausstoß beim Handspinnen und dem Garnbedarf für einen Webstuhl verbrauchte ein Weber in einer Zeiteinheit je nach Feinheit des Garnes die Produktion von vier bis zwölf Spinnerinnen. Unter Beibehaltung des Handspinnens war eine Steigerung der Produktion kaum noch zu erreichen; ein Ausweg wäre eine Verlängerung der Jahresarbeitszeit oder das Beschäftigen weiterer Arbeitskräfte gewesen. Im Unterschied zu Frankreich und zu anderen europäischen Staaten war letzteres in den britischen Hochburgen der Wollverarbeitung wegen der großen Dichte des Gewerbes nicht mehr gewinnträchtig. Für die Verleger wurde es immer schwieriger, ohne Kostennachteile Spinnerinnen in den Arbeitsprozeß einzubeziehen. In dieser Situation waren sie empfänglicher für eine neue Technik als ihre französischen Kollegen. Das Tüfteln an einer Maschine, mit der eine Person auf einmal sechs Fäden spinnen könnte, hörte nicht mehr auf, und nach knapp zwei Jahrzehnten wurde mit der Arkwrightschen Flügelspinnmaschine in der Verarbeitung von Baumwolle der Weg zum Durchbruch eines technisch und ökonomisch neuen Produktionssystems angetreten.

Warum aber begann mit der Spinnmaschine eine neue Epoche der Technik? Letztlich war sie wie die Dampfmaschine Newcomens oder der Wirkstuhl lediglich eine punktuelle Neuerung; jene, die sie entwickelten, hatten nichts anderes angestrebt, als mittels einer Maschine mehr Garn kostengünstiger zu fertigen. Aus dieser Sicht überragten weder die Zielsetzung der Entwickler noch die technische Qualität der Maschine solche von anderen Erfindern und Erfindungen. Im Vergleich mit der seit dem 14. Jahrhundert verbreiteten Seidenzwirnmaschine, gemessen an den Funktionsmechanismen und der Präzision eines Uhrwerkes, einer Ornamentendrehbank oder eines Wirkstuhles schien sie eher schlicht und unkompliziert zu sein. Es war keine technische Überlegenheit gegenüber anderen Erfindungen, welche die Spinnmaschine zum Auslöser einer technischen Umwälzung werden ließ, sondern das sozialökonomische und technische Umfeld, in das diese Arbeitsmaschine der Formveränderung diesmal hineingeboren wurde.

Zum einen war das volkswirtschaftlich bedeutungsvolle Textilgewerbe mit anderen Sparten der britischen Wirtschaft eng verwoben. Zum anderen ging es um den Stellenwert des Spinnens im Gesamtprozeß der Garnfertigung. Auf dem Weg vom Woll- oder Baumwollballen bis zum Garn ist das Spinnen im engeren Sinne der auf mehrere Aufbereitungsschritte der Faserstoffe folgende, finale Arbeitsgang. Für diesen waren das Spinnrad und die neue Spinnmaschine bestimmt. Die Handspinnerin war dank ihres Fingerspitzengefühls und ihrer Erfahrung in der Lage, mit dem Spinnrad aus dem gekrempelten Faserstoff je nach Bedarf entweder direkt einen Faden oder vorerst bloß ein Vorgarn zu fertigen und aus diesem einen feinen Faden zu machen. Die Spinnmaschine war dagegen eine Einzweckvorrichtung. Mit ihr konnte selbst die beste Spinnerin nur dann Fäden hervorbringen, wenn der Maschine als Ausgangsmaterial ein viel sorgfältiger aufbereiteter Faserstoff, ein Vorgarn, zugeführt wurde. Das technische Problem, mit einer Arbeitskraft nicht nur einen einzigen, sondern vier oder mehr Fäden auf einmal zu spinnen, wurde durch die Spinnmaschinen gelöst. Doch damit war der ökonomische Engpaß – zu wenig oder zu teures Garn – nicht beseitigt. Dazu bedurfte es der Entwicklung von Maschinen für alle Fertigungsphasen: vor allem für das Krempeln, Grob- und Vorspinnen.

Mit anderen Worten: Die punktuelle Neuerung konnte in der sozialökonomischen Situation gewinnmaximierend nur dann eingesetzt werden, wenn die für ihr Funktionieren notwendigen Vorbereitungsschritte ebenfalls maschinisiert wurden. Einmalig an diesem Prozeß des Überganges von der Hand- zur Maschinenarbeit war nicht bloß der Einsatz von Maschinen für die Formveränderung von Stoffen, sondern der Umstand, daß die Maschinen in einem volkswirtschaftlich führenden Sektor massenhaft eingesetzt wurden. Dies ließ den Prozeß der Maschinisierung, vorerst nur im Textilgewerbe, unumkehrbar erscheinen. Für die ersten Schritte auf dem Weg zum Einsatz von Arbeitsmaschinen war das Leistungsvermögen der Hand-Werkzeug-Technik ausreichend. Doch zwecks einer Ausweitung der Maschinisierung mußte dieser technische Wandel auch andere Zweige der Formveränderung von Stoffen erfassen, und dies geschah mit der Einführung von Werkzeugmaschinen der Holz- und Metallbearbeitung zur Erzeugung von Maschinenteilen mit Maschinen.

Als das Einführen von Maschinen der Stofformung zum massenhaften Phänomen wurde, hätte es im Gesamtsystem der Produktionstechnik an anderen Stellen zu Engpässen kommen können. Zum einen hatten die Arbeitsmaschinen einen Energiebedarf, der nur vorübergehend mit den alten Energieträgern und Techniken der Energieumwandlung gedeckt werden konnte. Zum anderen brauchten die Maschinen mehr Werkstoffe, und die Optimierung ihrer Konstruktion und Antriebssysteme drängte dazu, das Holz durch Eisen und sonstige Metalle zu ersetzen. Solche Engpässe konnten vermieden oder schnell überwunden werden, weil sich gleichzeitig, aber ohne einen Kausalzusammenhang mit den breiter verwendeten Arbeitsmaschinen zwei nicht weniger epochale Veränderungen in der Energietechnik und in der Stoffumwandlung ereigneten. James Watt (1736–1819) hatte mit seinen Verbesserungen der Dampfmaschine zwischen 1769 und 1784 den Schritt von der optimierten Einzweck-Dampfmaschine zum universal einsetzbaren Motor vollzogen und damit die Energieversorgung auf Kohlebasis ökonomisch attraktiv gemacht. Ebenfalls ohne Zusammenhang mit den Veränderungen im Textilgewerbe war in den sechziger Jahren, nach gut vier Jahrzehnten des Experimentierens, die Verhüttung von Eisenerzen mit Koks technisch so ausgereift, daß die Nutzung der reichen Ressourcen an Kohle und Eisenerz auf breiter Basis in Angriff genommen wurde. Erst dadurch konnte Eisen zu Preisen angeboten werden, die diesen Werkstoff auch als Konstruktions- und Baumaterial rentabel machte, und binnen drei Jahrzehnten wurde aus dem größten Eisenimporteur der weltweit größte Eisenhersteller und Exporteur.

Diese zusammengedrängte Fassung der wichtigsten technischen Veränderungen am Anfang der Industriellen Revolution benennt vier zentrale Faktoren: Arbeitsmaschinen für die Formveränderung, Steinkohle als Energieträger, Dampfmaschinen als Energieumwandler und Eisenerzeugung auf Steinkohlenbasis. Zwei weitere waren: die Techniken der Stoffumwandlung sowie die Transporttechnik, weil ohne ihre Leistungsfähigkeit zu steigern, ohne die »Verkürzung von Zeit und Raum«, das gesamte ökonomische System zum Stillstand gebracht worden wäre.

Standorte der führenden Industriesparten während der Industriellen Revolution

Vom Spinnrad zur Maschinenspinnerei

Schwerpunkte des britischen Textilgewerbes

Die Verarbeitung von einheimischen pflanzlichen sowie tierischen Faserstoffen wie Flachs und Schafwolle, zu der sich später die importierte Baumwolle gesellte, zählt auch im europäischen Bereich zu den ältesten Gewerben. Die Herstellung von Garn, Geweben und Strickwaren, betrieben sowohl für die Eigenversorgung als auch für den Verkauf, diente vor allem der Deckung des Kleidungsbedarfes aller Schichten. Kleidung aus Seide und bis ins 18. Jahrhundert auch aus importierten, überwiegend indischen Baumwollgeweben war jedoch ein auf die Oberschichten beschränktes Luxusgut. Die Flachsverarbeitung lieferte neben Kleidungs- und Haushaltswaren die wichtigsten Textilien für gewerbliche Nutzung: das Segeltuch und Sackleinen.

Seit dem 15. Jahrhundert war England eines der führenden Zentren der Verarbeitung von Schafwolle. Von der Drosselung und dem Verbot der Wollausfuhr wurden die Tuchproduzenten in Italien und in den Niederlanden hart getroffen, während der Inselstaat davon profitierte. Bis ins 16. Jahrhundert erweiterte er die Schafzucht. Das damals wichtigste Ziel der sogenannten Einhegungen sicherte, zusammen mit der Einfuhr spanischer Wolle, eine stets ausreichende Rohstoffbasis für die wachsende Wollverarbeitung. Spätestens seit dem Ende des 17. Jahrhunderts hatte das britische Wollgewerbe hinsichtlich der Menge wie der Qualität seiner Produkte alle Konkurrenten überrundet, und im 18. Jahrhundert stieg die Produktion, abgesehen von einem mäßigen Rückfall zwischen 1750 und 1765, kontinuierlich an. Im Jahr 1775, als man sich bei der Baumwollverarbeitung schon der Maschinenspinnerei zu bedienen begann, erbrachte die britische Produktion von Schafwolle etwa 82 Millionen Pfund; der Export im Wert von etwa 4,2 Millionen Pfund machte rund ein Drittel der britischen Wollerzeugnisse und die Hälfte des Gesamtwertes aller exportierten Gewerbeprodukte aus.

Die Überlegenheit des britischen Wollgewerbes war neben der quantitativ und qualitativ hervorragenden einheimischen Rohstoffbasis in der breiten Produktpalette, in der regionalen Spezialisierung und in der insgesamt sehr flexiblen Unternehmensform des Verlagssystems begründet. Die Hochburg des hochwertigen Wolltuches und die Region, die den höchsten Anteil an der gesamtbritischen Produktion hatte, war Westengland. Seine Führungsposition übernahm seit etwa 1780 mengen-, aber nicht wertmäßig das zweite regionale Zentrum: der West Riding in Yorkshire. Obwohl das Sprichwort »schrumpft wie ein Tuch aus Yorkshire« höchstwahrscheinlich von den Konkurrenten stammte, überzeichnete es nur die Tatsache,

121. Die Bedeutung des Wollgewerbes für die englische Wirtschaft. Kupferstich von Frederick Hendrick van den Hooven, zweite Hälfte des 17. Jahrhunderts. Privatsammlung

daß in dieser Gegend vorwiegend billige Massenwaren hergestellt wurden. Das dritte Gebiet war Ostengland mit dem Zentrum in Norwich. Hier wurden hochwertige Kammgarnprodukte aus Wolle sowie aus Wolle und Seide gefertigt. Die Verbreitung der bis ins 17. Jahrhundert in England zwar bekannten, jedoch unterentwickelten Kammgarnspinnerei und -weberei war das Verdienst holländischer und französischer Handwerker, die ihre Heimat nach den Zerstörungen der niederländischen Textilzentren während des langen Freiheitskampfes seit 1568 und nach der Aufhebung des Ediktes von Nantes 1685 verlassen mußten. Ein besonderer, im 18. Jahrhundert stark expandierender Zweig des Wollgewerbes war die Kamm- und Streichgarne sowie Seidenzwirne verarbeitende Strumpfwirkerei, angesiedelt hauptsächlich in den Midlands, wo in den Grafschaften Nottinghamshire, Leicestershire und Derbyshire um 1780 etwa 85 Prozent der in England vorhandenen 20.000 Wirkstühle standen.

Die Verarbeitung anderer Faserstoffe wie Flachs und Baumwolle spielte in Großbritannien vor der Industriellen Revolution keine große ökonomische Rolle. Die britische Flotte, die die Meere beherrschte, benutzte überwiegend importierte Segeltücher. Die einheimische Leinenerzeugung expandierte erst im 18. Jahrhundert, zunächst in Schottland, in Irland und seit den vierziger Jahren auch in England. Baumwolle wurde, mit ansteigender Tendenz seit den fünfziger Jahren, hauptsächlich in Schottland und in Lancashire nur zu Schußgarn versponnen und mit Leinenketten zu Mischgeweben, genannt »Fustians« (Barchent) oder auch »Cottons«, verarbeitet. Zwecks Komplettierung muß noch die vornehmlich in Spitalfield, in London und in Coventry angesiedelte Seidenweberei erwähnt werden.

Schon die Auflistung der Schwerpunkte und der regionalen Zentren des Textilgewerbes deutet an, daß in Großbritannien ein sehr hoher Anteil der Bevölkerung in dieser Sparte beschäftigt gewesen ist. Wenn man die Schafwollproduktion von 1775 und die durchschnittliche Tagesleistung einer Spinnerin von 0,5 Pfund Garn sowie 250 Arbeitstage als Berechnungsgrundlage nimmt, so mußten für die Verarbeitung der genannten Wollmenge etwa 656.000 Spinnerinnen zur Verfügung stehen. Da das Spinnen durchschnittlich zwischen 50 bis 80 Prozent aller Arbeitskräfte bei der Tucherzeugung beanspruchte, dürfte das Wollgewerbe 800.000 bis 900.000 Menschen beschäftigt haben. Das bedeutet, daß etwa 10 Prozent der Gesamtbevölkerung den Lebensunterhalt vollständig oder teilweise mit Arbeiten in diesem Gewerbezweig verdient haben.

Produktionsorganisation

Der Prozeß der Verarbeitung von Schafwolle zu Geweben und zu Strick- oder Wirkwaren setzt sich aus fünf Vorgängen zusammen. Unter Vernachlässigung des Färbens geht es um: 1. die Vorbereitung der Wolle; 2. die Aufbereitung für das Spinnen; 3. das Spinnen; 4. das Weben oder Stricken; 5. das Walken und Zurichten des Gewebes zum gebrauchsfähigen Endprodukt. Die Vorbereitung besteht aus dem Öffnen der angelieferten Wollballen, dem Sortieren, Mischen, Reinigen und Auflokkern der Wolle. Das Produkt dieser Arbeitsschritte sind ungeordnete Faserknäuel, Flocken, die für das Spinnen aufbereitet werden müssen. Durch Krempeln (Kardieren, Schrobeln, Streichen) oder durch Kämmen der Flocken werden die Fasern parallelisiert und zu Vliesbändern vereinigt. Dieses Vlies bildet das Ausgangsmaterial für das Spinnen, dessen Endprodukt das Garn ist, aus dem Gewebe oder Strickwaren gefertigt werden. Durch das Weben von Garnen entsteht ein noch nicht gebrauchsfähiges Gewebe, das grobe Tuch, das durch Walken gereinigt und verdichtet wird, danach aber meistens, beispielsweise durch Rauhen und Scheren, noch veredelt werden muß und schließlich durch Zusammenlegen und Pressen die endgültige Verkaufsform erhält.

122. Heimspinnerin. Farbige Aquatinta von Daniel und Robert Havell in einer Folge »Costume of Yorkshire« nach der Vorlage von George Walker aus der Zeit um 1813/14. Leeds, University Library

Für den letzten Arbeitsbereich standen seit der Antike, spätestens seit dem 13. beziehungsweise 15. Jahrhundert Arbeitsmaschinen zur Verfügung, wie die Tuchpresse, die Tuchwalke beziehungsweise die Rauhmaschine. Eine weitere Arbeitsmaschine kam seit dem Ende des 16. Jahrhunderts hinzu: der Strumpfwirkstuhl. Alle anderen Arbeitsvorgänge waren entweder reine Handarbeit, so das Öffnen und das Sortieren, oder sie wurden mit einfachen Werkzeugen wie Schlagstöcken für das Lockern, mit Krempeln oder mit Geräten wie dem Spinnrad, der Haspel und dem Schaftwebstuhl durchgeführt. Die technische Basis des Textilgewerbes war also eine Hand-Werkzeug-Technik, die fast in jedem ländlichen Haushalt vorhanden war. Dies erklärt die Leichtigkeit, mit der Händler bei bestehender Nachfrage den von den städtischen Zünften auferlegten Produktionsbeschränkungen ausweichen konnten, indem sie auf dem Land arbeiten ließen. Aber das als Erwerbstätigkeit ausgeübte Krempeln, Spinnen und Weben, bei dem jedes Produkt einer Qualitätskontrolle unterlag, brauchte sehr viel mehr Erfahrung im Umgang mit den Stoffen und Werkzeugen, als sie beim Spinnen und Weben für den Eigenbedarf erforderlich war.

Den größten Teil der Arbeitskräfte im Wollgewerbe beanspruchte das Spinnen, mit dem man für das Weben die beiden Grundarten von Garn, das Ketten- und das Schußgarn, herstellte. Eine Arbeiterin konnte mit einem Spinnrad in einer Woche nur einen Bruchteil der Garnmenge schaffen, die ein Weber mit einem Trittwebstuhl benötigte. Der Unterschied ergab sich aus den vorhandenen Geräten. Auch bei gleicher Arbeitsintensität verbrauchte ein Webstuhl die Produktion von mehreren Spinnrädern. Für grobe Garne waren mindestens vier, für feine bis zu zwölf Spinnerinnen erforderlich. Dieses technische Ungleichgewicht wurde seit Anfang des 18. Jahrhunderts zu einem ökonomischen Engpaß, weil die Tuch- und Strumpfproduktion ständig wuchs. Die Produktivität, das heißt der Ausstoß in einer Zeiteinheit, ließ sich mit dem Spinnrad, wenn überhaupt, nur durch Steigerung der Arbeitsintensität erhöhen. Eine andere Möglichkeit, mit dieser Technik mehr Garn zu produzieren, wäre entweder die Erhöhung der Zahl der Spinnerinnen oder die Verlängerung ihrer Arbeitszeit gewesen. Versuche, solche Möglichkeiten zu nutzen, führten jedoch in der gegebenen Situation in Großbritannien infolge von Wechselwirkungen zwischen der bestehenden Produktionsorganisation und der Dichte des Gewerbebesatzes in allen drei Regionen der Wollverarbeitung zu keinem Erfolg.

Das gemeinsame Merkmal der Produktionsorganisation war das im gesamten Textilgewerbe vorherrschende Verlagssystem. Die Produktionsstätten, in denen Garn und Tuch gefertigt wurden, waren weitestgehend dezentralisiert, über das Land verstreut. In Westengland waren die Unternehmer meistens Tuchhändler, die das Handwerk der Tuchmacherei nicht gelernt hatten, im West Riding von Yorkshire hingegen überwiegend gelernte Tuchmacher-Handwerker. Diese wie jene hatten gemeinsam, daß sie für überregionale Märkte und für den Export produzierten, dadurch miteinander im Wettbewerb standen und Heimarbeiterinnen und -arbeiter beschäftigten. In beiden Unternehmensarten erfolgte das Spinnen dezentralisiert. Doch zwischen ihnen gab es auch wesentliche Unterschiede. Die vorwiegend auf dem Land lebenden Tuchmacher-Handwerker in Yorkshire, genannt »Clothier«, hatten meistens kleinere Betriebe und beteiligten sich selbst an der Produktion. Sie kauften die Wolle auf den Märkten. Das Krempeln und das Weben geschahen in der eigenen Werkstatt durch den Tuchmacher, seine Familienmitglieder und Gesellen, während das Krempeln und das Spinnen hausfremde Arbeitskräfte gegen Entlohnung besorgten. Mithin war der Tuchmacher-Handwerker auch ein Verleger.

Die »Big« oder »Gentleman clothier« genannten Unternehmer in Westengland waren an der Produktion nicht direkt beteiligt. Sie beschäftigten sich ausschließlich mit dem Einkauf von Rohstoffen, mit der Organisation der Produktion und mit dem Absatz. In den Relationen des 18. Jahrhunderts waren sie Großunternehmer. Die Vorbereitung der Wolle und manchmal auch das Krempeln wurden in ihren eigenen Werkstätten durch Lohnarbeiter vorgenommen, doch im Regelfall vergab man das Krempeln, das Spinnen und das Weben an Heimarbeiter, die einen leistungsbezogenen Lohn empfingen. Die Heimspinnerinnen und -weber waren meistens Eigentümer ihrer Werkzeuge, aber der zu verarbeitende Werkstoff blieb von der Wolle über das Garn bis zum Tuch stets Eigentum des Unternehmers. Er bestimmte die zu fertigenden Mengen und Qualitäten und den zulässigen, produktionsbedingten

Materialschwund. Die Lieferungszeit, meistens nicht länger als vierzehn Tage, war vorgegeben, und die einzige Kontrolle des Fertigungsprozesses fand am Produkt statt: Bei der Abgabe des Produktes prüften die Unternehmer oder deren Fachkräfte die Menge und die Qualität des Garnes oder Gewebes.

Wegen der auf viele Orte und Wohnungen verteilten Arbeitsvorgänge waren die Unternehmer außerstande, die für sie Tätigen in ihrer Arbeitsintensität zu überwachen und auf diese Weise zu größeren und besseren Leistungen anzustacheln. Hinzu kam, daß es der sich ständig verschärfende Wettbewerb der Unternehmer um die vorhandenen Arbeitskräfte nicht erlaubte, sie durch Senkung des Leistungslohnes zu erhöhter Produktion mit oder ohne Arbeitszeitverlängerung zu zwingen. Lohnerhöhungen hätten wohl kaum zu einer Produktionssteigerung geführt, weil die Heimwerker nur an einem anständigen Auskommen, nicht aber an einer Einkommensmaximierung zu Lasten ihrer Freizeit interessiert waren. Die Unternehmer formulierten es drastisch: Höhere Löhne hätten die Arbeiter nur noch fauler gemacht. Für die Linderung des Garnmangels blieb unter Beibehaltung der alten Technik sowie der dezentralisierten Produktion und unter den Bedingungen einer stetig steigenden Nachfrage nach Wollprodukten nur ein Weg offen: mehr Spinnräder in Betrieb zu nehmen und mehr Spinnerinnen einzustellen. Dieser Weg wäre leicht einzuschlagen gewesen, weil es Spinnräder wie Spinnerinnen in den meisten ländlichen Familien gab. Doch ihn zu gehen, bedeutete, auf entferntere Regionen außerhalb der Wollzentren auszuweichen und womöglich auch weniger erfahrene Spinnerinnen zu beschäftigen. Beides konnte kostensteigernd wirken und war deshalb unter den vorherrschenden Wettbewerbsbedingungen für viele Unternehmer unattraktiv.

Es erscheint also durchaus plausibel, daß das für Großbritannien gesamtwirtschaftlich enorm bedeutungsvolle Wollgewerbe im 18. Jahrhundert allmählich an die Grenzen seiner Produktionskapazität gerückt und der Engpaß der Garnfertigung unübersehbar geworden ist. Eine Zentralisierung der Spinnerei hätte von den Unternehmern nicht nur beträchtliche Investitionen verlangt, sondern ihre Kostenrechnung mit Fixkosten für Gebäude und Betriebseinrichtungen belastet, ohne daß garantiert gewesen wäre, dadurch eine gewinnträchtige Steigerung der Produktion zu erreichen. Die letzte noch mögliche Lösung des Problems war die Veränderung der Technik des Spinnens: das Ersetzen des Spinnrades durch eine Maschine, die »sechs Fäden aus Wolle, Flachs, Hanf oder Baumwolle auf einmal spinnen und nur eine Person brauchen würde, um mit ihr zu arbeiten und sie zu bedienen«. Diese Aufgabenstellung erschien 1761 in einem Preisausschreiben der Society of Arts, einer Institution für die Gewerbeförderung, gut dreiundzwanzig Jahre nach dem ersten Patent auf eine Spinnmaschine in Großbritannien. Ob die Herren in London von diesem und einem zweiten, 1758 erteilten Patent nichts gewußt oder aber in Erfahrung gebracht haben, daß die vorhandenen Spinnmaschinen in der Praxis den

Unternehmern wohl mehr Kummer als Freude bereiteten, wird sich nicht mehr feststellen lassen. Auch die berechtigte Frage, warum keiner der Erfinder in den sechziger Jahren die Prämie in Anspruch genommen hat, wird kaum noch zu beantworten sein. Das Preisausschreiben zeugt nur davon, daß zum einen der Society of Arts der Engpaß in der Spinnerei nicht entgangen ist, daß zum anderen die Handwerker, die eine Lösung fanden, das Ausschreiben offensichtlich nicht zur Kenntnis genommen haben.

Konstruktionsprobleme und Lösungsversuche

Es gab keinen anderen Bereich des Textilgewerbes, in dem das »Fingerspitzengefühl« eine so wesentliche Rolle gespielt hat wie bei den verschiedenen Techniken des Handspinnens. Das Ziel des Spinnens ist die Herstellung eines »endlosen« Fadens aus einer Vielzahl hauchdünner und kurzer, zwischen 30 und 300 Millimeter langer Fasern, die in dem durch das Krempeln erzeugten Vliesband parallel liegen und nur lose miteinander verbunden sind. Um aus diesem Faserbündel einen Faden zu gewinnen, müssen die Fasern, ohne sie aus dem Bündel zu lösen, verzogen, das heißt gestreckt und bei andauernder Spannung zusammengedreht werden. Das Zusammendrehen, den Draht, bewirkt schon bei allen Arten des Handspinnens eine rotierende Spindel, die entweder direkt von Hand, wie bei der Spindel mit Wirtel, oder über eine technische Einrichtung, wie beim einfachen Spinnrad und beim Flügelspinnrad, in Bewegung gesetzt wird. Ist ein Stück Garn fertiggesponnen, muß es auf die Spindeln aufgewunden werden. Bei diesem Vorgang mit der Handspindel und mit dem Handrad muß das Spinnen immer wieder unterbrochen, abgesetzt werden; deshalb bezeichnet man die Garnfertigung mit diesen Geräten als »abgesetztes« oder »periodisches« Spinnen. Beim kontinuierlichen Spinnen mit dem Flügelspinnrad geschieht das Aufwinden, dank der Konstruktion der Flügelspindel, ohne Unterbrechung des Spinnvorganges.

Von den drei Vorgängen beim Spinnen gab es also schon auf der Stufe der Hand-Werkzeug-Technik für den Draht und das Aufwinden technische Vorrichtungen. Das Verziehen der Faser, ohne das kein Zusammendrehen möglich ist, blieb Handarbeit, durchgeführt mit Daumen und Zeigefinger einer Hand, gelegentlich auch beider Hände. Das sachgerechte Verziehen verlangte gute Materialkenntnis und viel Fingerspitzengefühl: Die mit Zeigefinger und Daumen gebildete Klemme besorgte nicht nur das Verziehen, sondern auch die Zufuhr des Faserstoffes zur Spindel, die Dosierung der Spannung des verstreckten Faserbündels und die Kontrolle der Stärke des Drahtes. Es war das zentrale Konstruktionsproblem aller Spinnmaschinen, das Verstrecken der Faser unter Verzicht auf das Fingerspitzengefühl und die im Hirn gespeicherte Berufserfahrung mit mechanischen Funktionsele-

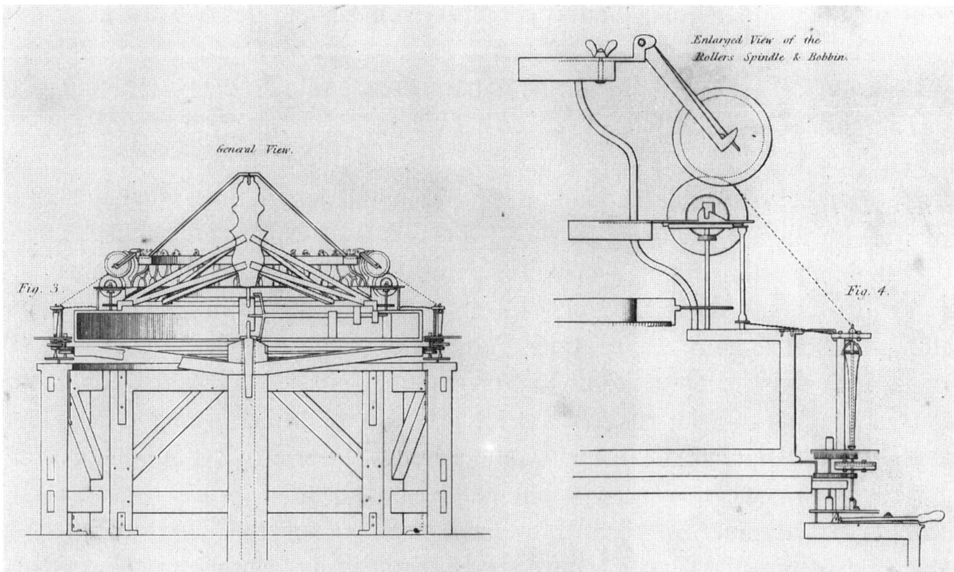

123. Spinnmaschine von Paul nach der Patentschrift von 1758. Stahlstich in der 1836 in Stuttgart erschienenen deutschsprachigen Ausgabe der »Geschichte der britischen Baumwollenmanufactur« von Edward Baines. Berlin, Technische Universität, Bibliothek

menten zu lösen. Die seit Jahrhunderten bekannte Seidenzwirnmaschine vermochte zur Lösung dieses Problems nicht viel beizutragen. Obwohl sie oft als Seidenspinnmaschine bezeichnet wird, konnte man mit ihr nur zwirnen, das heißt mehrere endlose Fäden zu einem dickeren Faden, zum Zwirn, zusammendrehen.

Die Lösungsversuche waren zweierlei Art. Die ersten Konstrukteure einer Spinnmaschine, Lewis Paul (gestorben 1759) und John Wyatt (1700–1770), wollten schon 1738 das Verstrecken auf ersten Anhieb, sozusagen durch ein Wegdenken von der Tätigkeit der Spinnerin, lösen. Diesem Prinzip folgte 1769 Richard Arkwright (1732–1792) mit seiner vorerst namenlosen Spinnmaschine, die alsbald als »Waterframe« bekannt wurde. Demgegenüber hatte James Hargreaves (1720–1778) bei seiner zwischen 1765 und 1769 entwickelten »Jenny« versucht, mit technischen Vorrichtungen die Bewegungsabläufe der Spinnerin bei ihrer Arbeit mit dem Handrad nachzuahmen. Jede dieser Spinnmaschinen vermochte aber nur einen Teil all der Garnsorten zu erzeugen, die eine erfahrene Spinnerin mit dem Handrad produzieren konnte: die »Waterframe« das festgedrehte Kettengarn und die »Jenny« das weichgedrehte Schußgarn. Erst der vierte im Bunde, Samuel Crompton (1753–1827), kombinierte schließlich Elemente beider Lösungen und schuf 1779 die »Mulemaschine«, einen maschinellen Ersatz für die universale, mit dem Handspinnrad alle Garnarten produzierende Spinnerin.

Auf die Idee einer völlig neuen konstruktiven Lösung des Verstreckens mit sogenannten Streckwalzen kam Lewis Paul, eine etwas zwielichtige Persönlichkeit französischer Herkunft. Mit der Spinnerei hatte er, wie sein Partner, der Birminghamer Zimmermannmeister John Wyatt, so gut wie nichts zu tun. Paul gehörte jedoch im weitesten Sinne zum Textilgewerbe: Er versuchte, ohne großen Erfolg, seinen aufwendigen Lebenswandel mit dem Appretieren und dem Verkauf von Leichentüchern zu finanzieren. Es mag sein, daß die Ferne zur Spinnerei nahelegte, die Tätigkeit der Spinnerin nicht nachzuahmen und das Verstrecken mit zwei gegeneinander rotierenden Walzen zu probieren – eine altbekannte Technik der Formveränderung von Metallen und ein zentrales Funktionselement sowohl der Rauhmaschinen als auch des Kalanders in der Tucherzeugung. Seit 1734 bastelten beide, der verschuldete Paul als Konstrukteur und der aufgrund von Mißerfolgen mit Erfindungen ebenso mittellose Wyatt als ausführender Handwerker, an einer Spinnmaschine für Wolle. Ihr Financier war ein wohlhabender Buchhändler in Birmingham, Thomas Warren. Mit seiner Hilfe beantragte Paul ein Patent auf eine Spinnmaschine für Wolle und Baumwolle, das ihm im Jahr 1738 unter der Nummer 562 gewährt wurde. Ein zweites Spinnmaschinenpatent mit der Nummer 724 nahm Paul zwanzig Jahre später, 1758.

Aus der Spezifikation des ersten Patentes, zu dem keine Zeichnungen beigelegt worden sind – eine damals noch allgemein übliche Praxis –, sowie aus einem in Wyatts Nachlaß erhalten gebliebenem Manuskript über die Spinnmaschine kann man schließen, daß Wyatt das Verstrecken der Faser eines sorgfältig von Hand gekrempelten Vlieses mit zwei Walzenpaaren zu bewerkstelligen gedachte, von denen das zweite eine höhere Umlaufgeschwindigkeit als das erste haben sollte. Das Zusammendrehen und gleichzeitige Aufwinden des fertigen Garnes besorgten Flügelspindeln. Die in der Spezifikation des zweiten Patentes vorhandenen Zeichnungen belegen jedoch mit der kreisförmigen Anordnung der Flügelspindeln nicht nur eine deutliche Anlehnung an die Bauweise der italienischen Seidenzwirnmaschinen, sondern auch eine andere Lösung des Verstreckens. Jeder Flügelspindel war lediglich ein Walzenpaar zugeordnet; eine solche Konstruktion ermöglicht das Verstrecken nur zwischen den Walzen und der Flügelspindel. Daraus ist ableitbar, daß Paul und Wyatt die Idee des Verstreckens mit zwei Walzenpaaren fertigungstechnisch nicht umzusetzen vermocht haben. Sie scheiterten vermutlich an der schwierigsten Aufgabe, nämlich an der Berechnung und Abstimmung von drei Komponenten: des Walzendurchmessers, der Abstufung der Umlaufgeschwindigkeiten und des der Faserlänge entsprechenden Abstandes zwischen den Walzenpaaren.

Dennoch bleibt es das Verdienst von Wyatt, die Idee der Streckwalzen, dieses zentralen Elements künftiger Spinnmaschinen, in die Welt gesetzt und in welcher Form auch immer in die Praxis eingeführt zu haben. Außerdem waren seine

Experimente für den erst gut dreißig Jahre später einsetzenden Durchbruch zur Maschinenspinnerei noch in dreierlei Hinsicht richtungweisend. Bereits 1739 beendete Wyatt die Versuche, Wolle zu spinnen, und konzentrierte sich auf die Baumwolle, die wegen der höheren Reißfestigkeit und regelmäßigeren Faserlänge für die ersten holprigen Maschinen besser geeignet war. Zum anderen schuf er schon in der Experimentierphase die Grundlagen für die Maschinisierung des Krempelns. Er erkannte, daß die sorgfältige Aufbereitung des Faserstoffes zu zusammenhängenden Vliesbändern und zum Vorgarn für das Funktionieren der Spinnmaschine unumgänglich ist, aber auch, daß die mit Handkarden oder mit dem Handspinnrad gewinnbaren Mengen den Bedarf der Spinnmaschinen nicht decken konnten. Seine 1748 patentierte Kardiermaschine auf Handantrieb und die in demselben Jahr patentierte Spinnmaschine von Daniel Bourn, der eine Spinnerei mit Paulschen Spinnmaschinen betrieb, waren die Prototypen der späteren Deckel- beziehungsweise Walzenkarden. Zum dritten entstanden auf der Grundlage der Paulschen Spinnmaschinen die ersten »Cotton mills«.

Die Resonanz auf die Paul-Wyattsche Spinnmaschine war in mancherlei Hinsicht symptomatisch. Die Fachleute aus dem Baumwollgewerbe in Manchester zeigten sich eher mißtrauisch als interessiert. Die Tatsache, daß Paul ab 1739, als er noch keine funktionsfähige Maschine hatte, schon Lizenzen verkaufen oder als Deckung für Schuldscheine verwenden konnte, zeugt von einer Investitions- oder mindestens Spekulationsbereitschaft wohlhabender Bürger, von denen die meisten in keinerlei Beziehung zum Textilgewerbe standen. Aus diesen Schichten stammten auch die Eigentümer von insgesamt fünf in den vierziger Jahren außerhalb der traditionellen Zentren des Textilgewerbes gegründeten Maschinenspinnereien. Die größte mit 5 Maschinen und je 50 Spindeln in Northampton war bis 1756 in Betrieb und das Eigentum von Edward Cave (1691–1754) aus Birmingham, des Begründers einer der bekanntesten englischen Zeitschriften, des »Gentleman's Magazine«. Alle Facetten der Resonanz auf die erste Spinnmaschine deuten darauf hin, daß diese von spekulationsfreudigen Investoren eingesetzte Technik trotz des innovationsfreundlichen Klimas für Insider im Textilgewerbe noch keinen genügenden Anreiz für ihre Verbreitung dargestellt hat. Da Berechnungen von Betriebskosten nicht überliefert sind, läßt sich nur vermuten, daß die konstruktionsmäßig und fertigungstechnisch bedingte Störungsanfälligkeit der Maschinen erhebliche Selbstkosten des Garnes zur Folge hatte und daß die im Vergleich zur Handspinnerei wesentlich höheren Investitionen für Gebäude, Maschinen und Antriebsaggregate noch keine Gewinne versprachen.

Es wäre möglich, das Preisausschreiben von 1761 so zu deuten, daß die Erinnerung an die Paulschen Spinnmaschinen längst erloschen war. Einer solchen Auslegung widerspricht jedoch die gut dokumentierte Geschichte der Arkwrightschen Maschinenspinnerei. Erfolge sind meistens nachweisbar, besonders wenn, wie im

Falle Arkwrights geschehen, Widersacher über Gerichtsverfahren den Versuch unternehmen, Patentrechte und damit verbundene kostentreibende Lizenzgebühren aus der Welt zu schaffen. Alles deutet darauf hin, daß von den Paul-Wyattschen Spinnmaschinen auch im benachbarten Lancashire manches bekannt war. Das verrät die angeblich bereits im Jahr 1767 gebaute Spinnmaschine eines Thomas Highs, des nicht sehr glaubhaften Kronzeugen gegen die Originalität der von Richard Arkwright 1769 patentierten Spinnmaschine. Beide realisierten im Prototyp ihrer Maschinen das Prinzip des Verstreckens des Baumwollvlieses mit Streckwalzen und das Spinnen mit Flügelspindeln. Für den Durchbruch der Maschinenspinnerei war es bedeutungslos, wer die konstruktive Lösung gefunden hatte. Entscheidend war, daß Arkwright diese Idee in eine funktionstüchtige Spinnmaschine umgesetzt hat, mit der, nach ihrem Erfolg zu urteilen, mehr Garn kostengünstiger gesponnen werden konnte als mit dem Handrad.

Arkwright, der Perückenmacher aus Bolton, kam ebensowenig direkt aus der Textilbranche wie Paul. Er lebte jedoch in Lancashire, dem Zentrum der Produktion von Mischgeweben aus Leinen- und Baumwollgarnen, war berufsmäßig, zwecks Kaufes von Haaren für seine Perücken, sehr viel unterwegs, wußte vom Hörensagen über die Nöte der Textilbranche, über den Garnmangel und vielleicht auch über die Paulsche Spinnmaschine. Es ist sehr wahrscheinlich, daß er eine fremde Idee aufgegriffen hat, und es scheint bewiesen zu sein, daß ihm sein künftiger Mitarbeiter, der Uhrmacher John Kay (1704–1774) aus Warrington, von der Spinnmaschine seines ehemaligen Arbeitgebers Highs erzählt hat. Es ist jedoch unwahrscheinlich, daß ihm jemand die komplette Konstruktion einer wohlfunktionierenden Spinnmaschine vorgelegt hat. Wie auch immer, es bleibt das Verdienst von Arkwright, selbst und wohl mit Hilfe von sachkundigen Uhrmachern und anderen Handwerkern jene Probleme gelöst zu haben, an denen Paul noch gescheitert war. Er und seine Mitarbeiter fanden die Lösungen für den der Faserlänge entsprechenden Umfang und Abstand der Streckwalzenpaare, für die Abstufung ihrer Umdrehungszahlen, für den erforderlichen Druck der mitgeschleppten oberen Andruckwalze auf die geriffelte Unterwalze und für ein koordiniertes Antriebssystem der Streckwerke und der Flügelspindeln. 1768 stellte er seine Spinnmaschine in Preston vor, verlegte jedoch im selben Jahr seinen Sitz nach Nottingham, dem Zentrum der über den Garnmangel lautstark klagenden Strumpfwirker. Selbst alles andere als wohlhabend, schloß er 1768 mit zwei Partnern einen Vertrag für die Verwertung seiner Maschine und stellte im Juni den Antrag auf das 1769 erteilte Patent. Es paßte zu seinem später oft bewiesenen Hang zur Hochstapelei, wenn er im Patentantrag seinen Beruf als Perückenmacher und Haarschneider verschwieg und sich als »Clockmaker of Nottingham« bezeichnete.

Arkwrights Behauptung in der Patentspezifikation, er habe eine Maschine erfunden, die es vorher nie gegeben hätte, war zutreffend. Seine noch namenlose

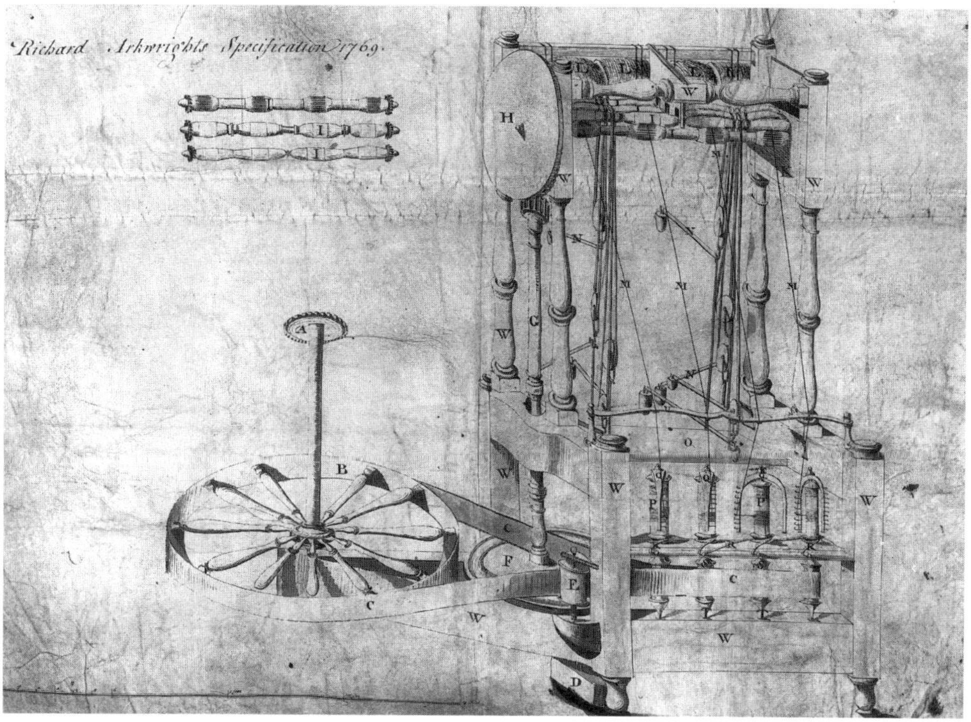

124. Spinnmaschine von Arkwright. Zeichnung in der Patentschrift vom 15. Juli 1769. London, Public Record Office

Spinnmaschine hatte für jede der vier Flügelspindeln ein Streckwerk aus vier Walzenpaaren, und das für das einwandfreie Ausführen des Verstreckens unerläßliche Andrücken der oberen glatten Walzen auf die unteren Riffelwalzen war weder bei Paul noch bei Highs vorhanden. Obwohl die Maschine für sämtliche Garnarten aus allen Faserstoffen geeignet sein sollte, wurde sie vorerst nur für Baumwolle und infolge der hohen Belastung des Fadens zwischen der angetriebenen Flügelspindel und der nachgeschleppten Spule lediglich für das Spinnen von festgedrehten Kettengarnen eingesetzt. Deshalb wurde sie in der deutschen Fachsprache als »Kettenstuhl« bezeichnet.

Als Antrieb der Maschine war laut Patentbeschreibung ein Pferdegöpel vorgesehen. Er war angesichts der eher filigranen Holzkonstruktion keine technische Notwendigkeit. Experimente mit einem Nachbaumodell haben bewiesen, daß die Maschine mit Handantrieb sehr gut funktionierte. Wie sonst hätte Arkwright ihre Funktionstüchtigkeit testen und vorführen können. Wenn diese Spinnmaschinen trotzdem nur zentralisiert in einem Gebäude und mit Göpeln oder Wasserrädern angetrieben in die Praxis umgesetzt worden sind, so lag das nicht an ihrer Konstruk-

125. Verbesserte Version der »Jenny« von Hargreaves. Stahlstich in der 1836 in Stuttgart erschienenen deutschsprachigen Ausgabe des Werkes von Edward Baines. Berlin, Technische Universität, Bibliothek

tion, sondern an der Lizenzpolitik des Patentinhabers. Er verlangte die Mindestabnahme von 1.000 Spindeln. Bei dieser Größenordnung von 250 oder 125 Maschinen gewährleistete lediglich eine zentrale Energieversorgung mit Kraftmaschinen einen kontinuierlichen Betrieb und die niedrigsten Kosten. Nachdem Arkwright 1771 in Cromford seine Spinnerei mit Wasserradantrieb eingerichtet hatte, bekam seine Maschine ihren ersten Namen: »Waterframe«. Weil nach den mit Wasserrad angetriebenen Getreidemühlen auch andere gewerbliche Einrichtungen als »Mühle« bezeichnet wurden, nannte man alle Baumwollspinnereien, samt der später mit Dampfmaschinen ausgestatteten, schlicht »Cotton mill«.

Obwohl die in der Folgezeit ständig optimierte Arkwrightsche Spinnmaschine und die gleichzeitig entwickelten Maschinen für das Krempeln und Vorspinnen den Durchbruch zur Maschinenspinnerei markieren, ist mit der »Waterframe« nur Kettengarn gesponnen worden. Es reichte für die Strumpfwirkerei, aber das überwiegende Endprodukt des Textilgewerbes waren Gewebe, und dafür mußten auch weicher gedrehte Schußgarne vorhanden sein. Wenn unabhängig von den Aktivitäten Highs' und Arkwrights in den sechziger Jahren eine Spinnmaschine entstand, die für Schußgarne geeignet war, so ist das ein weiterer Beweis dafür, daß der Garnmangel ein allgemeines Problem gewesen ist, um dessen Lösung sich viele Zeitgenossen den Kopf zerbrochen haben. Schon um 1764 hatte der Handweber

James Hargreaves aus Stanhill bei Blackburn, aufbauend auf den Elementen des Handspinnrades, die später als »Jenny« bekannt gewordene Spinnmaschine für das Absetzspinnen konstruiert; der Name ist eine Verballhornung von »Engine«. Die Funktionsweise der »Jenny« ist ein typisches Beispiel für den Versuch, die für das Verstrecken notwendigen Bewegungen mit einer technischen Vorrichtung so auszuführen, wie es die Spinnerin mit ihren Händen und Fingern tut.

Die beim Handradspinnen für das Verstrecken aus Daumen und Zeigefinger der Spinnerin gebildete Klemme schuf Hargreaves aus zwei übereinander liegenden Brettern. Diese Klemmvorrichtung konnte auf einem hölzernen Rahmen vor- und rückwärts bewegt werden, womit die Funktion der Armbewegung einer Spinnerin realisiert wurde. Das Zusammendrehen der Faser bewirkte wie beim Handspinnrad die rotierende Spindel. Aber im Unterschied zum Handspinnrad hatte die »Jenny« nicht eine, sondern 8, 16, 32 und mehr Spindeln. Am Anfang jeder Spinnphase wurde die Klemme eingefahren, das heißt in die Position nahe zu den Spindeln geschoben, wobei sie eine bestimmte Länge des Vliesbandes festhielt. Dann wurden über ein Antriebsrad die Spindeln in Bewegung gesetzt, und durch das Ausfahren, das heißt das Wegziehen der Klemme von den Spindeln, wurde das Faserbündel zwischen Spindelspitze und Klemme verzogen und zum Faden zusammengedreht. Danach wurden die Spindeln angehalten, die Fäden mit einer Vorrichtung, dem sogenannten Abschlagdraht, in einen rechten Winkel zu den Spindeln gebracht und auf die wieder in Bewegung gesetzten Spindeln aufgewunden. Darauf folgte die nächste Spinnphase: Einfahren der Klemme und so weiter. Die »Jenny« war auch mit der kurz nach 1770 verbesserten Version des Handantriebes eine Spinnmaschine, die sehr hohe Ansprüche an die Arbeiterin stellte. Ein sachgerechtes Spinnen erforderte ebensoviel Kenntnisse über den Spinnvorgang wie das Handspinnen. Im Unterschied zum Handspinnrad machte man mindestens 8 und alsbald sogar 60 und mehr Fäden in einer Spinnphase. Die Qualität des Garnes war nicht mehr vom Fingerspitzengefühl beim Verstrecken und Zuführen der in der Hand gehaltenen Fasern abhängig, sondern von der sachgerechten Steuerung der Bewegungsabläufe der Maschinenteile innerhalb der vorgegebenen Bahnen. Dies bedeutete einen wesentlichen Unterschied zur Arkwrightschen Spinnmaschine, bei der nicht nur der Antrieb, sondern auch die Koordinierung der Bewegungsabläufe zwischen Streckwerk und Flügelspindel mit technischen Mitteln gelöst war und selbsttätig ablief. Die »Waterframe« mußte nur mit Rohstoffen versorgt werden. Für die Funktionsüberwachung genügten angelernte Arbeitskräfte, die nie ein Garn gesponnen hatten.

Die »Jenny« hingegen brauchte eine Fachkraft. Dies und ihr niedriger Anschaffungspreis waren wohl die wichtigsten Gründe, daß sie hauptsächlich in der marktorientierten Heimspinnerei dominierte. Daneben fand sie in kleineren Werkstätten Verwendung. Die Spindelzahl der »Jenny« konnte durch konstruktive Verbesserungen bis 130 gesteigert werden, aber auch bei dieser Größenordnung lief sie auf Handantrieb. Der erste Versuch, das Antriebssystem für eine Kraftmaschine auszulegen, fand erst sehr spät, in den zwanziger Jahren des 19. Jahrhunderts, statt. Gut zwei Jahrzehnte lang füllte sie eine wichtige, vom Arkwrightschen Spinnsystem hinterlassene Lücke: das maschinelle Spinnen von Schußgarnen. Mit einer größeren »Jenny«, die höchstens 60 Spindeln hatte, konnte der Schußgarnbedarf für einen Webstuhl gedeckt werden. Ohne die rund 20.000 »Jennies«, die um 1788 in Schottland und England gezählt worden sind, wäre der enorme Aufschwung der Baumwollweberei undenkbar gewesen. Ein Vermögen ist Hargreaves aus der weiten Verbreitung seiner Spinnmaschine nicht erwachsen. Zwar ließ er sich 1770 die Maschine patentieren, aber er durfte im Sinne des englischen Patentrechtes keinen Anspruch auf Lizenzgebühren erheben, weil er schon vor dem Patentantrag einige »Jennies« verkauft hatte.

Gegen Ende der siebziger Jahre, zu einem Zeitpunkt, als die Arkwrightschen Maschinenspinnereien schon wie Pilze aus dem Boden geschossen waren, entwikkelte Samuel Crompton, ein Farmer und Weber aus dem Umland von Bolton in Lancashire, eine Absetzspinnmaschine, mit der nicht nur Ketten- und Schußgarne, sondern auch Garnfeinheiten gesponnen werden konnten, die bis dahin in England nicht einmal mit dem Handrad, geschweige denn mit dem Kettenstuhl oder mit der »Jenny« produziert worden sind. Anlaß zum Konstruieren einer neuen Spinnmaschine waren die ständigen Pannen der »Jenny« und deren schlechte Garnqualität. Dies hatte schon der sechzehnjährige Crompton beim Weben erfahren müssen. Sieben Jahre soll er, von Haus aus breit gebildet und handwerklich sehr geschickt, unter strengster Geheimhaltung in den Räumlichkeiten seines Farmhauses getüftelt haben, bis es ihm 1779 gelang, eine funktionsfähige, über ein Handrad angetriebene Spinnmaschine zustande zu bringen.

Konstruktionsmäßig war sie eine originelle Kombination aus den Funktionselementen der »Jenny« und denen des Kettenstuhles. Die Absetzspindeln übernahm Crompton von der »Jenny«, doch im Unterschied zu ihr waren die Spindeln auf ein fahrbares Gestell, den hin- und herbewegbaren Spindelwagen, montiert. Für das Verstrecken ersetzte er die fahrbare Klemme der »Jenny« durch Streckwalzen. Jede Spindel hatte ein Streckwerk, bestehend aus zwei Walzenpaaren. Es war die Kombination von fahrbaren Absetzspindeln und Streckwalzen, die das Spinnen jeder Garnart und -feinheit ermöglichte. Das Vorgarn wurde, wie bei dem Kettenstuhl, durch die Streckwerke und zusätzlich zwischen dem Streckwerk und der sich von ihm entfernenden rotierenden Spindeln, also gleichzeitig mit dem Zusammendrehen, verstreckt. Außer dem zusätzlichen Verstrecken machten die fahrbaren Spindeln eine sorgfältige Dosierung des Drahtes möglich. Ähnlich wie bei der »Jenny« erforderte ein sachgerechter Umgang mit der sogenannten Mule eine vollqualifizierte, den gesamten Spinnprozeß und seine Phasen verstehende Fachkraft; sie

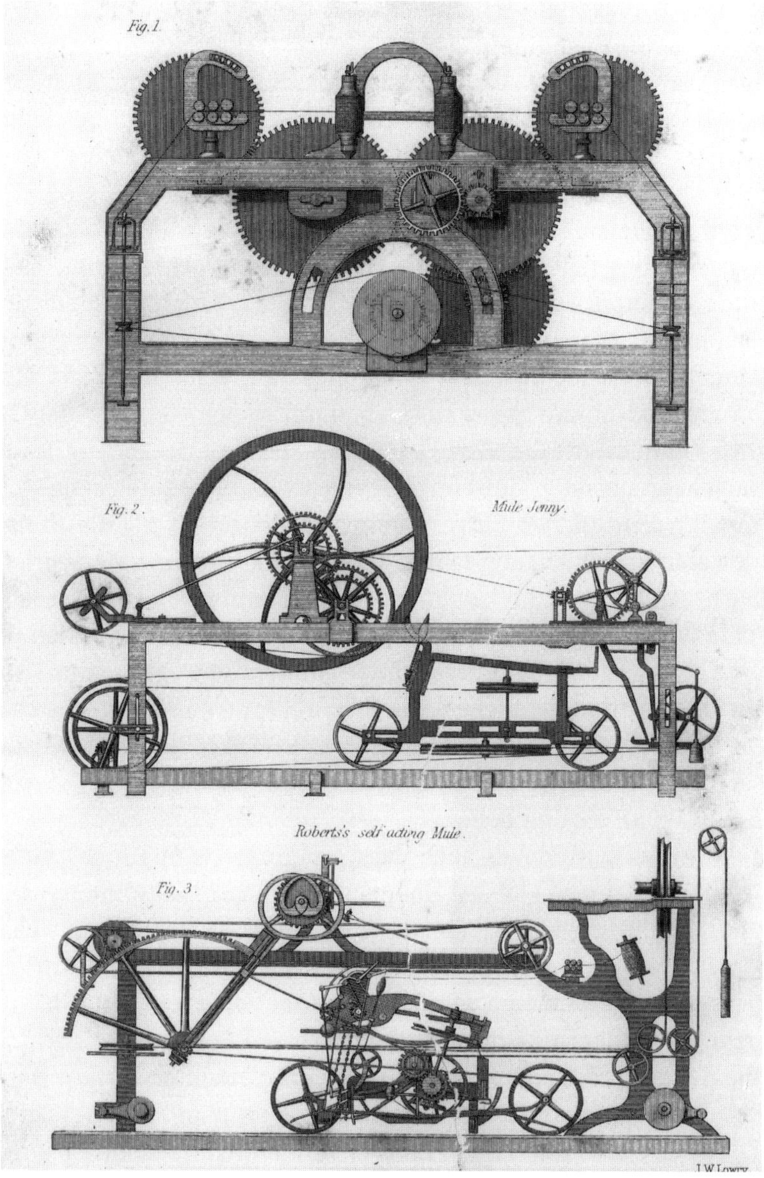

126. Verbesserte Waterframe, die Drossel von Arkwright; Mule von Crompton; Selfaktor von Roberts. Stahlstich in der 1836 in Stuttgart erschienenen deutschsprachigen Ausgabe des Werkes von Edward Baines. Berlin, Technische Universität, Bibliothek

mußte die Bewegungen der Maschine einleiten, kontrollieren und koordinieren. Dem im Spinnen erfahrenen Crompton bereitete dies keine Probleme. Obwohl seine Maschine in der Ausführung weit hinter dem technischen Standard der

Arkwrightschen zurückblieb, schaffte er es mit seiner Mule, Baumwollgarne der Feinheitsnummer 80 zu spinnen.

Es lag nicht in Cromptons Absicht, seine Maschine zu vermarkten. Scheu und genügsam, wie er war, beantragte er kein Patent, weil es ihm zu teuer zu sein schien. Er verlegte sich auf die Produktion von hochwertigen, feinen Garnen, die sofort reißenden Absatz zu lukrativen Preisen fanden und noch größere Neugier über die Art ihrer Herstellung bei den Konkurrenten weckten. Sie versuchten mit geradezu haarsträubenden Methoden des Hausfriedensbruches, in sein Heim einzudringen, und Crompton, der seine Ruhe haben wollte, verzichtete schon im November 1780 darauf, die Monopolstellung in der Produktion von feinen Garnen durch Geheimhaltung seines technischen Vorsprunges aufrechtzuerhalten. Unter dem Druck der Baumwollspinner gab er das Geheimnis seiner Maschine der Öffentlichkeit preis. Um mindestens die »Entwicklungskosten« zu decken, verlangte er mit einer an Naivität grenzenden Gutmütigkeit von den Interessenten keine Anzahlung, sondern nur ihr schriftliches Einverständnis, daß sie ihm für die Preisgabe der Konstruktion eine Entschädigung zahlen würden. Viele haben unterschrieben, aber sehr wenige bezahlt; insgesamt kamen nicht mehr als etwa 50 Pfund zusammen. So erging es dem weltfremden Crompton wie manchen anderen britischen Erfindern: Zuerst wurde er von seinen Mitbürger-Unternehmern betrogen, dann 1800, durch eine von ihnen initiierte öffentliche Sammlung mit rund 450 Pfund entschädigt und schließlich, 1812, als in und um Manchester etwa 4,2 Millionen Mulespindeln in Betrieb waren, aus Steuergeldern vom Parlament für seine Verdienste ums Vaterland mit 5.000 Pfund abgefunden.

Sowohl die Arkwrightsche als auch die Cromptonsche Spinnmaschine wurden sehr schnell perfektioniert. Für den Übergang zur Maschinenspinnerei war jedoch vor allem die Einführung von Arbeitsmaschinen wichtig, mit denen sich einzelne Vorgänge im Produktionsprozeß von den Baumwollfasern bis zum Garn verbessern ließen. Auch auf diesen Gebieten war Arkwright der Vorreiter, weil er nicht nur sein Patent versilbern, sondern hauptsächlich mit seinen Spinnmaschinen in eigenen Unternehmen Garn produzieren und mit Gewinn verkaufen wollte. Das zentrale Problem lag im Kardieren und in der maschinellen Fertigung von Vliesbändern; ihre Weiterverarbeitung bis zum Vorgarn für die Spinnmaschine konnte nämlich durch Adaption des Kettenstuhles gelöst werden. Nachdem Arkwright seine 1770 in Nottingham gegründete Spinnerei schon ein Jahr später der Obhut seiner kapitalkräftigen Partner, Samuel Need und Jedediah Strutt (1726–1797), überlassen hatte, um, wiederum mit deren Beteiligung, in Cromford in Derbyshire mit der Gründung der »Upper Mill« den Grundstein zu seinem Spinnereiimperium zu legen, konzentrierte er die Entwicklungsarbeit auf die maschinelle Fertigung von Vliesbändern.

Die von Paul und Bourn geleisteten Vorarbeiten gerieten nicht in Vergessenheit, und schon in den sechziger Jahren sollen sowohl Hargreaves als auch der künftige

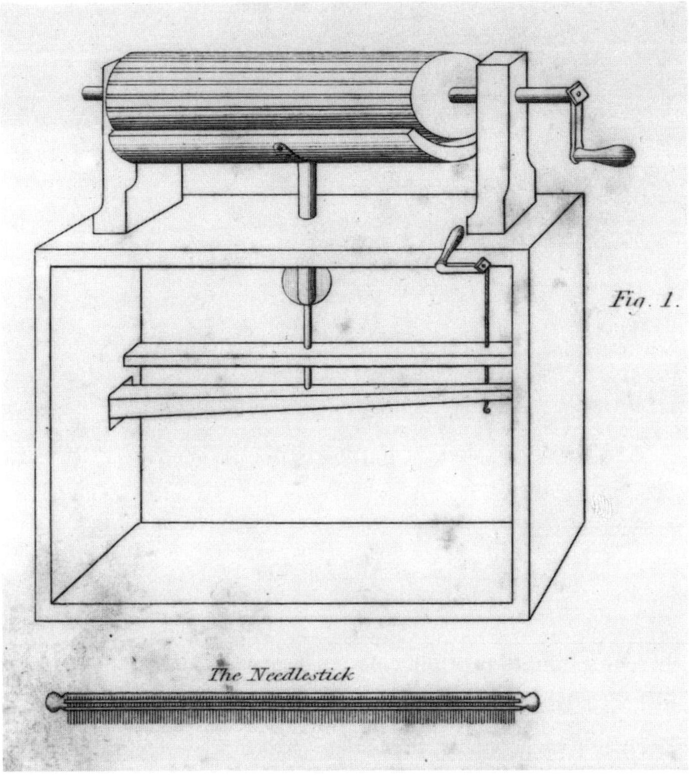

127. Walzenkarde von Paul nach der Patentschrift von 1748. Stahlstich in der 1836 in Stuttgart erschienenen deutschsprachigen Ausgabe des Werkes von Edward Baines. Berlin, Technische Universität, Bibliothek

Großunternehmer Robert Peel (1750–1830) in Bolton versucht haben, Kardiermaschinen zu konstruieren. Nachdem die Arkwrightsche Spinnmaschine zu haben war, verdichtete sich das emsige Suchen, und in den siebziger Jahren beschäftigten sich mit diesem Problem so viele Baumwollspinner, daß die Frage nach den Erfindern der Verarbeitung des Faserstoffes zu Vliesbändern mit Maschinen wohl nie zu beantworten sein wird. Es besteht kein Zweifel, daß schon Paul und Bourn das Kardieren mit rotierenden Werkzeugen praktiziert und das Funktionsprinzip der Deckelkarde und der Walzenkarde festgelegt haben. Bei ihren Kardiermaschinen blieb jedoch noch vieles der Handarbeit überlassen: so das Einspeisen des Faserstoffes, die kontinuierliche Abnahme des kardierten Vlieses von der Walze und die Bildung eines »endlosen« Vliesbandes, das dann zum Vorgarn weiterverarbeitet werden sollte.

In den siebziger Jahren wurden in vielen Patenten technische Lösungen für die

128. Kardier- und Vorspinnmaschinen in einer englischen Baumwollspinnerei. Stahlstich in der 1836 in Stuttgart erschienenen deutschsprachigen Ausgabe des Werkes von Edward Baines. Berlin, Technische Universität, Bibliothek

Durchführung dieser Arbeitsvorgänge mit Maschinen angeboten. Das Wesentlichste enthalten die Patente Nummer 1.111 von 1775 für Arkwright, Nummer 1.130 von 1776 für Thomas Wood und Nummer 1.212 von 1779 für Robert Peel. Keiner von den Patentnehmern hatte die seit Ende der siebziger Jahre gebauten Walzen- und Deckelkarden erfunden. Sie waren eine Synthese aus konstruktiven Lösungen, die in diversen Patenten vorkamen. Die Zuführung des Faserstoffes mit einem Förderband soll schon 1772 praktiziert worden sein, der Zuführtisch, von dem eine Stachelwalze den Faserstoff an die Kardiertrommel abgab, sowie die Abnehmerwalze des kardierten Vlieses – beides wurde zu einem festen Bestandteil künftiger Kardiermaschinen – hatte Thomas Wood patentiert, und die Kammleiste, die dann in den Maschinenkarden das Vlies von der Abnehmerwalze nahm, war im Patent von Arkwright enthalten. Das Kardieren oder Krempeln selbst fand zwischen zwei Systemen von Kardierbeschlägen statt: zwischen dem in beiden Systemen vorhandenen, mit Eisenhäkchen beschlagenen großen, rotierenden Zylinder, der Trommel und den Häkchen in den feststehenden Deckeln (Deckelkarde) oder den Häkchen der ebenfalls rotierenden kleinen Arbeitswalzen (Walzenkarde). Das zentrale konstruktive Problem lag in der Bestimmung des Verhältnisses zwischen dem Durchmesser und der Umlaufgeschwindigkeit der rotierenden Walzen sowie in der

Entfernung zwischen den Häkchen der Kardierbeschläge. Wer diese Probleme im einzelnen zuerst gelöst hat, weiß man nicht. Fertigungstechnisch umgesetzt und dauerhaft in die Produktion eingeführt wurden sie wiederum, irgendwann in der Mitte der siebziger Jahre, in den Spinnereien von Arkwright. Mit einer mittels Handkurbel angetriebenen Deckelkarde in Cromford soll achtzehnmal so viel Vlies produziert worden sein wie mit einer einfachen Handkarde. Gleichzeitig stellte Arkwright in seinen Fabriken das bis dahin ebenfalls sehr arbeitsintensive, in mehreren Phasen nur mit dem Handspinnrad durchgeführte Verarbeiten der Vliesbänder zum Vorgarn auf Maschinen um. Dabei wurden für die einzelnen Arbeitsgänge, das Strecken, Doublieren und Vorspinnen, deren Ziel eine weitere Dehnung des Vlieses sowie die Herbeiführung eines festeren Stoffzusammenhaltes ist, verschiedene Maschinen eingesetzt. Für das Strecken und Doublieren reichte es, die Funktionselemente der Spinnmaschinen neu zu kombinieren, für das Vorspinnen, bei dem das Vliesband leicht verstreckt und zusammengedreht werden sollte, benutzte Arkwright seit etwa 1775 seinen sogenannten Laternenstuhl, bestehend aus Streckwalzen und einer rotierenden Kanne. Von allen Arbeitsschritten in der Garnfertigung in jenen Jahren verblieb für die Handarbeit nicht mehr sehr viel: außer dem innerbetrieblichen Transport der Zwischenprodukte nur die Vorbereitung, also das Öffnen der Ballen, die mechanische Reinigung und Auflockerung der Baumwolle und das Aufwinden des Vorgarnes auf Spulen.

Der Durchbruch zur Maschinisierung

Mit der Arkwrightschen Spinnmaschine und den Maschinen für die Faseraufbereitung bis zum Vorgarn begann in den siebziger Jahren der Durchbruch zur Maschinenspinnerei. Bis 1789 waren etwa 2,4 Millionen Maschinenspindeln in Betrieb, von 1780 bis 1790 schnellte die Menge der eingeführten Baumwolle auf das Sechsfache und der Wert der exportierten Baumwollwaren auf das beinahe Fünffache. Es war der Unternehmer Arkwright, der in diesem ersten Vierteljahrhundert der Maschinenspinnerei alle anderen überflügelte. Ob die technischen Lösungen in seinem Kopf entstanden waren, ist für den technischen Umbruch nicht von Bedeutung. Ausschlaggebend war, daß er die zukunftsträchtigen Konstruktionen und ihre Kombination erkannte, die richtigen Fachleute-Handwerker für ihre Umsetzung und die Geldgeber für die Unternehmensgründung fand. Zudem verstand er es, aus den selbst patentierten Maschinentechniken weiteres Kapital über Lizenzgebühren herauszuholen. Mit seiner Patentverwertung traf er jedoch alsbald auf einen zunächst individuellen, dann, nach dem 1775 genommenen Kardierpatent, auf einen gut organisierten, kollektiven Widerstand fast aller führenden, kapitalkräftigen und einflußreichen Unternehmer in Lancashire. Die Lizenzgebühr von angeblich ein bis zwei Pfund pro Spindel nahmen sie noch hin, aber die hartnäckigen Versuche Arkwrights, auch von allen Kardier- und Vorspinnmaschinen Lizenzgebühren einzutreiben, veranlaßten sie, alles in Bewegung zu setzen, um eine Monopolisierung der Spinntechnik zu verhindern. In dieser Situation scheiterte Arkwrights Bemühen, die Gültigkeit seines 1783 auslaufenden Spinnmaschinenpatentes zu verlängern, und 1785 wurden seine auf sehr wackligen Beinen stehenden Patentrechte für das Kardieren annulliert. Das konnte dem damals größten Baumwollfabrikanten Arkwright, der bis zu seinem Tod ein Vermögen von fast einer halben Million Pfund besaß, nicht das Genick brechen, öffnete aber auch weniger wohlhabenden Unternehmern der Textilbranche den Zugang zur modernen Technik.

Gleichwohl war es der unbeliebte Emporkömmling Arkwright, der die moderne Fabrik in die Welt gesetzt hat. Kennzeichnend dafür ist, daß seine Cromforder Baumwollspinnereien unter dem Begriff »Arkwright mills« als Typus der Fabrik hinsichtlich des Antriebssystems, der maschinellen Ausstattung wie der baulichen Gestaltung des Gebäudes galten. Es waren drei- bis viergeschossige, funktionale Backsteinbauten, etwa 21 bis 24 Meter lang und 7,5 bis 9 Meter breit. Gebäude und Wasserradantriebe waren ausgelegt für rund 1.000 Spindeln und die entsprechende Anzahl von Kardier- und Vorspinnmaschinen. Vorerst vermochte nur ein sehr enger Kreis von Baumeistern diesen Prototyp des Fabrikbaus mit der Wasserkraftanlage auszuführen. Um 1780 gab es in Nordengland und Schottland etwa 20 und 1788 über 140 dieser Spinnereien Arkwrightschen Typs, 5 davon gehörten dem Unternehmen Arkwright & Co., und an mindestens weiteren 6 war Arkwright beteiligt. Diese Maschinenspinnereien waren der Prototyp der modernen Fabrik, gekennzeichnet durch die Konzentration der Produktionsabläufe in funktionalen Gebäuden und durch die Ausführung der technischen Handlungen überwiegend – nicht ausschließlich – mit verschiedenen Arbeitsmaschinen der Formveränderung, die durch irgendwelche Kraftmaschinen mit der notwendigen Antriebsenergie versorgt werden. Das prägende technische Element eines solchen Fabrikbetriebes war der auf Arbeitszerlegung aufbauende Einsatz von Maschinen der Stofformung, und dies unterschied die Fabrik sowohl von dem traditionellen Handwerksbetrieb und vom Verlagssystem als auch von der zentralisierten Manufaktur. Ökonomisch bedeutete die Fabrik einen erhöhten, in Gebäuden und Betriebseinrichtungen gebundenen Kapitalbedarf sowie eine durch die neue Technik ermöglichte größere Arbeitsproduktivität. Die »Arkwright mills« waren nicht nur der Prototyp der Fabrik, sondern schon mit der technischen Ausstattung der achtziger Jahre auch die Geburtsstätte der modernen Massenproduktion. In ihnen wurde mit Einzweckmaschinen an mehreren, den Verfahren gemäß angeordneten Fertigungsplätzen für das Kardieren, Strecken, Doublieren, Vorspinnen und Feinspinnen, an einer Maschine oder vielen gleichzeitig, Vor-, Zwischen- und Fertigprodukte eines genormten Massenerzeugnisses, nämlich Garn, hergestellt. Die erwähnten 2,4 Millionen Maschinenspindeln

129. Die Struttschen Baumwollspinnereien in Belper und in Milford. Postkarte von A. N. Smith nach einem Aquarell aus der Zeit um 1820. Privatsammlung

und die Krempel- und Vorspinnmaschinen standen aber nicht nur in solchen modernen Fabriken. Der Vorteil der höheren Arbeitsproduktivität durch den Maschineneinsatz war auch im kleineren Maßstab lukrativ. Hauptsächlich in Lancashire entstanden viele kleinere Spinnereien in ehemaligen Mühlen oder anderen gewerblichen Anlagen. Das Wasserrad oder ein Pferdegöpel betrieben die Kardiermaschinen. Gesponnen wurde mit per Hand angetriebenen »Jennies« oder Mules. Das Garn verarbeitete man auf Handwebstühlen zum Tuch.

Die in den neunziger Jahren sich explosiv fortsetzende Maschinisierung der Baumwollspinnerei, der Einsatz von Maschinen in der Wollverarbeitung, zumal im West Riding in Yorkshire, waren verbunden mit der ständigen Optimierung der Arkwrightschen Spinnmaschine, der Cromptonschen Mule wie der Kardier- und Vorspinnmaschinen für die Baumwollverarbeitung und ihrer Adaptierung für Wolle. Alle Maschinen waren Produkte der Hand-Werkzeug-Technik. Ihre tragenden Teile bestanden fast ausschließlich aus Holz, die Getriebeteile aus Buntmetall und zum Teil gleichfalls aus Holz. Solange keine anderen Werkstoffe üblich waren, reichten die Fertigkeiten der an der Produktion von Maschinen beteiligten Handwerker, Zimmerleute, Tischler und Uhrmacher ebenso aus wie jene der Mühlenbauer für die Herstellung von Wasserkraftanlagen. Es war auch möglich, die Spindelzahl des Kettenstuhles ohne Veränderung der Konstruktion, bloß durch Aneinanderreihen und Hintereinanderstellen der ursprünglichen Viererblöcke von Flügelspindeln und Streckwerken zu erhöhen und den Spinnvorgang mit kleinen Veränderungen zu beschleunigen, etwa durch automatisches Verteilen des Fadens auf der Spule beim Aufwinden, die das vom Flügelspinnrad vorerst übernommene umständliche Umhängen auf den Häkchen des Flügels ersetzte. So gelang es schon um 1775, Spinnmaschinen doppelseitig mit je 12 bis 24 Spindeln und einer gemeinsamen Riemenscheibe auf jeder Seite zu bauen. Jeder Viererblock von Spindeln und Streckwerken hatte jedoch auch weiterhin sein eigenständiges Getriebesystem aus Riemen und Zahnrädern – eine sehr anfällige Konstruktion, die deshalb beibehalten wurde, weil die Zahnräder aus Messing und die noch immer aus Holz gebauten Riffelwalzen der Streckwerke eine höhere Belastung nicht zuließen. Erst als Buntmetall und Holz bei den Zahnrädern und Riffelwalzen durch Eisen und Stahl ersetzt werden konnten, war es möglich, alle Spindeln durch eine Antriebstrommel und alle Streckwerke mit einem Zahnradgetriebe zentral zu bewegen. Das stabilere und einfachere Antriebssystem ermöglichte den Bau von größeren Spinnmaschinen. Dieser schon gegen Ende des 18. Jahrhunderts belegte neue Typ des Arkwrightschen Kettenstuhles bekam wegen der Töne, die die Antriebstrommel und die Seilzüge erzeugten, den Namen »Throstle«, und um 1810 waren Drosselmaschinen mit 60 bis 96 Spindeln keine Seltenheit mehr.

Der Nachteil der Arkwrightschen Spinnmaschinen, die hohe Belastung des Fadens, wurde dann in den zwanziger Jahren des 19. Jahrhunderts in den USA eliminiert. John Thorp (1784–1848) patentierte bereits 1828 die erste Version einer Ringspinnmaschine. Er ersetzte den die Belastung verursachenden Flügel mit einer leichten Metallöse, und diese konstruktive Veränderung ermöglichte das Spinnen sowohl weichgedrehter Schußgarne als auch mittelfeiner Garne. Dieser in den folgenden Jahren durch Veränderungen der Spindelkonstruktion und -lagerung mit höheren Umdrehungszahlen arbeitende Ringspinner war in den USA die am häufigsten eingesetzte Spinnmaschine.

In Großbritannien fand die Ringspinnmaschine bis in die achtziger Jahre keine nennenswerte Verbreitung. Dies lag hauptsächlich daran, daß hier schon seit dem Anfang des 19. Jahrhunderts die Cromptonsche Mule zur universalen Spinnmaschine geworden war. Das Interesse an dieser nicht patentierten Maschine war sehr groß, und bereits nach 1780 arbeiteten viele Textiltechniker an der Beseitigung ihrer teils konstruktiv, teils fertigungstechnisch bedingten Kinderkrankheiten. Der Grundtrend war auch hier das Ersetzen von Holz durch Metall und Eisen sowohl bei den Streckwalzen als auch beim Antriebssystem und der damit ermöglichte Bau von Maschinen mit bis zu 100 Spindeln. Eine weitere Erhöhung der Spindelzahl und ihrer Umlaufgeschwindigkeit stieß jedoch alsbald an die Grenzen der Leistungsfähigkeit des Antriebes durch die Körperkraft des Menschen, weil das Gewicht der einzelnen Maschinenteile erheblich zugenommen hatte.

Die Umstellung des Antriebes auf eine Kraftmaschine und die maschinelle Steuerung der Bewegungsabläufe erfolgten in zwei Etappen, zwischen denen fast vier Jahrzehnte lagen. In den neunziger Jahren des 18. Jahrhunderts gelang es, die Streckwerke, die Spindeln und das Ausfahren des Spindelwagens über eine Transmission von einer Kraftmaschine anzutreiben. Diese Mule wurde als halbautomatisch bezeichnet. Nach dem vollendeten Ausfahren klinkte sich der Antrieb selbsttätig aus; die restlichen Bewegungsabläufe für das Aufwinden, nämlich die Betätigung des Abschlagdrahtes, das viel Körperkraft erfordernde Einschieben des Spindelwagens und das Antreiben der Spindeln, mußten vom Spinner ausgeführt werden. Auf dieser Stufe war der Spinnvorgang bis zum fertigen Garn maschinell angetrieben und gesteuert, aber der nicht weniger wichtige Vorgang des Aufwindens, bei dem ein regelmäßig und fest gewickelter Kötzer entstehen sollte, blieb dem Handantrieb und der Handsteuerung der Funktionsteile der Maschine überlassen. Der erste Schritt zur Automatisierung der Mule hatte zweierlei Folgen: Da von nun an die Mule eine Kraftmaschine brauchte, war ihr Aufstellungsort nicht mehr der Spinnschuppen, sondern die Fabrik. Zudem war es möglich, die Mule größer, mit mehr Spindeln zu bauen, und schon 1795 waren, beispielsweise im Produktionsprogramm der Spinnmaschinenfabrik Connel & Kennedy in Manchester, Mulemaschinen mit bis zu 288 Spindeln in Betrieb. Bald danach kannte man Spindelzahlen bis über 400. Weil ein Mindestabstand der Spindeln eingehalten werden mußte, wurde der Spindelwagen immer breiter; bei 400 Spindeln maß er rund 14 Meter. Sollten Schwingungen vermieden werden, mußte man ihn anstatt aus Holz aus Gußeisen bauen, wodurch wieder das Eigengewicht stieg. Außerdem war es erforderlich, das Triebwerk für die Handsteuerung von der Seite der Mule in die Mitte zu verlegen, denn aus der Randposition konnte der Spinner weder den Ablauf der Arbeitsvorgänge überblicken noch den Spindelwagen einschieben.

Die halbautomatische Mulemaschine brachte keine Erleichterung der Arbeit. Im Gegenteil: Da die Hälfte der Arbeitsvorgänge, das eigentliche Spinnen, maschinell ablief, ließen die Unternehmer den Spinner zwei hintereinander gestellte Maschinen bedienen, deren Abläufe zeitlich unterschiedlich geschaltet wurden. Während auf der einen der automatische Spinnvorgang lief, mußte er auf der zweiten das Aufwinden besorgen, danach eine Kehrtwendung machen und das Aufwinden auf der ersten Maschine ausführen und so fort. Bei der damals üblichen täglichen Arbeitszeit von 12 Stunden bedeutete dies pro Schicht etwa 2.200- bis 4.400mal den etwa 800 Kilogramm schweren Spindelwagen einschieben, den Abschlagdraht bedienen und die Spindeln antreiben.

Die Mule war schon um 1810 die meist verbreitete Spinnmaschine in Großbritannien. Sie produzierte nicht nur mehr Garn, sondern senkte auch die Spinnkosten und ermöglichte ein viel breiteres Garnsortiment. Für den Unternehmer blieb im Vergleich mit der Arkwrightschen Spinnmaschine dennoch ein großer Nachteil: Es

130. Feinspinnen mit halbautomatischen Mulemaschinen. Stahlstich in dem 1836 in London erschienenen Werk »The philosophy of manufactures« von Andrew Ure. Privatsammlung

war nicht möglich, die Maschine allein durch angelernte Arbeitskräfte, zu denen Kinder und Jugendliche gehörten, zu bedienen; sie bedurfte eines hochqualifizierten, kräftigen, erwachsenen Maschinenführers. Wenn er ausfiel, konnte man vor dem Fabriktor keinen Ersatz finden, und die teure Maschine stand still. Qualifizierte Mulespinner waren auf dem Arbeitsmarkt Mangelware, und sie wurden sich ihrer Schlüsselposition immer mehr bewußt. Längst bevor sie eine Gewerkschaft gründeten und in den zwanziger Jahren mit Methoden des kollektiven Arbeitskampfes versuchten, ihre Lohnforderungen durchzusetzen, versuchten einige Unternehmer-Techniker, die Mule »selbsttätig« zu machen. Das erste Patent auf eine »Selfacting mule« nahm im Jahr 1792 William Kelly. Das Ziel seiner Bemühungen um den maschinellen Antrieb und die Steuerung des Aufwindens war »mit jungen Leuten« oder, anders formuliert, mit angelernten Arbeitskräften gedacht. Ob es Kelly gelungen ist, die patentierte Konstruktion in die Praxis umzusetzen, muß aufgrund der Tatsache, daß der Selfaktor erst rund vierzig Jahre später auf den Markt gekommen ist, bezweifelt werden. In der Zwischenzeit bemühten sich mehrere Textiltechniker um die Lösung einer zuverlässigen Steuerungsvorrichtung für das Aufwinden. Erst zwischen 1825 und 1830 gelang dies einem der erfahrensten Maschinenbauer,

Richard Roberts (1789–1864). Seine fünfjährige Entwicklungsarbeit, die rund 12.000 Pfund gekostet haben soll – für diese Summe konnte man um 1818 eine Spinnerei mit 5.000 Spindeln einrichten –, kam durch einen Auftrag der Baumwollfabrikanten in Lancashire zustande, die nach den Lohnstreiks der Mulespinner zwischen 1823 und 1825 verzweifelt nach einem Konstrukteur suchten, der in der Lage wäre, die Mule selbsttätig, von der Fachkraft unabhängig zu machen.

Roberts, ein typischer Maschinenbauer der ersten Stunde, der gern das bis dahin Unbewältigte in Angriff nahm und den das Geschäftsgebahren seiner Firma wenig kümmerte, löste das Problem. Aber sein mit den 1825 und 1830 genommenen Patenten abgesicherter Selfaktor wurde nicht zum Verkaufsschlager und spielte ihm binnen zwanzig Jahren kaum die Entwicklungskosten ein. Der Selfaktor brachte zwar eine bis um 20 Prozent höhere Produktionskapazität, war aber wesentlich teurer, hatte einen höheren Energiebedarf als die halbautomatischen Mulemaschinen und war trotz mancher Verbesserung bis in die achtziger Jahre nur für das Spinnen grober und mittelfeiner Garne geeignet. Dafür war er die meistgenutzte Maschine. Doch die allerfeinsten Garne wurden weiterhin mit der halbautomatischen Mule gesponnen.

Gleichzeitig mit der Verbreitung der halbautomatischen Mule wurden für die Öffnung der Ballen, die mechanische Reinigung und Auflockerung der Baumwolle Maschinen entwickelt, und im ersten Jahrzehnt des 19. Jahrhunderts ließen sich alle Arbeitsgänge der Baumwollspinnerei maschinell durchführen. Von den Spinnmaschinen hatte die Mule die führende Position eingenommen. Um 1810 waren von etwa 4,7 Millionen Maschinenspindeln etwa 90 Prozent Mulespindeln. Zwischen 1790 und 1810 haben sich die Baumwollimporte, die überwiegend aus den Südstaaten der USA stammten, mehr als vervierfacht und bis 1830 von 132 auf 264 Millionen Pfund nochmals verdoppelt. In derselben Zeitspanne, von 1790 bis 1830, stieg der Wert der exportierten Baumwollwaren von 1,6 auf 19,3 Millionen Pfund. Die Baumwollindustrie vermochte ihre vor der Jahrhundertwende errungene Spitzenposition im britischen Textilgewerbe, trotz der allmählich und seit den zwanziger Jahren beschleunigt sich verbreitenden Maschinentechnik sowohl im Woll- als auch im Leinengewerbe, weiter auszubauen.

Der wichtigste Exportartikel der Baumwollindustrie waren Gewebe und Wirkwaren, aber gegen Ende des 18. Jahrhunderts wuchs sprungartig auch der Export von Baumwollgarnen und -zwirnen. 1799 betrug der Gesamtwert dieser Exporte etwa 200.000 Pfund, 1809 überschritt er bereits 1 Million, und bis 1830 vervierfachte er sich. Die Maschinenspinnereien produzierten so viel Garn, daß die altherkömmliche und ökonomisch sehr rationale Exportpolitik, nämlich nur Gewebe und Wirkwaren auszuführen, nicht mehr haltbar war. Die Maschinisierung der Spinnerei beseitigte den Mangel an Spinnerinnen; infolge der Ungleichmäßigkeit der technischen Entwicklung trat an seine Stelle der Mangel an Webern.

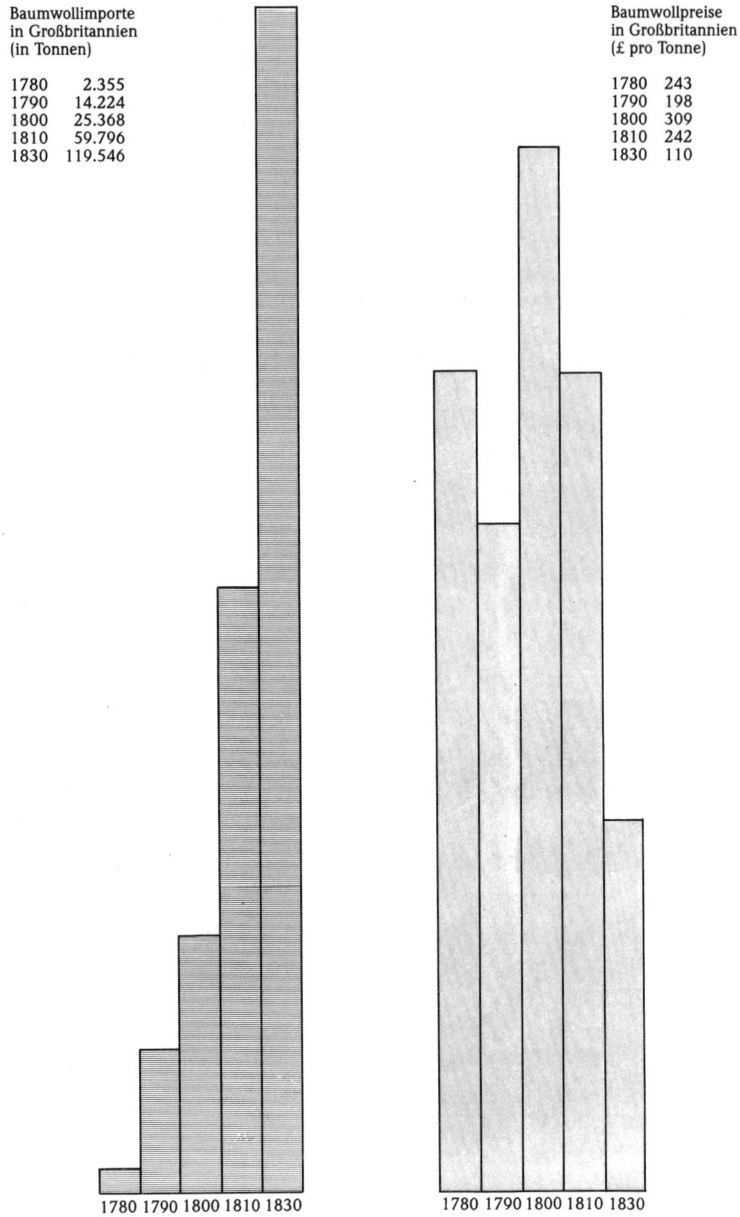

Baumwollimporte und -preise in Großbritannien pro Tonne 1780–1830 (nach Baines und Catling)

Die Webereitechnik war bis in die dreißiger Jahre des 19. Jahrhunderts dominiert von der Handweberei. Diesem Produktionszweig wendeten sich seit den achtziger Jahren Tausende von Arbeitskräften zu. Die Zahl der Handweber stieg zwischen

1788 und 1806 von etwa 100.000 auf 184.000 und dann bis 1830 auf 240.000. Bis zur Jahrhundertwende brachte die große Nachfrage den Handwebern auch Einkommenssteigerungen in solchem Ausmaß, daß Zeitgenossen vom »Goldenen Zeitalter« der Handweber sprachen. Doch nach 1820 war die Gesamtlage durch den Wettbewerb der Handweber mit den Maschinenwebstühlen gekennzeichnet, deren massenhafte Verbreitung in den dreißiger und vierziger Jahren das große »Webersterben« zur Folge hatte. 1850 gab es in Großbritannien noch etwa 40.000 Handweber, 1860 lediglich rund 10.000.

Der im Vergleich mit der Spinnerei lang anhaltende Prozeß des Überganges zur Maschinenweberei war im wesentlichen die Folge von Problemen, die bei der fertigungstechnischen Umsetzung der Konstruktion eines Maschinenwebstuhles gelöst werden mußten. Die konstruktiven Lösungen hatte sich bereits zwischen 1785 und 1788 Dr. Edmund Cartwright (1743–1823) patentieren lassen, ein die Universität von Oxford absolvierter Geistlicher. Ihm war es auch gelungen, eine funktionierende Webmaschine zu bauen. Cartwrights Priorität als Erfinder steht außer jedem Zweifel. Mit seinem aufgrund des zweiten Patentes gebauten Maschinenwebstuhl regte er, der vorher weder mit der Weberei noch mit irgendeinem Handwerk etwas zu tun hatte, die Fachleute zum Nachdenken und Tüfteln über technische Probleme einer Webmaschine an. Trotzdem waren nach zwei Jahrzehnten dieser Entwicklungsarbeit in Großbritannien um 1810 nur etwa 2.400 Webmaschinen in Betrieb, und ein beschleunigtes Verdrängen der Handweberei folgte erst in den dreißiger Jahren.

Auf dem Weg zur Maschinenweberei

Im Unterschied zu der Maschinisierung der Spinnerei, die aufgrund der Zerlegung des Spinnprozesses auf mehrere Maschinen und mittels Rotationsbewegungen verwirklicht werden konnte, ist das Weben, »das rechtwinklige Verkreuzen von Fäden der Fadensysteme von Kette und Schuß nach einer bestimmten Ordnung... zu einem Gewebe« (DIN 61040/1982), ein technischer Vorgang, der sich nur auf einem Gerät durchführen läßt. Der seit dem Mittelalter vorhandene Schaftwebstuhl war eine mechanische Vorrichtung. Auf ihr hatte der Weber nach dem Aufziehen der Kette, das viel Fachkenntnis voraussetzte, das Weben im engeren Sinne in drei sich ständig wiederholenden Arbeitsschritten zu vollbringen: durch die Fachbildung, das Eintragen des Schußgarnes und sein Anschlagen. Nach einer gewissen Anzahl dieser Arbeitsschritte mußte der Weber diese Tätigkeiten unterbrechen, das fertiggewebte Stück auf den Brustbaum aufwinden, damit ein Stück der Kette vom Kettbaum abwinden, den Breithalter der Kette versetzen und dann im Weben fortfahren. Von den drei Arbeitsschritten führte der Weber die sogenannte Fachbildung und das Anschlagen über die mechanischen Vorrichtungen des Handwebstuhles – die Fußtritte, die Schäfte und die Lade – aus; das Eintragen des im Weberschützen aufgespulten Schußfadens, der deshalb als »Eintrag« bezeichnet wurde, fand von Hand statt. Seit den vierziger Jahren gab es allerdings auch für diesen Arbeitsschritt eine technische Vorrichtung, die 1733 von John Kay (1704–1774) patentierte und erst nach 1760 sich verbreitende Schnellade, auch »fliegendes Weberschiffchen« oder »Schnellschütze« genannt, mit der der Handweber den Kettfaden durch das Fach schleuderte. Ein mit der Schnellade ausgestatteter Handwebstuhl war somit ein mechanischer Webstuhl, den der Weber mit dem Fuß oder mit der Hand in Bewegung setzte. Geschwindigkeit, Regelmäßigkeit und Koordinierung der Abfolge der Arbeitsvorgänge sowie die Kraft, mit der der Anschlag des Fadens erfolgte, waren von seiner Erfahrung und von seinen Fähigkeiten abhängig; sie wurden von ihm gesteuert. Außerdem reagierte er auf Pannen wie Fadenbrüche oder das Zurückprallen des Weberschiffchens in das Fach und führte die Nebentätigkeiten wie das Aufwinden des Tuches und das Nachlassen der Kette aus. Die anspruchsvolle konstruktive Aufgabe bei der Entwicklung einer Webmaschine bestand also darin, für die Bewegung der vom Handwebstuhl unverändert übernommenen Funktionselemente – Ketten- und Brustbaum, Schäfte und Schnellade – technische Mittel zu finden: für die Energieübertragung von einer Kraftmaschine, aber auch für die Energieabstufung wegen des unterschiedlichen Bedarfes der einzelnen Elemente. Außerdem – und dies erwies sich als besonders schwierig – mußten die bis dahin vom Weber bewältigten Steuerungs- und Kontrollfunktionen mit sachtechnischen Mitteln gelöst werden.

Der von praktischen Kenntnissen der Handweberei unbelastete Cartwright versuchte die Konstruktion eines Maschinenwebstuhles aufgrund von angelesenem Wissen über das Weben. Davon zeugt auch sein erstes Patent von 1785: ein mittels einer Handkurbel angetriebener Webstuhl mit vertikaler Kette – eine Bauweise, die im damaligen England von Webern überhaupt nicht benutzt wurde. Spätestens zu diesem Zeitpunkt mußte er sich jedoch in der Webstube eines Handwebers gründlich umgesehen haben, denn sein zweites Patent von 1786 war nichts anderes als ein maschinell angetriebener und gesteuerter Handwebstuhl gängigster Bauart. In diesem und den noch folgenden zwei Patenten dachte Cartwright an alles, was zu einem Maschinenwebstuhl gehört. Die Abstufung der Antriebsenergie für die einzelnen Funktionselemente löste er mit Zahnrädern, Schnecken und Kurvenscheiben, und bei den unvermeidlichen Pannen der Schuß- und Kettfadenbrüche sowie eines Rückpralles des Schützens in das Fach setzten selbsttätige Abschaltvorrichtungen den Webstuhl außer Betrieb. Cartwright entging nicht, daß die durch Nebentätigkeiten verursachten Unterbrechungen des Webens ebenfalls abgeschafft werden könnten. Die Kettfäden sollten direkt von den Spulen auf den Webstuhl gebracht werden; das Nachlassen der Kettfäden und das Aufwinden des Tuches sowie das

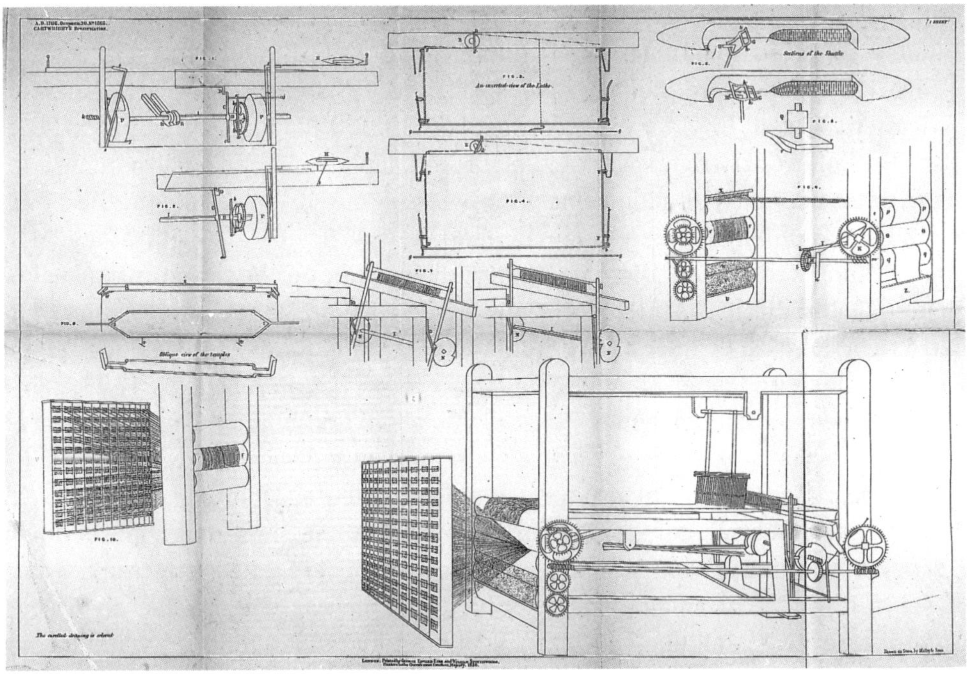

131. Cartwrights zweiter Maschinenwebstuhl. Zeichnung in der Patentschrift von 1786. London, Public Record Office

Versetzen der Breithalter geschahen selbsttätig nach einer bestimmten Anzahl von Anschlägen, und für das bei vielen Geweben notwendige Schlichten der Kette entwarf Cartwright eine Schlichtmaschine.

Binnen vier Jahren gelang es ihm, eine funktionsfähige Webmaschine zu bauen. Sie war nur für grobe Gewebe geeignet und mußte von einer Fachkraft bedient werden. In dieser Hinsicht glich sie den ersten Absetzspinnmaschinen, der »Jenny« sowie der Mule. Aber im Unterschied zu diesen produzierte Cartwrights Webmaschine nur so viel wie ein Handweber mit dem Schnellschützen. Außerdem mußte sie wegen des hohen Energieaufwandes von einer Kraftmaschine angetrieben werden. Im Vergleich mit der dezentralisierten Handweberei ergaben sich für den Unternehmer mehrere Nachteile: zusätzlicher Kostenaufwand für Gebäude, höhere Anschaffungs- und Instandhaltungskosten für die Webmaschinen, Investitionen in eine Kraftmaschinenanlage, gleichbleibende Lohnkosten und ein auf grobe Gewebe eingeschränktes Produktionsprogramm. Die Gewinnerwartungen waren rechnerisch also gleich Null und die Zeichen für ein Entflammen schwelender sozialer Konflikte mit den Handwebern unverkennbar. Deshalb war zunächst kein Anreiz vorhanden, die Maschinentechnik in breiterem Umfang zu übernehmen. Die ersten zwei Maschinenwebereien blieben in der Familie: Die eine gründete 1786 der Erfinder selbst in Doncaster, die andere 1788 sein Bruder John Cartwright (1740–1824) in Retford. Beide gingen spätestens 1793 ein. Das Unternehmen in Doncaster soll dem Erfinder einen Verlust von 30.000 Pfund gebracht haben. Die letzte Hoffnung Cartwrights war ein Vertrag mit kapitalkräftigen Unternehmern in Manchester über die Gründung einer Großweberei mit 400 Webstühlen. Die 1792 mit 24 Webstühlen in Betrieb genommene Anlage fiel nach einem Monat der Brandstiftung zum Opfer. Die Eigentümer, die sich an der Versicherung schadlos hielten, ließen ihren Vertragspartner mit leeren Händen stehen, und nun war für Cartwright das Maß voll. Obwohl er rund 40.000 Pfund für die Entwicklung seiner Webmaschinen und einer Kämmaschine ausgegeben hatte, zog er sich 1793, zehn Jahre vor dem Auslaufen seiner Patente, aus allen Textilmaschinenprojekten zurück.

Alles, was über Cartwright bekannt geworden ist, deutet darauf hin, daß nicht der Erfinder und Konstrukteur, sondern nur der Maschinenbauer und Unternehmer gescheitert war. Es lag wohl nicht zuletzt an dem Stand der Fertigungstechnik, wenn er seine Ideen nicht so umsetzen konnte, daß die Maschinenweberei für die Unternehmer trotz Zahlung von Lizenzgebühren lukrativer gewesen wäre als die Handweberei. Zwischen 1790 und 1810 beschäftigten sich dann viele, überwiegend aus der Weberei stammende Techniker mit konstruktiven Problemen des Maschinenwebstuhles. Sie waren vielleicht weniger genial als Cartwright, hatten aber mehr praktische Erfahrung und Gelegenheit, sich auf einzelne Schwachpunkte zu konzentrieren. Der 1803 patentierte, noch überwiegend aus Holz gebaute Maschinenwebstuhl von William Horrocks (1776–1849) aus Stockport war die erste Synthese aus verschiedenen Verbesserungen, die schottische und englische Webereitechniker, ausgehend von dem Cartwrightschen Prototyp, hervorbrachten. Zum einen wurde der Maschinenwebstuhl kompakter, mit einem gegenüber den Handwebstühlen viel kürzeren Abstand zwischen Ketten- und Brustbaum gebaut. Zum anderen wurden funktionsgerechtere Lösungen für einzelne Elemente des Antriebs- und Steuerungssystems gefunden. Von besonderer Bedeutung waren dabei das Ersetzen der vom zentralen Antriebssystem unabhängigen und deshalb mit ihm schwer koordinierbaren Antriebsfedern für den Schützen und die Lade durch Kurvenscheiben beziehungsweise durch eine Kurbel. Zusammen mit der von William Radcliffe (1760–1841) entwickelten Schlichtmaschine, wodurch sich die Unterbrechungen beim Weben wesentlich verkürzen ließen, war diese zweite Generation von Webmaschinen der Produktivität des Handwebers überlegen. Im Jahr 1830 zählte man in Großbritannien 100.000 Maschinenwebstühle. Die technischen Voraussetzungen für den sprunghaften Anstieg und den damit einsetzenden Verdrängungsprozeß der Handweberei schuf jedoch erst der professionelle Maschinenbauer. Auch jetzt war es Roberts, der 1822, ausgehend von der Horrocksschen

132. Saal mit Robertsschen Maschinenwebstühlen. Stahlstich in der 1836 in Stuttgart erschienenen deutschsprachigen Ausgabe des Werkes von Edward Baines. Berlin, Technische Universität, Bibliothek

Konstruktion, eine überwiegend aus Eisen und Stahl gebaute Webmaschine auf den Markt brachte. Die in den folgenden Jahren von ihm selbst und vielen anderen Maschinenbauern vollzogenen Verbesserungen ermöglichten mit der dritten Generation von Webmaschinen auch die Herstellung von feineren Geweben, womit die letzten Bedenken der Unternehmer gegen ihren Einsatz ausgeräumt waren.

Die nur für grobe Gewebesorten geeignete Konstruktion der ersten zwei Generationen von Webmaschinen war eine der wichtigsten Ursachen der Zurückhaltung von Unternehmern gegenüber der Einführung der kapitalaufwendigen Maschinenweberei. Sie befürchteten den Verlust an Flexibilität des Produktionsprogrammes, mithin die Unmöglichkeit, sich an die vom Markt, von der Mode diktierten Nachfrageschwankungen anpassen zu können. Die durch die Handweberei gewährleistete Flexibilität war ihnen wichtiger als die schon Anfang der zwanziger Jahre propagierte etwa dreifache Leistung eines Maschinenwebstuhls. Die mit der Praxis der Weberei vertrauten Unternehmer orientierten sich längere Zeit nicht an den technischen Parametern wie der in den Werbeprospekten angepriesenen maximalen Schußfrequenz der Webmaschine, sondern an dem mit Pannen gefüllten Alltag der Maschinenweberei, in dem auch noch in den vierziger Jahren die reale Leistung auf die Hälfte der technisch möglichen zu schrumpfen pflegte. Ein weiterer Grund, warum selbst große Unternehmen in den zwanziger Jahren zentralisierte Handwebereien bevorzugten, war die Steigerung der Tagesleistung des Handwebers zum einen unter dem Lohndruck und zum anderen durch technische Verbesserungen am Handwebstuhl. So wurde in zentralisierten Handwebereien in Manchester ein moderner, teilweise aus Eisen gebauter Handwebstuhl, der sogenannte Dandyloom, eingeführt, der, ausgestattet mit einigen für den Maschinenwebstuhl entwikkelten selbsttätigen Steuerungsmechanismen, wie dem automatischen Aufwinden des Tuches und Nachlassen der Kette, das Handweben beschleunigte. Mit diesem Handwebstuhl konnte ein geübter Handweber pro Minute 70 bis 80 Schüsse ausführen, was in etwa der Hälfte der nominalen Schußfrequenz damaliger Maschinenwebstühle entsprach. Eine weitere Erhöhung des Ausstoßes wurde in den zentralisierten Handwebereien dadurch erreicht, daß, wie in der Maschinenweberei, die gesamte zeitraubende Vorbereitung spezialisierten Arbeitern zugeteilt wurde und so der Handweber sich ausschließlich dem Weben widmen konnte. Und in den von sozialen Auseinandersetzungen geprägten Jahrzehnten nach 1815 waren es nicht zuletzt unternehmerische Überlegungen, die vorerst gegen die Einrichtung einer Maschinenweberei sprachen: Gegen die Zentralisierung der Handweberei mit modernen Handwebstühlen gab es nämlich weder seitens der Belegschaft noch seitens der Heimarbeiter Protestaktionen.

Das Vernachlässigen der technischen Mängel und die Gleichsetzung der ersten patentierten Maschinenwebstühle von Cartwright mit funktionsfähigen und dem Handwebstuhl überlegenen Webmaschinen, der man in Geschichtsdarstellungen nicht selten begegnet, lenkt die Aufmerksamkeit bei der Suche nach den Ursachen der langwierigen Umsetzungsphase viel zu leichtfertig auf die retardierende Wirkung des sozialen Widerstandes gegen die Maschinen. Solcher Widerstand wird in Memoiren von Unternehmern gern ins Feld geführt. Demgegenüber kann man anhand der Einführung aller technischen Neuerungen in der Textilbranche feststellen, daß sich Unternehmer von der Übernahme der neuen Technik in dem Augenblick von nichts zurückhalten ließen, in dem sie entscheidende betriebsökonomische Vorteile verhieß. Und gerade dies vermochte die erste Generation der Maschinenwebstühle wegen der eher fertigungstechnisch als konstruktionsmäßig bedingten Mängel nicht zu gewährleisten. Als dann die Robertssche Webmaschine verfügbar war und man sich mit ihr wesentliche Kostenvorteile und höhere Gewinne erhoffte, begann trotz sozialer Auseinandersetzungen der massenhafte Übergang zur Maschinenweberei.

Im Unterschied zu den Garnen, für deren Absatz das Preis-Leistungsverhältnis, das an der Qualität und an der Feinheit des Garnes gemessen wurde, entscheidend war, spielte im Absatz von Geweben außer diesen zwei Gesichtspunkten ein dritter eine erhebliche Rolle: die Optik des Gewebes, sein Design. Abgesehen von Art und

Qualität des Garnes wird das für den Endverbraucher Entscheidende am Gewebe – seine Struktur, Farben und Muster – durch das Weben sowie durch die chemische und/oder mechanische Endbearbeitung des groben Tuches bestimmt, ohne die es keinen Verbrauchsartikel darstellt. Die Struktur des Gewebes hängt von der Kombination der Garnarten einerseits und der Kombination der Kettengarne bei der Fachbildung andererseits ab. Das farbige Gewebe entsteht entweder durch die Kombination der farbigen Garne, die im Vlies, also vor dem Spinnen, oder im Garn gefärbt werden, beziehungsweise durch das Färben des Gewebes. Die Muster im Gewebe ergeben sich durch die Kombination der Kettfäden bei der Fachbildung, aber die Optik eines glatten, einfarbigen Gewebes läßt sich auch durch Aufdrucken anders- und/oder mehrfarbiger Ornamente verändern. Zum einen folgte die Textilindustrie mit der Vielfalt von Gewebestrukturen, ihrer Farben und Muster dem modischen Geschmack, zum anderen bestimmte sie mit der Kreation neuer Designs die Mode, und in beiden Fällen war das Design einer der wichtigsten Faktoren für die Vermarktung des billigsten Baumwollstoffes wie des teuersten Brokats.

Für alle Arten der Designbildung gab es schon auf der Stufe der Hand-Werkzeug-Technik Vorrichtungen beziehungsweise Verfahren, welche die Farbkombinationen, die Musterweberei und das Bedrucken ermöglichten. Die Kombination von verschiedenfarbigen Schußgarnen in der Handweberei wurde in den sechziger Jahren des 18. Jahrhunderts durch die Wechsellade erleichtert. Diese von Robert Kay (geboren 1728), dem Sohn des Erfinders der Schnellade, erfundene Zusatzeinrichtung war nichts anderes als ein Magazin für vier und mehr Schützen mit verschiedenfarbigen Schußgarnen, die ohne Unterbrechung des Webens nach jedem Anschlag wahlweise zur Eintragung in das Fach abgerufen werden konnten. Solche Wechselladen gehörten bei Webmaschinen selbstverständlich zur Standardausstattung.

Die Musterweberei war eine spezialisierte Art der Handweberei; ihre Technik beruhte auf der unterschiedlichen Kombination der Kettfäden bei jeder Fachbildung. Für das Weben auch der einfachsten Muster mußte ein Handwebstuhl mit 3 bis 5 Tritten und 5 bis 28 Schäften ausgestattet sein; die Kombination der Kettfäden wurde durch das abwechselnde Betätigen der Tritte hervorgerufen. Mit dieser Trittarbeit, bei der der Weber, einem Orgelspieler gleich, »spielt«, blieb die Kombinationsmöglichkeit beschränkt, weil mehr als 5 bis 6 Tritte auf dem Webstuhl nicht unterzubringen waren. Komplizierte Muster und Figuren wurden deshalb mit Zugarbeit, mit Hilfe einer Zusatzeinrichtung über dem Handwebstuhl, dem sogenannten Harnisch, gewebt. Das war ein die Schäfte ersetzendes, äußerst kompliziertes Schnüren-, Litzen- und Platinensystem zum Bündeln der Kettfäden. Die dem Muster entsprechende Zusammenstellung der Kettfäden bei der Fachbildung wurde nach einem voraus festgelegten Plan auf Anweisung des Webers von einem Gehilfen durch das Ziehen verschiedener Züge bewerkstelligt. Im Jahr 1805, längst bevor

133. Handwebstuhl mit Jacquard-Maschine in einer Lyoner Seidenweberei. Holzstich nach einer Zeichnung von Maurice Férat, Anfang des 19. Jahrhunderts. Paris, Bibliothèque Nationale

sich die Webmaschinen in England verbreitet hatten, erfand der Franzose Joseph Maria Jacquard (1752–1834) eine technische Vorrichtung, die die Wahl der Kettfäden automatisch steuerte. Mittels dieser Jacquard-Maschine, der ersten industriellen Anwendung einer Lochkartensteuerung, konnte der Handweber mit einem einzigen Fußtritt die in den Lochkarten gespeicherten Kombinationen der Kettfäden für die Fachbildung abrufen. Das neue Steuerungsgerät erlaubte nicht nur die Musterweberei zu beschleunigen, sondern auch das Sortiment von Mustern wesentlich zu erweitern und die gemusterten Stoffe insgesamt zu verbilligen. Am meisten verbreitet war es in Frankreich in der Seidenweberei. In England wurden die Jacquard-Maschinen nach 1815 von der Handweberei für Baumwollwaren verwendet, aber erst in den dreißiger Jahren auch von der Maschinenweberei.

Aus Indien importierte bedruckte Baumwollstoffe, »Indiennes« genannt, waren im 17. und 18. Jahrhundert begehrte, mit Seidenstoffen gleichgeschätzte Luxusartikel. Dem weniger gehobenen Geschmack entsprach das auch in Europa verbreitete Bedrucken von glatten Stoffen mit verschiedenen Mustern für Kleidungs- und Tischtextilien. Beliebt war die Technik der Schwarz- oder Blaufärberei. In der Industriellen Revolution wurde das nach dem Grundstoff als »Kattun«- oder »Kalikodruck« bezeichnete Bedrucken von Baumwollstoffen durch zwei Maschinentechniken wesentlich verbilligt. Der Schotte Thomas Bell führte den Rotationsdruck mit eingravierten Mustern auf Kupferwalzen schon 1783 ein, und nach vielen Verbesserungen, zum Beispiel dem Gebrauch von Maschinen für das Abdrehen der Walzen und für das Gravieren, wurde dieses Verfahren die grundlegende Technik der Massenproduktion. Das Handdruck-Plattenverfahren mit erhabenen Mustern wurde erst 1832 maschinisiert. Die Perrotine, so benannt nach dem Erfinder, dem Franzosen Louis Jerôme Perrot (1798–1878), hatte zwar im Vergleich mit dem Walzendruck einen beträchtlich niedrigeren Ausstoß, aber dafür war sie, ähnlich wie beim Handdruck, besonders geeignet für hochwertige bedruckte Textilien.

Neben dem Weben und Bedrucken war schon immer für die Absatzmöglichkeit vieler Stoffarten die Endbearbeitung des Gewebes von großer Bedeutung. Bei dem klassischen Wolltuch aus Streichgarnen werden aus dem vom Webstuhl genommenen, durch Öle und Schlichte verunreinigten rohen Tuch, deutsch »Loden« genannt, zuerst Fremdkörper entfernt, das sogenannte Noppen. Danach folgt das Walken, dessen Zweck die Verfilzung der Wollhärchen auf beiden Seiten des Gewebes und seine Verdichtung ist. Dabei läuft das Tuch um 40 bis 80 Prozent ein. Für das Walken, das von Hand oder durch Treten mit Füßen ausgeführt wurde, gab es schon seit dem 14. Jahrhundert die vom Wasserrad angetriebenen, aus Holz gebauten Hammerwalken, die in der Industriellen Revolution konstruktiv und durch Verwendung metallischer Bauteile verbessert wurden. Seit den vierziger Jahren des 19. Jahrhunderts ersetzte man auch beim Walken die Auf- und Abbewegung der Hämmer durch rotierende Walzen. Nach dem Walken wurden bei den meisten Tucharten die verfilzten Wollhärchen aufgerauht, danach auf gleiche Länge geschoren und beide Vorgänge je nach Feinheit des Tuches bis zu fünfmal wiederholt. Für das Aufrauhen mit den Fruchtköpfen der Karden- oder Weberdistel gab es spätestens seit dem 16. Jahrhundert die Rauhmaschine. Statt der Geradebewegung der Disteln beim Handrauhen geschah der Vorgang wiederum durch die Rotationsbewegung der in einen Holzzylinder eingesetzten Disteln. Die Modernisierung der Rauhmaschinen ging Hand in Hand mit der Entwicklung der Konstruktions- und Fertigungsfähigkeiten der Maschinenbauer.

Das Scheren des Tuches blieb allerdings bis in die Industrielle Revolution hinein eine der höchstqualifizierten Handarbeiten. Die berühmtesten Tuchscherer in England stammten aus Yorkshire, sie bildeten von einem Tuchmacherzentrum zum

134. Bedrucken von Baumwollstoffen mittels Walzendruckmaschinen. Stahlstich in der 1836 in Stuttgart erschienenen deutschsprachigen Ausgabe des Werkes von Edward Baines. Berlin, Technische Universität, Bibliothek

anderen ziehende Wandertruppen. Sie besuchten ihre Kunden nach einem festen Kalenderplan, führten ihre Werkzeuge, Schertische und die mit hochwertigen Stahlklingen besetzten Tuchscheren, mit und zählten zu den bestbezahlten, straff organisierten Handwerkern. Sie leisteten gegen die Einführung von Schermaschinen erbitterten Widerstand und spielten nach 1800 eine führende Rolle in der Ludditen-Bewegung. Die ersten Konstrukteure von Schermaschinen, von mechanischen Schertischen, konnten sich von dem Bewegungsmuster der Handarbeit nicht trennen und versuchten, sie mit mechanischen Vorrichtungen zu realisieren. Beim Handscheren war das Tuch auf dem Schertisch aufgespannt, und die Scherer strichen mit der Klinge behutsam über den Stoff, was eher dem Rasieren mit einem riesigen Messer glich. Die Geradebewegung der Klinge war aber bei erforderlicher Präzision mit technischen Vorrichtungen nicht zu gewährleisten. Deshalb wurde bei den mechanischen Schertischen das Tuch bewegt, und die Klingen der zwei feststehenden Scheren wurden über Kurbeln auf- und abbewegt. Mit den von einer Kraftmaschine anzutreibenden Schertischen konnte der Arbeiter zwar die Qualität des Handscherens erreichen, doch die Leistung blieb mit etwa 2,7 Quadratmeter pro Stunde nur auf dem Niveau der insgesamt kostengünstigeren Handarbeit. Erst als nicht allein die Beförderung des Tuches, sondern auch das Scheren auf der Basis der Rotationsbewegung maschinell gelöst war, fand in den zwanziger und dreißiger Jahren der allgemeine Übergang zum Maschinenscheren statt. Schon die ersten Walzenschermaschinen verdoppelten die Stundenleistung, und nach vielen Verbesserungen erreichte man mit ihnen in den vierziger Jahren zwischen 30 und 120 Quadratmeter pro Stunde.

Ebenfalls in den dreißiger Jahren gelang es, für einen im Bereich der Handarbeit verbliebenen, wichtigen und sehr arbeitsintensiven Produktionsvorgang, für das Kämmen der Wolle, Maschinen zu entwickeln, die der Handarbeit in der Qualität gleichwertig und in der Leistung weit überlegen waren. In England war es die 1827 von zwei begabten Tüftlern namens Collier und Platt patentierte Kämmaschine mit rotierenden Kämmen, die der schon 1790 von Cartwright eingeleiteten und nach ihm von vielen verfolgten Entwicklung den Erfolg brachte und die Verdrängung der Handarbeit auf breiter Basis einleitete.

Mit dem Einsatz von Maschinen für das Weben, für die Endbearbeitung der Gewebe und für das Kämmen erfaßte der mit den Arkwrightschen Spinnereien

135. Hauptfassade der Marshallschen Flachsspinnerei in Leeds. Holzstich, zweite Hälfte des 19. Jahrhunderts. London, Mansell Collection

begonnene Prozeß der Maschinisierung alle Arbeitsvorgänge vom Faserknäuel über das Garn bis zum verkaufsfertigen Stoff. Nach 1830/40 war die integrierte Textilfabrik, in der sowohl das Spinnen als auch das Weben maschinell erfolgten, keine Seltenheit mehr. Dank dieser technischen und betriebsorganisatorischen Umwälzungen blieb in Großbritannien die Textilindustrie der herausragende Einzelsektor mit allen Vorteilen und Übeln des Fabriksystems. Mit einem vierzehnprozentigen Anteil an dem Bruttosozialprodukt erreichte sie in den zwanziger Jahren ihren höchsten Stellenwert in der britischen Wirtschaft. Trotz des explosiven Wachstums anderer Branchen wie der Kohleförderung, der Stahlindustrie und der Metallverarbeitung sank ihr Anteil am Nationalprodukt bis in die sechziger Jahre nie unter 10 Prozent. Die Bekleidungsindustrie nicht mitgerechnet arbeiteten in der Textilbranche 1851 etwa 1,3 Millionen Beschäftigte, davon 50 Prozent in Fabriken. Der nächstgrößte »Arbeitsplatz«, die Metallerzeugung und -verarbeitung, beschäftigte nur 0,57 Millionen. Die durch die Maschinisierung zur führenden Sparte gewordene Baumwollindustrie behielt auch nach 1815 ihre Spitzenposition, der Abstand zu der stetig steigenden Wollverarbeitung war jedoch nicht so groß, wie es die betriebstechnischen Parameter andeuten. Um die Mitte des 19. Jahrhunderts betrug der Wert der Baumwollprodukte etwa 45 Millionen Pfund und jener der Wolle rund 34 Millionen, aber die Baumwollbranche exportierte 50 bis 60 Prozent, die Wollindustrie hingegen lediglich etwa 20 Prozent. Diese quantitativen Daten sagen vieles über den Stellenwert der modernen Textilindustrie für die britische Wirtschaft und Gesellschaft, aber nicht alles. Eine noch überragendere Bedeutung für den Verlauf der Industriellen Revolution im Inselstaat stellte die enorme Herausforderung dar, die der Metallverarbeitung, der Energieversorgung und den Grundstoffindustrien sowie dem Transportwesen erwuchsen.

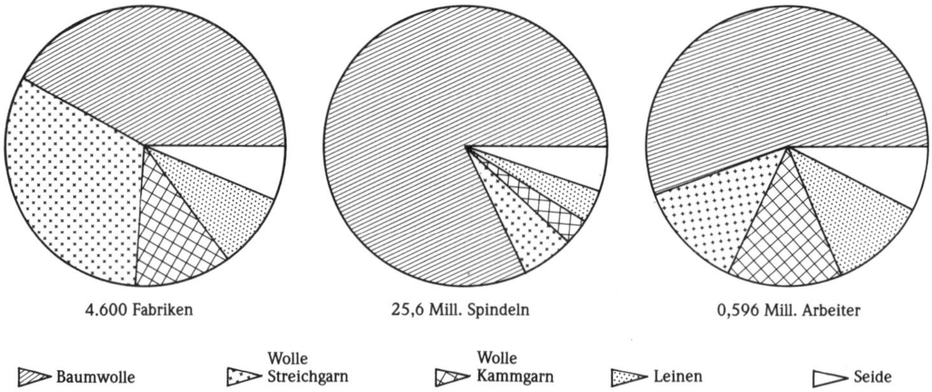

Anteile der einzelnen Sparten der Textilindustrie Großbritanniens bezogen auf die Anzahl der Fabriken, Spindeln und Arbeiter im Jahr 1850 (nach Musson)

Vom Mühlenbauer zum Maschinenbauer

Grundmerkmale der Werkzeugmaschinen

Obwohl es seit Jahrhunderten Maschinen gab, entstanden die Industriesparte des Maschinenbaus und die Berufsgruppe der Maschinenbauer, der »Mechanical engineers«, erst während der Industriellen Revolution. Die Grundtechnologie des Maschinenbaus war die spanende und spanlose Formveränderung von Metallen und von Holz, und zum wichtigsten technischen Mittel, mit dem sie ausgeführt wurde, avancierten die Werkzeugmaschinen. Im Vergleich mit den Maschinen der Textilindustrie oder mit der Dampfmaschine entwickelten sie sich dermaßen unbemerkt, daß ihr Stellenwert für die technischen Bereiche von der öffentlichen Meinung bis in die vierziger Jahre des 19. Jahrhunderts weitestgehend verkannt wurde. Um ihre Bedeutung zu erkennen, reichte es nicht, daß sie seit etwa 1815 in jedem Maschinenbaubetrieb vorhanden sowie einer der begehrtesten Importartikel der Maschinenbauer und Gewerbeförderer in aller Welt waren. Erst seit den dreißiger Jahren verdichteten sich in einigen britischen Enzyklopädien Artikel über Werkzeugmaschinen, und das 1832 erschienene und so berühmt gewordene Werk von Charles Babbage, »On the economy of machinery und manufactures«, enthielt bemerkenswerte Aussagen über die Bedeutung von Werkzeugmaschinen. Nachdem dann die englischen und schottischen Werkzeugmaschinenbauer in zwei repräsentativen Publikationen ihre Maschinen in Wort und Bild vorgestellt hatten und der führende Maschinenbauer James Nasmyth (1808–1890) einen brillanten Artikel über das technische Grundmerkmal spanender Werkzeugmaschinen, den Werkzeugschlitten, veröffentlicht hatte, nahm sie in Großbritannien mindestens die technisch interessierte Öffentlichkeit zur Kenntnis. Danach, im Zusammenhang mit der Weltausstellung 1851 in London, entstand im englischen Fachschrifttum der Sammelbegriff »Machine tool«, im deutschen »Werkzeugmaschine« für Maschinen der spanenden und spanlosen Formveränderung von Metallen und Holz; bis dahin hießen sie schlicht »Tools« oder »Hilfsmaschinen der Produktion«.

Der während der Industriellen Revolution sich entfaltende Maschinenbau fertigte, ähnlich wie seine vorindustriellen Vorgänger – die Uhrmacher, Geräte-, Instrumenten- und Mühlenbauer –, Produkte, die aus vielen verschiedenen, genau ineinander passenden Teilen einfacher oder komplizierter Gestalt zusammengebaut wurden. Abgesehen von der Menge, Größe und Vielfalt der Produkte unterschied sich der Maschinenbau von seinen Vorgängern sowohl durch das vorrangig genutzte Konstruktionsmaterial als auch durch die Arbeitsmittel, mit denen die Werkstoffe

136. Vorindustrielle Holzbearbeitung. Kupferstich von Daniel Chodowiecki für das 1792 erschienene Werk »Lehre vom richtigen Verhältnis zu den Schöpfungswerken« von Franz Heinrich Ziegenhagen. Berlin-Museum

formverändernd bearbeitet wurden. Anstatt des in der vorindustriellen Zeit vorherrschenden Holzes, überwogen nun bis in die sechziger Jahre das Gußeisen und das schmiedbare Eisen. Der härtbare Stahl wurde fast ausschließlich für Schneidewerkzeuge benutzt. Buntmetalle fanden ihre Verwendung hauptsächlich für Gleitlager und für minder beanspruchte Teile vornehmlich in der Feinmechanik. Das Holz blieb als Werkstoff für gewisse Teile unverzichtbar, aber der industrielle Maschinenbau war eine Sparte der Metallverarbeitung.

Die Formveränderung der Eisen- und Metallwerkstoffe zu Maschinenteilen geschah überwiegend durch Gießen, eine Art des Urformens, durch die Umformverfahren des Schmiedens oder Biegens und in erster Linie durch Spanen. Mit dem Gießen und Schmieden wurden vor allem Rohteile gefertigt, aber mit den darauf folgenden verschiedenen Formen des Spanens, wie Drehen, Hobeln, Fräsen und Bohren sowie Feilen, Schaben und Schmirgeln, konnte eine maximale Annäherung an die gewünschte Endform der Teile erreicht werden. Während das Gießen und Schmieden in der Industriellen Revolution fast ausschließlich im Bereich der Hand-Werkzeug-Technik blieb, erfolgte mit der Entwicklung von Werkzeugmaschinen für das Drehen, Hobeln, Stoßen und Bohren zwischen etwa 1800 und 1830 der entscheidende Schritt zur Maschinisierung der Metallbearbeitung. Diese Dreh-, Hobel-, Stoß- und Bohrmaschinen waren die technische Basis des Maschinenbaus, der als Produzent von Investitionsgütern zum strategisch bedeutungsvollsten Sektor für die gesamte technische und ökonomische Entwicklung vorrückte. Mit ihnen stellte man die Fertigteile von Maschinen her, die dann in der ausschließlich von hochqualifizierter Handarbeit beherrschten Montage endbearbeitet und zur Maschine zusammengesetzt wurden. Bis 1830 war die Entwicklung des Maschinenbaus und seiner Werkzeugmaschinen maßgeblich geprägt von den Bedürfnissen der Textilindustrie und des Dampfmaschinenbaus. Der nach 1830 einsetzende Eisenbahnbau bedeutete die erste große Herausforderung an die schon etablierte Maschinenbauindustrie, die sie durch Weiter- und Neuentwicklungen von Werkzeugmaschinen gemeistert hat.

Die Entstehungsgeschichte der Werkzeugmaschinen, deren Tragweite für die technische Entwicklung nicht nur in wirtschaftshistorischen Abhandlungen über die Industrielle Revolution, sondern auch in allgemeinen Technikgeschichten lange verkannt worden ist, war eng verbunden und fast zeitgleich mit der Herstellung von Textilmaschinen und von Dampfmaschinen. Wenn im ersten Schritt die Herausforderung an die Entwicklung von Werkzeugmaschinen sowohl der Holz- als auch der Metallbearbeitung generell aus dem Textilmaschinenbau und punktuell aus einigen Sparten der Feinmechanik sowie der Holzbearbeitung kam, so lag dies daran, daß zuerst hier eine Nachfrage nach gleichförmigen, genormten Teilen in großen Stückzahlen entstanden war.

Probleme der Fertigung von Dampf- und Textilmaschinen

Die Produktion von Dampfmaschinen und ihrer Teile blieb nämlich bis um 1800 Einzelfertigung, auch in der von Boulton & Watt erst 1795 gegründeten Maschinenfabrik in Soho bei Birmingham. Die bis 1800 in Betrieb genommenen 490 Wattschen Dampfmaschinen bildeten nach der Leistung 25 Gruppen und variierten außerdem nicht nur nach dem Maschinentyp, sondern auch in ihren konstruktiven Funktionsteilen. Unter diesen Umständen hatten die Zulieferer der wichtigsten Teile – Zylinder, Kolben, Kolbenstange, Stopfbüchsen, Teile der Ventilsteuerung, des Kondensators und der Pumpe – keine andere Wahl als die Einzelfertigung, und diese geschah mit Hand-Werkzeugen. Die Maschinen-Werkzeug-Technik stand nur für das Aufbohren der gegossenen Zylinder zur Verfügung. Hier konnten die Dampfmaschinenbauer auf die vielfältigen Erfahrungen mit horizontalen oder vertikalen Kanonenbohrwerken aufbauen. Nach dem Versuch John Smeatons (1724–1792), die Schwingungen des Bohrkopfes zu vermindern, hatte um 1776 John Wilkinson (1728–1808), bis 1795 der Hauptlieferant von Zylindern für James Watt, eine Zylinderbohrmaschine entwickelt, mit der sich die bis dahin mindestens 1,4 Prozent betragenden Abweichungen auf etwa 0,1 Prozent des Zylinderdurchmessers, oder wie es damals hieß, »auf die Dicke einer dünnen Sixpence-Münze«, reduzieren ließen. Diese Einzweck-Werkzeugmaschine war für die Fertigung von Dampfmaschinenzylindern von grundlegender Bedeutung. Ihr für das maschinelle Führen des Werkzeuges angewendetes Konstruktionsprinzip eignete sich jedoch nicht für andere spanende Werkzeugmaschinen.

Der Übergang zur Produktion mit Maschinen in der Spinnerei wurde gleichfalls mit den alten Hand-Werkzeug-Techniken der Holz- und Metallbearbeitung eingeleitet. Bei den Spinnmaschinen der ersten Arkwrightschen Generation waren das Gestell der Maschine und die Elemente der Kraftübertragung einschließlich der Welle für das Streckwerkgetriebe aus Holz, ebenso die ersten Streckwalzen, die Garnspulen, die Flügel und die Antriebsspulen der Spindeln. Diese in ihrer Form und in den Abmessungen standardisierten Teile waren entweder einfache Zimmermanns- beziehungsweise Tischlerarbeiten, aus dem Vollen gehobelt oder gedrechselt oder, wie die Bauteile der Kraftübertragung, gängige Produkte der Mühlenbauer. Die wenigen, ebenfalls standardisierten Metallteile waren zum einen Spezialprodukte aus dem Umkreis der Eisenverarbeitung, wie die Spindeln und Spindelnäpfchen, später auch die Spindelflügel, zum anderen einfache Schmiedearbeit. Die höchsten konstruktiven und fertigungstechnischen Ansprüche stellte das aus Messingzahnrädern bestehende Getriebe für die Streckwerke, ein Produkt der Uhrmacher, die die Zahnräder mit manuell angetriebenen Zahnradschneidemaschinen fertigten. Es gab Handwerker, die Teile für Maschinen herstellten, und Handwerker, die sie zur Maschine zusammenbauten, aber es gab noch keinen Maschinen-

137. Metallbearbeitung mit Handwerkzeugen in einer deutschen Schlosserei. Kolorierter Stich von G. M. Kirn, 1836. München, Deutsches Museum

bau, der für den wachsenden Markt Maschinen produziert hätte. Die technischen Einrichtungen der Maschinenspinnereien wurden im Eigenbau, direkt in den Betrieben gefertigt. Dies war nicht allzu schwierig, weil dafür die an den Standorten verfügbaren Handwerker mit ihrem technischen Können ausreichten. Zimmerleute, Tischler, Drechsler, Schmiede, Schlosser, Uhrmacher und Gerätebauer waren mithin die Fachkräfte der Maschinenbau-Werkstätten in den großen Spinnfabriken, für deren Antriebssystem, meistens Wasserräder mit den entsprechenden Transmissionen, der Mühlenbauer Sorge trug. Die sehr frühe Standardisierung vieler Maschinenteile, zum Beispiel der Spindeln, Spindelnäpfchen, Flügel, Streckwalzen, der Zahnräder für das Streckwerkgetriebe, der Kupplungen und Wellen für Kardiermaschinen, ermöglichte, daß man sich der Zulieferer bediente. Deshalb dürfte in den eigenen Werkstätten der Schwerpunkt in der Herstellung der Holzteile, in Schmiedearbeiten, beim Streckwerk im Überziehen der Druckzylinder mit Tuch und Leder sowie im Riffeln der unteren Zylinder, in der Passungsarbeit, im Zusammenbau und in Reparaturen gelegen haben.

In den ersten zwei Jahrzehnten wurde das herkömmliche Handwerk der großen Herausforderung gerecht. Die qualitativen Aufgaben bereiteten den Handwerkern keine Probleme; sie schafften alles, wenn ihnen Zeit gegeben wurde und der Kunde sie bezahlen konnte. Doch die Produktivität war unter Beibehaltung der alten Hand-Werkzeug-Technik kaum zu steigern, und es waren die Menge der geforderten Produkte und ihr Preis, die durch die rasante Entwicklung der Baumwollspinnerei problematisch wurden. Die Menge konnte nur durch das Einbeziehen weiterer Handwerker in die Teilefertigung gesichert werden – ein Weg, der angesichts der nicht von heute auf morgen zu leistenden Ausbildung auch dann in eine Sackgasse geführt hätte, wenn der alte Grundsatz der Mühlenbauer, »benutze nie Eisen, wenn es auch das Holz tut«, durchzuhalten gewesen wäre.

Mit dem Einzug des Eisens in die Herstellung von Teilen für Spinn- und Kardiermaschinen wurde seit den neunziger Jahren des 18. Jahrhunderts die Metallbearbeitung zum zentralen Problem, das mit den Fertigkeiten und Arbeitsmitteln der in jeder Region verfügbaren traditionellen Handwerke nicht mehr zu lösen war. Um die technischen Einrichtungen der Maschinenspinnereien unter Verwendung von Eisen mit der funktionsgerechten Maßgenauigkeit und in den stetig steigenden Mengen zu erschwinglichen Preisen erzeugen zu können, mußten neue Arbeitsmittel entwickelt und eingesetzt werden. Neben dem fortbestehenden Eigenbau von Maschinen in den Spinnereien mehrten sich auf Textilmaschinen spezialisierte Unternehmen, und in beiden Typen dieser frühen Maschinenbauanstalten »war es dem Maschinenbauer die Mühe wert, komplizierte Werkzeuge und Maschinen zu entwickeln, mit denen die Fertigung der Teile ausgeführt wurde« (A. Rees, 1819). Dieser Wandel fand auch in der Sprache seinen Niederschlag: Die Werkstatt des Mühlenbauers, »Millwrights shop«, wie die ersten Fertigungsstätten für Textilmaschinen hießen, wich der Werkstatt des Maschinenbauers, dem »Machine-makers« oder »Engineering shop«.

Bei der Umstellung auf den Werkstoff Eisen ergaben sich mehrere fertigungstechnische Probleme. Einige von ihnen wurden mit neu entwickelten Einzweck-Maschinen der Metallbearbeitung gelöst. Die Fertigung gußeiserner Rohlinge – Gestell und andere tragende Teile, Ringe für Kardiertrommeln, Zahnräder – dürfte wohl angesichts des Entwicklungsstandes der englischen Eisengießerei weder quantitative noch qualitative Schwierigkeiten bereitet haben. Das Problem waren die spanende Bearbeitung sowohl der Zahnräder als auch der in großen Stückzahlen benötigten Funktionsteile, insbesondere der Spindeln und der Streckzylinder, sowie die Deckung des Massenbedarfes an Kardierbeschlägen.

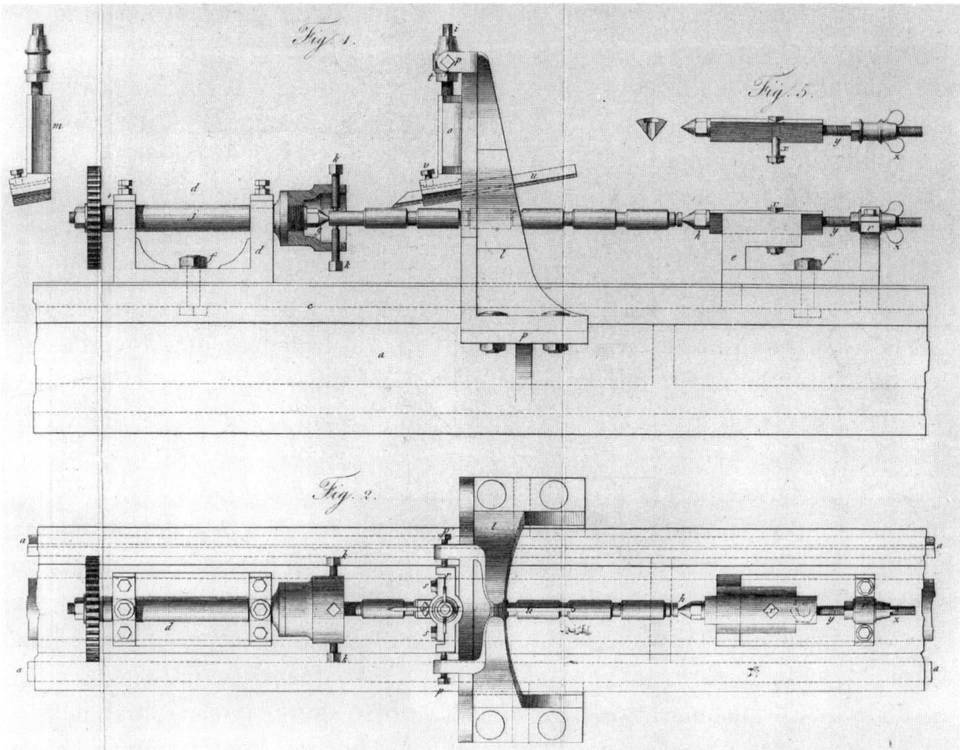

138. Riffelmaschine zur Fertigung von Streckwalzen für Spinnmaschinen. Stahlstich in »L'Industriel«, 1827/28. Hannover, Universitätsbibliothek

Für die Zahnradfertigung wurden offensichtlich die von den Uhrmachern bekannten Schneidemaschinen konstruktiv so weiterentwickelt, daß sie die beim Spanen von Gußeisen auftretenden größeren Kräfte aufzunehmen vermochten. Über die Produktion von Spindeln weiß man sehr wenig. Sie wurden aus schmiedbarem Eisen oder Stahl hergestellt, mußten vollkommen rund und, hauptsächlich für die Mulemaschinen, gut poliert sein; bei schmiedeeisernen war der untere, als Zapfen dienende Teil zu härten. Deshalb mußten die Spindelrohlinge spanend bearbeitet werden. Die ersten Zulieferer von Spindeln für alle Typen der Spinnmaschinen waren Wollkamm-Macher. Die Endbearbeitung der Spindeln – Schlichten und Polieren – fand jedoch in den Maschinenbauwerkstätten statt. Dies geschah zuerst auf Drehbänken mit Handauflage, aber schon um 1810 nutzte man dafür Drehmaschinen mit Werkzeugschlitten. Zu diesem Zeitpunkt gab es allerdings bereits Unternehmen, die sich angesichts des wachsenden Bedarfes auf die Fertigung von Spindeln, Spindellagern und -flügeln spezialisierten.

Viel schwieriger war die Herstellung der Streckwerke. Zum einen war es die ansteigende Menge, zum anderen die Anforderung an die gleichförmige und wiederholbare Maßgenauigkeit. Außer der »Jenny« arbeiteten alle Maschinen der Vor- und Feinspinnerei mit Streckwerken, und für jede Spindel war ein Streckwerk mit meistens drei Zylinderpaaren erforderlich. Bei dem geschätzten Zuwachs von etwa 2,3 Millionen Maschinenspindeln zwischen 1789 und 1810 bedeutete dies einen Neubedarf von etwa 13,8 Millionen Streckzylindern, das heißt rund 650.000 pro Jahr. Die Hälfte davon waren die unteren, die Riffelzylinder, jeder 40 bis 50 Millimeter lang und mit einem Durchmesser von 25 bis 38 Millimeter. Die Zahl der längsachsig, später schraubenförmig eingetragenen Furchen pro Zylinder bewegte sich je nach Durchmesser zwischen 45 und 55. Für Mulemaschinen wurden seit den neunziger Jahren 6 Riffelzylinder, der sogenannte Kopf, aus einem Stück gefertigt. Die oberen Druckzylinder waren glatt und mit Leder oder mit Tuch und Leder überzogen.

Die fertigungstechnische Aufgabe bestand bei beiden Zylinderarten in einem präzisen Runddrehen auf der Drehbank und bei den unteren Zylindern zum einen im Riffeln und zum anderen in der Bearbeitung der Vierkantsteckverbindung an den zwei Enden eines Kopfes. Angesichts der großen Stückzahlen ist zu vermuten, daß für diese spanende Formveränderung von genormten und austauschbaren Teilen alsbald Maschinen, die in der »Encyclopaedia« von Abraham Rees (1743–1825) nur erwähnten »Curious machines«, entwickelt worden sind. Für das Abdrehen reichten die in anderen Bereichen des Maschinenbaus üblichen Supportdrehmaschinen. Für das Riffeln wurde eine Riffelmaschine schon 1795, also vor der berühmt gewordenen Schraubenschneidemaschine von Henry Maudslay (1771–1831), als bekannt erwähnt, und danach fehlte sie in keinem Inventar der Textilmaschinenbauanstalten. Es war eine auf einem Drehbankbett aufgebaute Einzweck-Hobelmaschine. Das Werkstück, ein Kopf mit sechs Zylindern, wurde zwischen das auf einem beweglichen Tisch montierte Spindelfutter und die Pinole des Reitstockes eingespannt, und mit dem in einem feststehenden Portalwerkzeughalter befestigten Meißel wurden die Rillen nacheinander, immer auf allen sechs Zylindern gehobelt. Eine Teilscheibe gewährleistete die gleichförmige Verteilung der Rillen auf allen Zylindern eines Kopfes und bei entsprechend präziser Fertigung der Steckverbindungen auch eine Austauschbarkeit dieser Teile. Von der Bauweise her war die Riffelmaschine der Vorgänger der Hobel- und Stoßmaschinen für die Metallbearbeitung. Für das Bearbeiten des Vierkantzapfens des Kopfes wurde ebenfalls eine Spezialmaschine entwickelt, in der das vertikal eingespannte Werkstück mit einem rotierenden Werkzeug, einer Art Stirnfräser, gespant wurde. Die Vierkanthülse wurde zuerst auf der Drehbank ausgebohrt und im zweiten Arbeitsgang mit einer Spezialeinrichtung auf den dem Vierkantzapfen entsprechenden Querschnitt gebracht.

Ein weiterer Artikel, den die maschinelle Spinnerei in genormten Maßen und

139. Werkzeugschlitten zur Außenbearbeitung von Kanonenrohren im Arsenal von Woolwich. Kolorierte Zeichnung von Jan Verbruggen, um 1776. Den Haag, Sammlung Mrs. Semeyns de Vries van Doesburgh

großen Mengen brauchte, waren die Kardierbeschläge für die Trommeln und Deckel der Kardiermaschinen. Die bis in die achtziger Jahre von Hand ausgeführte Kardenfertigung war wegen des hohen Bedarfes für die Kardiermaschinen alsbald an die Grenzen ihrer Kapazität gelangt. Nur für die Trommel benötigte man 11 Blätter Kardenbelag, was der Fläche von etwa 1 Quadratmeter mit etwa 660.000 Zähnen entsprach. Zuerst wurden drei einfache Maschinen entwickelt, und zwar für das Schälen des Leders, für das Durchstechen des Leders und für das Biegen der Häkchen. Die Häkchen wurden von Hand in das Leder eingesetzt. Im Jahr 1811 patentierte dann Joseph Ch. Dyer (1780–1871) in Großbritannien eine in den USA entwickelte Maschine, die, von Hand oder von einer Kraftmaschine angetrieben, alle Operationen einschließlich des Drahtzuschneidens und des Häkcheneinsetzens ausführte. Nach Daten aus den zwanziger Jahren setzte jede der 80 Maschinen in Dyers Fabrik pro Stunde 7.800 Häkchen, somit 15.600 Zähne, das heißt in 3,8 Stunden ein Kardenblatt von einem Quadratfuß.

Es besteht kein Zweifel daran, daß die ständig steigende Nachfrage nach immer mehr aus Metall- und Eisenteilen gebauten Textilmaschinen spätestens seit den neunziger Jahren des 18. Jahrhunderts »eine Revolution in den Werkzeugmaschinen, mit denen sie gefertigt wurden, verursacht hat. Verbesserungen der Konstruktion von Werkzeugmaschinen halfen bessere Maschinen für die Spinnerei zu entwerfen, die Konstruktion von Werkzeugmaschinen und von Spinnereimaschinen waren also komplementär« (R. L. Hills). Führende Textilmaschinenfabriken wie Dobson & Barlow ließen Kundenwünschen keinen großen Spielraum; sie boten standardisierte Maschinen mit verschiedener Spindelzahl an. Die wichtigsten Funktionsteile wie Spindeln, Streckwerke und Antriebssysteme, bei deren Fertigung enge Toleranzen eingehalten werden mußten, waren genormte und austauschbare Massenprodukte. Die Spindelabstände waren auch genormt. Dies erlaubte die aus Gußeisen oder Holz bestehenden tragenden Teile ebenfalls zu standardisieren und auf Lager zu halten, Gußmodelle mehrfach zu verwenden, mithin auf die Nachfrage schneller zu reagieren und die Produktionskosten zu senken.

Weder die Einzweck-Maschinen für die Dampfmaschinenzylinder noch jene für Teile der Textilmaschinen lösten jedoch das Problem der maschinellen Bearbeitung einzelner Teile, die nach wie vor mit der Hand-Werkzeug-Technik hergestellt werden mußten. Die maschinelle Fertigung der in fast jeder Maschine vorhandenen zylindrischen, planen oder schraubenförmigen Eisen- und Stahlteile begann erst gegen Ende des 18. Jahrhunderts, und der Prototyp der industriellen Produktionsdrehmaschine, die Schraubenschneidemaschine von Henry Maudslay, entsprang nicht dem Bedürfnis nach der Massenproduktion von Teilen, sondern jenem der wiederholbar genauen Herstellung von Gewindespindeln, eines unverzichtbaren Bewegungselementes jeder Werkzeugmaschine und fast aller Maschinen. Sowohl die Biographie von Maudslay als auch sein professioneller Werdegang sind typisch für die erste Generation von Werkzeugmaschinenbauern, deren berühmteste Vertreter, mit einer Ausnahme, wesentlich und direkt von ihm beeinflußt worden sind.

Henry Maudslay
und sein Einfluß auf die Werkzeugmaschinenbauer

Wie damals bei armen Leuten üblich, begann Henry Maudslay, der Sohn eines Marineinvaliden, sein Berufsleben schon als Zwölfjähriger in dem Arsenal von Woolwich. Offiziell als Lehrling geführt, war er zuerst »Pulveraffe« – so nannten die Älteren die mit dem Abfüllen von Schießpulver beschäftigten Kinder –, dann ließ man ihn in der Schreinerei und schließlich in der Schmiede arbeiten. Als 1789 der berühmte Londoner Mechaniker Joseph Bramah (1748–1814) einen im Umgang mit Eisen bewanderten Handwerker suchte, machte ihn ein Bekannter auf den jungen Maudslay aufmerksam, der im Arsenal den Ruf genoß, ein wahrer Virtuose im Handhaben von Hammer und Feile zu sein. Maudslay verzichtete auf den

Abschluß der siebenjährigen Lehrzeit, nahm die Stelle eines Hilfsarbeiters bei Bramah an und avancierte alsbald zum Werkmeister. Die in der Werkstatt von Bramah verbrachten acht Jahre prägten nachhaltig den weiteren beruflichen Werdegang Maudslays. Bramah, ein gelernter Tischler, war einer der emsigsten Konstrukteure und ein begabter Mechaniker. Er ließ sich zwischen 1778 und 1814 insgesamt achtzehn Erfindungen patentieren, darunter ein Wasserklosett, ein erst 1851 »geknacktes« Sicherheitsschloß, eine Feuerspritze, eine Maschine für das Numerieren von Banknoten, eine Hobelmaschine für Holz und Metall sowie die wichtig gewordene hydraulische Presse. In dieser Werkstatt für Präzisionsmechanik, wie man den Betrieb von Bramah bezeichnen könnte, hat Maudslay alle Finessen der Endbearbeitung von Metall und Stahl dazugelernt und höchstwahrscheinlich die Grundlagen für das konstruktive Entwerfen und Berechnen mitbekommen. Er war mitbeteiligt am Entwerfen und Fertigen von speziellen Werkzeugen und Werkzeugmaschinen für die Stahl- und Metallteile der Bramahschen Sicherheitsschlösser, erlebte noch die Probleme mit der hydraulischen Presse und erfuhr, wie mühsam und arbeitsaufwendig es selbst bei besten handwerklichen Fähigkeiten ist, Eisen und Metall form- und maßgerecht mit Handwerkzeugen zu bearbeiten. Der junge Werkmeister wirkte an der Verwirklichung des Bestrebens seines Meisters mit, die kostentreibende Handarbeit durch Werkzeugmaschinen zu ersetzen, oder wie es Bramah 1802 in einem seiner Patente formuliert hat: »anstatt die Werkzeuge, wie üblich, von Hand anzuwenden ... sie an Einrichtungen, die durch die Maschinen angetrieben werden« zu befestigen. Dazu war es jedoch erforderlich, die Hand-Werkzeug-Technik perfekt zu beherrschen, weil die diversen geometrischen Formen der Maschinenteile nur mit Meißel, Schneideisen, Feile und Schaber hergestellt werden konnten. Die formale Ausbildung war nicht von Bedeutung; es war vielmehr das Können im Umgang mit den Werkzeugen und den Werkstoffen, das den Weg zum Erfolg, zum Umsetzen eigener oder fremder konstruktiver Ideen öffnete.

Als sich Maudslay 1797 von Bramah trennte und eine eigene Werkstatt aufmachte, baute er zunächst seine Schraubenschneidemaschine. Nur für das äußerst arbeitsaufwendige Fertigen der Urspindeln in Stahl konstruierte er einen Spezialapparat, den sogenannten Schraubenerzeuger; bei allen anderen Maschinenteilen mußte er mit den herkömmlichen manuellen Werkzeugen auskommen. Die Maschine diente zur Herstellung von Bewegungsschrauben, Gewindespindeln, die mit der dazugehörenden Schraubenmutter in allen spanenden Werkzeugmaschinen sowohl eine präzise axiale Einstellung beweglicher Teile als auch die Umsetzung der Kreisbewegung in eine Geradebewegung gewährleisten. Sogar die einfachste Drehmaschine mit Kreuzsupport hatte mindestens 3 Gewindespindeln, die auch in Handarbeit gefertigt werden konnten.

Die Zwangsführung des Schneidewerkzeuges führte Maudslay mittels eines Werkzeugschlittens, des Kreuzsupportes, und die für eine gleichmäßige Steigung

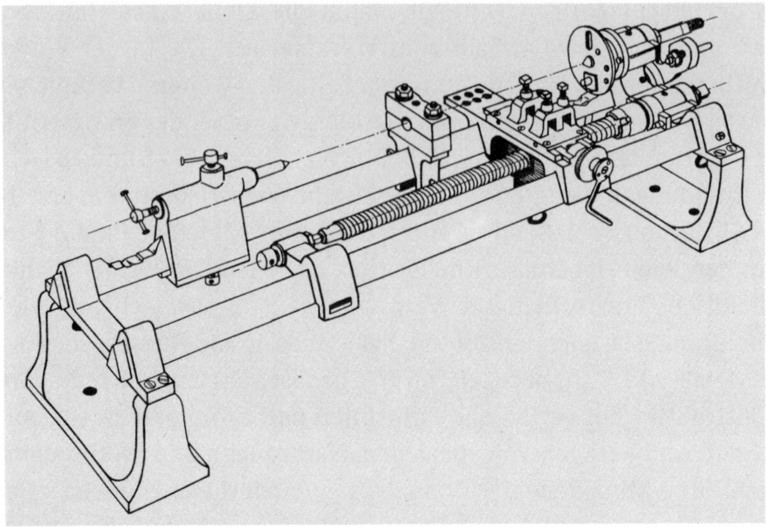

140. Schraubendrehmaschine von Maudslay. Technische Zeichnung von Volker Benad-Wagenhoff nach dem Original von 1797. Frankfurt am Main, Sammlung Benad-Wagenhoff

des Gewindes notwendige Koppelung der Umlaufgeschwindigkeit des Werkstückes mit dem Vorschub des Werkzeuges mittels einer Leitspindel aus. Das in dieser Spezialvorrichtung realisierte Prinzip der maschinellen Führung und Bewegung des Werkzeuges mittels eines Kreuzsupportes ermöglichte es, die Maschine mit kleinen Änderungen und Zusätzen für das einfachere Längsdrehen, Plandrehen oder auch Bohren einzurichten, also als Universaldrehmaschine zu verwenden. Das Element der Leitspindel war unverzichtbar für das Gewindeschneiden, doch das zentrale Element für den Übergang zur Drehmaschine bildete der Werkzeugschlitten, der die Funktion der maschinellen Führung des Werkzeuges auch dann erfüllte, wenn der Vorschub des Werkzeuges lediglich über eine Kurbel von Hand gesteuert wurde.

Wenn sich Maudslay entschlossen hat, gleich am Anfang seiner Unternehmerkarriere diese konstruktiv und fertigungstechnisch anspruchsvolle Maschine zu bauen, dann wohl deshalb, weil er für den eigenen Bedarf mehrere Maschinen haben wollte und aus Erfahrung wußte, wieviel Geduld und Zeitaufwand nötig waren, um eine einzige Gewindespindel in Stahl zu schneiden. Die Schraubenschneidemaschine war also nur ein Mittel, einen unumgänglichen Bestandteil von Werkzeugmaschinen mit wiederholbarer Präzision schneller und bei entsprechender Stückzahl auch wesentlich billiger als in Handarbeit zu erhalten. Keines der von Maudslay verwendeten Bauelemente seiner Schraubenschneidemaschine war neu; neu waren die konstruktive Lösung und ihre fertigungstechnische Realisierung ohne Holz, ausschließlich mit Eisen und Buntmetall.

Beides zusammen bahnte den Weg zur Produktionsdrehmaschine, mit der sich in den erforderlichen Ausmaßen, mit wiederholbarer Formgleichheit und Maßgenauigkeit Maschinenteile aus Gußeisen und Stahl gewinnen ließen. Woran sich Maudslay bei der Konstruktion dieser Maschine orientierte, ist unbekannt. Von den Bemühungen des Schweden Christopher Polhem (1661–1751) oder des Franzosen Jacques de Vaucanson (1709–1782), eine Drehmaschine mit Werkzeughalter zu bauen, wußte er wohl nichts. Einen einfachen Support für das Abdrehen und Polieren von Kanonenrohren gab es jedoch im Arsenal zu Woolwich, und von Jesse Ramsdens (1735–1800) um 1770 geschaffener Schraubenschneidemaschine für Spindeln von Kreisteilmaschinen dürfte er spätestens dann von Bramah gehört haben, als er mit ihm einen Support als Zusatzeinrichtung für eine Handdrehbank konstruierte. Vorbilder gab es also zur Genüge, dennoch bleibt es das Verdienst von Maudslay, aus bekannten Elementen eine neue Bauart entwickelt zu haben, die für Drehmaschinen, welche bis heute in jeder Werkzeugmaschinenfabrik zu finden sind, kennzeichnend ist. Die Antwort auf die für Patentämter bereits damals wichtig gewesene und bei Technikhistorikern so beliebte Frage nach der Originalität dieser und nicht nur dieser Werkzeugmaschine hat Bramah, der Lehrmeister Maudslays, in der Patentspezifikation für seine Hobelmaschine sehr treffend vorweggenom-

141. Drehen mit Handauflage und mit Kreuzsupport. Holzstich nach einer Zeichnung von James Nasmyth in der 1841 in London erschienenen 3. Auflage des Werkes »Practical essays on millwork and other machinery« von Robertson Buchanan. London, Science Museum

men. Er betonte, daß es bei jeder dieser Maschinen vorrangig darauf ankomme, »neue Wirkungen zu erreichen durch eine neue Anwendung von schon bekannten Prinzipien und von Maschinen, die für andere Zwecke in verschiedenen Branchen der Produktion in Großbritannien schon verwendet werden«. Maudslay ließ sich weder diese noch andere Werkzeugmaschinen patentieren. Offensichtlich waren ihm die Patentgebühren zu hoch, und womöglich versprach er sich viel größere Vorteile von seinem technischen Vorsprung als von eventuellen Lizenzeinnahmen. Von seiner Schraubenschneidemaschine weiß man nur deshalb, weil sie in der Bauform um 1800 zufällig erhalten geblieben ist. Für den Verkauf produzierte er lediglich die »Bench-lathe«, eine kleine Universaldrehbank mit Handauflage und Kreuzsupport sowie mit Zusatzeinrichtungen für das Schraubenschneiden. Sie wurde erstmals 1806 in einem Handbuch für Mechanik ausführlich beschrieben und abgebildet. Ansonsten gab es bis 1825 keine einzige Veröffentlichung über Maudslaysche Werkzeugmaschinen, nicht einmal in der bestinformierten französischen und preußischen Fachpresse.

Bekannt sind jedoch seine Maschinenbauprodukte, und diese bezeugen, daß er spätestens bei der 1802 erfolgten Erweiterung seiner Maschinenbauanstalt nicht nur über Dreh-, sondern auch über Bohr- und Hobelmaschinen verfügte. Ohne sie hätte er seinen ersten Großauftrag im Wert von etwa 12.000 Pfund – die Anfertigung von insgesamt 45 Holzbearbeitungsmaschinen zur Massenproduktion von Flaschenzugblöcken für Segelschiffe der Kriegsmarine – nicht ausführen können. Die Idee der ganzen Anlage und die Maschinenentwürfe stammten von Samuel Bentham (1757–1831) und Marc Isambard Brunel (1768–1849), aber von der Nützlichkeit einer solchen Kapitalanlage ließ sich die Marineverwaltung erst durch die von Maudslay hergestellten funktionsfähigen Modelle überzeugen. Der von ihm produzierte und 1809 in Portsmouth installierte Maschinensatz, mit dem 10 angelernte Arbeiter dieselbe Menge zustande brachten wie 110 Handwerker, begründete den Ruhm der Firma »M. Maudslay Machinist«, spielte ihr beträchtliche, sofort re-investierte Gewinne ein und ermöglichte weitere staatliche Großaufträge. Wie alle Maschinenbaubetriebe dieser Zeit stand die Firma Maudslay auf vielen Beinen, so daß zu ihren Produkten auch Dampfmaschinen gehörten. Eine von ihnen, die sogenannte Tischdampfmaschine, war besonders geeignet für kleinere Betriebe und damals ein Bestseller. Nach 1815 spezialisierte sich dann das inzwischen weltberühmt gewordene Unternehmen, später als »Maudslay, Son & Field« bekannt, auf die Produktion von Schiffsdampfmaschinen, deren größter Abnehmer wiederum die Kriegsmarine war.

Schreiben und Veröffentlichen war nicht Maudslays Metier. Außer Patentanträgen und -spezifikationen, Gutachten für die Zollbehörde, Anträgen für Maschinenexporte sowie Expertisen vor dem Ausschuß des Parlaments zwecks Lockerung der Exportverbote ist aus seiner Feder weder in öffentlichen Archiven noch in der

Presse etwas aufzufinden. In dieser Hinsicht war er wie viele Engineers, was eine Berufsbezeichnung und kein Titel war, ein typischer Repräsentant des »papyrophoben« Technikers, der sich vom »papyrophilen« Naturwissenschaftler unterschied (D. Solla Price). Er hat sicherlich viel gelesen, gerechnet und gezeichnet, aber sein Wissen und Können sowie seinen Vorsprung vor anderen dokumentierte er nicht mit Publikationen, sondern allein mit seinen Produkten. Doch zur Verbreitung der Werkzeugmaschinen sowohl in Großbritannien als auch auf dem europäischen Kontinent trug er, gewollt oder ungewollt, sehr viel bei. Den Erfolg garantierten nicht zuletzt seine Fachkräfte, deren Ausscheiden Maudslay ebensowenig verhindern konnte wie Bramah seinerzeit seinen Fortgang. Sie kannten die Konstruktion und Fertigungstechnik der Maschinen, die Werkstattpraxis in diesem Musterbetrieb und nahmen diese Kenntnisse mit.

Maudslay legte großen Wert auf den perfekten Umgang mit Handwerkzeugen, auf möglichst einfache Konstruktionen, auf Maßgenauigkeit, auf das fehlerlose Beherrschen der damals vorhandenen Meßmethoden und auf die innerbetriebliche Normung von häufig gebrauchten Maschinenteilen. Seine ausgeschiedenen Facharbeiter übertrugen dies in andere Unternehmen oder gründeten selbst welche, bauten zuerst die bei Maudslay vorhandenen Maschinen nach und entwickelten neue. Der Maschinenbau insgesamt und der Werkzeugmaschinenbau insbesondere entfalteten sich in der alltäglichen Produktionspraxis; in Druckerzeugnissen konnte man bestenfalls die Beschreibung von Produkten nachlesen. Es war deshalb kein Zufall, daß von den fünf prominentesten Werkzeugmaschinenbauern Großbritanniens, Richard Roberts, Joseph Clement (1779–1844), James Fox (1789–1858), James Nasmyth und Joseph Whitworth (1803–1887), außer Fox alle vor der eigenen Firmengründung einige Jahre bei Maudslay gearbeitet hatten. Dieser für die Diffusion moderner Techniken der Metallbearbeitung sehr wichtige Multiplikatoreffekt war selbstverständlich weder auf das Unternehmen von Maudslay noch auf die genannten Maschinenbauer beschränkt. Ihre Namen sind überliefert, weil sie sehr erfolgreich wurden; sie stehen jedoch für viele, auch weniger erfolgreiche und deshalb unbekannte Verbreiter der modernen Fertigungstechnik in der Metallbranche, von der die gegen 1820 nach Großbritannien reisenden Techniker und staatlichen Gewerbeförderer sowohl in London als auch in Birmingham, Leeds, Manchester, Liverpool und Glasgow tief beeindruckt waren. Zu ihnen zählte Peter Christian Wilhelm Beuth (1781–1853), Direktor der Königlichen Technischen Deputation für Handel und Gewerbe zu Berlin, auf dessen Wunschliste für Besichtigungen die Firma Maudslay mit an erster Stelle stand.

Obwohl der Begriff »Tour anglaise« schon in den zwanziger Jahren für eine moderne Drehmaschine mit Kreuzsupport und Leitspindel stand und diese »Englische Drehbank« trotz aller Exportverbote in vielen Maschinenbauanstalten auf dem Kontinent vorhanden war, ist ihre Entwicklung bis dahin nur sehr lückenhaft belegt.

Ähnlich wie Maudslay verzichteten die größten Exporteure, Roberts in Manchester und Fox in Derby, auf Patente für ihre Werkzeugmaschinen und auf deren Bekanntmachung in der Presse. Dennoch kann aufgrund einiger erhalten gebliebener Maschinen mit Sicherheit behauptet werden, daß die britischen Maschinenbauer bereits vor 1820 nicht nur Schrauben- und Universaldrehmaschinen, sondern auch Werkzeugmaschinen für das Bohren und Hobeln entwickelt hatten, die den ständig steigenden Anforderungen hinsichtlich der Größenordnung der zu fertigenden Maschinenteile gewachsen waren.

Das Bohren von Löchern für Befestigungsschrauben oder für Nieten zählte zu den häufigsten Aufgaben sowohl im Maschinenbau als auch in der Teilefertigung für den Hochbau, und die Senkrechtbohrmaschinen waren eine Weiterentwicklung der in Schmiede- und Schlosserwerkstätten vorhandenen Bohrvorrichtungen. Bohrmaschinen werden seit den achtziger Jahren des 18. Jahrhunderts in allen Werkstätten des Maschinenbaus erwähnt, und es ist anzunehmen, daß sie spätestens seit 1800 in der in den zwanziger Jahren belegten einfachen Bauweise, auf Hand- oder Kraftmaschinenantrieb ausgelegt, in jedem Metallbearbeitungsbetrieb vorhanden gewesen sind. Für genaue Bohrungen benutzten Maschinenbauer die Drehmaschine, und für das Bearbeiten von gegossenen Hohlkörpern großen Durchmessers standen die Zylinderbohrmaschinen zur Verfügung. Die mit ihnen erreichbare Maßgenauigkeit konnte jedoch mit der Größe der Produkte nicht Schritt halten, und manche neue konstruktive Lösung blieb aus fertigungstechnischen Gründen jahrzehntelang in der Schublade. So stellte bei der Dampfmaschine die Dichtung zwischen Kolben und Zylinder ein Problem dar, das man Dezennien hindurch nicht anders zu lösen vermochte als mit einer sehr kurzlebigen und deshalb häufig auszuwechselnden, in die Nut des Kolbens eingesetzten Hanfpackung. Zwar hatte Edmund Cartwright, der Pionier des Maschinenwebstuhles, schon 1797 in seinem Dampfmaschinenpatent die Idee ausgesprochen, eine elastische Metalldichtung zu verwenden. Doch die Realisierung des Vorgängers der heute wohlbekannten Kolbenring-Dichtung scheiterte noch in den dreißiger Jahren vorrangig an den unrunden Bohrungen der Zylinder und vermutlich auch an den Kosten der nur in Handarbeit herstellbaren Metalldichtung.

Eine Maschine, die in der Metallbearbeitung keinen Vorgänger hatte, war die Hobelmaschine für das Fertigen von planen Flächen. Aus Eisen oder Stahl fabrizierte Maschinenteile dieser Form mußten als Gleitflächen nicht nur plan, sondern auch weitestmöglich glatt sein. Sie konnten von erfahrenen Handwerkern in zeitaufwendigen, also sehr kostspieligen Arbeitsgängen von Hand, mit Meißel, Feile, Schaber und Schmirgel hergestellt werden. Deshalb hat man Konstruktionen mit solchen Gleitflächen gemieden. James Watt ließ sich für die Geradeführung der Kolbenstange unter vielen anderen Lösungen auch die elegante und raumsparende Kreuzkopfführung patentieren, die aber nur dann mit minimalen Reibungsverlusten

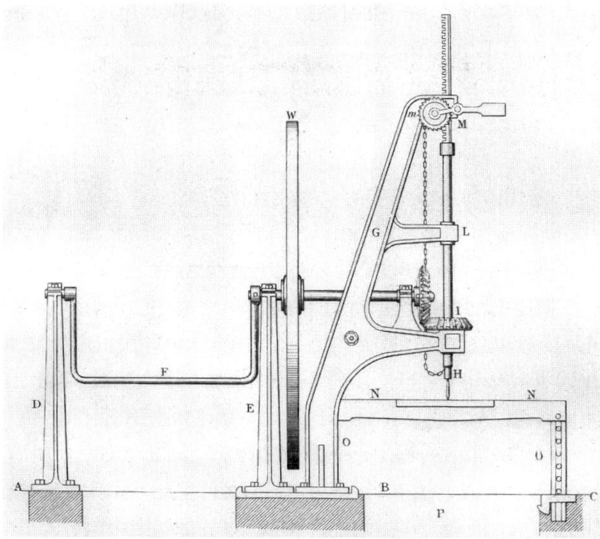

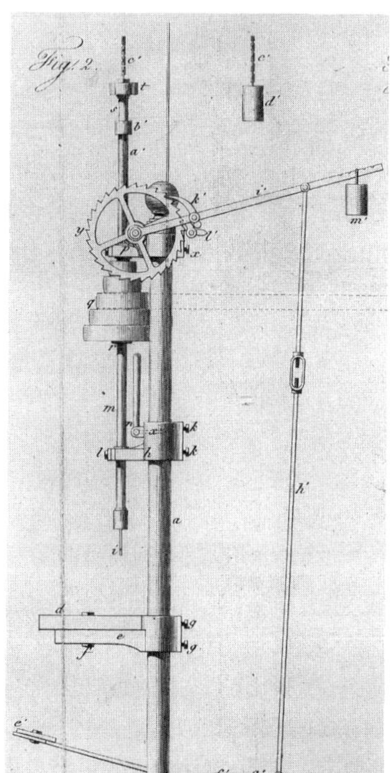

142. Englische Bohrmaschine mit Handantrieb. Stahlstich in »A treatise on the manufactures and machinery« von P. Barlow, 1836. – 143. Englische Bohrmaschine mit maschinellem Antrieb. Stahlstich in »L'Industriel«, 1826. Beide: Hannover, Universitätsbibliothek

funktionierte, wenn die vier gußeisernen Gleitflächen plan waren. Hierin ist der Grund zu sehen, warum Boulton & Watt für ihre Maschinen fast ausschließlich das konstruktiv kompliziertere, aber fertigungstechnisch einfachere, aus Holz und geschmiedeten Eisenstangen bestehende Parallelogramm gebaut haben. Dieselben fertigungstechnischen Probleme verhinderten auch die breitere Nutzung energiesparender Schiebeventile bei den Dampfmaschinen.

Bei Werkzeugmaschinen konnte man jedoch planen Flächen aus Eisen oder Stahl nicht ausweichen. Führungs- und Gleitflächen waren ein unabdingbares Bauelement schon für die Riffelmaschinen, für jede Werkzeugmaschine mit Kreuzsupport und auch für die Hobelmaschine. Über die Entstehungsgeschichte der Hobelmaschinen ist schriftlich so gut wie nichts überliefert. Nach Bramah, der in sein Patent von 1802 alle konstruktiven Varianten von Hobel- und Stoßmaschinen sowohl für Holz als auch für Metalle einbezogen hatte, gab es bis in die dreißiger Jahre keine Patente. Bis dahin hatten britische technische Publikationen auch nichts darüber zu berichten, obwohl Hobelmaschinen spätestens seit dem zweiten Jahrzehnt des 19. Jahrhunderts vorhanden waren. Im konstruktiven Aufbau war ihr Vorgänger die genannte Riffelmaschine für das Textilgewerbe. Aber was in kleinen Ausmaßen funktionierte, konnte nicht einfach durch Multiplikation der Maße für größere Werkstücke adaptiert werden. Die Übertragung des Funktionsprinzips der Riffelmaschinen – feststehender Meißel und hin- und herbewegter Tisch mit dem Werkstoff – für das Hobeln von planen Maschinenteilen, bei dem viel größere Kräfte auftreten und ein Kreuzsupport für den Meißel vorhanden sein muß, war eine inventive

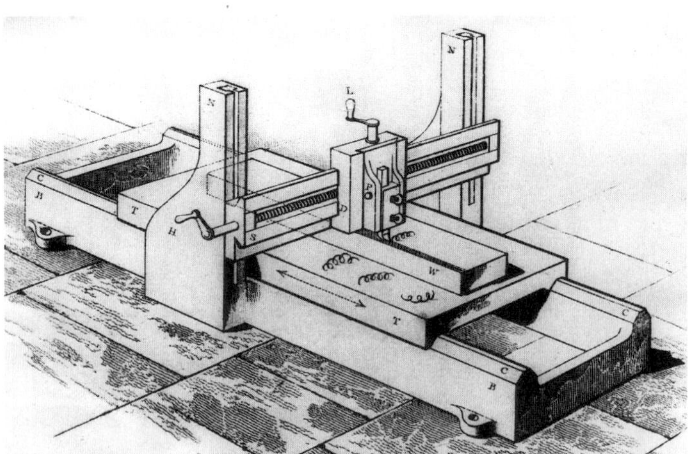

144. Darstellung des Wirkprinzips einer Portalhobelmaschine. Holzstich nach einer Zeichnung von James Nasmyth in der 1841 in London erschienenen 3. Auflage des Werkes »Practical essays on millwork and other machinery« von Robertson Buchanan. London, Science Museum

konstruktive und fertigungstechnische Aufgabe. Ein Erfinder der Metallhobelmaschinen läßt sich aber nicht präsentieren, auch wenn einige Jahrzehnte später, als ihre Bedeutung für den Maschinenbau allgemein bekannt war, mehrere den Anspruch auf diese Rolle erhoben. Es handelt sich hier um eine in der technischen Entwicklung sehr häufige Erscheinung von gleichzeitig und unabhängig voneinander, an mehreren Orten von verschiedenen Personen durchgeführten Innovationen.

Von Maudslay abgesehen, sollen die ersten Tischhobelmaschinen schon 1814 der vom Textilmaschinen- auf den Werkzeugmaschinenbau umgestiegene Fox in Derby sowie der namhafte Dampfmaschinenbauer, von Boulton & Watt meistgefürchtete Konkurrent, Matthew Murray (1765–1826) in Leeds, hergestellt haben. Der eine brauchte sie für seine Werkzeugmaschinen, der andere für die Fertigung von Schiebeventilen. Eine von Roberts 1817 auf Handantrieb und eine von Fox 1820 auf Kraftmaschinenantrieb ausgelegte Tischhobelmaschine sind noch heute erhalten. Es ist anzunehmen, daß um 1820 die Werkzeugmaschinen noch nicht zur Standardausstattung aller Maschinenbaubetriebe gehört haben. Dem prominenten Londoner Maschinenbauer Joseph Clement wird nämlich nachgesagt, er hätte dank seiner Hobelmaschine in den zwanziger Jahren die größten Gewinne durch die Auftragsfertigung von Führungsflächen für Drehmaschinen sowie von planen Bauteilen für Maschinenwebstühle, Dampfmaschinen und andere Spezialmaschinen erwirtschaftet. Schon die ersten Tischhobelmaschinen reduzierten die Kosten der Fertigung beträchtlich, obwohl die Endbearbeitung der grob gehobelten zu glatten Flächen weiterhin von Hand, mit Feile und Schaber erledigt werden mußte. Gegen Ende der dreißiger Jahre gehörten Hobelmaschinen zum Standardangebot von Werkzeugmaschinenfabrikanten. Um den Anforderungen des Marktes gerecht zu werden, wurden sie, ebenso wie die Dreh- und Bohrmaschinen, in diversen Ausführungen und bis zu einer gewissen Größenordnung sowohl mit Hand- oder Fuß- als auch mit Kraftmaschinenantrieb angeboten.

Besonderheiten der Maschinenbauanstalten

Im zweiten und dritten Jahrzehnt wurden die drei Grundtypen der Werkzeugmaschinen, die Dreh-, Hobel- und Bohrmaschinen, konstruktiv und fertigungstechnisch verbessert, wozu außer Roberts, Fox, Clement und Nasmyth insbesondere der damals in England wirkende Schweizer Johann Georg Bodmer (1786–1864) und Joseph Withworth beitrugen. Withworth, der 1833, nachdem er in London bei Maudslay, Clement und dem anerkannten Kunstdreher und Mechaniker Charles Holtzappfel (1806–1847) gearbeitet hatte, in Birmingham sein eigenes Unternehmen gründete, repräsentierte den Höhepunkt des britischen Werkzeugmaschinenbaus. Durch die immer mehr um sich greifende Nachfrage nach Werkzeugmaschinen wurde ihr Bau für den Verkauf im Inland und für den nach wie vor verbotenen, dennoch blühenden Export zum gewinnträchtigen Unternehmen. Die größten Nachfrager waren weiterhin die Maschinenbauanstalten für Textilmaschinen, stationäre Dampfmaschinen und Schiffsmotoren, aber einen Grundstock beanspruchte auch die Instandhaltung der Maschinen. Für die Aufrechterhaltung des Betriebes hatte jede Textilfabrik, Maschinendruckerei oder Maschinenpapierfabrik, jedes Bergwerk und Hüttenwerk eigene mechanische Werkstätten: zum einen für die Anfertigung von verschlissenen Teilen, zum anderen für die Wartung beziehungsweise Umrüstung von Produktionsanlagen. So mußten in Hüttenwerken die Ballen und die Profile der Walzen, je nach Menge der Produktion, aber regelmäßig abgedreht und Zapfenlager erneuert werden, oder man mußte bei Änderung des Sortiments neue Profile in die Walzen drehen.

Unter solchen Absatzbedingungen war es für große Maschinenbaubetriebe rentabel, zuerst für den eigenen Gebrauch und dann für den Verkauf Einzweck-Maschinen zu bauen. Sie dienten zur Herstellung der in großen Mengen erforderlichen Festigungsschrauben, Bolzen, Muttern und Zahnräder. Damit standen der Metallbearbeitungsbranche in Großbritannien um 1830 für die Formveränderung durch Drehen, Hobeln, Bohren und Fräsen sowie durch Sägen, Lochen und Biegen Werkzeugmaschinen zur Verfügung, mit denen sehr viele Maschinenteile bearbeitet werden konnten. Der Anteil der mit Handwerkzeugen ausgeführten Arbeitsgänge in der Teilefertigung verringerte sich also zu Gunsten der maschinellen Produktion. Dieser zunehmende Anteil von Maschinenarbeit kennzeichnete den Trend der technischen Veränderungen im Maschinenbau; gleichwohl blieben die Passungsarbeiten sowie die Montage weiterhin die Domäne von hochqualifizierten Facharbeitern, den Maschinenschlossern. Was in der Werkzeugmaschinenfamilie noch bis in die achtziger Jahre fehlte, waren Schleifmaschinen. Das Schleifen, das im Maschinenbau hauptsächlich bei der Instandhaltung von Werkzeugen von Bedeutung war, in anderen Sparten der Metallbearbeitung wie in der Schneidewarenerzeugung jedoch zu den zentralen Aufgaben gehörte, wurde nach wie vor per Hand mit dem Schleifstein ausgeführt und gehörte als Ganztagsbeschäftigung zu den gefährlichsten und stark gesundheitsschädigenden Tätigkeiten.

Die nächste große Herausforderung für die inzwischen etablierte Maschinenbauindustrie und in besonderem Maße für die Hersteller von Werkzeugmaschinen war der in den dreißiger Jahren beginnende und noch in jenem Jahrzehnt im ersten großen Eisenbahnfieber mündende Eisenbahnbau. Weder die Massenproduktion von Schienen und von Lokomotiv- und Waggonrädern in Hüttenwerken noch der gesamte Lokomotivbau sowie die Instandhaltung des »rollenden Materials« wären ohne neue Spezialmaschinen der Metallbearbeitung zu bewältigen gewesen. Der in Großbritannien ausschließlich von Privatgesellschaften betriebene Eisenbahnbau

145. Messerschleiferei in einer Sheffielder Stahlwarenfabrik. Kolorierte Radierung von Mason Jackson, 1866. London, Mansell Collection

kannte in den ersten Jahrzehnten nicht einmal eine einheitliche Normung der Spurweite, geschweige denn eine Standardisierung der Lokomotiven und der Waggons. Obwohl die einzelnen Gesellschaften großen Wert auf eigene Designs legten, waren die zu lösenden Konstruktionsprobleme, die fertigungstechnischen Aufgaben und die Anforderungen an Präzision überall die gleichen.

Das konstruktive Problem bestand darin, die Dampfmaschine mit ausreichender Leistung in kleineren Ausmaßen und mit niedrigerem Eigengewicht als die stationären oder auch die Schiffsdampfmaschinen zu bauen und die Energie mit womöglich kleinem Reibungsverlust auf die Antriebsräder zu übertragen. Präzision war insbesondere bei der Herstellung der kraftübertragenden Teile von den Kolbenstangen der Triebwerke auf die Räder erforderlich. Diese Transmissionen bestanden aus einer Kombination von Hebeln, Treib- und Kuppelstangen, Kurbelwellen und Kulissensteuerungen, wobei infolge der starken Belastung der Teile auch die Ansprüche sowohl an die Qualität der Werkstoffe als auch an die Präzision der Bearbeitung durch Drehen, Hobeln, Stoßen, Bohren und Fräsen höher gesteckt waren. Die Radachsen und die Laufflächen der Räder mußten abgedreht und in ihre Naben mußten Nuten für die Befestigung an den Achsen eingearbeitet werden. Diese

146. Die 1841 gegründete Lokomotivfabrik Maffei in der Hirschau bei München. Kolorierter Stahlstich, um 1850. München, Stadtmuseum. – 147. Montagehalle der Maffei-Maschinenfabrik. Holzstich, 1849. München, Deutsches Museum

Arbeiten hatte ohne Rücksicht auf Details der Konstruktion jeder Lokomotivbauer auszuführen. In den verschiedenen Lokomotivfabriken gab es eine innerbetriebliche Standardisierung von häufig gebrauchten Maschinenteilen, doch in allen bestand ein Bedarf nach neuen Werkzeugmaschinentypen. So entwickelte man im dritten und vierten Jahrzehnt diverse vertikale und horizontale Stoß- und Hobelmaschinen für Plan- und Rundhobelarbeiten an den Triebwerkteilen, für das Einarbeiten von Keilnuten, die Radialbohrmaschine für das Fertigen von Rauchrohren und Kesselblechen, transportable Zylinderbohrmaschinen für Lokomotivreparaturen, Spezialdrehmaschinen für Radsätze, Waggonachsen und Puffer. Einige von ihnen blieben Spezialmaschinen für den Lokomotiv- und Waggonbau, andere, beispielsweise die Hobel, Stoß- und Radialbohrmaschinen, verbreiteten sich alsbald in allen Sparten des Maschinenbaus. Darüber hinaus mußten sie, wie die Stoß- und Richtmaschinen, Kalt- und Wärmesägemaschinen, auch von Schienenwalzwerken und nicht zuletzt von den Werkstätten der Eisenbahngesellschaften für die Wartung des »rollenden Materials« angeschafft werden. Auf diesem Weg verpflanzte sich mit dem Eisenbahnbau britische Spitzentechnologie auch in Gebiete, die ansonsten mit dem Maschinenbau im engeren Sinne noch nichts zu tun hatten. So verfügte schon im Jahr 1846, als sich der deutsche Lokomotivbau noch im Statu nascendi befand und Mainz von der Industrialisierung unberührt geblieben war, die Reparaturwerkstatt der Taunus-Bahn in Mainz-Castell nur für die Wartung der Lokomotiven über eine Ausstattung mit importierten englischen Werkzeugmaschinen, die jeder angehende Maschinenbauer gern als Grundausstattung gehabt hätte: fünf Drehmaschinen, je eine Hobel-, Bohr-, Loch- und Schraubenschneidemaschine sowie als Prunkstück eine transportable Zylinderbohrmaschine, um die Zylinder der Lokomotiven vor Ort, ohne Demontage, überholen zu können – das alles angetrieben von einer Dampfmaschine mit sechs Pferdestärken.

Für die Rohlinge der auf Druck und Zug hochbelasteten Maschinenteile – dazu gehörten alle Teile der Bewegungsmechanismen – verwendete man Schmiedeeisen. Man schmiedete nach Größe der Teilstücke entweder mit Handhämmern oder unter dem von einer Kraftmaschine angetriebenen Hammerwerk. Wegen der Anforderungen des Schiffbaus hinsichtlich der Ausmaße und der Festigkeit von Wellen für Ozeandampfer reichte jedoch die durch die Hubhöhe und das Bärengewicht limitierte Umformwirkung der Hammerwerke nicht mehr aus. Als 1839 der Konstrukteur der Schiffsmotoren für das Eisenschiff »Great Britain« verzweifelt nach einem Unternehmen suchte, das in der Lage wäre, die Antriebswelle zu schmieden, kam Nasmyth der Gedanke, einen Hammerbär direkt von der Kolbenstange einer Dampfmaschine antreiben zu lassen. Die Idee des Dampfhammers war nicht neu, aber bis in die dreißiger Jahre bestand weder in den Hüttenwerken noch im Maschinenbau ein Bedarf, größere Werkstücke zu schmieden. Sie war 1784 im Patent von James Watt, 1806 in einem Patent von William Deverell enthalten, und das gleiche Wirkungsprinzip ließ sich 1836 der berühmte französische Maschinenbauer François Cavé (1794–1875) patentieren. Bevor Nasmyth seinen Entwurf 1842 zu einem Patentantrag ausarbeitete und 1843 mit wesentlichen Verbesserungen seines Chefingenieurs Robert Wilson (1803–1882) den ersten Dampfhammer in Betrieb nahm, hatte François Bourdon (1797–1875), Ingenieur im Hüttenwerk Le Creuzot in Frankreich, 1842 ein Patent auf seinen Dampfhammer genommen, den er dem erstaunten Besucher der Creuzot-Werke, Nasmyth, im selben Jahr vorführte. Die Tatsache, daß Bourdon 1840 bei einer Geschäftsreise in Manchester die Skizze des Dampfhammers in Nasmyths Notizbuch einsehen durfte, war der Anlaß zu einem über einhundertfünfzig Jahre währenden, zuerst in der Fachpresse und dann in der Technikgeschichte ausgetragenen Prioritätsstreit, obwohl es auch hier um eine der vielen Parallelinnovationen ging. Die Idee gebührt bestimmt Watt, die Innovation wahrscheinlich Cavé, aber ganz bestimmt Bourdon und in Großbritannien Nasmyth und Wilson, deren seit 1843 produzierter Nasmythscher Dampfhammer zu einem Verkaufsschlager wurde.

In den vierziger Jahren, als die Werkzeugmaschinenbauer auch mit Publikationen vor die britische Öffentlichkeit traten, war Großbritannien mit seiner Maschinenbauindustrie längst zur »Werkstatt der Welt« geworden. Diese sicherlich zutreffende Behauptung mit Zahlen zu belegen, fällt jedoch ungleich schwerer als im Falle der Textilfabriken. Nicht nur in England, sondern auch in Frankreich, Deutschland und anderen mehr oder weniger industrialisierten Ländern entzog sich die Metallbearbeitung mit ihrer Vielfalt von Unternehmensgrößen und Betriebsausstattungen der bei der Textilindustrie so einfachen Betriebszählung nach PS-Leistung der Kraftmaschinen, Zahl der Spindeln und Webstühle. Ihre Produktion erfaßte die Statistik im 19. Jahrhundert mit Wert- und Gewichtsangaben, die einiges über den Stellenwert eines Hütten- und Walzwerkes, aber sehr wenig über die Bedeutung einer Maschinenfabrik aussagen. Die Bandbreite der Maschinenbaubetriebe umfaßte Maschinenbauschuppen mit 3 bis 4 Arbeitern, Mechanikerwerkstätten sowie große Maschinenbauanstalten mit 300 bis 500 Beschäftigten, mit eigener Modelltischlerei und Gießerei, eigenem Kanal- und später Eisenbahnanschluß. Die Vielfalt der Produkte der Metallverarbeitung war schon damals kaum überschaubar; sie reichte sozusagen von der Stecknadel bis zu Lokomotiven und Ozeandampfern.

Dennoch: In Großbritannien waren die wichtigsten Zentren des Maschinenbaus London, Lancashire mit Manchester und Salford an der Spitze, der West Riding in Yorkshire mit Leeds, die Midlands mit Birmingham und in Schottland vor allem Glasgow. Die sehr lückenhafte Industriestatistik von 1851 zählte 76.500 Maschinenbauer, Werkzeugmacher, Kesselbauer und Mechaniker, von denen etwa 55 Prozent in London, Lancashire und im West Riding angesiedelt waren, die meisten, 27 Prozent, also etwa 20.000, in Lancashire. Obwohl diese Zahlen viel zu niedrig gegriffen sind, bezeugen sie die standortbestimmende Rolle der Baumwollindustrie

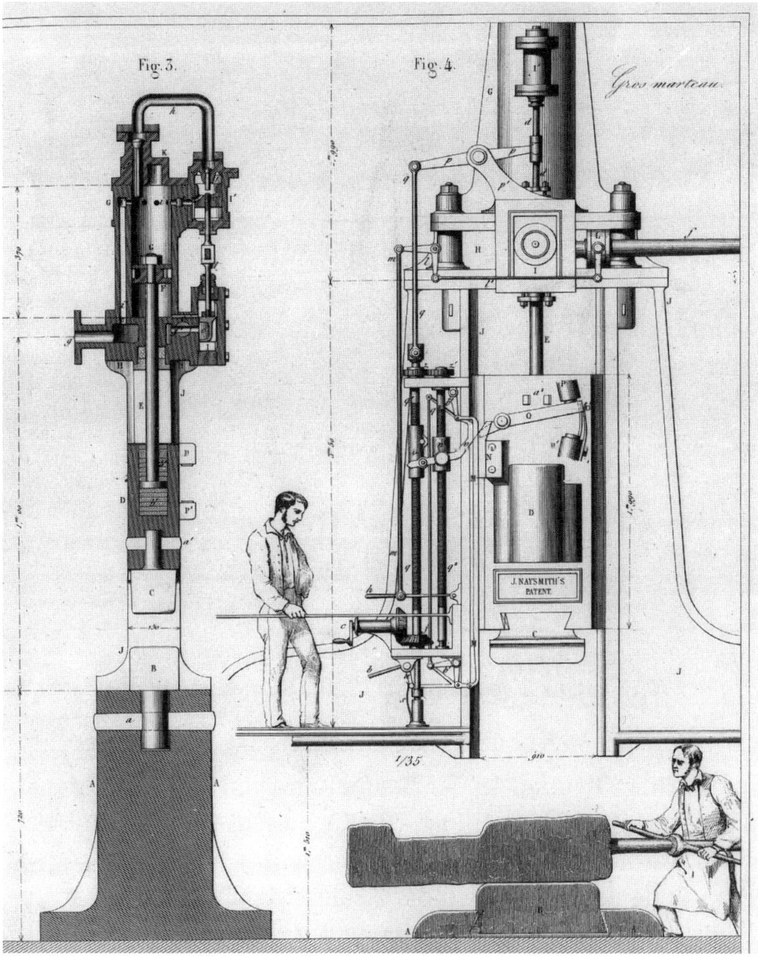

148. Schmieden mit dem Nasmythschen Dampfhammer. Stahlstich in »Publication Industrielle«, 1844. Paris, Bibliothèque Nationale

und die Anreize, die von ihr für die Ansiedlung des Maschinenbaus ausgegangen sind. Schon 1841 berichteten Experten vor einem parlamentarischen Untersuchungsausschuß von 115 Maschinenbaufirmen mit mehr als 17.000 Arbeitern und einem Kapitalstock von über 1,5 Millionen Pfund in nur 11 Städten von Lancashire. Zur gleichen Zeit arbeiteten im West Riding, allein im Raum von Leeds, Bradford, Bingley und Kegley, neben Bolton einem der wichtigsten Zentren des Textilmaschinenbaus, mindestens 5.000 Arbeiter im Maschinenbau.

Die meisten Maschinenbauunternehmen entstanden als kleine Werkstätten mit einer minimalen Maschinenausstattung. Jeder Einzelne mit konstruktiver Begabung

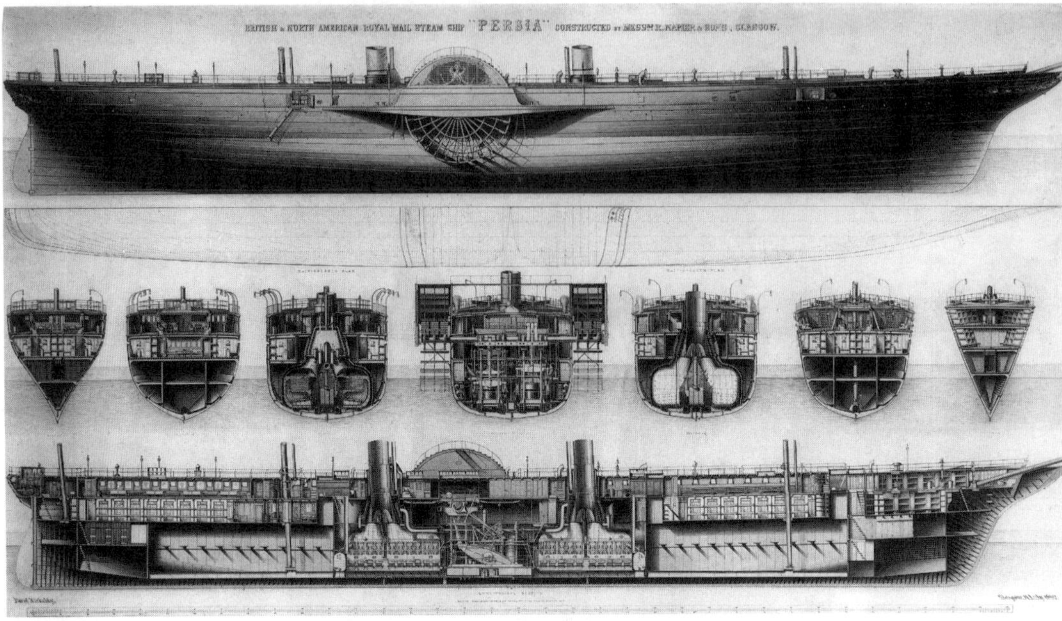

149. Das dampfbetriebene Übersee-Postschiff »Persia« von Cunard. Konstruktionszeichnung vermutlich aus der Werkstatt von Robert Napier, 1860. Greenwich, National Maritime Museum

und handwerklichem Können in der Bearbeitung von Holz und Metall hatte die Chance zu unternehmerischem Erfolg. Die Kapitalschwelle für den Einstieg in den Maschinenbau war noch in den dreißiger Jahren sehr niedrig. So wie Maudslay in London gegen Ende des 18. Jahrhunderts seine Maschinenbauerkarriere in angemieteten Räumen mit einer Drehbank, einem Satz guter Handwerkzeuge und einer Handvoll Mitarbeitern begann, starteten auch Roberts 1816 und Nasmyth sogar noch 1834 ihre Unternehmen in Manchester. Die notwendigen Werkzeugmaschinen, anfangs durch Hilfsarbeiter angetrieben, bauten sie selbst, das Einkommen stammte aus Reparaturen und kleinen Aufträgen für Ersatzteile. Wenn zur Erweiterung des Betriebes die eigenen Ersparnisse nicht ausreichten, fanden sich entweder finanzkräftigere Geschäftspartner, wie im Falle von Roberts, oder es halfen bei vertrauenswürdigen Mechanikern aus begüterten Familien, wie Nasmyth es war, kurzfristige Bankkredite weiter. Die wenigen bekannten Biographien und Firmengeschichten bezeugen, daß der Übergang von der Werkstatt zur Maschinenbauanstalt meistens sehr schnell, binnen vier bis fünf Jahren erfolgt ist. Um 1840 lag in Lancashire die durchschnittliche Belegschaftszahl pro Maschinenbaubetrieb bei 150, in Manchester bei 209 und im benachbarten, mit Manchester zusammenwachsenden Salford sogar bei 280. Auch wenn solche Durchschnitte die Tatsache verdecken, daß es einerseits eine sehr große Anzahl von Kleinbetrieben mit 20 bis

30 Beschäftigten und andererseits einige Großunternehmen mit rund 400 gegeben hat, belegen sie, daß der allgemeine Maschinenbau aus seinen Anfängen herausgewachsen war. Eine kleine Werkstatt konnte man mit wenig Geld gründen, aber die Kapitalinvestitionen für einen Arbeitsplatz in einem modern ausgestatteten Maschinenbaubetrieb betrugen um 1840 mit etwa 84 Pfund fast genauso viel wie in Maschinenspinnereien. Schon um 1820 kostete der Ausbau der berühmten Dampfmaschinenfabrik von Boulton & Watt in Soho bei Birmingham um die 30.000 Pfund, und in die von Nasmyth »auf der grünen Wiese« errichtete Maschinenfabrik in Patricroft bei Manchester, die Bridgewater Foundry, 1839 mit etwa 500 Arbeitsplätzen eine der größten Maschinenbauanstalten überhaupt, wurden zwischen 1836 und 1839 rund 48.000 Pfund investiert.

Was die Unternehmer der Branche in dieser Entstehungsphase betrifft, so gehörten sie fast ausschließlich zum Typus des Techniker-Unternehmers. Ihre soziale Herkunft war sehr unterschiedlch, aber aus wohlhabenden Verhältnissen stammten wenige. Vorhandene Geldressourcen konnten jedoch nur dann effizient werden, wenn der Eigentümer auch die Techniken der Metallbearbeitung mit Handwerkzeugen beherrschte. Dieses »Human capital« war entscheidend, denn es ging darum, die wichtigsten Investitionsgüter, die Werkzeugmaschinen ohne Werkzeugmaschinen, mit der alten Hand-Werkzeug-Technik zu bauen. Ob dies aufgrund einer eigenen Idee oder als Kopie schon vorhandener Vorbilder geschah, ist zwar ein gradueller Unterschied, aber in der Anlaufphase bis etwa 1815, als noch keine Werkzeugmaschinen zu kaufen waren, nicht von Belang. Auch als sie käuflich zu haben waren, konnte der angehende Maschinenbauer viel Geld sparen, wenn er die Fertigkeiten zum Eigenbau seiner Grundausstattung mitbrachte. In den dreißiger Jahren, als ein qualifizierter Arbeiter höchstens auf 1,5 und ein Chefdesigner auf 3 Pfund Wochenlohn kam, kostete die kleinste und einfachste Supportdrehmaschine mindestens 70 Pfund, eine größere mit einem Spitzenabstand von etwa 1,8 Metern das Doppelte.

Unter den namhaften Unternehmern, die auch Werkzeugmaschinen bauten, gab es weder in Großbritannien noch in Frankreich oder in Deutschland einen, der die Holz- und Metallbearbeitung von Hand nicht von der Pike auf gelernt hätte. Vorausgesetzt wurden zudem mindestens die einfachsten Berechnungen der Maschinenteile und vor allem das technische Zeichnen, damit sie zum einen eigene oder fremde konstruktive Ideen in eine Skizze umsetzen, zum anderen die für die Produktion sehr wichtigen Grund- und Aufrisse des Gesamtaufbaus einer Maschine und die detaillierten Werkstattzeichnungen anfertigen konnten. Dies allein ließ sich in einer Handwerkslehre des Tischlers, Zimmermannes, Schlossers oder Werkzeugmachers lernen, aber auch bei der Ausübung dieser Tätigkeiten entweder direkt im Beruf oder als Steckenpferd. Die berühmtesten britischen Werkzeugmaschinenkonstrukteure und -Fabrikanten gingen den zweiten Weg. Außer Bramah, der seine

Lehre als Tischler mit Erfolg zu Ende brachte, hatten alle anderen, Maudslay, Clement, Roberts, Fox, Nasmyth und Whitworth, keine abgeschlossene Ausbildung in einem Handwerk, das für den Maschinenbau von Bedeutung gewesen wäre. Doch alle hatten sich nach dem Eintritt in das Berufsleben und vor der Gründung eigener Betriebe die Hand-Werkzeug-Techniken und das Zeichnen zu eigen gemacht. Roberts, der als Gelegenheitsarbeiter auf Kanalbooten und im Steinbruch begann, lernte dies als Modellmacher in einer Gießerei und dann bei Maudslay. Clement, der ausgebildete Handweber, dann Schieferdecker, arbeitete seit 1805 zuerst im Webstuhlbau, danach als Dreher, nahm Privatstunden im Zeichnen und war von 1808 bis zur Gründung seines Unternehmens 1817 Designer und Chefzeichner, unter anderem bei Bramah und Maudslay. Whitworth ging bis zu seinem vierzehnten Lebensjahr zur Schule, verbrachte weitere vier Jahre in einer Maschinenspinnerei, wurde dann Mechaniker in Manchester, arbeitete in London acht Jahre bei Maudslay, Holtzappfel und Clement und gründete schließlich 1833 seine eigene Werkstatt in Birmingham. Nasmyth, der einzige aus einer wohlhabenden Familie – sein Vater war Designer von Prachtkutschen und ein bekannter Porträtist –, besuchte die Kunstschule in Edinburgh, erwarb seine handwerklichen Fähigkeiten als Hobby-Mechaniker, war zwei Jahre lang bei Maudslay und baute sich zu Hause zwei Drehmaschinen, bevor er 1834 in Manchester eine Reparaturwerkstatt gründete. Fox, der in Staffordshire Butler bei einem Pfarrer war und sich in seiner Freizeit ebenfalls mit der Mechanik befaßte, war der purste Selfmademan von allen. Er erwarb seine Fähigkeiten offensichtlich beim Basteln, hatte im Unterschied zu den anderen nirgendwo in einem einschlägigen Beruf gearbeitet, bis er schließlich, mit einem Kredit von seinem Herrn, in Derby, in der Nähe des Spinnereiimperiums der Arkwrights und der Strutts, um 1810 eine Werkstatt für die Reparatur und den Bau von Textilmaschinen einrichtete.

Neben dem Beherrschen sämtlicher Techniken der Metallbearbeitung war ein weiteres gemeinsames Merkmal dieser Vorreiter des modernen Maschinenbaus ihr nahezu fanatischer Glaube an die Chancen der Maschinenarbeit, ihr Hang zum Konstruieren, zum Finden neuer Lösungen, zur Übernahme von Aufgaben, die unlösbar zu sein schienen. So Maudslay bei der Herstellung des Maschinensatzes für die Marine und einer Gießmaschine für die Londoner Münze; Roberts bei der Automatisierung der Mulemaschine und beim Lokomotivbau; Nasmyth mit dem Dampfhammer; Clement bei der Teilefertigung für die Rechenmaschine von Babbage, deren Realisierung nicht an ihm, sondern an den Geldgebern des Cambridger Professors, der keine einzige Vorlesung gehalten hat, scheiterte. Die Großfabrikanten dieser Branche wie Roberts und Nasmyth empfanden sich mehr als Chefkonstrukteure denn als Unternehmer. Ihr technischer Vorsprung brachte zwar große Gewinnspannen mit sich, aber das damals noch berechtigte Gefühl der technischen Überlegenheit gegenüber anderen britischen Konkurrenten und dem Rest der Welt,

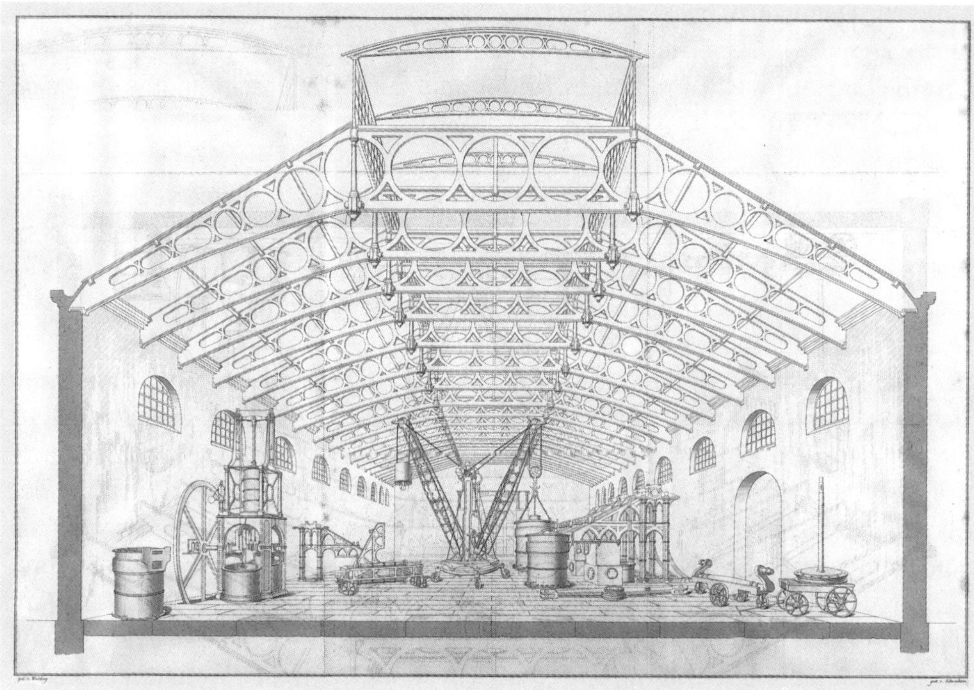

150. Montagehalle der Maschinenfabrik Maudslay, Sons & Field in London. Stahlstich in »Verhandlungen des Vereins zur Beförderung des Gewerbfleisses«, 1833. Berlin, Technische Universität, Bibliothek

verleitete sie allzu leicht dazu, Soll und Haben in der Buchführung zu vernachlässigen. Die lästige Kontrolle des Geschäftsgebarens überließen sie lieber ihren Partnern. Sie hielten sich ungern an Preisvorschläge, die ihrem Drang zu technisch perfekteren und meistens teureren Lösungen Fesseln auferlegten. Viel wohler fühlten sie sich am Zeichentisch in der Werkstatt, bei der Beaufsichtigung der Produktion und der Montage.

Es ist jedoch nicht nur auf den Drang zum Neuen zurückzuführen, daß so gut wie alle Maschinenbauer eine große Vielfalt an Maschinen und Typen im Produktionsprogramm hatten. Dies resultierte aus den Ansprüchen des Marktes und den Schwankungen der Nachfrage: Wer nicht untergehen wollte, mußte, wie es schon damals hieß, viele Standbeine haben. Schwerpunkte ergaben sich zuerst im Textilmaschinenbau, in der Dampfmaschinenproduktion und in der Herstellung von Schiffsdampfmaschinen. Im Werkzeugmaschinenbau waren die einzigen Spezialisten Fox in Derby und zwanzig Jahre später Whitworth in Birmingham. Dennoch existierte nirgendwo die Massenfertigung genormter Einheitstypen. Im Kraftmaschinenbau einschließlich des Schiffsmotoren- und Lokomotivbaus hatte die Stückfertigung Dominanz. Im Textil- und Werkzeugmaschinenbau der Großunternehmen waren die innerbetriebliche Typisierung und Normung von Teilen sowie ihre Lagerhaltung am weitesten fortgeschritten; auf Kundenwünsche mußte trotzdem eingegangen werden.

Deshalb ist es zutreffend, wenn man den Maschinenbau gelegentlich als »Maßschneiderei in Metall« (D. S. Landes) bezeichnet hat. Der Vergleich verleitet leicht dazu, die Maschinenbauanstalten jener Zeit pauschal als einen handwerks- oder manufakturmäßigen Betrieb, in keinem Fall aber als eine Fabrik zu bezeichnen. Die Tatsache, daß im Maschinenbau die Hand-Werkzeug-Technik unverzichtbar war, scheint solche Positionen ebenso zu bestätigen wie der Vergleich mit dem Sinnbild der Fabrik, mit der Maschinenspinnerei. Wenn man als technische Grundlage eines Handwerks- und eines Manufakturbetriebes die Hand-Werkzeug-Technik und als die der Fabrik die Maschinen-Werkzeug-Technik betrachtet, erweisen sich die pauschalisierenden Behauptungen über den manufakturmäßigen Charakter des Maschinenbaus als äußerst problematisch. In einem Stadium, als sämtliche Teile von Hand gefertigt und zusammengesetzt wurden, waren sie je nach Größenordnung und Arbeitszerlegung ganz eindeutig Handwerksbetriebe oder Manufakturen. Mit dem Einzug der Werkzeugmaschinen für die Holz- und Metallbearbeitung änderte sich ihre Betriebsform, und es entstand ein spezifischer Typus des Fabrikbetriebes, der angesichts der unterschiedlichen technischen Vorgänge bei der Garnproduktion einerseits und der Metallbearbeitung andererseits nicht über den Einheitskamm des klassischen Typs der Fabrik, der Maschinenspinnerei zu scheren ist. Mit dem Einzug der Werkzeugmaschinen veränderte sich allmählich der Maschinenbau aus einer Art von Maßschneiderei in Betriebe der Maß- und Massenkonfektion.

Die technologische Besonderheit aller Sparten des Maschinenbaus war das Nebeneinander von Hand-Werkzeug-Technik und Maschinen-Werkzeug-Technik in vielen Herstellungsprozessen, sogar bis weit in das 20. Jahrhundert hinein. Die Fertigung der »Rohlinge« von Maschinenteilen durch Gießen oder durch Schmieden erfolgte ausschließlich in Handarbeit, während beim Biegen, Lochen und Stanzen die Maschinentechnik zum Einsatz kam. Die optimale Annäherung an die angestrebten Maße und die erforderliche Oberflächenqualität der geometrisch bestimmten Formen der Maschinenteile durch Spanen geschah im Nach- und Nebeneinander der Formveränderung mit Werkzeugmaschinen und mit Handwerkzeugen. Die Paßarbeit bei der Zusammensetzung der Maschinenteile zum funktionierenden Ganzen, zur Maschine, wurde fast ausschließlich mit Handwerkzeugen ausgeführt. Das Nebeneinander der beiden Fertigungsarten darf aber nicht darüber hinwegtäuschen, daß es letztlich die Werkzeugmaschinen waren, die die Art, Menge und Preise der Maschinenprodukte entschieden. Sie bestimmten die Produktionskapazität und die Arbeitsproduktivität. In der »Dreherei« mußten alle aus

151a und b. Spinnmaschinenfabrik Bracegirdle zu Gablonz im nördlichen Böhmen: Dreherei im ersten Stock und Montagesaal im Erdgeschoß. Reproduktionen nach Sepiazeichnungen von Roman Pfeiffer. Privatsammlung

der Gießerei oder Schmiede kommenden Teile zuerst mit Werkzeugmaschinen, mit den »Hilfsmaschinen«, abgedreht, gehobelt, gestoßen, gebohrt werden. Diese maschinell bearbeiteten Teile wurden dann manuell durch Feilen, Schaben, Aufbohren nachgearbeitet. Die Zahl der Schraubstöcke und der Schraubstockarbeiter richtete sich also nach der Zahl der Werkzeugmaschinen und der Maschinenarbeiter und nicht umgekehrt. Somit bestimmte die Dreherei, also die Ausstattung mit Werkzeugmaschinen und mit qualifizierten Metallarbeitern, die Menge der Teile, die in der Montage durch nicht minder qualifizierte und erfahrene Facharbeiter, die Maschinenschlosser, eingepaßt und zusammengesetzt werden konnten.

Der grundlegende Trend in der Fertigungstechnik des Maschinenbaus war das Zurückdrängen des Anteils der Hand-Werkzeug-Technik zugunsten der Maschinen-Werkzeug-Technik und die damit angestrebte Substituierung der hochqualifizierten durch anlernbare Arbeitskräfte. Die »Fortschrittlichkeit« oder »Rückständigkeit« eines Unternehmens gegenüber einem anderen könnte deshalb nur an dem Mengenverhältnis einerseits der mit Maschinen und der mit Handwerkzeugen vollbrachten Formveränderung und andererseits der hochqualifizierten und angelernten Kräfte gemessen werden, wofür allerdings bis 1850 überhaupt keine Daten vorhanden sind. Die in der Montage vorherrschende Handarbeit war in der unzureichenden Präzision der Maschinenarbeit begründet. Wieviel der manuellen Tätigkeit bei Dreharbeiten verblieb, für die es schon Werkzeugmaschinen gab, war durch die Abwägung der Kosten-Nutzen-Relation mitbestimmt. Für das Runddrehen von Werkstücken standen die Drehbank mit Handauflage sowie die Drehmaschine mit Werkzeugschlitten und Zugspindel noch lange nebeneinander. Das Abdrehen der groben Form einer Welle, das Schruppen, geschah auf der Drehbank mit Handführung des Drehstrahls, und die präzise Formgebung erfolgte mit der Drehmaschine. Dieses Mischsystem, in dem aufgrund der spärlichen Quellen eine Relation zwischen Handdrehbänken und Drehmaschinen von 2 bis 3 zu 1 ermittelt wurde, war keine technische Notwendigkeit. Das Schruppen hätte man auch mit einer Zugspindel-Drehmaschine durchführen können. Doch angesichts des zwei- bis dreifachen Preises einer Zugspindel-Drehmaschine und des in etwa gleichen Lohnniveaus der Hand- wie der Maschinendreher war es wahrscheinlich kostengünstiger, die schweißtreibende Handdreherei beim Schruppen vorerst beizubehalten.

Der im Vergleich mit Textilfabriken sehr hohe Anteil von qualifizierten Arbeitern war nicht nur Kehrseite dieser Grundmerkmale der Fertigungstechnik im Maschinenbau. Auch unter den Maschinenarbeitern gab es wesentliche Unterschiede: In den Textilbetrieben überwogen die an- oder ungelernten Maschinenbediener, in der spanenden Metallbearbeitung, insbesondere bei den Drehmaschinen, die gelernten Maschinenführer. Je breiter das Spektrum der Produkte einer Maschinenfabrik war, desto vielfältiger waren die Formen der Maschinenteile. Um so erfahrener und vielseitiger mußte der Dreher auch dann sein, wenn für seine Aufgabe die teilautomatisierte, damals als »selbstätig« bezeichnete Drehmaschine mit Zug- und Leitspindel, Wendeherz und automatischen Abschaltvorrichtungen zur Verfügung stand. Bevor jedoch die Formveränderung von der Maschine selbsttätig vollzogen wurde, mußten das Zentrieren und Einspannen des Werkstückes, die Wahl der Drehgeschwindigkeit, des Drehstahles und seine Zustellung im Einklang mit den Werkstoffeigenschaften durchgeführt werden, und diese Tätigkeiten hatte jeder Dreher zu beherrschen. Die Erfahrungen sammelte er bei der Handdreherei sowie in der Bearbeitung der Metalle mit Handwerkzeugen am Schraubstock, und beides gehört bis heute zum Ausbildungsprogramm der Metallarbeiter. Angelernte Maschinenarbeiter wurden in der Dreherei selten und auch dann nur bei repetitiven Arbeiten eingesetzt; ihr Anteil war viel höher an den Bohr- und Hobelmaschinen. Der Einsatz von Werkzeugmaschinen hatte also keine Dequalifikation der Arbeiter zur Folge, sondern verlangte neben dem Beherrschen der alten Technik neue Qualifikationen, die sich der Arbeiter im handwerklichen Betrieb ohne Werkzeugmaschinen nur teilweise anzueignen vermochte. Erst die meistens mit der Massenproduktion von Teilen einhergehende Zerlegung des Herstellungsprozesses führte aus betriebsökonomischen Überlegungen zur Ausgliederung einfacher Fertigungsaufgaben, zur Abrichtung von Maschinen für nur einen, ständig wiederholten Arbeitsschritt und zur Trennung der qualifizierten Tätigkeiten bei der Arbeitsvorbereitung von der anlernbaren und niedriger entlohnten Bedienung der Werkzeugmaschine. Es waren wirtschaftliche Erwartungen der miteinander im Wettbewerb stehenden Unternehmer, aber nicht die oft beschworenen technischen Zwänge, die der Nutzung dieser oder jener Maschine den Vorrang einräumten.

Der Trend zur Zerlegung von Fertigungsschritten und ihre Übertragung auf Maschinen, die angelernte Arbeiter bedienten, setzte sich besonders stark in den Vereinigten Staaten von Amerika durch, und zwar zuerst in der Holzverarbeitung und in der Teileherstellung von Handfeuerwaffen. Die Bevorzugung der einfachen Maschinenarbeit entsprang den spezifischen sozialökonomischen Bedingungen in den USA. Diese waren es, die trotz der bedeutenden Rolle europäischer Einwanderer, zu einer anderen technischen Kultur und schließlich zu dem »American system of manufacture« führten. Zwar bildeten auch in den USA qualifizierte Facharbeiter und Handwerker das Rückgrat des Maschinen- und Gerätebaus, aber ihr Reservoir war kleiner. Andererseits boten der Ausbau des Landes und der riesige Markt viel mehr Chancen zur Abwanderung und zur Gründung eigener Unternehmen. Die Rohstoffpreise für Holz und für Eisen lagen niedriger – ein wichtiger Gesichtspunkt bei der damaligen maschinellen Bearbeitung, die mehr Abfall als die Handarbeit zur Folge hatte. Alle diese Faktoren bewirkten ein hohes Lohnniveau für qualifizierte Arbeitskräfte, verbesserten die Chancen für billige Massenprodukte und verstärkten zusammen mit den verlockenden Staatsaufträgen für Waffen den Drang zur Standardisierung von Teilen, zur Verwendung von Schablonen und zum Maschineneinsatz.

Der Gebrauch von maschinenfertigen austauschbaren Teilen schon um 1820 hat sich jedoch als eine der Legenden der Technikgeschichte erwiesen. Die vielgerühmte Austauschbarkeit von Eisenteilen bei Handfeuerwaffen und später bei Nähmaschinen wurde auch in den USA bis in die zweite Hälfte des 19. Jahrhunderts durch Endbearbeitung der standardisierten Teile von Hand erreicht.

Sowohl in Großbritannien als auch in anderen industrialisierenden Ländern Europas setzte man mehr auf qualifizierte Metallarbeiter, die sich überwiegend aus den traditionellen und zahlreichen Handwerkern der Holz- und Metallbearbeitung rekrutierten. Im Unterschied zu Großbritannien, wo die Ausbildung ausschließlich nach dem Prinzip des Lernens aus der Praxis in den Betrieben stattfand und seit den dreißiger Jahren in der auf kommunaler oder privater Basis organisierten, freiwilligen Erwachsenenbildung ergänzt wurde, legten die Institutionen der überwiegend staatlichen Gewerbeförderung in Frankreich, in deutschen Ländern, in der Habsburger Monarchie und auch in Italien großen Wert auf die Gründung staatlicher Gewerbeschulen. Sie waren eines der Mittel, um den Vorsprung Großbritanniens auf allen Gebieten der Technik schnellstens abzubauen.

XVII. Alte und neue Technik in einer württembergischen Tuchmacherwerkstatt: Handweberei und maschinelles Tuchscheren. Aus einem kolorierten Stich von G. M. Kirn, 1836. München, Deutsches Museum

XVIII. Fabrikarbeiterinnen in modisch gewandelter Kleidung während der Mittagspause. Gemälde von Eyre Crowe, 1874. Manchester, City Art Gallery

XIX. Hydraulische Feuerspritze von Joseph Bramah im Einsatz. Aquarellierte Zeichnung eines Unbekannten, Ende des 18. Jahrhunderts. Paris, Musée National des Techniques, Portefeuille Industriel

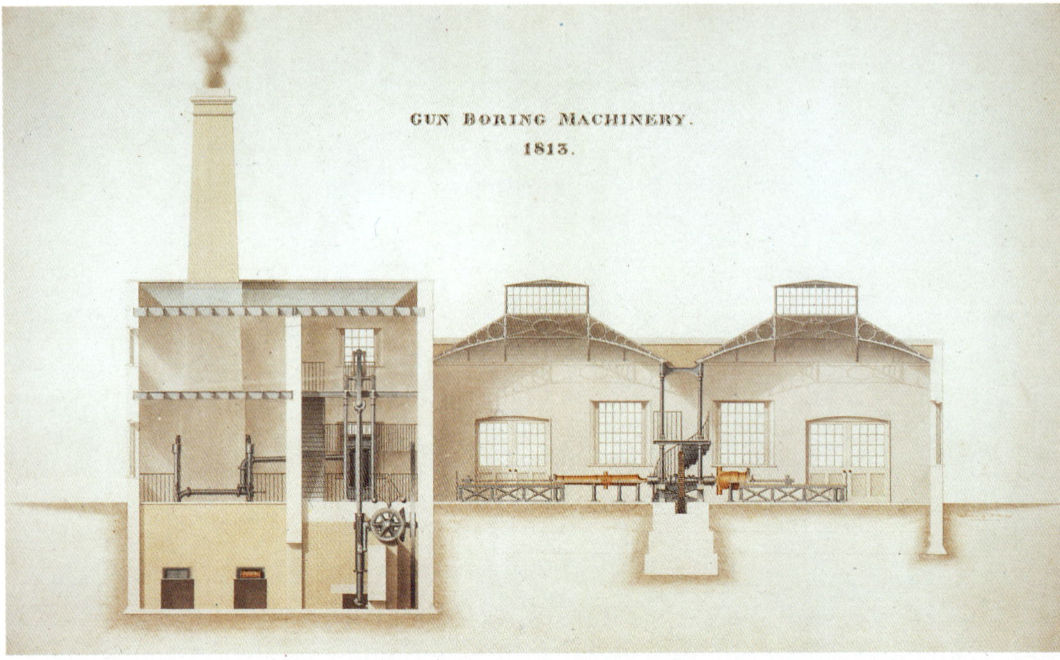

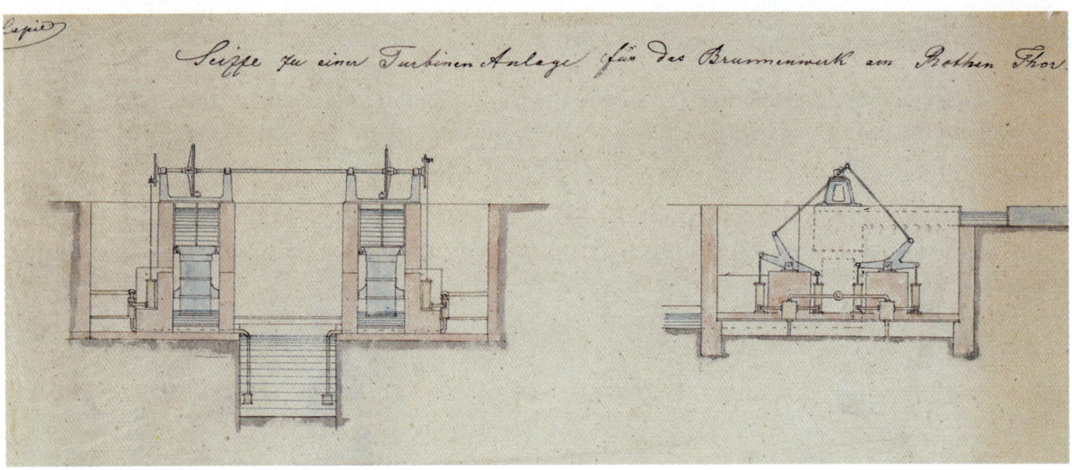

XX a. Dampfmaschine mit Unterbodentransmission zum horizontalen Kanonenbohrwerk. Kolorierte Zeichnung von Henry Maudslay, um 1813. London, Science Museum. – b. Turbinenanlage für das Brunnenwerk am Roten Tor zu Augsburg. Kolorierte Zeichnung nach einer Skizze des Georg von Reichenbach, zwischen 1820 und 1825. Augsburg, Städtische Kunstsammlungen

XXI. Schmieden einer Schiffskurbelwelle mit dem Dampfhammer von James Nasmyth in seiner Maschinenfabrik. Gemälde des schottischen Maschinenbauers, 1843. London, Science Museum

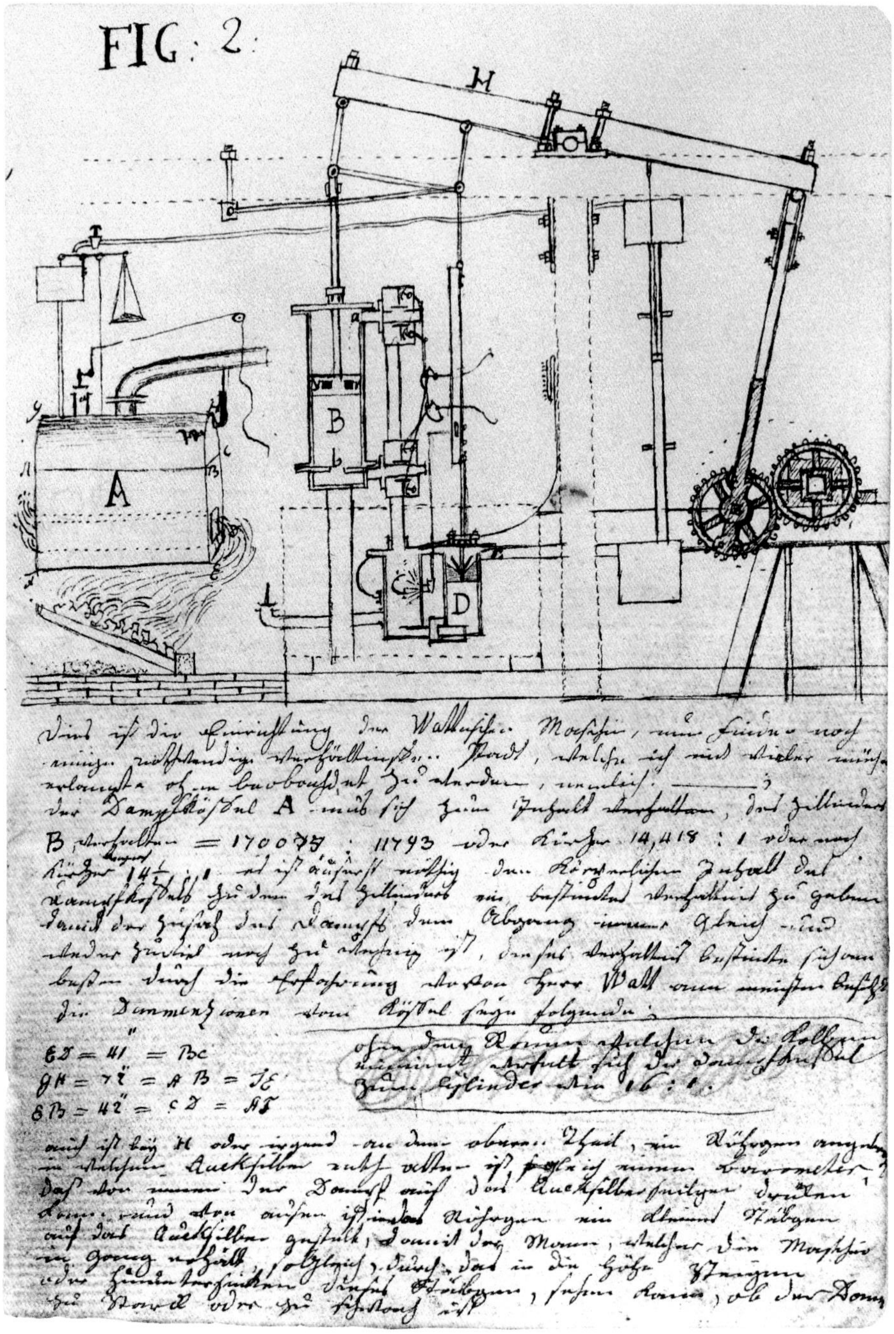

XXII. Doppeltwirkende Dampfmaschine mit Drehbewegung von James Watt in der Fabrik Boulton & Watt in Soho. Zeichnung des Georg von Reichenbach in seinem Tagebuch über die England-Reise im Jahr 1791. München, Deutsches Museum

XXIII a und b. Tagebau in einem walisischen Bergwerk gegen Ende des 18. Jahrhunderts. Aquarelle von Julius Caesar Ibbetson, 1792. Cardiff, National Museum of Wales

XXIVa. Schachtförderung mittels einer Dampfmaschine auf einer britischen Kohlenzeche. Gemälde eines Unbekannten, um 1790. Liverpool, Walker Art Gallery. – b. Eisenhüttenwerk und Arbeitersiedlung Nantyglo in Wales. Aquarell vermutlich von George Robertson, vor 1788. Cardiff, National Museum of Wales

XXVa. Das Hüttenwerk von Gleiwitz mit dem ersten deutschen Kokshochofen von 1796. Diorama. München, Deutsches Museum. – b. Das Hochofen-, Puddel- und Walzwerk Lendersdorf bei Düren. Gemälde von Carl Schütz, 1838. Düren, Leopold-Hoesch-Museum

XXVI. Bau einer Landstraße in Südfrankreich unter Aufsicht von Bauräten und dem Ingenieur Jean Rodolphe Perronet. Aus dem Gemälde von Joseph Vernet, 1774. Paris, Musée du Louvre

XXVII. Die Stufenschleuse zwischen dem Erie- und dem Northern Canal im Staat New York.
Kolorierte Aquatinta von John Hill, um 1831. New York Historical Society

XXVIII a. Schwerstarbeit an zwei mit Wasserrädern angetriebenen Aufwerfhämmern in der Eisenhütte Cyfarthfa im walisischen Merthyr Tydfil. Aquarell von Julius Caesar Ibbetson, um 1795. Merthyr Tydfil, Cyfarthfa Castle Museum. – b. Dampflokomotive Killingworth von George Stephenson. Möglicherweise eigenhändiges Aquarell des britischen Eisenbahningenieurs, um 1815. London, Science Museum

XXIX a. Der Euston-Bahnhof in London, Ausgangspunkt der Eisenbahn nach Birmingham, erbaut 1835–1838. Kolorierte Lithographie von John Cooke Bourne, 1839. York, National Railway Museum. – b. Eröffnung der München–Augsburger Eisenbahnstrecke am 1. September 1839. Kolorierte Lithographie von Gustav Kraus. München, Stadtmuseum

XXX. Rückschau auf die Großleistungen des englischen »Eisenbahnkönigs«: George Stephenson im Familienkreis vor seinem Wohnsitz an der Straße nach Killingworth bei Newcastle; eine der herandampfenden, nach 1814 hergestellten Lokomotiven; Stephenson mit der von ihm entwickelten Sicherheitslampe; Fördertürme der West-Moor-Zeche in Killingworth. Gemälde von John Lucas, nach 1850. London, Science Museum

XXXI a. Schiffbau in den Londoner Blackwall-Docks. Gemälde von Francis Holman, 1784. Greenwich, National Maritime Museum. – b. Telfords Aquädukt Pont-y-Cysylltau über den Ellesmere-Kanal. Gemälde von George Arnold, 1826. London, Institution of Civil Engineers

XXXII. Konferenz der Ingenieure an der Britannia-Brücke über die Menai Strait, Caernarvonshire.
Gemälde von John Lucas, um 1850. London, Institution of Civil Engineers

Energiebedarf der Arbeitsmaschinen

Die Problematik der Energieversorgung während der Industriellen Revolution umfaßt zwei Fragen: Zum einen die Ressourcen an Energieträgern, die zur Deckung des Bedarfs an Wärmeenergie und mechanischer Energie genutzt werden konnten, zum anderen die technischen Mittel, mit denen sich die in den Energieträgern vorhandene Energie in mechanische umformen oder umwandeln ließ. In seiner Gesamtheit basierte das Energiesystem der vorindustriellen Zeit fast ausschließlich auf der Nutzung regenerativer Energieträger: auf dem Holz für die Gewinnung von Wärmeenergie, auf der biologischen Muskelkraft von Menschen und Tieren, auf dem Wind und dem Wasser für die Gewinnung von mechanischer Energie. Neben der direkten Energieübertragung vom Menschen auf Werkzeuge und andere technische Vorrichtungen waren die wichtigsten technischen Mittel für die Umformung in mechanische Energie: Treträder, Göpel, Wind- und Wasserräder und für die Fortbewegung das Segel. Worin sich Großbritannien seit dem 16. Jahrhundert von den restlichen europäischen Ländern stark unterschied, war die ständig steigende Nutzung der Steinkohle, also eines nicht regenerierbaren fossilen Grundstoffes, für Wärmeenergie. Die alte Technik verursachte sehr hohe Kosten bei der Deckung des Energiebedarfes für die Maschinen der Wasserhaltung und Schachtförderung in den zunehmend im Tiefbau betriebenen Kohlezechen, und dies löste die Entwicklung der Dampfmaschine aus, jenes Energieumwandlers, der die Nutzung der Steinkohle auch für die Deckung des Bedarfes an mechanischer Energie ermöglichte. Damit und mit der Lösung des Problems der Verwertbarkeit der Steinkohle für die Eisenverhüttung setzte der Umschwung von regenerierbaren Energieträgern auf die nicht nachwachsende fossile Kohle ein. Das bedeutete nach dem Abbau von Erzen und Gestein den entscheidenden und folgenschweren Zugriff des Menschen auf die Stoff- und Energiereserven der Erde. Ein zusätzlicher Schub im Energiebedarf kam dann mit der ersten massenhaften Verwendung von Maschinen für die Formveränderung von Stoffen, mit der Maschinenspinnerei in der Textilindustrie. Der damit in Gang gesetzte allgemeine Prozeß der Maschinisierung von technischen Handlungen in der Produktion und im Transportwesen ließ den Energiebedarf immer weiter steigen. Sichergestellt wurde die Energieversorgung schließlich mit der Steinkohle als wichtigstem Energieträger und mit der Dampfmaschine als Energieumwandler.

Insofern ist die oft gebrauchte Wendung – Steinkohle und Dampfmaschine oder umgekehrt – zutreffend für die Problematik der Energieversorgung während der

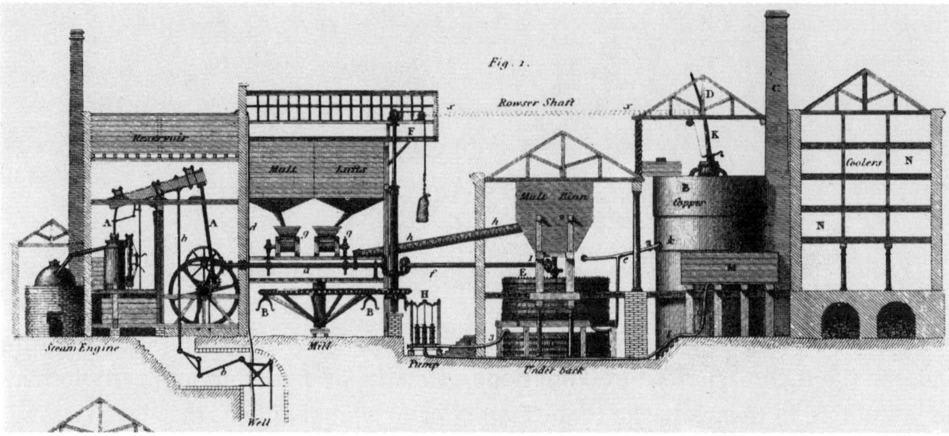

152. Modernisierte Kraftanlage einer Bierbrauerei: Watts doppeltwirkende Dampfmaschine mit Parallelogramm und einem herkömmlichen Pferdegöpel in Reservefunktion. Stahlstich in »The cyclopaedia...« von Abraham Rees, 1820. Hannover, Universitätsbibliothek

Industriellen Revolution. Problematisch wird sie jedoch dann, wenn man aus ihr ableiten will, daß die Veränderung in der Energietechnik der Dreh- und Angelpunkt für die gesamte technische Umwälzung gewesen sei und die Dampfmaschine sogar die Fabrik ins Leben gerufen habe. Zwar bekamen sowohl Arkwright als auch James Watt ihr erstes Patent 1769, aber die Entwicklung der Spinnmaschinen und der Wattschen Dampfmaschine hatten ursächlich überhaupt nichts miteinander zu tun, und in die Baumwollfabrik hielt die Dampfmaschine erst 1785 Einzug. Die dazwischenliegenden Jahre waren das Entwicklungsstadium von der Wattschen Einzweck-Dampfmaschine zum universal einsetzbaren Motor. In dieser Zeit und noch einige Jahrzehnte danach wurde der vorrangig durch die explosive Zunahme der Baumwollspinnereien sowie durch den Aufstieg anderer Industriezweige verursachte Energiebedarf überwiegend mit den alten Energieträgern und -Techniken sichergestellt. Zwar kann man den Anteil der Muskelkraft von Menschen und Tieren an der Energieversorgung nicht messen, aber trotz eines rückläufigen Trends dürfte die Menge insbesondere der menschlichen Energieabgabe durch die Industrialisierung sogar gewachsen sein. In der Landwirtschaft, in der Stoffgewinnung im Bergbau, in der Holzwirtschaft, im Hüttenwesen, bei der Handhabung von Werkzeugen, beim Handantrieb vieler Maschinen, beim Transport von Rohstoffen und Halbprodukten im Betrieb, bei Be- und Entladen der Transportmittel und bei der Warenzustellung im Verteilungsprozeß wurde vom Menschen eher mehr als weniger abverlangt. Von den traditionellen Kraftmaschinen wurde das Windrad auch weiterhin für den Antrieb von Mühlen verwendet.

Den größten Teil der Antriebsenergie für alte sowie neuentwickelte Maschinen lieferten jedoch bis in die zwanziger Jahre des 19. Jahrhunderts nach wie vor die wichtigsten Kraftmaschinen der vorindustriellen Zeit: die Wasserräder. Nur mit ihnen konnte dem Prozeß der Maschinisierung zum Durchbruch verholfen werden, weil die Wattsche Dampfmaschine, bis 1784 ohne die Umsetzung der Geradebewegung in eine Kreisbewegung gebaut, für den Antrieb von Maschinen mit Rotationsbewegung technisch ungeeignet und bis zum Auslaufen der Wattschen Patente teuer in der Anschaffung und störanfällig im Betrieb war. Die neuere Forschung ist sich darin einig, daß bis etwa 1815 im Gesamtgefüge der Energieversorgung von alten und neuen Arbeitsmaschinen für die Formveränderung von Stoffen in Textilfabriken, Eisenhüttenwerken, in der Metallverarbeitung, in Mühlen und Stampfwerken der Wasserradantrieb vorgeherrscht hat, und daß er auch später, als die Dampfmaschine die Führungsrolle übernommen hatte, ein wichtiger Faktor in der Energieversorgung geblieben ist.

Kleinere Spinnereien installierte man häufig an vorhandenen Mühlenstandorten oder direkt in alten Mühlengebäuden; dies ersparte den Bau einer Wasserkraftanlage. Für den Typus der Arkwrightschen Fabriken, aber auch für Hüttenwerke wurden die Wasserräder an die neuen Bedürfnisse angepaßt, konstruktiv und fertigungstechnisch verbessert, mit hohen Kosten Wasserspeicher sowie Zu- und Abflußkanäle gebaut. Das alles waren nur langfristig sich amortisierende Investitionen, und dieser betriebsökonomische Gesichtspunkt verlängerte das Überleben von Wasserradantrieben an Standorten außerhalb von Ballungsräumen der Industrie. Mit der zunehmenden Verdichtung von Produktionsstätten kam der Schwachpunkt dieser Energietechnik zum Tragen, nämlich die von geographischen wie klimatisch-meteorologischen Gegebenheiten weitestgehend abhängige Verfügbarkeit des Energieträgers. Mit technischen Mitteln, also mit Wasserspeichern konnte diese Abhängigkeit vom Wetter und vom Standort nur verringert, aber nicht abgeschafft werden. Es waren nicht die Leistung oder der Wirkungsgrad der Wasserräder, es war diese limitierte Verfügbarkeit, die mit dem erhöhten Energiebedarf und mit dem Trend zur Konzentration von Industrieanlagen nicht Schritt halten konnte. Im 18. Jahrhundert erreichten die aus Holz gefertigten Wasserräder eine Leistung von etwa 10 Pferdestärken (PS) oder 7,35 Kilowatt (kW), und der Wirkungsgrad lag je nach Wasserradtyp zwischen 33 und 66 Prozent, also weit über jenem der Dampfmaschinen. Für die erste Generation der Arbeitsmaschinen genügte dies. Die allmählich erforderliche Steigerung der Leistung ließ sich durch die Verwendung von Bautypen, die den Strömungsverhältnissen besser entsprachen, durch eiserne Bauteile und größere Ausmaße erreichen. Zu dieser Optimierung trugen die in den fünfziger Jahren des 18. Jahrhunderts von John Smeaton mit Modellen durchgeführten exakten Messungen des Wirkungsgrades aller vorhandenen Wasserradtypen wesentlich bei. Als die Dampfmaschine nach 1800 allmählich preiswerter und zuverlässiger wurde, kamen die Fortschritte in der Eisenerzeugung und Metallbear-

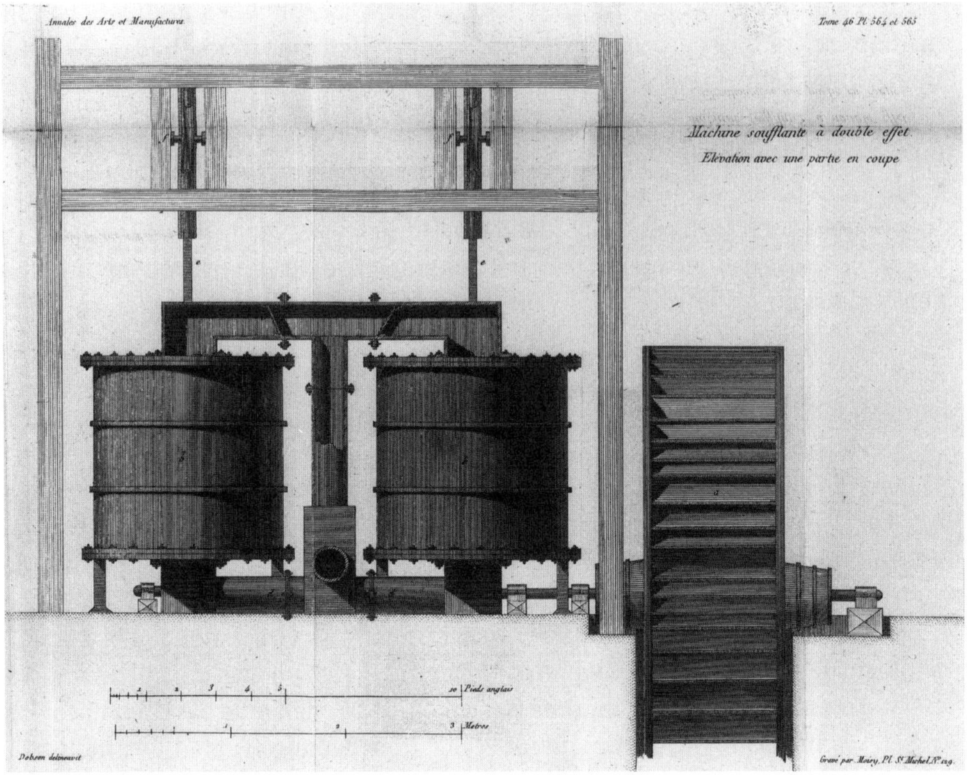

153. Wasserradantrieb eines Zylindergebläses im Walkerschen Stahlwerk zu Rotherham. Stahlstich in »Annales des Arts et Manufactures«, 1812. Paris, Conservatoire National des Arts et Métiers, Bibliothèque

beitung auch dem Wasserrad zugute. In England und Schottland spezialisierten sich einige führende Konstrukteure wie William Fairbairn (1787–1874) in Manchester auf den Bau von Hochleistungswasserrädern mit Durchmessern von mehr als 9 und einer Breite von mehr als 6 Metern und Leistungen von über 100 PS oder 73 kW. Diese Ungetüme baute Fairbairn, der sich zum ersten Spezialisten für Fabrikanlagenbau aufgeschwungen hatte, nicht nur in Großbritannien, sondern exportierte sie auch nach Frankreich und in die Schweiz, überwiegend für den Antrieb von Spinnereien.

Der Hang vieler Unternehmer, beim Wasserrad zu bleiben, war kein Ausdruck von Innovationsfeindlichkeit, sondern die Folge der Abwägung von Kosten und Nutzen. Für den Bau und die Instandhaltung einer Wasserkraftanlage waren an jedem Standort Fachkräfte zu finden. Die Baukosten der kompletten Anlage waren hoch, wobei das Wasserrad am wenigsten zu Buche schlug. Bei einem Standort mit ausreichender Wasserversorgung konnte es deshalb kostengünstiger sein, die alte

Anlage zu modernisieren statt eine Dampfmaschine in Betrieb zu nehmen. In Ausnahmefällen überstand auf diese Weise der Wasserradantrieb auch in Großunternehmen wie der Baumwollspinnerei von Samuel Greg in Styal das 19. Jahrhundert. Auf dem europäischen Kontinent gehörten hauptsächlich das in der Baumwollindustrie und im Maschinenbau zu den wichtigsten Zentren zählende Elsaß und Sachsen zu jenen Regionen, die bis in die vierziger Jahre des 19. Jahrhunderts überwiegend die Wasserkraft nutzten.

Solange sich die Dampfmaschine nur für den Antrieb von Kolbenpumpen eignete, konnte man sie dort, wo eine Kreisbewegung erforderlich war, zum sparsameren Haushalten mit dem Antriebswasser einsetzen, so daß die Nutzung dieser Kraftmaschine von den Launen des Wetters unabhängiger wurde. Das »verbrauchte« Antriebswasser wurde unterhalb des Wasserrades in ein Auffangbecken geleitet und von dort mit einer Dampfmaschine in den Antriebsspeicher hochgepumpt. Um 1800 waren 150 bis 200 Dampfmaschinen, also etwa 7 bis 10 Prozent der Gesamtzahl, zu diesem Zweck eingesetzt. Diese Kombination von Dampfmaschine ohne Kreisbewegung mit Wasserrädern versorgte noch in den dreißiger Jahren alle Gebläse, Hammer- und Walzwerke der Eisenhütte in Cyfarthfa bei

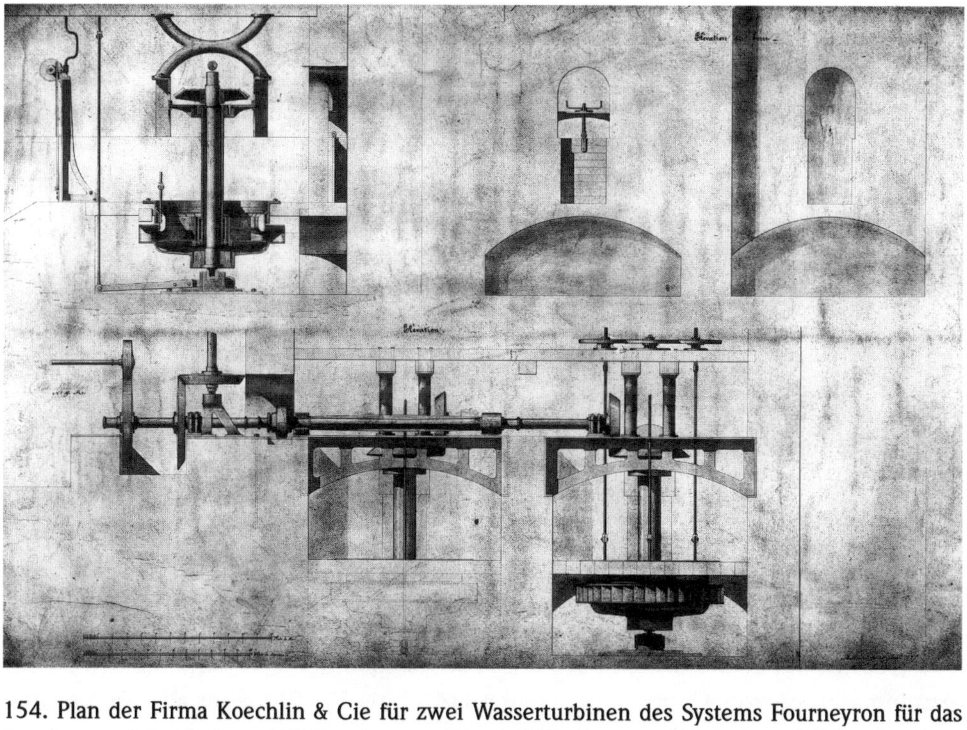

154. Plan der Firma Koechlin & Cie für zwei Wasserturbinen des Systems Fourneyron für das Augsburger Spinnerei- und Webereiunternehmen SWA. Lavierte Zeichnung, 1837. München, Deutsches Museum

155. Relikte einer bis 1830 betriebenen Newcomenschen Dampfmaschine in Bardsley vor dem Ankauf durch Henry Ford für sein Museum in Dearborn, MI

Merthyr Tydfil in Südwales, einer der größten der Welt, mit der notwendigen Antriebsenergie. Andere Formen der Wasserkraftnutzung wie Gezeitenmühlen – Wasserräder, die von den durch Ebbe und Flut bewegten Meerwassermassen angetrieben werden – spielten für die Energieversorgung in Großbritannien eine ebenso zu vernachlässigende Rolle wie die im mitteleuropäischen Bergbau entwikkelten Wassersäulenmaschinen. Den Weg zur effektiveren Nutzung der Wasserkraft mittels der Wasserturbine haben die Briten nicht verfolgt. Darüber zerbrachen sich Konstrukteure auf dem europäischen Kontinent in solchen Gebieten die Köpfe, wo es weder Steinkohle gab noch Dampfmaschinen preiswert gekauft werden konnten. Die ersten Konstrukteure waren der Franzose Benoit Fourneyron (1802–1867) und sein Landsmann Nicolas Joseph Jonval und der Deutsche Karl Anton Henschel (1780–1861).

Trotz fortdauernder Bedeutung der Wasserkraft waren während der Industriellen Revolution der wichtigste Energieträger die Steinkohle und der ausschlaggebende Energieumwandler die Dampfmaschine. Nichts dokumentiert den Stellenwert der Dampfmaschine von Thomas Newcomen (1663 bis 1729) besser als ihre Verbreitung. Bei einer gewissen Größenordnung der Zeche und der erreichten Tiefe gab es für Kohlenbergwerke keine kostengünstigere Technik der Wasserhaltung: 12 bis 24

Pferde ähnlicher Leistung für Göpel waren in der Anschaffung billiger, aber teurer die Futter- und Pflegekosten. Gegenüber den 1740 gezählten etwa 40 »Feuermaschinen« standen um 1780, hauptsächlich in den Kohlenrevieren des englischen Nordostens und Schottlands, an die 800 und 1800 mehr als 1.000 in Betrieb, also ungefähr die doppelte Anzahl der Wattschen Maschinen. Der konstruktiv bedingte und durch fertigungstechnische Mängel noch verstärkte hohe Kohlenverbrauch der Dampfmaschine von Newcomen interessierte die Kohlenzechen überhaupt nicht. Wenn viele Zechenbesitzer der Wattschen Dampfmaschine, deren Verbrauch von Anfang an beträchtlich niedriger war, solange widerstehen konnten, so lag das nicht nur an dem niedrigeren, von Patentgebühren unbelasteten Anschaffungspreis, an der geringeren Störanfälligkeit und der einfacheren Bedienung der Newcomen-Maschinen, sondern auch daran, daß sowohl ihre Leistung als auch ihr Wirkungsgrad in den fünfziger Jahren des 18. Jahrhunderts durch John Smeaton wesentlich verbessert wurden. Mit exakten Messungen an einem Modell und an verschiedenen Dampfmaschinen bewies er, daß der Wirkungsgrad bei Vergrößerung der Zylinder nur bis an eine gewisse Grenze steigt, darüber hinaus aber sinkt, mithin die alte Faustregel, je größer desto besser, den Kohlenverbrauch nicht vermindert, sondern erhöht. Aufgrund vornehmlich fertigungstechnischer Verbesserungen einzelner Teile gelang es ihm, mit derselben Menge Kohle die doppelte Leistung zu erreichen. Im Jahr 1779 wurde dann auch die erste Newcomen-Dampfmaschine mit Drehbewegung installiert, und um 1800 gab es von diesem Typ etwa 86 Maschinen. Insgesamt gewann nach Smeatons Verbesserungen die Newcomen-Dampfmaschine, auch dank der Verbilligung des Gußeisens und der besseren Technik, an Attraktivität. Sie paßte sehr gut in eine Welt der Technik, die vorläufig noch ohne Maschinenbauer auskommen mußte. Die wenigen, die sie bauen konnten, waren die ersten, die im gewerblichen Bereich »Engineers« genannt wurden. So hieß es in einem Verzeichnis der Londoner Gewerbe 1747: »Der Ingenieur macht Maschinen für die Hebung des Wassers mit Feuer, entweder für die Versorgung von Reservoiren oder für die Wasserhaltung der Bergwerke« (R. Campbell).

Auf dem Weg zum Universalmotor

Die Geschichte der Wattschen Dampfmaschine begann mit der Newcomen-Dampfmaschine. James Watt, der gebürtige Schotte, gelernte Feinmechaniker und Angestellte der Universität Glasgow, hatte die Modellsammlungen zu betreuen und bekam im Winter 1763/64 den Auftrag, ein funktionstüchtiges Newcomen-Modell zu reparieren. Aus diesem Anlaß versuchte er herauszufinden, warum der Brennstoffverbrauch so hoch war. Er gelangte zu dem Schluß, daß sich der große Wärmeverlust nur dann reduzieren ließ, wenn die Temperatur des Zylinders in etwa bei der des eintretenden Dampfes zu halten war, und die Temperatur des für die Kondensation des Dampfes eingespritzten Wassers 38 Grad nicht überschritt. 1765 fand Watt die theoretische Lösung: Die Kondensation mußte in einem anderen, vom Zylinder getrennten Gefäß, in dem Kondensator, stattfinden. Damit war die Newcomensche Konstruktion theoretisch überholt. Die Idee war genial und einfach, die Umsetzung jedoch komplizierter, weil das Kondenswasser und die Luft aus dem Kondensator entfernt werden mußten. Watt meisterte diese Probleme bis 1767 im Labormaßstab, mit selbst gebauten und finanzierten Modellen. Die bestätigten ihm alle Erwartungen, kosteten ihn jedoch etwa 1.000 Pfund und brachten ihn an den Rand des finanziellen Ruins. Schließlich fand er 1768 seinen ersten Geldgeber, einen Dr. Roebuck, der außer in der Schwefelsäurefabrikation im schottischen Kohlenbergbau und Eisenhüttenwesen seine Geschäftsinteressen wahrnahm. Mit dessen Unterstützung baute Watt eine Versuchsmaschine im Industriemaßstab mit einem Zylinderdurchmesser von 0,46 Metern. Zusammen mit Roebuck, der sich zwei Drittel aller künftigen Einnahmen sicherte, nahm er 1769 sein erstes Patent, wie es hieß, auf »die Verminderung des Verbrauches von Dampf, folglich auch an Brennstoff bei Feuermaschinen«.

Die wichtigsten Punkte waren der mit einem Dampfmantel umschlossene Zylinder, der getrennte Kondensator und die Luftpumpe. Es war zwar eine einfach wirkende Kolbendampfmaschine, aber im Unterschied zur Newcomenschen bewirkte die Abwärtsbewegung des Kolbens und somit die Arbeitsleistung der Dampf; seine Aufwärtsbewegung besorgte das Gewicht des Pumpengestänges. Mit diesem Patent hatte Watt seine Erfindung rechtlich abgesichert, doch es verstrichen noch viele Jahre, bis aus seinen Ideen der Newcomen-Dampfmaschine und dem Wasserrad in der Praxis ein Konkurrent erwuchs. Der durch seine Experimente verschuldete Watt mußte sich über mehrere Jahre dem Geldverdienen widmen. 1773 ging sein Finanzier und Gönner in Konkurs. Sozusagen mit der Konkursmasse übernahm Matthew Boulton (1728–1809), ein Unternehmer in der Metallwarenbranche aus Birmingham, James Watt und sein Dampfmaschinenprojekt, das bereits an die 3.000 Pfund verschluckt und keinen Penny eingebracht hatte. Boultons erste Sorge war die Verlängerung des nur bis 1784 gültigen Patentes. Als 1775 das Parlament die Lauffrist bis zum Jahr 1800 verlängerte, nahm Boulton den mittellosen Watt mit einem Jahresgehalt von 330 Pfund und einer Reingewinnbeteiligung von 33 Prozent bis 1800 unter Vertrag. Im Rückblick war die Übernahme des Projektes durch Boulton für die Entwicklung der Dampfmaschine von zentraler Bedeutung. Watt konnte sich ohne finanzielle Sorgen der Entwicklungsarbeit widmen, und durch die Umsiedlung nach Birmingham befand er sich mitten im Zentrum der fachkundigen Handwerker für die Metallbearbeitung und in der Nähe der besten Eisengießer Großbritanniens. Und nicht zuletzt saß mit Boulton ein Unternehmer in Watts Nacken, der seinen Partner schätzte, seinen Hang zum Patentieren aller Möglichkei-

156. Doppeltwirkende Dampfmaschine des Systems Watt für den deutschen Spinnereibetrieb Tappert. Sogenannte Neujahrsplakette der Königlichen Eisengießerei zu Berlin, 1815. Berlin-Museum

ten der Nutzung des Dampfes respektierte, aber nicht nur Ausgaben, sondern so schnell wie möglich auch Einnahmen verbuchen wollte. Er brachte in das vorerst gemeinsame Abenteuer das ein, was Watt abging: Verbindungen zu Unternehmen und zum Parlament, eingehende Kenntnisse über die potentiellen Kunden und Erfahrungen in der Organisation der Produktion sowie eine enorme Durchsetzungsfähigkeit.

Sein ständiges Drängen trug viel dazu bei, daß 1776 die erste Wattsche Dampfmaschine unweit von Birmingham, in Bloomfield bei Tipton, im Kohlenbergbau eingesetzt wurde. Sie löste das Versprechen Watts, den Kohlenverbrauch wesentlich zu reduzieren, auf ersten Anhieb ein. Die Einsparung an Kohle betrug gegenüber den traditionellen Newcomen-Maschinen etwa 60 Prozent und gegenüber der Smeatonschen Bauweise rund 35 Prozent. Ab 1777 lief dann das große Geschäft mit den Besitzern der Zinn- und Kupfergruben in Cornwall an, die mangels eigener Kohle-Ressourcen an diesem Vorteil viel mehr interessiert waren als die meisten Grubenbesitzer in den Steinkohlenrevieren. In den Jahren 1777 bis 1780 wurden in Cornwall 10 und von 1781 bis 1800 weitere 50-Watt-Dampfmaschinen aufgestellt. Das ausgeklügelte Lizenzsystem – bei Pumpmaschinen ging an Boulton & Watt ein Drittel der Brennstoffkosten-Ersparnisse – soll ihnen allein zwischen 1781 und 1800 rund 140.000 Pfund an Prämien eingebracht haben. Schon mit den ersten Lieferungen hatte sich das Unternehmen finanzieller Schwierigkeiten entledigt.

Für den Antrieb von Maschinen mit einer Rotationsbewegung eignete sich dieser Maschinentyp noch nicht. Es mußte erst die Geradebewegung der Kolbenstange in eine Kreisbewegung umgesetzt werden, und dieser konstruktiven Aufgabe galt Watts weitere Tätigkeit. Als ihn 1781 Boulton von einer seiner Geschäftsreisen mit den Worten, »die Leute in London, Manchester und Birmingham sind verrückt auf eine Dampffabrik« wiederum zur Eile drängte, hatte Watt es geschafft. Im zweiten Patent ließ er sich fünf verschiedene Lösungen für die Kreisbewegung patentieren, von denen er nur das Planetenradgetriebe anwendete. Die einfachste, seit dem Mittelalter bekannte Lösung, die Umsetzung mit einer Kurbel, wollte er bis 1795 nicht bauen, weil sie schon 1779 von zwei Unternehmern für eine Newcomen-Maschine patentiert worden war. Mit dem Patent von 1781 war der erste Schritt zur universal anwendbaren Kraftmaschine getan. Der zweite folgte mit den Patenten von 1782 und 1784, die die 1765 begonnene konstruktive Entwicklung abschlossen. Watt wußte, daß eine regelmäßige, kontinuierliche Kreisbewegung, der große Vorteil gut gebauter Wasserräder, mit der einfachwirkenden Dampfmaschine nicht zu erreichen war. 1782 patentierte er seine doppeltwirkende Dampfmaschine, in der der Dampf, abwechselnd ober- und unterhalb des Kolbens eingelassen, sowohl die Ab- als auch die Aufwärtsbewegung des Kolbens bewirkte. Damit war der Weg zu höheren Leistungen offen, aber in jedem technischen Sachsystem hat die Veränderung einer Komponente Folgen bei anderen.

In diesem Fall brachte die Veränderung des Wirkungsprinzips Probleme mit der Kraftübertragung: Die vorher in beiden Richtungen lediglich mit Zug belastete Kolbenstange wurde jetzt bei der Aufwärtsbewegung mit Druck belastet. Deshalb mußte eine Geradeführung der Kolbenstange gewährleistet werden. Dies löste Watt mit seinem 1784 patentierten Parallelogramm, einer komplizierten konstruktiven Lösung, die jedoch mit den damaligen Techniken der Metallbearbeitung leichter umzusetzen war als die Watt ebenfalls bekannte Kreuzkopfführung. Mit diesen zwei Schritten war nach rund zwanzigjähriger Entwicklungsarbeit »ein erster Motor gefunden, ... dessen Kraftpotenz ganz unter menschlicher Kontrolle steht, der ... die Konzentration der Produktion in Städten erlaubt, statt sie wie das Wasserrad über das Land zu zerstreuen, universell in seiner technologischen Anwendung ...« (K. Marx). Schon 1785 wurden die ersten doppeltwirkenden Dampfmaschinen von Boulton & Watt geliefert, darunter die erste für eine Baumwollspinnerei, und zwar in Papplewick in Nottinghamshire. Sie wurde jedoch nur für die kontinuierliche Versorgung der Wasserräder mit Antriebswasser eingesetzt.

Wenn 1800 die von Boulton & Watt konzessionierten etwa 500 Dampfmaschinen kaum 22 Prozent der Gesamtzahl von Dampfmaschinen in Großbritannien ausmachten, so lag das weniger an technischen Problemen als an den durch die Geschäftspolitik der Firma hochgehaltenen Auslagen für eine Maschine. Von Preisen kann nicht gesprochen werden, weil bis 1795, als Boulton & Watt wegen der bald ablaufenden Patentrechte begannen, in Soho bei Birmingham ihre später so berühmt gewordene Maschinenbaufabrik zu errichten, keine kompletten Dampfmaschinen zum Verkauf angeboten wurden. Das war angesichts der damaligen Verkehrsverhältnisse und fertigungstechnischen Probleme eine kluge Politik, auch wenn an einer kompletten Dampfmaschine bestimmt mehr hätte verdient werden können als mit dem bis dahin fast ausschließlich praktizierten Lizenzverfahren.

Gegen die Verpflichtung der Kunden, die Prämie beginnend mit der Installierung der Dampfmaschine zu bezahlen, wurden ihnen von Boulton & Watt die Konstruktionspläne mit Anleitung für die Montage zur Verfügung gestellt. Die Kunden ließen die meisten Teile selbst fertigen, während Boulton & Watt die Montage und Inbetriebsetzung übernahmen, alles selbstverständlich auf Rechnung der Besteller. Boulton & Watt bestanden jedoch darauf, daß der Ventilkasten sowie die Kolbenstange von ihnen geliefert wurden; nur für die Fertigung dieser Teile gab es seit 1775 auf dem Gelände des Boultonschen Unternehmens in Soho eine Werkstatt. Zylinder, Luftpumpen, Kolben und andere Gießereiprodukte kamen meistens von John Wilkinson. Deshalb stammten die Gewinne der Firma bis in die achtziger Jahre fast ohne Ausnahme aus Lizenzgebühren. Bei Dampfpumpen war es ein Drittel der im Vergleich mit Newcomen-Maschinen erzielten Kostenreduktion für Brennstoff. Für Rotationsdampfmaschinen konnte man dieses System nicht anwenden; hier galten feste Sätze: pro Jahr und PS in London 6, anderswo 5 Pfund. Da diese Sätze ohne Rücksicht auf die Nutzungszeit zu bezahlen waren, kamen für die meisten Unternehmer Watt-Maschinen als Reserve bis 1800 kaum in Frage.

Mit den vier Patenten, die alle denkbaren Möglichkeiten der Konstruktion einer Wärmekraftmaschine enthielten, hatten Boulton und Watt ein verbrieftes Monopol nicht nur auf den ausschließlich gebauten Typ, die Niederdruck-Dampfmaschine mit getrenntem Kondensator, sondern auf alle potentiellen Varianten. Dadurch war die Weiterentwicklung der Dampfmaschine bis zum Auslaufen der Patente im Jahr 1800 blockiert. Im Sinne des englischen Patentrechtes war es das gute Recht von Boulton & Watt, nach allen »Piraten« zu fahnden. Ihre Zahl stieg nach 1780 in Lancashire, als die Firma nicht in der Lage war, der steigenden Nachfrage sowohl seitens der Baumwollfabrikanten wie anderer Unternehmer nachzukommen. Sie bauten entweder Watt-Maschinen nach oder modernisierten Newcomen-Maschinen durch den Einbau des Kondensators und der Luftpumpe. Zu ihnen gehörten Bateman & Sheratt in Manchester, Thompson in Ashover, Derbyshire, sowie der Geschäftsfreund von Boulton & Watt, Wilkinson. Obwohl fast alle »Piraten« von den Fahndern aus Soho entdeckt und die meisten gerichtlich zu hohen Strafen verurteilt wurden, brachte diese Politik Boulton & Watt wegen beträchtlicher Gerichtskosten keine großen Einnahmen. In den letzten Jahren ihres Monopolrechtes produzierten die eingeschüchterten Konkurrenten eifrig Maschinenteile auf Vorrat und drängten dann ab 1800 mit dem Umbau Newcomenscher Maschinen und Lieferungen der Wattschen Typen auf den Markt.

Neueste Forschungen haben bewiesen, daß der Anteil der Dampfmaschinen an der Energieversorgung gegen 1800 insgesamt höher gewesen ist, als man dies aufgrund der konzentrierten Betrachtung der von Boulton & Watt gelieferten Ma-

157. Energieversorgung beim Bau des Kilsby-Eisenbahntunnels auf der Strecke London–Birmingham: zwei Dampfmaschinen mit Gestängekunst für die Pumpen und zwei Pferdegöpel. Aquatinta von James C. Bourne, 1837/38. London, Science Museum

schinen angenommen hat. Von den insgesamt rund 2.200 Dampfmaschinen im Jahr 1800 in Großbritannien waren 541, also etwa 25 Prozent, Wattschen Typs, davon 63 Stück illegal nachgebaute. Die aus der von 607 Dampfmaschinen bekannten PS-Leistung hochgerechnete Gesamtleistung aller Dampfmaschinen lag bei etwa 57.000 PS nominal. Zum Pumpen wurden 54 Prozent und zum Antrieb anderer Maschinen, einschließlich der Fördermaschinen im Bergbau, ungefähr 25 Prozent aller Dampfmaschinen eingesetzt. Die meisten, 38 beziehungsweise 21 Prozent der Gesamtzahl, standen im Kohlenbergbau und in der Textilindustrie, in der sie jedoch nur etwa 30 Prozent des Energiebedarfes deckten. Der Boom der Maschinenspinnerei nach 1780 heizte die Nachfrage nach einer neuen Kraftmaschine mit Rotationsbewegung am stärksten an. Alles in allem war die Dampfmaschine nicht der Anreiz zur Entstehung der maschinellen Produktion, wohl aber, wie es später ein Fabrikinspektor vermerkt hat, die Mutter der Industriestädte. Der im 19. Jahrhundert jeden Maßstab sprengende Aufstieg der Textilindustrie, des Eisenhüttenwesens, des Kohlenbergbaus und des Maschinenbaus selbst, die Konzentration von Menschen und Fabriken in Städten, ihr Zusammenwachsen zu industriellen Ballungsräumen hätten ohne diesen von James Watt in knapp zwei Jahrzehnten entwickelten universalen und im wesentlichen standortunabhängigen Motor nicht stattfinden können.

Eine Seite der schöpferischen Leistung von Boulton & Watt und seiner Mitarbeiter wird in den meisten Darstellungen der Geschichte der Dampfmaschine vergessen: Sie wie ihre Zulieferer mußten gewaltige fertigungstechnische Probleme bewältigen. Die Wattschen Konstruktionen waren von Anfang an komplizierter als die Newcomensche und stellten höhere Anforderungen an die Menge und Präzision der spanenden Bearbeitung von Metall- und Eisenteilen. Die Maschinen bestanden, abgesehen von dem bis 1800 aus Holz hergestellten Balancier, aus Gußeisen (70 Prozent), Schmiedeeisen (25 Prozent) und Buntmetall (5 Prozent). Die Maschinen-Werkzeug-Technik erlaubte allein das Aufbohren der gegossenen Zylinder. Alle anderen fertigungstechnischen Aufgaben mußten bis dahin mit der Hand-Werkzeug-Technik erledigt werden, und das Drehen, Bohren, Feilen, Schaben, Polieren und Gewindeschneiden hatten die an der Produktion wie an der Montage Beteiligten zu beherrschen. Die Probleme begannen mit den Dampfkesseln, traten bei der Rundbohrung der Zylinder auf, setzten sich fort bei den Dichtungen zwischen Kolben und Zylinder, Stopfbüchse und Kolbenstange und schließlich bei der Präzisionsarbeit für die Steuerung, für den Ventilkasten. Der wiederholt gegen Watt erhobene Vorwurf, er habe wegen seiner konservativen Einstellung keine Hochdruck-Dampfmaschinen geliefert, ist im Licht der fertigungstechnischen Möglichkeiten jener Jahre nicht zutreffend. Er verzichtete auf diesen Typ, weil mit den damaligen Mitteln seine Betriebssicherheit nicht zu garantieren war.

In der Werkstatt für die Steuerungen in Soho gab es 1775 nur eine Drehbank, 1777 wurde zwar eine zweite für das Abdrehen der schmiedeeisernen Kolbenstangen angeschafft, aber die Mißerfolge bei der Dreharbeit führten dazu, daß so gut wie alle diese Stangen auch weiterhin von Zulieferern bezogen wurden. Für die vielen Bohrarbeiten gab es nur Bohrvorrichtungen auf Handantrieb. Boulton, der sich um die Belange der Fertigung kümmerte, beklagte bis in die achtziger Jahre die mangelnde Maßgenauigkeit der gelieferten kleineren Gußeisenteile, die sehr viel kostentreibendes Nacharbeiten mit Meißel und Feile verursachte. Die Zahnstangen und Zahnradsegmente hätte Boulton lieber aus Stahl gehabt, doch dazu fehlte eine Zahnradschneidemaschine. Es wäre kein Problem gewesen, eine solche Maschine anzuschaffen, aber das bestehende Vermarktungssystem über Lizenzen bot offensichtlich keinen Anreiz, in die eigene Teilefertigung zu investieren.

Die neue, »auf der grünen Wiese« errichtete Maschinenbauanstalt in Soho, die seit 1797 komplette Dampfmaschinen lieferte, war in ihrer wohldurchdachten Anordnung der einzelnen Werkstätten für Maschinenbaubetriebe des 19. Jahrhunderts typisch: mit Gießerei und Modelltischlerei, Schmiede, Zylinderbohrerei, mehreren Drehereien und Montagewerkstätten. Die nach der ersten Ausbauphase für 1801 vorliegenden Daten lassen auf eine Ausstattung der Drehereien und Montagewerkstätten mit etwa 6 Drehbänken, 1 Drechselbank und 4 Bohrmaschinen schließen. Unter den Drehbänken wird eine »Special lathe« für das Abdrehen der Kolbenstangen erwähnt, wahrscheinlich war sie die einzige Drehmaschine mit Kreuzsupport. Die strenge Ausrichtung einzelner Arbeiter auf bestimmte Fertigungsschritte und das Bemühen der Firmenleitung, diese Spezialisierung dadurch »fortzupflanzen«, daß die Väter ihre Söhne für dieselben Tätigkeiten ausbildeten, deuten darauf hin, daß die Teileherstellung noch weitgehend mit Handwerkzeugen ausgeführt wurde. In der zweiten Ausbauphase nach 1801, zu einer Zeit, als sich das Unternehmen in Soho gegen eine ständig wachsende Konkurrenz behaupten mußte, benutzte man dann in allen Bereichen der spanenden Teilefertigung die Werkzeugmaschinen.

Nach dem Auslaufen von Watts Patenten ging die Weiterentwicklung der Dampfmaschine beschleunigt voran. Alle technischen Neuerungen, die zum Teil längst in den Schubladen lagen, aus denen sie erst 1800 herausgeholt werden durften, erhöhten die Wirtschaftlichkeit und weiteten die Anwendungsbereiche der Dampfmaschine aus. Die neuen Nutzungsformen des Dampfes, wie Dampfdrucke über 1 Atmosphärenüberdruck (atü), die Ausnutzung der Expansionsfähigkeit des Dampfes und seiner Arbeitsleistung in mehreren Zylindern bei den Verbundmaschinen sowie neue konstruktive Lösungen, wie Dampfmaschinen ohne Kondensator und Luftpumpe, die Kraftübertragung ohne Balancier, zudem neue Kesselkonstruktionen ermöglichten viele Kombinationen. Das wichtigste Ergebnis, hauptsächlich für den künftigen Einsatz der Dampfmaschine im Verkehrswesen, war jedoch, daß es allmählich gelang, aus einer Dampfmaschine mit kleineren Kesselanlagen, weniger Hubraum und niedrigerem Eigengewicht höhere Leistungen sowie bessere Wirkungsgrade zu erreichen. Zu den führenden Konstrukteuren bei der Entwicklung von Expansions-, Hochdruck- und Verbunddampfmaschinen zählten der Amerikaner Oliver Evans (1755–1819), die Engländer Richard Trevithick (1771–1833) und Jonathan Hornblower (1753–1815), der schon 1781 eine Verbundmaschine gebaut hatte, und Arthur Woolf (1776–1837), der diesen Typ mit seinen Mehrfach-Expansionsmaschinen perfektionierte.

Die Herstellung von Dampfmaschinen war nach 1800 nicht einfacher geworden, aber die Rahmenbedingungen für den Maschinenbau hatten sich inzwischen verbessert. Es standen bessere Kesselbleche, Gußprodukte und Stahl zur Verfügung. Allmählich wurden die hölzernen durch gußeiserne Balanciers ersetzt, und die Teilefertigung konnte in zunehmendem Maße mit Werkzeugmaschinen erfolgen. Eine Preisreduktion um etwa 10 Prozent stellte sich zwischen 1800 und 1840 nur bei den Dampfmaschinen zwischen 20 und 30 PS ein, bei kleinen bis 10 PS war dagegen ein Preisanstieg kennzeichnend. Das Auslaufen des Monopols von Boulton & Watt hatte ein immer breiter werdendes Angebot von Dampfmaschinen zur Folge, und die neu auf den Markt dringenden Anbieter verkauften im Regelfall die

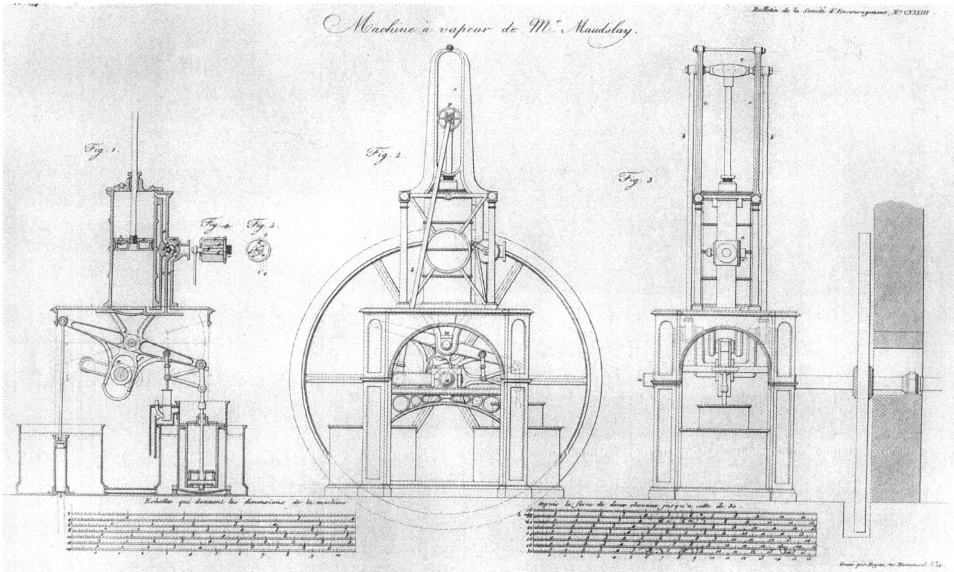

158. »Tisch«-Dampfmaschine mit Kreuzkopfführung von Maudslay. Stahlstich in »Bulletin de la Société d'Encouragement pour l'Industrie Nationale«, 1815. Hannover, Universitätsbibliothek

Standardtypen zu niedrigeren Preisen. Beispielsweise lag der größte Konkurrent, Murray in Leeds, bei allen Maschinentypen von 20 PS aufwärts 1830 mit 140 Pfund um 12 bis 15 Prozent unter den Preisen von Boulton & Watt. Die Preise für stationäre Dampfmaschinen zwischen 20 und 30 PS bewegten sich in jenen Jahren zwischen 50 und 43 Pfund pro PS bei Boulton & Watt und nur zwischen 42 und 27 Pfund bei Murray. Die Preise für Schiffsdampfmaschinen lagen um 25 bis 40 Prozent höher. Zu diesem Zeitpunkt hatten die Wasserradantriebe den Vorteil der niedrigeren Betriebskosten bereits eingebüßt und die Dampfmaschinen längst den ersten Platz unter allen Kraftmaschinen eingenommen. Genaue Statistiken sind rar; immerhin weiß man, daß in der Textilindustrie 1838 die über 3.000 Dampfmaschinen mit rund 74.000 PS fast 75 Prozent des Bedarfes an Antriebskraft deckten. Sie war mit etwa 40 Prozent der PS-Leistung aller Dampfmaschinen auch weiterhin der Spitzenreiter in der Nutzung von Dampfmaschinen, gefolgt vom Kohlenbergbau, dem Eisenhüttenwesen und, weit abgeschlagen, von der Metallbearbeitung.

Das Interesse an den Dampfmaschinen von Boulton & Watt war im Ausland von Anfang an mindestens so groß wie jenes an den Spinnmaschinen. Im Unterschied zu diesen und vielen anderen fielen sie nie unter das Exportverbot. Nachfrage und Kaufkraft standen jedoch nicht im Einklang. Zwischen 1778 und 1825 liefen bei Boulton & Watt über 350 Anfragen ein, aber der Gesamtexport betrug lediglich 110 Maschinen mit insgesamt 2.627 PS. Unter den ersten Käufern waren zwar Frankreich, Belgien und Preußen, unter den größten Importeuren rangierten jedoch an erster Stelle die Niederlande, gefolgt von Indien und Spanien. Belgien bezog 1 Dampfmaschine, Frankreich 6 und Deutschland 12. Von diesen waren 2 für den preußischen Bergbau und 1 für die Wasserversorgung in München bestimmt. Die restlichen 9 waren Schiffsmotoren und wurden erst nach 1818 eingeführt. Obwohl solche Daten für diese Gesamtimporte nach 1800 nicht repräsentativ sind, bestätigen sie, daß der Nachbau von stationären Dampfmaschinen mit getrenntem Kondensator zu den ersten Aktivitäten von Maschinenbauern auf dem Kontinent zählte. In Deutschland drängte vor allem die preußische Bergverwaltung auf die Verwendung der Wattschen Dampfmaschinen. Die erste baute 1785 im Mansfeldischen Kupferschieferbergbau zu Hettstedt der Bergassessor Carl Friedrich Bückling (1750–1812) nach, die zweite wurde 1788 aus Soho nach Tarnowitz in Oberschlesien eingeführt. Mit Hilfe aus England 1788 Immigrierter faßte der Bau von Dampfmaschinen für den Bergbau in den neunziger Jahren festen Fuß. Um 1800 wurden in Berlin die ersten Experimente mit Dampfmaschinen in Industrieanlagen gemacht, zum Beispiel in der Königlichen Porzellan Manufaktur zu Berlin, und kurz danach begann sich Franz Dinnendahl (1775–1828) dem Dampfmaschinenbau zu widmen. Um 1830, als einer der berühmtesten deutschen Konstrukteure von Dampfmaschinen, der Arzt Ernst Alban (1791–1856), seine Maschinenbauanstalt in Mecklenburg gründete, verzeichnete die Statistik in Preußen etwa 210 Dampfmaschinen, davon je ein Drittel im Bergbau und in der Textilindustrie.

Der Kohlenbergbau

Die auf dem europäischen Kontinent als Hausbrand wie auch als Energieträger für Produktionszwecke weitestgehend gemiedene Steinkohle war für die britische Wirtschaft spätestens seit dem 16. Jahrhundert ein Brennstoff von zunehmender Bedeutung. Um 1530 förderten die Kohlenbergwerke in Großbritannien ungefähr 200.000 Tonnen, ein Jahrhundert später waren es schon 1,5 Millionen und um 1750 dann 5 Millionen Tonnen, in etwa soviel wie das Ruhrgebiet hundert Jahre später. Fast alle im 19. Jahrhundert genutzten Lagerstätten, deren breite Streuung in den meisten Regionen kurze Transportwege zu den Abnehmern ermöglichte, waren schon im 17. Jahrhundert bekannt und wurden je nach örtlichem Bedarf abgebaut. In keinem anderen Land der Welt wurden so viele Menschen im Abbau und im Transport der Kohle beschäftigt wie in Großbritannien. Das wichtigste Gebiet waren schon damals im Nordosten Durham und Northumberland mit der Metropole Newcastle, an zweiter Stelle rangierte Südwales. Der größte Vorteil dieser zwei Regionen war die Nähe der Kohlenzechen zur Küste, weil der Transport dieses sperrigen Gutes über größere Entfernungen sich nur auf Wasserwegen rentierte. Wales versorgte Cornwall und Irland mit Kohle, und beide belieferten über die Küstenschiffahrt und Themse-Mündung London, den seit dem 17. Jahrhundert größten Abnehmer für Hausbrand. Zwischen 1700 und 1750 nahm der Londoner Markt 15 beziehungsweise 13 Prozent der gesamten britischen Kohleförderung und etwa ein Drittel jener des Nordostens auf.

Infolge der steigenden Holzpreise gehörte die Verwendung der Kohle zum Heizen schon damals zum britischen Alltag in allen Bevölkerungsschichten, und Besucher Englands aus begüterten Familien waren verwundert bis entsetzt, daß nicht nur das Volk in London, sondern auch die Menschen auf noblen Landsitzen mit diesem qualmenden und übelriechenden Stoff ihre Behausungen heizten, ja sogar ihre Speisen kochten. In dieser Zeit wurde das Brennholz auch für die gewerbliche Wirtschaft ein kostentreibender Faktor, so daß man es allmählich mit der Steinkohle in allen Produktionsprozessen versuchte, bei denen für die notwendige Wärmeenergie große Mengen Holz verbraucht wurden. Die Voraussetzung dafür war, die Heizanlagen und Produktionsverfahren der Kohle anzupassen. Diese Umstellung von Holz auf Steinkohle ermöglichte eine nachfragegerechte Steigerung in vielen Sparten der britischen Wirtschaft. Neben der Salzsiederei und der Glaserzeugung, der Ziegelei und Töpferei, der für die Textilindustrie bedeutungsvollen Seifensiede-

159. Die Percy-Zeche in Northumberland. Stahlstich nach einer Vorlage von Thomas H. Hair, 1839. London, Science Museum

rei und Färberei, der Rohrzuckerraffinerie und der Malzerei für das Bierbrauen war es vor allem die Kupferproduktion, deren Aufstieg im 18. Jahrhundert durch den Wechsel zur Steinkohle möglich gemacht wurde. Nachdem die Briten das Kupferschmelzen mit Steinkohle gegen Ende des 17. Jahrhunderts gelernt hatten, wurde das Erz aus Cornwall zunehmend in Südwales, in der Umgebung der Kohlenzechen von Swansea, verhüttet, wo sich 1750 rund 50 Prozent und gegen Ende des 18. Jahrhunderts etwa 90 Prozent der gesamten britischen Kupferproduktion von 15.000 Tonnen konzentrierte.

Die im 18. Jahrhundert mit dem sich ausbreitenden Tiefbau und der steigenden Kohlenförderung verbundenen Probleme führten schon vor der Industriellen Revolution auf zwei Gebieten zu zukunftweisenden technischen Neuerungen. Zum einen waren die hohen Kosten der Wasserhaltung beim Tiefbau der wichtigste Anreiz für die Entwicklung der Saveryschen Dampfpumpe und der Newcomenschen Dampfmaschine. Zum anderen wurden die wachsenden Anforderungen an den Kohlentransport zum Anlaß, die natürlichen Wasserwege durch Kanäle zu verdichten und für die Bewältigung des Transportaufkommens von den Gruben zu den Verladestationen an den Ufern zunächst hölzerne und später auch eiserne Schienenbahnen zu bauen, eine an sich alte Transporttechnik, die schon im frühneuzeitlichen Erzbergbau Mitteleuropas bekannt war. Neu war das Ausmaß, in dem diese Technik im britischen Kohlenbergbau für den Überlandtransport eingesetzt wurde. Im Nordosten und in Südwales entstand ein Netz von Schienenwegen für den Kohlentransport mit Pferdetraktion. Hier wurden zuerst gußeiserne Schienen gelegt, die verschiedenen Techniken der Räderführung, zum Beispiel Rillen- beziehungsweise Flachschienen mit Spurkranzrädern, ausprobiert. Später leisteten vornehmlich Grubenmechaniker die Pionierarbeit für die Entwicklung und den Gebrauch der Dampflokomotiven.

Während der Industriellen Revolution stieg die Kohlenproduktion Großbritanniens von 1760 bis 1805 von 5 auf 13 Millionen, verdoppelte sich bis 1830 und erreichte 1854 65 Millionen Tonnen. Trotz der ständig steigenden Förderung in allen Revieren behauptete der Nordosten seine führende Position: Die dortigen Kohlenzechen lieferten etwa ein Viertel der britischen Gesamtproduktion. Hinter dem Nordosten folgten die Kohlenreviere mit den Zentren in Staffordshire, Yorkshire, Lancashire, Südwales und in Schottland. Die Inlandsnachfrage nach Steinkohle wuchs hauptsächlich durch technische Neuerungen auf drei Gebieten: einmal durch die Möglichkeit, Steinkohle in den Stoffumwandlungsverfahren der Eisenerzeugung zu verwenden; dann durch neue chemisch-technologische Verfahren auf Steinkohlenbasis, die die chemische Großindustrie und Leuchtgaserzeugung begründeten; schließlich durch den massenhaften Einsatz der Dampfmaschine als Kraftmaschine in der Produktion wie im Verkehrswesen.

Dazu kam eine kontinuierlich steigende Nachfrage auf den Auslandsmärkten. Der Exportanteil an der Gesamtförderung blieb jedoch bis 1830 mit 4 bis 5 Prozent, wovon etwa die Hälfte nach Irland ging, konstant. Auf dem Binnenmarkt verschlang die Heizkohle für Haushalte auch weiterhin mindestens 30 bis 40 Prozent der geförderten Menge. Doch mit zunehmendem Tempo der Industrialisierung wurde spätestens seit den zwanziger Jahren über die Hälfte der Kohle als Grundstoff und Energieträger in der Produktion verwendet. Zum größten Abnehmer wurde in den dreißiger Jahren die Eisenhüttenindustrie mit einem Anteil zwischen 20 bis 25 Prozent.

Der etwa fünffachen Steigerung der Produktion zwischen 1800 und 1854 stand eine etwas mehr als Vervierfachung der Arbeiter von 50.000 auf 214.000 gegenüber. Die Jahresförderung pro Kopf der Belegschaft war damit von 260 auf 304 Tonnen angestiegen. Trotz dieser erhöhten Arbeitsproduktivität wurde der enorme Zuwachs der Förderung hauptsächlich durch die Vergrößerung der Belegschaften erreicht. Die produktivitätssteigernden technischen Neuerungen im Kohlenbergbau fanden nämlich überwiegend in der Wasserhaltung und in der Schachtförderung statt. Dagegen blieben die Schürfarbeiten, das Abteufen von Schächten, der Ausbau von Stollen und Strecken sowie die Streckenförderung größtenteils und der Abbau der Kohle vor Ort nach wie vor ausschließlich Handarbeit.

Der Kohlenbergbau wie jeder Abbau von Stoffen aus dem Erdreich begann nicht

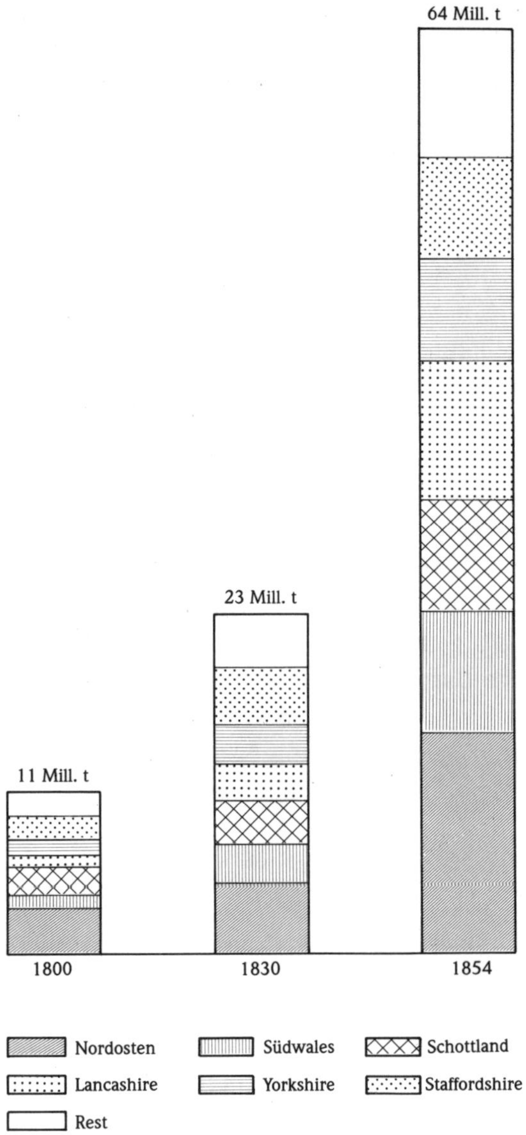

Kohleförderung in Großbritannien: prozentuale Anteile der wichtigsten Regionen 1800–1854 (nach Pollard)

selten mit dem Zufallsfund, dem das Schürfen, das Orten der Lagerstätten, folgte. Obwohl in vielen Kohlenrevieren Großbritanniens die Bergarbeiter vornehmlich kleinerer Zechen die an die Erdoberfläche vordringenden Flöze bis ins 19. Jahrhundert über Tage abbauten oder bei günstiger geographischer Lage sozusagen von der

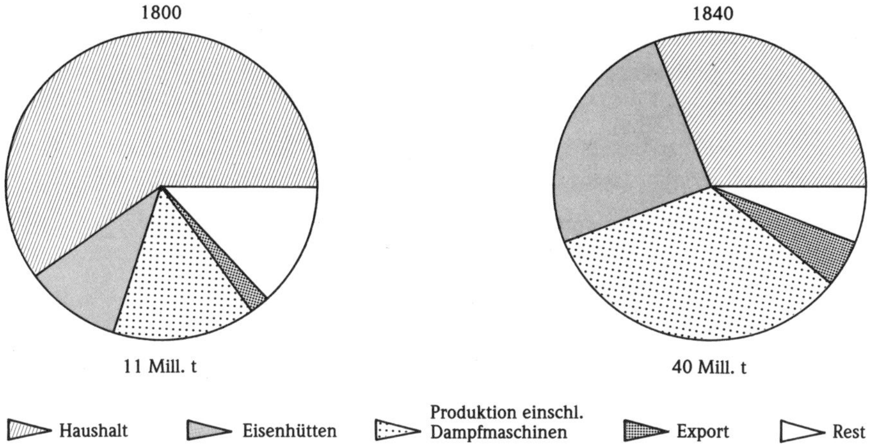

Wichtigste Abnehmer der Kohle in Großbritannien 1800 und 1840

Seite, über Tagestrecken und Stollen den Flöz verfolgten, war das allgemeine Merkmal der Kohlengewinnung seit dem 18. Jahrhundert der Tiefbau, verbunden mit technisch aufwendigen und hohe Kosten verursachenden Erschließungsarbeiten. Die »hohe Schule« des Tiefbaus befand sich seit dem Mittelalter im mitteleuropäischen Erzbergbau. Die dort entwickelten technischen Mittel für Probebohrungen beim Schürfen, für das Abteufen von Schächten, für den Streckenausbau, für die Wasserhaltung und die Schacht- sowie Streckenförderung wurden auch von den Briten übernommen. Dennoch hatte der Tiefbau der Kohle seine eigenen Probleme. Zum einen verbreiteten sich die Flöze nahe zur Erdoberfläche oder tief im Erdreich meistens horizontal, und zum anderen treten im Regelfall mit zunehmender Tiefe hochexplosive Gasmischungen, die Schlagwetter, auf, von denen der Erzbergbau weitestgehend verschont blieb. Weil es wegen der unterschiedlichen geologischen Verhältnisse kein Einheitsmaß für den Tiefbau gibt, lassen sich die untersten und obersten Werte in einigen Regionen nur annähernd anführen. In den dreißiger Jahren des 18. Jahrhunderts lag die tiefste Zeche mit 192 Metern in Cumberland, aber im britischen Durchschnitt war man um die Mitte des Jahrhunderts bei 76 Metern angekommen. Am weitesten wurde der Tiefbau im Nordosten vorangetrieben, wo die durchschnittliche Tiefe um 1800 bei 165 Meter und die maximale bei 330 Meter lag. 1835 war der tiefste Schacht in dieser Region 480 Meter, und kurz danach ist man in Staffordshire bis an die 600 Meter gekommen.

Angesichts der noch unterentwickelten Geologie, die bis ins 19. Jahrhundert von »Gentlemen-amateurs« gepflegt wurde, fand das Schürfen aufgrund von Erfahrungswerten statt. Probebohrungen für die Ortung von Flözen und das Abteufen von

160. Arbeitsbedingungen im Kohlenbergbau Lancashires: aufgeschirrter Schlepper und Stößer in einer niedrigen Förderstrecke. Lithographie in dem Bericht der Untersuchungskommission des Londoner Parlaments von 1842. Taunton, Somerset, Ann Ronan Picture Library

Schächten gehörten zur Arbeit von Spezialisten. Für Probebohrungen gab es nur von Hand angetriebene Bohrvorrichtungen. Der Vorschub durch das Eigengewicht der Bohrstange wurde durch federnde Baumstämme verstärkt. Die Drehbewegung mußten die Arbeiter über das Drehkreuz besorgen. Das Absinken der Schächte wurde bis in die dreißiger Jahre überwiegend mit Spitzhacke und Schaufel und mit einfachen Winden für das Hochheben des Erdguts vollbracht. Zum Durchdringen der Felsschichten bediente man sich seit 1719 zunehmend der Schießarbeit; dennoch brauchte das Absinken viel Zeit. Um Wassereinbrüche zu vermeiden, begann man im Nordosten 1730 damit, den Schacht mit Holz auszukleiden, und 1792 wurden in der Zeche Wallsend zum ersten Mal gußeiserne Tübbings verwendet. Letzteres konnten sich vorerst nur große Zechen leisten, denn noch 1830 kosteten 1,8 Meter gußeiserner Auskleidung 4.000 Pfund. Wegen der hohen Abteufkosten sparten die meisten Zechen sowohl am Durchmesser als auch an der Zahl der Schächte. Im Nordosten wurden die Schachtdurchmesser zwischen 1765 und 1825 von etwa 3,6 auf 4,5 Meter erweitert, in Südwales betrugen sie selten über 3 Meter. Viele Zechen begnügten sich mit einem einzigen Schacht sowohl für den Transport der Menschen, die Förderung der Kohle und anderer Stoffe als auch für die Belüftung – eine Sparmaßnahme, die zur Todesfalle vieler Bergleute wurde.

Die größten Probleme bereitete im Tiefbau die Wasserhaltung, das heißt das Entfernen des der Grube zufließenden Wassers. Die zwar hohe Bau-, dafür aber keine Betriebskosten verursachende Lösung, das Abfließen des Grubenwassers durch einen unterhalb der Sohle angelegten Hauptstollen, ist abhängig von den örtlichen geographischen und geologischen Bedingungen, aber auf sie konnte man im britischen Steinkohlenbergbau des 18. und 19. Jahrhunderts selten zurückgreifen. Sollte es nicht zum Absaufen der Gruben kommen, so mußte das Wasser ununterbrochen auch dann gehoben werden, wenn nicht abgebaut wurde, und es ist bis heute für den Kohlenbergbau kennzeichnend, daß mehr Wasser als Kohle gefördert wird. Auch deshalb schlugen die ungenügende Leistung und die hohen Kosten der alten Fördertechniken zunächst bei der Wasserhaltung und erst viel später bei der Schachtförderung zu Buche.

Weil für den Einsatz des Wasserrades vielerorts das Antriebswasser nicht ausreichte, war der meistverbreitete Energieumwandler, mit dem die Eimerketten auf und ab bewegt wurden, der Pferdegöpel. Die Wasserhaltung im Kohlenbergbau war der erste und bis in die sechziger Jahre des 18. Jahrhunderts der einzige Einsatzbereich der Dampfmaschinen Newcomenscher Bauart; ihre Optimierung ermöglichte zusammen mit der Verbesserung der Kolbenpumpen eine wesentliche Steigerung der Förderleistung. Beim Auslaufen des Patentes 1733 standen schon 78 Newcomen-Maschinen in Betrieb, und 1775 waren es 321, davon 133 im Nordosten. Bis 1800 stieg ihre Zahl auf 900 bis 1.000. Je ein Viertel von diesen Pumpmaschinen gab es im Nordosten und in den Midlands. Ab 1776 kamen auch die Wattschen Dampfmaschinen zum Einsatz, aber bis 1800 waren sie wegen der zu zahlenden Prämien viel zu teuer, und noch über 1800 hinaus blieben viele Kohlenbergwerke, für die Brennstoffkosten keine Rolle spielten, bei ihren altbewährten Newcomen-Maschinen.

In der Schachtförderung herrschte bis zur Jahrhundertwende der Pferdegöpel vor, und kleine Gruben bedienten sich der Handwinde. Bei Wasserradantrieben versuchte man in einigen Gruben des Nordostens den witterungsabhängigen Wassermangel mit einer Kombination aus alter und neuer Energietechnik dadurch zu vermindern, daß mittels einer Dampfmaschine das abgeflossene Antriebswasser in einen Behälter hochgepumpt wurde. Obwohl das erste Patent auf die Umsetzung der Gerade- in eine Kreisbewegung erst 1779 erteilt wurde, sollen Newcomensche Dampfmaschinen in drei nordöstlichen Zechen schon 1747, 1758 und 1763 benutzt worden sein. Seit den achtziger Jahren, als Newcomensche wie auch Wattsche Dampfmaschinen mit Kreisbewegung lieferbar waren, begann dann ein allmählicher Übergang zur Schachtförderung mit Dampfmaschinen. Um 1800 waren in Großbritannien etwa 130 Dampfmaschinen, davon 43 Wattscher Bauart, als Fördermaschinen im Einsatz. Und in den folgenden zwei Jahrzehnten konnte man Pferdegöpel oder Handwinden nur mehr auf kleinen Zechen finden. Die von vielen Pannen begleitete frühe Verwendung der Dampfmaschinen von Watt trug jedoch dazu bei, daß etliche Grubenbesitzer die verbesserte Version der Newcomenschen Maschinen und sogenannte Bastardmaschinen, das heißt Newcomensche mit nachträglich eingebautem Kondensator, bevorzugten. So waren in Nottinghamshire und Derbyshire 1811 von etwa 50 Dampffördermaschinen fast alle von diesem Typ, und der Techniker Josuah Field (1787–1863) berichtete noch um 1820 von Hunderten solcher Maschinen in der Black Country. Sie fraßen zwar Unmengen an Kohle,

161. Kohlenbergwerk in Yorkshire mit dem Schienenweg zum Hafen: als Zugmaschine eine Zahnradlokomotive von Blenkinsop. Farbige Aquatinta von Daniel und Robert Havell in einer Folge »Costume of Yorkshire« nach der Vorlage von George Walker aus der Zeit um 1813/14. Leeds, University Library

waren jedoch einfacher, weniger pannenanfällig, und ihr Umbau war billiger als eine Neuanschaffung. Seit den zwanziger Jahren verbreiteten sich dann, hauptsächlich in großen Zechen, moderne Dampfmaschinen Wattscher und anderer Bauart.

Die neuen Kraftmaschinen boten die Möglichkeit, größere Lasten mit höheren Geschwindigkeiten zu befördern. Bevor sie voll genutzt werden konnten, mußten zwei andere Komponenten im technischen System der Schachtförderung, das Förderseil und das Freischweben der Lasten am Seil, verändert werden. Gegen Ende des 18. Jahrhunderts wurden die altherkömmlichen runden Hanfseile durch Flachseile und durch Eisenketten ersetzt. Beide eliminierten das für die Bergarbeiter gefährliche Drehen und Kollidieren der im Schacht frei schwebenden Förderkörbe. Außerdem hatten die Eisenketten eine viel längere Nutzzeit. Diese Neuerungen trugen zur Steigerung der Förderleistung und zur Senkung der Betriebskosten erheblich bei. Die für die Betriebssicherheit und Förderleistung vielversprechenden Fördergestelle, die Schachtaufzüge, wurden zu Beginn der dreißiger Jahre entwikkelt und die ersten 1834 im Nordosten in Betrieb genommen. Aber ihre Verbreitung setzte erst ein, als man Flachseile und Ketten durch Drahtseile zu ersetzen vermochte. Die Drahtseile waren eine technische Neuerung, die die britischen Kohlenzechen vom deutschen Bergbau übernahmen. Sie wurden vom Clausthaler Bergverwalter Julius Albert (1787–1848) im Harzer Bergbau 1834 eingeführt, bewährten sich schon 1835/36 in Kohlengruben der preußischen Bergverwaltung, und man sah sie kurz danach in einer Zeche bei Newcastle. Neben einer im Vergleich zu Hanfseilen fast vierfachen Belastbarkeit gewährleisteten die Drahtseile nicht nur Energieeinsparungen, sondern durch die wirksamer kontrollierbare Steuerung der Geschwindigkeit auch eine größere Betriebssicherheit. In den vierziger Jahren wurden dann in Großbritannien Drahtseile und die Fördergestelle allgemein verwendet. Damit war die Umstellung der Schachtförderung von den alten Techniken auf Dampfbetrieb abgerundet. Durch den Einsatz von Dampfmaschinen stieg die Zwölfstunden-Förderkapazität zum Beispiel in der Zeche »Walker« von 108 Tonnen im Jahr 1750 auf 300 Tonnen im Jahr 1835. Nach Einführung von Fördergestellen und Drahtseilen kletterte die täglich geförderte Menge bis 1850 auf 600 bis 800 Tonnen.

Eine weitere Voraussetzung für den Abbau der Kohle unter Tage war die Grubenbewetterung: die Abführung der verbrauchten und die Zuführung der frischen Luft. Nur so konnten im Tiefbau einigermaßen verträgliche Arbeitsbedingungen geschaffen werden. Unter Tage galt es – und gilt es noch heute –, offene Feuer zu vermeiden, aber auch ausreichend Frischluft zuzuführen, um die Gefahr von Grubengasexplosionen weitestmöglich zu bannen. Deshalb mußten die Zu- und Abfuhr der Luft und die Steuerung der Luftzirkulation an den Abbauorten und Förderstrekken mit technischen Mitteln sichergestellt werden. Dazu schuf man Bewetterungsschächte und zur Steuerung der Luftzirkulation beim Pfeilerbau mit seinen vielen unterirdischen Gängen hölzerne Schwenktüren, die, meistens von einem Kind, nur für den Durchgang der Kohlenschlepper geöffnet wurden. Zur Unterstützung der Luftzirkulation dienten Öfen, und bis in die fünfziger Jahre behielt man diese völlig unzureichende Bewetterungstechnik bei. Zwar hatten Grubentechniker im Nordosten bereits 1807 mit Erfolg Luftpumpen für eine zusätzliche Luftzirkulation eingesetzt und die nachfolgende Generation erhebliche Verbesserungen zustande gebracht, aber aus Kostengründen wurden die neuen Techniken wie Grubenventilation zurückgestellt. »Binnen der letzten fünfzig Jahre«, schrieb 1858 Nicholas Wood, einer der angesehensten Fachleute in Großbritannien, »wurden in Northumberland und Durham so gut wie gar keine Verbesserungen in der Bewetterung von Kohlengruben gemacht.«

Der Verzicht auf effektivere Techniken war nur eines der vielen Zeichen mangelnder Sorgfalt, die der Bewetterung in dem von Grubengasexplosionen am meisten heimgesuchten nordöstlichen Kohlenrevier entgegengebracht wurden. So war es dort aus Gründen der Kosteneinsparung weit verbreitet, daß man das ganze Bergwerk mit einem einzigen Schacht betrieb, der, durch eine Bretterwand getrennt, als Förder- wie als Lüftungsschacht diente. Um noch mehr zu sparen, verzichtete man sehr oft auf das Ausmauern des Schachtes und begnügte sich mit einer hölzernen Verschalung. Ein derart kombinierter Förder- und Lüftungsschacht und eine so knausrige Bauweise verschlechterten nicht bloß die Luftversorgung, sondern erhöhten auch grausam die Gefahr. Wenn der Schacht einstürzte, wurde die Zeche zu einer Todesfalle. 1862 verloren 204 Bergleute der Zeche »Hartley« ihr Leben: Bei vollem Betrieb brach der 42 Tonnen schwere Balancier der Dampfmaschine, ein Teil stürzte in den gemeinsamen Förder- und Lüftungsschacht und zertrümmerte alles unter ihm. Der Schutt verhinderte nicht nur den Zugang zu den ansonsten unbeschädigten Förderstrecken, sondern auch jegliche Luftzufuhr, so daß die unversehrt gebliebenen Bergleute an Erstickung starben. Erst nach dieser Katastrophe sah sich der Gesetzgeber genötigt, zwei Schächte für jede Grube vorzuschreiben.

Eine mit dem Vordringen zu tieferen Flözen mit erschreckender Regelmäßigkeit vorkommende Begleiterscheinung waren Schlagwetterexplosionen nicht nur, aber hauptsächlich im Nordosten. Die Bildung von explosiven Gasen läßt sich zwar auch heute nicht verhindern, aber deren Häufigkeit war durch die Vernachlässigung der Bewetterung der Gruben und durch das offene Geleucht wie Kerzen, Funzeln und Öllampen mitverursacht. Zwischen 1799 und 1842 fielen allein im Nordosten 1.157 Bergleute schlagenden Wettern zum Opfer. Das einzige »Sicherheitsgeleucht« war die dort erfundene »Steel-mill«, eine Art Funkenwerfer, der allerdings nicht zum Ausleuchten der Abbauorte, sondern beim Erschließen neuer Flöze zur Ortung von Grubengas verwendet wurde. Die Bergverwalter und Techniker in Durham und Northumberland – sie gehörten neben den schottischen zu den sachkundigsten Führungskräften im britischen Bergbau – wußten von den Gefahren des offenen Geleuchts, aber die Initiative zur Bekämpfung der Grubengasexplosionen ergriff 1812 die durch 91 Todesopfer in der Zeche »Felling« aufgeschreckte Öffentlichkeit, nicht jedoch die Zechenbesitzer. Auf Anregung eines von einem Pfarrer in Sunderland gegründeten Vereins zur Vermeidung von Bergunfällen entwickelte unter anderen der Naturwissenschaftler Sir Humphry Davy (1778–1829) aufgrund vieler Analysen der chemischen Zusammensetzung von Grubengasen 1813 bis 1815 eine Sicherheitslampe. Zur gleichen Zeit, 1815, trat auch der zukünftige Konstrukteur von Lokomotiven, George Stephenson (1781–1848), mit einem solchen Gerät vor die Öffentlichkeit. Die Prioritätsfrage ist belanglos; das Prinzip war ein und dasselbe. Sie suchten eine explosionsverhindernde Luftzufuhr für die Lampe und eine Reduzierung ihrer Wärmeausstrahlung. Die beste Lösung des Problems fand offensichtlich Davy mit einer hauchdünnen Drahtsiebummantelung, die zwei Funktionen erfüllte: Sie verhinderte durch Abkühlung die Zündwir-

162. Förderschacht und -stollen in der Himmelfahrt-Fundgrube bei Freiberg in Sachsen. Lithographie von Eduard Heuchler, 1859. Freiberg, Bergakademie, Hochschulbibliothek

kung der Flamme auf das explosive Grubengas, das durch die Erwärmung auf der Außenseite des Siebes emporstieg und sich auf diese Weise von dem möglichen Zündherd entfernte. Davys Sicherheitslampe, die im Detail von vielen anderen verbessert wurde, war wegen des schwachen Lichtes bei den Bergleuten unbeliebt und setzte sich deshalb sehr langsam durch. Mit ihr war allerdings die Chance gegeben, das Risiko von Schlagwetterkatastrophen zu senken. Es war nicht im Sinne ihrer Erfinder, daß sie für viele Grubenherren, wie noch 1851 ein Berginspektor klagte, zum Ersatz für ausreichende Bewetterung wurde. Allein ihr vertrauend, begannen die Grubenbesitzer Kohle auch dort abzubauen, wo sie es mit offenem Geleucht nicht gewagt hätten. Der Kohlenbergbau war mit einer vier- bis fünffachen Todesunfallrate bei Männern über achtzehn Jahren der Arbeitsbereich mit dem höchsten Berufsrisiko. Die Grubenunglücke waren viel zu häufig, als daß man sie nur den »unberechenbaren Naturkräften« hätte anlasten können. Dies galt auch für die großen Schlagwetterexplosionen im Nordosten. Trotzdem lag 1851 in diesem Gebiet und in Schottland mit 3,5 beziehungsweise 2,9 Todesopfern von 1.000 Bergleuten die Todesunfallrate beträchtlich unter jener in Südwales und Staffordshire. Mit 8,1 tödlich verunglückten Bergleuten rangierte Staffordshire an der Spitze dieser traurigen Statistik. Die häufigste Ursache waren aber nicht Schlagwetterexplosionen, sondern Deckeneinbrüche, also sträfliche Vernachlässigungen des Grubenausbaus. Erst in den fünfziger und sechziger Jahren sah sich der Gesetzgeber aufgrund der Untersuchungen von Bergkatastrophen veranlaßt, den Freiheiten der zum Teil fachlich völlig inkompetenten Zechenherren und ihrer Manager mit verbindlichen Vorschriften ein Ende zu setzen. Unfälle mit tödlichem Ausgang waren das größte, aber nicht das einzige Risiko der Arbeiter im Kohlenbergbau. Auch unter normalen Bedingungen war die Arbeit unter Tage gesundheitsschädigende körperliche Schwerstarbeit. Im Unterschied zum Bergbau in Mitteleuropa arbeiteten in Großbritannien unter Tage auch Frauen und Kinder, Jungen und Mädchen. Die Häuer waren ausschließlich Männer, während Frauen und Kinder zumeist das Hundestoßen und Schleppen erledigten.

Der Abbau vor Ort, die eigentliche Gewinnung der Kohle aus dem Flöz, und, mit wenigen Ausnahmen, der Transport der Kohle auf den Förderstrecken bis zum Förderschacht sowie deren Ausbau blieben fast vollständig im Bereich der Hand-Werkzeug-Technik. Die Abbaumethode richtete sich nach den geologischen Gegebenheiten und der Lage und Mächtigkeit des Flözes. Im Nordosten überwogen der Strecken- und Pfeilerbau, in den Midlands der Strebbau, in Südwales der Stollenbau. Unabhängig von der angewendeten Methode blieb die Gewinnung der Kohle Schwerstarbeit des Häuers mit seinen Hand-Werkzeugen: Spitzhacke, Keile, Hammer und Schaufel. Sprengstoff benutzte man erst seit den dreißiger Jahren. Obwohl das Trennen mittels Sprengung leichter und schneller verlief, war es nicht besonders beliebt und verbreitet; zum einen aus Sicherheitsgründen – mit dem erhöhten Druck stieg die Gefahr der Explosion von Grubengasen –, zum anderen deshalb, weil dabei sehr viel minderwertige Kleinkohle anfiel, für die der im Gedinge arbeitende Häuer niedriger entlohnt wurde.

Der Transport der vor Ort in Gefäße, meistens in Körbe, Hunde oder Schlepptröge geladenen Kohle erfolgte bis zu der Hauptstrecke dem Förderstollen ausschließlich und auf der Hauptstrecke zum Förderschacht überwiegend mit Muskelkraft unter unmenschlichen Bedingungen. Nur dort, wo eine gewisse Höhe der Förderstrecke ohne größere Investitionen erreicht werden konnte, wie in den Zehnyard-Flözen Staffordshires, kam es zum Bau von Grubenbahnen mit Pferdetraktion; schiefe Ebenen und ähnliches waren selten. Als minimale Höhe für Pferde wurden 1,83 Meter und für Ponys oder Esel 1,37 Meter angenommen. Bevorzugt war eine kleinwüchsige schottische Rasse: der Galloway. In den niedrigen, meistens nur 0,60 bis 0,76 Meter, manchmal auch bloß 0,46 Meter hohen Nebenstrecken wurden zum großen Teil Kinder beiden Geschlechts und Frauen als Hundestößer eingesetzt. Sie mußten die Hunde oder Körbe stoßen und beziehungsweise oder aufgeschirrt schleppen und dabei nicht selten auf allen Vieren kriechen. Es bedarf einiger

163. Untertagearbeit im Kohlenbergbau Lancashires: Hauer beim Schrämen im niedrigen Flöz. Lithographie in dem Bericht der Untersuchungskommission des Londoner Parlaments von 1842. Privatsammlung

Phantasie, um sich vorzustellen, wie ein Mensch in derart niedrigen Gängen eine Kohlenlast von 150 bis 250 Kilogramm schleppen und stoßen konnte. Einem Häuer waren meistens mehrere Schlepper zugeteilt. Ihre Arbeitszeit war länger als die bei Häuern üblichen 8 Stunden, weil sie von dessen Arbeitsplatz vor Ort, meist in einer 12-Stunden-Schicht, nicht nur die Kohle – pro Schicht zwischen 5 und 7 Tonnen – wegschaffen, sondern dort auch beim Aufladen und Sieben helfen mußten. Die »Laufleistung« der Schlepper und Schlepperinnen belief sich – je nach Länge der Förderstrecke, die zwischen 50 und 130 Metern variierte – auf 3,5, manchmal sogar 7 Kilometer pro Schicht.

Die Höhe der Förderstrecke wäre mit der zur Verfügung stehenden Technik zu verändern gewesen. Dies hätte jedoch zusätzliche Kosten verursacht und geschah so lange nicht, wie Kinder benutzt werden durften. Es war also kein technisches, sondern ein ökonomisches Problem. Wieviel in eine Grube, mithin in den Ausbau der Förderstrecke investiert wurde, hing davon ab, wie hoch der Ertrag von dem dadurch zu erschließenden Flöz eingeschätzt wurde. Wenn die Tagesleistung der Kinder höher war als jene von Tieren, gab der Manager auch dort Kindern den Vorzug, wo Tiere einsetzbar gewesen wären. So wurden in der Zeche »Killingworth«, der Wirkungsstätte des jungen Stephenson, die an steilen Stellen der Strecke zur Unterstützung der Kinder verwendeten Esel durch Kinder-Anschieber ersetzt, weil die Esel nicht schnell genug waren. Der Anteil von Minderjährigen im Kohlenbergbau lag hoch: 1840 waren in den Gruben der Region Tyneside 41 Prozent aller 8.500 unter Tage Beschäftigten Kinder und Jugendliche; der Kinderanteil unter 13 Jahren wird auf 14 bis 20 Prozent geschätzt. Das aufgrund der Berichte der parlamentarischen Untersuchungskommission 1842 erlassene Berggesetz verbot zwar generell die Unter-Tage-Beschäftigung von Frauen und von Kindern unter

10 Jahren, aber bis die Buchstaben des Gesetzes zur Realität wurden, verstrich noch geraume Zeit.

Insgesamt wurde also die neue Technik hauptsächlich für die Wasserhaltung und Schachtförderung eingesetzt, während man sich unter Tage, beim Stollen- und beim Streckenbau, bei der Streckenförderung und beim Abbau der Kohle vor Ort weiterhin der alten Technik bediente. Es ist jedoch kennzeichnend für diese Epoche, daß die Idee, den Abbau der Kohle mit einer Maschine durchzuführen, schon sehr früh aufgetaucht war und seit den dreißiger Jahren immer wieder aufgegriffen wurde. Das erste Patent auf eine »Maschinenspitzhacke«, die das Schrämen besorgen sollte, bekam ein Michael Meinzies aus Newcastle bereits 1761. Die in ein Rad fixierte Spitzhacke sollte nicht von Hand, sondern über eine Transmission von einer Kraftmaschine angetrieben werden. 1830 patentierte dann Nicholas Wood, einer der sachkundigsten Grubentechniker, eine in einem Gestell montierte Maschinenramme auf Handantrieb. Die Abbauleistung des erfahrenen Häuers war mit dieser Maschine höher, aber nicht um soviel, daß die Abbaukosten gesunken wären. In den fünfziger Jahren folgte eine Flut von patentierten Schrämmaschinen, bei denen alle konstruktiven Lösungen vorkamen, die sich später bei stoßenden beziehungsweise schneidenden Maschinen bewährten: Schneideketten, Schneidescheiben und dergleichen. Wenn sich diese »Iron men«, wie man in Großbritannien die den Menschen ersetzenden Arbeitsmaschinen gern nannte, dennoch nicht durchsetzten, so lag dies nicht an sozialen Widerständen, sondern hauptsächlich daran, daß die ersten Schrämmaschinen, ähnlich wie die Maschinenkratzen für das Puddeln, im besten Fall eine Erleichterung für den Häuer, keinesfalls aber einen Kostenvorteil für den Unternehmer versprachen. Dies wiederum hatte technische und arbeitsorganisatorische Gründe. Abgesehen von fertigungstechnischen Problemen, die man jedoch spätestens seit 1830 immer fester in den Griff bekam, war das zentrale Problem die Energieversorgung unter Tage, die sich mit der Dampfmaschine nicht gewährleisten ließ. Die Energieübertragung von Dampfmaschinen über Tage war unwirtschaftlich, ihr Einsatz unter Tage aus Sicherheitsgründen so gut wie unmöglich. Der erste Schritt zur Lösung dieses Problems war der Druckluftantrieb, der erstmals unter Tage 1853 bei Glasgow verwendet wurde. Vom Dauereinsatz der Abbaumaschinen war der Kohlenbergbau noch weit entfernt. Vor Ort herrschte unangefochten der Häuer mit seiner Spitzhacke.

Das Eisenhüttenwesen

Das Produktionsziel des Eisenhüttenwesens ist seit dem Verbreiten des Hochofens im 16. Jahrhundert die Erzeugung des technischen Eisens von zweierlei Qualität: des Roheisens und des daraus hergestellten schmiedbaren Eisens oder Stahls. Dieses Ziel wird mit technischen Handlungen der Stoffumwandlung und der daran anschließenden Stofformung durch Urformen, Gießen, und Umformen, Schmieden oder Walzen, erreicht. An diesem Produktionsziel hat sich in der Industriellen Revolution nichts geändert; verändert haben sich die Verfahren, die technischen Einrichtungen und ein Grundstoff, mit denen Eisen und Stahl erzeugt wurden, sowie die Größe und Vielfalt der Produkte.

Vom Erz zum schmiedbaren Eisen waren und sind beim Hochofenverfahren zwei Stoffumwandlungsprozesse notwendig. Der eine ist das Schmelzen von Eisenerzen im Hochofen, dessen Endprodukt, das Roheisen mit einem Kohlenstoffgehalt bis zu 4,5 Prozent, nicht schmiedbar ist. Eine Veränderung seiner Form kann nur im flüssigen Zustand durch Gießen, eine Methode des Urformens, erreicht werden. Die Gußprodukte lassen sich ebenfalls nicht schmieden. Das schmiedbare Eisen, Frischeisen, Schmiedeeisen, heute Stahl, wurde aus dem Roheisen durch ein zweites Stoffumwandlungsverfahren, das sogenannte Frischen, erzeugt, dessen wesentliches Ziel die Herabsetzung des Kohlenstoffgehaltes auf etwa 0,1 Prozent war. Das Frischeisen ist kalt und warm umformbar durch Schmieden, Walzen oder Pressen, und das durch wiederholtes Ausheizen und Umformen gewonnene Stabeisen, Flacheisen oder Blech sind die Endprodukte der Eisenhütten. Ein hochwertiges Erzeugnis der Eisenhütten war der härtbare Stahl, der überwiegend durch verschiedene Techniken des Aufkohlens aus speziellen Sorten von Frischeisen hergestellt wurde.

Die wichtigsten Grundstoffe sind Eisenerze mit sehr unterschiedlichen Eisengehalten und chemischen Begleitelementen, die Holzkohle oder Steinkohle als Kohlenstoffträger sowie Zuschlagmittel, hauptsächlich Kalk beziehungsweise Eisenschlacken. Als Produktionseinrichtungen dienen der Hochofen, Frischfeuer und Ausheizfeuer, Gebläse für ihre Luftversorgung, Umschmelzöfen wie Flamm- oder Kupolöfen für das Gießen, Hammer- oder Walzwerke für die Umformung sowie eine Reihe von verschiedenen Hand-Werkzeugen und Gefäßen.

Der einzige Kohlenstoffträger, der im europäischen Hüttenwesen bis ins 18. Jahrhundert für Stoffumwandlungsprozesse verwendet wurde, war die Holzkohle, die außer dem Kohlenstoff keine Substanzen in solchen Mengen enthielt, die die technischen Eigenschaften des Eisens beeinträchtigt hätten. Der Kohlenstoff diente nämlich nicht nur dazu, durch Verbrennung die für die Stoffumwandlung notwendigen Temperaturen von etwa 1.150 bis 1.600 Grad zu erreichen, sondern war auch die chemische Substanz, die in einer Reihe chemischer Reaktionen die Umwandlung der Eisenerze in Roheisen oder des Roheisens in Stahl bewirkte. Das Problem der Verwendung von Steinkohle beziehungsweise ihrer veredelten Form, von Koks, lag eben darin, daß sie außer dem Kohlenstoff auch Schwefel enthielten, von dem ein Teil bei dem Hochofenprozeß und auch nach dem Frischen im Eisen gebunden blieb und die Eigenschaften des Eisens negativ beeinflußte.

Die Eisenerzeugung hatte auch in Großbritannien eine lange Tradition, obwohl die Engländer in der Eisenhüttentechnik vor dem 18. Jahrhundert keine Vorreiter waren. Die wichtigsten technischen Neuerungen der vorindustriellen Zeit, wie der Hochofen, verschiedene Frischmethoden und die Schneidewerke in der Umformung, kamen aus Hüttenzentren des europäischen Kontinents nach Großbritannien. Die Eisenerzeugung war zwar vor 1700 nicht stagnativ, aber wenig elastisch und reagierte auf Nachfragesteigerungen nur langsam und verzögert. Eine Steigerung der Produktion in den bestehenden Werken, die Erweiterung der Betriebsanlagen und die Verlängerung der Jahresbetriebszeit waren durch drei Faktoren begrenzt: durch die regional wie saisonal zur Verfügung stehende Wasserkraft; durch den Mangel an Fachkräften und durch die regionalen Preise für Holz beziehungsweise Holzkohle. Es stimmt nicht, wie im älteren Schrifttum gern behauptet wurde, daß England abgeholzt gewesen wäre, oder gar der Schiffbau, der ganz andere Holzarten und -qualitäten brauchte als die Köhler, dem Hüttenwesen das Holz entzogen hätte. Dennoch trifft es zu, daß seit dem 17. Jahrhundert die Holzkohlenpreise stiegen; aber dies war nicht immer und nicht nur durch kletternde Holzpreise verursacht, sondern auch durch wachsende Lohnkosten für die Holzfällerei, Köhlerei und für den Transport. Bis etwa 1750 stagnierte die Roheisenproduktion bei

	Total	davon Holzkohle-Hochofen	Koks-Hochofen	Koks-Hochofen von Total
1750	74	71	3	4 %
1760	88	64	14	16 %
1775	74	44	30	40 %
1780	77	34	43	56 %
1785	81	28	53	65 %
1788	86	26	60	70 %
1791	107	22	85	79 %

Zahl der Hochöfen 1750–1791 (nach Hyde)

164. Puddel- und Walzwerk in Merthyr Tydfil. Lavierte Zeichnung von Thomas Hornor, um 1817. Cardiff, Glamorgan Archive

25.000 Tonnen pro Jahr, was in etwa der Hälfte der Eisenerzeugung in der Steiermark gleichkam. Insgesamt konnte die britische Hüttenindustrie im 18. Jahrhundert den Eisenbedarf für die steigende Nachfrage nach Eisenprodukten in der Landwirtschaft, im Bergbau, im Schiffbau und für den Außenhandel weder quantitativ noch qualitativ decken. Die britische Kriegsmarine beispielsweise lehnte es ab, die Kriegsschiffe mit aus englischem Eisen gefertigten Ankern, Ankerketten und Mastreifen auszurüsten. Deshalb war Großbritannien auf Importe von schmiedba-

Roheisenproduktion England und Wales		Eisenimporte davon Schmiedeeisen	
1720/50	27.000 jährlich	23.600	94 %
1750	28.000	40.300	87 %
1775	44.000	47.100	88 %
1788	70.000	51.400	91 %
1791	90.000	57.300	90 %

Eisenproduktion in England und Wales und Eisenimporte im 18. Jahrhundert in Tonnen (nach Mitchell und Dean)

rem Eisen vor allem aus Schweden sowie, mit Abstand, aus Rußland angewiesen. Es wurde in der zweiten Hälfte des 18. Jahrhunderts zum größten Eisenimporteur der Welt. Die Einfuhren erreichten ihren Höhepunkt 1793 mit 59.000 Tonnen, und bis 1775 hat der Inselstaat mehr Eisen importiert als hergestellt.

Zwar gab es in Großbritannien Eisenerze und Steinkohle in Hülle und Fülle, aber diese Vorräte konnten nicht verwertet werden, weil das Problem der Nutzung der Steinkohle für die Erzeugung von Roheisen aus den Erzen sowie für die Umwandlung des Roheisens in schmiedbares Eisen noch nicht gelöst war. Die Bemühungen um diese technischen Neuerungen begannen Anfang des 18. Jahrhunderts, doch es dauerte Jahrzehnte, bis sich der Kokshochofen durchsetzte und die Technik des Roheisenfrischens mit Steinkohle gegenüber dem alten Herdfrischen mit Holzkohle wettbewerbsfähig wurde. Gleichzeitig mit der Umstellung der Eisenproduktion auf Steinkohle stieg seit 1750 allmählich die Roheisenproduktion. 1775 erreichte sie 44.000 Tonnen, bis 1790 das Doppelte. Der erste große Sprung in der britischen Eisenerzeugung erfolgte dann nach 1790 durch die verbreitete Herstellung von schmiedbarem Eisen mittels Steinkohle. 1805 betrug die Roheisenerzeugung schon etwa 250.000 Tonnen. Damit entfiel auf Großbritannien ungefähr ein Drittel der europäischen Produktion. Der ehemalige Großimporteur war binnen fünfundzwanzig Jahren zum größten Eisenerzeuger und -exporteur der Welt geworden und behielt bei kontinuierlicher Produktionssteigerung diese Position bis in das letzte Drittel des 19. Jahrhunderts. Im Jahr 1849, als die Produktion 2 Millionen Tonnen erreicht hatte, fielen die höchsten Anteile an Regionen, die sich auch unter den führenden Kohleproduzenten befanden: Südwales, die Black Country mit Staffordshire an der Spitze und Schottland. Sie und auch Gebiete mit kleineren Rohstoffressourcen, unter ihnen Shropshire, wo die Kokshochöfen entstanden, hatten außer dem technischen Vorsprung einen von der Natur gegebenen kostensenkenden Vorteil: Eisenerz und Steinkohle lagen im Erdreich dicht nebeneinander.

Die britische Hüttenindustrie konnte den enorm gestiegenen Bedarf an Eisen, der aus dem massenhaften Einsatz von Maschinen aller Art, dem expandierenden Maschinenbau, aus dem Bau neuer Verkehrswege und Transportmittel resultierte, zu solchen Preisen decken, die den Wechsel vom Holz zum Eisen nicht nur für den Konstrukteur, sondern auch für den Unternehmer attraktiv machten. Die ökonomische Voraussetzung dieser Produktionssteigerung waren Kapitalinvestitionen, die in ihrer Höhe nur von einigen Kohlenzechen übertroffen wurden. Für ein komplettes Hochofen-, Puddel- und Walzwerk betrugen sie schon um 1800 80.000 bis 100.000 Pfund, und in die zwischen 1815 und 1820 gegründeten größten walisischen Werke wurden zwischen 250.000 und 300.000 Pfund investiert. Die technische Grundlage dieses Aufstieges waren Innovationen: erstens die Einführung des Kokshochofens und das grundlegendste Mittel zur Optimierung des Schmelzprozesses, das Heißluftblasen; zweitens die, wie es in der deutschen Fachsprache hieß,

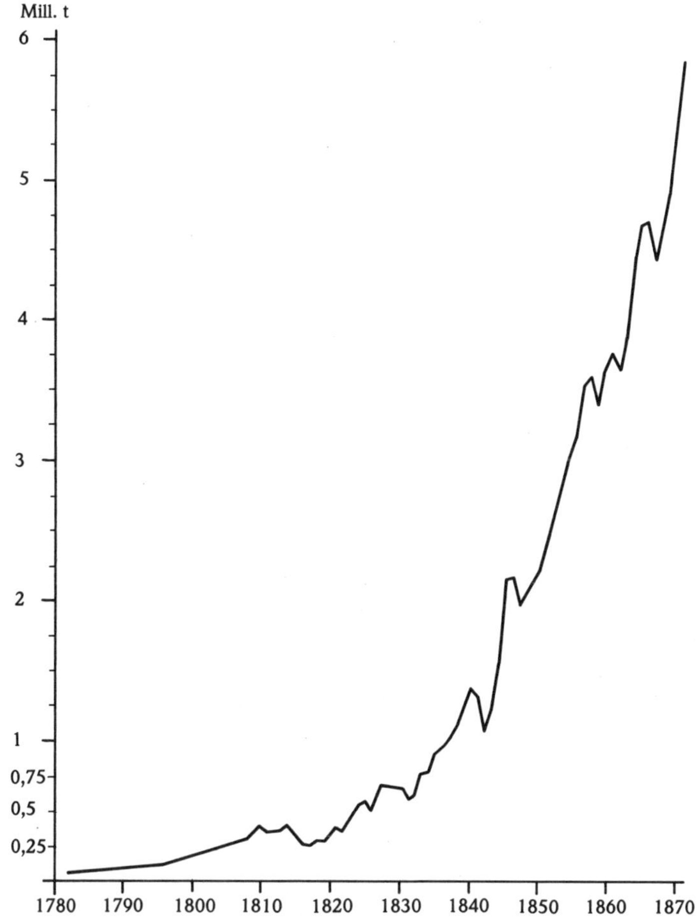

Roheisenproduktion in Großbritannien 1780–1870 (nach Riden)

»englische Methode der Stabeisenbereitung«, nämlich das Eisenfrischen mit Steinkohle, das als Puddeln bekannt wurde, und der Übergang zum Walzen als der wichtigsten Methode des Umformens.

Es ist auffallend, daß, abgesehen von dem Walzverfahren, diese technischen Neuerungen in das Eisenhüttenwesen vor und während der Epoche der Industriellen Revolution von »Nichthüttenleuten« eingeführt worden sind. Abraham Darby (1677–1717), Henry Cort (1740–1800), James Beaumont Neilson (1792–1865) und Henry Bessemer (1813–1898) markierten Meilensteine in der technischen Entwicklung der Metallurgie, aber sie stammten weder aus Familien von Hüttenleuten noch waren sie in der Tradition des Eisenhüttenwesens erzogen worden. Im Rückblick scheint ihnen dies zum großen Vorteil geworden zu sein.

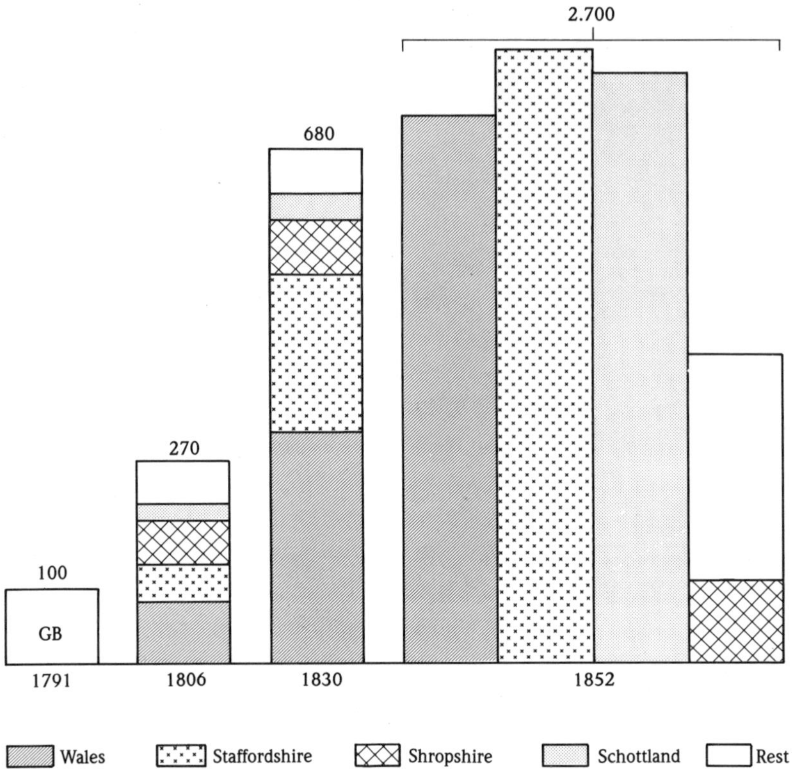

Roheisenproduktion in Großbritannien in 1.000 Tonnen mit dem prozentualen Anteil der verschiedenen Regionen 1791–1852 (nach Birch)

Das Wissen der Hüttenleute war Erfahrungswissen, das über Jahrhunderte hinweg gesammelt und von Generation zu Generation weitergegeben wurde. Von chemischen Formeln wußten sie nichts, aber sie konnten aufgrund von Farbe und Konsistenz die Qualität der in ihrer Region vorkommenden Erze beurteilen, aufgrund der Färbung der Flamme sowie der Schlackenfarbe den Vorgang im Hochofen oder im Frischherd einschätzen, Korrekturen des Prozesses vornehmen, beim ersten Hammerschlag die Qualität des Eisens feststellen und aus dem Ergebnis auf Fehlerquellen Rückschlüsse ziehen. Dies alles funktionierte recht und schlecht unter der Voraussetzung, daß am traditionellen Verfahren nichts geändert wurde. Was der Vater erprobt hatte, war dem Sohn gut genug. Im Beruf des Schmelzers, Frischmeisters oder Hammermeisters herangewachsene Hüttenleute standen Experimenten mißtrauisch, häufig ablehnend gegenüber. Außenseiter waren derart nicht belastet; bei allen Unterschieden im beruflichen Werdegang und in den Motiven hatten die genannten »Erfinder« eines gemeinsam: den Drang zum Experimentieren.

»Alles begann in Coalbrookdale«, verkündet heute ein Werbetext des dortigen Freilichtmuseums in Shropshire, einer bereits vor der Industriellen Revolution traditionsreichen Hüttengegend Großbritanniens, wo der aus der Umgebung von Dudley in Worcestershire stammende Abraham Darby zum ersten Mal mit Koks einen Hochofen betrieben hat. Sein Vater, ein Quäker, war von Beruf Farmer und besaß auch eine Nagelschmiede. Darby absolvierte eine Lehre bei einem Malzmühlenbauer, eröffnete 1699 ein eigenes Geschäft in Bristol und war ab 1702 Teilhaber an einer Messinggießerei. Auf einer Studienreise in den Niederlanden sammelte er Kenntnisse über den Guß von Messinggeschirr, danach experimentierte er mit dem Gießen von Eisentöpfen und erwarb 1707 ein Patent auf den Sandguß. 1708 pachtete er ein altes Hüttenwerk in Coalbrookdale mit großen Lagerstätten von Eisenerz und Steinkohle. Es war seine Absicht, Gießereiprodukte aus selbst erschmolzenem Roheisen herzustellen. Darby begann den Schmelzbetrieb mit Holzkohle, aber schon 1709 verschwand aus seinen Rechnungsbüchern der Posten für Holzkohle. Daraus wird gefolgert, daß er im selben Jahr das Schmelzverfahren auf Koks umgestellt hat. Mehr weiß man über die Erfindung des Kokshochofens nicht.

165. Hüttenwerk in Coalbrookdale, der »Wiege des Kokshochofens«. Farbige Aquatinta von Philipp Jakob Lutherburg, 1805. London, Science Museum

166. Doppeltwirkendes Zylindergebläse im Walkerschen Stahlwerk zu Rotherham. Stahlstich in »Annales des Arts et Manufactures«, 1812. Paris, Conservatoire National des Arts et Métiers, Bibliothèque

Ohne Zweifel war Darby mit den Eigenschaften des Steinkohlen-Kokses vertraut. Ob er von den angeblich erfolgreichen Versuchen des Dud Dudley (1599–1684), Eisen mit Koks zu schmelzen, gehört oder gelesen hat, ist nicht bekannt, aber da Darby in der Umgebung von Dudley aufgewachsen ist und in Quäkerfamilien viel gelesen wurde, liegt dies nahe. Koks wurde jedoch in Großbritannien sowohl in der Malzerei als auch in der Kupfererzeugung verwendet. Deshalb ist anzunehmen, daß Darby mehr Erfahrung und weniger Vorurteile gegenüber dem Koks gehabt hat als die alteingesessenen Eisenhüttenleute. Wie er das Problem mit dem Schwefel gelöst hat, ist nicht überliefert. Die aufgrund einer langen Praxis gewonnene Erkenntnis der Hüttenkunde, daß sich der Schwefel im Hochofenverfahren in Abhängigkeit von der chemischen Zusammensetzung des Kokses und Eisenerzes, unter Zugabe von Kalk, bei längerer Prozeßführung und hohen Temperaturen am erfolgreichsten ausscheiden läßt, konnte ihm noch nicht zur Verfügung stehen. Es dürfte auch eine Portion Glück dabei gewesen sein, zum Beispiel der im Vergleich mit anderen Steinkohlen niedrige Schwefelgehalt von 0,5 Prozent der örtlichen Kohle. Jedenfalls steht fest, daß Darby der erste gewesen ist, der bei Dauerbetrieb im Hochofen Erze mit Koks geschmolzen hat.

Eine schlagartige Verbreitung des neuen Verfahrens ist jedoch mit dem Jahr 1709 nicht zu verbinden. Die Darbys produzierten nur Eisengußwaren, zunächst hauptsächlich Küchengeschirr wie dreibeinige Kessel und Töpfe, später Zylinder für Newcomensche Dampfmaschinen. Das Frischen des Koksroheisens, das in der Regel einen viel höheren Siliziumgehalt als das Holzkohleroheisen hat, führte vorerst zu keinen befriedigenden Ergebnissen und wurde von den Darbys gar nicht vorangetrieben. Bis 1750 beschränkte sich das neue Verfahren auf einige Hochöfen befreundeter oder verwandter Unternehmer in Shropshire, der Wiege der modernen Eisenhüttenindustrie. Erst 1750 wurde es in Dowlais in Südwales und 1760 in den Carron-Hütten in Schottland eingeführt. Bald danach erfolgte der Durchbruch des Kokshochofens.

Die zunächst langsame Verbreitung wie die schließlich einsetzende Beschleuni-

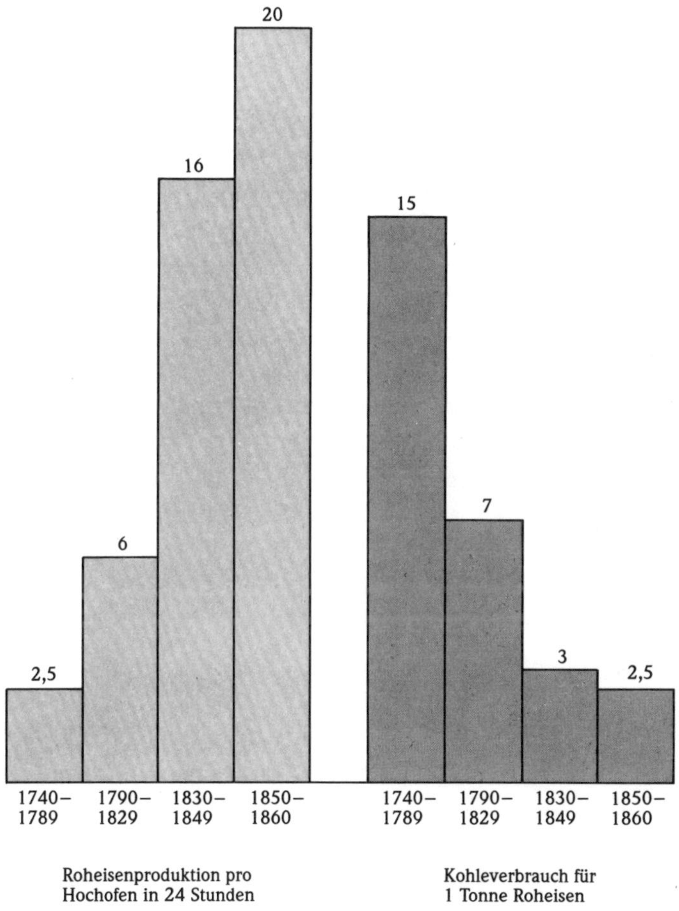

Tagesausstoß pro Hochofen und der Kohleverbrauch für die Herstellung von 1 Tonne Roheisen in Großbritannien

gung dürften damit zu begründen sein, daß die Produktionskosten des Koksroheisens erst in den sechziger Jahren deutlich und dauerhaft jene des Holzkohleroheisens unterboten haben. Da die Produktionskosten des Roheisens maßgebend von den Materialkosten, also von dem Kohlen- beziehungsweise Erzverbrauch, abhingen, und da bei etwa gleichen Erzpreisen die Steinkohle wesentlich billiger war als die Holzkohle, müssen die hohen Kosten des Koksroheisens die Folge eines sehr großen Verbrauches von Kohle gewesen sein. Und dies lag an der unausgereiften Technik des Kokshochofens und der Kokerei. Darby fing mit einer Hochofenanlage an, die für Holzkohle gebaut war. Er ersetzte die Holzkohle durch Koks, so daß in einem komplexen chemisch-technologischen Prozeß, bei dem nicht nur mehrere, sondern wie beim Erz und der Kohle auch qualitativ sehr unterschiedliche Faktoren zusammenwirken, einen veränderte. Der Koks hat andere Eigenschaften als die Holzkohle: Er ist fester, backt dichter zusammen, entwickelt mehr Gase. Diesen Eigenschaften mußte bei der Gestaltung der einzelnen Teile des Schmelzraumes im Hochofen, bei der Luftversorgung und bei der Steuerung des Schmelzganges Rechnung getragen werden. Der Kokshochofen brauchte ein anderes Profil und ein kräftigeres Gebläse, nur dann kamen einige Vorteile des Kokses zum Tragen. Die stark belastbare zusammengebackene Koksschicht, die die ganze Masse der darüber liegenden Schichten von Erz und Koks trägt, machte es möglich, daß man viel größere Hochöfen bauen konnte. Um dies rentabel umzusetzen, muß aber auch das Gebläse eine höhere Leistung haben, das heißt eine größere Menge Luft unter höherem Druck liefern. Für ein solches Gebläse brauchte man mehr Antriebsenergie, also mindestens ein leistungsfähigeres Wasserrad oder eine Dampfmaschine. Darby und seine Nachfolger mußten dies alles erst austüfteln, die aus der Praxis gewonnenen Erkenntnisse in Lösungen umsetzen, und das brauchte seine Zeit. Ausgestattet mit einem Wissensvorsprung in der Gießereitechnik, insbesondere im Sandguß, kamen sie auch mit dem noch »schlechten« Kokshochofen auf ihre Rechnung.

Der entscheidende ökonomische Anreiz, Kokshochöfen zu bauen, war dann seit den siebziger Jahren die steigende Inlandnachfrage sowohl für das inzwischen ebenfalls mit Steinkohle erzeugte schmiedbare Eisen als auch für bestimmte Sorten von Gießereiroheisen, das nicht nur im Maschinenbau, sondern in großen Mengen auch beim Ausbau von Wasserwegen und Straßen, für Hochbauten wie Brücken und Aquädukte gebraucht wurde. Im Zuge dieser Umstellung der Eisenerzeugung auf Steinkohle konnten durch komplementäre technische Innovationen die Kinderkrankheiten des Kokshochofens allmählich abgeschafft werden. Die erste wichtige Neuerung war die Einführung von leistungsfähigeren Gebläsen. Zunächst wurden die Spitzbälge durch hölzerne Kastengebläse ersetzt, aber zukunftweisend war erst das aus Metall gefertigte Zylindergebläse. Das erste soll John Smeaton 1768 für die Carron-Werke in Schottland gebaut haben. Das Zylindergebläse, angetrieben mit einem Wasserrad oder mit einer Dampfmaschine, gewährleistete die für den Kokshochofen notwendige Luftmenge. Das Einblasen der Luft durch mehrere Formen sicherte eine gleichmäßigere Verteilung des Luftstromes im Hochofen. Beides zusammen, Gebläse mit höherer und konstanter Leistung und bessere Windführung, machten es möglich, Hochöfen mit einem größeren Fassungsvermögen zu bauen. Damit konnte der durchschnittliche Tagesausstoß der Kokshochöfen von kaum 2 bis 3 Tonnen zwischen 1740 und 1790 immerhin auf 5 bis 7 Tonnen zwischen 1790 und 1830 gesteigert werden. Der spezifische Kohlenverbrauch – Kohle pro Tonne Roheisen – war in der Experimentierphase enorm hoch: Die einzigen zuverlässigen Daten aus dem Hüttenwerk Horsehay in Shropshire ergeben für den Zeitraum zwischen 1755 und 1806 im Durchschnitt einen Koksverbrauch von 5,5 bis 6,6 Tonnen für eine Tonne Roheisen. Weil damals für eine Tonne Koks mehr als die dreifache Menge Kohle gebraucht worden ist, ergibt das insgesamt etwa 17 Tonnen Kohle pro Tonne Roheisen. In den ersten drei Jahrzehnten des 19. Jahrhunderts ging durch verbesserte Hochofen- und Verkokungstechniken der Verbrauch auf etwa 7 Tonnen Kohle, also etwa 3 Tonnen Koks pro Tonne Roheisen, zurück.

Eine sprunghafte Senkung des spezifischen Kohlenverbrauches ermöglichte dann in den dreißiger Jahren die Verbreitung des Heißluftblasens, der wohl wichtigsten technischen Neuerung für die Wärmeökonomie im Hochofenprozeß des 19. Jahrhunderts. Die Idee, in den Hochofen nicht kalte, sondern erwärmte Luft einzublasen, stammte von James Beaumont Neilson, dem Werkmeister eines Gaswerkes in Glasgow, der nach der Ausbildung zum Mechaniker in einem Hüttenwerk und in einer Gießerei seine in der Praxis gewonnenen Kenntnisse durch das Studium von Mathematik, Physik und Chemie in Abendkursen vertieft hatte. Auf den Gedanken des Heißluftblasens kam Neilson aus einem etwas kuriosen Anlaß. Bei der Erweiterung eines Hochofenwerkes blieb für das Gebläse kein Raum, und so wurde es in einer Entfernung von etwa 800 Metern installiert. Infolge der langen Leitung entstand ein Druckverlust, und ihn wollte der um Rat gebetene Neilson durch Erhitzung der Luft kompensieren. In diesem Zusammenhang experimentierte er in der Schmiede seines Gaswerkes mit der Zuführung erwärmter Luft für den Verbrennungsprozeß. Nachdem er festgestellt hatte, daß mit solcher Luft ein bestimmter Hitzegrad schneller und sogar mit weniger Kohlen erreicht wurde, war er fest überzeugt, daß dies auch beim Schmelzprozeß im Hochofen eintreten mußte. Von Versuchen im Hüttenwerk wollten jedoch die Hüttenleute nichts wissen, weil sie aus der Praxis die Erfahrung hatten, daß im Winter, bei kaltem Wetter die Betriebsergebnisse besser waren als im Sommer. Was die Hüttenpraktiker auf die Kälte zurückführten, war allerdings durch den höheren Luftdruck und die niedrigere Luftfeuchtigkeit verursacht. Jedenfalls mußte Neilson, der schon 1828 ein Patent nahm, gut zwei Jahre warten, bis ihm die Besitzer der Eisenhütte »Clyde« die Gunst erwiesen, seine Entdeckung auch am Hochofen ausprobieren zu dürfen. Die 1830

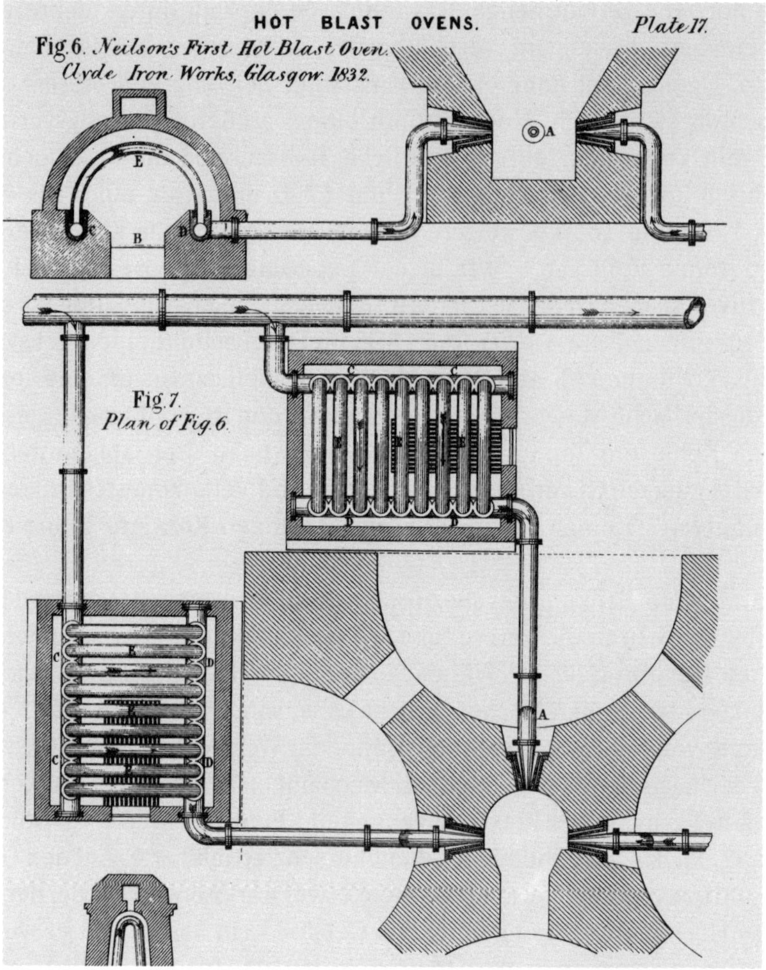

167. Lufterhitzer von Neilson für die Hochöfen der Clyde-Hütte. Stahlstich in »Proceedings Institution of Mechanical Engineers«, 1859. Hannover, Universitätsbibliothek

beim Probebetrieb in einem völlig ausgebrannten Hochofen erzielten Erfolge ließen die Hüttenleute ihre alte Faustregel »je kälter desto besser« bald vergessen. Der Tagesausstoß und Erzertrag waren höher, und der Kohlenverbrauch pro Tonne Roheisen reduzierte sich bei nur 150 Grad von über 8 auf 5,15 Tonnen. Bei einer mit verbesserten Lufterhitzern erreichten Temperatur von 315 Grad sank 1833 der Kohlenverbrauch im Dauerbetrieb auf 2,8 Tonnen bei gleichzeitiger Erhöhung der 24-Stunden-Produktion von 6 auf 9 Tonnen. Das Heißluftblasen brachte manchen Vorteil: durch weniger Koksverbrauch niedrigere Fertigungskosten, eine höhere Produktion und damit reduzierte Kapitalkosten. Außerdem ermöglichte es, hauptsächlich in Schottland und in den USA, den Einsatz roher Steinkohle beziehungsweise des Anthrazits im Hochofenprozeß, was ebenfalls eine kostengünstigere Nutzung der Kohlenressourcen für die Eisenerzeugung bedeutete.

Das Heißluftblasen verbreitete sich in Großbritannien in Abhängigkeit von den Kostenvorteilen, die man in verschiedenen Gegenden erwarten konnte, mit unterschiedlicher Geschwindigkeit, aber im ganzen sehr schnell. Ende der dreißiger Jahre wurden 55 Prozent der Roheisenproduktion mit Heißluftblasen gewonnen; am schnellsten vollzog sich der Übergang in Schottland, wo 1836 alle Hochöfen umgestellt waren, am langsamsten in Südwales. Hier erzielte man dank der hervorragenden Rohstoffe und günstiger Standortbedingungen die besten technischen und ökonomischen Parameter. Deshalb ließ man sich mit lästigen Umbauten viel Zeit: Um 1839, als Südwales 34 bis 40 Prozent des britischen Roheisens erzeugte, wurden von den 454.000 Tonnen nur etwa 10 Prozent mit Heißluft erblasen. Die größten Vorteile hatten die schottischen Hüttenwerke, die mit dem neuen Verfahren die Wettbewerbsfähigkeit ihrer Produkte und ihren Anteil an der britischen Produktion erhöhten. Neilson konnte seine Entdeckung, im Unterschied zu Crompton, Arkwright oder Cort, auch in bare Münze umwandeln: Sein genial allgemein gehaltenes Patent von 1828, in dem er nur das Prinzip der Lufterhitzung, nicht aber die dazu dienenden Einrichtungen schützen ließ, brachte ihm bei einer Lizenzgebühr von 0,05 Pfund pro Tonne Roheisen ein Vermögen ein. Zwar versuchte eine Allianz einflußreicher schottischer Hüttenbesitzer, das Patent zu unterlaufen, aber nach dem Gerichtsurteil in einem von Neilson in die Wege geleiteten Prozeß mußten sie 1843 sehr tief in die Tasche greifen und an ihn und seine Teilhaber für unterlassene Zahlungen eine einmalige Abfindung von 106.000 Pfund leisten. Neilson gab sich damit zufrieden, kaufte sich einen Landsitz, auf den er sich 1847 zurückzog und nichts mehr von sich hören ließ.

Die Entdeckung der Auswirkungen der Zufuhr erwärmter Luft auf Verbrennungsprozesse durch Neilson, einen in den Grundlagen der Naturwissenschaften gut beschlagenen und in der angewandten Chemie erfahrenen Praktiker, ist ein typisches Beispiel dafür, auf welchen Wegen wissenschaftliche Erkenntnisse in jener Zeit den Weg in die Praxis gefunden haben. Neilson war kein hauptberuflicher Wissenschaftler; dennoch entsprach seine Vorgehensweise der des experimentierenden Naturwissenschaftlers. Seine Laboreinrichtung war das Schmiedefeuer. Er notierte alle beobachteten Effekte beim Verbrennungsprozeß und konzentrierte sich schließlich auf die Unterschiede, die sich bei der zielbewußten Zufuhr erwärmter und kalter Luft zeigten. Seine Schlußfolgerung, daß die den Verbrennungsvorgang beschleunigende Wirkung der warmen Luft bei sämtlichen Verbrennungsprozessen zum Tragen kommen müsse, ist kein Zufall gewesen, sondern das Ergebnis der konsequenten Weiterführung des Gedankenganges von der konkreten Erscheinungsform zum allgemeinen Prinzip. Den entscheidenden Vorstoß zur Anerkennung durch die Wissenschaft, die theoretische Begründung der Wirksamkeit des Heißluftblasens, unternahm Neilson allerdings nicht; er begnügte sich wie die meisten Techniker mit dem praktischen Erfolg.

Der weitere Schritt zur Verbesserung des Wärmehaushaltes in Hüttenwerken war die Nutzung der Gichtgase des Hochofens für die Lufterhitzung. Dieses Verfahren wurde nicht in dem modernen Kokshochofenbetrieb, sondern in Hüttenwerken Badens und Württembergs, die auf Holzkohle angewiesen waren, entwickelt. Nachdem 1831/32 der vom Hüttenverwalter in Wasseralfingen, Achilles W. Chr. von Faber du Faur (1786–1855) konstruierte Erhitzungsapparat sich im Dauerbetrieb bewährt hatte, verbreitete sich die Gichtgasnutzung sehr schnell in allen Holzkohle-Regionen. In Großbritannien war zwar schon 1833 in Staffordshire ein mit Gichtgasen gefeuerter Lufterhitzer in Betrieb, aber angesichts der in jedem Hüttenwerk nutzlos herumliegenden Kleinkohle waren die zusätzlichen Brennstoffkosten so minimal, daß die meisten Hüttenbesitzer auf die Gichtgasnutzung zunächst verzichteten. Erst nachdem Robert Wilhelm Bunsen (1811–1899) und Lyon Playfair (1819–1898) ihre Untersuchungen über die chemische Zusammensetzung der Kokshochofengase 1845 in Großbritannien popularisiert hatten, übernahmen allmählich auch die britischen Eisenhütten diese mit einigen Investitionen und Umbauten verbundene Lufterhitzungsmethode.

Neue Konstruktionen des Hochofens, zusätzliche Verbesserungen der Windführung, wassergekühlte Formen und eine weitere Optimierung der Gebläse und Lufterhitzer ermöglichten eine Erhöhung des Ausstoßes bei gleichzeitigem Senken des spezifischen Brennstoffverbrauches. So stieg bis etwa 1850 die Tagesproduktion von Hochöfen auf durchschnittlich 20 bis 25 Tonnen, während sich der Kohlenverbrauch pro Tonne zwischen 2 und 3 Tonnen stabilisierte. In der Massenfertigung von Roheisen konnten die mit Holzkohle produzierenden Hüttenwerke in Europa mit den Kokshochöfen nicht mithalten. Auch dann nicht, wenn sie, wie die führenden Hüttenwerke in der Steiermark und in Kärnten, alle technischen Neuerungen, zum Beispiel Zylindergebläse und Heißluftblasen mit Gichtgasfeuerung, sehr schnell übernahmen. Zwar erreichten sie damit, beispielsweise in Treibach in Kärnten, eine mit den Kokshochöfen vergleichbare Tagesproduktion von 16 Tonnen und mit 1,2 bis 0,8 Tonnen Holzkohle auf eine Tonne Eisen einen viel besseren technischen Parameter. Doch ihre Fertigungskosten lagen wegen der steigenden Holzkohlenpreise fast doppelt so hoch wie jene des Koksroheisens, gegen dessen Wettbewerb auf dem einheimischen Markt sie nur durch die hohen Einfuhrzölle bestehen konnten.

Obwohl im 19. Jahrhundert der Exportanteil von Roheisen zunahm und ein weiterer Teil zu Gußprodukten verarbeitet wurde, hätten die britischen Hochöfen spätestens seit 1800 »auf Lager« produziert, wenn der zweite Stoffumwandlungsprozeß, die Herstellung von Schmiedeeisen aus Roheisen, auf Holzkohle angewiesen geblieben wäre. Um 1750 wurden von der britischen Roheisenproduktion noch etwa 90 Prozent zu Schmiedeeisen verarbeitet. 1788 waren es nur mehr rund 60 Prozent, und ein Teil des Bedarfes mußte durch Importe gedeckt werden. In diesem Zeitraum zerbrachen sich schon mehrere britische Hüttentechniker den Kopf darüber, wie man mit Steinkohle das Roheisen frischen könnte.

Beim Schmieden von Produkten minderer Qualität wurde Steinkohle zum Ausheizen des Frischeisens bereits seit dem 17. Jahrhundert verwendet. Für das Frischen war aber ein Verfahren, bei dem das eingeschmolzene, teigige Roheisen mit der schwefelhaltigen Steinkohle direkt in Berührung kam, nicht praktikabel. Bei den wesentlich höheren Temperaturen des Frischens wurde das Eisen dermaßen mit Schwefel angereichert, daß es unbrauchbar war. Wie intensiv das Problem britische Hüttenleute beschäftigt hat, belegt die Tatsache, daß zwischen 1761 und 1783 neun Hüttenleuten acht Patente auf verschiedene Verfahren erteilt worden sind, mit denen beim Frischen die kostentreibende Holzkohle durch Steinkohle oder Koks ersetzt werden sollte. Die Aufschwefelung des Eisens versuchten sie auf zweierlei Art zu verhindern.

Zum einen wurde der traditionelle Frischherd durch den in der Kupfererzeugung und Eisengießerei längst bekannten Flammofen ersetzt, in dem der Verbrennungsherd der Steinkohle und der Arbeitsherd, auf dem das Roheisen gefrischt werden sollte, voneinander getrennt waren.

Zum anderen wurde das zu frischende Roheisen in Tiegel eingesetzt, die in einem mit Steinkohle beheizten Flammofen auf die notwendige Temperatur gebracht wurden. Für dieses Tiegelfrischen war das Vorbild höchstwahrscheinlich die von Benjamin Huntsman (1704–1776) in Sheffield um 1740 eingeführte Tiegelstahlerzeugung, bei der Schmiedeeisen durch Aufkohlung in hochwertigen, härtbaren Stahl umgewandelt wurde.

Die ersten Dauererfolge erreichte man mit der Tiegelmethode. Nach zehnjährigen Experimenten ließen sich 1761, 1763 und 1773 Hüttenbesitzer aus Staffordshire ein im wesentlichen identisches Verfahren patentieren, mit dem 1788 schon ungefähr 50 Prozent des britischen Stabeisens hergestellt wurden. Es war als »Potting«, »Stamping and Potting« oder als »Shropshirer Frischmethode« bekannt und bestand aus drei Arbeitsschritten: Zuerst wurde das siliziumreiche Koksroheisen in einem gewöhnlichen Frischherd mit Steinkohle oder Koks »geweißt« – ein Verfahren, das auch beim Holzkohle-Frischen des sogenannten grauen Roheisens

168. Hochofenarbeiter beim Abstich in der Eisenhütte Brosley in Shropshire. Aquatinta nach einer Vorlage von George Robertson aus der Zeit um 1780. Privatsammlung

angewendet wurde. Durch das Weißen wurde der Siliziumgehalt wesentlich und der Kohlenstoffgehalt geringfügig herabgesetzt. Danach hat man das geweißte Roheisen mit verschiedenen Methoden wie Gießen, Granulieren oder Stampfen (Stamping) zerkleinert und unter Zusetzen von Schlacke oder Kalk für die Förderung der Entschwefelung und Schlackenbildung in Tiegel gesetzt (Potting). Schließlich wurde das Eisen in den verschlossenen Tiegeln in einem mit Steinkohle beheizten Flammofen entschwefelt und entkohlt, das heißt gefrischt. Anschließend wurden die aus den zerborstenen Tiegeln herausgenommenen Frischeisenklumpen zu Luppen ausgeschmiedet. Trotz des hohen Arbeits- und Materialaufwandes für das Zerkleinern und das Fertigen von Tiegeln sowie eines Abbrandes von 38 bis 44 Prozent – 100 Kilogramm Roheisen ergaben nur 56 bis 62 Kilogramm Frischeisen – gewährleisteten die Preise des Koksroheisens und die billige Steinkohle niedrigere Fertigungskosten als beim Herdfrischen mit Holzkohle.

Die einfachere Lösung, das Frischen des Roheisens direkt auf dem Arbeitsherd eines Flammofens, verfolgte man seit den sechziger Jahren im Zentrum der Koksroheisenproduktion, in Shropshire, und danach in Südwales. Die ersten Patente datieren aus den Jahren 1766 und 1783, ohne daß das darin geschützte Verfahren in die Breite gewirkt haben dürfte. Dies geschah erst durch Henry Cort mit seinem 1784 patentierten Flammofenfrischen, das später als Puddeln bekannt wurde. Cort war weder ein Hüttenmann noch stammte er aus einer Eisengegend. Er war »Navy agent«, Ausstatter der Kriegsmarine, und übernahm 1775 von einem Geschäftspartner, der seinen Schuldverpflichtungen nicht nachkommen konnte, die Leitung einer kleinen Eisenhütte in Fontley bei Portsmouth, dem wichtigsten Hafen und Sitz von Schiffswerften der Marine. Neben dem Eisenhandel beschäftigte sich Cort nun auch mit Problemen der Eisenerzeugung. 1780 versuchte er die Kriegskonjunktur zu nutzen, bekam von der Marine einen Großauftrag für eiserne Schiffsmastenreifen und erweiterte das Hammerwerk um ein Walz- und Schneidewerk. Er verzichtete auf das im Preis kräftig gestiegene schwedische Stabeisen und kaufte von der Marine preiswerten Reifenschrott, dessen Aufarbeitung zum Ausgangsmaterial jedoch hohe Arbeitskosten verursachte. Diesen Nachteil versuchte er durch eine technische Neuerung zu kompensieren, die er sich 1783 patentieren ließ: Zum Schweißen der Schrottpakete benutzte er anstatt der üblichen, mit Gebläsen betriebenen Herde einen mit Steinkohlen beheizten Flammofen ohne Gebläse und für das Umformen der Knüppel zu Stabeisen »gefurchte«, das heißt kalibrierte Walzen. Beides erbrachte eine Senkung der Fertigungskosten, weil sowohl das Schweißen im Flammofen als auch das Umformen der vorgewalzten oder vorgeschmiedeten Knüppel im Kaliberwalzwerk schneller sowie mit niedrigerem Brennstoffaufwand verlief. Außerdem brauchte der Schweißofen kein Gebläse, also auch kein Wasserrad.

Damit tat Cort für die künftige englische Methode der Stabeisenbereitung den zweiten vor dem ersten Schritt. Mit dem Roheisenfrischen wurde er erst 1783 konfrontiert, als er, wieder durch seine guten Beziehungen zur Marine, die Gelegenheit bekam, sehr preisgünstig Roheisenschrott zu kaufen. Es waren überwiegend große Brocken von Roheisen, die in der Seefahrt bei ungenügendem Tiefgang der Schiffe als Ballast zugeladen wurden. Es ist anzunehmen, daß Cort zu diesem Zeitpunkt über die Versuche, Roheisen im Flammofen mit Steinkohle zu frischen, informiert gewesen ist. Er löste das Problem auf die denkbar einfachste Art: ohne Weißen, ohne Tiegel und ohne Gebläse. Auf dem Herd eines mit Steinkohle gefeuerten Flammofens wurden die Roheisenbrocken zuerst eingeschmolzen. Bei entsprechender Regulierung der Hitze wurde die mit Schlacke bedeckte, mit einer Eisenstange vom Arbeiter ständig gerührte, zähflüssige Eisenmasse entkohlt. Aus den infolge des Kohlenstoffverlustes erstarrenden Klumpen von schon gefrischtem Eisen formte man auf dem Herd einige Luppen. Diese wurden in Schweißhitze aus dem Ofen genommen und unter dem Hammer zusammengestaucht, gezängt. Die gezängten Luppen wurden dann im Flammofen bis zur Schweißglut erhitzt und im Walzwerk auf die vorgesehenen Querschnitte und Längen umgeformt. Aus Corts Patent von 1784 ist zu entnehmen, daß er das Frischen im Flammofen und das

Umformen mit dem Walzwerk als zwei Arbeitsschritte eines Prozesses »der effektiveren Anwendung von Feuer und Maschinerie« verstanden haben wollte. Damit war die englische Methode der Stabeisenbereitung, das Frischen und Schweißen in Flammöfen und das Walzen der Fertigprodukte, komplett. Die spätere Bezeichnung des Flammofenfrischens mit Puddeln (Puddling), was deutsch Buddeln und nicht Rühren bedeutet, stammte aus dem Sprachgebrauch der Hüttenarbeiter aus Shropshire und wurde allmählich zum Fachausdruck für das Verfahren von Cort.

Cort und seine Facharbeiter legten in Shropshire und in Südwales bis 1790 den Grundstein zur Verwendung des neuen Verfahrens. Nach seinen Plänen wurden insgesamt 6 Puddel- und Walzwerke gebaut. Seine Facharbeiter wirkten als Experten beim Anlernen der wichtigsten Kniffe des Puddelns. Das direkte Puddeln des siliziumreichen Koksroheisens auf dem mit Sand ausgekleideten Boden bereitete jedoch große Schwierigkeiten. Deshalb griff man in Südwales auf den zweistufigen Frischprozeß zurück: Das Roheisen wurde zuerst im Weißofen mit Koks geweißt und dann im Puddelofen gepuddelt. Später, in den zwanziger Jahren, puddelte man dann auf einem mit Schlacken ausgekleideten Boden, der die Bildung einer das Frischen beschleunigenden basischen, eisenoxidreichen Schlacke fördert, das graue Roheisen ohne Weißen unter Zugabe von Schlacken. Diese »Pig-boiling«, deutsch »Kochfrischen« oder »Schlackenpuddeln« genannte Methode war in England hauptsächlich in Staffordshire beheimatet.

Die Entstehungsgeschichte des Puddelns in der Cortschen Hütte läßt vermuten, daß das im Hafen schon lange gelagerte, von der Marine verkaufte Roheisen kein Koks-, sondern Holzkohle-Roheisen gewesen ist und Cort deshalb die in Shropshire und Südwales aufgetretenen Probleme mit dem Entfernen des Siliziums nicht gehabt hat. Die Tatsache wiederum, daß er die Auskleidung des Herdes mit Sand aus der Ofengießerei übernommen hat, ist ein Indiz, daß über das im Prinzip identische Herdfrischen mit Holzkohle, bei dem immer Schlackenböden verwendet wurden, weder Cort noch seine Mitarbeiter gründlich informiert gewesen sind. Der Sandboden, also eine saure Auskleidung, und die beim Frischen des siliziumreichen Koksroheisens anfallende kieselsäurereiche Schlacke waren die denkbar schlechteste Kombination: sie verlängerte das Frischen, verursachte einen hohen Eisenabbrand und griff die Auskleidung an.

Ein wenig Glück war also bei den erfolgreichen Versuchen Corts auch dabei, und sein Eisen wurde von den Schiffswerften der Marine als gleichwertig mit dem schwedischen anerkannt. Zu diesem Zeitpunkt hatte ihn jedoch sein Glück längst verlassen. 1789 wurde bekannt, daß sein Financier ihm 27.500 Pfund aus veruntreuten Geldern geliehen hatte. Um der Schuldhaft zu entgehen, mußte der zahlungsunfähige Cort Bankrott anmelden; die Patentrechte beschlagnahmte die Marineverwaltung, und der Traum vom großen Unternehmer war vorüber. Von dem in den neunziger Jahren sich verbreitenden Puddeln in Shropshire und Südwales sah

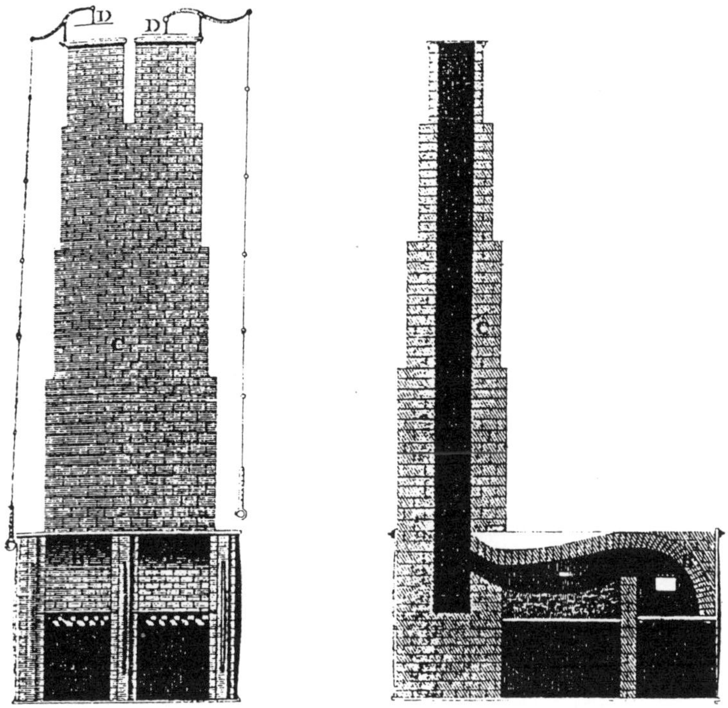

169. Englischer Doppelpuddelofen mit gußeiserner Herdplatte aus der Zeit um 1820. Holzstich in der »Encyclopaedia Britannica«, 1824. Privatsammlung

Cort keinen Penny. Das Puddeln war jedoch für fast hundert Jahre zur vorerst einzigen und noch bis in die achtziger Jahre wichtigsten Methode der Umwandlung von Roheisen in Schmiedeeisen geworden. In Frankreich, Belgien und Deutschland verbreitete es sich mit Hilfe britischer und später auch belgischer Facharbeiter seit den zwanziger Jahren. Das erste deutsche Puddelwerk gründete 1824/25 Friedrich Christian Remy (1783–1861) in Rasselstein-Neuwied. 1826 folgten Eberhard Hoesch (1790–1852) in Lendersdorf, Friedrich Harkort (1793–1880) in Wetter an der Ruhr, und in den dreißiger Jahren verbreitete sich das Puddeln in den Hüttenregionen an Saar und Ruhr.

Das Puddeln im Flammofen mit Steinkohle befreite die Erzeugung von Schmiedeeisen in Großbritannien vom Gängelband der Holzkohle. Es wurde entwickelt, um mit Steinkohle Koksroheisen in Schmiedeeisen umwandeln zu können, trotzdem war es kein ausschließliches Steinkohleverfahren. Ebenso gut oder noch besser ließ sich Holzkohle-Roheisen puddeln, und anstatt der Steinkohle konnten bei entsprechender Anpassung des Flammofens auch andere Brennstoffe verwendet werden. Diese Entwicklungsarbeit wurde nicht in Großbritannien, sondern in Eisenhüttenregionen ohne Steinkohlenressourcen, und zwar zuerst in Schweden und später, in den dreißiger und vierziger Jahren, hauptsächlich in der Steiermark, in Kärnten und in Frankreich geleistet. Unter dem Druck des sich durch Eisenbahnprojekte ankündigenden Bedarfs an Schienen, die mit dem Herdfrischen und Schmieden nicht herstellbar waren, wurde der Puddelofen für die Feuerung mit Holz und mit aus minderwertigen Brennstoffen wie Torf und Braunkohle erzeugtem Gas adaptiert. Die Gasfeuerung erwies sich auch mit Steinkohle als die effektivste Nutzung des Brennstoffes, was begreiflicherweise in Großbritannien kein großes Interesse erweckte.

Eine für den Maschinenbau und insbesondere für den Lokomotivbau bedeutungsvolle Weiterentwicklung war die Erzeugung von Rohstahl im Puddelofen. Dieses Stahlpuddeln wurde, nach ersten Versuchen in Kärnten und Bayern, in den vierziger Jahren in Westfalen, im Bergischen, entwickelt und in die Praxis eingeführt. Die Initiative ging wiederum von zwei «Nichthüttenleuten«, dem talentierten Gravierer Gustav Bremme aus Unna und dem Chemiker Franz Anton Lohage (1815–1872), aus. Ab 1849 wurde die bis dahin in Herden mit Holzkohle betriebene Rohstahlproduktion aus Siegener Roheisen allmählich auf das Puddeln in mit Steinkohle gefahrenen Öfen umgestellt. Der preußische Staat, seiner restriktiven Patentpolitik treu, lehnte den Patentantrag von Lohage und Bremme ab, doch sie bekamen sehr bald ihre Patente im Ausland. In Großbritannien übernahm das Stahlpuddeln unter den ersten das für seine Qualitätsprodukte berühmte Eisenwerk »Low Moor« in Leeds.

Walzen statt Schmieden

Obwohl Cort das Walzen in sein erstes Patent einbezogen hatte, war es weder neu noch vom ihm erfunden. Für die Umformung von Schmiedeeisen findet man die Walztechnik schon viel früher in Deutschland und Frankreich. In Schneidewerken hat man zuerst mit glatten Walzen Stabeisen zu Flachstäben umgeformt und diese dann mit Schneidewalzen in Streifen, hauptsächlich für die Nagelproduktion, geschnitten. Der zweite, in Sachsen seit dem 17. Jahrhundert und in England seit den zwanziger Jahren des 18. Jahrhunderts belegte Einsatzbereich war die Umformung von Eisen zu Blech. Für die Umformung des Schmiedeeisens zum Stabeisen, das heißt zu verschiedenen Vierkant- beziehungsweise Rundquerschnitten, benutzte man das Walzen seit dem 18. Jahrhundert. Diese Kaliberwalzen – oder, wie sie ursprünglich hießen, »Walzen mit geeigneten Kerben und Furchen« – wurden zwar in Großbritannien schon vor Cort zweimal patentiert, aber der Verdrängungsprozeß des traditionellen Umformens mit dem Wasserhammer begann offensichtlich zeitgleich mit der Verbreitung des Puddelns.

Die sehr oft verkannte zentrale Bedeutung des Walzens liegt darin, daß es im Unterschied zum Schmieden mit dem Hammerwerk eine Maschinen-Werkzeug-Technik ist. In beiden Fällen geht es um ein Druckumformen, aber beim Schmieden liegt das Ergebnis in den Händen des Mannes, der auf dem Amboß das Werkstück hält und führt. Das Hammerwerk kann nichts anderes, als mit großer Regelmäßigkeit und Wucht den Hammerbär immer wieder auf dieselbe Stelle fallen zu lassen. Beim Walzen dagegen wird die vorausbestimmte Endform des Werkstückes, des Knüppels oder der Bramme, ohne die direkte Einwirkung des Menschen in den Umformprozeß erreicht. Die Aufgabe der Walzer war die sachgerechte Zuführung des Werkstückes vor und die Abnahme des Walzgutes nach jedem Walzvorgang. Das Ergebnis des Umformens – die Möglichkeiten, welche Formen mit welcher Präzision gewalzt werden können – bestimmten nicht die persönlichen Fähigkeiten der Walzarbeiter, sondern vorrangig die Konstruktion und das fehlerfreie Funktionieren der Walzstrecke. Somit waren die Menge des in einem Walzdurchgang umformbaren Stoffes und die Geschwindigkeit, in der dies geschah, im wesentlichen von der Fähigkeit abhängig, konstruktive Gedanken fertigungstechnisch in eine Walzstrecke umzusetzen und die notwendige Antriebskraft zur Verfügung zu stellen. Und da solche Walzwerke in Eisen und Stahl gebaut werden mußten, war ihre Weiterentwicklung hauptsächlich auf Verbesserungen der Technik des Gießens von Walzen, Ständern und Antriebselementen sowie der spanenden Formveränderung für das Abdrehen vieler Teile angewiesen. Mit den Walzwerken siedelte sich der Schwermaschinenbau in Hüttenwerken an. Abgesehen davon, daß es in der Industriellen Revolution vorerst keinen Anlagenbau gab und Eisenhütten ihre Walzstrekken selbst herstellen mußten, war auch der Betrieb eines Walzwerkes ohne eine mechanische Werkstatt mit einer Dreherei für die Instandhaltung und Umrüstung der Fertigungsstrecken nicht möglich.

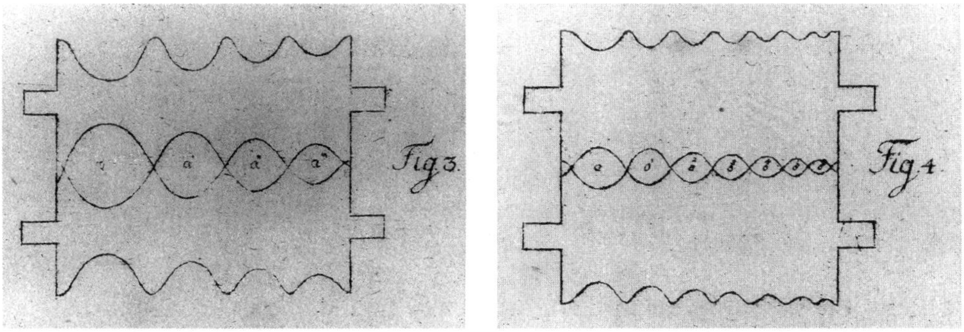

170 a und b. Darstellung der Kalibrierung einer Stabeisenwalze. Erstveröffentlichung in der deutschsprachigen, von Carl Erenbert von Moll herausgegebenen Zeitschrift »Annalen der Berg- und Hüttenkunde«, 1805. Marburg, Universitätsbibliothek

171. Walzstrecken im Wilkinsonschen Eisenwerk. Stahlstich in »Annales des Arts et Manufactures«, 1812. Paris, Conservatoire National des Arts et Métiers, Bibliothèque

Die Herstellung des wichtigsten Elementes der Walzstrecke, der Walzen selbst, stellte die Eisengießerei vor eine neue Aufgabe: den Hartguß oder Schalenguß. Bei diesem Gießverfahren bleibt die äußere Schicht, die Randzone der Walzenfläche weiß und hart, dadurch verschleißresistenter, der Kern der Walze jedoch grau und weicher, insofern elastischer. Hartgußwalzen verwendete man hauptsächlich als Schlichtwalzen, die dem Produkt die genaue Form und Glätte gaben. Das Gießverfahren, dessen Erfolg auch von der Qualität des Roheisens und von der präzisen Fertigung der eisernen Gießformen, der Kokillen, abhängig war, hüteten die Gießereien als Geheimnis. Mit dem zunehmenden Bedarf an Walzen spezialisierten sich auf ihre Produktion mehrere Gießereien, insbesondere in Staffordshire und Sheffield, und sie belieferten auch den mitteleuropäischen Markt. In Deutschland kam man zu befriedigenden Ergebnissen beim Walzenguß erst in den vierziger Jahren, und zu den ersten Exporteuren von Hartgußwalzen zählten die Gießereien im württembergischen Heilbronn und im bayerischen Hammerau.

Schon die Walzwerke der neunziger Jahre des 18. Jahrhunderts, holprig und grobschlächtig, wie sie waren, erhöhten den Tagesausstoß beim Umformen mit 8 bis 15 Tonnen Walzgut um ein Vielfaches der Hammerwerke, deren Tagesleistung auf etwa 1 Tonne geschätzt wurde. Sie wurden vorerst überwiegend mit Wasserrädern angetrieben; die erste Dampfmaschine für ein Walzwerk setzte 1792 John Wilkinson ein. Leistungsfähigere Kraftmaschinen, neue Lösungen der Kraftübertragung und der Getriebeteile, besseres Material wie der Hartguß und Fortschritte in der spanenden Bearbeitung, alle diese Entwicklungen ermöglichten allmählich den Bau von Walzstrecken mit größeren Walzen und höheren Umlaufgeschwindigkeiten. Neben der Einführung des sogenannten Triowalzwerkes für dünnere Produkte, bei dem das im Duowalzwerk notwendige Zurücktragen des Walzgutes nach jedem Einstich wegfiel, verbesserten sich die Methoden der Berechnung von Walzkalibern sowie die Möglichkeiten ihrer Fertigung. Besonders wichtig für die weitere Entwicklung des Eisenbahnbaus und die Erweiterung der Produktion um eine Massenware war 1820 ein Patent für das Walzen von Eisenbahnschienen. In demselben Jahrzehnt gelang es dann auch, das für Baukonstruktionen bedeutsame Winkeleisen zu walzen. Alles in allem erhöhte sich bis in die fünfziger Jahre die Tagesleistung auf 40 bis 60 Tonnen Walzgut. Das entsprach der Tagesproduktion von 20 bis 30 Puddelöfen.

Die alte Technik des Umformens durch Schmieden mit dem Hammerwerk blieb selbstverständlich auch in modernen Hüttenwerken erhalten. Sie überlebte im Puddel- und Walzwerk neben der Luppenquetsche als Zänghammer, mit dem aus den Puddelluppen die gröbsten Schlackenreste herausgepreßt und der Luppe die für das Einführen in die Walzen notwendige Form gegeben wurde. Das Schmieden blieb unabdingbar beim Fertigen von hochwertigen Schweißeisenblöcken, beispielsweise der Brammen für die Blecherzeugung oder für Kurbelwellen der Schiffsantriebe. Nachdem im Maschinenbau der Dampfhammer entwickelt war, wurden seit den vierziger Jahren in großen Eisenhütten die alten Hammerwerke durch ihn ersetzt. Für die Massenproduktion von Profileisen war jedoch die führende Technik des Umformens das Walzen.

Zwischen den im Verlauf von etwa fünfzig Jahren ihren Tagesausstoß kontinuierlich steigernden Hochöfen und Walzwerken wurde das Puddelverfahren im Gesamtgefüge des Eisenhüttenwesens sehr schnell zu einem Engpaß, der in der Technik dieses Stoffumwandlungsprozesses begründet war. Er verlief wie das Frischen im Herd bei Temperaturen unter dem Schmelzpunkt des Eisens, und die Oxidation der Begleitelemente des Eisens fand nicht direkt mit dem Sauerstoff der Luft oder den brennenden Kohlengasen, sondern überwiegend indirekt mit den in der Schlacke gelösten Eisen-Sauerstoff-Verbindungen statt. Infolge der im Puddelofen herrschenden Temperaturen war die Eisenmasse in einem zähflüssigen bis teigigen Zustand, und die chemischen Reaktionen konnten nur dann ablaufen, wenn die sauerstoffreiche Schlacke mit allen Teilen des Eisens in Berührung gebracht wurde. Deshalb mußte der Puddler mit seinen Werkzeugen, mit der Kratze, Brechstange oder dem Spitz, »buddeln«: zuerst »rühren«, oder, wie es im deutschen Fachjargon hieß, »schummeln«, das heißt Furchen ziehen, später umsetzen, das heißt die Eisenteile auf dem Herd umverteilen, und schließlich aus den schon entkohlten Eisenbrocken mehrere »Laibe«, also Luppen, zusammenschweißen. Für den Erfolg des Puddelns reichte es nicht, einen guten Ofen zu bauen, die »Zutaten« im richtigen Verhältnis einzusetzen und den Ablauf der chemischen Reaktionen abzuwarten. Der Puddler steuerte vielmehr den ganzen Prozeß; er mußte aufgrund von visuell, auditiv und sensitiv über das Werkzeug wahrnehmbaren Erscheinungen feststellen, in welcher Phase der Frischprozeß war, und danach handeln. Dieses Handeln war körperliche Schwerstarbeit, bei der der Puddler sein Wissen nur mit enormem physischen Aufwand umsetzen konnte. Von der Chemie hatte er ebenso wie der Herdfrischer keine Ahnung. Welchen Zustand das Eisen beim Frischen im Ofen oder im Frischherd erreicht hatte, und was zu tun war, konnte allein in der Praxis gelernt werden. Das Erfahrungswissen über den jeweiligen Zustand des Frischprozesses konnte ein guter Herdfrischer beim Puddeln einbringen, aber die Technik der Eingriffe mußte er sich beim Puddelofen aneignen.

Verfahrensbedingt hatte also die Steigerung der Produktion durch größere Öfen und höhere Einsätze an Roheisen ihre Grenzen in der physischen Leistungsfähigkeit des Menschen. Der Roheiseneinsatz konnte nur so groß sein, daß der Puddler in der Lage blieb, den Zustand der Masse auf dem Herd zu beurteilen und sie mit seinen Werkzeugen ständig unter Kontrolle zu haben. Diese Grenze war mit einem Einsatz von 200 bis 250 Kilogramm erreicht, ja eigentlich schon überschritten. Der Beruf des Puddlers gehörte zu den körperlich anstrengendsten, und nach fünfzehn bis zwanzig Jahren dieser Tätigkeit vermochten Puddler kaum noch eine Schicht durchzustehen. Durch Verbesserungen des Verfahrens gelang es zwar bis 1830, den um 1800 erzielten Ausstoß aus einem Ofen in 24 Stunden von 1 Tonne Puddelluppen auf 2, ausnahmensweise 3 Tonnen zu erhöhen, aber mehr konnte im Dauerbetrieb nicht einmal der beste Puddler leisten. Eine Steigerung der Frischeisenherstellung war deshalb nur über die Vermehrung der Zahl der Öfen und Puddler möglich. Daraus ergab sich das typische Bild eines großen Puddel- und Walzwerkes: ein alles überragender Kamin der Kesselanlage für die Dampfmaschine der Walzwerke und eine Menge kleinerer Kamine der Puddelöfen. 1810 dürfte es in Großbritannien um die 150 bis 200 Puddelöfen gegeben haben, in den dreißiger Jahren waren es mindestens 1.500 bis 2.000, und die erste genauere Statistik um 1860 zählte ungefähr 3.600. Den Höchststand erreichten sie 1873, als es in 287 Hüttenwerken 7.264 Puddelöfen gab. Für die schnelle Anpassung der Frischeisenproduktion an eine emporschnellende Nachfrage war das Puddeln denkbar ungeeignet; sie scheiterte meistens am Mangel qualifizierter Puddler.

Diesen Engpaß zu überwinden war das Ziel erfolgloser Experimente mit verschiedenen Maschinenkratzen und Rotationsöfen, die in den dreißiger Jahren begannen und dann zwanzig, dreißig Jahre später voll einsetzten. Die Maschinenkratzen, von denen die erste der spätere Professor in München, Karl Emil von Schafhäutl (1803–1890), 1836 patentieren ließ, sollten die, wie man meinte, sehr einfache, aber kräftezehrende Bewegung der Kratze beziehungsweise des Spitzes durch den

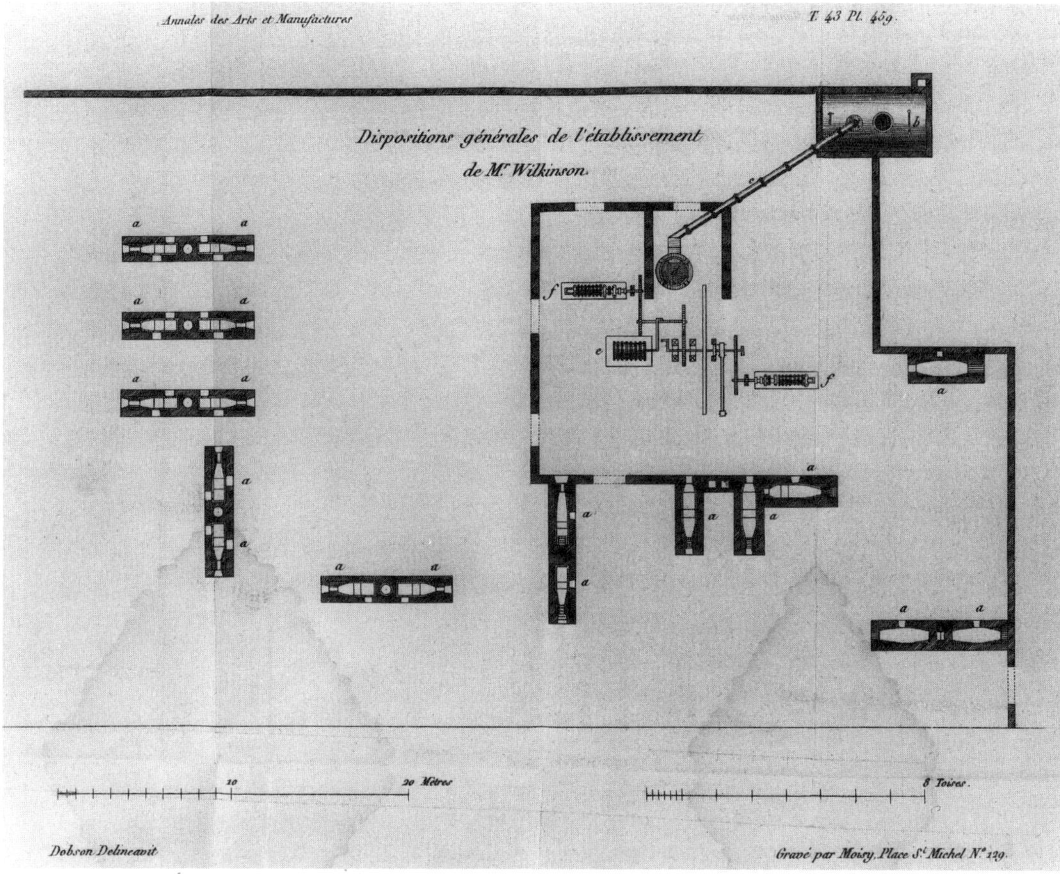

172. Grundriß des Puddel- und Walzwerkes von Wilkinson. Stahlstich in »Annales des Arts et Manufactures«, 1812. Paris, Conservatoire National des Arts et Métiers, Bibliothèque

Puddler mittels einer von einer Kraftmaschine angetriebenen »mechanischen Kratze« vollbringen. Dadurch sollten die hochqualifizierten, angeblich übertriebene Lohnforderungen stellenden, »aufmüpfigen« Puddler durch angelernte Arbeiter ersetzt werden. Aber genau dies erwies sich als Wunschtraum. Die Maschinenkratzen, die, wie es ein Fachmann ausdrückte, kein Hirn hatten, funktionierten nämlich nur dann, wenn sie von erfahrenen Puddlern gesteuert wurden. Sie ersparten dem Puddler einen Teil der von ihm abverlangten körperlichen Anstrengung, jedoch ohne ihn ersetzen zu können. Insgesamt brachten die zusätzlichen Investitionen weder eine höhere Produktivität noch Lohneinsparungen, und deshalb überlebten die Maschinenkratzen in kaum einem Betrieb die Versuchsperiode.

Neben der schnell erreichten Grenze der Produktivitätssteigerung hatte die Puddeltechnik eine äußerst komplizierte Arbeitsorganisation zur Folge. Im wesent-

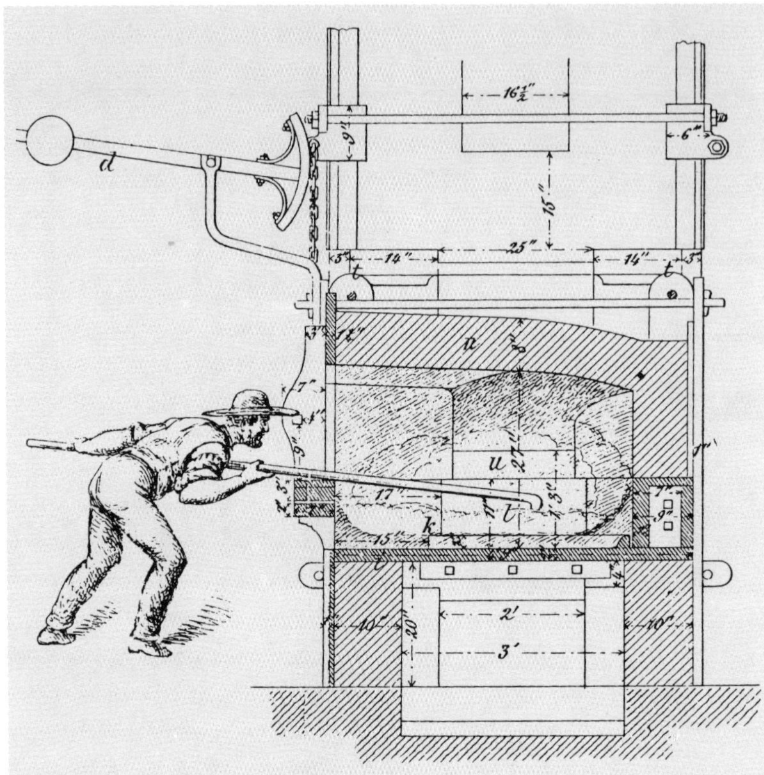

173. Puddler bei der besonders anstrengenden Arbeit mit dem Rührhaken. Stahlstich im 2. Band des 1873 erschienenen Werkes »A vaskóhászat gyakorlati és elmélete kézikönyve« von Anton Kerpely. Privatsammlung

lichen ging es darum, daß die durch das Verfahren bedingte Qualität und Größe des Produktes nicht ausreichend war. Aus einem Einsatz von etwa 250 Kilogramm Roheisen bildete der Puddler 4 bis 5 Luppen von je maximal 40 bis 50 Kilogramm. Sie wurden mit dem Hammerwerk oder einer Quetsche gezängt und zur Rohschiene ausgewalzt. Dieses umgeformte Endprodukt des Puddelverfahrens hatte nie genau dieselbe Qualität; der Grad der Verschweißung und der Schlackengehalt waren unterschiedlich. Deshalb waren im Regelfall weder die Rohschiene noch gar die Luppe dazu geeignet, aus ihr diverse Walzprodukte direkt herzustellen. Dazu kam, daß mit dem Fortschreiten der Industrialisierung zunehmend größere Walzprodukte verlangt wurden. So mußte für das Walzen eines Kesselbleches von etwa 300 Kilogramm Gewicht eine Bramme von 320 bis 330 Kilogramm vorhanden sein, und eine Eisenbahnschiene von 5,5 Meter Länge und rund 190 Kilogramm Gewicht brauchte eine Bramme von 220 Kilogramm. Die dem Endprodukt entsprechende

Qualität und Masse an Schweißeisen mußte also aus verschiedenen Rohschienen hergestellt werden.

Die Aufbereitung der sorgfältig nach Qualität und Bruchgefüge sortierten Rohschienen für verschiedene Walzprodukte geschah durch zuweilen mehrmals wiederholtes Zerschneiden, Paketieren, Schweißen und Umformen. Das schon in der vorindustriellen Stahlerzeugung sowie beim Ankerschmieden bekannte Paketieren bestand aus dem Aufeinanderschichten und Zusammenbinden von kalten, zugeschnittenen Rohschienen. Die Pakete wurden im Schweißofen auf Schweißhitze gebracht und entweder zum Endprodukt, meistens jedoch zu einem Zwischenprodukt höherer Qualität, zur Deckschiene, ausgewalzt. Da die meisten Produkte aus Paketen mit Stäben unterschiedlicher Qualität gewalzt wurden, mußte immer ein Vorrat sowohl an Roh- als auch an Deckschienen vorhanden sein. Das aus Roh- und Deckschienen nach einer bestimmten Ordnung zusammengesetzte Paket wurde dann nochmals ausgeschweißt und zum gewollten Walzprodukt umgestaltet. Bei hochwertigen, stark beanspruchten Erzeugnissen wie Kesselblechen, bei denen die Standardfehler von Eisenbahnschienen, wie kleine Risse oder grobe Schlackenreste, nicht vorkommen durften, war der Vorgang noch viel komplizierter.

Dieser arbeits- und materialintensive Produktionsprozeß war durch das Puddelverfahren bedingt. Das Walzen großer Bauträger war zwar technisch möglich, aber so teuer, daß bis in die sechziger Jahre auch die modernsten Walzwerke in Hallen mit einer Dachkonstruktion aus Holz standen. Eine Vereinfachung des Walzens und eine Verbilligung seiner Produkte war nur möglich, wenn man das Puddeln durch ein der Kapazität der Hochöfen und Walzwerke entsprechendes, ebenfalls großindustrielles Stoffumwandlungsverfahren der Stahlerzeugung ersetzte. Diesen Weg betrat die Stahlindustrie schließlich mit dem Bessemer-Verfahren. Die gesamtwirtschaftliche Bedeutung des Eisenhüttenwesens mit einer ständig steigenden Produktion sowie mit den enormen Kapitalinvestitionen, mit denen die neue Technik verbunden war, ist kaum zu überschätzen. Der Anteil dieses Sektors an dem britischen Bruttosozialprodukt bewegte sich zwischen 1790 und 1840 um die 6 Prozent und erreichte 1871 mit 11,6 Prozent seinen Höhepunkt. Seit dem Anfang des 19. Jahrhunderts und über die hier behandelte Epoche hinaus war Großbritannien der größte Eisenproduzent der Welt. Noch 1871 erzeugte es mehr als 50 Prozent der Weltproduktion an Roheisen. In Hüttenwerken waren über 40 Prozent aller männlichen Arbeitskräfte beschäftigt und etwa 25 Prozent der nominellen Leistung von Dampfmaschinen installiert. Die Ausfuhr der Eisenhütten und der Eisenverarbeitungsbetriebe betrug in der ersten Hälfte des 19. Jahrhunderts etwa ein Viertel des Gesamtwertes der Produktion. Sie war einer der wichtigsten Exportzweige der britischen Wirtschaft.

Andere Gesichtspunkte als die Steigerung der Produktion bei möglichst niedrigen Selbstkosten interessierten weder die Hüttenbesitzer noch ihre Techniker. Sie

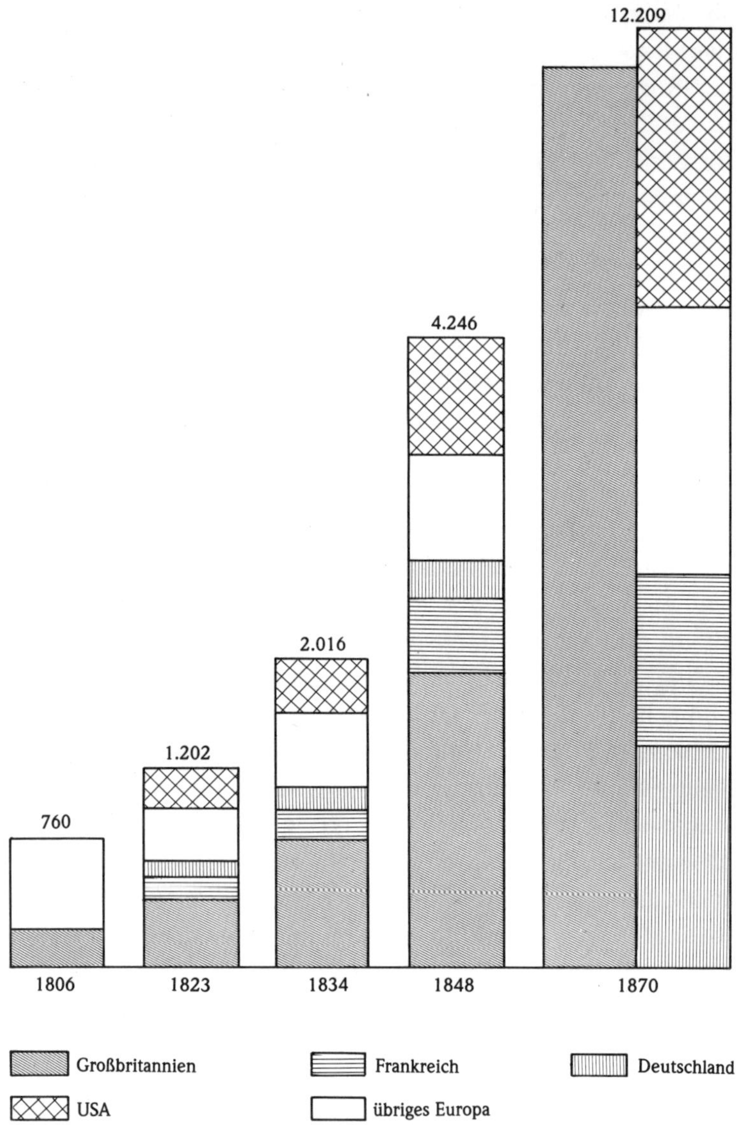

Die Anteile Europas und der USA in 1.000 Tonnen an der Roheisenproduktion 1806–1870 (nach Beck und Riden)

hatten keinen Blick für die Emission von Kohlen- und Schwefeldioxiden, von Hüttenstaubpartikeln in den Gichtgasen, womit die Hoch- und Kupolöfen der Eisenwerke je nach Windrichtung und Witterung ihre engere Umgebung, aber auch entferntere Landstriche belasteten. Bei der Dichte der Eisenhütten von Glasgow über Yorkshire, die Midlands bis hinunter nach Südwales war die Umweltverschmutzung so gut wie flächendeckend. Aber ebenso wie die schwarzen Rauchschwaden aus der unvollständigen Verbrennung der Kohle in Dampfkesseln und Haushalten wurde dies von der Öffentlichkeit – im Unterschied zu der durch die chemische Großindustrie verursachten, schnell wirksam werdenden Verpestung der Luft, des Wassers und des Bodens – als unvermeidliche Begleiterscheinung der Industrialisierung protestlos hingenommen.

Die chemische Industrie

Seit der zweiten Hälfte des 18. Jahrhunderts entstanden mit der Produktion von Schwefelsäure, Soda und Chlor, zu denen sich in den ersten Jahrzehnten des 19. Jahrhunderts die Erzeugung von Leuchtgas aus Steinkohle gesellte, die Grundlagen der chemischen Industrie. Schwefelsäure, Soda und Chlor als die drei Standbeine der industriellen Produktion von Chemikalien hatten nicht nur den stofflichen Zusammenhang, daß die Schwefelsäure ein Grundstoff für die Gewinnung von Soda und Chlor war und andere bei ihrer Herstellung als Nebenprodukte anfielen, sondern auch einen gemeinsamen Nachfrager, nämlich die Textilindustrie und hier besonders die Baumwollbranche. Die Reinigungsvorgänge sowie das Färben der Fasern und Gewebe in allen Sparten der Textilindustrie und hauptsächlich das unumgängliche Bleichen der Leinen- und Baumwollgarne oder -gewebe verlangten nach so großen Mengen an Säuren und Alkalien, daß die herkömmliche, überwiegend pflanzliche Basis – Holz, Seetang, Barilla, Buttermilch – beziehungsweise, wie bei der Schwefelsäure, die alte Verfahrenstechnik der Stoffumwandlung den ständig wachsenden Bedarf allmählich nicht mehr decken konnten.

Schwefelsäure – von der Apothekerware zur Industriechemikalie

Die höchst aggressive Schwefelsäure wurde mit zwei verschiedenen Verfahren hergestellt. Das einst als Vitriolöl, Oleum oder rauchende Schwefelsäure bekannte Produkt war eine hundertprozentige Säure, die gewerbemäßig seit dem 18. Jahrhundert hauptsächlich in Sachsen und in Böhmen aus einem Schiefer mit hohem Eisensulfatgehalt gewonnen wurde. Aus dem verwitterten Schiefer wurde der Schwefel ausgelaugt, die braune Lauge zu festem Rohstein eingedampft, der zerkleinerte Rohstein entwässert und schließlich »gebrannt«, das heißt in Gefäßen aus Ton erhitzt. Das dabei entweichende gasförmige Schwefeltrioxid, in ein anderes Gefäß mit Wasser geleitet, ergab das Vitriol. Seit Ende des 18. Jahrhunderts waren die in Westböhmen angesiedelten Vitriolbrennereien von J. D. Starck das größte Unternehmen, das gegen Ende der dreißiger Jahre mit einer Jahresproduktion von ungefähr 1.400 Tonnen rauchendem Vitriolöl eine Monopolstellung auf dem mitteleuropäischen Markt hatte.

Bei dem zweiten, hauptsächlich von Apothekern praktizierten Verfahren der

174. Chemisches Laboratorium. Kupferstich in dem 1765 in London erschienenen Werk »Commercicum, philosophica-technicum« von W. Lewis. München, Deutsches Museum

Schwefelsäureerzeugung verbrannte man Schwefel mit Salpeter als Sauerstoffträger in einem Tongefäß mit einem glockenförmigen Deckel; die dabei entstehenden Säuredämpfe wurden in Wasser aufgefangen, und nach mehrmaligem Wiederholen der Prozedur konnte die angefallene Schwefelsäure durch Destillation bis auf etwa 70 Prozent konzentriert werden. Die Form des Reaktionsgefäßes gab dem Verfahren den Namen »per campanam«. Beide Methoden waren kostenaufwendig. Die Schwefelsäure war zwar bis in die dreißiger Jahre des 18. Jahrhunderts Apothekerware, aber sie wurde auch in vielen traditionellen Gewerben als Reinigungs- oder Beizmittel gebraucht. Die größten Abnehmer von Schwefelsäure waren Messinggießer, Metallknopfmacher, Vergolder sowie Weißblechmacher und außerhalb der Metallverarbeitung Gerber, Papier- und Hutmacher.

Zur ersten modernen Industriechemikalie, der sogenannten englischen Schwefelsäure, führten Veränderungen der verfahrenstechnischen Einrichtungen, die bei der Herstellung auf der Schwefel-Salpeter-Basis genutzt wurden. Den ersten Schritt auf diesem Weg machten Joshua Ward (1685–1761) und John White, die 1736 in Twickenham bei London ein Unternehmen gründeten, das wegen der Beschwerden seitens der Einwohner über den üblen Geruch 1740 ins benachbarte Richmond übersiedelte. Hier betrieben sie eine große Anlage mit 50 in zwei Reihen aufgebauten, in Sand gebetteten Gefäßen. Das neue war, daß sie als Reaktionsgefäße große, etwa 200 bis 225 Liter fassende Glasbehälter benutzten, die, nacheinander beschickt, gleichzeitig in Betrieb waren. Das Verfahren blieb unverändert, doch durch die konzentrierte Produktion in größeren Retorten konnte der Preis ihres »Oil of vitriol by the bell« auf ein Sechzehntel des Apothekerpreises gesenkt werden.

Der zweite und entscheidende Schritt zur industriellen Schwefelsäurefabrikation ist mit Dr. Roebuck, dem ersten Financier von James Watt, verbunden, der mit dem Geschäftsmann namens Samuel Garbett im Zentrum der Metallwarenerzeugung, in Birmingham, 1746 ein chemisches Laboratorium gründete, um mit Schwefelsäure aus Abfällen der Metallverarbeitung Rückstände an Gold und Silber zu gewinnen. In diesem Zusammenhang entstand ihre erste »Fabrik«. Roebuck verfuhr nach dem herkömmlichen Verfahren: Er verbrannte Schwefel mit einem etwa zwölfprozentigen Salpeteranteil auf einer eisernen Pfanne in einem Reagenzgefäß, dessen Boden mit Wasser bedeckt war. Zukunftweisend erwies sich, daß er das Verfahren anstatt in einer Glasretorte in einem aus Bleiplatten zusammengefügten, nicht nur säureresistenten, sondern auch bruchfesten Kasten ablaufen ließ. Nach diesem neuen Gefäß wurde die Methode als Bleikammerverfahren und das Produkt als englische Schwefelsäure oder Kammersäure bezeichnet. Die ersten Roebuckschen Kammern hatten zwar nur ein Volumen von etwa 6 Kubikmetern, das entsprach jedoch 60 Prozent des Volumens aller 50 Glasretorten in der Wardschen Anlage.

Das Unternehmen verkaufte die Schwefelsäure hauptsächlich an Abnehmer aus der Metallverarbeitung. Dem geschäftstüchtigen Garbett und dem mit Schottland schon seit seinem Studium in Edinburgh eng verbundenen Roebuck entging aber nicht, daß die dortige expandierende Leinenproduktion allmählich auf einen Engpaß in der Bleicherei zusteuerte. Das alte Bleichverfahren mit schwachen Säuren und Sonneneinwirkung dauerte mehrere Monate und setzte die Verfügbarkeit von großen Bodenflächen, von Bleichwiesen voraus. Die schnellere Bleichwirkung der Schwefelsäure war zu dieser Zeit bekannt, und es ist anzunehmen, daß die 1749 in Prestonpans bei Edinburgh erfolgte Gründung der zweiten Roebuckschen Fabrik auf diesen Absatzmarkt rechnete. In der Unkenntnis, daß nicht nur Glas- oder Tongefäße, sondern auch Gußeisenbehälter für die Lagerung von Schwefelsäure geeignet sind, wagte man damals noch keinen Landtransport über weitere Entfernungen.

Nachdem seit der Veröffentlichung einer preisgekrönten Abhandlung über das Bleichen im Jahr 1756 der Übergang zur Nutzung von Schwefelsäure auch von Amts wegen in Schottland propagiert wurde, steigerte sich die Nachfrage nach der billigeren Bleikammersäure. Roebucks Bemühungen, seine Monopolstellung durch strenge Geheimhaltung der Produktionsvorgänge in Prestonpans aufrechtzuerhalten, fruchteten nicht lange. Seine in alter handwerklicher Manier zum Schweigen verpflichteten Facharbeiter wurden bestochen und abgeworben, und der Versuch, durch ein 1771 beantragtes Patent mindestens das Recht auf Prämien zu bekommen, scheiterte ebenfalls. Ähnlich wie im Falle Arkwrights fochten konkurrierende Produzenten das Patent von Roebuck gerichtlich an, und 1774 wurde es ihm mit Hinweis auf das längst vor dem Patentantrag praktizierte Verfahren definitiv aberkannt. In England wie in Schottland mehrten sich unaufhaltsam Schwefelsäurefabriken; um 1800 soll es in England 24 und in Schottland 11 gegeben haben, die meisten in Lancashire und in der Umgebung von Glasgow. Sie hatten neben den Leinenproduzenten ihren ständig wachsenden Absatzmarkt in der Baumwollindustrie.

Die Erzeugung von Schwefelsäure in Bleikammern wurde im letzten Viertel des 18. Jahrhunderts sowohl durch Vergrößerung der Kammern als auch durch Änderungen des Verfahrens optimiert. Für den Bau von größeren Kammern waren das Haupthindernis die Techniken des Fügens der Bleiplatten. Bis in die dreißiger Jahre, als das Zusammenschmelzen mit Wasserstoff eingeführt wurde, hat man die Platten entweder mit Bleinieten verbunden oder gefalzt. Die dritte Methode, die zwar den Bau größerer Kammern ermöglichte, aber viel Reparaturen erforderte, war das Löten mit Zinnblei, einem nicht säureresistenten und spröden Stoff. Viele Fabriken bevorzugten wegen dieser fertigungstechnischen Schwierigkeiten eine große Anzahl kleinerer Kammern mit einem Rauminhalt von 6 bis 17 Kubikmetern, aber gegen Ende des 18. Jahrhunderts waren solche mit 34 bis 70 Kubikmetern keine

175. Bleikammeranlage in einer Schwefelsäurefabrik. Stahlstich in der 1878 erschienenen Ausgabe des »Dictionary of arts, manufactures and mines« von R. H. Ure. Taunton, Somerset, Ann Ronan Picture Library

Seltenheit mehr, und für die zwanziger Jahre sind Kammern mit einem Volumen zwischen 600 und 1.000 Kubikmetern belegt.

Die zuerst in Frankreich entwickelten Verfahrensänderungen führten schrittweise vom unterbrochenen zum kontinuierlichen Betrieb. Ursprünglich wurden der Schwefel und der Salpeter direkt in der Bleikammer verbrannt; um aus der Kammer die Restgase, überwiegend Schwefeldioxid sowie Stickoxide, auszutreiben und sie mit Sauerstoff für den nächsten Verbrennungsvorgang zu versorgen, mußte nach jeder Charge gelüftet werden. Die erste Änderung bestand darin, die Grundstoffe nicht in der Kammer zu verbrennen, sondern in einem an die Kammer angebauten Brennofen, aus dem die Gase in die Bleikammer geleitet wurden, und, anstatt den Kammerboden mit Wasser zu bedecken, Wasserdampf in die Kammer einzulassen. Das Verfahren blieb jedoch noch diskontinuierlich: Nach der Kondensation und Entnahme der Schwefelsäure mußten die Kammern gelüftet werden. Anfang des 19. Jahrhunderts ging man dann in einigen Anlagen zum kontinuierlichen Betrieb über, indem an einem Ende der Kammer aus dem Verbrennungsofen die Schwefeldämpfe mit Luft eingeleitet und am anderen, meistens über einen Kamin, die giftigen Restgase in die Atmosphäre abgeführt wurden. Damit entfiel die Unterbrechung für die Lüftung, und die kontinuierliche Produktion ermöglichte die Koppelung der Abläufe in zwei oder drei Kammern, wodurch eine bessere Nutzung der Grundstoffe erreicht wurde. In Schottland hat dies 1803 Charles Tennant (1768–1838) in den Rollox-Werken eingeführt.

Das Bleikammerverfahren erlaubte von Anfang an eine Steigerung der Produktion bei gleichzeitiger Senkung der Gestehungskosten. Der von Ward erreichte Gestehungspreis von 0,075 Pfund für 453 Gramm, das heißt von 154 Pfund pro Tonne wurde durch die Bleikammern sofort auf ein Viertel und gegen Ende der siebziger Jahre des 18. Jahrhunderts auf etwa 30 Pfund reduziert. Zwar lag der Verkaufspreis bei rund 50 Pfund pro Tonne, doch diese Preissenkung war von großer Bedeutung für die gesamte chemische Industrie und besonders für die Baumwollverarbeitung: Für das Bleichen von 1 Tonne Baumwollprodukte einschließlich der für die Produktion von Chlorkalk und Soda notwendigen Menge brauchte man ungefähr 91 Kilogramm Schwefelsäure sowie 47 Kilogramm Soda und 4,7 Kilogramm Chlorkalk.

In den dreißiger Jahren vollzog sich dann ein wichtiger Wandel bei den Grundstoffen für die Schwefelsäureerzeugung. Der überwiegend aus Indien eingeführte und in der Schießpulverherstellung stark nachgefragte und deshalb teuere Salpeter wurde allmählich durch Chile-Salpeter ersetzt. Nach 1838, als das Königreich Sizilien versuchte, den Handel mit sizilianischem Schwefel über ein Unternehmen in Marseille zu monopolisieren, und der Schwefelpreis in Großbritannien binnen eines Jahres von 7 auf 15 Pfund pro Tonne hochschnellte, suchte man nach Ersatz durch die Schwefelgewinnung aus schwefelhaltigen Metallerzen, den Pyriten. Obwohl Großbritannien die Monopolisierungspolitik mit politischen, ökonomischen und militärischen Druckmitteln innerhalb von zwei Jahren zu Fall brachte, hatte sich allmählich ein Großteil der chemischen Industrie auf Pyrite, importiert überwiegend aus Spanien und Norwegen, umgestellt.

Auch bei dem kontinuierlichen, in gekoppelten Kammern durchgeführten Verfahren blieb die Umweltbelastung nach wie vor beträchtlich, weil ein großer Teil der hochgiftigen Stickoxide und Schwefeltrioxide in die Atmosphäre gepustet wurde. Dadurch gingen etwa 60 Prozent des Salpeters verloren, und das Kammervolumen wurde nur zu etwa 60 bis 75 Prozent genutzt. Der französische Chemiker und Fachberater der dem Unternehmen St. Gobain gehörenden Schwefelsäurefabrik in Chauny, Joseph Louis Gay-Lussac (1778–1850), hatte schon 1827 eine Anlage, den nach ihm benannten Gay-Lussac-Turm, zur Wiedergewinnung der Stickoxide vorgeschlagen. Von der Erfindung bis zur Innovation war es jedoch ein langer Weg: Der erste Gay-Lussac-Turm wurde erst 1842 in Chauny in Betrieb genommen, und noch weitere zwei Jahrzehnte hatte er in den Schwefelsäurefabriken Seltenheitswert. Eine Verringerung der Umweltbelastung war für die Unternehmer, die sogar die Kostenersparnisse geringschätzten, kein Anreiz. Zur Standardausstattung wurde der Gay-Lussac-Turm erst seit Ende der sechziger Jahre, als die Preise des Chile-Salpeters kräftig gestiegen waren.

Das Verdrängen der Pottasche durch künstliche Soda

Die Soda war der wichtigste Grundstoff für die Glaserzeugung, für die Seifensiederei und für das Bleichen. Sie wurde auf pflanzlicher Basis aus Holz als Kaliumcarbonat – Pottasche – oder aus Seepflanzen als Natriumcarbonat – Barilla, Kelp – gewonnen. Die Erzeugung von Soda aus den Substanzen Salz, Schwefelsäure, Kalk und Kohle mit dem in Frankreich 1791 von Nicolas Leblanc (1742–1806) patentierten Verfahren wurde auf den Britischen Inseln sehr langsam übernommen. Das lag an den Wechselwirkungen zwischen den Produktionsbedingungen in Großbritannien einerseits und dem Angebot an Soda auf pflanzlicher Basis andererseits. Dennoch war das Leblanc-Verfahren in Großbritannien bekannt, und zwei der Grundstoffe, nämlich Kohle und Schwefelsäure, waren dort viel billiger als in Frankreich. Um so schwerer belastete die künstliche Sodaproduktion die mit 10 Pfund pro Tonne hohe und erst 1825 aufgehobene Salzsteuer. Auf der anderen Seite bestand bis zum Ausbruch der antifranzösischen Kriege die Möglichkeit, den Sodabedarf der britischen Industrie durch Importe von Pottasche beziehungsweise durch Eigenproduktion auf pflanzlicher Basis zu decken. Angesichts der Verknappung der aus Nordeuropa importierten echten Pottasche aus Holz mit einem Alkaligehalt von 80 Prozent wurde in der zweiten Hälfte des 18. Jahrhunderts als Ersatz Asche aus Seetang importiert, beispielsweise aus Spanien die Barilla mit einem Alkaligehalt von etwa

25 Prozent, und in Großbritannien, hauptsächlich in Schottland, produzierte man den sogenannten Kelp mit einem Alkaligehalt von nur 2 bis 4 Prozent. Die infolge der Kriege verminderten Importmöglichkeiten verknappten das Angebot, die Preise schnellten hoch, so hoch, daß sogar die durch die Salzsteuer belastete Erzeugung künstlicher Soda gewinnbringend wurde. Nach 1815 stand jedoch die künstliche Soda wieder im Preiswettbewerb zu den bis 1830 steigenden Importen von Soda auf pflanzlicher Basis. Aufgrund der Tatsache, daß für den Leblanc-Prozeß Schwefelsäure und Salz im Verhältnis 100 zu 133 eingesetzt wurden, dürfte die hohe Salzsteuer ein großes Hindernis für die Verbreitung der Sodaindustrie gewesen sein. Andererseits gab es nicht zu unterschätzende Anreize, die Leblanc-Methode trotzdem in Großbritannien im großen Maßstab aufzunehmen: Bei zunehmendem Bedarf der Textil- und Glasindustrie sowie der Seifensiedereien – der Seifenkonsum verdoppelte sich zwischen 1800 und 1830 von 23.000 auf 46.000 Tonnen – standen der beschränkten pflanzlichen Rohstoffbasis und der Belastung durch die Salzsteuer ein tendenziell fallender Preis sowie ein ausreichendes Angebot von zwei Grundstoffen, der Schwefelsäure und der Kohle, gegenüber.

Der erste, der drei Jahre vor der über ein Vierteljahrhundert diskutierten Aufhebung der Salzsteuer das Risiko einging, das Leblanc-Verfahren großindustriell aufzunehmen, war der Ire James Muspratt (1793–1886), Eigentümer eines Chemieunternehmens in Dublin. 1822 übersiedelte er nach Liverpool und gründete 1823 seine Schwefelsäure- und Sodafabrik, deren Standort er mit Blick auf die gut ausgebauten Verkehrswege, auf den günstigen Zugang zu den Grundstoffen Kohle und Salz, in Lancashire und Cheshire, und auf die Nähe zu einem der Hauptabnehmer, der Baumwollindustrie in Lancashire, wählte. Nach fünf Jahren verlegte er auf Druck der Stadtverwaltung sein Unternehmen in das nahegelegene St. Helens, das zu einem der Zentren der Soda- und Seifenproduktion wurde. Nachdem das Unternehmen Tennant in St. Rollox bei Glasgow 1825 die Großproduktion von Soda in Schottland eingeführt hatte, waren in Großbritannien die Grundlagen einer Sodaerzeugung auf mineralischer Basis geschaffen, die den Bedarf anderer Industriezweige decken konnte. Das dritte Zentrum, auf das um 1850 etwa 50 Prozent sowohl der Kapitalinvestitionen als auch der Arbeiter der britischen Sodaindustrie entfielen, entstand im Nordosten Englands, im Tyneside.

Die wichtigsten Verfahrensschritte des von Leblanc entwickelten mehrstufigen Prozesses der Sodagewinnung sind die Erzeugung von Natriumsulfat oder kalziniertem Glaubersalz aus Schwefelsäure und Kochsalz in einem Flammofen. Aus einer Mischung von Natriumsulfat, Kalkstein und Steinkohle im Verhältnis von etwa 1 zu 1 zu 0,5 wurde ebenfalls in einem Flammofen rohe Soda erzeugt, diese in Eisenkästen mit Wasser ausgelaugt, die Rohlauge filtriert, anschließend zum Rohsalz eingedampft und dieses in einem Flammofen zum Handelsprodukt kalziniert. Dieses Verfahren wurde in Großbritannien vorerst unverändert übernommen. So auch die

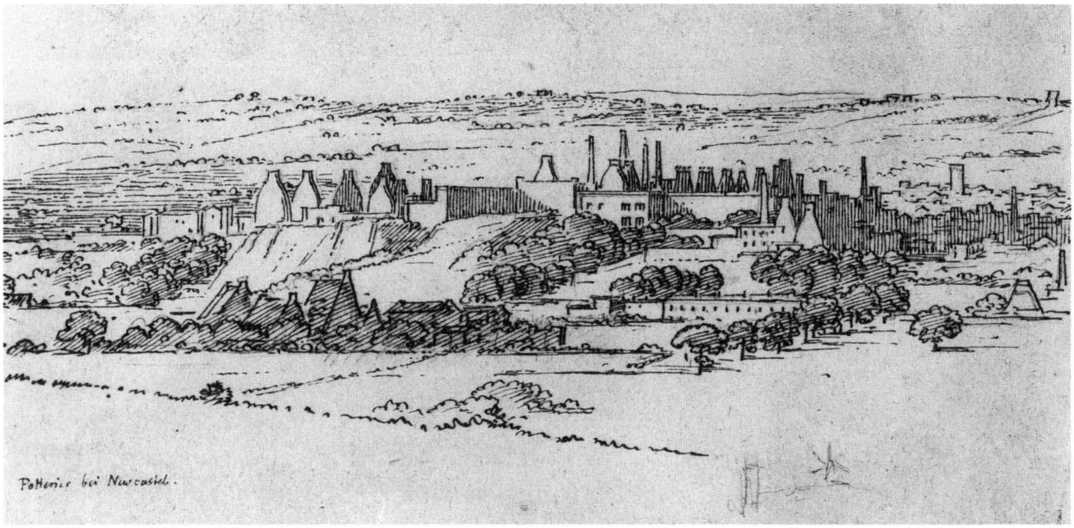

176. Tonwarenfabrik in Newcastle-under-Lyme. Zeichnung von Karl Friedrich Schinkel, 1826. Berlin, Staatliche Museen, National-Galerie

»barbarisch zu nennende Fabrikationsmethode« (G. Lunge) des Natriumsulfats auf dem Herd eines Flammofens, bei der das gesamte, als Nebenprodukt entstehende Salzsäuregas – Chlorwasserstoff – zusammen mit den Abgasen der Kohlenfeuerung durch den Kamin an die Umwelt abgegeben wurde. Bei den Sodaöfen folgte man jedoch in England nicht dem in Frankreich vorherrschenden Trend zu großen Öfen, sondern bevorzugte Öfen mit zwei Herden und einem Einsatz von maximal 400 Kilogramm, die eine bessere Ausbeute an Rohsoda gewährleisteten. Die Herstellung des Sulfats sowie der Rohsoda in Flammöfen stellte hohe Anforderungen an die Geschicklichkeit und Erfahrung der Arbeiter, die die chemischen Abläufe nicht nur zu kontrollieren, sondern durch sorgfältiges Dosieren und Rühren der Einsatzstoffe auch zu steuern hatten. Insbesondere die Aufgaben der Arbeiter beim Sodaofen, die körperliche Belastung, die Werkzeuge und die Fachsprache waren jenen beim Puddelofen auffallend ähnlich, und wie beim Puddeln beklagten die Unternehmer die Abhängigkeit von den Arbeitern und versuchten, diese in den fünfziger Jahren durch die Maschinisierung des Rührens beziehungsweise durch rotierende Öfen zu vermindern. Wegen des ständigen Umgangs mit giftigen Stoffen und Abgasen gehörten Soda- und Chlorfabriken zu den am meisten gesundheitsschädigenden Arbeitsplätzen.

Im Alltag der Bürger machte sich die Sodaindustrie nicht nur in der Verbilligung der Baumwollwaren bemerkbar. Die Preise der nach dem Leblanc-Verfahren großindustriell erzeugten Soda fielen zwischen 1820 und 1850 von 36,5 auf 5,5 Pfund.

Dies ermöglichte sowohl die Verdoppelung des Seifenverbrauchs in demselben Zeitraum als auch die Entfaltung einer Massenproduktion von Glas zu Preisen, die es zum ersten Mal in der Geschichte allmählich für breitere Schichten zugänglich machten. In der Umgebung der Sodafabriken waren die Einwohner weniger erfreut. Die bei der Sulfatherstellung entweichenden Salzsäuregase verwüsteten kilometerweit den Pflanzenwuchs. Deshalb vertrieben die Behörden von Liverpool Muspratt aus der Stadt, aber durch die Umsiedlung der Fabrik nach St. Helens wurde das Übel nur verlagert. Beseitigt werden konnte es nur durch das Auffangen der Gase und ihre Kondensierung zu flüssiger Salzsäure. Der erste erfolgreiche Schritt auf diesem Weg waren die gegen Ende der dreißiger Jahre nach dem Prinzip des Gay-Lussac-Turmes von William Gossage (1799-1877) gebauten Kokstürme. Bis dahin waren die einzigen Mittel des »Umweltschutzes« auch in dieser Sparte hohe Schornsteine; sie verdünnten durch weiträumige Verteilung die giftigen Abgase und erschwerten in Ballungsräumen der chemischen Industrie die Identifizierung der Verursacher. Eine weitere Belastung der Umwelt entstand aus dem im Freien, auf Halden gelagerten Calciumsulfid, das beim Auslaugen der Rohsoda zurückblieb. Durch die Einwirkung des Kohlendioxids der Luft und des Regenwassers entwickelte sich stinkender Schwefelwasserstoff, der nicht nur die Luft verpestete, sondern auch das Grundwasser gefährdete.

Vom Chlorgas zum Bleichpulver

Der dritte Stoff, dessen Erzeugung ein wichtiges Standbein der chemischen Großindustrie wurde, war der Chlorkalk. Das gasförmige Chlor wurde erst 1774 von Carl Wilhelm Scheele (1742–1786) entdeckt, der auch seine bleichende Wirkung auf pflanzliche Farben beobachtete. Zehn Jahre später bewies der französische Chemiker Claude Louis Berthollet (1748–1822) die Bleicheigenschaften des Chlors experimentell, und das von ihm hergestellte Chlorwasser weckte das Interesse der Bleicher. Gestützt auf die Erkenntnisse von Berthollet brachte um 1789 die Chemiefabrik Javel bei Paris durch Einleiten des Chlors in eine Pottaschelauge ein wirkungsvolleres Bleichmittel auf den Markt: das nach ihr benannte »Eau de Javel«. Nach Großbritannien gelangte das Chlorwasser über James Watt, dem bei seinem Besuch in Paris Ende 1786 die Bleichwirkung des Chlors vorgeführt wurde. Auf seine Anregung machte man 1787 in Glasgow Versuche mit der Chlorbleiche; die erste großgewerbliche Anlage wurde in demselben Jahr in Aberdeen in Betrieb genommen. Danach verbreitete sich die Chlorbleiche sowohl in Schottland als auch in Lancashire, und zwischen 1789 und 1795 wurden in Schottland und England mehrere Patente auf Chlorwasser für das Bleichen von Leinen, Baumwolle und von Hadern für die Papiererzeugung erteilt. Obwohl angesichts der stürmischen Ent-

177. Tennants Chemische Fabrik in Rollox bei Glasgow. Gemälde eines Unbekannten, 1844. Glasgow, Charles Tennant & Co. Ltd.

wicklung der Baumwollverarbeitung das Interesse für die Chlorbleiche ständig zunahm, standen ihrer Verbreitung zwei Umstände im Wege. Die Chlorlösungen waren weder lagerungs- noch transportfähig, und deshalb mußte die nicht ungefährliche Prozedur der Herstellung am Ort der Verwendung, in den Bleichereien, erfolgen. Dazu gesellte sich der hohe Preis der für die Lauge verwendeten Pottasche. Die Beseitigung beider Hindernisse war mit zwei schottischen Persönlichkeiten verbunden, die beide die Entwicklung der Industriechemie in Großbritannien nachhaltig beeinflußten. Der Bleicher Charles Tennant kam 1797 auf den Gedanken, anstatt der teueren Pottaschenlauge das Chlorgas in eine flüssige Kalklauge aufzunehmen. Er ließ sich das Verfahren 1798 patentieren und gründete für die Verwertung seines Patentes in St. Rollox bei Glasgow eine Fabrik. Einer seiner Partner war der Chemiker Charles Macintosh (1766–1843), der 1798/99 ein Verfahren entwickelte, das zu einem mehr haltbaren sowie leichter transportierbaren Produkt in Pulverform führte und den Weg zur industriellen Großproduktion des Bleichmittels öffnete. Dies erst ermöglichte die örtliche Trennung der Produktion des Bleichmittels von den Bleichereien. Das Wesen seines Verfahrens war die Absorption von Chlorgas in gelöschtem Kalk, »der ersten technisch angewandten Reaktion zwischen einem Gas und einem Festkörper« (D. W. F. Hardie). Die Produktion des Chlorkalks wurde in St. Rollox sofort nach der Patentnahme 1799 aufgenommen; sie stand am Anfang des steilen Aufstiegs jenes kleinen Unternehmens zur führenden chemischen Fabrik und zum größten Bleichpulverhersteller Englands. Obwohl St. Rollox 1799 noch keine eigene Schwefelsäureanlage hatte, erreichte die Produktion 1799/1800 52 und 1825 910 Tonnen, und der Preis reduzierte sich auf ein Fünftel der ursprünglich 140 Pfund pro Tonne. Die Erfindung des Bleichpulvers ist ansonsten eines der vielen Beispiele dafür, daß Patentnehmer nicht unkritisch zu Erfindern gekürt werden dürfen. Das Patent Nummer 2312 von 1799 hat nämlich nicht Macintosh, sondern Tennant beantragt, der deshalb in allen Handbüchern der Chemie sowie in Geschichtsdarstellungen, gelegentlich auch noch heute, als der Erfinder des Verfahrens gerühmt wird. Den Ruhm von Macintosh, der sich allmählich aus dem Unternehmen von Tennant zurückzog und in Schottland die Alaunherstellung betrieb, begründete der nach ihm benannte gummierte, wasserdichte Baumwollstoff. In seiner Entstehung war der »Macintosh« sozusagen ein Nebenprodukt der Beschäftigung mit der Ammoniakgewinnung aus Steinkohlenteer, bei der Macintosh 1819 auf das Kohleöl – Naphtha – stieß. Nach einigen Jahren des Experimentierens mit der Lösung von Gummi in Naphtha nahm schließlich 1823 Macintosh ein Patent auf wasser- und luftdichte Stoffe, für deren Herstellung er in Manchester ein großes Unternehmen mit eigener Verkaufsorganisation aufbaute.

Die Herstellung des Bleichpulvers ist ein kontinuierlicher Prozeß, bei dem das in einem Gefäß erzeugte Chlorgas in ein zweites überführt und in gelöschtem Kalk absorbiert wird. Bis in die dreißiger Jahre wurde Chlor aus Braunstein, Kochsalz und Schwefelsäure in blasenförmigen, bleiernen Retorten erzeugt, die mit einem Rührapparat ausgestattet waren. Erst als in den Sodafabriken durch die Kondensierung des bei der Sulfaterzeugung anfallenden Chlorwasserstoffes große Mengen preiswerter Salzsäure anfielen, begann man Chlor aus Braunstein direkt mit Salzsäure herzustellen – ein Verfahren, das zuerst in St. Rollox 1825 eingeführt wurde und wesentlich zur Senkung der Produktionskosten beitrug. Da die flüssige Salzsäure bei höheren Temperaturen das Blei auflöst, wurden zuerst die bleiernen Retorten mit glasiertem Steinzeug ausgefüttert, und seit den dreißiger Jahren verwendete man Steinzeuggefäße. Bei der Herstellung des Bleichpulvers wurde das Chlorgas direkt in eine Kammer mit sorgfältig aufbereitetem gelöschtem Kalk eingeleitet. Die Kammern baute man in der Anfangsphase aus verteertem Holz oder Mauerwerk, später aus Blei und schließlich aus Gußeisen. Um eine bessere Nutzung des Chlorgases zu erreichen, ging man auch hier zum Mehrkammersystem über. Die Absorptionszeit betrug in der Regel 24 Stunden. Bei der Öffnung der Kammertür entwichen große

Mengen von Chlorgasresten, die die Luft nicht nur in der Fabrik, sondern kilometerweit verpesteten. Das Durchrühren des Chlorkalkes in der Kammer sowie seine Entnahme gehörten zu den gesundheitsschädigendsten Arbeiten in der ganzen chemischen Industrie; den Arbeitern standen bis in die zweite Hälfte des 19. Jahrhunderts zum Schutz der Atemwege lediglich nasse Tücher zur Verfügung.

Im Gesamtgefüge chemischer Produkte befand sich der Chlorkalk mengenmäßig weit hinter der Schwefelsäure und Soda. So wurden in Großbritannien um 1850 an Soda etwa 139.000 Tonnen und an Bleichpulver nur 13.000 Tonnen produziert. Trotzdem war der Chlorkalk eine der wichtigsten Chemikalien nicht nur für die Textilindustrie, sondern in zunehmendem Maße auch für die Papiererzeugung und später der Grundstoff für eines der wirksamsten Desinfektionsmittel. Der Marktführer war nach wie vor das Unternehmen in St. Rollox, gegen Ende der dreißiger Jahre mit etwa 1.000 Arbeitern die größte chemische Fabrik der Welt. Das Unternehmen war in mancher Hinsicht richtungweisend für die künftige Entwicklung der chemischen Industrie. Tennant, ein Selfmademan vom Zuschnitt eines Arkwright, legte von Anfang an großen Wert auf die Besetzung der Führungspositionen mit namhaften Chemietechnikern, die den Betrieb auf dem neuesten Stand der chemischen Technologie hielten. Er selbst widmete sich der Geschäftsführung und beschritt von vornherein in der Verkaufspolitik, unter Ausschaltung des Zwischenhandels, durch eigene Vertretungen in London, Dublin, Belfast, Dundee und Liverpool Wege, die später für große Chemiekonzerne kennzeichnend wurden. Durch den Aufkauf anderer Firmen oder durch die Gründung eigener Filialunternehmen in Lancashire und Schottland verfügte Tennant über ein Netz von Chemiefabriken, das jenem von Arkwright in der Baumwollbranche nicht unähnlich war.

Gasanstalten – die Großchemie in Wohnvierteln

Eine weitere Sparte der chemischen Industrie, die ebenfalls in den ersten Jahrzehnten der Industriellen Revolution entstanden ist, war die kommerzielle Erzeugung von Leuchtgas aus Steinkohle. Die Entstehung eines entzündlichen Gases bei der trockenen Destillation von Steinkohle wurde zwar schon im 17. Jahrhundert beobachtet, und einer der Zechenbesitzer in Durham, George Dixon, experimentierte um 1760 mit einem Apparat zur Herstellung eines entzündlichen Gases, aber von einer gezielten Leuchtgaserzeugung kann erst für das Ende des 18. Jahrhunderts die Rede sein. In Frankreich experimentierte Philippe Lebon (1767–1804) mit Holz; seine Thermolampe sollte den Haushalt sowohl mit Licht als auch mit Wärme versorgen. Zur gleichen Zeit beschäftigte sich in England der in Diensten von Boulton und Watt stehende schottische Techniker William Murdoch (1754–1839) mit der Leuchtgaserzeugung aus Steinkohle. Bei seinen zuerst im eigenen Haus und später auf dem Gelände der Maschinenfabrik in Soho bei Birmingham durchgeführten Versuchen legte er das Grundprinzip der künftigen Leuchtgasversorgung und in Kleinformat ihre technischen Vorrichtungen fest. Das in einer Retorte erzeugte Gas leitete er über Röhren durch ein Wasserbad, in dem das Gas von Teerpartikeln und allen wasserlöslichen Beimengungen wie Ammoniak gereinigt wurde, in einen Behälter, aus dem es durch andere Röhren zum Ort der Beleuchtung geführt wurde. Murdoch ließ sein Verfahren nicht patentieren. Nach der Erprobung der Anlage in Soho installierte die Firma Boulton & Watt 1805/06 die erste Gasbeleuchtung in einem der modernsten Fabrikgebäude mit gußeisernen Stützen und Trägern für die Baumwollspinnerei von Philipps & Lee in Salford. Auch in den folgenden Jahren waren die Abnehmer der Gasbeleuchtung überwiegend Textilfabriken, und der häufigste Ausstatter blieb Boulton & Watt. Die Gaserzeugung fand immer vor Ort, auf dem Gelände der Fabriken statt. Die Pläne der Anlagen stammten von Murdoch, die Ausführungen von Samuel Clegg (1781–1861), dem künftigen führenden Gastechniker. Bei dem Anlagenbau für die Textilfabriken erwiesen sich zwar die von Murdoch und Clegg entwickelten Prinzipien samt der konstruktiven Gestaltung als funktionsgerecht, aber es kamen viele fertigungstechnische Probleme zum Vorschein: die Undichte von Gußeisenrohren, der Flanschverbindungen, ihre Abdichtung und anderes mehr. Diese Schwierigkeiten dürften der Grund gewesen sein, daß weder Murdoch noch Clegg ein von einer zentralen Gasanstalt ausgehendes flächendeckendes Versorgungsnetz von Stadtteilen in Betracht zogen. Der 1808 von der ehrwürdigen Royal Society für seine Verdienste um die Leuchtgaserzeugung mit einer Goldmedaille ausgezeichnete Murdoch verließ kurz danach dieses Feld und widmete sich nach 1810 nur mehr seinen produktionstechnischen Aufgaben in der Maschinenfabrik in Soho.

So blieb die erste und entscheidende Initiative für die Realisierung einer öffentlichen Leuchtgasversorgung einem »Nichtfachmann« und großspurigen Projektemacher überlassen: dem in London ansässigen deutschstämmigen Kaufmann Friedrich Albert Winzer-Winsor (1763–1830). Nachdem er 1802 in Paris Lebons Thermolampe kennengelernt hatte, startete er 1804 mit Demonstrationen, Vorträgen und Pamphlets – die, wie mit Recht betont wird, von der »Schwätzerei dieses Mannes« (J. Körting) zeugen – eine Werbekampagne für die Gasbeleuchtung. 1807 rief er zur Gründung der Aktiengesellschaft »National Light and Heat Company« mit einem Kapital von sage und schreibe einer Million Pfund auf und installierte in der noblen Pall Mall eine Straßenbeleuchtung. In der investitions- und spekulationsfreudigen Weltstadt störten die mit Besessenheit vorgebrachten, zumeist unsachlichen Argumente Winsors nur einige Experten, nicht aber die Geldgeber. Der erste Antrag für die Genehmigung der Aktiengesellschaft konnte zwar die Hürde des Parlaments, das diese Unternehmensform zu bewilligen hatte, nicht nehmen, doch im zweiten Anlauf 1810 wurde die »Gaslight and Coke Company« mit einem auf 200.000

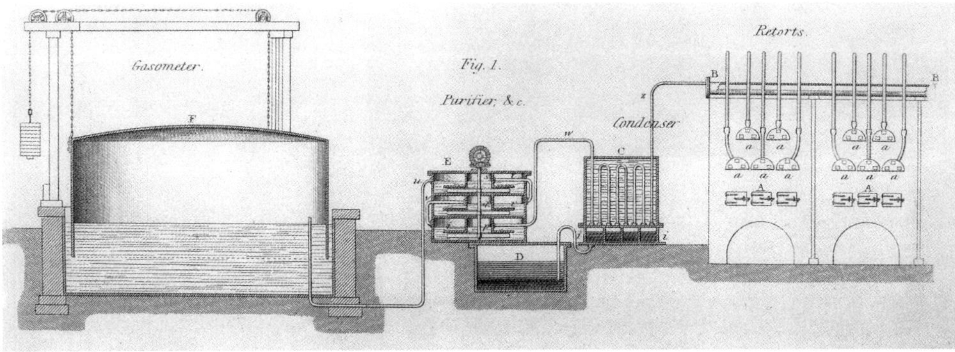

178. Gaswerk: Anlage zur Leuchtgaserzeugung mit Gasometer. Stahlstich in »A treatise on the manufactures and machinery« von P. Barlow, 1836. Hannover, Universitätsbibliothek

Pfund abgespeckten Gründungskapital bewilligt und 1812, nach Erfüllung der Auflagen, gegründet. Diese Gesellschaft, zustande gekommen durch die unermüdliche Werbung des Promotors Winsor trotz des Widerstandes der Lobby von Boulton & Watt, die die Gasbeleuchtung gern für sich monopolisiert hätten, bedeutete den Anfang der öffentlichen Gasbeleuchtung.

Zum technischen Experten für die Entwicklung der Verfahren und Geräte der Gasanstalten wurde Clegg, der Ende 1812 in die Dienste der Londoner Gesellschaft getreten war. Er wurde weniger durch seine Abhandlungen als durch die für das berühmte Londoner Verlagshaus Ackerman 1812 gebaute Leuchtgasanlage bekannt, die als der Prototyp künftiger Gasanstalten angesehen werden kann. Sie bestand aus zwei Retortenöfen, aus dem mit Röhren verbundenen Kühlsystem und einer Kalkmilch-Waschanlage für das Reinigen des Rohgases von Teer, Ammoniakgas und Schwefelwasserstoff sowie einem viereckigen Gasbehälter, der fälschlicherweise Gasometer genannt wurde. An diesem Aufbau der Anlage änderte sich im wesentlichen nur die Form des Gasbehälters, der in den von Clegg und anderen Technikern gebauten öffentlichen Gasanstalten einen kreisförmigen Grundriß bekam. Dieses mitten in Wohngebieten stehende Ungetüm wurde zum Symbol der Gasbeleuchtung. Im Zusammenhang mit den Aufgaben der Verteilung des Leuchtgases entwickelte Clegg viele technische Vorrichtungen, so den Gasdruckregler, verschiedene Brenner und für das Messen der Gasmenge und später für die Abrechnung des Verbrauches einzelner Teilnehmer den über hundert Jahre hinweg unverändert gebliebenen Trommelgaszähler.

In kurzer Folge entstanden weitere öffentliche Gasgesellschaften in London, Glasgow, Edinburgh, Manchester, Liverpool, Dublin und andernorts. Um 1820 hatte London vier Gasgesellschaften, 47 Gasometer mit einem Gesamtvolumen von 28.000 Kubikmetern, 51.000 Gaslichter, und das Röhrennetz war etwa 300 Kilo-

179. Arbeiten an den Retorten des Gaswerkes Brick Lane in London. Farbige Aquatinta von William Read, 1821. London, British Library

meter lang. Der schnellen Verbreitung der Gasbeleuchtung waren die fallenden Kohlenpreise förderlich, und in den zwanziger Jahren, als schon in gut 50 britischen Städten die Einwohner von besseren Vierteln das Licht aus ihren kleinen Gaswerken genießen durften, kam auch der Vorschlag einer zentralen Gasversorgung Englands aus dem kohlenreichen Südwales über Fernleitungen, dessen Realisierung, mit Erdgas, jedoch erst dem 20. Jahrhundert vorbehalten blieb. Zur selben Zeit faßte die Gasbeleuchtung quasi als modischer Luxusartikel auch auf dem europäischen Kontinent Fuß. In Deutschland verlief dieser Prozeß unter wesentlicher Einflußnahme der britischen »Imperial Continental Gas Association«, die zwecks des Exportes der Gasbeleuchtung einschließlich der Kohle gegründet worden war.

Mit den Gasanstalten gelangte die chemische Fabrik in die Wohngebiete, und deshalb wurde sie viel mehr als die meisten am Stadtrand angesiedelten Chemikalienunternehmen von der vom Gaslicht teils begeisterten, teils verängstigten Öffentlichkeit kritisch beobachtet. Im Gegensatz zu den Unfällen auf dem Privatgelände einer Fabrik, um die sich damals noch niemand kümmerte, wurde 1813, sofort nach der ersten Explosion im Londoner Gaswerk, vom Innenminister eine Untersuchungskommission eingesetzt. Ihre Auflagen bezogen sich auf die »Gasometer«; sie sollten nicht mehr als 170 Kubikmeter Gas fassen – eine Vorgabe, der offensichtlich aus Gründen erheblich höherer Kosten keine Gasgesellschaft folgte, weil um 1820 das Volumen der Gasometer rund 600 Kubikmeter betrug. Die großen oder kleinen Katastrophen, unmittelbar wahrnehmbare Explosionen oder individuell erlittene Vergiftungen durch das aus schadhaften Leitungen in die Erde versickernde oder ausströmende Gas, stießen sofort auf öffentliche Kritik. Aber gegen die nicht sogleich wirksamen Umweltbelastungen durch die giftigen Rückstände der Gasreinigung protestierten nur wenige. Am heftigsten reagierte der bis 1822 in London lebende deutsche Chemiker Friedrich Christian Accum (1769–1838), der bereits 1820, allerdings vergebens, gesetzliche Maßnahmen gegen das Einlassen der ammoniakhaltigen Rückstände des Gaswaschens in die Kanalisation wie direkt in die Flüsse forderte. Der bei der Leuchtgaserzeugung 5 bis 6 Prozent des Kohlegewichtes betragende Teerrückstand wurde einfach vergraben oder, und dies meistens, in Flüsse, ins Meer gekippt, bestenfalls wie in der Umgebung von Glasgow in verlassenen Kohlenbergwerken endgelagert. Welche Umweltbelastung in Städten wie London entstand, ist leicht vorstellbar: Die größte Londoner Gasgesellschaft verarbeitete um 1830 jährlich 25.000 Tonnen Steinkohle und produzierte damit etwa 1.300 Tonnen Teer. Hochgerechnet auf alle Londoner Gaswerke ergibt das ungefähr 10.000 Tonnen Teer, der zum großen Teil in der Themse landete.

Der vor der Leuchtgaserzeugung nur in kleinen Mengen produzierte Steinkohlenteer, beispielsweise in der 1782 von Archibald Cochrane, dem Grafen Dundonald, in Schottland gegründeten »British Tar Company«, wurde hauptsächlich als Ersatzmittel für Holzteer zur Konservierung von Holz und zur Schutzschicht für Metall verwendet. Die Gasanstalten versuchten diesen Teer als Brennstoff zu verwerten, und seine Nutzung zur Gewinnung von Chemikalien begann mit den Experimenten Macintoshs schon in den zwanziger Jahren. Seit Ende der dreißiger Jahre wurde er in größeren Mengen zur Gewinnung von Kreosotöl hauptsächlich für die Konservierung von Eisenbahnschwellen verarbeitet, aber zum wertvollen Rohstoff wurde dieser Abfall der Gasindustrie erst mit der Erfindung der Teerfarbenerzeugung.

Die skizzierte Entfaltung der industriellen Produktion von Schwefelsäure, Soda und Chlor sowie die Anfänge der kommerziellen Leuchtgaserzeugung waren nur der erste Akt in der Entstehung der Großchemie. Die chemische Industrie war zwar von allen führenden Sparten dieser Zeit diejenige mit der engsten Anlehnung an wissenschaftliche Erkenntnisse, aber im Unterschied zu den Laboratorien der Forscher herrschte in chemischen Fabriken bei dem Entwurf der Anlagen mehr das Tüfteln als die chemische Analyse. Die chemische Industrie »entwickelte sich mehr als fünfzig Jahre lang, ehe die reine Wissenschaft etwas Wesentliches zu ihren grundlegenden Verfahren beitrug« (D. W. F. Hardie). Sie produzierte in großen Mengen Chlor, bevor Humphry Davy die elementare Natur des Chlores entdeckte, versorgte die Städte mit Leuchtgas, ohne seine exakte Zusammensetzung zu kennen. Ihre große Bedeutung lag in dieser Phase darin, daß sie der Wissenschaft Probleme auftischte. Ihre gesamtwirtschaftliche Bedeutung bestand nicht nur in der Lieferung von wichtigen Grundstoffen, sie war auch eine weniger auffallende, obwohl wichtige Abnehmerin von Kohle und anderen Ausgangsstoffen. Zwar wird mit Recht betont, daß die Herstellung ihrer Produktionsanlagen weitestgehend Klempnerarbeit gewesen ist, doch sollte man nicht übersehen, daß sie auch ein Großkonsument von Blei und Gußeisen beziehungsweise von Gießereiprodukten wie Profilstählen und Blechen, Werkzeugmaschinen für die Blechbearbeitung, Dampfkesseln und Dampfmaschinen, und ein zunehmend wichtiger Nachfrager von kostengünstigen Transportmitteln gewesen ist. Zugleich gingen allerdings von ihr wie von der Hüttenindustrie die größten Umweltbelastungen aus.

Das Verkehrswesen

Das stetige Wachstum der britischen Wirtschaft stellte seit Mitte des 18. Jahrhunderts das Transportsystem vor immer größere Aufgaben. Es handelte sich nicht nur um die Beförderung augenfällig zunehmender Mengen von Agrarerzeugnissen, Industrierohstoffen und Fertigprodukten. Hinzu kam die Berufsausübung der Unternehmer in allen Sektoren der Wirtschaft; denn sie war mit Reisen und mit der Vermittlung von Informationen über die Preisbewegungen, über den aktuellen Stand von Nachfrage und Angebot, über aus- und einlaufende Schiffe verbunden. Beides zusammen ergab steigende Anforderungen sowohl an die Mengenleistung als auch an die Beschleunigung des Transportes. Sie wurden mit hohen Kapitalinvestitionen vorerst fast ausschließlich durch die Verdichtung und Optimierung der alten Techniken des Land- und Wassertransportes, der Straßen, natürlichen und künstlichen Wasserwege, der Küsten- und Hochseeschiffahrt, gelöst. Für die Optimierung dieser Techniken konnten schon einige Errungenschaften der Industriellen Revolution, beispielsweise stationäre Dampfmaschinen im Kanalverkehr und Guß- sowie Schmiedeeisen als Baustoffe, verwendet werden. Erst in den zwanziger Jahren des 19. Jahrhunderts setzte sich dann auch im Transportwesen die neue Maschinentechnik durch. Die Dampfmaschine als Motor im Land- und Wasserverkehr stand aber in Großbritannien – im Unterschied zu Deutschland, Frankreich und zu anderen Ländern, die sie noch vor der technischen Umwälzung der Produktion importierten – erst als Resultante der Industriellen Revolution zur Verfügung.

Mit Ausnahme der für den britischen Binnentransport sehr wichtigen Küstenschiffahrt waren es vor dem Zeitalter der Dampfeisenbahn bei allen anderen Verkehrstechniken die Pferde, die für die Beförderung von Menschen und Gütern die Hauptlast trugen. Die euphorischen Voraussagen der »Railways-Gentlemen« – der Projektemacher im ersten Eisenbahnfieber der dreißiger Jahre –, durch die Verlegung des gesamten Güter- und Personentransportes auf die Schienen würden alsbald eine Million Pferde überflüssig, haben sich nicht bewahrheitet. Die Dampfeisenbahn und das Dampfschiff besorgten nur den Ferntransport, während der Zubringer-, Nah- und Stadtverkehr verschiedenen zwei- oder vierrädrigen Pferdefuhrwerken überlassen blieben. Deshalb stieg auch nach dem Ausbau des Eisenbahnnetzes der Bestand an Zugpferden im Transportwesen kontinuierlich: 1811 belief er sich, außerhalb der Landwirtschaft, auf 251.000, 1871 auf 444.000, und 1901 erreichte er mit 1,1 Millionen sein Maximum.

Als Pack- oder Reitpferd sowie als Zugkraft für Lastwagen, Kutschen, Omnibusse und Kanalkähne erbrachten Pferde nicht nur die größte Transportleistung, sondern auch die höchste Geschwindigkeit im Güter- und Personenverkehr. Es war jedoch nicht gleichgültig, wie ihre Muskelkraft eingesetzt wurde. Packpferde oder Maultiere konnten auf Pfaden im Schrittempo nicht mehr als 200 Kilogramm befördern. Die höchste Nutzlast eines schweren Lastwagens, des Waggons mit breiten Radreifen und einem Vorspann von 4 bis 6 Zugpferden, lag auf nichtbefestigten Straßen bei etwa 1,5 Tonnen, doch auf befestigten Straßen konnte sie bis zu 4 Tonnen erhöht werden. Auf den Holz-Schienenwegen der Kohlenzechen im Nordosten bewältigte ein Pferd etwa 3 Tonnen, unter Verwendung von Eisenschienen und Waggons mit Eisenrädern schaffte es bis zu 8 Tonnen. Seine Höchstleistung erreichte das Zugpferd auf Kanälen mit gut ausgebauten Treidelpfaden: In den zwanziger Jahren des 19. Jahrhunderts rechneten die ersten Experten des Eisenbahntransportes mit einer Nutzlast bis zu 30 Tonnen pro Lastkahn.

180. Zufahrt auf eine Mautstraße mit rechts stehendem Mauthaus in einem Vorort Londons. Holzstich, um 1800. London, Mansell Collection

Obwohl man bestrebt war, den Gütertransport auf die Wasserwege zu verlegen, kam mit steigendem Transportaufkommen dem Zubringer- und Schnellverkehr von Gütern und Personen auf Straßen eine erhebliche Bedeutung zu. Der Straßenzustand war in Großbritannien bis in das 18. Jahrhundert nicht viel anders als im übrigen Europa. Es gab fast nur unbefestigte Straßen, deren Befahrbarkeit hauptsächlich von der Witterung abhängig war. Bei der Überquerung von Flüssen mußten Fuhrwerke und Passagiere häufig Fähren in Anspruch nehmen, da es viel zu wenige, überwiegend aus der frühen Neuzeit stammende Stein- oder Holzbrücken gab, die meistens nur für Packpferde und Fußgänger ausgelegt waren. Die Optimierung des Landverkehrs durch die Verdichtung des Straßennetzes mit neuen, befestigten Straßen und durch die Verbesserung der alten erfolgte etwa zwischen 1750 und 1830. Private Aktiengesellschaften, die Mautstraßen-Kompanien, »Turnpike-Trusts« genannt, spielten dabei, ähnlich wie im Kanalbau, eine zentrale Rolle. Der große Boom des Straßenbaus herrschte in den Jahrzehnten von 1750 bis 1780, als das Parlament, dem die Bewilligung von Aktiengesellschaften zustand, 870 »Turnpike-Acts« erließ. Die den Bedürfnissen der Wirtschaft folgenden und auf entsprechende Gewinne rechnenden Mautstraßen-Kompanien bauten gebührenpflichtige Straßen mit kontrollierten Auffahrten. 1750 waren es 150 Kompanien mit einem Straßennetz von über 3.000 Meilen, und 1830 besaßen die etwa 1.000 Turnpike-Trusts Straßen in einer Länge von 22.000 Meilen. Dies entsprach in etwa einem Fünftel des britischen Straßennetzes, der Rest befand sich in den Händen der Gemeinden beziehungsweise der Counties. Die Einnahmen aus den »Kutschenbahn«-Gebühren beliefen sich auf mehr als 1,5 Millionen Pfund.

Neben der Verdichtung des Straßennetzes war für die Steigerung der Transportleistungen entscheidend, daß die privaten Gesellschaften überwiegend befestigte Straßen bauten. Die dabei angewandte Packlage-Bauweise war keine britische Erfindung; sie war im 18. Jahrhundert sowohl in Deutschland als auch in Frankreich bekannt. Es gab verschiedene Varianten dieser Bauweise, doch im wesentlichen ging es darum, daß auf eine feste, aber wasserdurchlässige Grundschicht aus Steinen ein bis zwei ebenfalls festgestampfte Deckschichten aufgetragen wurden, und daß die mäßige Wölbung der Fahrfläche einen Teil des Regenwassers abfließen ließ. In Großbritannien baute solche Straßen zuerst John Metcalf (1717–1810), und die besten, aber auch teuersten, beispielsweise die berühmte Holyhead-Road, entstanden nach den Plänen von Thomas Telford (1757–1834). Die meisten Straßen baute man jedoch in einer preiswerteren Ausführung, die John McAdam (1756–1836) entwarf. Es zeugt von ihrer Verbreitung, daß man ohne Rücksicht auf die konkrete Art der Packlage befestigte Straßen bis ins 20. Jahrhundert im deutschen und auch im slawischen Sprachraum mit verschiedenen Verballhornungen als »makadamisierte« oder »Makadam«-Straßen bezeichnet hat. Ansonsten blieb der Straßenbau Handarbeit mit Spitzhacke, Spaten, Schaufel und Handstampfen.

Errungenschaften der neuen Technik, wie die Verwendung von Eisen, kamen beim Ausbau des Straßennetzes nur bei Brückenkonstruktionen zur Geltung. Zwei der berühmtesten Brücken Großbritanniens, die 1779 in Coalbrookdale errichtete erste gußeiserne Bogenbrücke der Welt und die von Telford 1826 gebaute Hänge-(Ketten-)brücke über die Menai-Meeresenge, dienten dem Verkehr auf privaten Mautstraßen. Sie markierten nicht nur die Entwicklung der Baukunst, sondern auch den Fortschritt in der Eisenindustrie. Mit der Brücke in Coalbrookdale begann die Verwendung von Gußeisen für Tragkonstruktionen von Brücken. Die Menai-Brücke war nicht die erste, bei der aus Puddeleisen gewalzte und geschmiedete Teile die Tragkonstruktion bildeten, sie war jedoch ein Meilenstein für die immer häufigere Anwendung dieses Grundstoffes insbesondere beim künftigen Bau von Eisenbahnbrücken. Ohne die technischen Neuerungen in der Eisenhüttenindustrie, vor allem in der Puddel- und Walztechnik, wäre dies nicht möglich gewesen. Auf der anderen Seite mußten Konstrukteure berücksichtigen, in welchen Ausmaßen, mit welcher Qualität und zu welchem Preis die Eisenhütten Walzprofile herstellen konnten. Weil sich damals noch keine Trägerprofile walzen ließen, mußten die Tragkonstruktionen aus einer großen Menge kleiner Winkel- und Flacheisen zusammengefügt werden. Die Konstruktion der Menai-Brücke bestand aus fast 2.200 Tonnen Eisen, davon waren etwa 2.000 Tonnen hochwertiges, mehrmals geschweißtes Puddel-

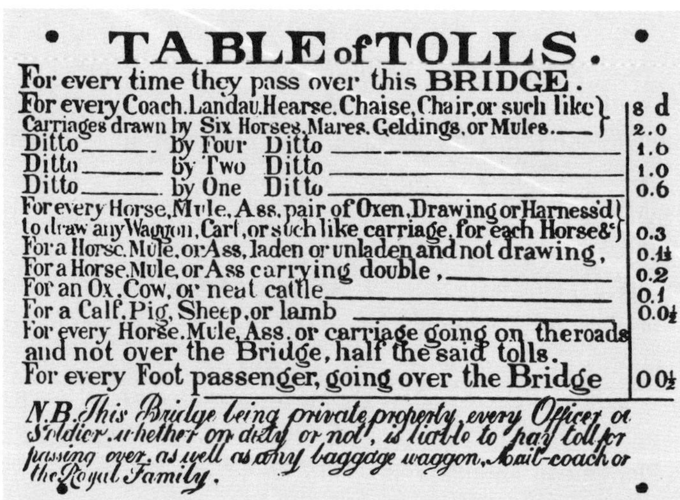

TABLE of TOLLS.

For every time they pass over this BRIDGE.

	s d
For every Coach, Landau, Hearse, Chaise, Chair, or such like Carriages drawn by Six Horses, Mares, Geldings, or Mules	2.0
Ditto by Four Ditto	1.6
Ditto by Two Ditto	1.0
Ditto by One Ditto	0.6
For every Horse, Mule, Ass, pair of Oxen, Drawing or Harness'd to draw any Waggon, Cart, or such like carriage, for each Horse &c.	0.3
For a Horse, Mule, or Ass, laden or unladen and not drawing,	0.1½
For a Horse, Mule, or Ass carrying double,	0.2
For an Ox, Cow, or neat cattle	0.1
For a Calf, Pig, Sheep, or lamb	0.0½
For every Horse, Mule, Ass, or carriage going on the roads and not over the Bridge, half the said tolls.	
For every Foot passenger, going over the Bridge	0 0½

N.B. This Bridge being private property, every Officer or Soldier, whether on duty or not, is liable to pay toll for passing over, as well as any baggage waggon, Mail-coach or the Royal Family.

181. Mautgebühren für die Benutzung der Severn-Brücke bei Coalbrookdale, der ältesten, 1779 fertiggestellten Eisenbogenbrücke der Welt. Postkarte nach einem Aushang des frühen 19. Jahrhunderts. Telford, Ironbridge Gorge Museum

182. Die Kettenbrücke von Telford über die Meerenge Menai bei Bangor in Nordwales. Zeichnung von Karl Friedrich Schinkel, 1826. Berlin, Staatliche Museen, National-Galerie

eisen für die 16 je 521 Meter langen Ketten, jede aus 2.538 Teilen zusammengesetzt. Für eine solche Menge und Vielfalt von Produkten hätte um 1790 ein Walzwerk mindestens 12 bis 18 Monate gebraucht, und ihr Preis wäre kaum zu bezahlen gewesen.

Den Gütertransport in Städten besorgten Pferde- und Schubkarren sowie Lastenträger. Mietdroschken, darunter die aus Paris übernommenen zweirädrigen Cabriolets, in England nur »Cabs« genannt, Linienkutschen und seit den zwanziger Jahren Pferdeomnibusse wurden zwar nur von Leuten mit höheren Einkommen benutzt. Trotzdem verursachten die vielen Fuhrwerke und Privatkutschen in der Londoner Innenstadt ein den heutigen Verhältnissen nicht unähnliches Verkehrschaos; zudem fehlte es an Parkplätzen. 1840 verkehrten in London 620 Omnibusse, 225 Mietkutschen, und weitere 420 Kutschen bestritten täglich über 1.200 Fahrten aus dem Stadtzentrum zu den umliegenden Ortschaften.

Hand in Hand mit der Verbesserung des Straßennetzes verdichtete sich ein fahrplanmäßiger Linienverkehr mit Schnellkutschen, der anfänglich allein von privaten Unternehmern betrieben wurde. Erst 1784, als aus London in der Sommerzeit wöchentlich etwa 5.800 Kutschen in alle Richtungen fuhren, nahm auch die Königliche Post den Kutschendienst auf. Die Schnellkutschen waren bis zum Ausbau des Eisenbahnnetzes das schnellste und wichtigste Mittel nicht nur zur Beförderung von Personen und hochwertigen Gütern, sondern auch für Informationen. Infolge der Verbesserung des Straßenzustandes, eines dichten Netzes von Wechselstationen, eines gut gepflegten Pferdebestandes und einer sorgfältigen Wartung der Kutschen stieg die Reisegeschwindigkeit zwischen 1750 und 1800 von etwa 6,5 auf 9,6 Kilometer in der Stunde, und bis in die dreißiger Jahre konnte sie auf 12 bis 16 Stundenkilometer erhöht werden – für die Zeitgenossen eine schon als gefährlich empfundene Raserei. Damit verkürzte sich zum Beispiel die Reisezeit von Oxford nach London, auf einer Strecke von 80 Kilometern, von 2 Tagen um 1750 auf 6

Stunden im Jahr 1829. Die Reisezeit von London nach Manchester, eine der schnellsten Verbindungen um 1750, betrug etwa 4 Tage, um 1784 waren es noch 2 Tage und um 1830 lediglich 18 Stunden. Für die Kontrolle des Geschäftsgebarens und für die Kommunikation zwischen Unternehmern und ihren Vertretern sowie Kunden war angesichts des Postmonopols der Krone der Ausbau des Postkutschendienstes, des Mail-Coach-Service, von besonderer Bedeutung. Das regelmäßig, im 19. Jahrhundert täglich befahrene britische Postkutschennetz verdreifachte sich zwischen 1785 und 1835 von 3.069 auf 9.233 Meilen. Seit 1804 benutzte die Post einen standardisierten, in der Konstruktion und im Design einheitlichen Kutschentyp, der dank der Stahlfedern und eines niedrigeren Schwerpunktes höhere Reisegeschwindigkeiten als die privaten Schnellkutschen erlaubte. Das höchste Ziel war die sichere und schnelle Beförderung von Postsendungen, darunter auch von Zeitungen. Durch die Beschränkung der Personenbeförderung auf sieben Passagiere, die Begleitung durch einen bewaffneten Wächter und den hohen Fahrpreis war die Patent-Mail-Coach das exklusivste öffentliche Verkehrsmittel. Der größte Teil des Schnelltransportes blieb aber nach wie vor in den Händen privater Fuhrgesellschaften, die etwa 90 Prozent des regelmäßigen Linienverkehrs abwickelten. Um 1835 beschäftigte der gesamte Schnellkutschenverkehr etwa 140.000 Arbeitskräfte. Dem Betrieb dienten 120.000 Pferde im Wert von ungefähr 4,2 Millionen Pfund. Jährlich mußte ein Viertel bis ein Drittel des Pferdebestandes erneuert werden. Die Kosten für Hafer, Heu und Stroh beliefen sich pro Pferd auf etwa 36 Pfund.

Die Wasserstraßen: Flüsse und Kanäle

Unter den geographischen Bedingungen Großbritanniens war vor der Dampfeisenbahn der Ausbau von Wasserstraßen der effektivste Weg zur Steigerung der Kapazität des Gütertransportes. Der erste Schritt war im 17. und 18. Jahrhundert die Erweiterung des Schiffsverkehrs durch Regulierung der wichtigsten Flüsse wie des Severn, Trent, der Themse und ihrer Zuflüsse für den überregionalen Transport. Ohne diese Verbesserungen wäre das durch die steigende landwirtschaftliche Produktion, durch das Wollgewerbe und die Kohlenförderung erhöhte Transportaufkommen trotz der leistungsfähigen Küstenschiffahrt nicht mehr zu bewältigen gewesen. Wenngleich diese Wasserstraßen dem Transport sowohl von Erzeugnissen der Agrarwirtschaft als auch von Industrierohstoffen und -fertigwaren dienten, war das Interesse vieler Gewerbezweige am Zugang zur Kohle ein mitentscheidender Faktor für viele Flußregulierungen, beispielsweise des Aire, Calder, Don, Weaver und Mersey.

Als zweiter Schritt folgte, hauptsächlich in der zweiten Hälfte des 18. Jahrhunderts, neben weiteren Flußregulierungen die Verdichtung des von Flüssen gebildeten Grundnetzes durch Kanäle. Die große Kanalbauära in Großbritannien hing wiederum mit dem Kohlenbergbau zusammen. Ihre Vorboten waren der von Thomas Steers 1730 bis 1742 gebaute Newry-Kanal in Irland und der 1757 eröffnete Sankey-Kanal, aber de facto begonnen hat sie mit dem nach dem Bauherrn benannten Bridgewater-Kanal. Alle drei dienten dem Transport von Kohle, wobei der nur etwa 12 Meilen lange Sankey-Kanal die Kohlengruben bei St. Helens über die Mersey-Mündung nicht nur mit Liverpool, sondern über den Fluß Weaver auch mit den großen Salzlagerstätten in Cheshire verband. Das große Wunderwerk dieser Aufbruchzeit des Kanalbaus war jedoch der insgesamt 40 Meilen lange Bridgewater-Kanal, der erste in Großbritannien, der als eine eigenständige, mit der Flußschiffahrt auf dem Irwell und Mersey konkurrierende Transportroute von den Kohlenzechen in Worsley nach Manchester und von dort zur Mersey-Mündung gebaut wurde. Die Baukosten des von James Brindley (1716–1772), einem Mühlenbauer, geplanten Kanals beliefen sich auf etwa 280.000 Pfund. Nachdem 1761 die Teilstrecke bis Manchester eröffnet war, folgte zwischen 1766 und 1772 das erste »Kanalfieber«. Von den damals begonnenen Kanalbauten soll nur der sogenannte Grand-Trunk-Kanal (1766–1779) erwähnt werden, der durch die Verbindung der Mersey-Mündung mit dem Fluß Trent einen Wasserweg zwischen der Irischen See und der Nordsee geschaffen hat.

Um 1760 verfügte Großbritannien über etwa 1.000 Meilen schiffbarer Wasserwege. Bis zum ersten Aufschwung des Eisenbahnbaus um 1830 wurden diese Wasserstraßen fast ausschließlich von privaten Aktiengesellschaften zu einem dichten Verkehrsnetz von rund 4.000 Meilen Länge mit einem Kostenaufwand von schätzungsweise über 17 Millionen Pfund ausgebaut. Ungefähr ein Drittel dieser Investitionen wurden zur Zeit der großen »Canal-Mania« zwischen 1791 und 1794 aufgebracht, als 42 Kanalbaugesellschaften gegründet worden waren. Dieses zweite »Kanalfieber« brachte schon zum Vorschein, was sich später beim Eisenbahnbau wiederholen sollte: eine Reihe von Fehlinvestitionen, Spekulationsgründungen und Baukostenvoranschlägen, die wie beim 1794 bis 1804 gebauten Rochdale-Kanal mit 291.000 Pfund am Ende nicht einmal die Hälfte der tatsächlichen Kosten von 600.000 Pfund decken konnten. Staatlich subventioniert wurden nur wenige Kanalbauten, denen man besondere militärische Bedeutung zumaß, so der in Schottland zur Vermeidung der gefährlichen Seeroute um die Nordküste gebaute, für Kriegsschiffe geeignete Caledonian-Kanal.

Die Technik des Kanalbaus haben die Briten auf dem europäischen Kontinent kennengelernt. Im Gegensatz zu den Kanalbauten im niederländischen Flachland stellte das britische Terrain die Kanalbauer vor schwierigere Aufgaben. Es ging hauptsächlich um die Vermeidung von Höhenunterschieden bei der Trassenführung durch Dämme, Einschnitte und, wenn es anders nicht möglich war, durch Tunnels; in England und Wales wurden etwa 20 mit einer Gesamtlänge von

183. Die 1777 gebaute Fünfstufenschleuse auf der Trasse des Leeds-Liverpool-Kanals in Bingley. Photographie, 1972

ungefähr 42 Meilen gebaut. Die für den Betrachter spektakulärste Lösung waren Aquädukte, die den Kanal mit einem gemauerten oder später gußeisernen Fahrwassertrog über Täler oder andere Verkehrswege führten. Den ersten, viel bewunderten Aquädukt baute Brindley 1760/61 über den Irwell. Die 1805 vollendete und noch heute stehende gewaltige Talüberbrückung mit dem Pont-y-Cysyllte-Aquädukt für den Ellesmere-Kanal in Wales ist das Werk von Thomas Telford. Die trotzdem unvermeidlichen Höhenunterschiede mußten mit gestaffelten Schleusen oder mit Stufenschleusen überwunden werden. Insgesamt wurden in Großbritannien etwa 20.000 gebaut. Der Grand-Trunk-Kanal brauchte für den Durchbruch vom Weaver- zum Trent-Tal 35 Schleusen für den Aufstieg von 96 Metern, einen Tunnel von 2.700 Metern und für den Abstieg von 88 Metern weitere 40 Schleusen. Die größten Höhenunterschiede waren bei der Überquerung der Pennines zu bewältigen. So wurden für den Rochdale-Kanal auf 33 Meilen 92 Schleusen erforderlich. Der Leeds-Liverpool-Kanal, dessen Baukosten mit 1,25 Millionen Pfund den Kostenvoranschlag um das Fünffache überstiegen, überwand einen Höhenunterschied von etwa 18 Metern mit der Fünfstufenschleuse in Bingley, und auf der Trasse in Lancashire mußten mehrere Serien mit insgesamt 23 Schleusen gebaut werden, um den Kanal auf einer Strecke von 2 Meilen um rund 60 Meter abzusenken. Das war eine gigantische Arbeitsleistung.

Außerdem benutzte man zur Überwindung von Höhenunterschieden zwischen zwei Teilstrecken Schrägrampen, über die die Lastkähne auf Schienen hochgezogen beziehungsweise hinuntergelassen wurden. Als Kraftmaschinen dienten Wasserräder, Pferdegöpel und stationäre Dampfmaschinen, die je nach geographischer Lage des Kanals auch zur notwendigen Wasserversorgung der Kanäle über mehrere Wasserreservoire und zur Wasserschöpfung während des Schleusenbaus verwendet wurden.

Die größte Schwäche des britischen Kanalsystems waren die uneinheitliche Breite und Tiefe der Fahrrinnen und die dementsprechend unterschiedlichen Maße der Lastkähne. Auch bei vorhandener Verbindung zwischen Kanälen mußte deshalb entweder das Frachtgut von einem Kahn in einen anderen umgeladen werden, oder man verzichtete auf die volle Ausnutzung der Förderkapazität der größeren Kanäle, indem man nur kleinere Lastkähne verwendete, die auch die schmaleren Kanäle befahren konnten. Ein weiterer Nachteil bestand darin, daß man im 19. Jahrhundert nur auf wenigen Kanälen Dampfboote einzusetzen vermochte. Die Fahrrinnentiefe der überwiegend vor dem Aufkommen der Dampfschiffahrt gebauten Kanäle war für den Tiefgang von Lastkähnen auf Pferdetraktion berechnet und insofern für die schweren Dampfschlepper meistens ungeeignet.

Trotz aller Mängel kann der Stellenwert der Kanäle für die britische Wirtschaft nicht hoch genug eingeschätzt werden. Sie verdichteten das Wasserstraßennetz im Binnenland und ermöglichten vielen Gewerbezentren von den Landstraßen auf die Wasserwege auszuweichen. Insgesamt ergaben sich durch die Kanalschiffahrt wesentliche Senkungen der Transportkosten, verglichen mit denen beim Straßen- wie beim Wassertransport auf Flüssen. Abgesehen vom direkten Beitrag der Kanäle zur Bewältigung des Verkehrsaufkommens in der Industriellen Revolution hatten der Kanalbau und der Straßenbau eine weiterreichende, allgemeine Bedeutung. Sie waren eine Bewährungsprobe für den Hoch- und Tiefbau und förderten die Herausbildung der immer mehr geforderten Berufsgruppe der Zivilingenieure einerseits und der Kanalbauarbeiter andererseits. Auch wenn einige Kanäle sozusagen über den Daumen gepeilt worden sind, stellten die Berechnungen der Streckenführung, der Wasserversorgung, der Schleusensysteme sowie die Projektion der technischen Einrichtungen in der Regel wachsende Anforderungen an Fachkenntnisse auf dem Gebiet des Vermessungswesens, der Berechnung von Strömungen und dergleichen mehr.

Als Folge entstand die erste Generation von Zivilingenieuren-Autodidakten, de-

184. Brückenbau bei Rouen. Zeichnung von Richard Parkes Bonington, nach 1820. Bedford, Cecil Higgins Art Gallery

ren hervorragendste Vertreter Brindley, Smeaton, Telford, John Rennie (1761–1821) und William Jessop (1745–1814) waren. Wie später im Eisenbahnwesen lasteten Kanal- und Straßenbau auf einer unzähligen Menge von Arbeitern mit Spitzhacke, Schaufel und Schubkarren. Sie wurden ebenso wie dann die Eisenbahn-Bauarbeiter als »Navvy« – von Navigation – bezeichnet – ein Hinweis auch darauf, daß zwischen diesen Bautechniken kein großer Unterschied bestand.

Neben dem Wasser- und Straßenverkehr gab es eine regional beschränkte Technik des Bodenverkehrs: die Schienenwege, die sich, gepaart mit der Dampfmaschine, als sehr zukunftsträchtig erweisen sollten. Die größte Verbreitung fand der Gütertransport auf Schienenwegen mit von Pferden gezogenen Lastwagen im Kohlenbergbau des Nordostens um Newcastle. Die hier »Waggon-Ways« genannten Strekken dienten dem Bodentransport der Kohle von den Zechen zu Flüssen, Kanälen oder direkt zur See. Die zweitältesten Schienenwege befanden sich in Shropshire, und dort, in der Heimat des Kokshochofens, wurden sie auch als »Railway« oder »Railroad« beziehungsweise als »Tramway« bezeichnet. Aus diesen beiden Zentren verbreiteten sich Schienenwege als Mittel des Nahtransportes auch in andere

185. Schienenweg von der Kohlenzeche Unthank in Northumberland zum Hafen Tweedmouth in der Zeit um 1764. Karte in einer 1828 edierten Veröffentlichung durch Greenwood. Newcastle, Northumberland County Record Office

Kohlenreviere, zum Beispiel nach Südwales und nach Yorkshire. Hier, im West Riding, wurde 1758 von Charles Brandling, dem Grundherrn von Middleton, der Bau eines »Waggon-Way« zwischen den Kohlenzechen in Middleton bis in die Nähe von Leeds, zum Fluß Aire bewilligt. Erwähnenswert ist diese Strecke aus zwei Gründen: Zum einen wurde hier um 1800 anstatt der Pferde eine stationäre Dampfmaschine für die Bergauf-Traktion eingesetzt, zum anderen experimentierte ab 1811 John Blenkinsop (1783–1831) mit einer Dampflokomotive.

Die etwa 300 Meilen, also rund 480 Kilometer langen Schienenwege um 1800, davon ungefähr die Hälfte im Nordosten, konnten angesichts der Länge und Dichte des Wasser- und Straßenverkehrsnetzes quantitativ nicht stark ins Gewicht fallen. Die enorme Bedeutung dieses Schienennetzes lag auf einem ganz anderen Gebiet: Es war das Experimentierfeld für die technische Entwicklung des Schienentransportes bis zu einer Reife, die den Übergang zur Dampfeisenbahn wesentlich erleichtert, ja sogar direkt eingeleitet hat. Im Nordosten und in Shropshire war die Führung der Räder mit Spurkränzen auf hölzernen Flachschienen allgemein verbreitet. In Shropshire wurden zudem erstmals seit den zwanziger Jahren hölzerne Räder durch gußeiserne ersetzt. Im Jahr 1767 verlegte Richard Reynolds (1735–1816) in Coalbrookdale in Shropshire die ersten gußeisernen Schienen, die sich allmählich auch im Nordosten durchsetzten. Gußeiserne Winkelschienen, die die Führung der Räder ohne Spurkranz ermöglichten, sollen zum ersten Mal 1775 in Sheffield eingesetzt worden sein – eine Technik, die sich dann hauptsächlich in Südwales verbreitete. Mit solchen Schienen wurde die erste öffentliche Pferdeeisenbahn der Welt ausgestattet: die von Jessop gebaute »Surrey-Iron-Railway«, eröffnet 1803 auf einer durchgehend zweigleisigen Teilstrecke von 10 Meilen zwischen Wandsworth und Croydon in Surrey, dem heutigen London. So wurden bereits im Kohlenbergbau des 18. Jahrhunderts alle technischen Möglichkeiten des Schienenweges und der Radführung, allerdings nur mit Gußeisen, erprobt. Die Eisenbahn und die Waggons waren schon vorhanden; was fehlte, war die dritte sachtechnische Komponente, der Ersatz für das lebendige Roß: das »Dampfroß«, die Dampflokomotive.

Ob das 1769/70 durchgeführte Experiment des Franzosen Nicolas Joseph Cugnot (1725–1804) mit seinem Dreirad-Dampfwagen, der als Zugwagen für die Artillerie dienen sollte, auf die britische Entwicklung einen Einfluß gehabt hat, ist nicht nachzuweisen. Die Stätten, in denen das Dampfroß kreiert wurde, befanden sich in den Kohlenrevieren von Südwales und im Nordosten, die Versuchsstrecken waren die Eisenbahnen der Kohlenzechen, und bis auf den »Vater« der Dampflokomotive, Richard Trevithick (1771–1833), waren alle Konstrukteure, einschließlich George Stephenson, Grubenmechaniker, vertraut mit stationären Dampfmaschinen, die sie zu betreuen hatten. In der großen James-Watt-Euphorie, die noch viele Darstellungen der technischen Entwicklung in der Industriellen Revolution beherrscht, wird gern übersehen, daß die Entwicklung der Dampflokomotive nicht von der Watt-

186. Pferdegezogener Waggon zwischen Kohlenzeche und Hafen in Northumberland. Farbige Aquatinta, Ende des 18. Jahrhunderts. Newcastle, Northumberland County Record Office

schen Niederdruck-Dampfmaschine, sondern von der Hochdruck-Dampfmaschine ausgegangen ist. Deshalb scheint es kein Zufall zu sein, daß in Großbritannien Trevithick, einer der Pioniere der Hochdruck-Dampfmaschinen, der erste gewesen ist, der 1801 einen Dampfwagen, allerdings für den Straßenverkehr, gebaut hat. Im Auftrag eines Eisenhüttenbesitzers in Südwales baute er dann die erste Schienenlokomotive, die 1804 auf einer 18 Kilometer langen Strecke aus gußeisernen Winkelschienen mit etwa 9 Kilometern in der Stunde 5 Waggons mit 10 Tonnen Roheisen und 70 Schaulustigen ziemlich mühsam durch die Gegend schleppte. Im Dauerbetrieb hielten die gußeisernen Schienen das Eigengewicht der Lokomotive mit ungefähr 5 Tonnen nicht aus, und die häufigen Schienenbrüche sollen der Anlaß gewesen sein, sie nach fünf Monaten aus dem Verkehr zu ziehen. Schienenbrüche verfolgten Trevithick auch bei einer Schauvorstellung seiner Lokomotive »Catch me who can« in London 1808. Drei Jahre zuvor hatte er eine Lokomotive in den Nordosten geliefert: die erste mit Spurkranzrädern an den Zechenbesitzer Bennet für den Betrieb seiner Zechenbahn in Wylam. Aus dem Betrieb wurde vorerst nichts, weil die Grubenbahn aus hölzernen Schienen bestand; die Lokomotive wurde als Gebläse für einen Kupolofen benutzt. Obwohl sich Trevithick nach 1808 aus dem Lokomotivgeschäft zurückgezogen hat, besteht kein Zweifel, daß – wie es einer der besten Kenner der britischen Technik des 19. Jahrhunderts hervorgehoben hat – »wenn irgend jemand als Erfinder der Dampflokomotive bezeichnet werden kann, so war es der große Cornwaller, Richard Trevithick«.

Obwohl der Versuch in Südwales bewiesen hatte, daß die Reibung zwischen dem Eisenrad und der Eisenschiene für den benötigten Schub ausreichend war, bezweifelten Techniker diese Lösung und versuchten die Traktion mit anderen Mitteln zu lösen. So entstanden, diesmal in Yorkshire, die Lokomotive von Blenkinsop und eine noch viel eigenartigere von William Brunton (1777–1851). John Blenkinsop entwarf im Jahr 1811 für den Umbau der Zechenbahn von Middleton bis Leeds auf Dampftraktion den Prototyp der Zahnradbahn. Die vom berühmten Maschinenbauer Matthew Murray in Leeds gebaute Lokomotive bewegte sich mittels eines Zahnrades, das in eine an die Außenseite des Schienenstranges angegossene Zahnstange griff. Für den vorgesehenen Zweck des Kohlentransportes hat sie sich offensichtlich bewährt, denn sie war bis in die dreißiger Jahre in Betrieb. Die Lokomotive von Brunton war ein typisches Beispiel für Versuche, Bewegungsabläufe von Lebewesen mit mechanischen Mitteln nachzuahmen: Sie war ein echtes Dampfroß, das sich auf den Schienen mit zwei von der Dampfmaschine betriebenen »Hinterbeinen« fortbewegen sollte. In die Geschichte der Dampflokomotive ist sie aber auch dadurch eingegangen, daß sie das erste Eisenbahnunglück mit Todesfolgen verursacht hat, als 1815 bei der Vorführung in Durham ihr Kessel explodierte.

Nach dem kurzen Zwischenspiel in Yorkshire fand die weitere Entwicklungsarbeit an der Dampflokomotive bis hin zu ihrem Einsatz in der Praxis nur mehr in den Kohlenzechen des Nordostens statt. Nachdem 1812 William Hedley (1779–1843) mit einem Meßwagen die für die Traktion ausreichende Reibung zwischen Rad und Schiene nachgewiesen hatte, baute er 1813 in Anlehnung an Trevithicks Lokomotive seine »Wylam Dilly« und 1814 als Nachfolgerin die später so berühmt gewordene »Puffing Billy«. Im selben Jahr trat George Stephenson mit der Lokomotive »Blücher« auf die Szene. Die Probefahrt fand auf einer Strecke der Zeche Killingworth in der engeren Heimat Stephensons statt. Er war dort im Kohlenrevier aufgewachsen, hatte in Killingworth zuerst als Bremser, später als Dampfmaschinenwärter und schließlich als Aufseher gearbeitet. Es besteht kein Zweifel, daß er alle bis dahin entwickelten Dampflokomotiven aus eigener Anschauung gekannt hat und auf diesen Erfahrungen aufbauen konnte. Das schmälert nicht seine Verdienste um die Durchsetzung der Dampfeisenbahn. Stephenson trieb nach 1814 die Weiterentwicklung der Dampflokomotive voran, setzte die Radführung mittels Spurkränzen durch und erkannte, daß mit gußeisernen Schienen die Dampfeisenbahn keine Chance hatte. Dieses Problem löste ihm das in den zwanziger Jahren patentierte Walzverfahren von Schienen aus Puddeleisen. Er selbst schuf in der Zeit zwischen 1814 und 1829 den Typ der »modernen« Dampflokomotive, die er schließlich mit seiner »Rocket« bei dem Rain-Hill-Wettbewerb im Oktober 1829 der Öffentlichkeit präsentierte. Zu diesem Zeitpunkt hatte Stephenson fünfzehn Jahre Erfahrungen mit dem Lokomotivbau und -betrieb hinter sich. Die »Rocket« war mit seinem neukonstruierten Röhrenkessel samt Feuerbüchse ausgestattet, damit eine große Heizflä-

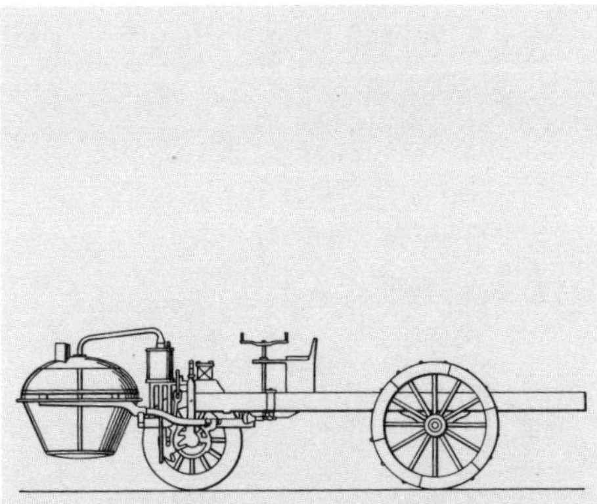

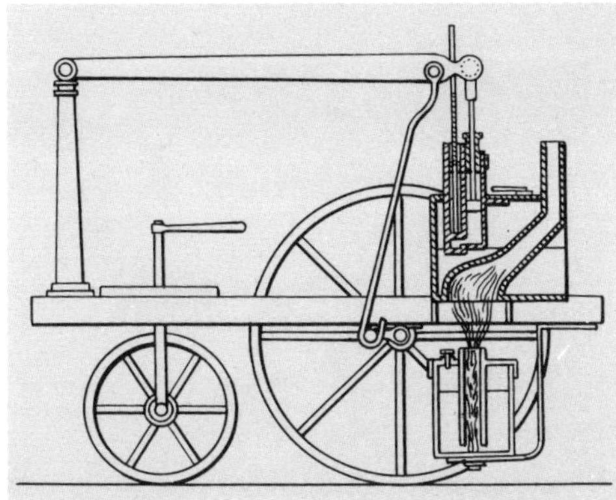

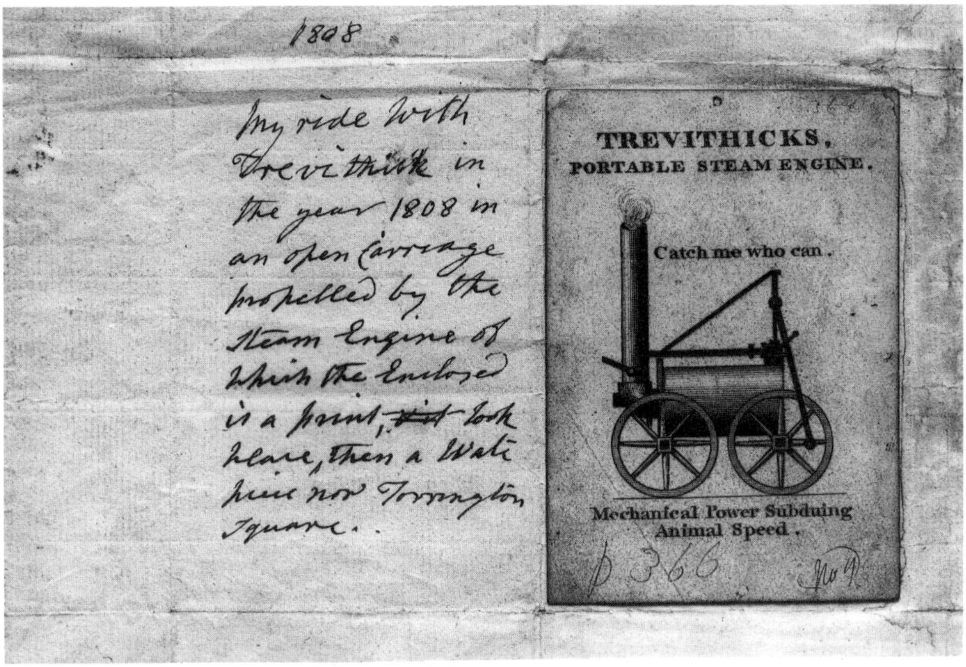

187. Dampfwagen von Cugnot aus dem Jahr 1771. – 188. Dampfwagen von Murdock aus dem Jahr 1784. Beide: Rekonstruktionszeichnungen in dem 1979 in New York erschienenen Werk »A history of technology and invention«. Hannover, Universitätsbibliothek. – 189. Lokomotive von Trevithick aus dem Jahr 1808. Prospekt aus Anlaß der öffentlichen Vorstellung in London. London, Science Museum

che auf kleinem Raum geschaffen und eine höhere und konstante Leistung der Dampfzylinder erreicht wurde. Ob er von dem 1827 in Frankreich von Marc Séguin (1786–1875) patentierten Röhrenkessel gewußt hat, ist bei der Häufigkeit gleichzeitiger, voneinander trotzdem unabhängiger Entwicklungen kaum anzunehmen.

190. Eröffnungsfahrt mit Stephensons »Locomotion« auf der Eisenbahnlinie Stockton-Darlington über die Skerne-Brücke im Jahr 1825. Zeichnung von J. R. Brown. London, Science Museum

Mit der Eröffnung der Strecke Liverpool–Manchester am 15. September 1830 endet die Frühgeschichte der Dampfeisenbahn. Keine der vorher gebauten öffentlichen Eisenbahnen war nur mit Lokomotivtraktion ausgekommen. Auf der bekannten Kohlenbahn Stockton–Darlington, 1825 mit Stephensons Lokomotive »Locomotion« eröffnet, herrschte Mischbetrieb. Größere Steigungen konnten lediglich mit stehenden Dampfmaschinen per Seilzug überwunden werden, und der Personenverkehr wurde bis 1833 aus Sicherheitsgründen nur mit Pferdetraktion betrieben. Die ersten Lokomotiven hatten kein eigenes Bremssystem, so daß es des artistischen Aktes eines Lokomotivführers bedurfte, um sie durch die Umkehrung der Drehrichtung der Räder zum Stehen zu bringen. Der erste regelmäßige Personenverkehr mit Dampflokomotiven fand auf der am 3. Mai 1830 eröffneten, 6 Meilen langen Strecke Canterbury–Whitstable mit Stephensons Lokomotive »Invicta« statt; aber auch auf dieser kurzen Strecke mußten auf drei Steigungen stationäre Dampfmaschinen eingesetzt werden.

Die Kinderkrankheiten der Dampflokomotive und des rollenden Materials samt des Unter- und Oberbaus wurden in den ersten zwei Jahrzehnten des Eisenbahn-

191. Züge der Eisenbahnlinie Liverpool–Manchester: Lokomotiven mit Waggons der ersten, der dritten und vierten Klasse, des Güter- und des Viehtransports. Farbige Lithographie, nach 1830. Verlagsarchiv

baus und -betriebs, in den dreißiger und vierziger Jahren, allmählich überwunden. Der Eröffnung der Strecke Liverpool–Manchester, der Verbindung des größten Importhafens für Baumwolle mit der damaligen »Cottonopolis« Manchester, folgten, gemessen an der Länge der bewilligten Eisenbahnstrecken, zwischen 1834 und 1837 das erste und zwischen 1844 und 1847 das zweite »Eisenbahnfieber«. Bis 1840 wurden 1.400 Meilen gebaut, 1850 betrug die Gesamtlänge der Strecken schon 6.500 Meilen, und weitere 12.500 waren bewilligt. Die aus fünfzigjähriger Bautätigkeit berechneten Durchschnittskosten für eine Meile beliefen sich auf etwa 42.000 Pfund, das war das Zwei- bis Dreifache der Kosten in Frankreich, Deutschland oder in den USA. Davon entfielen 10 bis 20 Prozent auf Landabtretungen, während ein weiterer kostentreibender Faktor die zum Teil sehr schweren geographischen Bedingungen in Wales und im Norden waren. Dazu kam das Imponiergehabe der Bauherren und der Ingenieure, die sich ohne Rücksicht auf die Kosten in den Kunstbauten, in Brücken und Bahnhöfen, ein Denkmal ihres Reichtums und ihres Könnens setzen wollten.

Die Nachteile des britischen Eisenbahnsystems waren die Folge zum einen des

Bewilligungsverfahrens und zum anderen des Fehlens jeglicher Normung oder Standardisierung der wichtigsten technischen Komponenten zwischen den einzelnen Eisenbahngesellschaften. Die Spurweite war uneinheitlich, sie variierte von 1,435 Metern, wie sie Stephenson benutzte, bis zu 2,1366 Metern auf der Brunelschen »Great Western« von London über Bristol nach Plymouth. Eine noch viel größere Vielfalt herrschte bei den Schienen, Lokomotiven und allem rollenden Material. Die Praxis der Bewilligung aller Eisenbahngesellschaften und ihrer Strekken durch das Parlament war das einzige Mittel zur Koordinierung der Streckenführungen. Auf Anschlüsse zwischen einzelnen Eisenbahnlinien in den größeren Knotenpunkten legten weder das Parlament noch die Gesellschaften Wert. Wozu das geführt hat, kann man noch heute in London sowie in anderen europäischen Hauptstädten nachvollziehen: Die große Entfernung zwischen den Kopfbahnhöfen verschiedener Eisenbahnlinien gab dem Straßenverkehr als Zubringer und Nahverkehrsmittel in den Städten beachtlichen Auftrieb.

Auf dem Höhepunkt des zweiten »Eisenbahnfiebers«, 1847, betrugen die Investitionen in den Eisenbahnbau mit ungefähr 56 Millionen Pfund etwa 10 Prozent des Nationaleinkommens, und mit etwa 250.000 Beschäftigten im Eisenbahnbau und rund 50.000 im Betrieb fanden in diesem Sektor etwa 2,5 Prozent aller erwachsenen Arbeitskräfte ihren Lebensunterhalt. Obwohl sich die Eisenbahnpromotoren die größten Einnahmen aus dem Güterverkehr erhofften, war vorerst die wichtigste Einnahmequelle der Personenverkehr. Zwar waren das qualmende und funkensprühende Dampfroß und die mit etwa 30 Stundenkilometern noch nie dagewesene Geschwindigkeit beängstigend, aber bei der zahlungsfähigen Kundschaft besiegten die Neugier und die Möglichkeit einer schnelleren Überwindung von Entfernungen sehr bald die Angst. Beim Gütertransport, für den die erhöhte Fahrtgeschwindigkeit ebenfalls vorteilhaft wurde, hatte die Eisenbahn anfangs einen starken Widersacher in dem gut ausgebauten, mit Lagerhäusern ausgestatteten und bis in die Industrieanlagen hineinführenden Kanal- und Straßennetz. Für die Verlegung des Gütertransportes auf die Schiene mußten die Eisenbahngesellschaften ihre eigene Infrastruktur wie Laderampen, Lagerhäuser und Zufahrtswege ausbauen, so daß der Warenumsatz nur allmählich stieg. Erst um 1850 überrundeten die Einnahmen aus dem Gütertransport jene aus dem Personenverkehr.

Neben der Verkürzung von Zeit und Raum beschleunigten die Eisenbahnen den Prozeß der Urbanisierung, trugen zum Ausgleich der Agrarpreise auf dem Binnenmarkt bei und erhöhten die Mobilität der Arbeitskräfte. Was die Produktionskapazität und die technische Entwicklung betraf, bedeuteten die Eisenbahnbauten die wohl größte Herausforderung für die Eisenhütten und für den Maschinenbau. Der Schienenbedarf für 1 Meile betrug bei der Stockton-Darlington-Bahn lediglich 22 Tonnen, durch die Nutzung von stabileren Schienen 1839 jedoch schon 94 Tonnen. Das Eigengewicht der Lokomotiven lag in den Anfängen nur um die 5 bis 10

192. Salonwagen der britischen Königsfamilie: Louis Philippe von Frankreich während seines England-Besuches mit Königin Viktoria und dem Prinzgemahl Albert im Jahr 1844. Aquarell von Édouard Pingret. Paris, Musée National du Louvre

Tonnen, erreichte aber bereits in den vierziger Jahren 20 bis 27 Tonnen. Der größte Teil davon waren Gußeisen und Stahl, die in beträchtlichen Mengen auch für Ingenieurbauten wie Brücken und Viadukte verwendet wurden. So gingen 1847, im Spitzenjahr des Eisenbahnbaus, etwa 29 Prozent des Inlandabsatzes oder rund 18 Prozent der totalen Roheisenproduktion und etwa 20 Prozent der Maschinenbauprodukte an die Eisenbahnen. Dabei handelte es sich nicht nur um die Produktion von Lokomotiven, sondern auch um Lieferungen von Werkzeugmaschinen, die für den Lokomotivbau sowie für die Instandhaltung des rollenden Materials unverzichtbar wurden.

Es war hauptsächlich die Herstellung von Lokomotiven, die im Vergleich mit dem Dampfmaschinenbau den Anspruch auf die Präzision in der Metallbearbeitung und auf die Qualität der Werkstoffe erhöhte. Die aus der Kraftmaschine und dem Kraftübertragungssystem auf die Räder wirksame Dampflokomotive war ein sehr komplexes technisches Gebilde. Die Zahl und Geschwindigkeit der voneinander abhängigen, ineinandergreifenden beweglichen Teile sowie die in Relation zu der verwendbaren Stoffmenge aufkommenden Belastungen waren weitaus größer als bei stationären Dampfmaschinen, der Raum dagegen, auf dem man konstruktive Ideen umsetzen mußte, war wesentlich kleiner. Konstruktive Fehler, schlechte Werkstoffe oder auch »nur« fertigungstechnische Nachlässigkeiten konnten sehr

193. Bauarbeiten bei der Streckenführung der London-Birmingham-Eisenbahn am Mont Olive. Farbige Aquatinta, 1851. York, National Railway Museum. – 194. Lüftungsschacht des Kilsby-Eisenbahntunnels auf der Strecke London–Birmingham. Aquatinta von James C. Bourne, 1837/38. London, Science Museum

schnell zu Radbrüchen, Festfressen von Achsen und dergleichen führen. Was in anderen Sparten des Maschineneinsatzes lediglich als Panne oder höchstens als interner und vertuschbarer Betriebsunfall geschah, konnte im Eisenbahnbetrieb Massenkatastrophen verursachen. Um diesen letztlich geschäftsschädigenden Unfällen vorzubeugen, führte die Praxis des Eisenbahntransportes zur intensiven Beschäftigung mit Problemen der Belastbarkeit von Stoffen, der besten Schienenform, ihrer Befestigung und der Einwirkung von Temperaturschwankungen auf die Schienenstränge. Eines der allgemeinen Probleme jeder Maschine, die Reibung und das Schmieren, wurde angesichts der durch festgefressene Achsen verursachten Pannen oder gar Unfälle jahrzehntelang fast ausschließlich von Eisenbahntechnikern untersucht.

Der Eisenbahnbetrieb schuf Arbeitsplätze mit verschiedensten, auch sehr hohen Qualifikationsanforderungen. Dagegen blieb der Streckenbau überwiegend schwerste körperliche Arbeit der mit Spitzhacke, Schaufel und Schubkarren ausgerüsteten »Navvies«, und das waren im Norden Englands und in Schottland größtenteils Iren. Von der modernen Technik kamen Dampfmaschinen meist nur für die Wasserhaltung bei Tunnelbauten zum Einsatz. Die Arbeitsbedingungen waren hart; sie wurden durch das vorherrschende System der Bauorganisation mit Subkontraktoren zusätzlich verschlechtert. Gute Unterkünfte waren selten. Bei der Versorgung wucherte das »Truck System«: Über die in eigener Regie geführten »Tommy Shops«, Werkläden, zogen die Subunternehmer den Bauarbeitern einen Teil ihres Lohnes durch überhöhte Preise sofort wieder aus der Tasche. Sicherheitsvorkehrungen wurden allgemein und besonders bei Sprengarbeiten und beim Tunnelbau sträflich vernachlässigt, allerdings nicht immer und überall in dem Maße wie 1839 bis 1845 bei dem Bau des Woodhead-Tunnels durch die Pennines von Cheshire nach Yorkshire, bei dem 3 Prozent der Arbeiter tödlich verunglückten und weitere 14 Prozent verletzt wurden.

Das Dampfschiff

Obwohl das Dampfschiff einige Jahre früher entstanden ist als die Dampflokomotive, spielten Dampfschiffe im Gesamtgefüge des Wassertransportes bis in die sechziger Jahre des 19. Jahrhunderts eine geringere Rolle als Segelschiffe. Ein ständig wiederkehrender Engpaß für den Seeverkehr waren in Großbritannien nicht die Transportmittel, sondern die Kapazitäten der Hafenanlagen und Lagerhäuser, die in den wichtigsten Häfen wie London, Bristol, Liverpool, Hull und Glasgow trotz der seit den achtziger Jahren des 18. Jahrhunderts erfolgten Erweiterungen weder dem Anstieg des Transportaufkommens und des Raumbedarfes noch dem Tiefgang der Ozeanschiffe entsprachen.

Die ersten Schritte in der Entwicklung eines Dampfschiffes hatten allerdings keinen Einfluß auf die Transportleistungen oder auf die Seeschiffahrt. Sie fanden auf Binnengewässern statt. 1788 gelang es den Schotten Patrick Miller (1731–1815) und William Symington (1763–1831), ein Vergnügungsboot mit einer Dampfmaschine und Schaufelrädern in Bewegung zu setzen. Im Jahr 1802 baute Symington dann ein Schleppschiff für den Clyde-Kanal, die »Charlottee Dundas«, das jedoch nach der erfolgreichen Versuchsfahrt für den Dauerbetrieb nicht zugelassen wurde, weil man die Beschädigung der Böschung durch die Wellen befürchtete. Den nächsten Meilenstein auf dem Weg zur Dampfschiffahrt setzte in den USA Robert Fulton (1765–1815). Sein »North River Steamboat«, die spätere »Clermont«, ausgestattet mit einer Wattschen doppeltwirkenden Niederdruckdampfmaschine, eröffnete im Jahr 1807 auf dem Hudson den Dauerbetrieb auf der 150 Meilen langen Strecke zwischen New York und Albany. Damit begann in den USA eine im doppelten Sinne explosive Entwicklung der Schiffahrt mit Raddampfern. 1812 verkehrten schon 50 und 1823 etwa 300 Raddampfer, davon 70 auf dem Mississippi. Infolge fertigungstechnischer Mängel sowie der Benutzung von ungefiltertem Flußwasser für die Kesselanlagen stiegen mit ähnlichem Tempo auch die Unfallzahlen: Binnen fünfzehn Jahren kam es zu 35 Kesselexplosionen mit 250 Toten und unzähligen Verletzten.

Die Weiterentwicklung des Dampfschiffbaus in Großbritannien erfolgte wieder in Schottland, als 1812 mit dem von einer 4-PS-Dampfmaschine angetriebenen Dampfboot »Comet« der Personenverkehr auf dem Clyde zwischen Glasgow und Helensburgh aufgenommen wurde. Nach diesem ersten, kommerziell genutzten Raddampfer in Europa ging die Entwicklung in Großbritannien schnell voran. Im zweiten Jahrzehnt des 19. Jahrhunderts wurden Raddampfer überwiegend für den Personentransport sowohl in der Flußschiffahrt als auch in der Küstenschiffahrt eingesetzt. Von besonderer Bedeutung waren die Dampfboote für die Küstenschiffahrt, die bis in die fünfziger Jahre etwa 70 Prozent des Transportaufkommens in britischen Häfen bewältigte. 1815 begann die Dampfschiffahrt auf der Themse, und in den folgenden zehn Jahren wurden regelmäßige Dampfbootverbindungen entlang der britischen Küste und zwischen England, Schottland und Irland eingerichtet. 1822 wurde der Verkehr zwischen Dover und Calais aufgenommen. 1821 standen in der Küstenschiffahrt 188 und 1853 bereits 639 Dampfboote in Betrieb. Trotz dieser rasanten Entwicklung erreichten die Dampfschiffe erst 1866 beziehungsweise 1873 einen höheren Tonnageanteil als die inzwischen ebenfalls wesentlich verbesserten Segelschiffe in der Küsten- beziehungsweise Hochseeschiffahrt. Obwohl auch der Frachtverkehr mit Dampfbooten zunahm, blieb bis zum Ausbau des Eisenbahnnetzes in den vierziger Jahren der Personenverkehr die größte Einnahmequelle der Küstenschiffahrt. Die Reise mit Dampfbooten war billiger als mit Kutschen und schneller als mit Segelschiffen. Die Bedeutung des Küstenverkehrs mit

195. Hafen am Wear im Kohlenrevier bei Sunderland. Brückenentwurf von Isambard Kingdom Brunel, um 1830. Lithographie nach einer Zeichnung des Ingenieurs. Telford, Ironbridge Gorge Museum. – 196. Handelsschiffe in den West-Indien-Docks von London. Aquatinta von Augustus Pugin und Thomas Rowlandson, um 1810. Cambridge, University Library

Dampfbooten ist jedoch nicht ausschließlich an seinen Transportleistungen oder Tonnageanteilen zu messen. Die Nachfrage nach Dampfbooten für die kommerzielle Nutzung und für die Kriegsmarine spielte eine wichtige Rolle für die Weiterentwicklung der Schiffahrtstechnik. Sie war groß genug, um in Maschinenbaubetrieben die Kosten für die Verbesserung von Schiffsmotoren nicht zu scheuen und die Produktion auf deren Bau zu spezialisieren.

Um Dampfschiffe für Langstrecken hochseetüchtig zu machen, mußten drei Probleme gelöst werden: Verbesserung der Leistung und des Wirkungsgrades der Schiffs-Dampfmaschinen; die Entwicklung eines hochseetüchtigen Antriebselementes; die Konstruktion eines diesem Antriebssystem entsprechenden Schiffskörpers aus Eisen. Flankiert von den Errungenschaften der Eisenindustrie und der Technik der Metallbearbeitung gelang es den Konstrukteuren solcher Unternehmen wie Maudslay, Son & Field in London, Fawcett & Preston in Liverpool oder Robert Napier & Sons in Glasgow, nicht nur die Leistung der Dampfmaschinen, sondern hauptsächlich auch ihren Wirkungsgrad zu steigern. Dies senkte den Kohlenverbrauch, und dadurch rückten Langstreckentransporte auf hoher See mit ausschließlichem Dampfantrieb in den Bereich des Möglichen. Bis dahin mußten die Dampfer nämlich so viel Kohle bunkern, daß für Lagerräume und Passagiere kaum Raum übrigblieb. Trotzdem reichte der Brennstoff nicht aus; man brauchte noch zusätzlich Segel, um voranzukommen. Ein rentabler Einsatz der Schiffe konnte also kaum gewährleistet werden. Die ersten transatlantischen Fahrten nur mit Dampfantrieb und noch mit Schaufelrädern gelangen 1838 der »Sirius« und der »Great Western«. Eine weitere Voraussetzung für die Verbreitung der Dampfschiffe im Hochseeverkehr war die Erhöhung der Schubleistung durch ein anderes Antriebssystem als das Schaufelrad. Wie immer die Kraftübertragung auf die Schaufelräder gelöst wurde, bei höherem Seegang griffen sie sehr oft ins Leere, wodurch ein Teil der Leistung der Dampfmaschine verlorenging. Die Lösung des Problems brachte die Schiffsschraube, die der in Triest stationierte k. u. k. Forstbeamte Joseph Ressel (1793–1857) schon 1829 für den Antrieb eines kleinen Dampfschiffes eingesetzt hat. Ob dies in Großbritannien zur Kenntnis genommen worden ist, läßt sich nicht nachweisen. Jedenfalls wurden die ersten Schraubenantriebe erst aufgrund der im Jahr 1836 genommenen Patente von F. Pettit Smith und John Ericsson (1803–1889) angewendet. Gleichzeitig gelang es, nach vielen Versuchen der Anwendung von Eisen für den Bau des Schiffskörpers bei kleineren Dampfern, diesen neuen Werkstoff auch für den Bau eines großen Ozeandampfers zu nutzen. Es war die von Isambard Kingdom Brunel (1806–1869) für die Reederei »Great Western Steamship Co.« entworfene und 1843 vom Stapel gelassene »Great Britain«, das erste Hochseeschiff mit eisernem Rumpf.

Diese Innovationen im Schiffbau und der Ausbau eines Netzes von Kohlenlagern auf den wichtigsten Transportrouten öffneten dem Dampfschiff den Weg zum

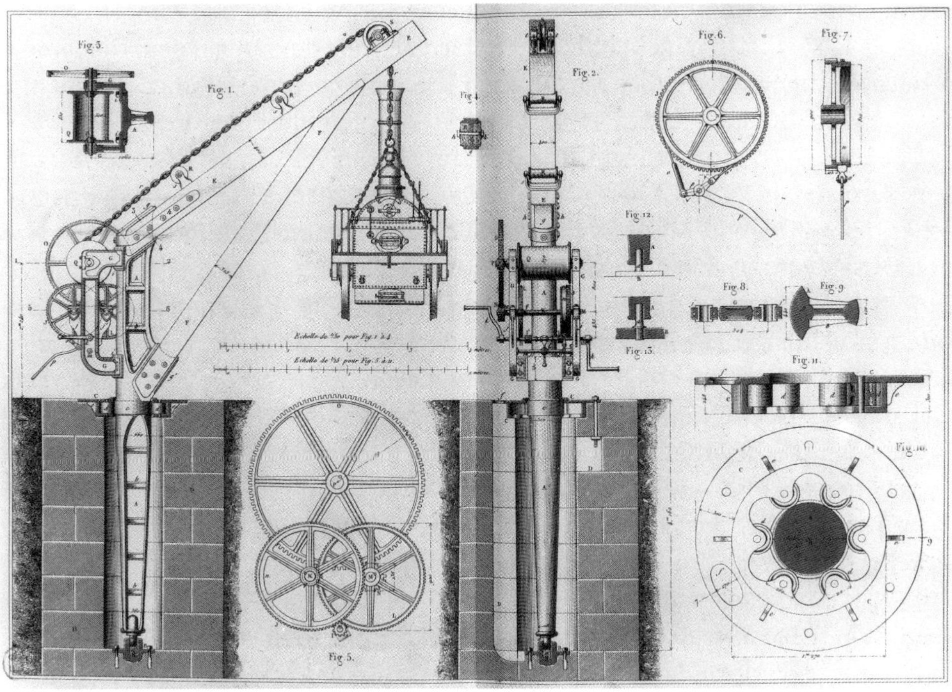

197. Drehkran für schwere Lasten nach der Bauart von Cavé. Stahlstich in »Publication industrielle«, 1826. Paris, Bibliothèque Nationale

transozeanischen Langstreckenverkehr. Der Traum vom Eisenschiff konnte nur in dem Maße zur Realität werden, in dem die mannigfaltigen konstruktiven und fertigungstechnischen Probleme wie die Kraftübertragung auf die Schiffsschrauben, das Schmieden von Kurbelwellen, das Biegen von Schiffsblechen, das Nieten einzelner Bestandteile gelöst wurden. Dabei konnten die Hochseeschiffswerften zum großen Teil auf das technische Rüstzeug und Wissen zurückgreifen, das sich während der Industriellen Revolution in verschiedenen Sparten des Maschinenbaus und der Metallbearbeitung angesammelt hatte.

Im Gesamtgefüge des Transportsystems fiel dem Wassertransport auf schiffbaren Flüssen, Kanälen und im Küstenbereich die größte Rolle zu. Die Dampfeisenbahn und das Dampfschiff, diese Produkte der technischen Umwälzung in der Industriellen Revolution, setzten sich im Transportwesen nicht schlagartig durch. Es dauerte Jahrzehnte, bis sie technisch so ausgereift waren, daß sie die führende Position unter den nebeneinander und miteinander funktionierenden Transporttechniken übernehmen konnten. Bis zur Verdichtung des Eisenbahnnetzes, bis in die fünfziger Jahre, war der Transport über Kanäle und über die Küstenschiffahrt für Produzenten im Binnenland auch dann billiger, wenn große Umwege in Kauf genommen werden mußten. So lieferten viele Unternehmen aus Birmingham und Umgebung ihre Waren nach Schottland nicht über den Hafen von Hull, der nur auf dem Landweg zu erreichen war, sondern über Kanäle nach London und von dort über die Themse-Mündung mit Küstenschiffen an schottische Seehäfen mit Kanalverbindung.

Der Straßenverkehr ergänzte als Zubringer alle anderen Transporttechniken. Bis zum Ausbau der Eisenbahnen waren in der Personenbeförderung die Schnellkutschen das zeitsparendste Verkehrsmittel auch über größere Entfernungen. Der Nah- und Ortsverkehr blieb die Domäne von Pferd und Wagen. Versuche, den Dampfwagen als Verkehrsmittel einzusetzen, führten zu keinem dauerhaften Erfolg, denn ihrem großen Eigengewicht waren die Straßen nicht gewachsen. Seit den vierziger Jahren dominierten im steigenden überregionalen Transport die Dampfeisenbahn und das Dampfschiff, mit denen in den fünfziger und sechziger Jahren über die Hälfte der Güterbeförderung auf dem Festland und in Küstengewässern bewältigt wurde. Die neue Maschinentechnik für die Ortsveränderung von Menschen und Waren konnte allerdings im Gütertransport weder auf Pferde noch auf menschliche Arbeitskräfte verzichten. Im Gegenteil, angesichts des enorm gestiegenen Rohstoff- und Warenumsatzes wurden sie mehr in Anspruch genommen als vorher. Zwar standen in Hafenanlagen und Bahnhöfen als Hilfsmittel Kräne modernster Konstruktion und Laderampen zur Verfügung, aber das mehrmalige Auf- und Abladen der Güter bei jedem Transportvorgang, das Schleppen von Säcken von den Warenlagern auf die Schiffe und Waggons sowie die Zustellung der Waren blieben überwiegend der bis an die Grenzen der Leistungsfähigkeit strapazierten Muskelkraft des Menschen überlassen.

Das Entstehen der neuen Technik und ihre Verbreitung

Wissenschaft und Praxis

Die Diskussion, ob die neue Maschinentechnik das Ergebnis der Hinwendung der Wissenschaft zu den Problemen der Praxis oder aber das Produkt des praxisorientierten Bastelns von Handwerkern, Mühlenbauern, Mechanikern oder sonstigen Trägern von Erfahrungswissen war, ist so alt wie diese Technik selbst. Sie wird heutzutage durch generalisierende Aussagen, die als ein wesentliches Merkmal der Industrialisierung »die zunehmende Anwendung der Wissenschaft auf Probleme der ökonomischen Produktion« (S. Kuznets) hervorheben, erneut in den Vordergrund gerückt. Die Frage, ob Wissenschaft oder Empirie, ist jedoch falsch gestellt. Für den gesamten Verlauf der Industrialisierung und Maschinisierung, für die beiden Prozesse, die bis 1840 noch längst nicht abgeschlossen waren, ist die verstärkte Hinwendung der Wissenschaft zu den Problemen der Produktion und damit der Technik ein prägendes Charakteristikum. Die Frage ist deshalb, wann und wo dies eingesetzt hat, und von wem sowie auf welche Weise wissenschaftliche Erkenntnisse für technische Handlungen eingebracht worden sind. Die Gegenposition, es habe sich bei den technischen Neuerungen nicht um die Anwendung naturwissenschaftlicher Forschungsergebnisse gehandelt, geringschätzt die Bedeutung wissenschaftlicher Erkenntnisse für die Entwicklung der neuen Technik. Sie zieht nur die Forschungsergebnisse der institutionalisierten Forschung in Betracht und übersieht, daß in dieser Epoche die tiefgreifende Veränderung in den wechselseitigen Beziehungen zwischen Praxis und Wissenschaft durch das Zusammenwirken der Autodidakten, Techniker-Unternehmer und Forscher, die nicht in wissenschaftlichen Institutionen beschäftigt waren, eingetreten ist. Auch auf diesem Gebiet hat man es in der Industriellen Revolution mit einer Übergangsperiode zu tun. Sie war gekennzeichnet durch einen Wandel von technischen Handlungen, die sich mit wissenschaftlichen Gesetzmäßigkeiten im Einklang befanden, zu solchen, die aufgrund der Umsetzung wissenschaftlicher Erkenntnisse über diese Gesetzmäßigkeiten entstanden. In diesem Übergang sind zwei zentrale Formen der Anwendung wissenschaftlicher Erkenntnisse in der Produktion erkennbar: zum einen die in Großbritannien vorherrschende Form ihres Einbringens in technische Handlungen durch Praktiker-»Nichtwissenschaftler«, die sich das notwendige theoretische Wissen nicht über das institutionalisierte Bildungssystem, sondern im Selbststudium erarbeitet haben; zum anderen die Anwendung wissenschaftlicher Erkenntnisse, die das Ergebnis einer bewußt praxisorientierten Forschung von hauptberuflichen

Wissenschaftlern waren. Das Erfahrungswissen für die Herstellung und Nutzung von Technik hat dadurch nicht an Bedeutung verloren. Im Gegenteil: Je komplizierter die Konstruktionen wurden, um so höher war sein Stellenwert.

Jede Technik erfüllt nur dann die von ihr erwarteten Funktionen, wenn der technische Gegenstand, seine einfache oder komplizierte Konstruktion und die mit ihm oder durch ihn ausgeführte Handlung in Übereinstimmung mit erkannten oder noch unbekannten naturwissenschaftlichen Gesetzmäßigkeiten steht. Das bedeutet jedoch nicht, daß der die Technik schaffende und mit ihr handelnde Mensch die optimale Lösung für ein technisches Gebilde, für ein Werkzeug oder für eine Maschine nur dann hätte finden können, wenn er diese objektiv existierenden Gesetzmäßigkeiten über ein Studium erkannt und von dieser Rezeption wissenschaftlicher Erkenntnisse ausgehend gehandelt hat. Die Hand-Werkzeug-Technik zeichnete sich eben dadurch aus, daß sie vom Menschen im Einklang mit den Gesetzen der klassischen Mechanik, aber ohne deren Kenntnis gemacht und eingesetzt werden konnte. Bis tief in die Industrielle Revolution hinein waren die Grundlage technischen Schaffens das in Jahrhunderten angesammelte, von Generation zu Generation übermittelte und deshalb im Regelfall nur im Lernprozeß der Praxis anzueignende Erfahrungswissen und das handwerkliche Können. Eine gute Ausbildung zum Handwerker bestand darin, daß der Meister dem Lehrling bei der Arbeit beigebracht hatte, wie Werkzeuge, Geräte oder technische Handlungen seit eh und je gemacht worden sind, damit sie funktionierten und die technische Handlung ihre Zielsetzung erreichte. Welche physikalischen Prinzipien der Fertigung eines Werkzeuges zugrunde lagen, wußte die überwältigende Mehrheit der Handwerker nicht. Auch wenn grundlegende Kenntnisse aus der Mechanik notwendig waren, wie im Geräte-, Mühlen-, Uhren- und Instrumentenbau bei der Berechnung von Kamm- und Zahnrädern sowie von Gewindesteigungen, wurden sie in der praktischen Ausbildung erworben. Der Prüfstein dessen, ob mit den objektiv vorhandenen Gesetzmäßigkeiten in Übereinstimmung gehandelt wurde oder nicht, war die Praxis. Brüche des Werkzeuges, Zusammenbrechen der Tragkonstruktion, ein unbrauchbares Schmelzprodukt und andere Mißerfolge signalisierten dem Handwerker, daß er etwas falsch gemacht hatte. Obwohl er über Materialkunde, Statik, Hüttenchemie nichts gelesen hatte, konnte er die Fehlerquelle durch Vergleiche aufgrund seines eigenen oder des vorhandenen kollektiven Erfahrungswissens herausfinden. Die ausschließlich praktische Ausbildung, das Vermitteln des schon Vorhandenen, der Grundsatz, daß etwas deshalb gut ist, weil es nie anders gemacht wurde, waren auch ohne die petrifizierende Wirkung von Zunftvorschriften Grund genug, beim Handwerker keine große Neigung zu Neuigkeiten aufkommen zu lassen.

Die professionelle Herkunft der meisten »Erfinder« bestätigt, daß es vollausgebildeten, ihren erlernten Beruf ausübenden Handwerkern schwergefallen ist, die

198. Die Polytechnische Ausstellung 1841 in Norwich: Blick in die Haupthalle. Gemälde von Joseph Dallinger. Oxford, Museum of the History of Science

gewohnten Verhaltensweisen abzulegen und in ihrem eigenen Fach neue Wege zu suchen. Bei den bekannten »Erfindern« war der Anteil der Außenseiter, das heißt jener, die nicht aus dem Gewerbezweig kamen, in dem sie sich als »Erfinder« hervorgetan hatten, sehr hoch. Dazu zählten nicht nur Paul, Wyatt, Arkwright, Cartwright, Darby und Cort. Unter den ersten Maschinenbauern fanden sich gelernte Mühlenbauer, die qualifiziertesten Mechaniker der Holzbauweise. Smeaton aber war ein abgesprungener Jurist, Bramah ein Tischler, Clement ein Schieferdekker, und viele von ihnen, wie Maudslay, Roberts, Fox, Nasmyth oder Whitworth, hatten überhaupt keine formale Ausbildung abgeschlossen.

Die Tatsache, daß die neuen Maschinen der Formveränderung und die neuen Kraftmaschinen vorerst mit der herkömmlichen Technik verschiedener Handwerker, wie Schreiner, Schmiede, Schlosser, Klempner, Mühlenbauer, Uhrmacher gefertigt worden sind, beweist zweierlei. Erstens, daß mit den traditionellen Erzeugnissen die Möglichkeiten der alten Technik bei weitem nicht ausgeschöpft waren. Zweitens, daß die neue Technik überwiegend empirischen Ursprungs war. Die soziale und berufliche Herkunft der Konstrukteure und das Faktum, daß für die Produktion der ersten Arbeitsmaschinen das empirische Wissen und Können von Handwerkern ausgereicht hat, schließen jedoch nicht aus, daß in Einzelfällen schon bei der Entwicklung einer Maschine und ganz bestimmt bei ihrer sukzessiven Optimierung die Techniker sich auf nachlesbare Erkenntnisse der Mechanik gestützt haben. Sie waren keine Wissenschaftler, sondern Autodidakten, die sich für die Ausübung ihres Berufes, für die Lösung hauptsächlich konstruktiver, aber auch fertigungs- und verfahrenstechnischer Probleme im Selbststudium, bei Privatlehrern oder in Abendkursen, Grundkenntnisse auf diversen Wissensgebieten aneigneten. Das bedeutet nicht, daß die Konstruktion von Maschinen, das Entwickeln neuer Verfahren ohne »Tüfteln«, ohne Versuche und Fehlversuche vonstatten gegangen wäre.

Der Fortschritt gegenüber dem Zustand um 1770 bestand spätestens seit dem Ende des Jahrhunderts darin, daß in zunehmendem Maße »Tüftler«-Konstrukteure tätig wurden, die außer der praktischen Erfahrung und den handwerklichen Fertigkeiten auch über solide theoretische Kenntnisse verfügten. Es ist kaum vorstellbar, daß der von den Erfahrungen eines Handwerkers unbelastete Akademiker Edmund Cartwright bei seinen Entwürfen zum Maschinenwebstuhl und zur Kämmaschine nicht auf vorliegende Kenntnisse der Mechanik zurückgegriffen hätte. Von Joseph Bramah ist bekannt, daß er viel Fachliteratur studiert hat, und die Konstruktion der hydraulischen Presse hätte er ohne jegliche theoretischen Kenntnisse über Hydraulik, nur aufgrund seiner Erfahrung mit dem Wasserklosett nicht zustande gebracht. James Watt, der gelernte Feinmechaniker, begann tüftelnd, als er das Modell einer Newcomenschen Dampfmaschine reparierte, aber irgendwann im Verlauf der Beschäftigung mit der Dampfmaschine eignete er sich im Selbststudium grundlegendes Wissen auf dem Gebiet der Wärmelehre und über die Eigenschaften des Dampfes an. Gegen die Behauptung, daß er auf die Idee des getrennten Kondensators dank des Chemikers Joseph Black (1728–1799) gekommen sei, der ihm seine Entdeckung der »latenten Wärme« mitgeteilt habe, protestierte Watt noch zu Lebzeiten, und eine solche Kausalität – darin sind sich Wissenschaftshistoriker einig – wäre auch sinnwidrig. Dennoch steht fest, daß Watt bei der Konstruktion der Dampfmaschine mit getrenntem Kondensator vorliegende wissenschaftliche Erkenntnisse verwertet hat.

»Mathematiker sind selten Erfinder, und Arbeiter sind selten Männer der Wissenschaft, aber es bedarf der gegenseitigen Hilfe von Forschung und Praxis, um die Gegenstände, die beide verbessern wollen, zu perfektionieren.« Diese von einem unbekannten Autor 1806 getroffene Feststellung hat sich im Rückblick als ein Jahrhundertprogramm erwiesen. Die Annäherung von Wissenschaftlern an die Bedürfnisse der Praxis war ein langer, vorwiegend erst durch das Vorhandensein der neuen Technik eingeleiteter Prozeß. In England spielten dabei die Universitäten in Cambridge und Oxford vorerst ebenso keine Rolle wie die Royal Society, die im 18. Jahrhundert von der angewandten naturwissenschaftlichen Forschung abließ und, im Unterschied zu der französischen Akademie, in einer tiefen Krise steckte. Die 1754 gegründete »Society Instituted at London for the Promotion of Arts, Manufactures and Commerce«, die spätere »Royal Society of Arts« und das Vorbild für die Gründung ähnlicher Institutionen in anderen Staaten, tat vieles für die Verbreitung technischer Informationen und bemühte sich redlich, aber mit wenig Erfolg um die Förderung technischer Neuerungen. Die Fühlungnahme der Techniker-Unternehmer mit forschenden Intellektuellen fand außerhalb von London und den Universitätsstädten, in der Provinz statt. So entstand um 1760 in Birmingham aus informellen Zusammenkünften dieser Gruppen die berühmt gewordene »Lunar Society«. Unter ihren Mitgliedern befanden sich Boulton, Watt, der Tonwaren- und Porzellanfabrikant Josiah Wedgewood (1730–1795) und der Chemiker und Unternehmer James Keir (1735–1820). Seit den achtziger Jahren verbreitete sich diese Kooperation durch die vielen, ebenfalls in Handels- und Industriezentren wie Manchester, Leeds, Derby, Newcastle on Tyne, Liverpool, Bristol, Glasgow und Edinburgh gegründeten »Philosophical Societies« und Klubs. Sie und ihre Zeitschriften waren in England wic in Schottland bis in die dreißiger Jahre des 19. Jahrhunderts die wichtigste Plattform für die sich allmählich entwickelnde angewandte Wissenschaft.

Von den britischen Universitäten reagierten auf die neue Situation zuerst jene in Schottland. Dort stand die Pflege insbesondere der Naturwissenschaften, aber auch der Naturphilosophie auf einem viel höheren Niveau als in England. Die Universitäten in Edinburgh und Glasgow, an denen Chemie schon seit 1726 beziehungsweise 1747 gelehrt wurde, hatten einen wesentlichen Anteil an der Entwicklung chemisch-technologischer Verfahren und waren auch die ersten in Großbritannien, die die von Justus Liebig (1803–1873) eingeführten Methoden der Chemikerausbildung übernahmen. In England signalisierte erst 1841 die Herausgabe zweier Lehrbücher für angewandte Mechanik von Professoren in Cambridge, von William Whewell (1794–1866), dem berühmten Naturwissenschaftler und Philosophen, und von Robert Willis (1800–1875), daß sich die ehrwürdigen Universitäten Cambridge und Oxford endlich bewußt geworden waren, etwas für die wissenschaftliche Ausbildung des Ingenieurs tun zu müssen. Insgesamt jedoch blieben die englische akademische Lehre und Forschung in der ersten Hälfte des 19. Jahrhunderts auf allen technischen Gebieten weit hinter dem in Schottland, Frankreich und Deutschland Geleisteten zurück.

Obwohl die englischen Universitäten und das etablierte Bildungssystem die Probleme der Technik weitestgehend ignorierten, war eine Annäherung zwischen den Praktikern und der Wissenschaft schon seit dem Anfang des Jahrhunderts im Gang. Vorangetrieben wurde sie hauptsächlich von Autodidakten, Ingenieuren sowie Unternehmern ohne formale Ausbildung, von Privatgelehrten und einigen wenigen Professoren. Der Anlaß waren immer aktuelle Probleme aus der Praxis, die wichtigste Form die persönliche, informelle Zusammenarbeit und Veröffentlichungen. Neben den philosophischen Gesellschaften war das Forum der 1818 gegründete erste und bis 1847, als die »Mechanical Engineers« einen eigenen Verband

199. Öffentlicher Vortrag des Chemikers Humphry Davy im Surrey Institute in Anwesenheit seines Vorgängers, Frederick Christian Accum. Karikatur von Thomas Rowlandson, um 1810. London, British Museum

bildeten, einzige Ingenieurverband, die »Institution of Civil Engineers«. Eine weitere Organisation für die Diskussion aktueller Probleme schufen sich die von der in eine Dauerkrise verfallenen Royal Society enttäuschten Ingenieure, Gelehrten und Unternehmer in den Jahresversammlungen der 1831 gegründeten »Association for the Advancement of Science«.

Einer der ersten namhaften Wissenschaftler, die sich den Niederungen der Praxis zuwendeten, war Dr. Thomas Beddoes (1760–1808), Absolvent der Universität in Edinburgh und von 1788 bis 1792 Professor der Chemie in Oxford. Von ihm stammt der erste, 1791/92 veröffentlichte Versuch einer wissenschaftlichen Analyse des Puddelns. Einen nachhaltigen Einfluß auf die Konstruktion von Transmissionen in Fabriken und auf die Zahnradfertigung hatten die zwischen 1806 und 1814 edierten Studien des schottischen Mühlenbauers und Autodidakten Robertson Buchanan (1770–1816). Sie erlebten bis 1841 weitere zwei Auflagen und 1826 auch eine deutsche Übersetzung. Im Zusammenhang mit dem ersten Projekt einer großen Hängebrücke kam es 1814 zu gemeinsamen Forschungen über die Festigkeit von Eisen; dafür waren die Autodidakten Thomas Telford und Peter Barlow

(1776–1872), Mathematikprofessor an der Royal Military Academy in Woolwich, tätig. Bei diesen Experimenten wurde zum ersten Mal die hydraulische Presse von Bramah für wissenschaftliche Zwecke eingesetzt. Angeregt von den 1817 veröffentlichten Ergebnissen beschäftigten sich mit Werkstoffprüfungen die Privatgelehrten Thomas Tredgold (1788–1829) und Eaton Hodgkinson (1789–1861), der auf diesem Gebiet mit dem Unternehmer und Autodidakten William Fairbairn eng zusammenarbeitete. Charles Babbage, der durch seine Rechenmaschine bekannte Cambridger Mathematikprofessor, der nie eine Vorlesung gehalten haben soll, beschäftigte sich in seinem berühmten Werk »On the economy of machinery and manufacture« (1832) nicht nur mit ökonomischen und sozialen Auswirkungen der neuen Technik, sondern auch mit grundlegenden Fragen dessen, was man heute Innovationstheorie nennt. Sein Kollege Robert Willis, Lehrstuhlinhaber für Natur- und Experimentalphilosophie, war ein herausragender Konstrukteur von Werkzeugschlitten und deshalb ein gefragter Berater des berühmten Drehmaschinen-Fabrikanten Holtzappfel.

Wenn Willis trotz dieser Annäherung 1851 noch immer »die unglückselige Trennwand oder Separation zwischen Praktikern und Wissenschaftlern« beklagte, so hatte er es mehr auf die eigenen Reihen als auf die von vielen Akademikern mit Unrecht als Ignoranten bezeichneten Praktiker abgesehen. Der größte Teil der wissenschaftlichen Abhandlungen über die Technik hat nach wie vor in einer selbst dem gebildeten Praktiker kaum verständlichen Sprache das analysiert und auf Formeln gebracht, was sich in der Praxis ohne das Zutun der Wissenschaftler schon bewährt hatte. Dennoch war dies ein wichtiger Schritt, weil nur die mit den praktischen Aufgaben eines Bauingenieurs oder Maschinenbauers vertrauten Wissenschaftler in der Lage waren, mittels einer verständlichen Vereinfachung bereits vorliegender wissenschaftlicher Erkenntnisse »einen kreativen Dialog zwischen diesen zwei wesentlich verschiedenen Welten« (Tom F. Peters) einzuleiten. Für die Verwissenschaftlichung des Bauwesens leistete dies der Franzose Claude Louis Marie Henri Navier (1785–1836) mit seinen Publikationen über die Statik. Ähnliches für den Maschinenbau gelang Willis, der 1838 die schon von den Mathematikern Charles Étienne Louis Camus (1699–1768) und Leonhard Euler (1707–1783) begründete Theorie evolventer Zahnräder »so formulierte, daß sie der Ingenieur benutzen konnte« (Robert S. Woodbury).

Diese zunehmende, dennoch nur punktuelle Annäherung zwischen Wissenschaft und Technik war um so wichtiger, als in Großbritannien weder eine gezielte Ausbildung für die Industrie noch ein höheres technisches Bildungswesen vorhanden waren. Die Schulung von Fachkräften für die Industrie blieb bis über die Jahrhundertmitte hinaus der eigenen Initiative und der Erwachsenenbildung überlassen. Die auf Betreiben von Dr. John Birkbeck (1776–1841) und nach dem Vorbild der Abendkurse für Handwerker und Techniker an der 1796 entstandenen »Andersonian Institution« in Glasgow erfolgte Gründung des »London Mechanics' Institutes« im Jahr 1823 war der Auftakt zu der Verbreitung dieser privat organisierten und aus den Kursgebühren finanzierten Bildungsstätten für berufstätigte Arbeiter und Techniker in allen bedeutenden Industriezentren.

Die Verbreitung der neuen Technik in Großbritannien

Der überwiegend empirische Ursprung der neuen Maschinen-Werkzeug-Technik wirkte sich gleichermaßen auf die Diffusion, die Verbreitung der technischen Neuerungen innerhalb Großbritanniens, und auf den Transfer, die Übertragung in andere Länder, aus. Wie schnell diese Prozesse einsetzten und verliefen, war selbstverständlich in den einzelnen Regionen und Ländern von den Ressourcen und von der sozialökonomischen Struktur abhängig, einschließlich vom Niveau des technischen Wissens und der handwerklichen Fertigkeiten. Im Unterschied zu den kontinentaleuropäischen Ländern spielten staatliche Stützungsmaßnahmen bei der Verbreitung technischer Neuerungen in Großbritannien überhaupt keine Rolle; sie verlief über den Markt.

Diffusion und Transfer sind Prozesse, die mit der Information über die neue Technik beginnen. Den schnellsten Zugang zu diesem Wissen gewährleistete die meistens mit Reisen verbundene private Kommunikation; entscheidend waren persönliche Kontakte und Briefwechsel, das Kennenlernen der neuen Technik in der Praxis, der persönliche Umgang mit Maschinen und Verfahren. In Großbritannien verbreiteten sich die in der Wirtschaft bewährten technischen Neuerungen sehr schnell. Die wichtigsten vorantreibenden Kräfte waren Unternehmer oder Männer, die es werden wollten, und die Erfinder selbst. Das rasche Tempo der Verbreitung von Technik war aber nur möglich, weil man sich in der britischen Wirtschaft im Regelfall auf einen Stamm von erfahrenen Fachkräften, Lohnarbeitern und Handwerkern verlassen konnte.

Informationen über Druckschriften ließen sich in der ersten Phase bis etwa 1810 kaum gewinnen; denn diejenigen, die über die neue Technik verfügten, waren jahrzehntelang sehr zurückhaltend mit gedruckten technischen Mitteilungen, die es erlaubt hätten, eine Maschine einfach nachzubauen. Die erste umfassende Beschreibung der in Textilfabriken längst eingesetzten Maschinen erschien erst um 1808 in der »Encyclopaedia« von Abraham Rees. Noch zäher war der Informationsfluß über die nicht patentierten Werkzeugmaschinen, deren Funktionsweise man in Großbritannien nicht preiszugeben gedachte. Außer über Kanonen- und Zylinderbohrwerke, über die Tischdrehbank Maudslays und über eine Drehbank von Fox war in Großbritannien aus bedrucktem Papier bis etwa 1830 so gut wie nichts zu erfahren. Der Leser des »Mechanics Magazine«, eines der am weitesten verbreite-

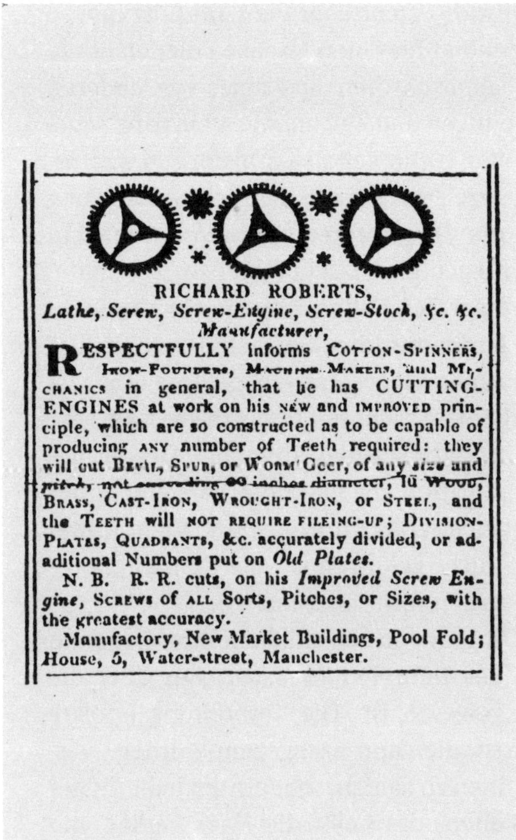
RICHARD ROBERTS,
Lathe, Screw, Screw-Engine, Screw-Stock, &c. &c.
Manufacturer,

RESPECTFULLY informs COTTON-SPINNERS, IRON-FOUNDERS, MACHINE-MAKERS, and MECHANICS in general, that he has CUTTING-ENGINES at work on his NEW and IMPROVED principle, which are so constructed as to be capable of producing ANY number of Teeth required: they will cut BEVIL, SPUR, or WORM Geer, of any size and pitch, not exceeding 60 inches diameter, in WOOD, BRASS, CAST-IRON, WROUGHT-IRON, or STEEL, and the TEETH will NOT REQUIRE FILEING-UP; DIVISION-PLATES, QUADRANTS, &c. accurately divided, or additional Numbers put on *Old Plates.*

N. B. R. R. cuts, on his *Improved Screw Engine*, SCREWS of ALL Sorts, Pitches, or Sizes, with the greatest accuracy.

Manufactory, New Market Buildings, Pool Fold; House, 5, Water-street, Manchester.

200. Werbung des Maschinenbauers Roberts für seine Zahnrad-Schneidemaschinen und anderen Produkte. Inserat im »Manchester Guardian«, 1821. London, Science Museum. – 201. Die Zeitschrift für Mechaniker. Frontispiz des 1823 im ersten Jahrgang in London und Dublin erschienenen Magazins. Birmingham, University Library

ten populären Fachblätter, mußte den Eindruck haben, auf dem Gebiet der Metallbearbeitung sei nichts geschehen; denn es wurden immer wieder nur Verbesserungen der Handdrehbank angeboten.

Die Patentschriften, eine der wichtigsten Quellen für die Technikgeschichte, sagen über die Verbreitung der Technik nichts aus. Nicht einmal für die Informationsvermittlung waren die in London im Original und ansonsten, mit einiger Verzögerung, in Zeitschriften zugänglichen Patentbeschreibungen von großer Bedeutung. Erstens wurden viele sehr wichtige Neuerungen, beispielsweise Cromptons Mule und die meisten Werkzeugmaschinen, überhaupt nicht patentiert. Zweitens waren etliche Patentbeschreibungen, wie Arkwrights Patent von 1775, entweder ungenau bis konfus oder aber, wie Neilsons Patent über die Lufterhitzung, so genial allgemein, daß sie nicht als Ausgangspunkt für einen Nachbau dienen konnten. Drittens war der Aussagewert von Patentschriften und auch von anderen exakten, inhaltlich gehaltvolleren Beschreibungen und Zeichnungen ein ganz anderer für den zeitgenössischen Handwerker oder Techniker als für historisch interessierte heutige Techniker, die sie mit ihrem durch die wissenschaftliche Ausbildung erworbenen Fachwissen lesen. Der gelernte Handwerker vermochte von dem Erfahrbaren, vom Modell oder von den vorliegenden Maschinenteilen, Zeichnungen anzufertigen und zu lesen. Allein aus einer Zeichnung, ohne je ein ähnliches technisches Produkt gesehen zu haben, die Funktionsprinzipien herauszulesen, um diese Information in ein Gerät, in eine Maschine umzusetzen, bedeutete eine viel anspruchsvollere Aufgabe. Ihre Bewältigung setzte nicht nur Erfahrenswissen, sondern auch theoretische Kenntnisse und Abstraktionsfähigkeit voraus. Der »Erfinder« war in einer ganz anderen Ausgangssituation: Er hatte die Vorstellung der Konstruktion im Kopf und versuchte sie zeichnerisch umzusetzen. Viele dieser Zeichnungen bezeugen aber, daß es ihnen nicht gelungen ist, die Konstruktionsmerkmale der funktionierenden Maschine sachgerecht festzuhalten.

Dieses verspätete und sehr lückenhafte Angebot an schriftlichen Informationen belegt indirekt, daß die wichtigste Form des Informationsaustausches über die Technik die persönliche Kommunikation gewesen ist. Die Verbreitung erfolgte überwiegend durch den Kauf von Maschinen, die dann nachgebaut wurden. Deshalb war es zweckdienlich, nicht nur Maschinen zu kaufen, sondern auch die Träger des technischen Wissens und der Fertigkeiten, das heißt die Handwerker und Facharbeiter, die an der Herstellung der Maschinen beteiligt waren oder zumindest mit ihnen umgehen konnten, anzuwerben oder sie mit Begünstigungen schlicht abzuwerben. Bei den praxisreifen patentierten Erfindungen waren die Patentinhaber eine treibende Kraft für die Verbreitung der neuen Technik, aus der sie ihre Einkünfte bezogen beziehungsweise beziehen wollten. Die technischen Einrichtungen, ihre Zeichnungen und Fachleute konnten, wie im Falle von Arkwrights Spinnmaschinen, der Wattschen Dampfmaschinen oder des Cortschen Puddelverfahrens vom Patenteigentümer legal, gegen Zahlung von Gebühren erworben werden. Insgesamt wirkten sich die Patentrechte jedoch eher diffusionshemmend als -fördernd aus. Lizenzgebühren waren für den Unternehmer eine finanzielle Belastung, und meistens scheuten sie weder das Risiko des gesetzwidrigen Unterlaufens der Patente noch Kosten und Mühe, um angreifbare Patentrechte durch Gerichtsverfahren aus der Welt zu schaffen.

Für die Unternehmer, die wirksamsten Verbreiter der neuen Technik, war ihr Einsatz ein Mittel zum ökonomischen Erfolg, das heißt zur Erwirtschaftung eines Gewinnes im eigenen Betrieb. Die einen wollten zu diesem Erfolg über den Kauf von Maschinen und durch die Gründung eines Unternehmens für die Produktion von Konsumgütern kommen, die anderen, meistens Erfinder-Unternehmer im Maschinenbau, strebten dasselbe Ziel durch den Verkauf von Produktionseinrichtungen, also von Investitionsgütern, an. Als es in den ersten Jahrzehnten der Industriellen Revolution noch kein ausreichendes Angebot an Investitionsgütern gab, besorgten sich die meisten Unternehmer der Baumwollspinnerei nur einen Satz aller notwendigen Maschinen und komplettierten ihre Maschinenausstattung durch Nachbau mit angeworbenen Fachkräften im eigenen Betrieb. In dem innerhalb kleiner Werkstätten entstehenden Maschinenbau fertigten die Unternehmer-Techniker mit ihren Facharbeitern die notwendigen Werkzeug- und Kraftmaschinen selbst. In der Hüttenindustrie, im Bergbau und in der Chemie blieb der Eigenbau von Produktionsanlagen, die Dampfmaschinen und Werkzeugmaschinen ausgenommen, der Regelfall. Unabhängig davon, ob die Unternehmer in den Besitz der neuen Maschinen und Verfahrenstechniken für die Stoffumwandlung durch Kauf oder durch Abwerben von Fachkräften und Nachbau kamen, trugen sie zur Verbreitung der neuen Technik bei. In welchem Ausmaß sie dies taten, ob sie sich für Dampfmaschinen oder Wasserräder als Kraftanlage entschieden, ein Fabrikgebäude mit gußeisernen Stützen oder in der traditionellen Bauweise errichten ließen, war eine Frage des ökonomischen Kalküls und nur selten des gesellschaftlichen Prestiges. Hatte sich die neue Technik in der Praxis bewährt, hatte sie sich als ein erfolgreicheres Mittel zum Erwirtschaften von Gewinnen erwiesen als die alte Technik, so sorgten alle, die die finanziellen Möglichkeiten und den Willen hatten, Unternehmer zu werden, für deren Diffusion.

Ob die neue Technik die Arbeit des Menschen erleichterte, welche Folgen ihr Einsatz für andere soziale Gruppen oder gar für die Umwelt und die Nation hatte, interessierte zwar einige wenige Erfinder und auch Unternehmer, aber solche Fragestellungen waren für die Gesamtheit der Produzenten kein Entscheidungsgrund für oder gegen den Einsatz der neuen Technik. Ebenso belanglos für Unternehmer wie Techniker war die »nationale Herkunft« der Technik. Was sie scheuten, waren Kosten. Ein internationales Patentrecht gab es jedoch nicht, und wo immer etwas Brauchbares erfunden wurde, wie bei den chemisch-technologischen Verfahren in Frankreich, haben es die Briten übernommen, adaptiert und des öfteren zur Reife gebracht. Viele Techniker mit guten Ideen, so der Franzose Philippe de Girard (1775–1845), Erfinder des Naßspinnens von Flachs, fanden diese schneller in England als in ihrer Heimat in funktionierenden Maschinen umgesetzt. Friedrich Koenig (1774–1833) konstruierte seine Zylinderdruckmaschine 1812 in London, und einige der in den USA oder im französischen Elsaß entwickelten Textilmaschinen fanden rasch ihren Weg in die britische Textilindustrie. Die englischen Puddler waren stolz, die besten in der Welt zu sein, hatten aber keine Bedenken, das Stahlpuddeln aus Westfalen zu übernehmen. Die Wege der sich verbreitenden Technik waren auch vor 1840 überwiegend, jedoch nicht ausschließlich eine »Einbahnstraße« aus Großbritannien auf den Kontinent und in die USA. Je mehr die Nachfolger voranschritten, desto mehr wurden die Diffusion und der Transfer von Technik zu einem wechselseitigen Prozeß.

Der Transfer der Technik

Vorerst stand der Transfer der neuen Technik auf den europäischen Kontinent im Vordergrund. Er hatte zwei Aufgaben zu bewältigen: in den Besitz der englischen Technik zu gelangen und diese dann im eigenen Wirtschaftsraum zu verbreiten. Für die Geschwindigkeit, mit der man den technischen Abstand zu Großbritannien zu verringern vermochte, waren neben den erforderlichen finanziellen und natürlichen Ressourcen der Stand der zwischenstaatlichen Beziehungen und die politischen, sozialökonomischen und kulturellen Rahmenbedingungen im Empfängerland von entscheidender Bedeutung. Infolge des vorwiegend ökonomischen Gefälles gegenüber England waren in allen Ländern Veränderungen der bestehenden Systeme die Voraussetzung für eine dauerhafte Übernahme der neuen Technik.

Die erste punktuelle Fühlungnahme des europäischen Kontinents mit der englischen Technik fand schon seit etwa 1775 statt. In Frankreich wurden unter Federführung der Wilkinsons 1778 der Kupolofen und 1785 in Creusot der erste Kokshochofen in Betrieb genommen. Die »Jenny« war seit 1771 bekannt, und zwischen 1780 und 1788 wurden von englischen Emigranten die Waterframe und die Mule eingeführt. In Sachsen produzierten Tischler nach 1780 die ersten »Jennies«, 1783 wurden in Ratingen bei Düsseldorf die ersten Waterframes installiert, und nach 1790 fanden sie zusammen mit den Mulemaschinen Eingang in Sachsen und in der Habsburger Monarchie. Der erste Kokshochofen auf deutschem Boden wurde im Jahr 1796 mit Hilfe des Schotten John Baildon in Gleiwitz in Betrieb genommen. In Belgien und in der Schweiz kam es schon Anfang des 19. Jahrhunderts zur Gründung von großen Maschinenspinnereien. Die Ansätze wurden durch den von 1792 bis 1814 währenden Kriegszustand Großbritanniens mit Frankreich und seinen Verbündeten, durch die Verluste an Menschen, die Vernichtung von Gütern sowie die napoleonische Kontinentalblockade gehemmt und zeitweilig ganz unterbrochen. Zu der in Großbritannien zwischen 1790 und 1815 ständig weiterentwickelten neuen Technik gab es fast keinen Zugang, und so war der technische Rückstand des europäischen Kontinents in den Jahren des Wiener Kongresses größer als beim Ausbruch der Kriege gegen Frankreich.

Damit lag der Schwerpunkt der Aktivitäten beim Transfer britischer Technik erst nach 1815. Er wurde zwar seitens der Empfänger mit denselben Mitteln angestrebt, wie sie bei der Diffusion in Großbritannien verwendet wurden: Erstinformationen von »Augenzeugen«, die England besucht hatten oder dort lebten, Kauf der Maschi-

202. Die École Polytechnique in Paris. Zeichnung von Alphonse Testard, 1815. Paris, Bibliothèque Nationale

nen und ihr Nachbau, Anwerben von Fachkräften. Aber anders als bei der Diffusion im Mutterland der neuen Technik prägten den Techniktransfer in Frankreich, in dem 1830 seine staatliche Selbständigkeit errungenen Belgien, in Preußen, Bayern, Sachsen und in der Habsburger Monarchie eine zwar unterschiedliche, aber insgesamt äußerst aktive staatliche Unterstützung des unmittelbaren Transfers und die langfristig wirksam werdende »Gewerbeförderung durch Bildung« (P. Lundgreen), das heißt durch die Entfaltung eines technischen Bildungssystems. Die besten Voraussetzungen dafür bestanden in Frankreich mit seinen noch im Ancien régime gegründeten Schulen für die Ausbildung von Staatsbeamten und Militärs, wie der

»École des Ponts et Chaussées« und der »École des Mines«. Aufbauend auf diesen Erfahrungen entstand 1795 in Paris die als wissenschaftliche technische Hochschule konzipierte »École Polytechnique«, das große Vorbild für die technischen Hochschulen im deutschen Sprachraum. Der Ausbildung von Handwerkern dienten die nach 1803 staatlichen »École des Arts et Métiers«, deren Vorläufer eine 1788 von François Alexandre La Rochefoucauld-Liancourt (1747–1827) ins Leben gerufene Privatschule war. Dem als technische Sammlung 1794 gegründeten »Conservatoire des Arts et Métiers« fiel ab 1819, nach dem Vorbild der »Andersonian Institution« in Glasgow, die Aufgabe der freiwilligen Erwachsenenbildung für Handwerker, Meister und Arbeiter zu. Das noch fehlende Glied, technische Schulen für die Industrie mit einem Anspruch auf wissenschaftliches Rüstzeug, entstand erst 1829 mit der »École Centrale des Arts et Manufactures«, die sich an preußischen Einrichtungen orientierte. In Deutschland und in der Habsburger Monarchie waren es vor allem die den Berufsweg der Staatsbeamten vorbereitenden Bergakademien in Freiberg und Schemnitz und die Bauakademie in Berlin, die als Vorläufer des erst im 19. Jahrhundert ausreifenden technischen Bildungswesens bezeichnet werden können. Es war charakteristisch für die deutsche Entwicklung, daß die nach Prag und Wien zwischen 1821 und 1835 entstandenen staatlichen technischen Bildungsanstalten in Berlin, Karlsruhe, München, Dresden, Stuttgart, Kassel, Hannover, Darmstadt und Braunschweig auf die theoretische und praktische Schulung der Techniker-Ingenieure für die Industrie ausgerichtet waren und nur die Keimzellen der aus ihnen hervorgegangenen Technischen Hochschulen darstellten. Das berühmt gewordene »Königliche Gewerbe-Institut« in Berlin entstand 1821 als »Technische Schule« hauptsächlich für die Weiterbildung der besten Absolventen

	Rohe Baumwolle	Roheisen (Produktion)	Kohle	Dampfmaschinen-PS Installiert	Eisenbahn*
GB	15,1	130	2.480	24	44
B	2,9	69	1.310	21	30
D	1,5	13	400	5	21
F	2,5	26	390	5	18
CH	5,6	6	ca 50	3	28
Ö/U	1,2	9	190	2	10
R	0,5	4	ca 50	1	1

* Index berechnet auf Grund von: $\frac{V}{(P+3S)}$

V = Länge der Strecke in Kilometer
P = Bevölkerung in Millionen
S = Fläche in 10.000 Quadratkilometer

Verbrauch an Kilogramm/Kopf 1860 (nach Pollard 1981)

203. Einige Produkte der Königlichen Eisengießerei zu Berlin: von der Wendeltreppe über die Chausseewalze bis zum Kandelaber der Gasbeleuchtung. Sogenannte Neujahrsplakette der Eisengießerei, 1831. Berlin-Museum

der Provinzial-Gewerbeschulen. Nach der Neuorganisation und Umbenennung 1826/27 wurde sie jedoch zu einer der wichtigsten Ausbildungsstätten für Techniker, vornehmlich für die Textilindustrie und den Maschinenbau. In allen Polytechnischen Instituten, Gewerbeschulen oder -akademien hatte der praktische Unterricht einen hohen Stellenwert, denn ihre Sammlungen und Werkstätten verfügten nicht nur über Modelle, sondern auch über die neuesten Maschinen.

Aus der Tätigkeit der staatlichen Behörden für die Gewerbeförderung und der Bildungseinrichtungen resultierte ein ungemein breites und fachkundiges publizistisches Schaffen. Zum einen waren es Monographien, die aufgrund zumeist staatlich geförderter »technologischer Reisen« entstanden sind, zum anderen Übersetzungen englischer Publikationen. Die schnellsten Informationen boten jedoch die zahlreichen technisch-naturwissenschaftlichen Zeitschriften und die Periodika der die staatlichen Maßnahmen unterstützenden Vereine der Gewerbeförderung. Von diesen waren von zentraler Bedeutung die Bulletins der 1802 gegründeten »Societé d'Encouragement pour l'Industrie Nationale« in Frankreich und die »Verhandlungen« des 1821 gegründeten »Vereins zur Beförderung des Gewerbfleißes in Preußen«. Von den privaten, an keinen Verein gebundenen Zeitschriften hatte im deutschen Sprachraum die breiteste Wirkung das seit 1820 von Johann Gottfried Dingler (1778–1855) für den »Fabrikanten und Gewerbsmann« herausgegebene »Polytechnische Journal.«

Aus diesem Schrifttum ist über den Stand der britischen Technik auf so entscheidenden Gebieten wie der Spinnerei und Weberei, dem Werkzeugmaschinenbau oder des Eisenhüttenwesens mehr zu erfahren als aus der englischen Presse. Viele der Veröffentlichungen waren Erfolgsmeldungen: Berichte über eine aus England importierte Maschine oder vollständige Baumwollspinnerei, über die Einführung der englischen Methode der Stabeisenbereitung und dergleichen. Der Transfer lief vorwiegend über Importe, doch die Verbreitung des Wissens über die neue Technik besorgten Publikationen und auch Ausstellungen. Die Zeitschriften der Vereine oder Bildungseinrichtungen veröffentlichten, zumeist ohne großen zeitlichen Aufschub und praxisnah sowie fachkundig verfaßt, sehr exakte Beschreibungen und technische Zeichnungen aller vom Staat und von Privatunternehmern eingeführten technischen Vorrichtungen. Die Gewerbe- und Industrieausstellungen trugen vornehmlich die Ergebnisse des eigenen »Gewerbefleißes« in die Öffentlichkeit und wollten ihn durch das Auszeichnen mit Medaillen und Ehrendiplomen zu weiteren Leistungen anspornen. In Frankreich fanden sie schon seit dem Ende des 18. Jahrhunderts statt. In deutschen Landen begannen sie in den zwanziger Jahren, und den ersten Schritt zur Überwindung des Partikularismus signalisierte die 1844 in Berlin veranstaltete Gewerbeausstellung des Zollvereins.

Die Ausbildung und die Veröffentlichungen waren um so wichtiger, als dem Import von Maschinen bis 1842 ein großes Hindernis im Wege stand: die britische Handelspolitik der Exportverbote von Produktionsmitteln, ihrer Zeichnungen und Modelle sowie das Verbot der Auswanderung von Handwerkern. Zu dem 1696 erlassenen Gesetz über die Strickmaschinen kamen bis 1782 fünf weitere. Sie bezogen sich vorrangig auf Werkzeuge, Maschinen, Pläne, Modelle und Handwerker in der Textilproduktion, auf Uhrmacher, Messinggießer und einige andere Berufe. Von 1785 bis 1795 folgten drei weitere Gesetze, die in das Exportverbot alles einbezogen, was für die Erzeugung und Bearbeitung von Eisen und Stahl benutzt wurde, unter anderem Walzwerke und alle »Maschinen«, die eine Spindel mit einem Durchmesser von mehr als 1,5 Zoll hatten. Als diese Gesetze erlassen wurden, konnten die meisten Produkte des Maschinenbaus nicht namentlich aufgeführt werden, weil sie noch gar nicht existierten. Die Bestimmungen bezogen sich zum einen auf den Verwendungszweck, wie Werkzeuge für die Erzeugung und Bearbeitung von Eisen, zum anderen führten sie technische Daten an, beispielsweise den Durchmesser von Spindeln. Die Kombination dieser Merkmale ermöglichte es, so gut wie alle erst später entwickelten Produkte des Werkzeugmaschinen-

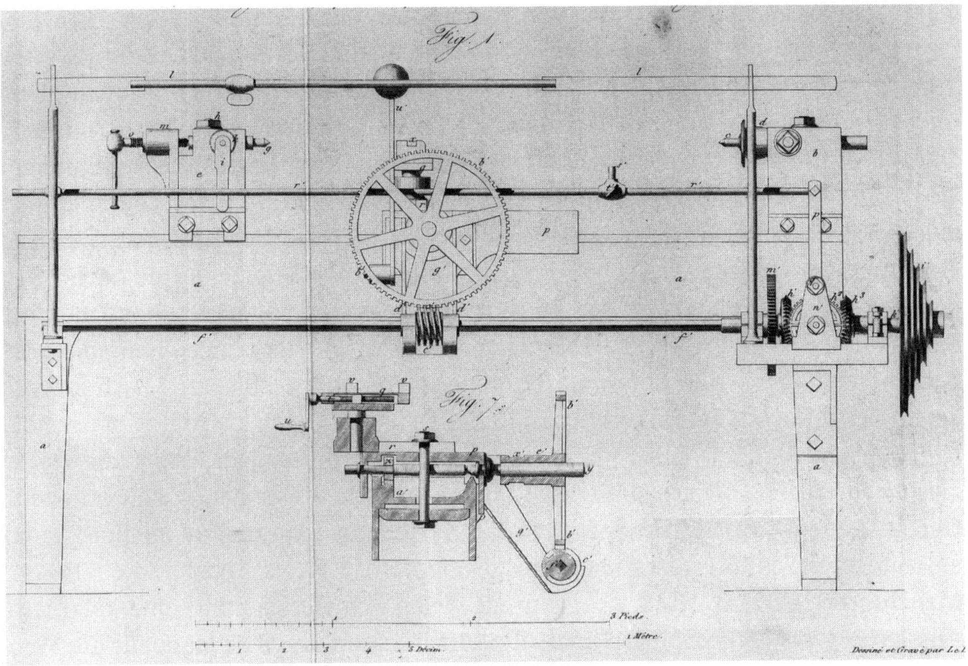

204. Eine während des britischen Ausfuhrverbots von einer französischen Spinnerei um 1825 gekaufte Drehmaschine mit Zugspindel. Stahlstich in »L'Industriel«, 1826. Hannover, Universitätsbibliothek

baus in das Exportverbot einzubeziehen. Von den wichtigsten Produkten waren es nur die Kraftmaschinen, einschließlich der Dampfmaschinen, die von dem Exportverbot nicht betroffen wurden.

Diese Gesetze galten unverändert bis 1824, als zusammen mit dem seit 1799 bestehenden Koalitionsverbot auch das Verbot der Auswanderung von Fachkräften aufgehoben wurde. Der darauf folgende erste Versuch einiger Gruppierungen der Wirtschaft, vor allem der Maschinenbauer, auch die Exportverbote aus der Welt zu schaffen, scheiterte 1825 hauptsächlich an der Lobby der Textilfabrikanten. Sie meinten, nur mit ihrer Hilfe sei die Vorherrschaft auf dem Weltmarkt zu erhalten. Immerhin war es ab 1825 möglich, für verbotene Produkte, also auch für Textilmaschinen, eine Ausfuhrbewilligung zu beantragen.

Die Strafen für illegale Exporte beliefen sich neben der Beschlagnahme der Ware auf 200 Pfund für den Exporteur, 100 Pfund für den Schiffskapitän und für der Bestechung überführte Zollbeamte, denen zusätzlich der Verlust des Kapitänspatentes beziehungsweise ihrer Stelle drohte. Dafür durften gewissenhafte Bedienstete, wenn sie fündig wurden, die Hälfte der Strafgelder für sich verbuchen. Viel höher waren die Strafen für Abwerber von Fachkräften ins Ausland. Sie betrugen 500 Pfund pro Kopf und 12 Monate Gefängnis beim ersten, das Doppelte beim zweiten Vergehen. Der Schmuggel von Fachkräften und Maschinen war somit nicht allein mit einem ökonomischen, sondern auch mit einem persönlichen Risiko verbunden. Die Todesstrafe drohte in Friedenszeiten nur für die Fälschung von Siegeln und vor 1785 für den Verkauf illegal importierter Baumwollwaren. In Kriegszeiten konnte jedoch jeder Schmuggel lebensgefährlich werden, weil die Lieferung von Waren an eine feindliche Macht als Hochverrat galt. Trotz dieser Gesetze wurde nach 1815 der illegale Maschinenexport als ein ganz normaler Geschäftszweig mit erhöhtem Risiko geführt: Die Preise, die Frachtraten und die Versicherungsprämien waren eben höher. Nach 1825 boten die Lizenzierungen bei geschickter Mischung von Teilen der zerlegten Maschinen und falscher Deklarierung der Sendungen unendliche Möglichkeiten, die Zollbehörde zu überlisten. Wenn es nicht gelang, die Waren »legal« durch den Zoll zu schmuggeln, bot die britische Küstenlandschaft genügend Gelegenheiten, um mit erhöhtem Risiko verbotene Exportgüter an Bord eines auslaufenden Schiffes zu bringen. So gelang es der Firma Sharp & Roberts aus Manchester 1826 bis 1828, obschon mit vielen Schwierigkeiten, eine komplette Ausstattung an Werkzeugmaschinen, Textilmaschinen und ihre Pläne für die Webmaschinenfabrikation von Koechlin im Elsaß teils legal über den Zoll, teils illegal aus Liverpool hinauszuschmuggeln.

Insgesamt bezweifeln neuere Forschungen die Wirksamkeit der Exportverbote nach 1825. Die Zollbehörde war angesichts des zunehmenden Exportes unterbesetzt und infolge der schnellen technischen Entwicklung mit der Kontrolle fachlich überfordert. Die Beamten konnten den Wahrheitsgehalt der Zolldeklarationen oft nicht überprüfen und zogen als Experten führende Maschinenbauer heran, die meistens selbst an illegalen Exporten beteiligt waren und deshalb, wenn es nur irgendwie ging, die Teile als identisch mit der Deklaration qualifizierten. Die leitenden Beamten des »Board of Trade«, dem die Zollämter unterstellt waren, zählten zu den Anhängern der Bewegung der »Manchesterianer« genannten Freihändler und drückten auch dann noch ein Auge zu, wenn von Konsulaten, die das Löschen der Ladungen britischer Schiffe zu überwachen hatten, Anzeigen gegen Schiffskapitäne vorlagen. So überließ beispielsweise das Ministerium der Zollbehörde die Entscheidung, ob es sinnvoll wäre, ein Verfahren gegen einen Schiffskapitän einzuleiten, der 1835 in Göteborg von seinem aus Hull nach Newcastle ausgelaufenen Küstenfrachter 40 Kisten mit Spinnmaschinen gelöscht hatte und bei der vom Konsul angeordneten Untersuchung die haarsträubende Ausrede zu Protokoll gab, daß sein Schiff auf dem Weg nach Newcastle von einem Sturm in den Hafen von Göteborg getrieben wurde.

An Erzeugnissen der Metallverarbeitung wurden zwischen 1830 und 1840 1.300 Walzen, 41 Drehmaschinen und 20 andere Werkzeugmaschinen legal ausgeführt.

Von den gleichen Waren gingen 1840 lizenzpflichtige Lieferungen im Wert von über 20.000 Pfund nach Deutschland. Das statistisch vom Staat erfaßte Ausfuhrgut war jedoch nur ein Bruchteil der Schmuggelexporte. In dieser Lage waren es hauptsächlich die Maschinenbauer, die 1841 die parlamentarische Untersuchungskommission von der Sinnlosigkeit der Exportverbote überzeugten, die dann ein Jahr später aufgehoben wurden. Mit einer Mischung aus Bewunderung und Sorge, zudem sehr gut informiert, berichteten führende britische Maschinenbauer dem Parlament sowohl über die technischen Bildungsanstalten als auch über die großen Fortschritte des Maschinenbaus in Frankreich, Sachsen, Preußen, in der Schweiz und in Belgien. Die Bewunderung galt der Gewerbeförderung und dem Bildungssystem, die Sorge dem kräftigen Aufschwung des kontinentalen Maschinenbaus, den alle Exportverbote kaum verlangsamen konnten. Dennoch verhinderten sie eine den Kapazitäten der britischen Industrie entsprechende Steigerung des Absatzes in den kontinentaleuropäischen Ländern. Das Aufheben der Exportverbote glich, wenn man so will, dem Sieg der Maschinenbauer über die Textilfabrikanten. Jene Epoche staatlicher Technologiepolitik, wie man es heute nennen würde, machte bereits deutlich, daß der Versuch, die Verbreitung technischer Neuerungen durch Verbote zu verhindern, zum Scheitern verurteilt war, wenn sich einerseits der Export von Investitionsgütern als gewichtiger Faktor für das Wachstum der einschlägigen Sparten der Wirtschaft erwiesen hat und andererseits von den Staatsbehörden der Empfängerländer der Import der neuen Technik kräftig gefördert wurde.

Die staatlichen Organe der Gewerbeförderung waren nämlich auch ein sehr erfolgreiches Instrument für das Unterlaufen der Exportverbote. Die Beamten der für Bergbau, Industrie und Handel zuständigen Ministerien, zu deren Aufgaben der Transfer gehörte, und diejenigen der staatlichen technischen Bildungseinrichtungen eigneten sich durch Studium und auf gründlich vorbereiteten Studienreisen in Großbritannien sehr schnell umfassende Kenntnisse über die dortige Technik an. Dies war die Voraussetzung für einen gezielten Einkauf, bei dem sie gegenüber den ebenfalls sehr agilen Privatpersonen einen großen Vorteil hatten. Ihre Anträge auf Ausfuhrbewilligungen gingen von Majestät zu Majestät, und sie bestellten Maschinen und Werkzeuge nicht für die Wirtschaft, sondern vor allem für staatliche Sammlungen, zum Beispiel für solche des Conservatoire in Paris, des Polytechnischen Instituts in Wien, des Gewerbe-Instituts in Berlin oder des Polytechnischen Vereins in München. Bei derartigen Anträgen widersprach der »Board of Trade« freundlichen Empfehlungen des Premierministers selten. Die Einkäufe der sehr begehrten, aber schwer zugänglichen Textilmaschinen und Werkzeugmaschinen, deren privaten Transfer der Staat nicht nur durch Gewährung von Zollfreiheit, sondern auch mit finanzieller Unterstützung sowie Kontaktvermittlung für Studienreisen förderte, hatten zwei Funktionen: das Verbreiten des Wissens über ihre Konstruktionsprinzipien und Werkstoffe sowie das Arbeiten mit ihnen.

205 bis 208. Allegorien auf die theoretische, praktische und von Industriellen geförderte Ausbildung am Berliner Gewerbe-Institut: Wissenschaftler, Fabrikanten und Werkmeister (205); Alexander von Humboldt als Reorganisator des preußischen Bildungswesens (206); Drake, Kiss, Daguerre, Goethe, Schinkel, Rauch und Eytelwein als Symbolfiguren im Widerstreit zwischen der herkömmlichen Kunstvorstellung und der naturwissenschaftlichen exakten Abbildung (207); Beuths Schüler Wöhlert, Freund, Borsig und Egells als Vertreter der Produktion (208). Kopien der 1860/61 von Friedrich Drake geschaffenen Reliefs an dem im Krieg zerstörten Beuth-Denkmal zu Berlin. Berlin, DIN Deutsches Institut für Normung e. V.

Die Maschinen wurden zerlegt, detaillierte Zeichnungen und Modelle angefertigt, danach zusammengebaut und in den Werkstätten der Bildungseinrichtungen für den Unterricht benutzt. Die allen Interessenten zugänglichen Modelle und Zeichnungen dienten somit nicht nur den praktischen Übungen in angewandter Mechanik, sondern förderten auch die Fähigkeiten zum Nachbau. Die Maschinen ermöglichten eine praxisbezogene Ausbildung künftiger Techniker, Ingenieure und

Unternehmer. So standen beispielsweise im Gewerbe-Institut den Zöglingen der metallgewerblichen Klasse schon vor 1840 acht Spitzenprodukte des englischen Werkzeugmaschinenbaus von Maudslay, Fox und Roberts zur Verfügung, die Beuth seit 1821 in England mit Ausfuhrbewilligungen gekauft hatte. In Einzelfällen wurden vom Staat eingeführte Maschinen – in Preußen als Leihgaben auf Zeit, die meistens in Schenkungen übergingen – Unternehmern mit der Auflage weitergegeben, daß sie auch in Privatbetrieben jedem Interessenten zugänglich sein müßten. Auch in diesen Fällen ging es nicht vorrangig um Kapitalhilfen, sondern um einen Beitrag zur Schließung technischer Lücken. Das Unterlaufen der Exportverbote war für die staatlichen Gewerbeförderer lediglich ein Mittel zum Zweck. Dahinter stand die Absicht, mit dem Transfer der Gegenstände ihre Verbreitung einzuleiten, technische Kenntnisse und Fertigkeiten zu vermitteln, um Maschinen in eigener Regie herzustellen. Nur aus der Sicht eines falsch verstandenen nationalen Selbstbewußtseins mag es von Bedeutung sein, daß die britische Technik im ersten Schritt der Industrialisierung bloß kopiert wurde. Entscheidend für die Loslösung von der

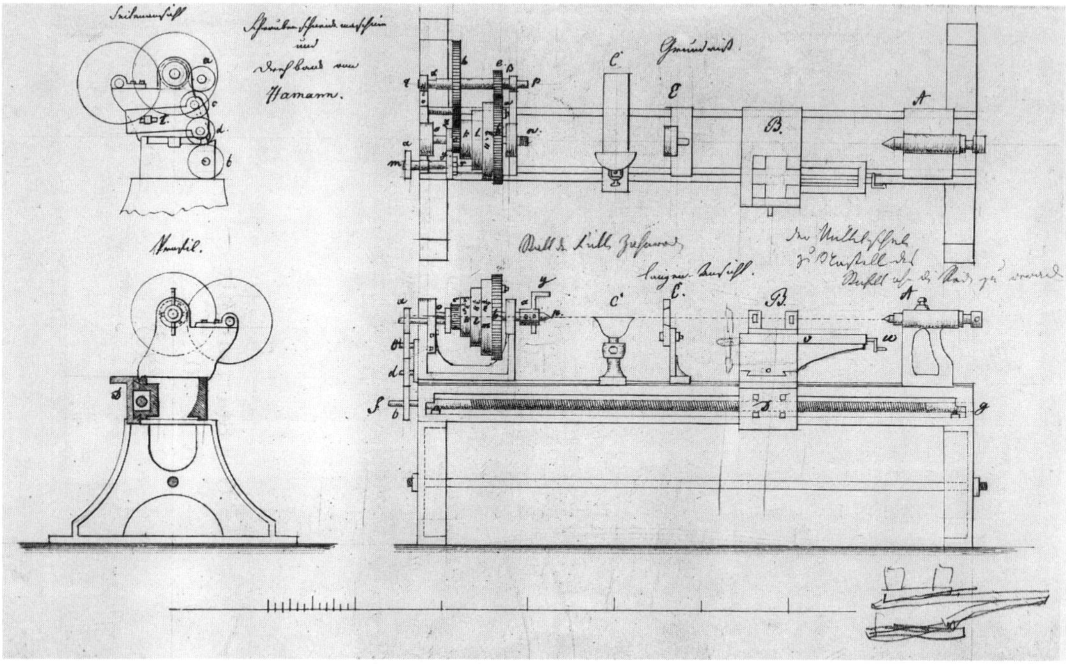

209. Schrauben-Schneidemaschine des Berliner Maschinenbauers August Hamann für den niedersächsisch-thüringischen Hauptbergdistrikt. Stahlstich, um 1830. Merseburg, Geheimes Staatsarchiv Preußischer Kulturbesitz

englischen Nabelschnur war die Innovation, das Verfügen über die neue Technik in der Praxis sowie das Kopieren; der Nachbau einer Maschine war ein kreativer Akt. So entstanden in Belgien, in Paris und im Elsaß, in Berlin, in Sachsen und in der Schweiz die Grundlagen für einen Maschinenbau, der in kurzer Zeit eigene Entwicklungen mit einer Geschwindigkeit hervorbrachte, die über Vermittlung von Buchwissen allein nicht denkbar war. Es mindert nicht die Bedeutung des kontinentaleuropäischen technisch-gewerblichen Bildungssystems, sondern es liegt in der Natur der Sache, in dem überwiegend empirischen Ursprung der neuen Technik, daß anfangs die praxisorientierte Ausrichtung in den von Bildungsbürgern als »Klempnerakademien« verspotteten Gewerbeinstituten und erst danach die wissenschaftliche Schulung nach dem Vorbild der Pariser »École Polytechnique« ihre Früchte getragen haben. Die Förderung der Maschinenimporte und der technischen Bildung trug maßgeblich dazu bei, daß Belgien, Frankreich, die Schweiz und Deutschland den Abstand zum technischen Niveau Großbritanniens allmählich verringerten.

Das beschleunigte Wachstum

Ein Ergebnis der in der Industriellen Revolution zur Entfaltung gekommenen Maschinisierung war »das sämtliche bisherige Vorstellungen sprengende Wachstum der gesellschaftlichen Produktion« (K. Borchardt) und die durch einen steigenden Anteil des Bergbaus, der Industrie und des Handels am Sozialprodukt gekennzeichnete Veränderung der Struktur der Wirtschaft und der Beschäftigung. Zwischen 1770 und 1840 erhöhte sich in Großbritannien bei einer Bevölkerungszunahme von 8,7 auf 17,5 Millionen das Bruttosozialprodukt von 98 auf 372 Millionen und das jährliche Prokopfeinkommen von etwa 9,3 auf 18 Pfund. Aufschlußreich für die Einkommensverteilung waren ein überproportionaler Anstieg der Kapitaleinkommen aus Profiten und Renten sowie die Anhebung der Reallöhne weit unter der Steigerungsrate des durchschnittlichen Prokopfeinkommens. Die jährliche Wachstumsrate des Sozialproduktes war in der ersten Hälfte des 19. Jahrhunderts 2,9 Prozent, ein sehr hoher langfristiger Durchschnittswert, der hauptsächlich durch die zwischen 1800 und 1840 mit jährlich etwa 4,7 Prozent wachsende Industrieproduktion einschließlich des Bergbaus und des Bauwesens getragen wurde. Der prozentuale Anteil der Land- und Forstwirtschaft an dem Sozialprodukt ging in demselben Zeitraum von 40 auf 15 zurück, und jener der Industrieproduktion samt dem Bergbau stieg von 21 auf 40.

Solche quantitativen Meßwerte zeigen nur das Wesen des gesamtökonomischen Prozesses in der Industrialisierung. Von den qualitativen Merkmalen waren die bestimmenden Elemente der Industrieproduktion die maschinelle Fertigung und das Fabriksystem. Im Gesamtergebnis veränderte die Industrielle Revolution tiefgreifend die Schichtung und die Lebensformen der Gesellschaft. Einerseits wuchsen die Zahl und die gesellschaftliche Bedeutung der Kapitalgeber und der Bankiers, der Unternehmer in verschiedenen Sparten der Industrie, im Handel und im Transportwesen, andererseits die Zahl der lohnabhängigen Arbeiter. Befreit von den Beschränkungen, die die Wasserkraftnutzung und das alte Transportsystem der Standortwahl von Industriebetrieben auferlegten, setzte sich in der Industrialisierung der Trend zur Ballung der Industrie an Orten mit entsprechenden Rohstoffressourcen und einer guten Infrastruktur durch. So wurden die Verstädterung, das Entstehen von Industriestädten und industriellen Ballungsräumen zu Merkmalen der Industrialisierung. Demzufolge stieg in Großbritannien der Anteil der Stadtbewohner in der zweiten Hälfte des 18. Jahrhunderts von etwa 15 auf 25 Prozent und in den folgenden fünfzig Jahren auf annähernd 50 bis 60 Prozent der Gesamtbevölkerung. Die Industriezonen der Midlands, von Lancashire und des West Riding sowie die Eisen- und Kohlenzentren in Südwales und um Newcastle wurden durch Binnenwanderung und durch die Einwanderung, überwiegend von Iren, zu Regionen mit der größten Bevölkerungsdichte. Die Einhegungen in der Landwirtschaft, die Verdichtung der Industriestandorte und der Ausbau der Verkehrswege veränderten binnen drei Generationen auch das über Jahrhunderte hinweg konstante Landschaftsbild, das von rauchenden Schloten, Hüttenwerken, Schlackenhalden und Fördertürmen, Talüberbrückungen für Kanäle, Straßen und die Eisenbahn geprägt wurde. Die Industrielle Revolution begann in einer Wirtschafts- und Gesellschaftsordnung, die im wesentlichen von der Agrarproduktion und -struktur bestimmt war, und führte hinüber zu einer Wirtschafts- und Gesellschaftsordnung, deren signifikantes Element die Industrieproduktion und die mit ihr verbundenen sozialen Gruppen und Schichten wurden.

Die wichtigste Folge der massenhaften Einführung von Arbeitsmaschinen der Formveränderung für die Produktion von Konsum- und Investitionsgütern war die neue Organisationsform der Verarbeitung von Stoffen in zentralisierten Produktionsstätten: das Fabriksystem. Der Prototyp der modernen Fabrik waren die Maschinenspinnereien Arkwrightscher Prägung. Das grundlegende technische Element war der auf Arbeitszerlegung aufbauende Einsatz von Arbeitsmaschinen, der – mit einem erhöhten Bedarf an Kapital, das in den Produktionsanlagen steckte, verbunden – bei entsprechender Arbeitsorganisation eine Produktivitätssteigerung gewährleistete. Die sozialen Beziehungen in der Fabrik wurden im Arbeitsprozeß durch die Unterordnung des Menschen unter eine Technik markiert, bei deren Gestaltung und Einsatz er überhaupt kein Mitspracherecht hatte. Der Arbeiter hatte sich den Produktionsbedingungen, also der Technik, dem mit ihrer Hilfe vorgegebenen Arbeitsrhythmus, der Arbeitsdisziplin und der Arbeitszeit, anzupassen.

	Baumwolle in		Wolle in		Eisen in		Kohle in	
	£	%	£	%	£	%	t	%
1820	29,4	53	26,0	23	11,0	21	17,4	1
1830	32,1	56	28,8	19	13,7	23	22,4	2
1840	46,7	50	32,7	20	19,6	28	33,7	5
1850	45,7	61	36,4	25	35,7	39	49,4	7
1860	77,0	64	47,6	30	54,3	40	80,0	9
1870	104,9	67	59,6	43	113,5	40	110,0	13
1880	94,5	74	56,6	33	122,4	37	146,0	16
1900	89,2	79	63,4	25				
1910					142,0	50	287,4	33

Produktion der wichtigsten britischen Industriezweige in Millionen £ oder Tonnen und Exportanteil in Prozent (nach Deane und Cole)

210. Die Stahlstadt Sheffield während des Wirtschaftsbooms. Holzstich in »The Illustrated London News«, 1884. London, Mansell Collection

Um 1780 soll es ungefähr 20 Arkwrightsche Fabriken gegeben haben, um 1787 in England und Schottland etwa 143. Die bislang gründlichste Auswertung von Versicherungspolicen ergab für 1795 im Norden Englands, hauptsächlich in Lancashire und Yorkshire, an die 110 und in Schottland etwa 55 Baumwollspinnereien mit einem Versicherungswert von je mindestens 5.000 Pfund. In den Midlands, vornehmlich in Nottinghamshire, Derbyshire und Leicestershire, und in der Wollverarbeitung im West Riding von Yorkshire wurden bis 1800 etwa 260 Fabriken gegründet.

In der britischen Gesetzgebung bezog sich der Begriff »Factory« bis in die sechziger Jahre des 19. Jahrhunderts ausschließlich auf Betriebe der Textilindustrie, die zweifelsohne das tragende Element des Fabriksystems war. Die Fabrik als zentrale Stätte der maschinellen Fertigung verbreitete sich jedoch seit dem Anfang des 19. Jahrhunderts auch in anderen Sparten der Produktion. Entsprechend den spezifischen Techniken der Stofformung beziehungsweise der Stoffumwandlung

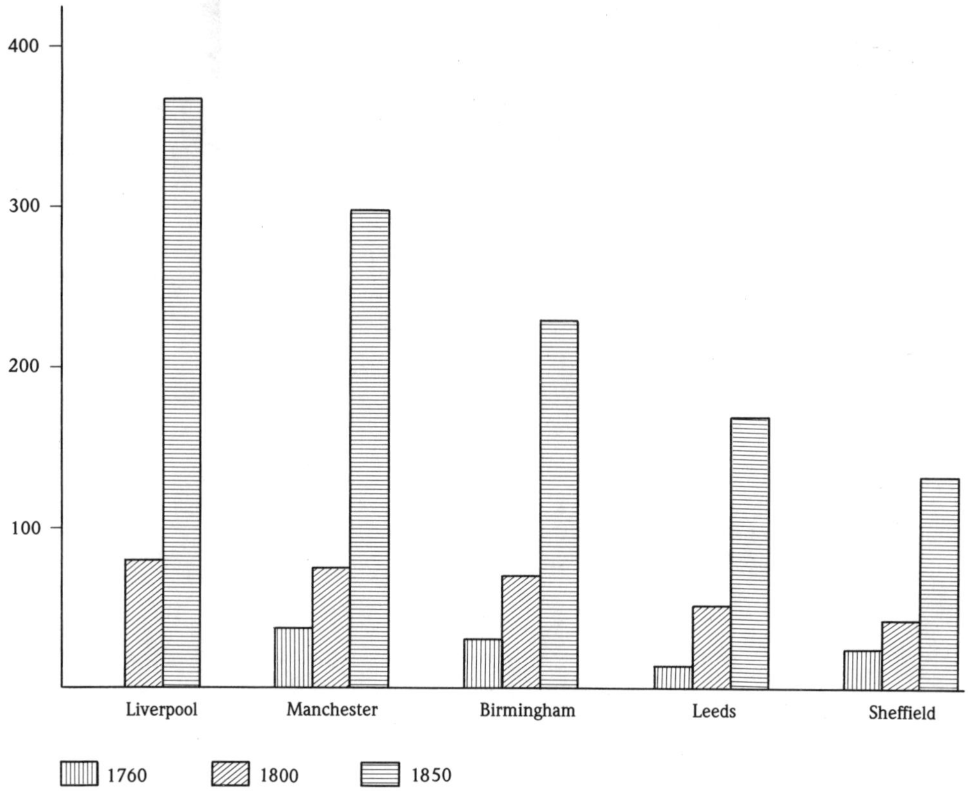

Wachstum einiger Industriezentren in tausend Einwohner

unterscheiden sich die Merkmale der Fabrik im Maschinenbau, im Eisenwerk oder in der chemischen Industrie von jenen des Prototyps, der Maschinenspinnerei. Trotzdem sind sie dem Typus des Fabrikbetriebes zuzuordnen, weil auch in diesen Bereichen der Einsatz der Maschinen-Werkzeug-Technik, in chemischen Betrieben die Verfahrenstechnik nicht nur die Menge, Qualität und Preise der Erzeugnisse, sondern auch die sozialen Verhältnisse in der Produktion bestimmte.

Das bis 1795 in Maschinenspinnereien investierte Kapital wird auf 2 Millionen Pfund geschätzt; die Investitionen pro Arbeitsplatz waren mit etwa 10 Pfund noch sehr niedrig und entfielen zu rund zwei Dritteln auf die Baukosten der Gebäude und der Kraftanlage. Durch die Perfektionierung der Maschinerie stieg der Kapitalbedarf kontinuierlich, und in den dreißiger Jahren des 19. Jahrhunderts mußte man für eine moderne Spinnerei bereits 70 bis 100 Pfund pro Arbeitsplatz investieren. Das Anlagekapital für eine kombinierte Spinnerei und Weberei betrug nun je nach Betriebsgröße zwischen 20.000 und 50.000 Pfund. Die Zahl der Belegschaft in

Maschinenspinnereien bewegte sich um die 300 bis 400 Arbeitskräfte. Obwohl es nach 1800 einige Fabriken gab, die über 1.000 Leute beschäftigten – so der Musterbetrieb des Sozialreformers Robert Owen (1771–1858) im schottischen New Lanark und in Manchester die Firmen Atkinson, McConnell & Kennedy, A. & G. Murray –, lag, die vielen kleineren Fabriken mitgerechnet, auch in den dreißiger Jahren die durchschnittliche Arbeiterzahl pro Fabrik in Manchester bei rund 400 und in Lancashire bei etwa 200. In der Wollindustrie betrug die durchschnittliche Betriebsgröße nur etwa 100 Arbeiter.

Sowohl für die Grundstoffindustrien, das heißt für Bergbau, Hüttenwesen und Chemie, als auch für den Maschinenbau war der Trend zu immer höheren Investitionen in Betriebseinrichtungen kennzeichnend. So betrugen in den führenden südwalisischen Eisenhüttenwerken die Kapitalinvestitionen um 1820 zwischen 100.000 und 400.000 Pfund pro Werk. Im Maschinenbau war der Einstieg bei vorhandenem technischen Wissen und Können zugleich mit einer minimalen Kapitalausstattung möglich. In den dreißiger Jahren erreichten aber die Kapitalinvestitionen pro Arbeitsplatz in den Ballungsgebieten des Maschinenbaus in Lancashire und im West Riding mit durchschnittlich 84 Pfund ungefähr dieselbe Höhe wie in der Textilindustrie.

Die für die Industrielle Revolution verfügbaren Daten über das Wachstum des Sozialproduktes und über die Investitionen belegen, daß es weder an ihrem Anfang noch in ihrem Verlauf einen Mangel an Investitionsbereitschaft gegeben hat. Die Gewinne aus der gewerblichen Produktion, aus dem Warenhandel und aus der Seeschiffahrt brachten insgesamt solche Geldmengen ins Land, daß es über die Deckung der Ausgaben für den Kauf von Immobilien, Staatspapieren und Luxusgütern hinaus für Ersparnisse reichte, die produktiv angelegt werden konnten. »Das Problem der Kapitalakkumulation im Großbritannien des 18. Jahrhunderts war deshalb hauptsächlich die Schaffung von Kanälen, über die das Kapital von den Gruppen der Bevölkerung, die die Ersparnisse machten, zu jenen gelangte, die Kredite brauchten« (P. Mathias).

Die Ersparnisse aus der Bodenrente und den landwirtschaftlichen Unternehmen flossen überwiegend in die Melioration des Bodens und in den Ausbau des Transportsystems. So stammten im Kanalbau zwischen 1755 und 1815 beziehungsweise im Eisenbahnbau zwischen 1820 und 1844 22 und 28 Prozent des Anlagekapitals vom Adel, der Gentry und den Gentlemen. Den höchsten Anteil an der Finanzierung des Transportwesens und der Industrieunternehmen hatte jedoch mit 39 bis 45 Prozent das durch den Binnenhandel und das Verlagswesen sowie den Außenhandel und die Seeschiffahrt akkumulierte Kapital. Dieses spielte die entscheidende Rolle sowohl bei direkten Unternehmensgründungen als auch bei der Mitfinanzierung von Industriellen durch Kapitalinvestoren oder Kreditgeber. Das Grundkapital bei Firmengründungen wurde zumeist durch Zusammenlegen der Ersparnisse des

211. »Man ist sehr im Zweifel, was aus diesem furchtbaren Zustand der Dinge werden soll«, Karl Friedrich Schinkel an seine Frau am 19. Juli 1826 nach seinem Aufenthalt in Manchester. Eine Seite in Schinkels Tagebuch seiner England-Reise, 1826, mit einer Darstellung der Fabriken in Manchester. Berlin, Staatliche Museen, National-Galerie

Unternehmers und seiner Freunde oder Verwandten, durch Hypotheken auf Immobilien, durch kurzfristige Kredite von privaten Bankhäusern außerhalb Londons, der Country Banks, und von Geschäftspartnern, meistens den Rohstoffgroßhändlern, aufgebracht. Für die Erweiterung der Anlagen reinvestierten die Unternehmer ihre Gewinne, und das notwendige Umlaufkapital für Rohstoffe, Löhne, Betriebskosten und Schuldendienste wurde in der Regel über die Kreditierung der Rohstofflieferungen durch Handelshäuser, durch Kauf auf Pump oder durch kurzfristige Kredite gesichert. Eine zunehmend wichtige Rolle bei der Abwicklung von Krediten mit kurzer Laufzeit, die bei gegebenen Sicherheiten durch mehrfache Verlängerungen de facto zu langfristigen Krediten wurden, spielten ebenfalls die Country Banks, deren Zahl von 1784 bis 1810 von 120 auf 650 anstieg. Die Möglichkeit, Industrieunternehmen durch Aktiengesellschaften oder durch andere Unternehmensformen mit beschränkter Haftung zu gründen, gab es in Großbritannien bis in die fünfziger Jahre nicht.

Die Fabriken und ihre Arbeiter

Der Widerstand gegen die Einführung und Verbreitung der neuen Technik hat die Etablierung des Fabriksystems in der Textilindustrie kaum verlangsamt. Er kam nicht von den Fabrikarbeitern, sondern von Handwerkern und Heimarbeitern, die sich von den neuen Techniken des Spinnens, des Tuchscherens oder von den veränderten Organisationsformen beim Einsatz längst bekannter Techniken wie des Wirkstuhles in ihrem Auskommen bedroht fühlten. Es war ein Kampf für die Erhaltung der eigenen Existenzgrundlage und althergebrachter Rechte, in dem das Zerstören von Produktionsmitteln nicht das Ziel, vielmehr das letzte Druckmittel zur Existenzsicherung sein sollte. Widerstände gegen Spinnmaschinen flackerten seit 1770 immer wieder auf, aber ihren Höhepunkt erreichten sie erst im zweiten Jahrzehnt des 19. Jahrhunderts, nachdem das Parlament zwischen 1809 und 1813 im Interesse der Fabrikindustrie alle Reglementierungen des Wollgewerbes aufgehoben hatte. In der Ludditen-Bewegung zwischen 1811 und 1817 spielten hochqualifizierte Handwerker die führende Rolle, so die Tuchscherer im westenglischen Wolldistrikt und in Yorkshire, die Arbeiter der längst maschinell betriebenen Strumpfwirkerei in Nottinghamshire und die Handweber in Lancashire. Das traditionelle Bild von den Ludditen als »Maschinenstürmern« trifft noch am ehesten auf die Tuchscherer zu, deren Existenz von der rasch ansteigenden Zahl der Rauhmaschinen und der Schermaschinen gefährdet gewesen ist. Die Masse der Strumpfwirker, die selbst an Maschinen arbeiteten, kämpfte jedoch nicht gegen Maschinen, sondern gegen die Einstellung von Arbeitern ohne Lehrzeit und gegen die Fertigung minderwertiger Waren. Das Zerschlagen von Strumpfwirkstühlen war selten ein blindwütiges Zerstören und wurde nur selektiv gegen solche Unternehmer eingesetzt, die sich ganz im Sinne der neuen Gesetze nicht mehr an die alten Vereinbarungen hielten.

Die mit allen Mitteln der Staatsgewalt einschließlich von Hinrichtungen – seit 1799 galt das Verbot von Koalitionen, und 1812 wurde das Zerstören von Maschinen zum Kapitalverbrechen mit Todesstrafe erklärt – niedergeschlagene Bewegung der Ludditen konnte die Unternehmer von dem Gebrauch der neuen Technik nicht abhalten. Wenn die Maschinen-Werkzeug-Technik im Vergleich zur Handarbeit erhebliche Kostenvorteile brachte, ließen sich die Unternehmer von ihrer Einführung weder durch soziale Widerstände noch durch die Kritik der in Fabriken herrschenden Zustände abhalten.

Der Übergang zum Fabriksystem stellte sowohl die Unternehmer als auch die Arbeiter vor eine neue Situation. Die Investitionen in die Betriebsanlagen, in Gebäude, Kraft- und Arbeitsmaschinen, sowie die für den Betrieb notwendigen Zahlungsmittel für Rohstoffe und Arbeitslöhne waren je nach Größenordnung des Betriebes sehr unterschiedlich. Im Schnitt lag der Kapitalaufwand beispielsweise für eine Spinnerei höher als im Verlagssystem. Er sollte Gewinn abwerfen. Deshalb mußten die Betriebsanlagen ausgelastet sein; jeder Stillstand, jede Unterbrechung der Produktion brachten wegen der hohen Fixkosten Verluste. Die Grundvoraussetzungen der Auslastung waren eine regelmäßige Arbeitszeit und, dies meinten viele Unternehmer der Textilindustrie, ein möglichst langer Arbeitstag oder gar ein Betrieb rund um die Uhr. – Für die Arbeiter bedeutete der Eintritt in die Fabrik – im Vergleich mit dem Verlagssystem oder mit dem Handwerk – eine Trennung von ihrer Wohnstätte. Außerdem brachte die Fabrikarbeit, ähnlich wie in einer zentralisierten Manufaktur, den Verlust der Selbstbestimmung des Arbeitsrhythmus, der Arbeitsintensität und der Gestaltung von Länge sowie Ablauf eines Arbeitstages und einer Arbeitswoche mit sich.

Mit 6 Arbeitstagen in der Woche und einer effektiven Tagesarbeitszeit von 12 bis 14 Stunden entstand durch das Fabriksystem vorerst eine Verlängerung der Arbeitszeit. Der Arbeitsrhythmus und die -intensität, die einst der Arbeiter in seiner Einstellung zur Einkommenshöhe selbst bestimmen konnte, wurden in der Fabrik von den Arbeitsmaschinen vorgegeben; die Arbeitspausen, in denen die Maschinen stillstanden, waren von der Fabrikordnung verbindlich festgelegt. Die Arbeitsinhalte hingen von den Funktionen der Arbeiter und Arbeiterinnen ab. Bei den Maschinenarbeitern erstreckten sie sich von der Versorgung der Maschinen mit Rohstoffen, über die Überwachung der selbsttätigen Fertigungsvorgänge, das Beheben von Pannen und die Abnahme des Produktes bis hin zur Steuerung der Maschinen. Der im Normalfall ununterbrochene und regelmäßige Gang der Maschinen verlangte eine ebenso ununterbrochene und regelmäßige Konzentration und eine vom Rhythmus der Maschinen bestimmte Wiederholung ein und derselben Hand-

212. Arbeiter und Arbeiterinnen in der Strickwarenfabrik von Owen & Uglow in Tewkesbury. Holzstich in »The Illustrated London News«, 1860. London, Mansell Collection

griffe. Dennoch ist die häufig anzutreffende Behauptung, die Arbeitsintensität sowie die Arbeitszeit seien von der Technik bestimmt gewesen, irreführend. Sie wurden von den ökonomischen Erwartungen der Unternehmer bestimmt. Zwar gab es eine minimale Drehzahlgeschwindigkeit der Spindeln, die nicht unterschritten werden durfte, wenn Garn und nicht ein Knäuel produziert werden sollte, doch alles, was darüber hinaus gesteigert wurde, war kein technischer Zwang, sondern der Einsatz technischer Mittel zur Optimierung der Kosten-Nutzen-Relation, das heißt schließlich zur Gewinnmaximierung. Die Verlängerung des Arbeitstages oder der 24-Stunden-Betrieb mit 2 Schichten waren keine technische Notwendigkeit; auch das Schmelzen im Hochofen konnte, ohne Beschädigung des Ofens, aber verbunden mit hohen Kosten, unterbrochen werden. Der Dauerbetrieb basierte auf ökonomischen Überlegungen, die die Erwartungen des öfteren nicht erfüllten. So stiegen die meisten Unternehmer in den Baumwollspinnereien nach einem kurzen Boom von Tag- und Nachtschichten gegen Ende des 18. Jahrhunderts, mit derselben technischen Einrichtung, auf den Einschichtbetrieb unter Verlängerung der Schicht auf 14 Stunden um. Der aus dem Dauerbetrieb resultierende Verschleiß der Maschinen und der Menschen hatte gezeigt, daß mit einer Schicht die Nutzung der Anlagen letztlich kostengünstiger zu gestalten war.

Das Bevölkerungswachstum zwischen 1780 und 1850 sicherte während der Industriellen Revolution im großen und ganzen ein ausreichendes quantitatives Angebot an Arbeitskräften. Dies um so mehr, als mit dem sich ausbreitenden Fabriksystem die industrielle Lohnarbeit von Kindern und Frauen stark zunahm. Obwohl 1851 zwei Drittel der Arbeitskräfte aus Männern bestanden, war die Kinder- und Frauenarbeit in einigen Zweigen der Industrie und bis 1842, dem gesetzlichen Verbot der Kinderarbeit unter Tage, auch im Kohlenbergbau ein weit verbreitetes Phänomen. Neu war nicht die Erwerbstätigkeit von Kindern und Frauen, sondern deren massenhafte Beschäftigung außerhalb des Familienverbandes, in einem eigenständigen Lohnverhältnis direkt zum Unternehmer oder, wie bei den Mulespinnern und den Häuern, zu einem »Akkordmeister«, der seine Gehilfen aus dem eigenen Akkordlohn bezahlte. Den höchsten Anteil stellten Kinder und Frauen in der Textilindustrie und hier in der Baumwollbranche. Einigermaßen zuverlässige Daten liegen nicht vor den ersten Kinderschutzgesetzen vor: So waren 1835 nur rund 26 Prozent aller Beschäftigten Männer über 18 Jahre, 48 Prozent Frauen über 13 und je etwa 13 Prozent Kinder weiblichen und männlichen Geschlechts unter 13 Jahren beziehungsweise männliche Jugendliche zwischen 13 und 18 Jahren. Infolge gesetzlicher Maßnahmen sank seit 1838 der Anteil von Kindern unter 13 Jahren auf ungefähr 5 Prozent, während sich der Frauenanteil über 13 Jahre auf 54 Prozent erhöhte und bis in die siebziger Jahre einigermaßen konstant blieb. Am Anfang der Industriellen Revolution dürfte der Kinderanteil eher höher gewesen sein. Bis zum ersten, mindestens partiell greifenden Kinderschutzgesetz von 1802 war es üblich, daß Waisenhäuser zwecks Kosteneinsparung unter dem Deckmantel der Ausbildung ihre Zöglinge vertragsgemäß »für Unterkunft und Verpflegung« an Baumwollfabrikanten abgaben. Von Ausbildung war jedoch keine Rede; die Kinder arbeiteten, nicht selten in zwei Schichten, rund um die Uhr als Feger und Knüpfer in den Spinnereien. Solche Kindersklaverei, die den Baumwollbetrieben den Ruf von Kerkern und eine empörte Kritik einbrachte, ging nach 1800 allmählich zurück, aber nicht der Anteil der Kinderarbeit. Erst aufgrund des Fabrikgesetzes von 1833, das die Arbeitszeit von Jugendlichen zwischen 14 und 18 Jahren auf 12 Stunden und jene von Kindern zwischen 9 und 13 Jahren auf 9 Stunden limitierte und eine wirksame Kontrolle der Textilfabriken durch unabhängige Inspektoren einführte, wurde die Kinderarbeit allmählich zurückgedrängt.

Das gemeinsame Merkmal der industriellen Lohnarbeit sowohl von Kindern als auch von Frauen war, daß sie prinzipiell niedriger entlohnt wurden und schnell anlernbare Hilfstätigkeiten an den Maschinen oder andere körperlich anstrengende Handarbeit in jenen Produktionsbereichen verrichteten, die nicht maschinell ausgeführt wurden. Sogar in jenem Bereich, der bei der Hand-Werkzeug-Technik fast ausschließlich die Domäne der Frauen war, nämlich beim Spinnen, wurden sie nur für die Bedienung von selbsttätigen Feinspinnmaschinen sowie von Kardier- und

Vorspinnmaschinen eingesetzt. In der Maschinenweberei hatten Frauen sehr schnell einen hohen Anteil, angeblich deshalb, weil sie fügsamer waren als Männer. Die Maschinenführer der halbautomatischen Mulemaschinen und der späteren Selfaktoren waren jedoch in der Regel Männer. Man begründete dies mit dem Argument, solche Arbeit sei für Frauen zu schwer, und sie hätten nicht die erforderliche Härte, ja Brutalität, um die Kinder-Hilfsarbeiter 12 Stunden am Tag auf Trab zu halten. In der Strumpfwirkerei arbeiteten an den Strickmaschinen schon im Verlagswesen überwiegend Männer; das änderte sich auch im Fabrikbetrieb nicht. Die Funktionen des Meisters oder gar des Aufsehers blieben Männern vorbehalten. So gab es 1834 in den Baumwollfabriken Lancashires unter etwa 1.000 Aufsehern und Meistern keine einzige Frau, nicht einmal in Abteilungen, wo an den Maschinen lediglich weibliche Arbeitskräfte beschäftigt wurden. Die Begründungen für ein Verdrängen der Frauen in Tätigkeitsbereiche mit keinen oder nur geringfügigen Aufsichtspflichten beziehungsweise Verfügungsrechten waren widersprüchlich. Ausschlaggebend war wohl, daß die Unternehmer Frauen, Kinder und Jugendliche mit dem fadenscheinigen Argument, sie müßten keine Familie ernähren, erheblich niedriger entlohnen konnten, und daß die Männer die bestbezahlten Tätigkeiten als ihre eigene Domäne verteidigten.

Der Eintritt in die Fabrik verlangte von allen Männern, Frauen und Kindern neue Verhaltensweisen am Arbeitsplatz, und dies bedeutete einen Bruch mit den traditionellen Lebens- und Arbeitsgewohnheiten sowie mit den Arbeitsinhalten. Wie neu und ungewohnt die jetzt verlangten Verhaltensweisen gewesen sind, beweisen die Maßnahmen der Unternehmer zwecks Einfügung der Arbeitskräfte in den vorgegebenen Ablauf der Produktion. Der dafür üblich gewordene Begriff der Disziplinierung traf das Wesentlichste dieses Prozesses: Gewöhnung an Gehorsam, Fügsamkeit und Unterordnung. Gehorsam und Fügsamkeit gegenüber dem Fabrikherrn sowie den von ihm eingestellten Vorgesetzten, Unterordnung hinsichtlich aller von ihnen verordneten Vorschriften, die eine optimale Ausnutzung der Produktionskapazität der Arbeitsmaschinen zum Ziel hatten, waren nunmehr unerläßlich.

Die Disziplinierungsmaßnahmen, die vom Unternehmer schriftlich in den »Rules« genannten Fabrikordnungen mit Geboten und Verboten niedergelegt wurden, gingen von dem Grundsatz aus, daß sich die Beschäftigten mit dem Verkauf ihrer Arbeitskraft für die gesamte Arbeitszeit bedingungslos dem Willen des Fabrikherrn zu unterwerfen hatten. Die Maßnahmen sollten den Arbeitern und Arbeiterinnen, Kindern, Jugendlichen und Erwachsenen ihre »schlampigen Arbeitsgewohnheiten« abgewöhnen; sie sollten ihnen das »Zeit ist Geld«-Prinzip einbleuen, sie daran gewöhnen, »sich mit der unveränderlichen Regelmäßigkeit des komplexen Mechanismus zu identifizieren« (S. Pollard). Der Disziplinierungsprozeß begann mit der strengen Anwesenheitskontrolle vor Arbeitsbeginn am Fabriktor, setzte sich am Arbeitsplatz fort und reichte, wenn die Beschäftigten in fabrikeigenen Siedlungen wohnten, bis in die Privatsphäre. Zu den wichtigsten Erziehungsmitteln gehörten Strafen, Lohnabzüge laut Bußgeldkatalog der Fabrikordnung, Aussperrungen, Entlassungen und bei Kindern körperliche Züchtigung. Die Wirksamkeit der Disziplinierungsmaßnahmen setzte die Überwachung am Arbeitsplatz voraus; die Aufsicht wurde überwiegend von Vorarbeitern und Meistern, aber auch von Männern wahrgenommen, die am Produktionsprozeß nicht direkt beteiligt und an ihrer Kleidung deutlich zu erkennen waren. Mit diesen Methoden gelang es, im Bewußtsein der Fabrikarbeiterschaft die regelmäßige Tätigkeit während der Arbeitszeit, die Unterordnung unter den Rhythmus der maschinellen Produktion als Norm zu verankern. »Der ersten Generation Fabrikarbeiter wurde die Bedeutung der Zeit von ihren Vorgesetzten eingebleut, die zweite Generation kämpfte in den Komitees der 10-Stunden-Bewegung für eine kürzere Arbeitszeit, die dritte schließlich für einen Überstundenzuschlag. Sie hatten die Kategorien ihrer Arbeitgeber akzeptiert und gelernt, innerhalb dieser Kategorien zurückzuschlagen. Sie hatten ihre Lektion – Zeit ist Geld – nur zu gut begriffen« (E. P. Thompson).

Ob in der Industriellen Revolution der Lebensstandard der Industriearbeiter insgesamt gestiegen ist, was die sogenannten Optimisten behaupten, oder ob er bis 1850 gesunken ist, was die sogenannten Pessimisten vertreten, gehört bis heute zu den umstrittensten Problemen der britischen Sozialgeschichte. Der Anteil der Löhne am Nationaleinkommen stieg weniger als das durchschnittliche Prokopfeinkommen, und dadurch wurde die Ungleichheit der Einkommensverteilung während der Industriellen Revolution nicht verringert, sondern vergrößert. Es besteht aber kein Zweifel daran, daß durch das Wachstum der Industrie direkt und indirekt neue Arbeitsplätze geschaffen worden sind und die höchsten Lohneinkommen in der modernen Fabrikindustrie und im Bergbau zu erwerben waren. Umstritten bleibt die Frage der Steigerungsrate der Reallöhne in den Jahrzehnten bis 1850; danach ist eine deutlich erkennbare Steigerung zu verzeichnen. Je nachdem, welcher Warenpreis- beziehungsweise Lohnindex zugrunde gelegt wird und welche Jahre zwischen 1790 und 1850 verglichen werden, kommt man zu einem Wachstum der Reallöhne zwischen 17 und 116 Prozent; der Vergleich in zwei relativ gleichwertigen Jahren der Prosperität wie 1790 und 1845 ergibt einen Anstieg zwischen 33 und 73 Prozent.

Insgesamt jedoch scheint die Position der Pessimisten realistisch zu sein, derzufolge bis in die vierziger Jahre für die Mehrheit der Fabrikarbeiter, die mit ihrem Lohnniveau nicht nur über dem Agrarproletariat, sondern auch über der Masse der »arbeitenden Armen« gestanden haben, eine Verschlechterung der Lebensbedingungen kennzeichnend gewesen ist. Darauf deuten auch die Ergebnisse von punktuellen Untersuchungen über die Reallohnentwicklung in typischen Industriezentren wie Oldham oder Leeds und über die durch Krisen wie 1816 bis 1819, 1826/27, 1830/31 und 1842/43 oder durch kürzere Depressionen wie 1837 und 1847/48

213. Belegschaft der Flachsspinnerei Marshall in Leeds auf dem Weg zur Mittagspause. Holzstich in »The Illustrated London News«, 1885. London, Mansell Collection

kurzfristig bis zu 50 Prozent hochgeschnellte Arbeitslosigkeit in Textilfabriken. Die Tatsache, daß die von der Hand in den Mund lebenden Arbeiter einige Einbrüche im langfristigen Aufwärtstrend der Reallöhne sowie Lohnausfälle infolge von Kurzarbeit, Krankheiten oder Unfällen haben hinnehmen müssen, lassen die Position der Pessimisten weniger realitätsfremd erscheinen als jene der Optimisten, die sich überwiegend auf den langfristigen Trend der Reallöhne stützen. Der Umstand, daß die Industrialisierung, die neue Arbeitsplätze geschaffen hat, auch durch die Einschränkung des Lebensstandards der ersten drei Generationen von Fabrikarbeitern mitfinanziert worden ist, kann man nicht mit der Behauptung aus der Welt schaffen, daß es ohne die Industrialisierung noch viel schlimmer geworden wäre. Auf eine Verschlechterung des Lebensstandards deuten zudem seine durch die Reallohnentwicklung nicht meßbaren materiellen Faktoren: die Wohnsituation der Fabrikarbeiter, die katastrophalen sanitären Verhältnisse in Arbeitervierteln, die unaufhaltbare Slumbildung in Industriestädten, die wesentlich niedrigere Lebenserwartung in Arbeiterfamilien und nicht zuletzt die langen Arbeitszeiten.

Auf allen diesen Gebieten kam es erst seit den vierziger Jahren zu Verbesserungen, und mit dem Gesetz von 1847 erkämpfte sich die Arbeiterschaft der Textilfabriken durch die von Gewerkschaften, Sozialreformern, vorausdenkenden Industrieunternehmern und Politikern getragene »10-Stunden-Bewegung« die erste allgemeine Verkürzung der Arbeitszeit. Mit einer effektiven Arbeitszeit von 10 Stunden – einschließlich der Pausen 12 Stunden – von Montag bis Freitag und 8 Stunden am Samstag wurde sie in den Textilfabriken an die allgemein üblichen Schichten mit 12 Stunden in anderen Industriebetrieben angeglichen. Im Unterschied zu den kontinental-europäischen Ländern konnte die Fabrikindustrie in Großbritannien die schon im 16. Jahrhundert verordnete Arbeitsruhe am Sonntag – mit einigen Ausnahmen für Dauerbetriebe wie Hochofenwerke – nicht rückgängig machen. Abgesehen von den Eingriffen des Staates in die Kinder- und Frauenarbeit und in die tägliche Arbeitsdauer blieben die Lohnarbeiter im Bemühen, ihre Arbeits- und Lebensbedingungen zu verbessern, sich selbst überlassen. Es gab weder eine staatliche noch eine betriebliche Krankenversicherung. Die Fürsorge bei Arbeitsunfähigkeit oder Beihilfen für die Beerdigung waren Angelegenheit der von Arbeitern gegründeten »Friendly Societies«, der Unterstützungsvereine. Den Arbeits- und Einkommenslosen drohte im Sinne des Armengesetzes das Arbeitshaus. Für die verheerenden sanitären Verhältnisse in den Städten fühlte sich bis in die Mitte des 19. Jahrhunderts niemand zuständig. Die Stadt und besonders ihre Arbeiterviertel waren »ein Symbol der Hoffnungslosigkeit, der bedrückenden Armut, der schlechten Gesundheit, der Krankheit und des Schmutzes, der unzureichenden Wasserversorgung und des Fehlens der Reinigung« (J. Tarn). Die Technik war reif genug, um derartige Verhältnisse zu verbessern, doch die darunter Leidenden hatten keine Mittel und die in die Vorstädte ausgewichenen, die kommunale Selbstverwaltung ausübenden Wohlhabenden hatten so lange kein Interesse daran, wie der Gestank durch verrottende Fäkalien auf der Straße nicht bis zu ihnen vordrang. Es bedurfte erst der Angst vor einer Ansteckung, der Anstöße durch zwei Choleraepidemien – 1831/32 und 1847/48 mit über 80.000 Todesopfern –, der schockierenden Ergebnisse der Volkszählung 1831 und der parlamentarischen Untersuchungskommission 1842, um allmählich gesundheits- und baupolitische Maßnahmen zu ergreifen.

Die Maschinisierung – eine technische Revolution?

Die von der Maschinisierung mitgetragenen radikalen Veränderungen der ökonomischen und sozialen Struktur, der Arbeits- und Lebensformen, des Siedlungswesens und des Landschaftsbildes, die Verkürzung von Zeit und Raum empfanden viele Zeitgenossen als einen Bruch mit dem Althergebrachten und Gewohnten, als eine Umwälzung der Verhältnisse. Zwar versuchen einige Historiker nachzuweisen, daß der Wandel auf dem Hintergrund des danach Folgenden weder so dramatisch noch so umwälzend gewesen wäre, wie es Zeitzeugen bekundet haben, aber die Mehrheit der Wirtschafts- und Sozialhistoriker teilt die Ansicht, daß »keine Revolution ... je so dramatisch revolutionär wie die ›Industrielle Revolution‹ « war und daß sie »einen Bruch im geschichtlichen Ablauf« (C. Cipolla) bewirkte. Technikhistoriker und -philosophen sind sich darin einig, daß in der Industriellen Revolution eine grundlegende Veränderung der Technik stattgefunden und mit ihr eine neue Epoche in der Entwicklung der Technik angefangen hat. Was hier als Epoche der Maschinisierung, die mit dem massenhaften Einsatz der Maschinen-Werkzeug-Technik begonnen hat, bezeichnet wird, nennen andere die Epoche der »Berufstechnik« (F. von Gottl-Ottlilienfeld), der »Technik des Technikers« (J. Ortega y Gasset), der »Technik der Industriezivilisation« (H. Sachsse) oder der »Machinofactur« (F. Reuleaux). Gemeint ist mit all diesen Begriffen ein und dieselbe Zäsur: die Industrielle Revolution in Großbritannien.

Trotz der Anerkennung jener Zäsur durch die Industrielle Revolution und der großen Rolle, die in ihr die neue Technik gespielt hat, zweifeln die meisten Technikphilosophen und -historiker daran, daß es zugleich eine technische Revolution gegeben habe. Abgesehen davon, daß man oft von einem Widerspruch zwischen Evolution und Revolution ausgeht oder jeder Revolution nur einen Vernichtungseffekt zuschreibt, ist das häufigste Argument gegen eine technische Revolution die Betonung eines nicht sprunghaften, vielmehr kontinuierlichen Charakters der technischen Entwicklung seit dem Mittelalter bis in die Gegenwart. Deshalb sei die neue Technik kein Bruch mit der alten gewesen; es ginge lediglich um die »Perfektionierung schon vorher bekannter Verfahrensweisen« (F. Rapp), und bei all den Innovationen komme »das meiste der technischen Vervollkommnung nicht von einigen großen Erfindungen, die größere Diskontinuitäten markierten, sondern von einer Masse häufig durchgeführter kleiner Verbesserungen« (R. Floud). Manche bemühen sogar Trotzkijs Theorie der permanenten Revolution und behaupten, daß, wenn von einer Revolution zu sprechen wäre, dann allein von einer »permanenten technisch-industriellen Revolution« (F. Rapp).

Es ist sicherlich zutreffend, daß die technischen Neuerungen ihre Vorläufer hatten. Das Argument der Kontinuität gilt insofern, als die neue Maschinen-Werkzeug-Technik unter Anwendung des in der Epoche der Hand-Werkzeug-Technik angesammelten Wissens entwickelt und mit der alten Technik gefertigt worden ist. Die Prinzipien der Mechanik hatten sich nicht verändert. Die neuen Maschinen für die Formveränderung oder für die Energieumwandlung entstanden jedoch nicht durch die Perfektionierung oder durch viele kleine Verbesserungen des Vorhandenen, sondern durch die Fähigkeit, sich vom technischen Grundprinzip des Vorhandenen zu lösen, altbekannte Elemente so zu kombinieren, daß das Ergebnis der technischen Handlungen auf eine ganz andere Art erreicht wurde. Durch die Perfektionierung der Geräte des Handspinnens konnte eine bessere Handspindel, ein besseres Handspinnrad, aber keine Spinnmaschine entstehen; durch die Weiterentwicklung der Handkarden die Stockkarde, also ein produktiveres Hand-Werkzeug, aber keine Kardiermaschine; durch die Vervollkommnung des Handwebstuhls der »Dandy loom«, aber kein Maschinenwebstuhl. Die Verbesserungen der Newcomenschen Dampfmaschine durch Smeaton führten nicht zur Wattschen Dampfmaschine mit getrenntem Kondensator. Aus diesen Gründen erscheint die These vom bloßen Perfektionieren bekannter Verfahren unhaltbar. Es sei denn, man verschanzt sich hinter dem Standpunkt, daß eine neue Kombination bekannter Elemente und deren Einsatz für eine völlig neue technische Zielsetzung, zum Beispiel die Anwendung von Walzen für das Strecken von Faserbündeln, nichts anderes gewesen sei als die Perfektionierung eines vorhandenen Verfahrens, mit dem allerdings nur Metall umgeformt werden konnte.

Die vielen Verbesserungen im Detail sind ohne Zweifel ein signifikantes Merkmal der technischen Entwicklung in der Industriellen Revolution. Doch sie haben nicht von der alten zu der neuen Technik geführt, sondern waren schon der neuen Maschinentechnik, ihrer Optimierung durch untradierte konstruktive Lösungen oder durch die Verwendung anderer Werkstoffe gewidmet. Die Diskontinuität, die Zäsur, der umwälzende Charakter der neuen Technik ist durch das Aufzählen der Maschinen und das Beschreiben ihrer Konstruktion nicht auszumachen. Was den »Bruch im geschichtlichen Ablauf« herbeigeführt hat, war nicht diese oder jene Maschine, sondern der größte allgemeine Nenner: das Realisieren des Prinzips der Maschinenarbeit, oder genauer gesagt: des Prinzips der maschinellen Ausführung der Relativbewegung zwischen Werkzeug und Werkstück in der Formveränderung von Stoffen. Die massenhafte Einführung dieser Maschinen-Werkzeug-Technik in ihren mannigfaltigen Formen war das auslösende und tragende Element der Maschinisierung. Sie führte zu einem »Machtwechsel«, der nicht die Existenz, sondern nur die Vorherrschaft der Hand-Werkzeug-Technik in der Stofformung beendete. Das bedeutete nicht, daß sie innerhalb von hundert Jahren ausgerottet worden oder auch nur zur Bedeutungslosigkeit abgesunken wäre. Sie beherrschte sowohl in der Stoffumwandlung, zum Beispiel beim Puddeln, in der Gewinnung von Grundstoffen im Bergbau, in dem innerbetrieblichen Transport von Werkstoffen und Produkten, als auch in der Formveränderung von Stoffen eine ganze Reihe von technischen Handlungen. Sie blieb bis heute eine unverzichtbare Ergänzung zur Maschinen-Werkzeug-Technik. Wesentlich war, daß der Anteil der Hand-Werkzeug-Technik an der Gesamtheit technischer Vorgänge schrumpfte, und deshalb vermochte sie den Charakter des technischen Systems, geschweige denn den Trend seiner Entwicklung nicht mehr zu bestimmen. Beides übernahm die Maschinen-Werkzeug-Technik.

Dieser Übergang zur führenden Rolle der Maschinentechnik scheint Grund genug zu sein, die Veränderungen der Technik in der Industriellen Revolution in Großbritannien als eine technische Revolution einzuordnen. Sie verwandelte in einem Zeitraum von rund hundert Jahren das Jahrtausende alte technische System

214. »Produkte« des unaufhaltsamen Intellekts. Satirische Dampfutopie von Paul Pry, um 1829. Telford, Ironbridge Gorge Museum, Elton Collection

der Hand-Werkzeug-Technik in das bis heute bestehende der Maschinen-Werkzeug-Technik. Bei dieser Umwälzung wurden vereinzelt und punktuell vorhandene Elemente massenhaft in gesamtökonomisch wichtige Sektoren technischer Handlungen für die Formveränderung von Stoffen eingeführt. Die Maschinen-Werkzeug-Technik in ihren unterschiedlichen Erscheinungsformen wurde dadurch zu jenem Element, das den Charakter des ganzen technischen Systems bestimmte. Und das vollzog sich, angesichts der langen Dauer der Hand-Werkzeug-Technik, in einem sehr kurzen Zeitraum und leitete eine bedeutende Beschleunigung der technischen Entwicklung ein. Sie basierte auf einem angesammelten technischen Wissen und Können, mit dem die Handwerker und Autodidakten-Ingenieure nun neue Wege einschlugen. Das Vorhandensein der neuen Technik beendete das Nebeneinander von Technik und Wissenschaft, von Praxis und theoretischer Erkenntnis, die sich in der Epoche der Hand-Werkzeug-Technik selten und auf sehr wenigen Gebieten gegenseitig befruchtet hatten. Die Tatsache, daß die neue Technik ein zunehmendes Interesse der Wissenschaft weckte, das binnen einem halben Jahrhundert in einer praxisorientierten naturwissenschaftlichen Forschung und in der Entstehung der Ingenieurwissenschaften mündete, erhärtet den Begriff der technischen Revolution.

Die in der Produktionstechnik der Industriellen Revolution massenweise realisierte Übertragung einiger Funktionen des Menschen auf technische Einrichtungen war das wichtigste Merkmal der Maschinisierung. Die durch sie beschleunigte Technisierung wurde nach der Industriellen Revolution in zwei Richtungen vorangetrieben. Zum einen erfaßte die Maschinen-Werkzeug-Technik immer mehr Bereiche der Produktion, zum anderen sollten dem Menschen weitere Funktionen, beispielsweise die Steuerung, Kontrolle, Werkzeug- und Werkstoffhandhabung bei der maschinellen Fertigung abgenommen werden. Wie, wann und in welchem Ausmaß dies geschah, war von den sozialökonomischen Bedingungen, dem Kräfteverhältnis zwischen Unternehmern und Arbeitern und den technischen Möglichkeiten abhängig. Der Rückblick auf diesen Prozeß läßt deutlich erkennen, daß sein Verlauf, das Tempo der Technisierung, von den in der Wirtschaft herrschenden Kräften bestimmt worden ist.

Die Maschinisierung und ihre Weiterentwicklung sind nicht aus der oft beschworenen Eigendynamik der Technik entstanden. Ihr lagen ökonomische Zielsetzungen zugrunde, für deren Erfüllung die neue Technik von Menschen zielbewußt entwikkelt und eingesetzt wurde. Die Technik war und ist, »einfach der Arm der Wirtschaft, von der immer nur die Wucht abhängt, mit der die Wirtschaft Segen und Unheil stiftet« (F. von Gottl-Ottlilienfeld). Das oberste Gebot für die Anwender einer Technik war die nicht immer erfüllte Erwartung, sie werde die Kosten-Nutzen-Relation optimieren und so Vorteile im Wettbewerb bringen. Deshalb wurde von der ständig steigenden Anzahl patentierter oder nicht patentierter Erfindungen nur ein Teil in die Praxis übernommen; manche Innovationen wurden sehr schnell rückgängig gemacht, weil sie die Erwartungen nicht erfüllten. Die Erleichterung der Arbeit des Menschen – wobei lediglich die Verminderung der körperlichen Anstrengung, nicht aber das Problem der mit der Maschinisierung verbundenen steigenden psychischen Belastung im Blickfeld stand – schwebte vielen Technikern als ein Ziel vor, das mit der Maschine zu erreichen sei. Doch von der Wirtschaft wurden Maschinen wie die ersten Webmaschinen, die Maschinenkratzen beim Puddeln oder die Dampfmaschine nur dann angenommen, wenn sich die Erwartung einer Kostensenkung bewahrheitet hatte. Ein bis heute beklagtes Übel der maschinellen Fertigung, die eintönigen, repetitiven Tätigkeiten, ist in erster Linie die Folge der vom Unternehmer nach ökonomischen Gesichtspunkten gewählten Art ihres Einsatzes.

Der unverkennbare ökonomische Erfolg der Maschinisierung, das Bewußtsein, auch die führende technische Macht der Welt zu sein, brachten eine euphorische Bewunderung der Technik mit sich. »Unendlich« war eines der meist frequentierten Wörter. Die Chancen der Technik und ihre Wohltaten für die Menschheit waren unendlich, die Rohstoff-Ressourcen waren unausschöpfbar, dem Eingriff in die Natur, dem fälschlicherweise als naturbeherrschend bezeichneten Handeln des Menschen schienen keine Grenzen gesetzt zu sein. Das Fabriksystem war eine einzige Wohltat für alle anständigen Arbeiter und damit für die Menschheit, verkündete 1835 stolz Andrew Ure (1787–1856), der »Pindar der automatischen Fabrik« (K. Marx). Mitgetragen von dieser Euphorie war eine ebenfalls endlose Risikobereitschaft der Techniker und Unternehmer. Sie wurde tagtäglich im Kohlenbergbau demonstriert, aber selbst hochgebildete Bauingenieure wie Marc Isambard Brunel (1769–1849) konnten ihr nicht widerstehen: Bei dem von Wassereinbrüchen mit Todesfolgen begleiteten Bau des ersten Themse-Tunnels in den zwanziger Jahren wollte er seine Widersacher von der Sicherheit seines Baus damit überzeugen, daß er im Tunnel ein Festessen gab.

Die Kehrseite dieser Euphorie war eine Blindheit der Schöpfer der Technik und ihrer Besitzer gegenüber schon damals wahrnehmbaren sozialen und ökologischen Folgen. Die Verpestung der Luft durch die Abgase von Industrieanlagen wurde mit hohen Schornsteinen umverteilt. Die Themse in London sowie die Flüsse in allen Industriestädten dienten als Kloaken und zur »Entsorgung« von Industrieabfällen und -abwässern. Sie flossen »am einen Ende klar und durchsichtig in die Stadt hinein, und am anderen Ende dick, schwarz und stinkend von allem möglichen Unrat« (F. Engels) hinaus. Mit der Blindheit paarte sich eine weitgehende Taubheit gegenüber Kritikern, deren Stimmen aus den Reihen von Philanthropen, Ärzten, Sozialreformern und vereinzelt auch von Unternehmern sich nach 1830 mehrten. Sie bewirkten den Einsatz parlamentarischer Untersuchungskommissionen in Sachen der Kinderarbeit, der Arbeitsbedingungen im Bergbau und der sanitären Verhältnisse in Städten, deren Ergebnisse nicht nur die Öffentlichkeit wachrüttelten, sondern auch gesetzgeberische Maßnahmen folgen ließen. Das waren Ansätze zur Herausbildung einer Empfänglichkeit für die Lage der Lohnabhängigen, für die Folgelasten einer massenhaften Verwendung der neuen Technik, aber von einem Umweltbewußtsein der Öffentlichkeit konnte man noch längst nicht sprechen.

Bibliographie
Personen- und Sachregister
Quellennachweise der Abbildungen

Ulrich Troitzsch
Technischer Wandel
in Staat und Gesellschaft

Abkürzungen

TG = Technikgeschichte

Staat, Wirtschaft und Technik

G. Basalla, The evolution of technology, Cambridge, MA, 1987; C.M. Cipolla, The diffusion of innovations in early modern Europe, in: Comparative studies in society and history, Bd 14, 1972, S. 46–52; M. Daumas, Les grandes étapes du progrès technique, Paris 1981; B. Gille (Hg.), The history of techniques, Bd 1, New York 1986, S. 578–588; H. Haussherr, Wirtschaftsgeschichte der Neuzeit vom Ende des 14. bis zur Höhe des 19. Jahrhunderts, Weimar [2]1955; E. Hinrichs, Einführung in die Geschichte der Frühen Neuzeit, München 1980; H. Kellenbenz, Technik und Wirtschaft im Zeitalter der Wissenschaftlichen Revolution, in: C. M. Cipolla und K. Borchardt (Hg.), Europäische Wirtschaftsgeschichte, Bd 2, Stuttgart 1979, S. 113–169; H. Ott und H. Schäfer (Hg.), Wirtschafts-Ploetz, Die Wirtschaftsgeschichte zum Nachschlagen, Würzburg 1984; K.G. Persson, Pre-industrial economic growth, Social organization and technological progress in Europe, Oxford 1988; J. Radkau, Technik in Deutschland, Vom 18. Jahrhundert bis zur Gegenwart, Frankfurt am Main 1989; W.Sombart, Luxus und Kapitalismus, München [2]1922; U. Troitzsch, Die Entwicklung der Technik vom späten 16. Jahrhundert bis zum Beginn der industriellen Revolution, in: U. Troitzsch und W. Weber (Hg.), Die Technik, Von den Anfängen bis zur Gegenwart, Braunschweig [3]1989, S. 199–231.

Energiepotentiale und Energienutzung

G. Bayerl, Wind- und Wasserkraft, Die Nutzung regenerierbarer Energiequellen in der Geschichte, Düsseldorf 1989; G. Bayerl und U. Troitzsch, Die vorindustrielle Energienutzung, in: C. Grimm (Hg.), Aufbruch ins Industriezeitalter, Bd 1, München 1985, S. 40–85; M. Busch, Noch Wasserrad, Schon Turbine, Versuch einer Findung von Unterschiedskriterien aus der Sicht des heutigen Verständnisses dieser Begriffe, Leonberg 1987; M. Geitel, Geschichte der Dampfmaschine bis James Watt, Leipzig 1913; H. Gleisberg, Technikgeschichte der Getreidemühle, München 1956 (Deutsches Museum, Abhandlungen und Berichte 24, Heft 3); H. Herzberg, Mühlen und Müller in Berlin, Ein Beitrag zur Geschichte der Produktivkräfte, Berlin 1986; D. Hoffmann, Die frühesten Berichte über die erste Dampfmaschine auf dem europäischen Kontinent, in: TG 41, 1974, S. 118–131; F. Klemm, Der Weg von Guericke zu Watt, in: F. Klemm, Zur Kulturgeschichte der Technik, Aufsätze und Vorträge 1954–1978, München 1979; F. von König, Die Erben des Prometheus, Geschichte der Muskelkraftmaschinen, Frankfurt am Main 1987; S. Lindquist, Technology on trial, The introduction of steam power technology into Sweden, 1715–1736, Uppsala 1984; C. Matschoß, Die Entwicklung der Dampfmaschine, Bd 1, Berlin 1907; O. Mayr, Zur Frühgeschichte der technischen Regelungen, München 1969; J. Needham, The pre-natal history of the steam engine, in: Transactions of the Newcomen Society 35, 1962/63, S. 3–58; J. Notebaart, Windmühlen, Der Stand der Forschung über das Vorkommen und den Ursprung, Den Haag 1982; K. Pichol, Technische Gesichtspunkte zeichnerischer Darstellungen am Beispiel historischer Energienutzungssysteme, in: G. Bayerl (Hg.), Wind- und Wasserkraft, Düsseldorf 1989, S. 112–143; J. Radkau und I. Schäfer, Holz, Ein Naturstoff in der Technikgeschichte, Reinbek 1987; H. Reusch, Geschichte der Nutzung der Solarenergie, Diss. TU Hannover 1982; T. S. Reynolds, Stronger than a hundred men, A history of the vertical water wheel, Baltimore 1983; L. T. C. Rolt und J. S. Allen, The steam engine of Thomas Newcomen, Hartington 1977; K. Schlottau, Wechselwirkungen zwischen der Entwicklung des Mühlenwesens und des Mühlenrechts in der vorindustriellen Zeit, in: TG 52, 1985, S. 197–215; R. P. Sieferle, Der unterirdische Wald, Energiekrise und Industrielle Revolution, München 1982; J. Varchmin und J. Radkau, Kraft, Energie und Arbeit, Energie und Gesellschaft, Reinbek 1981; O. Wagenbreth und E. Wächtler (Hg.), Dampfmaschinen, Die Kolbendampfmaschine als historische Erscheinung und technisches Denkmal, Leipzig 1986; W. Weber, Innovation im frühindustriellen deutschen Bergbau und Hüttenwesen, Göttingen 1976; W. Wölfel, Das Wasserrad, Eine historische Betrachtung, Berlin 1987.

Bergbau, Salinen und Hüttenwesen

W. Arnold (Hg.), Eroberung der Tiefe, Leipzig ^{5}1973; Chr. Bartels, Vom frühneuzeitlichen Montangewerbe zur Bergbauindustrie im Oberharz 1635–1866, Bochum 1992 (als Manuskript eingesehen); Chr. Bartels, Das Wasserkraft-Netz des historischen Erzbergbaus im Oberharz, Seine Schaffung und Verdichtung zu großtechnischen Systemen als Voraussetzung der Industrialisierung, in: TG 56, 1956, S. 177–192; H. Baumgärtel, Bergbau und Absolutismus, Der sächsische Bergbau in der zweiten Hälfte des 18. Jahrhunderts und Maßnahmen zu seiner Verbesserung nach dem Siebenjährigen Kriege, Leipzig 1963; J.-F. Bergier, Die Geschichte vom Salz, Frankfurt am Main 1989; N. K. Buxton, The economic development of the British coal industry, From Industrial Revolution to the present day, London 1978; H. G. Conrad, Entwicklung der deutschen Bohrtechnik und ihre Bedeutung im 19. Jahrhundert, in: TG 38, 1971, S. 298–316; H. Dickmann, Aus der Geschichte der deutschen Eisen- und Stahlerzeugung, Düsseldorf ^{2}1959; H.-H. Emons und H.-H. Walter, Alte Salinen in Mitteleuropa, Zur Geschichte der Siedesalzerzeugung vom Mittelalter bis zur Gegenwart, Leipzig 1988; W. Fischer, Aus der Geschichte des sächsischen Berg- und Hüttenwesens, Hamburg 1965; B. Gille, Les origines des la grand industrie métallurgique en France, Paris 1947; J. W. Gilles, Der Stammbaum des Hochofens, in: Archiv für das Eisenhüttenwesen 23, 1952, S. 407–415; K. O. Henseling, Bronze, Eisen, Stahl, Bedeutung der Metalle in der Geschichte, Reinbek 1981; G. J. Hollister-Short, Gunpowder and mining in 16th and 17th century Europe, in: History of Technology 10, 1985, S. 31–66; G. J. Hollister-Short, Leads and lags in late 17th century English technology, in: History of Technology 1, 1976, S. 159–183; O. Johannsen, Die geschichtliche Entwicklung der Walzwerkstechnik, in: J. Puppe und G. Stauber (Hg.), Walzwerkswesen, Bd 1, Düsseldorf 1929, S. 252–327; O. Johannsen, Geschichte des Eisens, Düsseldorf ^{3}1953; W. A. Johnson (Übersetzer), Christopher Polhem, The father of Swedish technology, Hartford, CT 1963; H. Kellenbenz (Hg.), Schwerpunkte der Eisengewinnung und Eisenverarbeitung in Europa 1500–1650, Köln 1974; H. Kellenbenz (Hg.), Schwerpunkte der Kupferproduktion und des Kupferhandels in Europa 1500–1650, Köln 1977; W. Kroker und E. Westermann (Bearbeiter), Montanwirtschaft Mitteleuropas vom 12. bis 17. Jahrhundert, Stand, Wege und Aufgaben der Forschung, Bochum 1984 (Der Anschnitt, Beiheft 2); H. Kurtz, Die Soleleitung von Reichenhall nach Traunstein 1617–1619, Ein Beitrag zur Technikgeschichte Bayerns, Düsseldorf 1978; Chr. Lamschus (Hg.), Salz, Arbeit, Technik, Produktion und Distribution in Mittelalter und

Früher Neuzeit, Lüneburg 1989 (De Sulte 3); A. Lange, Das sächsische Blaufarbenwesen um 1790 in Bildern von A. F. Winkler, Berlin 1959; K.-H. Ludwig, Die Agricola-Zeit im Montangemälde, Frühmoderne Technik in der Malerei des 18. Jahrhunderts, Düsseldorf 1979; R. P. Multhauf, Neptune's gift, A history of common salt, Baltimore, MD, 1978; P. Piasecki, Das deutsche Salinenwesen 1550–1650, Invention, Innovation, Diffusion, Idstein 1987; Christopher Polhem, 1661–1751, The Swedish Daedalus, Der schwedische Dädalus, Katalog der Wanderausstellung in Zusammenarbeit mit dem Schwedischen Technischen Museum, Stockholm 1985/86; K. Roesch, 3500 Jahre Stahl, Geschichte der Stahlerzeugungsverfahren vom frühgeschichtlichen Rennfeuer der Hethiter bis zum Sauerstoffaufblasverfahren, München 1979; E. Schremmer, Technischer Fortschritt an der Schwelle zur Industrialisierung, Ein innovativer Durchbruch mit Verfahrenstechnologie bei den alpenländischen Salinen, München 1980; M. Schmidt, Die Wasserwirtschaft des Oberharzer Bergbaus, Bonn 1989 (Schriftenreihe der Frontinus-Gesellschaft e. V., Heft 13); C. Schmöle, Von den Metallen und ihrer Geschichte, 2 Bde, Menden 1967 und 1969; W. F. Schuster, Das alte Metall- und Eisenschmelzen, Technologie und Zusammenhänge, Düsseldorf 1969; R. Slotta, Chr. Bartels u. a., Meisterwerke bergbaulicher Kunst vom 13. bis 19. Jahrhundert, Bochum 1990; L. Suhling, Aufschließen, Gewinnen und Fördern, Geschichte des Bergbaus, Reinbek 1983; U. Troitzsch, Umweltprobleme im Spätmittelalter und der Frühen Neuzeit, in: B. Herrmann (Hg.), Umwelt in der Geschichte, Beiträge zur Umweltgeschichte, Göttingen 1989, S. 89–110; O. Wagenbreth, E. Wächtler u. a., Bergbau im Erzgebirge, Technische Denkmale und Geschichte, Leipzig 1990; H.-H. Walter, Zur Entwicklung der Siedesalzgewinnung in Deutschland von 1500 bis 1900 unter besonderer Berücksichtigung chemisch-technologischer Probleme, Diss. Bergakademie Freiberg 1985; W. Weber, Innovationen im frühindustriellen deutschen Bergbau und Hüttenwesen, Göttingen 1976; E. Westermann (Hg.), Quantifizierungsprobleme bei der Erforschung der europäischen Montanwirtschaft des 15. bis 18. Jahrhunderts, St. Katharinen 1988.

Landwirtschaft und Landtechnik im Wandel

U. Bentzien, Bauernarbeit im Feudalismus, Landwirtschaftliche Arbeitsgeräte und -verfahren in Deutschland von der Mitte des 1. Jahrtausends u. Z. bis um 1800, Berlin 1980; G. Berg, The introduction of the winnowing-machine in Europe in the 18th century, in: Tools and tillage III/1, 1976, S. 25–46; M. Bumb, Landwirtschaftliche Verbesserungen und sozialer Wandel in den Grafschaften Aberdeen und Kincardine zwischen dem Anfang des 18. und der Mitte des 19. Jahrhunderts, Bensberg 1973; J. D. Chambers und G. E. Mingay, The agricultural revolution 1750–1880, London 1966; G. Fischer (Hg.), Die Entwicklung des landwirthschaftlichen Maschinenwesens in Deutschland, Festschrift zum 25jährigen Bestehen der Deutschen Landwirtschafts-Gesellschaft, Berlin 1910, repr. Düsseldorf 1987; G. E. Fussell, The farmers tools 1500–1900, The history of British farm implements tools and machinery before the tractor came, London 1952; G. E. Fussell, Farming technique from prehistoric to modern times, Oxford 1966; W. Hamm, Die landwirthschaftlichen Geräthe und Maschinen Englands, Ein Handbuch der landwirtschaftlichen Mechanik und Maschinenkunde, Mit einer Schilderung der britischen Agricultur, Braunschweig ^{2}1858; K. Herrmann, Pflügen, Säen, Ernten, Landarbeit und Landtechnik in der Geschichte, Reinbek 1985; A. de Maddalena, Das ländliche Europa, 1550–1750, in: C. M. Cipolla und K. Borchardt (Hg.), Europäische Wirtschaftsgeschichte, Bd 2, Stuttgart 1979, S. 171–221; U. Meiners, Die Kornfege in Mitteleuropa, Wort- und sachkundliche Studien zur Geschichte einer frühen landwirtschaftlichen Maschine, Münster 1983; M. Partridge, Farm tools through the ages, Reading 1973; G. R. Quick und W. F. Buchele, The grain harvesters, St. Joseph, MI, 1978.

Das Transportwesen zu Lande und zu Wasser

Landfahrzeuge

J. Beckmann, Kutschen, in: Beyträge zur Geschichte der Erfindungen, Bd 1, Göttingen ^{2}1783, S. 390–428; J. Damase, Kutschen, Frankfurt am Main o. J.; J. Chr. Ginzrot, Die Wagen und Fahrwerke der verschiedenen Völker des Mittelalters und der Kutschen-Bau neuester Zeiten, München 1830, repr. Hildesheim 1979; H. Hoof, Zur Entwicklung des Fahrwerks im Zeitalter der Technik, in: W. Treue (Hg.), Achse, Rad und Wagen, Fünftausend Jahre Kultur- und Technikgeschichte, Göttingen 1986, S. 313–368; G. J. Kugler, Die Wagenburg in Schönbrunn, Reiche Sattel- und Geschirrkammer der Kaiser von Österreich, Graz 1977; G. J. Kugler, Die Kutsche vom Beginn des 18. Jahrhunderts bis zum Auftreten des Automobils, in: W. Treue (Hg.), Achse, Rad und Wagen, Fünftausend Jahre Kultur- und Technikgeschichte, Göttingen 1986, S. 236–278; E. Rehbein, Zu Wasser und zu Lande, Geschichte des Verkehrswesens bis zum Ende des 19. Jahrhunderts, München 1984; W. Schadendorf, Zu Pferde, im Wagen, zu Fuß, Tausend Jahre Reisen, München 1959; J. Smolian, Vorgänger und Nachfolger des gefederten Wagens, Zur Entwicklungsgeschichte der Kutsche, in: TG 34, 1967, S. 146–163; L. Tarr, Karren, Kutsche, Karosse, Berlin ^{2}1978; W. Treue, Achse, Rad und Wagen, Fünftausend Jahre Kultur- und Technikgeschichte, München 1965; U. Troitzsch, Die technikgeschichtliche Entwicklung der Verkehrsmittel und ihr Einfluß auf die Gestaltung der Kulturlandschaft, in: Siedlungsforschung, Archäologie, Geschichte, Geographie, Bd 4, 1986, S. 127–143; Vom Reisen in der Kutschenzeit, Ausstellungskatalog der Eutiner Landesbibliothek, Heide in Holstein 1989; R. Wackernagel, Zur Geschichte der Kutsche bis zum Ende des 17. Jahrhunderts, in: W. Treue (Hg.), Achse, Rad und Wagen, Fünftausend Jahre Kultur- und Technikgeschichte, Göttingen 1986, S. 197–235.

Schiffbau

E. Berckenhagen, Schiffe, Häfen, Kontinente, Eine Kulturgeschichte der Seefahrt, Berlin 1983; J. van Beylen, Schepen van de Nederlanden, Van de late middeleeuwen tot het einde van de 17e eeuw, Amsterdam 1970; A. Dudszus, E. Henriot und F. Krumrey, Das große Buch der Schiffstypen, Berlin ^{3}1988; L. Eich, E. Henriot und L. Langendorf (Hg.), Die große Zeit der Galeeren und Galeassen, Bielefeld 1973; G. Groenewegen, Verzameling van vier en tachtige stuks Hollandsche schepen, Rotterdam 1789; E. Henriot, Kurzgefaßte illustrierte Geschichte des Schiffbaus von den Anfängen bis zum Ausgang des 19. Jahrhunderts, Bielefeld 1971; E. Henriot und L. Langendorf (Hg.), Segelkriegsschiffe des 17. Jahrhunderts, Von der »Couronne« zur »Royal Louis«, Bielefeld 1975; F. Howard, Segel-Kriegsschiffe 1400–1860, München 1983; D. Howarth, Die Kriegsschiffe, Amsterdam o. J. (Time-Life-Bücher); E. van Konijnenburg, Der Schiffbau seit seiner Entstehung, 3 Bde, Brüssel 1913; P. Lächler und H. Wirz, Die Schiffe der Völker, Freiburg im Breisgau 1962; B. Landström, Das Schiff, Vom Einbaum zum Atomboot, Rekonstruktionen in Bild und Wort, Gütersloh 1976; B. Landström, Segelschiffe, Von den Papyrusbooten bis zu den Vollschiffen in Wort und Bild, Gütersloh 1970; C. Lloyd, Ships and seamen, From the vikings to the present day, A history in text and picture, London 1961; D. Macintyre, Abenteuer der Segelschiffahrt 1520–1914, Gütersloh 1971; R. Miller, Die Ostindienfahrer, Amsterdam o. J. (Time-Life-Bücher); W. zu Mondfeld, Schiffbaukunst im 17. Jahrhundert, Herford 1988; M. Rediker,

Between the devil and the deep blue sea, Merchant seamen, pirats and the Anglo-American world 1700–1750, Cambridge, MA, 1987; W. Ried, Deutsche Segelschiffahrt seit 1470, München 1974; R. L. Temming, Illustrierte Geschichte der Seefahrt, Herrsching 1974; G. Timmermann, Die Suche nach der günstigsten Schiffsform, Oldenburg 1979.

Mechanisierung von Handwerk und Manufaktur

G. Bayerl, Mechanisierung vor der Industriellen Revolution, in: Beiträge zur Wirtschaftsgeschichte, Heft 7, TU Dresden 1991, S. 52–65; G. Bayerl und U. Troitzsch, Die Antizipation der Industrie, Der vorindustrielle Großbetrieb, seine Technik und seine Arbeitsverhältnisse, in: C. Grimm (Hg.), Aufbruch ins Industriezeitalter, Bd 1, München 1985, S. 87–106; G. Bayerl und U. Troitzsch, Mechanisierung vor der Mechanisierung? Zur Technologie des Manufakturwesens, in: Th. Pirker, H.-P. Müller und R. Winkelmann (Hg.), Technik und Industrielle Revolution, Vom Ende eines sozialwissenschaftlichen Paradigmas, Opladen 1987, S. 123–135; R. Reith (Hg.), Lexikon des alten Handwerks, Vom späten Mittelalter bis ins 20. Jahrhundert, München ^{2}1991.

Textilherstellung

C. Aberle, Geschichte der Wirkerei und Strikkerei, in: O. Johannsen (Hg.), Die Geschichte der Textil-Industrie, Leipzig 1932, S. 385–543; W. Endrei, Die Verbreitung der Seidenzwirnmühle und die ungarische Evidenz, in: F. Glatz (Hg.), Environment and society in Hungary, Budapest 1990, S. 47–64; W. Endrei, Kampf der Textilzünfte gegen die Innovationen, in: II. Internationales Handwerksgeschichtliches Symposium, Veszprém 1983, S. 129–144; W. English, The textile industry, An account of the early inventions of spinning, weaving, and knitting machines, London 1969; P. Fink, Vom Posamenterhandwerk zur Bandindustrie, Basel 1979; R. Reith, Zünftisches Handwerk, technologische Innovation und protoindustrielle Konkurrenz, Die Einführung der Bandmühle und der Niedergang des Augsburger Bortenmacherhandwerks vor der Industrialisierung, in: C. Grimm (Hg.), Aufbruch ins Industriezeitalter, Bd 2, München 1985; L. van Schelven, Techniek, innovatie, arbeid in historisch perspectief, Technische Hogeschool Twente 1979; J. Thirsk, The fantastical folly of fashion, The English stocking knitting industry, 1500–1700, in: N. B. Harte und K. G. Pointing (Hg.), Textile history and economic history, Manchester 1973, S. 50–73.

Papiermacherei, Glasproduktion, Porzellanherstellung

G. Bayerl, Die Papiermühle, Vorindustrielle Papiermacherei auf dem Gebiet des alten deutschen Reiches, Technologie, Arbeitsverhältnisse, Umwelt, 2 Teile, Frankfurt am Main 1987; G. Bayerl und K. Pichol, Papier, Produkt aus Lumpen, Holz und Wasser, Reinbek 1986; G. Bayerl, Papiermacher, in: R. Reith, Lexikon des alten Handwerks, Vom späten Mittelalter bis ins 20. Jahrhundert, München ^{2}1991, S. 181–188; R.-J. Gleitsmann, Die Spiegelglasmanufaktur im technologischen Schrifttum des 18. Jahrhunderts, Düsseldorf 1984; K. Hoffmann, Das weiße Gold von Meißen, Bern 1989; K. Hoffmann, Einrichtung der ersten europäischen Porzellanmanufaktur 1708 bis 1710 und deren Förderung durch August den Starken, in: Sachsen und die Wettiner, Internationale wissenschaftliche Konferenz Dresden 1989, Dresden 1990, S. 256–264; U. Mämpel, Keramik, Von der Handform zum Industrieguß, Reinbek 1985; R. Sonnemann und E. Wächtler (Hg.), Johann Friedrich Böttger, Die Erfindung des europäischen Porzellans, Leipzig 1982; U. Troitzsch, Johann Kunckel, in: Neue Deutsche Biographie, Bd 13, 1982, S. 287 f.; G. Wohlauf, Die Spiegelglasmanufaktur Grünenplan im 18. Jahrhundert, Eine Studie zu ihrer Betriebstechnologie und Arbeiterschaft, Hamburg 1981.

Metallverarbeitung

H. Aagard, Die deutsche Nähnadelherstellung im 18. Jahrhundert, Darstellung und Analyse ihrer Technologie, Produktionsorganisation und Arbeitskräftestruktur, Altena 1987; A. F. Burstall, A history of mechanical engineering, London 1963; O. Johannsen, Die geschichtliche Entwicklung der Walzwerkstechnik, in: J. Puppe und G. Stauber (Hg.), Walzwerkswesen, Bd 1, Düsseldorf 1929, S. 252–337; R. Kellermann und W. Treue, Die Kulturgeschichte der Schraube, München [2]1962; K. H. Mommertz, Bohren, Drehen, Fräsen, Geschichte der Werkzeugmaschinen, Reinbek 1981; L. T. C. Rolt, A short history of machine tools, Cambridge, MA, 1965; K. T. Rowland, 18th century inventions, New York 1972; C. Schmöle, Von den Metallen und ihrer Geschichte, 2 Bde, Menden 1967/69; A. Schroeder, Entwicklung der Schleiftechnik bis zur Mitte des 19. Jahrhunderts, Diss. TH Braunschweig 1930; W. Springer, Der Weg zur modernen Bohrmaschine, Berlin 1941; K. Wittmann, Die Entwicklung der Drehbank bis zum Jahre 1939, Düsseldorf [2]1960; R. S. Woodbury, Studies in the history of machine tools, Cambridge, MA, 1972.

Technik und Naturwissenschaft

G. Anthes, Die Rechenmaschinen von Philipp Matthäus Hahn, in: Philipp Matthäus Hahn 1739–1790, Ausstellungskatalog des Württembergischen Landesmuseums, Stuttgart 1990, S. 454–478; W. de Beauclair, Rechnen mit Maschinen, Eine Bildgeschichte der Rechentechnik, Braunschweig 1968; A. Beyer, Faszinierende Welt der Automaten, Uhren, Puppen, Spielereien, München 1983; M. Daumas, Scientific instruments of the 17th and 18th centuries and their makers, London 1972; E. J. Dijksterhuis, Die Mechanisierung des Weltbildes, Berlin 1956, repr. Heidelberg 1983; B. Baron von Freytag Löringhoff, Die erste Rechenmaschine, in: Humanismus und Technik 9, 1964, S. 45–65; H. Heckmann, Die andere Schöpfung, Geschichte der frühen Automaten in Wirklichkeit und Dichtung, Frankfurt am Main 1982; M. Heidelberger und S. Thiessen, Natur und Erfahrung, Von der mittelalterlichen zur neuzeitlichen Wissenschaft, Reinbek 1981; H. R. Jenemann, Die Waage des Chemikers, Frankfurt am Main 1979; D. S. Landes, Revolution in time, Clocks and the making of the modern world, Cambridge, MA, 1983; L. von Mackensen, Die ersten dekadischen und dualen Rechenmaschinen, in: E. Stein und A. Heinekamp (Hg.), Gottfried Wilhelm Leibniz, Das Wirken des großen Philosophen und Universalgelehrten als Mathematiker, Physiker, Techniker, Hannover 1990, S. 52–61; K. Maurice und O. Mayr (Hg.), Die Welt als Uhr, Deutsche Uhren und Automaten 1550–1650, München 1980; O. Mayr, Uhrwerk und Waage, Autorität, Freiheit und technische Systeme in der frühen Neuzeit, München 1987; V. Pratt, Thinking machines, The evolution of artificial intelligence, Oxford 1987; S. Richter, Wunderbares Menschenwerk, Aus der Geschichte der mechanischen Automaten, Leipzig 1989; W. Schreier u. a. (Hg.), Geschichte der Physik, Ein Abriß, Berlin 1988; J. Teichmann, Wandel des Weltbildes, Astronomie, Physik und Meßtechnik in der Kulturgeschichte, München 1980; G. J. Whitrow, Die Erfindung der Zeit, Hamburg 1991.

Entfaltung von Macht und Pracht

Militärwesen

P. L. Duchatre, Histoire des armes à chasse, Paris 1955; J. Durdik, M. Mudra und M. Sáda, Alte Handfeuerwaffen, Prag 1977; H. Eichberg, Die Rationalität der Technik ist veränderlich, Festungsbau im Barock, in: U. Troitzsch und G. Wohlauf (Hg.), Technik-Geschichte, Historische Beiträge und neuere Ansätze, Frankfurt am Main 1980, S. 212–240; H. Eichberg, Festung, Zentralmacht und Sozialgeometrie, Kriegsingenieurwesen des 17. Jahrhunderts in den Herzogtümern Bremen und

Verden, Köln 1989; H.D. GÖTZ, Mit Pulver und Blei, Kleine Waffenkunde für Liebhaber, München 1972; J.F. HAYWARD, The art of the gunmaker, 2 Bde, London 1962 und 1963; T. LENK, Steinschloß-Feuerwaffen, Ursprung und Entwicklung, 2 Bde, Hamburg 1973; H. NEUMANN, Reißbrett und Kanonendonner, Festungsstädte der Neuzeit, in: KLAR UND LICHTVOLL WIE EINE REGEL, Planstädte der Neuzeit vom 16. bis zum 18. Jahrhundert, Ausstellungskatalog des Badischen Landesmuseums, Karlsruhe 1990, S. 51–76; O. REULEAUX, Die geschichtliche Entwicklung des Befestigungswesens vom Aufkommen der Pulvergeschütze bis zur Neuzeit, Leipzig 1912; I. SCHNEIDER, Die mathematischen Praktiker im See-, Vermessungs- und Wehrwesen vom 15. bis zum 19. Jahrhundert, in: TG 37, 1970, S. 210–242; G. SIEVERNICH (Hg.), Das Buch der Feuerwerkskunst, Farbenfeuer am Himmel Asiens und Europas, Nördlingen 1987; H. WUNDERLICH, Kursächsische Feldmeßkunst, artilleristische Richtverfahren und Ballistik im 16. und 17. Jahrhundert, Berlin 1977.

Landesausbau

B. HEINRICH, Brücken, Vom Balken zum Bogen, Reinbek 1983; F. KLEINSCHROTH, 300 Jahre Canal du Midi, in: Hydraulik und Gewässerkunde TU München, Heft 33, 1980, S. 71–96; J. KONVITZ, Cartography in France 1660–1848; Science, engineering and statecraft, Chicago, IL, 1987; K.-H. MANEGOLD, Technik, Handelsstaat und Gesamtpolitik, Brandenburgische Kanalbauten im 17. Jahrhundert, in: TG 37, 1970, S. 101–129; E. PAWSON, Transport and economy, The turnpike roads of 18th century Britain, New York 1977; R. PAYNE, The canal builders, New York 1959; P. PINSSEAU, Le Canal Henri IV ou Canal de Briare, Orléans 1943; L.T.C. ROLT, From sea to sea: The Canal Du Midi, Athens, OH, 1973; J.J. SCHILSTRA, Wie water dert, Het hooghenraadschap van de uitwaterende sluizen in Kennemerland en West-Friesland 1544–1969, o.O.o.J.; H. STRAUB, Die Geschichte der Bauingenieurkunst, Ein Überblick von der Antike bis in die Neuzeit, Basel ³1975; E. WEIGL, Instrumente der Neuzeit, Die Entdeckung der modernen Wirklichkeit, Stuttgart 1990.

Geplante Städte

G. BAYERL, Historische Wasserversorgung, Bemerkungen zum Verhältnis von Mensch, Gesellschaft und Technik, in: U. TROITZSCH und G. WOHLAUF (Hg.), Technik-Geschichte, Historische Beiträge und neuere Ansätze, Frankfurt am Main 1980, S. 180–211; W. HORNUNG, Feuerwehrgeschichte, Brandschutz und Löschgerätetechnik von der Antike bis zur Gegenwart, Stuttgart 1981; KLAR UND LICHTVOLL WIE EINE REGEL, Planstädte der Neuzeit vom 16. bis zum 18. Jahrhundert, Ausstellungskatalog des Badischen Landesmuseums, Karlsruhe 1990; K. STOBER u.a., 140 Planstadtanlagen in Europa, in: KLAR UND LICHTVOLL WIE EINE REGEL, Planstädte der Neuzeit vom 16. bis 18. Jahrhundert, Ausstellungskatalog des Badischen Landesmuseums, Karlsruhe 1990, S. 339–373; U. TROITZSCH, Das Feuerlöschwesen, in: J. ZIECHMANN (Hg.), Panorama der fridericianischen Zeit, Friedrich der Große und seine Epoche, Ein Handbuch, Bremen 1985, S. 590f.

DIE AUSBREITUNG TECHNISCHEN WISSENS

Vom Kunstmeister zum Ingenieur

W.H.G. ARMYTAGE, A social history of engineering, London ⁴1976; F.B. ARTZ, The development of technical education in France, 1500–1800, Cambridge, MA, 1966; H. SCHIMANK, Der Ingenieur, Entwicklung eines Berufes bis Ende des 19. Jahrhunderts, Köln 1961; U. SCHÜTTE, Architect und Ingenieur, Baumeister in Krieg und Frieden, Ausstellungskatalog der Herzog August-Bibliothek, Wolfenbüttel 1984; H. STRAUB, Die Geschichte der Bauingenieurkunst, Ein Überblick von der Antike bis in die Neuzeit, Basel ³1975.

Technische Literatur

H. Aagard, Zur Qualität und Aussagekraft von bildlichen Darstellungen in französischen und deutschen technologischen Werken des 18. und 19. Jahrhunderts, in: TG 49, 1982, S. 290–305; G. Buchheim und R. Sonnemann (Hg.), Geschichte der Technikwissenschaften, Leipzig 1990; L. Hiersemann, Jacob Leupold, Ein Wegbereiter der technischen Bildung in Leipzig, in: Wiss. Berichte der TH Leipzig, Heft 17, 1982; F. Klemm, Die Geschichte des technischen Schrifttums, Form und Funktion des gedruckten technischen Buches vom ausgehenden 15. bis zum beginnenden 19. Jahrhundert, ungedruckte Diss. TH München 1948; F. Klemm, Das alte technische Schrifttum als Quelle der Technikgeschichte, in: Humanismus und Technik 10, 1965, S. 27–42; K.-H. Manegold, Technischer Fortschritt und gesellschaftlicher Wandel im Frankreich der Aufklärung, in: Schriften der Georg-Agricola-Gesellschaft 5, 1979, S. 45–65; A. Nedoluha, Kulturgeschichte des technischen Zeichnens, Wien 1960; A. Stöcklein, Leitbilder der Technik, Biblische Tradition und technischer Fortschritt, München 1969; U. Troitzsch, Zum Stande der Forschung über Jacob Leupold, in: TG 42, 1975, S. 263–286.

Gesellschaften zur Förderung von Technik und Wissenschaften

R. Hahn, The anatomy of a scientific institution, The Paris academy of sciences 1666–1803, Berkeley, CA, 1971; A. R. Hall, Die Geburt der naturwissenschaftlichen Methode 1630–1720, Von Galilei bis Newton, Gütersloh 1965; F. Hartmann und R. Vierhaus (Hg.), Der Akademiegedanke im 17. und 18. Jahrhundert, in: Wolfenbütteler Forschungen 3, 1977; A. Kanthak, Der Akademiegedanke zwischen utopischem Entwurf und barocker Projektemacherei, Zur Geistesgeschichte der Akademiebewegung des 17. Jahrhunderts, Berlin 1987; A. Kleinert, Technik und Naturwissenschaften im 17. und 18. Jahrhundert, in: A. Hermann und Ch. Schönbeck (Hg.), Technik und Wissenschaft, Bd 3: Technik und Kultur, S. 269–295; M. Ornstein, The role of scientific societies in the 17 th century, New York 1975; D. Roche, Le siècle des lumières en province, Académies et académiciens provinciaux, 1680–1789, 2 Bde, Paris 1978; A. Timm, Kleine Geschichte der Technologie, Stuttgart 1964; U. Troitzsch, Ansätze technologischen Denkens bei den Kameralisten des 17. und 18. Jahrhunderts, Berlin 1966.

Akos Paulinyi
Die Umwälzung der Technik in der Industriellen Revolution

Abkürzungen

EHR	=	Economic History Review
TaC	=	Technology and Culture
TG	=	Technikgeschichte
TNZ	=	F. Klemm (Hg.), Die Technik der Neuzeit, 3 (unvollständige) Bde, Potsdam 1941

Die Industrielle Revolution

T. S. Ashton, The Industrial Revolution, 1760–1830, Oxford 1948; Ch. Babbage, On the economy of machinery and manufactures, London 1832; Ch. Babbage, Ueber Maschinen- und Fabrikenwesen, Berlin 1833; D. Balkhausen, Die dritte industrielle Revolution, Düsseldorf 1978; M. Berg, The age of manufactures, 1720–1820, London 1985; E. M. Carus-Wilson, An Industrial Revolution of the 13th century, in: EHR 11, 1941, S. 39–60; C. Cipolla und K. Borchardt (Hg.), Europäische Wirtschaftsgeschichte, Bd 3: Die industrielle Revolution, Stuttgart 1985; N. F. R. Crafts, Industrial Revolution in England and France, Some thoughts on the question »Why was England first?«, in: EHR 30, 1977, S. 429–441; F. Crouzet, England and France in the 18th century, A comparative analysis of two economic growths, in: R. M. Hartwell (Hg.), The causes of the Industrial Revolution in England, London 1967, S. 139–174; R. Davis, English foreign trade, 1700–1774, in: EHR 15, 1962, S. 285–303; M. W. Flinn, Origins of the Industrial Revolution, London 1966; M. Füssel, Die Begriffe Technik, Technologie, technische Wissenschaften und Polytechnik, Bad Salzdetfurth 1978; J. Gimpel, Die industrielle Revolution des Mittelalters, Zürich 1980; W. Jonas, Thesen zum Wesen der Industriellen Revolution, in: Jahrbuch für Wirtschaftsgeschichte 1974, Teil 2, S. 273 ff.; W. Jonas, Kritische Bemerkungen und Ergänzungen, in: J. Kuczynski, Vier Revolutionen der Produktivkräfte, Berlin 1975, S. 137–180; J. Kuczynski, Vier Revolutionen der Produktivkräfte, Berlin 1975; N. Lambert, Neue Technologien in der Geschichte der Entstehung der großen Industrie, Wiesbaden 1986 (Materialien zum Unterricht, Sekundarstufe I, Heft 68, Gesellschaftslehre 10); D. S. Landes, Der entfesselte Prometheus, Köln 1973; P. Mantoux, La révolution industrielle au XVIIIe siècle, Paris 1905; P. Mantoux, The Industrial Revolution in the 18th century, London 91948; P. Mathias, The transformation of England, London 1979; J. Mokyr (Hg.), The economics of the Industrial Revolution, London 1985; A. E. Musson, The growth of British industry, New York 1978; A. Paulinyi, Industrielle Revolution, Vom Ursprung der modernen Technik, Reinbek 1989; A. Paulinyi, Das Wesen der technischen Neuerungen in der Industriellen Revolution, Der Marxsche Ansatz im Lichte einer technologischen Analyse, in: T. Pirker (Hg.), Technik und Industrielle Revolution, Opladen 1987, S. 136–146; J. Purs, Prumyslová revoluce, Vyvoj pojmu a koncepce, Prag 1973; G. Ropohl, Eine Systemtheorie der Technik, München 1979; W. W. Rostow, How it all began, Origins of the modern economy, London 1975; R. P. Sieferle, Der unterirdische Wald, Energiekrise und Industrielle Revolution, München 1982; Ch. Singer und E. J. Holmyard (Hg.), A history of technology, Bd 4: The Industrial Revolution, c 1750 to c 1850, Oxford 1975; W. Steinmüller, Die Zweite industrielle Revolution hat eben begonnen, Über die Technisierung der geistigen Arbeit, in: Kursbuch 66, 1981, S. 152–188; A. Toynbee, Lectures on the Industrial Revolution, London 1984; K. Tuchel, Herausforderung der Technik, Bremen 1967; A.P. Usher, A history of mechanical inventions, Cambridge, MA, 1954; A. Weber, Drei Phasen der industriellen Revolution, in: Sitzungsberichte der Bayerischen Akademie der Wissenschaften, Philos.-hist. Klasse, Heft 10, München 1957.

Vom Spinnrad zur Maschinenspinnerei

E. Baines, History of the cotton manufacture in Great Britain, London 1835; A. Barlow, The history and principles of weaving by hand and by power, London 1878; A. Bohnsack, Spinnen und Weben, Entwicklung von Technik und Arbeit im Textilgewerbe, Reinbek 1981; H. Catling, The spinning mule, Newton Abbott 1970; W.H. Chaloner und J.D. Marshall, Major John Cartwright and the revolution mill, East Redford, Nottinghamshire, 1788–1806, in: N.B. Harte und K.G. Ponting (Hg.), Textile history and economic history, Manchester 1973, S. 281–303; J.D. Chambers, Nottinghamshire in the 18th century, London ²1966; S.D. Chapman, The Arkwright mills, Colquhoun's census of 1788 and archaeological evidence, in: Industrial Archaeology Review 6, 1981/82, S. 5–27; S.J. Chapman, The Lancashire cotton industry, A study of economic development, Manchester 1904; L.A. Clarkson, The pre-industrial economy in England 1500–1750, London 1971; Samuel Crompton, The inventor of the spinning mule, Bolton 1927; W. English, The textile industry, An account of the early inventions of spinning, weaving and knitting machines, London 1969; D.A. Farnie, The english cotton industry and the world market 1815–1896, Oxford 1979; R.S. Fitton, The Arkwrights, Spinners of fortune, Manchester 1989; W.F. Greaves und J.H. Carpenter, A short history of mechanical engineering, London ²1978; R. Guest, A compendious history of the cotton manufacture with a disproval of the claim of Sir Richard Arkwright to the invention of its ingenious machinery, Manchester 1823; R.L. Hills, Power in the Industrial Revolution, Manchester 1970; J. James, History of the Worsted manufacture in England, London 1857; D.T. Jenkins, Early factory development in the West Riding of Yorkshire, 1770–1800, in: N.B. Hart und K.G. Ponting (Hg.), Textile history and economic history, Manchester 1973, S. 247–280; D.T. Jenkins, und K.G. Ponting (Hg.), The British wool textile industry, 1770–1914, London 1982; O. Johannsen, Handbuch der Baumwollspinnerei, Bd 1, Leipzig 1902; K. Karmarsch, Weberei, in: J.J.R. von Prechtl (Hg.), Technologische Encyclopädie, Bd 20, Stuttgart 1855, S. 170–569; J. Kennedy, On the rise and progress of the cotton trade, in: Memoirs of the Manchester Literary and Philosophical Society 3/2, 1819, S. 115–137; T. Kuby, Vom Handwerksinstrument zum Maschinensystem, Berlin 1980; C.H. Lee, A cotton enterprise, 1795–1840, A history of M'Connel and Kennedy, Fine cotton spinners, Manchester 1972; E. Lipson, The economic history of England, Bd 2, London ⁶1956; J. de L. Mann, The cloth industry in the West of England from 1640 to 1880, Oxford 1971; E. Müller, Handbuch der Spinnerei, in: K. Karmarsch (Hg.), Handbuch der mechanischen Technologie, Bd 3,1, Berlin ⁶1891; E. Müller, Handbuch der Weberei, in: K. Karmarsch (Hg.), Handbuch der mechanischen Technologie, Bd 3,2, Berlin ⁶1893; A. Paulinyi, Patente, die keine Rendite brachten, Der Fall von John Kay und Edmund Cartwright, in: Les Brevets, Leur utilisation en histoire des techniques et de l'économie, Paris 1985, S. 87–100; A. Paulinyi, John Kays Schnellade, ihre Verbreitung und Folgewirkungen, Zur Problematik »bekannter Tatsachen« in der Technikgeschichte, in: TG 52, 1985, S. 95–112; D. Seward, The wool textile industry, 1750–1960, in: J.G. Jenkins (Hg.), The wool textile industry in Great Britain, London 1972, S. 34–48; M. Strickland, A memoir of the life, writings and mechanical inventions of Edmund

Cartwright, London 1843; A. URE, Praktisches Handbuch des Baumwollen-Manufacturwesens, Weimar 1837; A. P. WADSWORTH und J. DE L. MANN, The cotton trade and industrial Lancashire, 1600–1780, Manchester 1931; G. WHITE, A practical treatise on weaving by hand- and power looms, Glasgow 1846; R. G. WILSON, The supremacy of the Yorkshire cloth industry in the 18th century, in: N. B. HART und K. G. PONTING (Hg.), Textile History and economic history, Manchester 1973, S. 225–246.

VOM MÜHLENBAUER ZUM MASCHINENBAUER

E. A. BATTISON, Eli Whitney and the milling machine, in: Smithsonian Journal of History 1, 1966, S. 9–34; R. BUCHANAN, Practical essays of millwork and other machinery, London 31841; R. BUCHANAN, An essay on the shafts of mills, London 1814; B. BUXBAUM, Der englische Werkzeugmaschinen- und Werkzeugbau im 18. und 19. Jahrhundert, in: TG 11, 1921, S. 117–142; R. CAMPBELL, The London tradesman, London 1747; J. A. CANTRELL, James Nasmyth and the Bridgewater Foundry, Manchester 1984; E. FINSTERBUSCH und W. THIELE, Vom Steinbeil zum Sägegatter, Leipzig 1987; K. HARTMANN, Vollständiges Handbuch der Metalldreherei, Weimar 1851; N. LANG, Johann Georg Bodmer, 1786–1864, Maschinenbauer und Erfinder, Zürich 1987 (Schweizer Pioniere der Wirtschaft und Technik 45); I. MCNEIL, Joseph Bramah, A century of invention, 1749–1851, Newton Abbot 1969; K. H. MOMMERTZ, Bohren, Drehen und Fräsen, Geschichte der Werkzeugmaschinen, Reinbek 1981; J. NASMYTH, Remarks on the introduction of the slide principle in tools and machines employed in the production machinery, in: R. BUCHANAN, Practical essays on millwork and other machinery, London 31841, S. 393–418; W. POLE (Hg.), The life of Sir William Fairbairn, London 21970; L. T. C. ROLT, Tools for the job, A history of machine tools to 1950, London 1986; D. SCOTT, The engineer and machinist's assistant, Glasgow 1847; S. SMILES (Hg.), James Nasmyth engineer, An autobiography, London 1883; A. WIßNER, Die Entwicklung der Metallbearbeitung, in: TNZ, Bd 2, S. 99–133; A. WIßNER, Die Entwicklung der Feinmechanik, in: TNZ, Bd 2, S. 133–153; A. WIßNER, Die Entwicklung der Holzbearbeitung, in: TNZ, Bd 2, S. 215–231; R. S. WOODBURY, The legend of Eli Whitney, in: TaC 1, 1960, S. 235–253; R. S. WOODBURY, Studies in the history of machine tools, Cambridge, MA, 1972.

ENERGIEBEDARF DER ARBEITSMASCHINEN

D. B. BARTON, The Cornish beam engine, A survey of its history and development in the mines of Cornwall and Devon from before 1800 to the present day, Truro 1965; H.-J. BRAUN, Technische Neuerungen um die Mitte des 19. Jahrhunderts, Das Beispiel der Wasserturbinen, in: TG 46, 1979, S. 285–305; H.-J. BRAUN, Die Dampfmaschine, Technische Entwicklung, wirtschaftliche und gesellschaftliche Ursachen und Auswirkungen, in: T. BUDDENSIEG und H. ROGGE (Hg.), Die Nützlichen Künste, Berlin 1981, S. 82–90; H. W. DICKINSON und R. JENKINS, James Watt and the steam engine, The memorial volume prepared for the Committee of the Watt Centenary Commemoration of Birmingham 1919, Oxford 1927; C. ECKOLDT, Kraftmaschinen I, München 21986; R. J. FORBES, Power to 1850, in: A history of technology, Bd 4, Oxford 1958, S. 148–167; J. KANEFSKY und J. ROBEY, Steam engines in 18th century Britain, A quantitative assesment, in: TaC 21, 1980; S. 161–186; C. MATSCHOß, Die Entwicklung der Dampfmaschine, 2 Bde, Berlin 1907 und 1908; K. MAUEL, Zur Geschichte der Dampfmaschine, in: T. BUDDENSIEG und H. ROGGE (Hg.), Die Nützlichen Künste, Berlin 1981, S. 76–82; A. E. MUSSON, Industrial motive power in the United Kingdom, 1800–70, in: EHR 29, 1976, S. 415–439; E. ROLL, An early experiment in industrial organisation, Being a history of the firm of Boulton and Watt, 1775–1805, repr. London 1986; H. L. SITTAUER, James Watt, Leipzig 1989; N. SMITH,

Man and water, A history of hydro-technology, New York 1976; A. Stowers, Watermills c 1500 – c 1850, in: A history of technology, Bd 4, Oxford 1958, S. 199–213; J. Tann und M. J. Breckin, The international diffusion of the Watt engine, 1775–1825, in: EHR 31, 1978, S. 541–564; B. Thomas, Was there an energy crisis in Great Britain in the 17 th century?, in: Explorations in Economic History 23, 1986, S. 124–152; G. N. von Tunzelmann, Steam power and British industrialization, Oxford 1978.

Grundstoffindustrien

T. S. Ashton, Iron and steel in the Industrial Revolution, Manchester [4]1968; T. S. Ashton, und J. Sykes, The coal industry of the 18th century, Manchester 1929, repr. 1967; A. Binz, Über den Ursprung der chemischen Großindustrie, in: Zeitschrift für angewandte Chemie 25, 1912, S. 2337–2339; A. Birch, The economic history of the British iron and steel industry, London 1967; T. W. Bunning, A description of patents connected with mining operations, in: Transactions of the North of England Institute of Mining Engineers 17, 1868, S. 3–72, Appendix 2, Pl. 6–10; A. Clow, Die Schwefelsäure in der industriellen Revolution, in: A. E. Musson (Hg.), Wissenschaft, Technik und Wirtschaftswachstum im 18. Jahrhundert, Frankfurt am Main 1977, S. 165–183; A. und N. Clow, The chemical revolution, A contribution to social technology, London 1952; A. E. Dingle, The monster nuisance of all, Landowners, alkali manufacturers and air pollution, 1826–64, in: EHR 35, 1982, S. 529–548; M. W. Flinn, The history of the British coal industry, Bd 2: The Industrial Revolution, Oxford 1984; A. R. Griffin, Coalmining, London 1971; A. R. Griffin, The British coalmining industry, Retrospect and prospect, Buxton 1977; L. F. Haber, The chemical industry during the 19th century, Oxford 1969; P. E. H. Hair, Mortality from violence in British coal mining, in: EHR 21, 1968, S. 545–559; D. W. F. Hardie, Die Macintoshs und die Anfänge der chemischen Industrie, in: A. E. Musson (Hg.), Wissenschaft, Technik und Wirtschaftswachstum im 18. Jahrhundert, Frankfurt am Main 1977, S. 184–210; F. W. Hardwick, Notes on the history of the safety-lamp, in: Transactions of the Institution of Mining Engineers 51, 1915/16, S. 548–724; Ch. K. Hyde, Technological change and the British iron industry, Princeton, NJ, 1977; M. H. Jackson und C. de Beer, 18th century gunfounding, Newton Abbot 1973; J. Körting, Geschichte der deutschen Gasindustrie, Mit Vorgeschichte und bestimmenden Einflüssen des Auslandes, Essen 1963; G. Lunge, Handbuch der Sodaindustrie und ihrer Nebenzweige, 3 Bde, Braunschweig [3]1909; G. Lunge, Handbuch der Schwefelsäurefabrikation und ihrer Nebenzweige, 2 Bde, Braunschweig 1916; R. A. Mott, Henry Cort, The great finer, Creator of puddled iron, London 1983; J. U. Nef, Rise of the British coal industry, London 1932; J. U. Nef, The conquest of the material world, Chicago, IL, 1964; D. Osteroth, Soda, Teer und Schwefelsäure, Der Weg zur Großchemie, Reinbek 1985; A. Paulinyi, Die Erfindung des Heißwindblasens in Schottland und seine Einführung in Mitteleuropa, Ein Beitrag zum Problem des Technologietransfers, in: TG 50, 1983, S. 1–34, 129–145; A. Paulinyi, Das Puddeln, Ein Kapitel aus der Geschichte des Eisens in der Industriellen Revolution, München 1987 (Deutsches Museum. Abhandlungen und Berichte, N.F., Bd 4); A. Raistrick, Dynasty of iron founders, The Darbys of Coalbrookdale, London 1953; Ph. Riden, The output of the British iron industry before 1870, in: EHR 30, 1977, S. 442–459; A. Russell, Coal, The Basis of 19th-century technology, Open University 1973; W. Schivelbusch, Lichtblicke, Zur Geschichte der künstlichen Helligkeit im 19. Jahrhundert, München 1983; J. G. Smith, The origins and early development of the heavy chemical industry in France, Oxford 1979; T. J. Taylor, On the progressive application of machinery to mining purposes, in: Proceedings of the Institution of Mechanical Engineers 1859, S. 15–41; R. F. Tylecote, A history of metallurgy,

London 1976; S. F. Walker, Coal-cutting by machinery in the United Kingdom, London 1902 (Colliery Guardian Series of Handbooks 15); N. Wood, On the improvements and progress in the working and ventilation of coal mines in the Newcastle-on Tyne district within the last fifty years, in: Proceedings of the Institution of Mechanical Engineers 1858, S. 177–236.

Das Verkehrswesen

D. Aldcroft und M. Freeman (Hg.), Transport in the Industrial Revolution, Manchester 1983; B. Austen, British mail-coach services, 1784–1850, New York 1986; S. Bagwell, The transport revolution from 1770, London 1974; T. Coleman, The railway navvies, London 1965; E. Corlett, The iron ship, The history and significance of Brunel's Great Britain, Bradford on Avon 1975; H. J. Dyos und D. H. Aldcroft (Hg.), British transport, An economic survey from the 17th century to the 20th, London 1974; M. J. Freeman und D. H. Aldcroft (Hg.), Transport in Victorian Britain, Manchester 1988; A. Gibb, The story of Telford, The rise of civil engineering, London 1935; J. Ch. Ginzrot, Die Wagen und Fahrwerke der verschiedenen Völker des Mittelalters und der Kutschen-Bau neuster Zeiten, München 1830, repr. Hildesheim 1979; D. Goodman, Shipbuilding, in: The Open University, Technology and change, 1750–1914, Technological Essays 8–11, Milton Keynes 1983, S. 81–104; G. R. Hawke, Railways and economic growth in England and Wales, 1840–1870, Oxford 1970; G. R. Hawke und J. P. P. Higgins, Transport and social overhead capital, in: R. Floud und D. McCloskey (Hg.), The economic history of Britain since 1700, Bd 1, Cambridge 1981, S. 227–252; J. Hodge, Richard Trevithik, Aylesbury 1978; O. Höver, Die Entwicklung der Wasserfahrzeuge, in: TNZ, Bd 3, S. 181–219; C. F. D. Marshall, A history of the Southern Railway, Bd 1, London ²1963; E. Metzeltin, Die Entwicklung der Schienenwege, in: TNZ, Bd 3, S. 81–99; E. Metzeltin, Die Entwicklung der Gleisfahrzeuge, in: TNZ, Bd 3, S. 100–142; F. Peters, Time is money, Die Entwicklung des modernen Bauwesens, Stuttgart 1981; T. F. Peters, Transitions in engineering, Basel 1987; E. Preuß, George Stephenson, Leipzig 1987; M. Rauck, Geschichte der gleislosen Fahrzeuge, in: TNZ, Bd 3, S. 41–81; L. T. C. Rolt, George and Robert Stephenson, The railway revolution, London 1978; W. Schivelbusch, Geschichte der Eisenbahnreise, München 1977.

Das Entstehen der neuen Technik

L'acquisition des techniques par les pays non-initiateurs, Colloques internationaux du Centre National de la Recherche Scientifique 538, Paris 1973; Ch. Ballot, L'introduction du machinisme dans l'industrie Française, Genf 1978; P. Barlow, A treatise on the manufactures and machinery, Forming a portion of the Encyclopaedia Metropolitana, London 1836; P. Barlow, A treatise on the strength of timber, cast iron, malleable iron, and other materials, London ³1837; J. D. Bernal, Wissenschaft, Science in history, Bd 2: Die wissenschaftliche und industrielle Revolution, Reinbek 1970; G. Buchheim und R. Sonnemann (Hg.), Geschichte der Technikwissenschaften, Leipzig 1990; R. Cameron, The diffusion of technology as a problem in economic history, in: Economic Geography 51, 1975, S. 217–230; D. S. L. Cardwell, Technology, science und history, London 1972; D. S. L. Cardwell, Steam power in the 18th century, A case study in the application of science, London 1963; D. S. L. Cardwell (Hg.), Artisan to graduate, Manchester 1974; W. H. Chaloner, New light on R. Roberts textile engineer, 1789–1864, in: Transactions of the Newcomen Society 41, 1971, S. 27–44; D. Dowson, History of tribology, London 1979; P. Dudzik, Innovation und Investition, Technische Entwicklung und Unternehmerentscheide in der schweizerischen Baumwollspinnerei 1800–1916, Zürich 1978; H. I. Dutton, The patent system and inventive activity during the Industrial Revolution, 1750–1852, Manchester 1984; R. Forberger, Die Industrielle Revolution in Sachsen, 1800–1861, Bd 1, Berlin 1982; O. Gregory, A treatise of mechanics, theoretical, practical and descriptive, London 1806; W. O. Henderson, Britain and industrial Europe, 1750–1870, Leicester [3]1972; W. O. Henderson, The state and the Industrial Revolution in Prussia, 1740–1870, Liverpool 1958; E. Hodkinson, On the transverse strain, and the strength of materials, in: Memoirs of the Literary and Philosophical Society of Manchester 4, 1824; D. J. Jeremy, Damming the flood, British government efforts to check the outflow of technicians and machinery, 1780–1843, in: Business History Review 51, 1977, S. 1–34; D. J. Jeremy, Transatlantic Industrial Revolution, The diffusion of textile technologies between Britain and America, 1790–1830, Oxford 1981; M. Kerker, Die Naturwissenschaften und die Dampfmaschine, in: K. Hausen und R. Rürup (Hg.), Moderne Technikgeschichte, Köln 1975, S. 96–105; W. Kroker, Wege zur Verbreitung technologischer Kenntnisse zwischen England und Deutschland in der zweiten Hälfte des 18. Jahrhunderts, Berlin 1971; P. Lundgreen, Bildung und Wirtschaftswachstum im Industrialisierungsprozeß des 19. Jahrhunderts, Berlin 1973; Ch. MacLeod, Inventing the Industrial Revolution, The English patent system, 1660–1800, Cambridge 1988; I. Mieck, Preußische Gewerbepolitik in Berlin, 1806–1844, Berlin 1965; A. E. Musson und E. Robinson (Hg.), Science and technology in the Industrial Revolution, Manchester 1969; A. Paulinyi, Der Technologietransfer für die Metallbearbeitung und die preußische Gewerbeförderung, 1820–1850, in: F. Blaich (Hg.), Die Rolle des Staates für die wirtschaftliche Entwicklung, Berlin 1982, S. 99–142; S. Pollard, Peaceful conquest, The industrialization of Europe, 1760–1970, Oxford 1981; F. Rapp, R. Jokisch und H. Lindner, Determinanten der technischen Entwicklung, Berlin 1980; A. Rees (Hg.), The Cyclopaedia, or universal dictionary of arts, sciences and literature, London 1819; G. W. Roderick und M. D. Stephens (Hg.), Scientific and technical education in 19th century England, Newton Abbot 1972; M. Sanderson, The universities and British industry, 1850–1970, London 1972; R. E. Schofield, The Lunar Society of Birmingham, Oxford 1963; R. E. Schofield, Die Orientierung der Wissenschaft auf die Industrie in der Lunar Society von Birmingham, in: A. E. Musson (Hg.), Wissenschaft, Technik und Wirtschaftswachstum im 18. Jahrhundert, Frankfurt am Main 1977, S. 153–164; U. Troitzsch, Belgien als Vermittler technischer Neuerungen beim Aufbau der eisenschaffenden Industrie im Ruhrgebiet um 1850, in: TG 39, 1972, S. 142–158; U. Troitzsch, Zur Entwicklung der (poly-)technischen Zeitschriften in Deutschland zwischen 1820 und 1890, in: K.-H. Manegold (Hg.), Wissenschaft, Wirtschaft und Technik, Studien zur Geschichte, München 1969, S. 331–339; A. Ure, The philosophy of manufactures, London 1835; W. Whewell: The mechanics of engineering, London 1841; R. Willis, On the teeth of wheels, in: Transactions of the Institution of Civil Engineers 2, 1838, S. 89–112; R. Willis, Principles of mechanism, Designed for the use of students in the universities and for the engineering students generally, London 1841; R. Willis, On machines and tools for working in metal, wood and other materials, in: Lectures on the results of the Great Exhibition of 1851, Bd 2, London 1852, S. 135–148.

Das beschleunigte Wachstum

J. Belchem, Industrialization and the working class, The English experience, 1750–1900, Aldershot 1990; K. Borchardt, Wirtschaftliches Wachstum und Wechsellagen, 1800–1914, in: W. Zorn (Hg.), Handbuch der deutschen Wirtschafts- und Sozialgeschichte, Bd 2, Stuttgart 1976, S. 198–275; S. D. Chapman, Fixed capital formation in the British cotton manufacturing industry, in: J. P. P. Higgins und S. Pollard (Hg.), Aspects of capital investment in

Great Britain, 1750–1850, London 1971, S. 57–114; C. M. CIPOLLA, Die Industrielle Revolution in der Weltgeschichte, in: K. BORCHARDT, Die Industrielle Revolution in Deutschland, München 1972, S. 7–21; M. DAUMAS, La mythe de la révolution technique, in: Revue d'Histoire des Sciences 1963, S. 291–302; PH. DEANE und W. A. COLE, British economic growth, 1688–1959, Trends and structure, Cambridge ²1969; C. FEINSTEIN, Capital accumulation and the Industrial Revolution, in: R. FLOUD und N. M. MCCLOSKEY (Hg.), The economic history of Britain since 1700, Bd 1, Cambridge 1981; W. FISCHER und G. BAJOR (Hg.), Die soziale Frage, Stuttgart 1967; R. FLOUD und N. M. MCCLOSKEY (Hg.), The economic history of Britain since 1700, Bd 1, Cambridge 1981; J. FOSTER, Class struggle and the Industrial Revolution, London 1974; A. GEHLEN, Die Seele im technischen Zeitalter, Hamburg 1958; F. VON GOTTL-OTTLILIENFELD, Wirtschaft und Technik, in: Grundriß der Sozialökonomik II, Tübingen 1914, S. 191–381; J. L. und B. HAMMOND, The skilled labourer, London 1979; W. G. HOSKINS, The making of the English landscape, Harmondsworth 1971; S. KUZNETS, Modern economic growth, New Haven, CT, 1966; S. LILLEY, Technischer Fortschritt und die Industrielle Revolution, in: C. M. CIPOLLA und K. BORCHARDT (Hg.), Europäische Wirtschaftsgeschichte, Bd 3: Die Industrielle Revolution, Stuttgart 1985, S. 119–163; K. MARX, Das Kapital, Kritik der politischen Ökonomie, Bd 1, Frankfurt am Main 1976; P. MATHIAS, The first industrial nation, London 1969; P. MATHIAS, Wer entfesselte Prometheus?, Naturwissenschaft und technischer Wandel, 1600–1800, in: K. HAUSEN und R. RÜRUP (Hg.), Moderne Technikgeschichte, Köln 1975, S. 73–95; B. R. MITCHELL, Abstract of British historical statistics, Cambridge 1971; J. ORTEGA Y GASSET, Betrachtungen über die Technik, Der Intellektuelle und der Andere, Stuttgart 1949; A. PAULINYI, Revolution and technology, in: R. PORTER und M. TEICH (Hg.), Revolution in history, Cambridge 1986, S. 261–289; H. PERKIN, The origins of modern English society, 1780–1880, London 1969; F. RAPP, Analytische Technikphilosophie, Freiburg 1978; H. SACHSSE, Anthropologie der Technik, Braunschweig 1978; R. SAMUEL, Workshop of the world, Steam power and hand technology in Victorian Britain, in: History Workshop 3, 1977, S. 6–72; J. N. TARN, Five percent philantropy, London 1973; G. N. VON TUNZELMANN, Technical progress during the Industrial Revolution, in: R. FLOUD und D. MCCLOSKEY (Hg.), The economic history of Britain since 1700, Bd. 1, Cambridge 1981, S. 143–163.

Personenregister

Sachregister

Quellennachweise der Abbildungen

Auf Kassette und Schutzumschlag:
Werkstatt des Edelsteinschneiders Dionysio Miseroni. Aus einem Gemälde von Karel Skréta, drittes Viertel des 17. Jahrhunderts. Prag, Nationalgalerie

Die Vorlagen für die Tafelseiten fertigten an oder liehen dem Verlag:
Archiv für Kunst und Geschichte, Berlin XIV · Arte Fotografica, Rom V · Bildarchiv Preußischer Kulturbesitz, Berlin X · Photographie Giraudon, Paris XXVI · Michael Heß, Wien XVI · Bernd Kegler, Ulm VIII a · Photothèque des musées de la Ville de Paris XV. – Die hier nicht aufgeführten Quellen sind mit den in den Legenden genannten Archiven, Bibliotheken, Museen und Sammlungen identisch.

Die Vorlagen für die textintegrierten Bilddokumente stammen von:
Hans-Joachim Bartsch, Berlin 156, 203 · Fine Art Engravers Ltd., Godalmnig, Surrey 184 · John R. Freeman, London 109 · Photographie Giraudon, Paris 118, 119, 192 · Foto-Hoerner, Hannover 65, 138, 142, 143, 158, 178, 204 · Leonard von Matt, Buochs 58 · Karl Museler, Hannover 23 · Rheinisches Bildarchiv, Köln 45 · Service Photographique de la Reunion des Musées Nationaux, Paris 70 · Vasa-Museet, Stockholm 56. – Alle übrigen Aufnahmen lieferten die in den Bildunterschriften erwähnten Archive, Bibliotheken, Museen und Sammlungen. Die Erlaubnis zur Wiedergabe von Originalen erteilten freundlicherweise die in den Bildunterschriften und Quellennachweisen genannten Institutionen und privaten Besitzer.